ENCYCLOPÉDIE DE LA PLONGÉE

ENCYCLOPÉDIE DE LA PLONGÉE

Nicolas Bailly - René Beretz
Jean-Pierre Beurier - Alain Couté
Bruno Grandjean - Patrick Grandjean
Jacqueline Grouard - Brigitte Hamaïde
Pierre Letellier - Jean-Pierre Malamas
Daniella Mattei - Patrice Pomey
Michel Tavernier - Yvette Tavernier

Sous la direction de Jean-Pierre Malamas

VIGOT
23, RUE DE L'ÉCOLE DE MÉDECINE - 75006 PARIS
1993

Secrétariat de rédaction : EDIRE (Paris)
Maquette, illustrations, photogravure : LA COMPAGNIE DE L'IMAGE (Paris)
Photographies de couverture : © EYE SEA AND SEE - N. BAILLY - A. COUTÉ - P. ENAULT - C. LUSARDI - Y. TAVERNIER

Dépôt légal - Décembre 1992 - I.S.B.N. : 2 - 7114 - 1213 - X

INTRODUCTION

La France compte en 1992 plus de 100 000 plongeurs sous-marins licenciés. Ce chiffre est important pour un sport complexe qui date seulement d'un demi-siècle et dont la pratique a évolué de façon radicale. En effet, le plongeur d'aujourd'hui n'appartient plus au club fermé des militaires et des baroudeurs, bricolant leur matériel, risquant sans cesse leur vie et découvrant les savoirs indispensables au prix d'expériences cuisantes. Le plongeur de 1992 est un plongeur qui a reçu une solide formation physique et intellectuelle et pour qui la plongée est un moyen de découverte privilégié. L'historien, le biologiste, le photographe, le cinéaste peuvent cultiver leur passion sans que le miroir de l'eau représente une frontière infranchissable. Et si le plongeur n'est pas un spécialiste, il se plaît cependant à des promenades admiratives et documentées. C'est à ce nouveau plongeur à la fois sportif, cultivé et esthète que nous avons voulu offrir ce livre qui réunit en onze chapitres non seulement les connaissances qui l'intéressent mais aussi les techniques qu'il aime découvrir et perfectionner.

Nous avons d'emblée nommé ce livre « Encyclopédie de la plongée ». Notre ambition n'était pourtant pas d'enfermer dans un cercle toutes les connaissances relatives à la plongée subaquatique. Sans prétendre à l'exhaustivité, notre désir était de donner la parole à de grands spécialistes qui mettent leur discipline à la portée de tous. Nous espérons en effet que ce livre, écrit par des plongeurs émérites à l'attention d'autres plongeurs, incitera ces derniers à une connaissance plus variée et plus sûre du monde sous-marin. En réalité, ce sont nos élèves qui nous ont montré cette nécessité, car les collégiens et les lycéens que nous formons depuis plus de dix ans à la pratique de la plongée sous-marine s'intéressent très vite à la recherche et à la découverte. Ils sont les témoins de ces plongeurs de l'an 2000, instruits de tous les risques, utilisant un matériel sûr et consacrant leurs loisirs ou leur travail à toutes ces disciplines dont le développement de la plongée sous-marine a permis la naissance.

Il est une autre naissance que la plongée a permise, c'est celle de l'amitié qui a lié tous les auteurs de ce livre depuis la Martinique jusqu'à la Corse, en passant par la Savoie, la Provence et l'Ile-de-France. Puisse cette chaîne amicale s'agrandir jusqu'à rejoindre nos lecteurs.

J.-P. MALAMAS

CRÉDITS PHOTOGRAPHIQUES

Airdif (6.20, 6.21) - Y. Basq (3.10, 3.11) - R. Beretz
Bocquet / CDPA (3.1, 3.5, 3.6, 3.7, 3.8, 3.9) - L. Bonnamour (3.14)
Champelovier / CNRAS (3.2, 3.3, 3.4) - CISN - M. De Sermoise (p. 245, 1)
P. Ducret - A. Fusch - Y. Lanceau (6.6) - V. Ledoux (6.26)
Minolta (6.19) - Nikon (6.24, 6.38) - Pein (p. 254, 1)
C. Petron (6.1, 6.2) - E. Rieth (3.12, 3.13) - Sony (6.28)
Y. Tavernier (6.4, 6.17, 6.18, 6.22, 6.23, 6.25, 6.27, 6.29, 6.30 ;
p. 245, 2, 3, 4, 5, 6, 7, 8 ; p. 246, 1, 2, 3, 4, 5, 6, 7, 8 ;
6.31, 6.32, 6.33, 6.34, 6.36, 6.39 ; p. 254, 2, 3, 4, 5, 6, 7, 8 ; 6.43)

Planches Photos

Archéologie

CNRS / Centre C. Jullian (III 3 ; IV 1, 2) - DRASM (I 2 ; II 3)
DRASM / Marine Nationale (II 1)
P. Énault (III 2) - Y. Gladu (I 1 ; II 2) - F. Osada (III 1)

Biologie

N. Bailly - A. Couté
A. Carantec (XI 5) - C. Carré (II 2)
Y. Tavernier (VIII 2 ; X 1, 2 ; XIV 3, 5)

Prise de vue

K. Amsler (VII 3 ; VIII 3) - F. Di Meglio (VII 1, 2) - Y. Gladu (IV 2, 3)
F. Le Guen (II 4 ; V 4) - L. Leguere (V 1) - C. Lusardi (II 1 ; III 8 ; VI 1)
J.M. Miles (VI 2) - M. Portelli (I 1) - L. Pozzoli (XII 3)
B. Rothan (II 3 ; IV 5) - G. Soury (XII 2)
Y. Tavernier (II 2 ; III 1, 2, 3, 4, 5, 6, 7 ; IV 1, 4, 6, 7, 8 ;
V 2, 3 ; VI 3, 4 ; IX 1 à 18 ; X 1 à 8 ; XI 1 à 8 ; XII 1, 4)
M. Valentine (VIII 1, 2, 4)
Effets spéciaux : Bargy Image, Paris 15e (IX ; X ; XI)

NICOLAS BAILLY
Biologiste au Museum National d'Histoire Naturelle
Secrétaire général de l'Association Française des Plongeurs Scientifiques (Colimpha)
2e échelon de plongée sous-marine

RENÉ BERETZ
Ingénieur informaticien
BEES2 de plongée subaquatique
Président de l'Arpe

JEAN-PIERRE BEURIER
Professeur à l'Université des Antilles et de Guyane
Plongeur 2e échelon
Membre de l'Association Française des Plongeurs Scientifiques (Colimpha)

ALAIN COUTÉ
Sous-directeur du Museum National d'Histoire Naturelle
Président de l'Association Française des Plongeurs Scientifiques (Colimpha)
BEES2 de plongée sous-marine

BRUNO GRANDJEAN
Médecin des hôpitaux
Chef de service ; service de médecine hyperbare - Hôpital d'Ajaccio

Patrick GRANDJEAN
Conservateur du Patrimoine
Centre National de Recherche Archéologique Subaquatique

JACQUELINE GROUARD
Professeur certifié d'histoire et de géographie
Licenciée de géographie
Diplôme d'Études Supérieures de Géographie

BRIGITTE HAMAÏDE
Professeur de micro-technique
BEES1 de plongée subaquatique

PIERRE LETELLIER
Professeur de chimie à l'Université Pierre et Marie Curie, Paris
BEES2 de plongée subaquatique

JEAN-PIERRE MALAMAS
Professeur d'EPS
DEA de sciences de l'éducation
BEES2 de plongée subaquatique

DANIELLA MATTEI
Professeur de lettres classiques

PATRICE POMEY
Directeur de recherche au CNRS
Ancien directeur des recherches archéologiques sous-marines

MICHEL TAVERNIER
Physicien
Conseiller scientifique au ministère des Sports
Délégué ministériel auprès de la FFESSM
Moniteur de plongée
Lauréat de plusieurs festivals cinématrographiques internationaux

YVETTE TAVERNIER
Professeur d'éducation physique
Photographe

SOMMAIRE

Archéologie subaquatique
PATRICK GRANDJEAN

4. BIOLOGIE SOUS-MARINE 99
Le règne animal - Le règne végétal - Le Plancton
ALAIN COUTÉ ET NICOLAS BAILLY

5. LE MATÉRIEL DU PLONGEUR 187
BRIGITTE HAMAÏDE ET JEAN-PIERRE MALAMAS

6. LA PRISE DE VUE SOUS-MARINE 215

YVETTE ET MICHEL TAVERNIER

7. L'APNÉE 271

JEAN-PIERRE MALAMAS

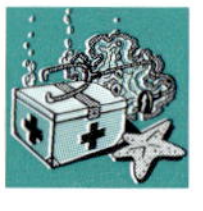

8. MÉDECINE ET PLONGÉE 287

BRUNO GRANDJEAN

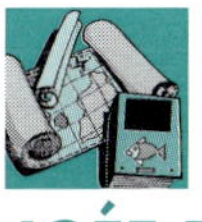

1. LA PLONGÉE À TRAVERS LES ÂGES

L'agitation terrestre, quelle qu'elle soit
N'est jamais que dur tracas ;
La vague est plus propice à la vie :
Vers la mer éternelle, va te porter.

Goethe - Le second Faust

L'histoire de la plongée subaquatique est l'histoire de la rencontre entre le rêve, la curiosité, le courage, la cupidité et la raison.
Vouloir faire l'historique de la plongée, c'est dépouiller le rêve et essayer de montrer comment l'homme est passé des représentations mentales les plus extravagantes à l'exploration rationnelle de la réalité.
Le rêve est présent dans toutes les mythologies antiques, qu'elles soient scandinaves ou grecques.
Il est d'abord une façon de combler une curiosité inassouvie ; puisqu'on ne peut pénétrer dans l'eau, autant y construire un palais de cristal, aux chambres fleuries d'algues et de corail, où sur des trônes d'or tissent, filent ou chantent les petites-filles d'Océan, les merveilleuses Néréides, aussi nombreuses que les vagues de la mer. Mais le rêve peut devenir cauchemar, les soirs où la mer devient « vineuse », comme disait Homère, couleur de ce vin grec âpre, épais et sombre. Les Grecs le savent bien, eux qui ont doté leur dieu Poséidon de très nombreux fils, tous illégitimes et tous de la plus grande cruauté.
N'en citons que deux, mis en scène dans les aventures d'Ulysse le navigateur : le monstrueux cyclope Polyphème, et Lamos le terrible roi anthropophage, fondateur de la cité des Lestrygons, l'actuelle Bonifacio.
Ne résistons pas et citons encore Sciron, le bandit de grand chemin. Installé près de Mégare, sur la route qui longeait la côte, il arrêtait les voyageurs, les obligeait à lui laver les pieds et, au moment où les malheureux s'exécutaient, d'un formidable coup de pied les précipitait dans la mer, où une énorme tortue marine les dévorait.
On le constate aisément d'après les légendes attachées au nom de Poséidon, les Grecs voyaient plutôt dans la mer une puissance maléfique, mais cela a peut-être aiguillonné leur courage comme le montrent l'histoire de la navigation et l'histoire de la plongée.

LES PLONGEURS DE L'ANTIQUITÉ

Nous trouvons trois types de plongeurs. En premier lieu, il y a bien évidemment les pêcheurs qui vont à quelques mètres sous l'eau cueillir les coquillages ou chasser les poissons. Ils sont armés d'un trident et leur technique est millénaire (fig. 1.1). Il y a ensuite ceux qui vont chercher une denrée plus rare, voire précieuse.

Plongeurs pêcheurs

Ils attirent respect et considération, ils descendent à vingt ou trente mètres et rapportent les éponges fort appréciées déjà au temps d'Homère. Certains sont spécialisés dans « la fleur de la rosée marine », selon une belle traduction de Pindare, que Dioscoride d'Anazarbe appelle aussi « l'arbre de pierre », c'est-à-dire le corail rouge. À partir du IVe siècle avant Jésus-Christ, on découvre en Méditerranée l'existence d'huîtres perlières à l'ouest de la Grèce et les plongeurs d'Acarnanie concurrencent vivement les plongeurs des Indes dont on importait à grand prix la récolte. Ces plongées s'effectuaient en apnée et ne devaient pas être différentes de ce que l'on connaît de la plongée traditionnelle. Nous possédons les témoignages d'Aristote, de Pline l'Ancien et d'Oppien de Cilicie, c'est-à-dire datés du IVe siècle avant J.-C. jusqu'au IIe siècle après J.-C. Tous concordent pour décrire les plongeurs procédant à une hyperventilation, puis descendant lestés d'une lourde pierre, attachés à une corde, de l'huile d'olive dans la bouche et dans les oreilles de petits tampons d'éponge imbibés de cette même huile. Jusqu'à l'invention des antibiotiques, l'huile d'olive a été effectivement un remède couramment utilisé contre les otites. Au fond, le plongeur laisse s'échapper l'huile de sa bouche pour « illuminer les eaux comme une torche éclaire les ténèbres, permettant d'y voir au milieu de la nuit »[1]. Sa recherche terminée, le plongeur tire sur la corde pour être remonté. Les plongeurs de perles polynésiens et les ama coréennes ou japonaises ne s'y prennent pas autrement.

Plongeurs militaires

La troisième catégorie de plongeurs, la plus fréquemment citée par les auteurs grecs ou latins, est celle des plongeurs militaires, les ancêtres des nageurs de combat. Ils avaient pour mission de percer les coques des navires ennemis, de couper les cordes des ancres ou de cisailler les chaînes, de planter ou d'arracher les pieux protecteurs des ports lors des sièges maritimes et, enfin, de porter des messages ou des vivres. Thucydide, le plus pointilleux des historiens grecs, raconte par exemple[2] comment les Spartiates assiégés par les Athéniens se firent ravitailler par « des plongeurs qui passaient entre deux eaux, tirant derrière eux au bout d'un câble des outres pleines de têtes de pavot au miel et de graines de lin pilées ». Cela se passe peu avant Jésus-Christ. Le même histo-

1.1. *Monnaies grecques.*

rien évoque aussi les plongeurs de Tyr chargés de couper les ancres des galères d'Alexandre[3]. Les *urinatores* romains sont mentionnés eux aussi par le polygraphe Varron qui explique l'étymologie du nom. *Urinare* en latin signifie plonger et le mot est à mettre en relation avec le nom *urna*, urne, grand vase à puiser de l'eau (et non pas avec *urina*!). Les *urinatores* romains s'illustrèrent dans la guerre civile qui opposa César et Pompée. Ils sont cités à plusieurs reprises par Lucain, le poète romain, qui n'eut pas le temps d'achever le récit épique de cette lutte, puisque Néron le força à se suicider à l'âge de vingt-six ans.
La supériorité des plongeurs d'origine grecque semble ne faire aucun doute, d'abord parce que c'était parmi eux que se recrutaient les *urinatores* romains et, ensuite, parce que cela ressort de tous les témoignages des historiens antiques, par exemple celui qui suit.

➤ Au siège de Byzance

En 194 après J.-C., Septime Sévère assiège Byzance. Le siège va durer trois ans! Les soldats romains cernent les remparts et les galères bloquent le port. Les Byzantins cherchent à résister par tous les moyens. Une nuit, ils envoient leurs plongeurs couper les cordes des ancres.
Cela, nous l'avons vu, se faisait fréquemment lors des sièges maritimes, mais n'était pas toujours d'une grande efficacité car les navires dérivaient et ne couraient de risques que par gros temps. Pour mieux comprendre, il faut savoir que les navires romains étaient à voile et à rames. La voile était peu maniable; la vitesse était acquise grâce aux trois, quatre ou cinq rangs de rameurs (fig. 1.2). Les navires, d'environ cinquante mètres de long, longeaient les côtes et avaient à leur bord, outre les rameurs, des fantassins armés et leurs officiers. Ils étaient donc très lourdement chargés et peu confortables. Pour ces raisons, les soldats bivouaquaient la nuit à terre et parfois même quittaient le bateau à l'heure du repas de la mi-journée. Ainsi ne restaient à bord que quelques sentinelles. Il suffisait aux plongeurs d'intervenir à ces moments-là, en évitant les tridents des gardes spécialement chargés de leur surveillance.

Mais revenons au siège de Byzance. Cette nuit-là, les plongeurs ne se contentent pas de couper les cordes des ancres, mais fixent sous les coques des crocs auxquels ils attachent des haussières. C'est du port même que les Byzantins tirèrent jusqu'à eux ces navires chargés de vivres et Dion Cassius[4] précise : « Aussi voyait-on les vaisseaux marcher d'eux-mêmes et de leur propre mouvement, sans qu'ils fussent poussés ni par les rames ni par le vent et [...] ces bâtiments semblaient déserter d'eux-mêmes la flotte de l'empereur. »
Ces *urinatores* romains et ces *columbètai* grecs, obligés d'effectuer de longs parcours et de transporter du matériel lourd, ont bien sûr cherché à améliorer leurs conditions de travail. On sait qu'ils utilisaient parfois des roseaux pour respirer, des outres de peau graissées ou des vessies de porc emplies d'air (fig. 1.3) pour constituer ou bien une réserve d'air ou bien un flotteur de transport. Ils pouvaient porter des bottes pour se protéger des rochers coupants et, surtout, ils savaient aussi se servir de cloches de plongée. Aristote use du mot grec désignant le chaudron (*lébès*) pour expliquer : « En descendant à un plongeur un chaudron renversé, on facilite sa respiration. Ce chaudron garde l'air et ne se remplit pas entièrement d'eau à condition d'être maintenu vertical. »[5]
Ce matériel servait certainement aux plongeurs dans leur chasse au trésor officielle ou non. La cité de Rhodes avait édicté une loi à ce sujet : le plongeur qui avait fait des trouvailles à quinze

1.2. *Bas relief représentant une trière avec rameurs. Grèce, Ve siècle av. J.-C.*

coudées de profondeur (soit 7,50 m) pouvait en garder la moitié ; à huit coudées (4 mètres), il en gardait le tiers et à une coudée, (50 centimètres), il n'en gardait que le dixième.

Ces techniques de plongée demeureront intactes pendant plusieurs siècles et il faudra attendre la Renaissance pour assister à un véritable essor de la recherche.

1.3. *Gravure sur bois : Végèce, « De la chose militaire », édition du XVIe siècle.*

LE RÊVE DE LA RENAISSANCE

Plus d'un millénaire après la chute de l'empire romain d'Occident, la plongée n'a pas évolué. Elle reste le fait de remarquables apnéistes dont on signale de loin en loin les exploits. Ainsi, en 1203, l'armée de Philippe-Auguste assiège l'île des Andelys que ses habitants défendent par des rangées de pieux empêchant l'accostage. Mais un Nantais transporte dans des pots de terre « une sorte de feu d'artifice » grâce auquel il incendie le séculaire moyen de défense[6]. Le feu grégeois, puisqu'il s'agit de lui, attribué aux Grecs, comme son nom l'indique, est connu depuis l'antiquité sous des formes différentes ; mais c'est Philippe-Auguste qui l'apporte en Occident, de retour des Croisades, comme en témoigne l'anecdote évoquée ci-dessus. D'ordinaire, il est lancé à partir de navires ; cependant, les plongeurs militaires vont très vite s'en charger eux-mêmes, grâce à d'ingénieuses techniques de transport, successeurs en cela des *urinatores* perceurs de carènes et précurseurs de nos modernes poseurs de mines.

Dans les combats maritimes, des plongeurs toujours

Un autre fait d'armes célèbre, en Méditerranée cette fois, montre bien la permanence, à travers les siècles, de ce mode de combat maritime. En 1421, Bonifacio, citadelle gênoise, est isolée à l'extrême sud d'une Corse en révolte contre l'envahisseur ligure. Elle tient tête héroïquement à la flotte d'Alphonse V, roi d'Aragon, venu prêter main-forte au corse Vincentellu d'Istria qui vient d'écraser les troupes gênoises dans toutes les montagnes de l'île. L'altière citadelle, dernier bastion des intérêts gênois, résiste seule du haut de ses imprenables falaises. Alphonse V, à qui Istria a offert la suzeraineté de l'île en échange de son aide pour mettre à bas la domination gênoise, commande en personne treize gros vaisseaux et vingt-trois galères. Sans effort, il se rend maître du port situé au fond d'un étroit goulet dont il bouche l'entrée en amarrant pont à pont cinq gros vaisseaux. Il installe ses archers catalans au pied des murailles et attend la reddition de la ville. La famine, pense-t-il, ne peut manquer de réduire les colons gênois qui n'ont aucun moyen de se ravitailler. En effet, dans la falaise de craie qui surplombe la mer, n'est pas encore taillé le périlleux escalier dit du roi d'Aragon et, de l'autre côté, au bas des remparts, veillent les soldats du roi. C'est alors que la Sérénissime République envoie une flotte au secours de ses fidèles alliés, mais impossible de forcer le blocus. Une bataille navale s'engage, pendant laquelle un plongeur gênois va couper les cordages des ancres des cinq vaisseaux qui interdisent l'entrée du goulet. Les navires partent à la dérive, le désordre est à son comble et les galères de Gênes se faufilent pour aller porter les vivres tant attendus. Mais la flotte d'Aragon et de Catalogne s'est ressaisie, le barrage est reformé et les Gênois sont pris au piège. Là encore, ces derniers usent d'un stratagème. Ils envoient contre les navires ennemis une galère « pleine de matières combustibles, suif, poix et feux artificiels »[7] et peuvent retrouver la pleine mer.

Comme on le voit, techniques et méthodes au XVe siècle n'ont pas encore évolué. Il faut vraiment attendre le suivant, grand siècle du renouveau scientifique, artistique et littéraire, pour que change enfin le monde de la plongée.

La mystérieuse invention de Léonard de Vinci

Au XVIe siècle, siècle de la Renaissance, les bouleversements politiques, religieux, scientifiques sont nombreux. Les érudits retrouvent la liberté de consulter et de traduire les textes anciens, sans recourir à de fallacieux commentaires. L'observation scientifique se développe et les limites du monde connu reculent. Il est donc naturel que la face cachée des eaux attire savants et techniciens.

Le plus célèbre d'entre eux, Leonardo da Vinci, découvre au fil de ses travaux « un moyen de demeurer sous l'eau aussi longtemps que l'on peut rester sans manger », mais il refuse de le divulguer. « Questo non publico o divolgo, per le male nature delli omini, li quali userebbono li assassinamenti nè fondi dè mari col rompere i navili in fondo e sommergerli insieme colli omini che vi son dentro. »

Oui, pour Léonard de Vinci, la mauvaise nature des hommes les conduirait à détruire les navires et à les envoyer par le fond avec tous ceux qui sont à l'intérieur. Nous ignorerons donc toujours l'invention géniale de l'auteur de la mystérieuse *Joconde* ; vraisemblablement, un sous-marin ! Le peintre réalise cependant de nombreux croquis de ce qu'il pense être des avancées techniques et qu'il n'estime pas assez révolutionnaires pour les tenir secrètes. Il ima-

1.4. *Appareil respiratoire dessiné par Léonard de Vinci.*

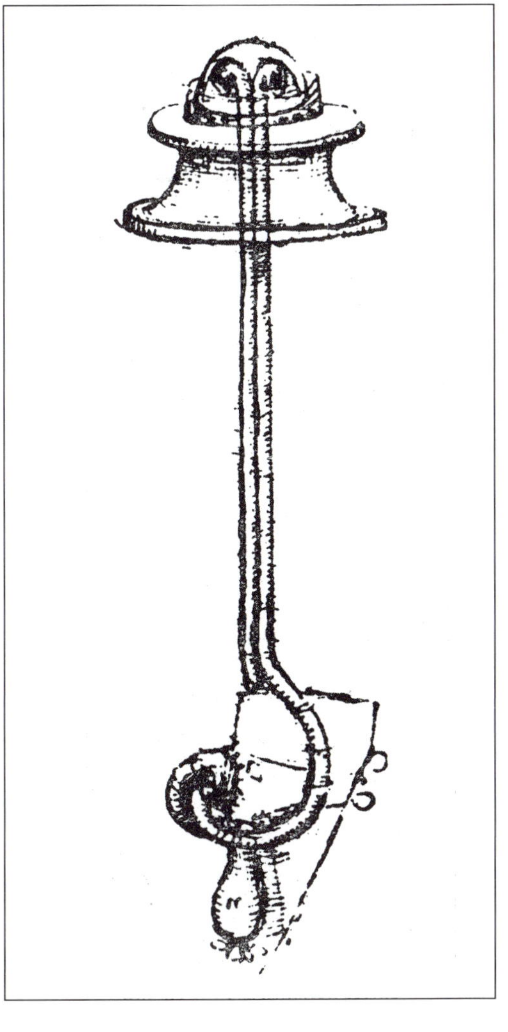

1.5. *Les palmes natatoires de Léonard de Vinci.*

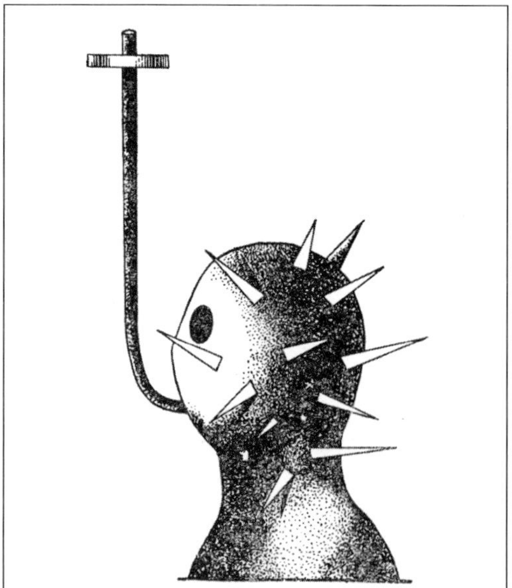

1.6. *Casque «oursin» de Léonard de Vinci.*

gine un appareil respiratoire fait de deux longs tuyaux qui relient le visage du plongeur à la surface où ils sont maintenus par un système de protection flottant (fig. 1.4). Un tel appareil ne peut fonctionner à plus de 1,80 m de profondeur et encore! Léonard l'a-t-il fait expérimenter? On l'ignore. Il imagine aussi d'autres détails qui trouveront une application pratique quelques siècles plus tard : une bouée, des palmes – mais destinées aux mains et non aux pieds (fig. 1.5) –, un scaphandre, un casque à hublots... muni de gros piquants pour se garantir des poissons (fig. 1.6). Tous ces dessins témoignent de l'intérêt véritable que porte le grand peintre à la pénétration sous l'eau, mais son monde est encore celui du rêve. L'homme voudrait s'envoler dans les airs ou s'enfoncer sous l'eau, mais son siècle ignore encore les lois physiques qui ne seront découvertes qu'à partir du XVIIe siècle.

LES TRAVAILLEURS DE LA MER

Le système qui en revanche connaît un grand développement dès le XVIe siècle est celui de la cloche de plongée. Aristote en a parlé, Alexandre le Grand l'aurait, paraît-il, expérimenté lors d'une plongée mythique ou non « au plus profond de la mer ». Quoi qu'il en soit, en 1538, a lieu à Tolède, devant l'empereur Charles Quint, une expérience qui va faire le tour de l'Europe.

En voici le récit par Joannès Taisnier, qui fait paraître à Cologne, en 1562, un petit livre tout à fait digne d'être gardé éternellement en mémoire, *Opusculum perpetua memoria dignissimum*. « J'ai vu réaliser l'expérience dans les flots rapides du Tage en 1538 à la ville espagnole de Tolède, en présence de l'empereur Charles Quint de pieuse mémoire et d'environ 10 000 spectateurs. Deux Grecs étaient entrés dans un très grand vase, placé l'ouverture en bas et amarré à des cordes. Des poutres et des planches avaient été disposées à l'intérieur, et ils s'assirent en tenant une bougie allumée. À l'orifice du vase étaient disposées des masses de plomb, réparties de telle façon que tous les points entrent en même temps au contact de l'eau. De cette façon, lorsque le vase était descendu vers le fond, l'air y restait enfermé et se faisait, contre l'eau, une place par la force. Ainsi les passagers ne risquaient d'être mouillés qu'après un long séjour, lorsque l'air, appauvri par la respiration, se résolvait finalement en humeurs épaisses. Si le vase était relevé à temps ils demeuraient au sec, et la flamme restait vive. »

Le fol engouement pour la cloche de plongée

Ce procédé va connaître un engouement extraordinaire. De nombreux inventeurs chercheront à le perfectionner et il sera utilisé aussi bien pour les travaux sous-marins que pour le relevage des épaves et la recherche des trésors, voire, comme le suggère en 1609 un Vénitien, Buonaiuto Lorini, pour la pêche au corail.

Le vase dont il est question plus haut est parfois un tonneau armé de cercles de fer, parfois un récipient de métal très proche d'une véritable cloche. L'instrument repose sur trois pieds un peu moins hauts qu'un homme, pour que le plongeur puisse se glisser dessous sans difficulté. L'homme emplit ses poumons, quitte la cloche pour travailler quelques instants, puis y retourne lorsque la respiration lui manque. Un système permet de prévenir en surface du moment où il faut relever la cloche pour renouveler l'air.

C'est avec une cloche de ce type qu'un Américain du nom de William Phipps, au bout de trois ans de recherches acharnées dans les îles des Caraïbes, remonte l'extraordinaire cargaison d'un galion espagnol perdu corps et biens dans un récif de corail. Trente-quatre tonnes d'argent, des lingots d'or, des bijoux ! L'aventurier est anobli par le roi d'Angleterre en 1687 et devient gouverneur du Massachusetts.

Les améliorations du système au siècle des Lumières

Le défaut essentiel des cloches de plongée réside dans la nécessité fréquente d'interrompre le travail pour changer l'air. À dix mètres de profondeur, elles sont à moitié emplies d'eau et les ouvriers n'ont qu'une très faible autonomie. Denis Papin, à la fin du XVIIe siècle, en 1691, dans un petit ouvrage intitulé *Manière de conserver la flamme sous l'eau, inventée par M. Denis Papin, professeur aux mathématiques à Marbourg*, propose une amélioration importante. Il faudrait insuffler dans la cloche de l'air comprimé à l'aide de gros soufflets de cuir et d'un tuyau. « Au cas que les soufflets de cuir ne fussent pas assez forts pour presser l'appareil autant qu'il serait nécessaire dans de grandes profondeurs, on pourrait toujours remédier à cette difficulté en se servant de pompes pour presser l'air. » Ainsi, l'air serait constamment renouvelé, le niveau de l'eau baisserait et les ouvriers pourraient travailler longtemps et sans tremper constamment dans l'eau comme auparavant, ce qui les garantirait mieux du froid.

➤ Halley, l'astronome plongeur

Vingt-cinq ans plus tard, l'astronome anglais Edmund Halley, célèbre pour ses travaux sur les comètes, s'intéresse pour des raisons personnelles (mais on ne sait lesquelles) au travail sous l'eau. Il critique lui aussi la cloche à plongée et suggère de pallier l'inconvénient majeur, c'est-à-dire une atmosphère vite irrespirable, en faisant descendre au fond, l'un après l'autre, deux petits tonneaux emplis d'air comprimé et munis d'un robinet. Le plongeur n'a qu'à ouvrir ce robinet pour rafraîchir l'air.

Halley écrit même, dans un article intitulé « *The art of living under water* » (L'art de vivre sous l'eau) : « J'ai été moi-même, l'une des cinq personnes qui ont plongé jusqu'à la profondeur de 10 brasses (un peu plus de 18 mètres) ; nous y demeurâmes une heure et demie sans être incommodés. J'aurais pu y rester plus longtemps ; la cloche était tellement à l'abri de l'eau que j'étais assis tout habillé sur un banc placé dans la partie inférieure. »

Halley imagine aussi une mini cloche de verre dans laquelle un plongeur peut glisser la tête jusqu'aux épaules ; elle est reliée à la cloche principale par un tuyau et elle permet au travailleur de s'éloigner un peu, tout en respirant l'air comprimé de l'appareil (fig. 1.7). Le problème est qu'il faut garder la tête tout à fait droite ; il faudrait donc plonger seulement sur un fond plat et sans aucun remous ! Il faut d'ailleurs remarquer que toutes les illustrations représentant des hommes se déplaçant sous l'eau jusqu'au XXe siècle montrent des individus debout, marchant tranquillement et sans gêne sur un sol solide et plan. C'est seulement avec le scaphandre autonome et sa vulgarisation que l'image du plongeur changera dans l'esprit du public et qu'on lui prêtera une attitude plus aquatique et moins terrienne.

1.7. *Cloche de Halley ; planche extraite du livre de Louis Figuier,* Les Merveilles de la science, *Paris, 1870.*

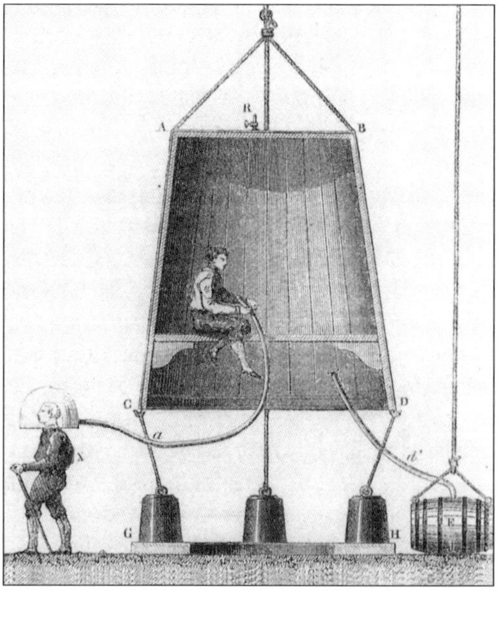

➤ De l'air, de l'air, pour les travailleurs de la mer

Mais revenons à nos travailleurs de la mer. Dans la seconde moitié du XVIIIe siècle, nouvelle amélioration de la cloche. Elle est due à un Écossais, nommé Spalding. Il a l'idée de relier la cloche à un lest posé sur le fond par des cordages manœuvrables de l'intérieur même de la cloche. Ainsi, les ouvriers peuvent régler eux-mêmes la profondeur de l'engin. Pendant très longtemps, ce système est utilisé par l'inventeur jusqu'à ce qu'un jour, alors qu'il travaille avec son fils au relevage d'un bateau, les coéquipiers en surface ne remontent que deux corps sans vie. Le mystère de cette mort est resté entier. Asphyxie, accident de décompression ? Apoplexie simultanée, dirent les médecins de l'époque.

À cet appareil, l'ingénieur anglais Smeaton apporte une amélioration décisive : l'air frais est envoyé directement de la surface dans la cloche grâce à une pompe et un tuyau ; un réservoir intermédiaire amortit les irrégularités de la pompe et un clapet empêche l'air de la cloche de ressortir par le tuyau. L'air circule donc de façon permanente de la surface jusque dans la cloche d'où il s'échappe par le dessous.

Ce système servira pendant une bonne partie du XIXe siècle à la récupération des cargaisons englouties ainsi qu'à de nombreux travaux portuaires, jusqu'à l'invention de systèmes plus propices et plus diversifiés, le caisson hydropneumatique d'une part et le scaphandre d'autre part.

L'invention du caisson hydropneumatique

Le caisson est un énorme puits d'acier, suffisamment grand pour permettre à plusieurs ouvriers de travailler en même temps. Il est posé sur le fond où doivent s'effectuer les travaux et on y introduit, de façon permanente, de l'air comprimé pour chasser l'eau qui cherche à s'y infiltrer. Les utilisateurs travaillent donc au sec. Cette invention est due à un ingénieur français, Triger, qui l'expérimente, à partir de 1845, dans une mine de charbon située en dessous du niveau de la Loire.

Les avantages sur la cloche sont évidents. Le travail se fait dans les mêmes conditions qu'à l'air libre, il n'y a plus d'énormes manutentions et il n'y a aucune contrainte horaire, mais la rançon du progrès ne va pas tarder à se faire connaître. En 1862, à Lorient, deux ouvriers meurent et un ingénieur est paralysé, quelques heures après leur sortie du caisson. Partout ailleurs surviennent des accidents plus ou moins sérieux. Le lien ne fait aucun doute, il s'agit bien d'une nouvelle maladie causée par ce genre de travail; on l'appelle « le mal des caissons » et comme l'écrivent à l'époque les docteurs Pol et Watelle : « On ne paie qu'en sortant ». L'inventeur Triger, en 1867, devine la raison de ce mal : une remontée trop rapide des ouvriers; il demande de respecter un temps de sept minutes, mais l'explication scientifique ne viendra que dix ans plus tard, avec les travaux de Paul Bert sur la compression et la décompression des gaz dans le sang.

LA GRANDE AVENTURE DU SCAPHANDRE

Le mot scaphandre apparaît pour la première fois en 1775 dans un *Traité du scaphandre*, écrit par l'abbé de La Chapelle. Formé de deux radicaux grecs, il signifie étymologiquement bateau-homme ou homme-bateau.

Un scaphandre est donc un appareil qui, grâce à l'invention de l'abbé, peut transformer un homme en bateau. Comment? Vêtu de ses habits de bain, il suffit d'enfiler un gilet de liège qu'on attache par des boucles à son pantalon. Dans un chapeau très haut, noué sous le menton, on peut enfermer sa nourriture et ses munitions. « Un pantalon à étrier, pour marcher au milieu des eaux les plus profondes, des nageoires fort simples pour aider la progression achèvent de donner au scaphandre un appareil complet. » (fig. 1.8) De plus, cet ingénieux système est tout à fait recommandé aux femmes : « On n'enfonce dans l'eau, avec le scaphandre, que jusqu'aux mamelles, en s'y tenant debout, comme on se tient ou comme on marche sur la terre ferme; c'est pourquoi la tête des femmes peut rester aussi bien parée, en prenant ou en quittant l'exercice public du nager, qu'au sortir de leur toilette. » Enfin, il peut servir à tout : à la promenade, à la descente de rivière, à la chasse dans les marais, au sauvetage en mer...

Le terme de scaphandre sera oublié pendant presque un siècle, puis réutilisé par Cabirol en 1856; il connaîtra par la suite la fortune que l'on sait.

Les pionniers au XVIIIe siècle

Le récit rapporté ci-dessus est révélateur d'une tendance qui se fait jour dès le début du XVIIIe siècle et qui est tout à fait opposée à celle qui a guidé les progrès des cloches de plongée. Ces dernières permettent certes de travailler sous la mer, mais elles sont encombrantes et onéreuses, nécessitent la présence d'un ou deux bateaux et exigent un apprentissage délicat. Mais plonger seul, simplement protégé par une carapace, tel était le rêve de la Renaissance et tel est celui du siècle des Lumières. Quelques noms jalonnent cette lente conquête.

➤ Le tonneau de Lethbridge

Le premier de ces pionniers est un Anglais, John Lethbridge, qui invente en 1715, dans un but exclusivement utilitaire, un tonneau de deux mètres de long, armé de cercles de fer à l'intérieur comme à l'extérieur, dans lequel il peut se tenir couché sur le ventre. Un hublot de verre de trois centimètres d'épaisseur lui permet de voir sous le tonneau et deux trous laissent passer les bras. Suspendu à un câble, le tonneau lesté de 250 kilos est remonté toutes les demi-heures pour renouveler l'air. Point n'est besoin de déboulonner le couvercle pour cette opération, ni de sortir de l'engin : deux bouchons vissés sont prévus. Le temps de travail effectif dans une journée est d'environ six heures, ce qui est mieux que ce qui s'est fait auparavant. Quant à la profondeur maximale, après différents essais, l'inventeur la fixe à un peu moins de 20 mètres. Lethbridge travaille ainsi avec succès, dans toutes les mers du monde, sur les côtes anglaises, françaises, espagnoles, africaines, indiennes, mais il travaille à l'abri de la pression de l'eau, sauf au niveau des bras, bien protégé dans son tonneau. L'air qu'il respire est celui de la surface ; les problèmes posés par la pression hydrostatique ne sont pas affrontés ou, plutôt, ils sont évités.

➤ La machine hydrostatergatique de Fréminet

Un autre homme, un Français, mérite encore mieux le titre de pionnier de la plongée. Il s'agit d'un Parisien, un certain Fréminet, qui invente dans les années soixante-dix (1770, veux-je dire) un appareil original composé d'un habit de cuir suiffé et rigidifié, d'un casque de cuivre éclairé d'un hublot et d'un réservoir d'air comprimé que le plongeur peut déplacer lui-même. Deux tuyaux relient le réservoir au casque. L'un amène de l'air comprimé par un soufflet qui fonctionne grâce à un ressort remonté dont la détente doit durer à peu près une heure. L'autre tuyau permet le rejet de l'air expiré dans le réservoir et, théoriquement, « le froid de l'eau » doit agir efficacement. Cette « machine hydrostatergatique », c'est son nom, marche ! Fréminet plonge la première fois dans la Seine, à Paris, dans cinq mètres d'eau. Il poursuit ses essais puis ses travaux au Havre, à Brest, et descend jusqu'à 17 mètres. En 1776, il modifie sa machine : le réservoir est fixé sur le

1.8. *L'authentique « scaphandre » de l'abbé de La Chapelle, 1775.*

dos du plongeur toujours avec le même principe du ressort et, un tuyau reliant le réservoir à la surface, l'air neuf est ainsi aspiré sans discontinuer.

➤ L'habit-cuirasse de Klingert

Toujours au XVIIIe siècle, voici un troisième pionnier, allemand celui-ci et dont le nom est Klingert. Son plongeur est revêtu d'une cuirasse de fer pour protéger la poitrine de la pression de l'eau. Le reste du corps, à l'exception des avant-bras et des jambes, est à l'abri dans un habit de cuir fortement serré aux coudes et aux genoux. La tête est couverte d'un casque d'où partent deux tuyaux par lesquels le plongeur peut recevoir l'air envoyé de la surface par une pompe foulante (fig. 1.9).

Le premier utilisateur en 1797, tout en se félicitant des possibilités réelles de travail sous l'eau qu'offre l'appareil, dénonce d'emblée deux défauts. Comme la pompe est mue par des bras humains, l'arrivée d'air est loin d'être régulière. Quand il y a trop d'air dans l'habit, le plongeur doit se cramponner au fond pour ne pas être aspiré littéralement à la surface et, quand l'air fait défaut, l'habit de cuir a tendance à s'incruster douloureusement dans la peau. De plus, les liens qui empêchent l'eau de rentrer dans l'habit font très mal en profondeur.

L'ingénieur est alors amené à modifier son invention et il ajoute un énorme réservoir de bois sur un côté duquel le plongeur prend appui et qui sert à la fois de réserve d'air et de lest. Le plongeur peut modifier lui-même sa profondeur et n'a plus à craindre les irrégularités de la pompe. Cet appareil reçut un accueil tout à fait favorable aussi bien en Allemagne qu'en France, mais nous sommes à l'aube du XIXe siècle et l'aventure du scaphandre va connaître un développement fulgurant.

Les progrès décisifs du XIXe siècle

Au tout début du siècle, voici encore un inventeur allemand : Frederik Drieberg. Il construit « une nouvelle machine à plonger », qu'il nomme « Le Triton » (fig. 1.10). Il s'agit « de poumons artificiels qui ôtent aux poumons du

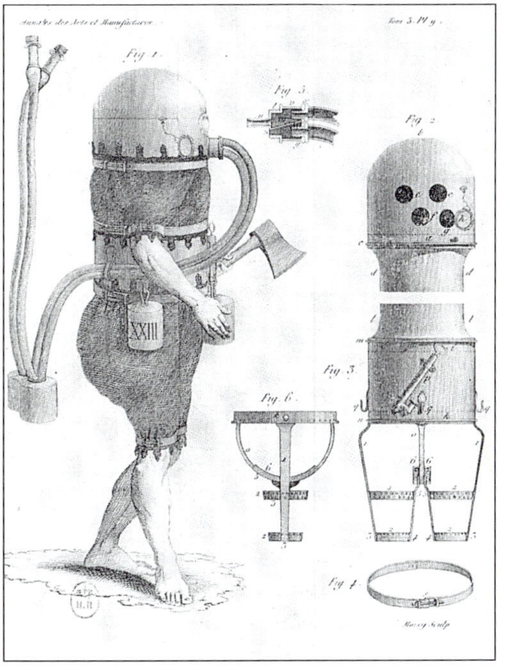

1.9. *L'habit-cuirasse de l'Allemand Klingert, essayé dans l'Oder, en 1797.*

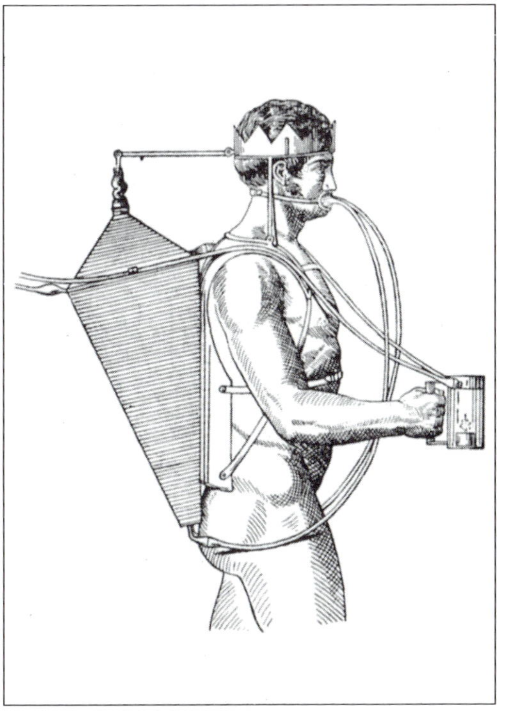

1.10. *L'appareil « Le Triton » de Frédéric Drieberg, début du XIXe siècle.*

plongeur tout le travail qu'ils auraient besoin de faire pour obtenir de l'air en abondance »[8]. Le plongeur, sans protection aucune, porte sur le dos un soufflet relié à la surface par un tuyau. Deux autres tuyaux vont de la bouche au soufflet-réservoir. Sur la tête, une couronne, d'où part une tige rigide qui actionne le soufflet. Ainsi le plongeur respire de l'air comprimé grâce aux mouvements propres de sa tête.
Mais, cette machine rudimentaire est vite oubliée car en Angleterre, cette fois, les progrès sont décisifs.

➤ De la cloche au casque à hublot : le *Standard Diving Apparatus*

En 1819, Auguste Siebe, un Saxon émigré en Angleterre, part de l'idée de l'astronome Halley, dont nous avons déjà parlé, qui dotait les plongeurs de petites cloches individuelles. Siebe supprime carrément la cloche principale et alimente en air son plongeur sous cloche, directement depuis une pompe en surface. L'originalité consiste en la réduction du système en un casque à hublots. Ce dernier est attaché à une casaque lestée, qui protège le plongeur du froid, et l'air s'échappe librement au niveau de la ceinture ; mais pas question de se pencher, il faut rester rigoureusement droit sinon l'eau envahirait le casque, donc impossible de travailler sans contrainte.
À peu près à la même époque, deux frères, Charles et John Deane, inventent, selon le même principe, un casque vitré alimenté en air frais par une pompe, pour intervenir dans les atmosphères irrespirables, lors d'un incendie, par exemple. Peu après, ils adaptent leur trouvaille à l'intervention sous-marine et ajoutent un habit imperméable à leur casque.
Tous les historiens s'accordent à dire que la concurrence fut sans doute rude entre les frères Deane et Auguste Siebe, mais on connaît très mal la vie et les travaux des premiers tandis qu'il est facile de vérifier les brevets déposés par le second. On ne peut donc que supposer une lutte âpre entre les trois inventeurs, dont Siebe sort totalement vainqueur.
En effet, en 1839, après de longs tâtonnements, l'émigré saxon réalise le *Standard Diving Apparatus*. Cet appareil plongeur est immédiatement adopté par la marine britannique et se vend dans le monde entier. Le casque est solidaire d'un vêtement lesté qui recouvre le corps tout entier du plongeur que des semelles de plomb contribuent à stabiliser. L'air est introduit dans le casque par un tuyau muni d'une soupape de non-retour et s'échappe du vêtement par une soupape d'expiration réglable par l'utilisateur lui-même. Ce dernier peut donc rester le temps qu'il veut dans l'eau, modifier sa profondeur comme il le souhaite et effectuer tous les mouvements qu'il veut... ou presque. Le succès est immense !

➤ Le sous-marin du chapelier

Mais voici qu'entre en scène un étrange chapelier de Bordeaux, Joseph-Martin Cabirol. Passionné par la toute récente découverte de la vulcanisation du caoutchouc, il se lance dans des inventions pour le moins originales : tout d'abord une bouée, puis « un chapeau doublé de caoutchouc, à ventouses imperceptibles, et à l'épreuve de l'eau et de la transpiration », enfin un chapeau-bouée ! De brevet en brevet, le chapelier en vient au « sous-marin Cabirol » ! Titre pompeux pour un système incongru de bouées et de tuyaux affublant un plongeur masqué comme un piètre héros de série noire (fig. 1.11). À la fin, las d'enregistrer des échecs mais toujours préoccupé par la plongée subaquatique, il présente, à l'Exposition universelle de 1855, à Paris, la copie améliorée de l'appareil-plongeur Siebe et, pour lancer ce nouveau produit, il reprend le terme de l'abbé de La Chapelle et nomme son ensemble : scaphandre Cabirol. C'est donc grâce au chapelier de Bordeaux que le mot va s'imposer définitivement.
Présenté à la marine française, l'ensemble pompe-casque-habit de Cabirol est immédiatement adopté. En réalité, il s'agit d'une véritable chambre de torture. Un malheureux, couvert d'épais vêtements de laine et portant sur les épaules un coussin rembourré, y est introduit avec d'infinies précautions. L'habit est fait d'une forte toile caoutchoutée ; il doit lui aussi être protégé pour ne pas s'abîmer trop vite, par un pantalon de toile grossière. Le haut est en cuir pour permettre de fixer le plus étroitement possible la pèlerine de cuivre rigide qui sup-

porte le casque de 15 kilos. Ce casque est muni de quatre glaces mises à l'abri derrière des grillages et seule la glace de devant peut être enlevée. Aux pieds, des brodequins à semelles de plomb ; dans le dos et sur la poitrine, deux poids de 18 kilos chacun. À la ceinture, un poignard et la corde de communication avec un ouvrier à la surface – intelligent, précisent les instructions techniques ! Dans le casque, à l'arrière, débouche par trois orifices l'air envoyé par la pompe ; ce système permet de faire respirer le « prisonnier » et en même temps de chasser la buée des vitres. Toujours à l'arrière est située la soupape d'évacuation dont on peut sous l'eau modifier l'ouverture. Au niveau de la bouche, il y a enfin un robinet de secours, d'une nécessité absolue.

En effet, souvent l'habit est trop gonflé et le plongeur est attiré violemment vers la surface et, l'air s'accumulant dans le haut, « les jambes et l'entrejambe surtout sont meurtris ». L'ouverture du robinet fait cesser rapidement cette souffrance et cette menace. De plus, lorsque le plongeur veut se baisser, impossible ! Une poche d'air se forme sur le dos du plongeur et paralyse ses mouvements. Là encore, l'ouverture du robinet résout le problème. Au contraire, en profondeur, la pression de l'eau est parfois supérieure à celle de l'air contenu dans l'habit et colle avec force le pantalon sur les jambes du malheureux. En fermant le robinet et en levant une jambe après l'autre, ce dernier rétablit l'équilibre entre les deux pressions et permet au sang de circuler à nouveau dans les membres inférieurs.

Dans un tel harnachement, la descente comme la remontée sont extrêmement périlleuses. À la descente, il faut en effet freiner au maximum ce poids qui avoisine les 200 kilos, plongeur compris. L'équilibration des oreilles est très difficile et douloureuse. Quant à la remontée, je vous laisse imaginer la sortie de l'eau et le désharnachement. Une escouade d'aides est nécessaire et n'est pas évoqué ici le problème de la désaturation – deviné empiriquement, cependant, puisqu'il est recommandé de ne pas ouvrir le casque tout de suite à la sortie mais plutôt de continuer à alimenter le plongeur avec l'air de la pompe pendant de longues minutes. On comprend aussi facilement pourquoi les instructions précisent « de ne pas laisser s'écouler plus de deux à trois minutes sans interroger celui qui est au fond » !

Nous sommes au milieu du XIXe siècle et ce scaphandre pieds-lourds va s'imposer pendant à peu près cent ans, malgré tous les inconvénients énumérés ci-dessus, malgré les morts et les accidents et malgré même les remarquables inventions de trois Aveyronnais qui auraient dû permettre des progrès importants dès 1870.

➤ Du régulateur à gaz au scaphandre à casque

Le 14 avril 1860, cinq ans après l'Exposition universelle qui a vu le succès du scaphandre Cabirol, un ingénieur des mines, originaire de l'Aveyron, Benoît Rouquayrol, dépose un brevet d'invention. Il s'agit d'un « régulateur à gaz » qu'il se propose de « faire servir de base pour établir un appareil respiratoire, dit appareil de sauvetage, pouvant servir également dans l'eau et dans une atmosphère irrespirable ». L'ingé-

1.11. *Le « sous-marin » de Cabirol, 1848.*
Ce fut un échec... Pourtant, le chapelier de Bordeaux avait prévu un chapeau pour protéger l'entonnoir en cas de pluie !

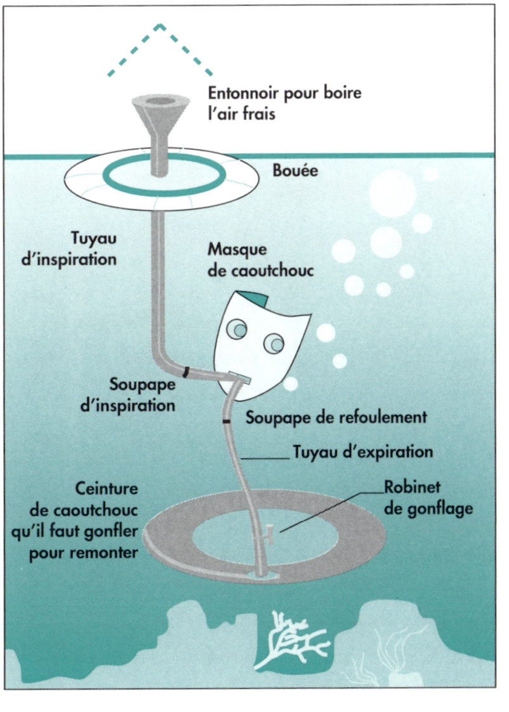

1.12. *Le scaphandre Denayrouze, avec une pompe à volant.*

1.13. *Scaphandrier avec le groin à quatre vitres et l'habit caoutchouté.*

nieur a pour but la réalisation d'un appareil qui permettrait d'entrer dans les galeries des mines, même après un coup de grisou, et de porter immédiatement secours aux ouvriers si souvent victimes de ces terribles accidents. L'appareil permettrait aussi de circuler dans les galeries noyées. En 1863, il est réalisé. Il est fait d'un réservoir, muni d'un tuyau très long, permettant d'aller au fond des galeries, relié à une pompe à air. Au-dessus du réservoir, se trouve une « casserole » (c'est son vrai nom), dont le couvercle est une membrane soumise du côté supérieur à la pression ambiante, du côté inférieur à la pression interne du récipient. L'équilibre entre le jeu des pressions se fait automatiquement grâce à une soupape. Le sauveteur respire sans effort un air à la pression externe.

La même année, un jeune lieutenant de vaisseau, Auguste Denayrouze, ami de Rouquayrol, est au repos forcé dans leur petit bourg aveyronnais. Il se met à travailler avec acharnement pour promouvoir l'invention de son ami et la transformer en appareil sous-marin. En 1864, des essais réalisés dans plusieurs ports de France démontrent la supériorité du régulateur sur le scaphandre Cabirol, pour deux raisons essentielles : une très grande maniabilité et la suppression des secousses dans le casque dues aux coups de pompe indéfiniment répétés et qui entraînaient une gêne considérable. Rouquayrol invente même un réservoir fermé qui permet de travailler à moins 10 mètres pendant une demi-heure sans lien avec la surface. En 1865, c'est le succès, la marine française adopte le système concurremment au scaphandre Cabirol.

L'ancêtre du scaphandre autonome contemporain est bien cet appareil respiratoire imaginé par un ingénieur des mines et un officier de marine, qui permet d'inspecter la coque d'un navire, d'effectuer un travail ponctuel sur le fond, de se promener libre de toute entrave au sein des eaux.

Pendant plusieurs années, le génie inventif des deux amis va se déployer et créer plusieurs types de régulateurs pour moyenne ou grande profondeur (plus de 40 mètres). Sont proposés aussi des compresseurs qui peuvent alimenter en air jusqu'à douze plongeurs à la fois. Mais, bien vite, les limites de ces progrès se font jour : trop faible autonomie du réservoir autonome, trop faible défense contre le froid, gêne du pince-nez... Il faut revenir au système du scaphandre, plus pratique pour les travaux sous-marins de quelque importance. Les deux associés, aidés par le plus jeune des frères Denayrouze, polytechnicien de vingt et un ans, mettent au point un scaphandre nettement supérieur à celui de Cabirol, auquel on peut ajouter une lampe d'éclairage et une sorte de téléphone qui permet de communiquer directement avec le plongeur. Ce scaphandre (fig. 1.12) connaît une réussite commerciale remarquable, puisqu'il est utilisé non seulement par les marines militaires mais aussi par les pêcheries d'éponges, de corail et de perles.

Le jeune Louis Denayrouze dirige lui-même les campagnes de pêche des éponges autour des îles grecques, ce qui fait connaître le scaphandre dans toute la Méditerranée orientale.

L'entreprise se développe de façon spectaculaire et ses ramifications s'étendent jusqu'à Ceylan, l'Australie, jusqu'au Mexique et aux Antilles...

➤ Mais l'audace ne supprime pas les risques

Cependant, l'usage du scaphandre à casque autonome ou non (fig. 1.13) est loin d'être sans risque, surtout pour des plongeurs traditionnels, habitués aux apnées en profondeur et aux remontées très rapides. Pour mieux imaginer l'audace et l'esprit d'aventure de ces pionniers de la technique subaquatique, il faut lire les lettres adressées par Louis Denayrouze, lors de la première saison de pêche, à son frère resté en France. Nous empruntons le fragment qui suit au livre très documenté que le capitaine de vaisseau Jacques Michel a consacré à Benoît Rouquayrol et aux frères Denayrouze[9].

« Le troisième jour de pêche, les accidents de machine ont commencé. J'étais à bord quand on m'a porté un pauvre diable avec une tête violette et noire, et d'un volume double de la grosseur ordinaire. Je croyais cet homme perdu, mais avec des ventouses et des sangsues je l'ai tiré d'affaire. Il n'avait qu'une congestion des tissus externes, qui ne s'était pas étendue au cerveau. Je t'avoue que pour moi cette émotion a été forte.

» Depuis lors, quatre hommes sont morts dans des machines qui ne nous appartenaient pas, il est vrai, et fort heureusement, mais comme on nous savait des médicaments on les portait à bord. C'était profondément lugubre. Un homme par semaine à peu près.

» Je me flattais que cette mortalité n'atteindrait pas nos hommes, mais l'un deux a succombé cette semaine. C'était un jeune homme superbe à qui j'avais lavé la tête maintes fois parce qu'il se montrait sceptique à l'égard de la règle. Pauvre diable ! »

La règle ? Elle est bien empirique en 1870 ! Les inventeurs Rouquayrol et Denayrouze recommandent dans leurs instructions de « remonter lentement », mais les plongeurs grecs, héritiers de leurs traditions séculaires, sont bien difficiles à convaincre ! Le scientifique Louis Denayrouze, lui, est bien persuadé de la nécessité de meilleures définitions. À la fin de la guerre de 1870, il va même travailler avec Paul Bert à la Sorbonne. Tout le monde sait que ce n'est qu'en 1878 que ce dernier publie *La pression barométrique*, où il démontre la toxicité de l'oxygène pur au-delà de 7 mètres et la dissolution de l'azote dans le sang sous l'effet de la pression de l'eau. Paul Bert explique enfin comment et pourquoi une décompression trop rapide entraîne « le mal des caissons », dont nous avons déjà parlé, et la mort mystérieuse de si nombreux scaphandriers. En 1896, l'Anglais Haldane publie les premières tables de plongée, ou comment remonter presque sans risque depuis 60 mètres de profondeur !

Pour revenir aux inventions des trois Aveyronnais, en 1872, un plongeur professionnel a le choix entre un scaphandre à casque très lourd et un appareil-plongeur très léger et qui peut être autonome. Le choix paraît évident et pourtant l'appareil autonome cesse d'être fabriqué dès 1905 et tombe dans l'oubli, tandis que la maison qui fabrique le scaphandre ne ferme ses portes qu'en 1965 !

Le XXe siècle redécouvre le scaphandre autonome

C'est au XXe siècle que revient le mérite d'avoir ré-inventé – le terme est juste – le scaphandre autonome. Le mot scaphandre ne désigne plus un monstrueux habit de cuivre et de caoutchouc, comme au XIXe siècle, mais un ensemble fait d'un réservoir et d'un détendeur qui donne à l'utilisateur l'impression de liberté dont ont tant rêvé les pionniers que nous avons évoqués.

➤ Un scaphandrier masqué dans l'aquarium du Trocadéro

Tous les détails de cette découverte sont entrés dans la légende. En 1925, le capitaine de corvette Yves Le Prieur, qui a eu déjà l'occasion de plonger avec le lourd scaphandre à casque pour des reconnaissances sous-marines, est impressionné par la démonstration, dans un bassin parisien, d'un chalumeau pour travaux subaquatiques. L'ouvrier porte un scaphandre sans casque inventé par l'ingénieur Fernez. Des lunettes peu confortables, un pince-nez, un embout relié par un tuyau à une pompe actionnée à la surface ; pas d'habit, pas de casque, pas de semelles de plomb : le scaphandre est simplissime, mais il fait subir directement à l'organisme de douloureuses variations de pressions.

1.14. *Le commandant Le Prieur « plonge », en 1934, dans l'aquarium du Trocadéro avec son « scaphandre autonome ».*

Yves Le Prieur, qui ne connaît pas l'appareil-plongeur-régulateur autonome de Rouquayrol-Denayrouze, retiré de la vente depuis 1905, imagine alors de doter le scaphandre Fernez d'un réservoir qui libèrerait le plongeur de la servitude de la pompe. C'est ainsi qu'en 1926 il exécute dans la piscine des Tourelles à Paris une plongée spectaculaire, en maillot de bain, et portant sur lui une petite bouteille de trois litres d'air comprimé qui lui donne une autonomie un peu supérieure à dix minutes. Le scaphandre Fernez-Le Prieur est né, il pèse dix kilos et sa naissance est saluée par des articles très élogieux dans les journaux de l'époque. Mais le capitaine Le Prieur est conscient des défauts de l'appareil et il lui apporte de sérieuses modifications. En 1933, il crée un nouveau système : « le scaphandre autonome Le Prieur ». Un masque couvrant tout le visage remplace les incommodes lunettes, le pince-nez et l'embout. L'air y arrive en légère surpression de façon continue et s'en échappe par les côtés ; l'autonomie du réservoir est doublée. En juin 1934, Yves Le Prieur effectue dans l'aquarium du Trocadéro une plongée de démonstration qui soulève l'enthousiasme (fig. 1.14). Douze mois plus tard, le premier club de plongée voit le jour, c'est le Club des scaphandriers.

➤ Palmes, masque et tuba pour compléter la panoplie

D'autres inventions de grande importance accélèrent la conquête de la liberté dans les incursions sous-marines. Il s'agit tout d'abord des palmes, ignorées depuis Léonard de Vinci et créées en 1935 par le commandant de Corlieu.
En 1938, à Nice, Maxime Forjot dépose le brevet d'un masque de caoutchouc, muni d'une glace, qui recouvre le nez et les yeux. Ce masque s'impose alors et remplace les lunettes, avec ou sans poires de compensation, qui se plaquaient sur les globes oculaires dès 6 ou 7 mètres de profondeur, entraînant d'impressionnantes hémorragies sous-conjonctivales.
En décembre 1939, toujours à Nice, Alec Kramarenko, qui fait partie de la colonie aristocratique russe en exil depuis 1917, dépose le brevet d'un tube respirateur, à valve, interdisant l'entrée de l'eau.

Palmes, masque et tuba : la panoplie du chasseur sous-marin est réalisée. On peut donc se promener sous la surface de l'eau, voir et cueillir à faible profondeur toutes les merveilles de la mer. Surtout, et c'est là la véritable révolution de ce XXe siècle, la chasse et la promenade sous-marines deviennent accessibles à tous. La mer n'est plus le lieu magique et privilégié des plongeurs traditionnels et des scaphandriers carapaçonnés, elle s'ouvre à tous.

Il ne manque, pour que cette conquête soit totale, qu'un petit scaphandre, aussi léger que celui de Le Prieur mais nettement plus pratique. Ce dernier progrès, décisif, viendra de Cousteau.

➤ Et Cousteau ouvrit le monde du silence

Jeune lieutenant de vaisseau basé à Toulon, Jacques-Yves Cousteau est passionné de chasse sous-marine. Il se lie d'amitié avec le lieutenant de vaisseau Philippe Tailliez, qui vient de mettre au point un fusil sous-marin, et Frédéric Dumas, un redoutable chasseur. À trois, ils vont expérimenter les différentes inventions de Cousteau et tourner les premiers films sous-marins.

En 1938, Cousteau essaie tout d'abord une version personnalisée du scaphandre à oxygène pur des nageurs de combat. Les nageurs de combat utilisent en effet un appareil à circuit fermé, qui, ne faisant pas de bulles, évite de les faire repérer. Ils respirent de l'oxygène pur et l'air vicié est purifié grâce à une cartouche de chaux sodée qui retient le gaz carbonique, mais la profondeur d'intervention est limitée à 7 mètres. Cousteau plonge donc d'abord avec ce type de scaphandre. À deux reprises, aux alentours de 18 mètres, en proie à une crise d'hyperoxie, il est pris de convulsions, risque de se noyer et est sauvé de justesse.

La guerre et ses conséquences vont apporter la solution. En 1942, Cousteau s'associe à un ingénieur de l'Air Liquide, Émile Gagnan, qui est spécialisé dans les détendeurs pour gaz comprimé. Le rationnement de l'essence a en effet obligé les techniciens à trouver une nouvelle énergie pour automobiles : c'est le temps des voitures à gazogène. Après plusieurs essais, le détendeur Cousteau-Gagnan est mis au point; il est très proche du régulateur de Rouquayrol-Denayrouze bien oublié. Ce détendeur permet de respirer l'air comprimé des bouteilles détendu à la pression ambiante. L'air est fourni seulement à la demande. La plongée dans l'espace proche est devenue enfin libre et facile.

Avec l'enthousiasme des novateurs, Cousteau, entouré de ses amis, tourne ses deux premiers films : *Par dix-huit mètres de fond*, où il montre Dumas à la poursuite des mérous, et *Épaves*, où ses amis évoluent à travers les carcasses brisées et silencieuses des navires engloutis.

À la fin de la guerre, Cousteau présente à l'État-major ce dernier film, pour le convaincre de la nécessité de former un groupe de recherches sous-marines. C'est le GRS, qui devient par la suite Gers, Groupe d'études et de recherches sous-marines, dont Philippe Tailliez, promu capitaine de corvette, prend la tête. Ce groupe participe activement au déminage des côtes de la Méditerranée et ce travail permet de démontrer la supériorité du scaphandre autonome sur les scaphandres pieds-lourds dont la marine française a commandé, en 1944, 200 exemplaires aux établissements Rouquayrol-Denayrouze et successeurs. Le Gers, sous les ordres de Tailliez, comprend aussi le lieutenant de vaisseau Cousteau, qui est second, et enfin Dumas, contractuel civil. Ces trois hommes ont accompli un travail extraordinaire, au vrai sens du terme, pour le développement des activités subaquatiques, tant civiles que militaires, et pour la connaissance de la mer. C'est grâce à leur passion, leur courage et leur ingéniosité que la plongée est devenue aujourd'hui si populaire et que la vie mystérieuse des eaux commence à être et connue et respectée.

Nous voici au milieu du XXe siècle. En un peu plus de cent ans, les Européens, Anglais, Français et Allemands ont franchi le miroir de la mer. Cette conquête a été celle de la liberté et de la sécurité.

Liberté : on est loin des énormes cloches à plongeurs qui nécessitaient deux navires pour leur mise à l'eau ou encore, par exemple, du curieux tonneau de Lethbridge ou même des magnifiques scaphandres de musée des frères Carmagnole (fig. 1.15).

Sécurité : Paul Bert a mis en évidence dans ses

travaux le principe et les conditions de saturation et désaturation des gaz inertes dans l'organisme humain, ainsi que la toxicité de l'oxygène pur. Les chercheurs n'ont alors plus qu'à s'engager plus avant dans sa voie.
On devine sans peine que liberté et sécurité ne peuvent suffire à l'homme. L'aventure disparaîtrait ! Un autre domaine aquatique demeure mystérieux, il reste à découvrir avec son cortège de risques, c'est celui de la profondeur.

1.15. *Scaphandre articulé des frères Carmagnole, (560 kilos), 1882.*

LA CONQUÊTE DES PROFONDEURS

Le groupe du Gers se pose d'emblée la question : jusqu'où peut-on descendre en scaphandre autonome, avec une ou deux bouteilles emplies d'air ? Le remarquable Dumas est déjà descendu à 62 mètres, mais a découvert en même temps l'ivresse des profondeurs que des physiologistes américains avaient expliquée dans les années 30 comme une narcose due à l'azote. Le groupe décide donc de chercher par étapes la profondeur maximale de la plongée à l'air.
D'abord 65 mètres, puis 90 mètres. Tout le monde réussit à descendre, à signer au fond de façon malhabile, mais tout le monde ressent des troubles plus ou moins violents.
Il faut passer à l'étape suivante : 120 mètres ! Une corde lestée, des planchettes à partir de 60 mètres, un filin pour attacher les plongeurs, la sécurité à bord : tout est prêt. Et puis il y a le sort, qui désigne le premier-maître Maurice Fargues pour plonger le premier. Le sort qui semble d'abord favorable, car Fargues a affirmé n'avoir pour ainsi dire pas souffert à 90 mètres.
« Ayant atteint en 3 min 10 s la profondeur de 120 mètres, cesse de répondre aux signaux. Est remonté aussitôt. Le maître torpilleur Pinard plonge et constate à 60 mètres que le premier-maître Fargues est inanimé, embout et lunettes arrachés. N'a pu être rappelé à la vie malgré les efforts de tous. » Telle est la fiche de plongée du 17 septembre 1947, que signe le capitaine de corvette Tailliez. Point n'est besoin d'une longue explication de texte pour comprendre trois choses. La profondeur visée a été atteinte, la narcose de l'azote a fait son œuvre de male mort, le chagrin du groupe est immense.
À partir de cette douloureuse expérience, la limite de la plongée à l'air est fixée à 90 mètres. Mais comment descendre plus bas ? Il faut éviter – c'est une obligation – la narcose de l'azote. Pourquoi ne pas remplacer l'azote par un autre gaz, qui constituerait avec l'oxygène un mélange synthétique ? Deux possibilités s'offrent aux chercheurs : l'hélium et l'hydrogène.

Les Américains s'essaient à l'hélium les premiers. En 1937, des scaphandriers descendent à 73 m dans l'Atlantique, en respirant un cocktail hélium-oxygène, délivrent les trente-trois membres de l'équipage du sous-marin *Squalus* et mettent quatre mois pour relever l'épave. En 1948, c'est un Anglais, William Bollard, qui descend à 164 mètres, avec un mélange hélium-oxygène ! Il remonte vivant.

À la fin de la guerre, la marine suédoise a aussi tenté des expériences en utilisant de l'hydrogène à la place de l'azote. Les dangers sont très grands, parce que l'hydrogène forme avec l'oxygène un mélange explosif. Avec d'infinies précautions, un ingénieur réussit une plongée à 160 mètres.

Enfin, dernier essai en mer digne d'être retenu : un mathématicien, le Suisse Keller, après avoir recalculé des tables de décompression avec son ami le médecin Bülhmann, réussit une plongée dans les eaux américaines, en 1963, à 300 mètres de profondeur.

Descendre plus bas et rester plus longtemps

Les accidents graves qui ont accompagné la mise en place de toutes ces expériences conduisent les chercheurs à adopter une autre ligne de conduite. Les grands centres de recherche américains, anglais, français s'équipent de caissons hyperbares permettant de réaliser des plongées fictives à très grande profondeur. Chaque plongée est dûment contrôlée et enregistrée. Ce sont surtout les militaires qui sont à l'origine de ces avancées : le Gers de Toulon, l'Experimental Diving Unit des États-Unis et le Royal Naval Physiological Laboratory de Grande-Bretagne ; mais il faut le remarquer, la collaboration avec les civils est très étroite, comme avec le Centre d'études marines avancé de Cousteau à Marseille et la Comex, compagnie maritime d'expertise fondée, à Marseille aussi, par l'ingénieur Henri Delauze.

La motivation essentielle de ces tentatives audacieuses n'est pas seulement la conquête gratuite de la profondeur, c'est aussi le désir de travailler avec efficacité sur les bords du plateau continental, c'est-à-dire autour des 500 mètres. La crise du pétrole des années 70 aiguillonne vivement cette recherche qui voudrait résoudre deux problèmes parallèles : comment descendre plus bas et comment rester plus longtemps. En effet, la profondeur est inversement proportionnelle au temps de plongée ; en revanche, plus la profondeur est grande et plus les paliers de décompression sont longs. Faire travailler un ouvrier pendant une heure à 100 mètres oblige à lui faire subir huit heures de décompression. Alors pour 300 ou 400 mètres, ce sont des jours et des nuits qui sont nécessaires. Aussi cherche-t-on à vaincre non seulement la profondeur mais aussi le temps.

➤ Les maisons sous la mer

L'idée germe alors d'observer les réactions de l'organisme après un séjour très long au fond. Le temps de décompression étant énorme après une plongée au mélange à grande profondeur, on tente alors de s'orienter vers ce que l'on appelle la plongée à saturation. Une compression au début, une seule décompression à la fin et, entre, une plongée qui peut durer plusieurs jours ou plusieurs semaines. Les plongeurs après leur travail demeureraient dans un caisson, immergé ou non, comprimé à la pression ambiante, pendant tout le temps nécessaire à l'exécution de l'entreprise sous-marine. En théorie, le temps de décompression est identique après une plongée, quel que soit le temps passé au fond, à partir du moment où l'organisme est totalement saturé en gaz inerte. Mais il faut l'expérimenter.

En France, deux expériences sont menées en septembre 1962. Ce sont les légendaires « maisons sous la mer ».

Au large de Villefranche-sur-Mer, l'Américain Link installe le plongeur Robert Stenuit par 60 mètres de fond pendant vingt-quatre heures ; *a man in the sea* (un homme dans la mer) respire un mélange d'hélium et d'oxygène.

Au large de Marseille, Cousteau installe ses deux aquanautes, André Falco et Claude Wesly, par 10 mètres de fond seulement, mais pendant huit jours ! Falco et Wesly respirent de l'air et sortent dans la journée de leur maison baptisée « Diogène » pour de menus travaux jusqu'à 25 mètres de profondeur. À la fin de la

semaine, les deux premiers hommes au monde à avoir vécu sous la mer retrouvent le soleil du Vieux-Port, ils sont entrés dans l'histoire. Cette expérience « Précontinent I » est suivie de plusieurs autres, mais au bout de quelques années cette voie est abandonnée. Le plongeur est trop tributaire de son habitat, il ne peut s'en éloigner. Mieux vaudrait le descendre dans une tourelle d'où il recevrait le mélange respiratoire et que l'on remonterait en fin de journée, tout en le maintenant à la pression du fond.
Les maisons sous la mer ont démontré qu'une saturation même très longue n'entraîne pas de problèmes particuliers.

➤ Les cocktails respiratoires et la limite des 500 mètres

Alors, il faut reprendre la descente : 180 mètres, 240 mètres et, enfin, en 1966 une mémorable plongée. Près de New York, deux plongeurs de la société Ocean System passent deux jours et deux nuits à 195 mètres! Ils manifestent des troubles graves, déjà observés lors de plongées moins profondes, mais heureusement totalement réversibles. Il s'agit d'un nouveau « mal des caissons » et ce sont les médecins de la Comex, Fructus, Brauer et Naquet, qui lui ont donné son nom en 1968 : le syndrome nerveux des hautes pressions.
On se rend parfaitement compte que cette conquête de la profondeur, comme celle de l'espace, est exclusivement due aux scientifiques, militaires ou civils : médecins, ingénieurs, techniciens. Quant aux plongeurs, ils se recrutent souvent parmi ces trois catégories. La science rejoint le courage.
Pour corriger, donc, les effets néfastes du syndrome nerveux des hautes pressions, les médecins essaient d'autres mélanges. On abandonne le cocktail hélium-oxygène et on expérimente le mélange Trimix : oxygène-hélium-azote. Plusieurs années d'expérience sont nécessaires. Citons seulement, en 1975, 307 mètres par le Gismer, 327 mètres par la Comex, 340 mètres par l'US Navy : toutes des plongées réelles. En 1981, nouveaux essais au centre hyperbare Gismer de l'Arsenal de Toulon : avec du Trimix, 450 mètres pendant douze jours et avec de l'héliox 610 mètres. À partir des années 80, les Suédois reprennent leurs expériences de l'après-guerre, en utilisant un mélange hydrogène-oxygène. La technique a évolué et les risques d'explosion sont mieux connus et mieux maîtrisés. Le mélange est appelé hydrox. Pour la Comex, c'est la série des expériences Hydra (fig. 1.16). Pas de syndrome nerveux, moins de fatigue. Les essais sont des succès.
Pour résumer, disons qu'un plongeur peut descendre et travailler à 500 mètres de profondeur et un peu plus pour des séjours à saturation qui peuvent durer jusqu'à 70 jours. Bien sûr, comme à la fin du XIXe siècle, ces plongées sont exclusivement professionnelles et demandent une assistance très sûre. Les scaphandriers d'aujourd'hui sont aussi dépendants de la surface que ceux du siècle dernier, mais ils sont les pionniers de cette lente enfoncée sous l'eau dont rêve l'humanité depuis si longtemps.
Cinq cents mètres, c'est approximativement la limite de l'intervention humaine directe au fond de la mer, de nos jours. Cependant les hommes ont réussi à descendre bien plus bas, naturellement sans sortir en pleine eau, jusqu'au fin fond des océans. Pour cela, il nous faut revenir quelques dizaines d'années en arrière.

Voir le fond

En 1930, un naturaliste américain, William Beebe, rêve d'observer de près la faune benthique. Avec l'ingénieur Otis Barton, il construit une sphère ronde de 1,38 m de diamètre interne, avec des parois d'une épaisseur de 3,75 cm et trois hublots de verre. Les deux amis plongent avec leur bathysphère pendant plusieurs années et ils descendent de 240 mètres jusqu'à 750 mètres, atteints le 22 septembre 1932. Les observations du naturaliste faites devant l'Académie des sciences de Washington font rêver : « ... Je vis un amas flottant de lumières vertes, large de presque un pouce, venir droit sur le hublot, le frapper, éclater en nombreuses étincelles qui s'éteignirent lentement sans révéler aucun tissu de connexion... Je vis des méduses où chaque détail était mis en relief par de nombreuses lumières vertes infuses dans les tissus où se

dessinait la nourriture récemment ingérée... Je vis certains poissons entièrement lumineux sans aucun foyer photogène : sans doute, quelque mucosité phosphorescente recouvrait-elle leur épiderme... »[10]
En 1948, Barton construit une autre bathysphère, le « benthoscope », dont le but est contenu dans le nom : voir le fond. Il descend à 1 360 mètres au large de Santa Barbara en Californie et remarque que c'est vers 700 mètres que la vie est la plus intense.

➤ De bathysphère en bathyscaphe

Mais des hommes sont descendus encore plus profond, grâce au génie du professeur de physique appliquée, Auguste Piccard (fig. 1.17). Le professeur suisse, soutenu par le Fonds national de la recherche scientifique belge ainsi que par la marine française et les plongeurs du Gers, dont les commandants Cousteau et Tailliez, va mener plusieurs projets d'essai jusqu'à la réussite finale, celle du « FNRS 3 » et du « Trieste ». Dans les premiers essais, Piccard plonge avec le professeur Théodore Monod, puis plus tard avec son fils Jacques. Le 28 septembre 1953, Piccard et son fils posent leur bathyscaphe « Trieste » sur le fond, à 3 150 mètres de profondeur, au large de l'Italie.
Le 15 février 1954, avec le bathyscaphe FNRS 3 construit à Toulon, que le professeur Piccard a abandonné en chemin, Georges Houot et Pierre Willm atteignent 4 050 mètres et se posent sur un sable très fin, très blanc. L'émotion des deux hommes est immense : « La terre est là, sous nos yeux, et nous fait oublier la colonne d'eau qui nous sépare de la surface ; 50 000 tonnes veulent écraser notre habitacle, mais nous nous en soucions peu !... Nous l'avons retrouvée, cette terre, sûre, stable, fidèle ! Elle nous a délivrés du vague sentiment d'anxiété qui, depuis la prise de plongée, pesait sur nous en dépit de notre entraînement. Sans que l'un ou l'autre l'ait avoué à haute voix, la descente avait quelque chose d'impressionnant ; les murs d'obscurité entre lesquels nous nous enfoncions mètre après mètre cachaient un monde hostile. Le coin du sol que nous apercevons nous paraît bien à nous. Peu importe qu'il soit au fond des eaux ! »[11]

➤ Jusqu'au fond des eaux

En 1958, le « Trieste » connaît une nouvelle aventure. Racheté par les Américains et conduit, si l'on peut parler ainsi, par Jacques Piccard et le lieutenant de vaisseau Don Walsh, le bathyscaphe, modifié, dépose en douceur ses deux habitants émerveillés au fin fond de la

1.16. *Plongée d'essai à la COMEX avant HYDRA VIII (- 520 mètres).*

1.17. *Le professeur Piccard, ambidextre, comme on le voit sur cette photo, dessine les plans de son mésoscaphe. Mars 1954, cours d'adieu à l'université libre de Bruxelles.*

fosse des Mariannes, la plus profonde de tous les océans. Dix mille neuf cent seize mètres ! Oui, 10 916 mètres, le 22 janvier 1960. Et ce n'est pas Poséidon qui vient coller sa tête chevelue aux hublots, mais tout simplement un poisson à l'allure tranquille. La vie existe, jusqu'aux tréfonds des mers, loin de toute lumière solaire, loin de toute chaleur.
Le récit de ces deux dernières expériences fait naître deux réflexions. Il y a bien sûr un indéracinable désir d'aventure et de connaissance dans le cœur et l'esprit de l'homme mais il y a en même temps un instinctif attachement à la terre, la sensation viscérale de n'appartenir qu'à elle.

Où en est-on aujourd'hui, en 1992 ? L'homme sait demeurer des mois entiers sous la mer, il s'est posé, à l'abri dans un engin, à 10 916 mètres de profondeur et il sort en pleine eau, craché par un sous-marin, à 600 mètres sous la surface de la mer. Nous pourrions nous croire au bout du long chemin commencé avec le chaudron d'Aristote, mais, nous le savons bien, nous ne sommes qu'au début, puisque le rêve est toujours là. Oui, vivre au fond de la mer, aller boire aux sources, découvrir les mines enfouies, comprendre le langage des mammifères et des poissons, leur voler leurs somptueuses couleurs et devenir… sirène.

NOTES

1. Oppien, *Les halieutiques.*
2. Thucydide, *La guerre du Péloponnèse,* livre IV 26.
3. Thucydide, *La guerre du Péloponnèse,* livre VII.
4. Dion Cassius, *Histoire romaine,* LXXIV.
5. Aristote, *Problèmes,* XXXII 5.
6. Montgéry, *Les annales maritimes et coloniales.*
7. F.M. Accinelli, *Storia veridica della Corsica,* manuscrit du XVIIIe siècle conservé aux archives de Gênes.
8. Frederik Drieberg, *Mémoire sur une nouvelle machine à plonger,* cité par Cl. Riffaud : *La grande aventure des hommes sous la mer.* Albin Michel, 1988.
9. Jacques Michel, *Trois inventeurs méconnus.* Éditions Musée Joseph Vaylet, 1980.
10. Cité par Pierre de Latil et Jean Rivoyre dans *À la recherche du monde marin.* Plon, 1954.
11. Houot et Willm, *Le bathyscaphe à 4 500 mètres au fond de l'océan.* Éditions de Paris, 1954.

BIBLIOGRAPHIE

Donatello Bellamo et Fabio Vitale, *I Viaggiatori degli abissi.* Éd. Arca, Trente, 1990.

Pierre de Latil et Jean Rivoire, *À la recherche du monde marin.* Éd. Plon, Paris, 1954.

Encyclopédie Cousteau. Éd. Robert Laffont, Paris, 1981.

Jacques Gregori, *Nouvelle histoire de la Corse.* Éd. Jérôme Martineau, Paris, 1967.

F. M. Accinelli, *Storia veridica della Corsica.* Éd. Adecec, Cervione, 1974.

Claude Riffaud, *La grande aventure des hommes sous la mer.* Éd. Albin Michel, 1988.

Jacques Michel, *Trois inventeurs méconnus.* Éd. Musée Joseph Vaylet, 1980.

2. ÉLÉMENTS D'OCÉANOGRAPHIE

Si le « Big Bang » s'est produit il y a 12 à 15 milliards d'années, notre système solaire s'est formé beaucoup plus tard, il y a seulement 4,8 milliards d'années. À cette époque, la nébuleuse originelle, plus grande que le système solaire actuel, se concentre progressivement. Sa température augmente, surtout au centre.
Aux bords, la température plus faible permet la formation de matière solide qui s'agglomère lors de collisions violentes. Les planètes se forment.
Pendant ce temps, le noyau de la nébuleuse continue à se condenser, sa température s'élève jusqu'à atteindre 11 millions de degrés.
À cette température, l'hydrogène qui compose pour l'essentiel le noyau de la nébuleuse donne lieu à de violentes réactions de fusion nucléaire.
Le soleil est né. Le vent violent qui résulte des réactions nucléaires débarrasse le système solaire des gaz légers et des poussières météoriques (malgré ce nettoyage, la Terre reçoit encore actuellement 5 à 6 tonnes par jour de matière météorique).
Progressivement le fer et le nickel en fusion se concentrent au cœur de la Terre. Les éléments plus légers se retrouvent à la périphérie et forment un manteau qui se solidifie en surface.
Le réarrangement du manteau entraîne une activité volcanique intense pendant laquelle l'oxygène et l'eau, qui résulte de la combinaison de l'hydrogène et de l'oxygène, sont éjectés à la surface de la Terre. Le vent solaire a perdu de sa violence et ces deux éléments sont suffisamment lourds pour être retenus par le champ de gravitation terrestre.
La surface de la Terre continue de se refroidir, l'eau se condense.
Des pluies tombent pendant des années (ou des siècles) et remplissent les bassins océaniques.
Au cours de ces grands cataclysmes (éruptions volcaniques, pluies torrentielles continues), l'eau dissout une grande quantité de sels minéraux du manteau terrestre, qu'elle entraîne dans les océans.
Les nuages de poussière et de vapeur d'eau diminuent et se déchirent, le soleil brille pour la première fois sur la planète bleue, il y a environ 3 milliards d'années.
Il n'est pas possible, à ce jour, de dater avec précision la naissance des océans.
En effet, la tectonique des plaques (dérive des continents) entraîne un renouvellement des sédiments des fonds marins tous les 150 à 200 000 ans.
Les premiers éléments organiques apparaissent certainement pendant la période tumultueuse où l'eau est encore à l'état gazeux. Pendant la formation des océans, la matière organique s'y concentre. Leurs températures élevées et leurs salinités favorisent la formation de chaînes organiques plus complexes qui vont, progressivement, conduire à l'apparition de structures unicellulaires capables de se dupliquer.

L'océan mondial forme une étendue d'eau continue qui représente 97 % des réserves d'eau de notre planète. Le reste se trouve sous forme de glace (2 %), d'eau douce et de vapeur (1 %). L'océan recouvre 71 % de la surface de la Terre avec une profondeur moyenne de 4 kilomètres. La répartition des surfaces immergées est très inégale : 81 % dans l'hémisphère Sud, 61 % dans l'hémisphère Nord. Entre le 35e et le 70e parallèle de l'hémisphère Sud, 95 % de la surface est occupée par l'océan. La séparation de l'océan mondial en plusieurs bassins océaniques a donné lieu à de nombreuses controverses qui ne sont pas encore tout à fait éteintes. Certains pays ne reconnaissent pas la modification de nomenclature qui transforme l'océan glacial Arctique en mer glaciale Arctique rattachée à l'Atlantique (tableau 2.1). La profondeur moyenne des océans étant de l'ordre de 4 000 mètres, 1 % seulement de leur volume est accessible aux plongeurs amateurs. Ce chiffre doit être considérablement réduit compte tenu du fait que les plongeurs s'aventurent rarement en dehors du plateau continental (zone bordant les côtes dont la profondeur est inférieure à 200 mètres), qui ne représente que 5 % de la surface des océans. Heureusement, c'est dans cette zone que vit près de 60 % de la faune marine.

Tableau 2.1. *Caractéristiques géographiques des océans.*

	Surface en millions de km²	Profondeur moyenne en mètres	Profondeur maximale en mètres	Surface du plateau continental en millions de km²
Océan Arctique	15	1 000	4 600	8
Océan Atlantique	91,5	3 300	9 100	
Océan Indien	76	3 900	7 400	3
Océan Pacifique	178,5	4 300	11 000	8,4

PROPRIÉTÉS PHYSIQUES DE L'EAU DE MER

La salinité

L'eau des océans contient une quantité importante de composés minéraux. Si la quasi-totalité des éléments est présente dans l'eau de mer, seuls certains y sont en quantité pondérable sous forme de sels (chlorures, sulfates, carbonates de sodium, de magnésium, de calcium et de potassium : tableau 2.2). La teneur en sels de l'eau de mer est en moyenne de 35 grammes par kilogramme d'eau (35 ‰). Le chlorure de sodium représente 78 % de la salinité. Celle-ci est minimale à l'équateur et aux pôles (34 ‰). Seule la mer Baltique a une salinité faible (7 ‰), proche de celle des eaux douces (de 1 à 5 ‰).

La salinité peut varier localement de façon plus sensible :

– quasi nulle à l'embouchure des grands fleuves,

– supérieure à 40 ‰ dans les zones où les circulations d'eau sont limitées et l'évaporation importante (mer Rouge, golfe Persique).

La densité moyenne de l'eau de mer est d = 1,028. Elle varie peu avec la température et la salinité. Aussi le lestage d'un plongeur tout équipé varie-t-il de moins de un kilogramme d'une mer à une autre (à l'exception de la Baltique). Par contre la variation de lestage atteint 2 à 3 kilogrammes lorsque le plongeur passe de l'eau douce à l'eau de mer.

Des éléments lourds tels que l'or sont présents sous forme de sels dans les océans. Leur extraction, qui a fait rêver plus d'un homme, s'avère particulièrement difficile et jusqu'ici non rentable. Pour extraire un kilogramme d'or il faut traiter 250 000 m^3 d'eau de mer (environ l'équivalent de 1 000 piscines) qui donnent un substrat de près de 9 tonnes.

La propagation du son

La vitesse du son dans l'eau (1 500 m/s, en moyenne) est environ 5 fois plus grande que dans l'air. Elle varie peu (moins de 5 %) avec la salinité, la température, la profondeur. Cette grande vitesse de propagation est utilisée sur les bateaux, même en mouvement, pour mesurer la hauteur d'eau. Le principe du sondeur est simple. Une sonde émet en direction du fond un signal. Après réflection, celui-ci revient à la sonde. Le temps qui sépare le départ de l'arrivée du signal est proportionnel à la distance parcourue.

Le sondeur permet de connaître le relief sous-marin et de choisir les meilleurs sites de plongée (tombants, hauts-fonds, épaves). La connaissance des variations de la hauteur d'eau permet aussi un contrôle de la route suivie. Cette technique de navigation s'avère particulièrement utile les jours de brouillard.

La capacité calorifique

La capacité calorifique spécifique d'un corps est l'énergie qu'il faut fournir à un gramme de matière pour élever sa température de un degré. Cette grandeur est représentative de la capacité d'un élément à stocker de l'énergie thermique. La capacité calorifique de l'eau de mer (C = 4,185 J/g/°C) est 27 fois plus grande

Tableau 2.2. *Concentration en grammes par kilogramme d'eau des principaux sels minéraux dissous dans les océans.*

Sels	Concentration en ‰
Chlorure de sodium Na Cl	27,3
Chlorure de magnésium Mg Cl_2	3,6
Sulfate de magnésium Mg So_4	1,8
Sulfate de calcium Ca So_4	1,4
Sulfate de potassium K_2 So_4	0,9

que celle de l'air. L'océan est de ce fait un véritable réservoir d'énergie et constitue un volant thermique qui régule l'évolution des climats. Dans la zone couramment explorée par les plongeurs (0 à 40 mètres), la température de l'eau varie plus d'un site à l'autre (voir plus loin « Les conditions météorologiques des principales régions de plongée ») qu'en fonction de la saison.
La grande capacité de l'eau à absorber la chaleur constitue pour le plongeur un inconvénient majeur. Au contact de l'eau celui-ci perd plus rapidement son énergie qu'au contact de l'air. Aussi, dans des eaux dont la température est inférieure à 27 ou 28 °C, est-il nécessaire de porter un vêtement isothermique qui réduit les échanges thermiques.

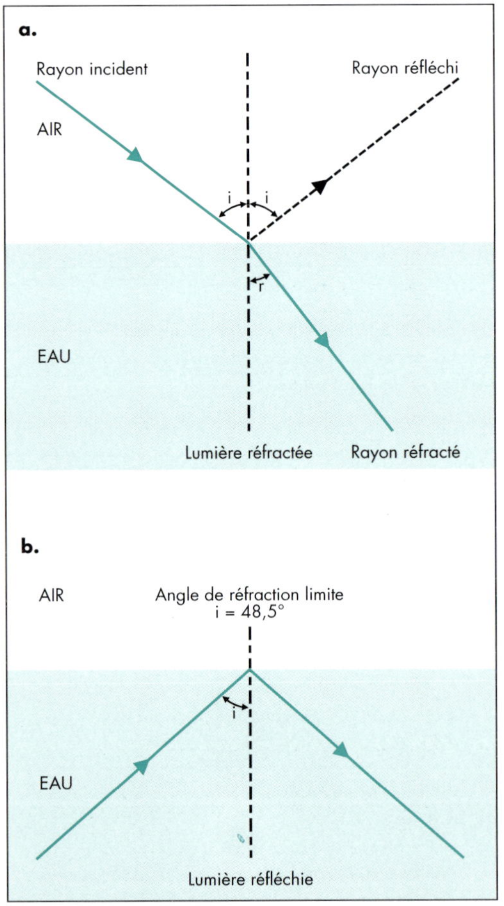

2.1. *Schéma de principe des trajets d'un rayon lumineux entre l'air et l'eau.*

Les propriétés optiques

Dans un milieu homogène, les rayons lumineux se propagent en ligne droite. Lors du passage d'un milieu à un autre, ils sont réfractés ou réfléchis (fig. 2.1). Il existe un rapport constant « n » entre les sinus des angles d'incidence « *i* » et de réfraction « *r* » : $\sin i / \sin r = n$ (n : indice de réfraction de l'eau par rapport à l'air, n = 4/3).

➤ La propagation dans le sens air/eau

(fig. 2.1.a)
Quel que soit l'angle d'incidence, il existe toujours un rayon réfracté. L'effet de réflection est faible. À midi solaire, l'intensité lumineuse transmise est de 98 % quel que soit l'état de la mer. Une heure avant le couchant, la transmission est de 75 % par mer plate et de 85 % par mer peu agitée.

➤ La propagation dans le sens eau/air

(fig. 2.1.b)
Si l'angle d'incidence est inférieur à 48,5°, le rayon est réfracté. Au-delà, il y a réflection totale. Ce phénomène impose quelques précautions en plongée de nuit. Si un plongeur immergé veut signaler sa présence au bateau de surface, il doit orienter le faisceau de sa lampe vers la surface avec un angle inférieur à 48,5° ; au-delà, la lumière ne sera pas aperçue de la surface.

➤ La vision dans l'eau

L'œil est un système optique complexe composé de trois éléments essentiels :
– l'iris limite la quantité de lumière qui entre dans l'œil ;
– le cristallin (lentille convergente) forme sue le récepteur (la rétine) l'image d'un objet ;
– la rétine reçoit l'image qui est transmise au cerveau par le nerf optique.
Sous l'effet de muscles la convergence du cristallin peut varier. Cette accommodation permet d'obtenir une image nette quelle que soit la distance entre l'œil et le sujet observé. La déformation du cristallin est cependant limitée et, lorsque l'œil est immergé dans l'eau, la faible différence d'indice de réfraction entre l'eau et le cristallin ne permet pas une accommodation

correcte. La vision est floue. Aussi est-il nécessaire d'interposer entre l'œil et le sujet une couche d'air qui est obtenue par la présence du masque. Le dioptre plan air/eau qui en résulte (l'influence de la vitre peut être ici négligée) donne par réfraction une image de même taille que le sujet observé mais rapprochée (fig. 2.2). La relation entre l'objet et l'image est définie par deux paramètres :

– le grandissement G est un paramètre objectif tel que G = taille de l'image / taille de l'objet. Ici, G = 1 ;

– le grossissement g dépend de la position de l'observateur, donc g = tangente de l'angle sous lequel l'image est observée / tangente de l'angle sous lequel l'objet serait observé sans optique, soit g = (Dr + d) / (Da + d).

La distance d entre l'œil et la vitre du masque est généralement petite devant les distances vitre-objet et vitre-image :

(Dr + d) # Dr et (Da + d) # Da,

soit g # (Dr / Da) = n.

Lorsque l'œil s'écarte de la vitre (aquarium, bateau à fond de verre), la distance d devient parfois grande devant Dr et Da : (Da + d) # d et (Dr + d) # d, le grossissement tend vers 1.

Le dioptre plan n'est pas un système optique parfait, c'est-à-dire qu'il donne d'un objet ponctuel une image qui ne l'est pas. Ce défaut n'est pas sensible à l'œil, mais sera perçu en prise de vue avec des objectifs grands angulaires (voir chapitre 6 « La prise de vue sous-marine »).

➤ La transmission des couleurs

Le rayonnement émis par le soleil comporte une composante visible qui s'étend du rouge au violet en passant par le jaune, le vert, le bleu. La transmission du rayonnement dans l'eau varie en fonction de sa couleur qui est caractérisée par sa longueur d'onde, généralement exprimée en nanomètres.

Cette transmission est caractérisée soit par le coefficient de transmission, soit par le paramètre D1/2 plus explicite qui correspond à la distance au bout de laquelle l'intensité d'une couleur est absorbée d'un facteur 2 (tableau 2.3). Cette variation de transmission en fonction de la longueur d'onde altère le rendu des couleurs. À 2,5 m de profondeur dans les eaux claires du large, un plongeur situé à proximité d'un sujet comportant du rouge (D1/2 # 1,3 m)

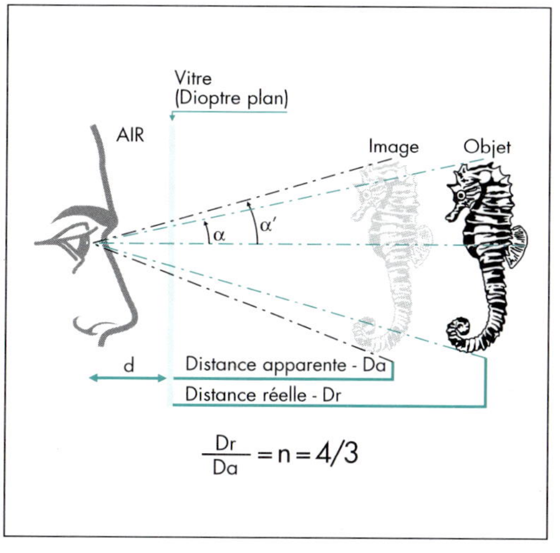

2.2. *Schéma de principe de la formation d'une image par un dioptre plan.*

	Rouge	Jaune	Vert	Bleu	Violet
Longueur d'onde en nanomètres	650	580	540	480	430
D1/2 eau de mer filtrée	2,5 m	8,5 m	16 m	30 m	30 m

Tableau 2.3. *Profondeur à laquelle l'intensité lumineuse d'une couleur est absorbée de moitié (D1/2) pour une eau de mer filtrée (salinité 35‰). Pour une eau du large non filtrée, D1/2 vaut sensiblement la moitié.*

et du bleu (D1/2 # 15 m) voit l'intensité du bleu pratiquement inchangée tandis que celle du rouge est atténuée d'un facteur 4 (soit 2 diaphragmes en photographie).
Dans les eaux côtières, les suspensions en présence (alluvions près de l'embouchure des fleuves, plancton) réfléchissent les rayons lumineux dans des directions aléatoires. Ce phénomène de diffusion atténue encore la transmission de la lumière ainsi que le contraste qui caractérise l'intensité relative de la lumière émise ou réfléchie par deux objets. La diffusion qui croît avec la concentration des suspensions intervient de façon déterminante sur la visibilité dans l'eau. Celle-ci varie de quelques centimètres à une soixantaine de mètres. La concentration des suspensions est fonction de la pluviométrie (alluvions) et de la température de l'eau (plancton). Les eaux du large sont généralement d'un beau bleu. La présence de suspensions modifie la couleur de l'eau qui devient brun-vert (alluvions) ou jaune-vert (plancton). Dans certaines mers chaudes ou zones côtières, l'eau prend parfois une couleur rouge du fait de la surabondance d'êtres unicellulaires (dinoflagellés) qui ont valu à la mer Rouge son nom. Ce sont encore des unicellulaires (noctiluques) qui, activés par le mouvement des eaux (nageur, vagues), sont responsables de la luminescence de l'eau.

LES MARÉES

Nature du phénomène

Les marées se rencontrent dans toutes les mers et les océans. Elles se manifestent sous la forme de courants et d'oscillations périodiques du niveau marin.
Les plongeurs doivent en connaître les effets locaux afin d'assurer le maximum de sécurité à leurs plongées.
Les travaux de Newton ont permis de montrer que les marées sont une conséquence de l'attraction que les astres exercent sur la masse des océans.
Suivant les lois de la gravitation, deux corps exercent l'un sur l'autre une force d'attraction (F) proportionnelle à leur masse (M et M') et inversement proportionnelle au carré de leur distance (D) :
$F = M \times M' / D^2$
Cette attraction tend à gonfler les océans et les mers du côté qui fait face à l'astre.
Aux antipodes, cette attraction est largement compensée par la force centrifuge qui tend aussi à déterminer un gonflement des océans.
Les seules attractions notables qui s'exercent sur les océans sont celles de la Lune et du Soleil.
Bien que la force de l'attraction soit proportionnelle à la masse de l'astre et que la masse de la Lune soit beaucoup plus faible que celle du Soleil, la distance du Soleil est si grande que son action n'atteint pas la moitié de celle de la Lune, beaucoup plus proche.
La marée est un phénomène périodique complexe régi par trois phénomènes :
– la rotation diurne de la Terre,
– la variation des positions relatives de la Lune et du Soleil,
– les dimensions et les formes des bassins océaniques.
Au cours d'une oscillation, la hauteur d'eau, en un point donné, passe par un maxima (pleine mer) et par un minima (basse mer).

Amplitude et période des marées

Lorsque le Soleil et la Lune sont en opposition ou en conjonction (fig. 2.3) leurs attractions s'ajoutent, l'amplitude de la marée est alors la plus grande (marée de vive-eau). Par contre, quand la Lune est à ses quartiers, leurs attractions se contrarient (fig. 2.4), l'amplitude de la marée est minimale (marée de morte-eau).

C'est la prédominance de l'attraction lunaire qui, pour la plupart des régions, est à l'origine du retard de 50 minutes de la marée d'un jour sur la marée homologue de la veille ; l'intervalle du temps entre deux passages de la Lune au méridien d'un lieu étant de 24 heures et 50 minutes.

➤ L'établissement et l'âge des marées

L'attraction gravitationnelle ne suffit pas à expliquer l'amplitude et le rythme des marées, qui dépendent aussi des dimensions des bassins océaniques, de leur relief, du tracé des côtes. La pleine mer présente un retard par rapport au passage de la Lune au méridien : ce décalage s'appelle l'établissement. L'établissement, donné en général pour un port, varie d'un jour à l'autre suivant les positions de la Lune et du Soleil et les conditions géographiques locales. Ces variations sont régulières et connues à l'avance. Les variations de l'établissement peuvent être très fortes pour des points rapprochés et faibles pour des points éloignés : 8 heures entre les deux extrémités occidentales de la Manche (Le Conquet, îles Scilly), mais 2 heures seulement entre la Bretagne et les côtes marocaines situées pourtant à peu près à la même longitude.

Un autre type de retard, l'âge de la marée, résulte de la viscosité de l'eau. Ce retard est variable d'un point à un autre : 1 jour et demi à 2 jours sur les côtes d'Europe, 1 jour sur les côtes atlantiques des États-Unis, pratiquement nul sur les côtes américaines du Pacifique.

➤ Le marnage

L'amplitude d'une marée, qui est la différence de niveau entre la marée haute et la marée basse, s'appelle le marnage. Les plus faibles (moins de 1 mètre) se rencontrent dans les mers presque fermées comme la mer Baltique, la mer Méditerranée, la mer Rouge, et dans les petites îles au milieu des océans comme la Polynésie. Mais il y a des exceptions, telles que le fond de la mer Adriatique ou le golfe de Suez (1,80 m) qui forment des culs-de-sac s'ouvrant largement sur le reste de la mer. Les marnages moyens (1 à 2 mètres) s'observent surtout sur les côtes rectilignes. Les marnages forts (plus de 2 mètres) se rencontrent souvent sur les

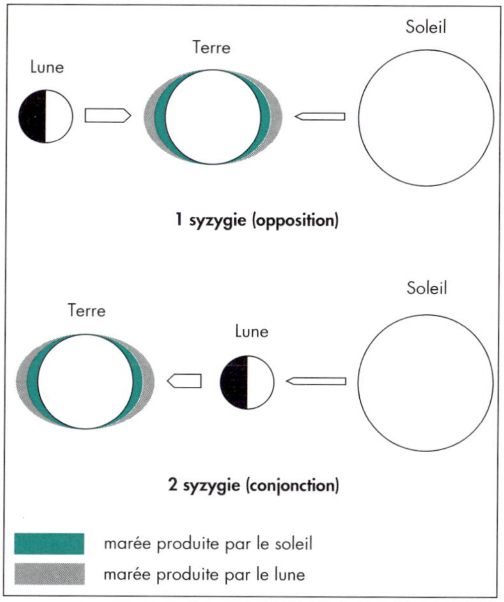

2.3. *Position des astres pour les marées de vie-eau.*

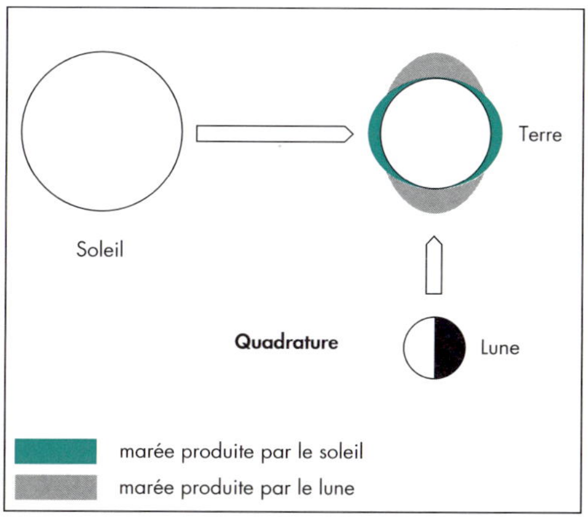

2.4. *Position des astres pour les marées de morte-eau.*

rivages précédés d'une large plate-forme continentale, dans les détroits ou dans les golfes en cul-de-sac. Les plus forts marnages (fig. 2.5) sont dans la baie de Fundy au Canada (19 mètres environ), dans l'estuaire de la Severn en Grande-Bretagne et dans la baie du Mont-Saint-Michel (15 mètres environ).

Le marnage est lié à la conjonction de la Lune et du Soleil et aux conditions géographiques locales. Son intensité peut surprendre le navigateur inexpérimenté et lui causer quelques désagréments.

La connaissance du marnage et de l'heure de la marée permet au plongeur de déterminer, avant de s'immerger, la hauteur d'eau qu'il va rencontrer. Un calcul simple (règle des 12es) donne la variation de hauteur d'eau pour les marées semi-diurnes (voir plus loin, « Les marées dans le monde ») avec une précision largement suffisante pour le plongeur :

1re heure de la marée	1/12 du marnage
2e " " " "	2/12 " "
3e " " " "	3/12 " "
4e " " " "	3/12 " "
5e " " " "	2/12 " "
6e " " " "	1/12 " "

➤ Les courants de marée

Sur les côtes en pente douce, la phase ascendante de la marée (flot ou flux) et la phase descendante (jusant ou reflux) entraînent la formation de courants de marée. Leur vitesse peut atteindre 12 nœuds, soit cinq fois celle d'un bon nageur. Ils affectent toute la masse de l'eau, de la surface au fond. De ce fait, ils présentent un risque que le plongeur doit prendre en compte dans l'organisation de sa plongée.

D'une manière générale, les courants de marée sont plus forts en marée de vive-eau qu'en marée de morte-eau. Ils résultent de plusieurs causes :

– l'étranglement de l'entrée d'une baie, soit par resserrement en « goulet », soit par relèvement du fond, ou les deux à la fois ; le courant atteint ainsi plus de 10 nœuds par marée de vive-eau dans le Fromveur, chenal entre Ouessant et Molène ;

– la grande différence d'heure de marée entre deux sites rapprochés ; c'est ce qui se passe dans le détroit de Messine où les différences d'horaire entre les marées de la mer Tyrrhénienne et celles de la mer Ionienne sont de 6 heures sur 3 kilomètres de distance.

2.5. *Amplitude des marées dans le monde.*

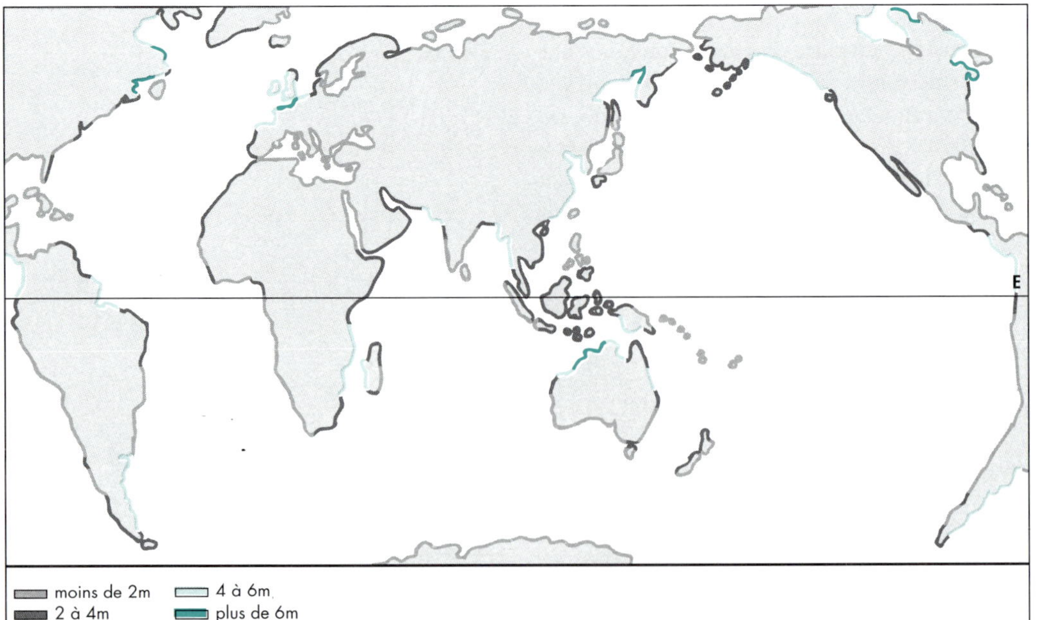

Les courants de marée ont une période qui est liée aux marées du lieu. Ils sont généralement réversibles (direction opposée selon le flux ou le reflux).

La force des courants de marée varie en fonction de l'heure de marée. Elle passe par un maximum au milieu de la période du flux et du reflux, et décroît progressivement avant la renverse du courant : c'est l'étale. L'étale de basse mer est souvent plus longue que celle de haute mer et constitue la période la plus favorable pour la plongée.

Dans les zones d'îlots, souvent recherchées par les plongeurs, il n'y a pas toujours cet effet de va-et-vient. Au contraire, surtout pendant les marées de vive eau, des courants tournants sans étale peuvent se développer.

Les courants de marée sont influencés, en surface, par les conditions météorologiques : si le vent est dans le même sens que le courant de marée, il le renforce ; s'il est de sens contraire, il l'atténue, mais il donne dans ce cas une mer hachée même par beau temps.

Les courants de marée ont souvent été étudiés pour la grande navigation. Ces études n'intègrent pas les microvariations qui se produisent près des côtes, zones dans lesquelles évoluent les plongeurs. Aussi, ceux-ci doivent-ils toujours s'informer localement (capitainerie du port, pêcheurs...) de l'existence et de la force de ces courants de marée.

Les marées dans le monde

Ce sont la taille des bassins océaniques et les lois de la propagation des oscillations qui permettent d'expliquer les trois types de marées (fig. 2.6).

➤ **Les marées semi-diurnes :** il y a deux pleines mers et deux basses mers par jour. Les amplitudes des deux marées sont très voisines. C'est le type de marées le plus fréquent sur presque toutes les côtes de l'océan Atlantique et dans l'océan Indien. La grande majorité des très fortes marées appartient à ce type (fig. 2.7.a).

Dans ce cas, l'amplitude est définie par le coefficient de marée qui, par convention, varie de 20 à 120 :

20 : marées de morte-eau les plus faibles
45 : marées de morte-eau moyennes
70 : marées moyennes

2.6. *Types de marées dans le monde.*

95 : marées de vive-eau moyennes
100 : marées de vive-eau d'équinoxe
120 : marées extraordinaires de vive-eau d'équinoxe

Pour un coefficient de marée donné, le marnage varie en fonction du site.

➤ **Les marées diurnes :** il y a une pleine mer et une basse mer par jour. Ce type de marées est peu répandu et ne donne pas en général de grands marnages. Il est fréquent sur les côtes du Viêt-nam (mer de Chine) et dans la mer des Caraïbes (fig. 2.7.b).

➤ **Les marées mixtes :** ce type de marées est des plus complexe (fig. 2.7.c). Il peut y avoir deux pleines mers et deux basses mers par jour, mais parfois les deux pleines mers sont sensiblement égales tandis que les deux basses mers sont très inégales, à moins que ce ne soit l'inverse... Ce type de marée se rencontre surtout sur les côtes américaines et asiatiques de l'océan Pacifique et dans l'océan Indien. Dans ces régions, les amplitudes et les périodes des marées sont plus difficiles à prévoir et les plongeurs doivent se renseigner localement.

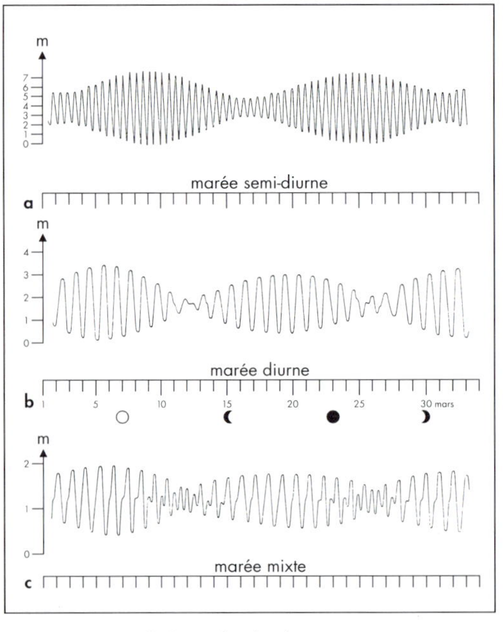

2.7. *Variation de l'amplitude des marées selon leur type.*

Les effets locaux

La marée se propage dans les estuaires des fleuves avec une période identique à celle de la marée qui lui a donné naissance. Cette vitesse de propagation diminue avec la profondeur de l'eau et la présence d'obstacles. L'influence de la marée finit par s'annuler en un point qui est la limite de la partie maritime du fleuve. Sur certains grands estuaires comme celui de l'Amazone, il peut s'engager plusieurs marées les unes derrière les autres.

Le mascaret est un phénomène d'estuaire. Il consiste, au moment du flux, en une surélévation brutale des eaux qui peut atteindre plusieurs mètres (6 mètres pour l'Amazone) et qui progresse rapidement vers l'amont sous la forme d'une vague déferlante qui peut être dangereuse.

Chaque bassin océanique possède une série de fréquences propres déterminées par ses dimensions et sa forme. Si l'une de ces fréquences se rapproche de la fréquence d'une des composantes des forces d'attraction de la Lune ou du Soleil, une résonance se produit qui amplifie la hauteur de la marée. Les effets de cette résonance sont analogues aux mouvements de la balançoire : une série de petites impulsions données au moment voulu de l'oscillation, à condition qu'elles soient en phase avec cette oscillation, arrive à faire prendre à cette dernière une très grande amplitude. C'est par la résonance que l'on peut expliquer l'amplification considérable de la marée dans certaines régions (fond de la mer Adriatique).

Il existe également des variations du niveau de la marée qui sont d'ordre atmosphérique.

– Le vent soufflant vers le rivage fait monter le niveau de la mer et au contraire le vent soufflant de la terre le fait baisser.

– Les variations barométriques ont aussi une influence non négligeable : le niveau de la mer baisse quand la pression barométrique augmente et il monte quand la pression diminue. Ces marées barométriques sont observables dans les mers où les marées gravitationnelles sont faibles. En Méditerranée, les marées barométriques peuvent être du même ordre de grandeur que les marées gravitationnelles (0,50 m).

LES COURANTS MARINS

Les courants marins sont des sortes de grands fleuves qui coulent en permanence essentiellement à la surface des océans, selon des itinéraires à peu près fixes. Ils se distinguent par leur température nettement plus chaude ou plus froide que celle des eaux environnantes.

Leurs causes

En dehors des effets de la marée, les courants marins résultent du vent et des différences de densité de l'eau.

Les courants de surface sont créés principalement par les vents. Le vent exerce sur la surface de la mer une force de frottement ou « tension du vent » qui tend à entraîner l'eau en surface. La couche sous-jacente est entraînée à son tour par le frottement liquide, mais à une vitesse moindre. Le mouvement de la mer, dès qu'il existe, subit la force de Coriolis, générée par la rotation de la Terre. Les courants sont déviés vers la droite dans l'hémisphère Nord et vers la gauche dans l'hémisphère Sud.

Lorsque des masses d'eau de densités différentes se trouvent en contact, la plus dense tend à passer en dessous de celle dont la densité est moindre. Ces déplacements, aussi bien ascendants que descendants, sont bien sûr soumis à la force de Coriolis. Le plongeur n'oubliera pas de se renseigner localement sur l'existence de tels courants, bien qu'ils soient généralement faibles.

Leur répartition (fig. 2.8)

➤ Les courants dans les zones polaires

Les eaux de l'océan glacial Antarctique sont très froides et peuvent geler en surface dès le 55e parallèle Sud. Sur les eaux libres de glace un grand courant circule d'ouest en est, à peine déformé par la pointe de l'Amérique du Sud. Ce lent déplacement est dû aux grands vents d'ouest permanents qui soufflent à ces latitudes. Dans l'hémisphère Nord, la situation est plus complexe à cause de la répartition des océans et des terres. Les côtes est sont bordées par des courants froids venus de l'océan glacial

2.8. *Les courants marins.*

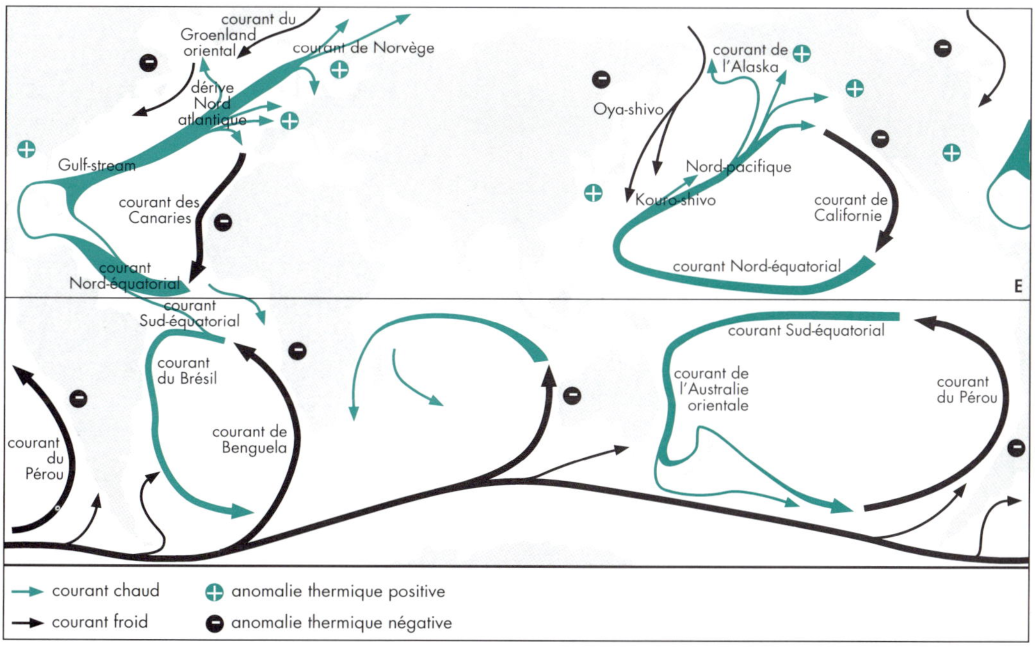

Arctique : c'est le courant du Labrador dans l'océan Atlantique Nord et l'Oya Shivo dans l'océan Pacifique Nord. Les côtes ouest sont, par contre, longées par des eaux plus chaudes en provenance des régions tempérées : c'est le courant de Norvège dans l'océan Atlantique Nord et le courant de l'Alaska dans l'océan Pacifique Nord.

➤ Les courants dans les zones tempérées

• *Dans l'hémisphère Nord,* il existe deux grands courants chauds de direction sud-ouest-nord-est :
– dans l'océan Atlantique Nord, le Gulf Stream et son prolongement la dérive Nord-Atlantique se déplacent depuis les côtes du golfe du Mexique et de la Floride jusqu'aux côtes de Norvège ;
– dans l'océan Pacifique Nord, le Kouro Shivo se déplace des Philippines jusqu'à l'Alaska.
Ces courants sont puissants et rapides. Par exemple, le Gulf Stream peut parcourir jusqu'à 220 kilomètres par jour au large des côtes américaines, soit 2,5 m par seconde (un plongeur se déplace à moins de 1 mètre par seconde...) ; sa température est de 27,5 °C au large des côtes de la Floride alors que la température moyenne des eaux à la même latitude est de 24 °C.
Ces deux grands courants sont en grande partie dus aux grands vents d'ouest qui soufflent aux latitudes moyennes.

• *Dans l'hémisphère Sud,* les courants chauds (courant du Brésil dans l'océan Atlantique Sud et courant de l'Australie orientale dans l'océan Pacifique Sud) ne dépassent pas le 45e parallèle Sud, car ils sont bloqués par les masses d'eaux froides venues des régions antarctiques. Dans les zones tempérées, ces courants chauds entraînent des conséquences climatiques importantes : les façades ouest des continents ont des climats plus doux (Bretagne, Irlande, côtes de la Norvège...) que les façades est.

➤ Les courants dans la zone intertropicale

Aux latitudes intertropicales règnent les alizés, vents réguliers soufflant du nord-est dans l'hémisphère Nord et du sud-est dans l'hémisphère Sud. Les zones soumises aux alizés sont séparées par la zone des calmes équatoriaux.
La circulation des courants marins est très sem-

2.9. *Les vents en janvier.*

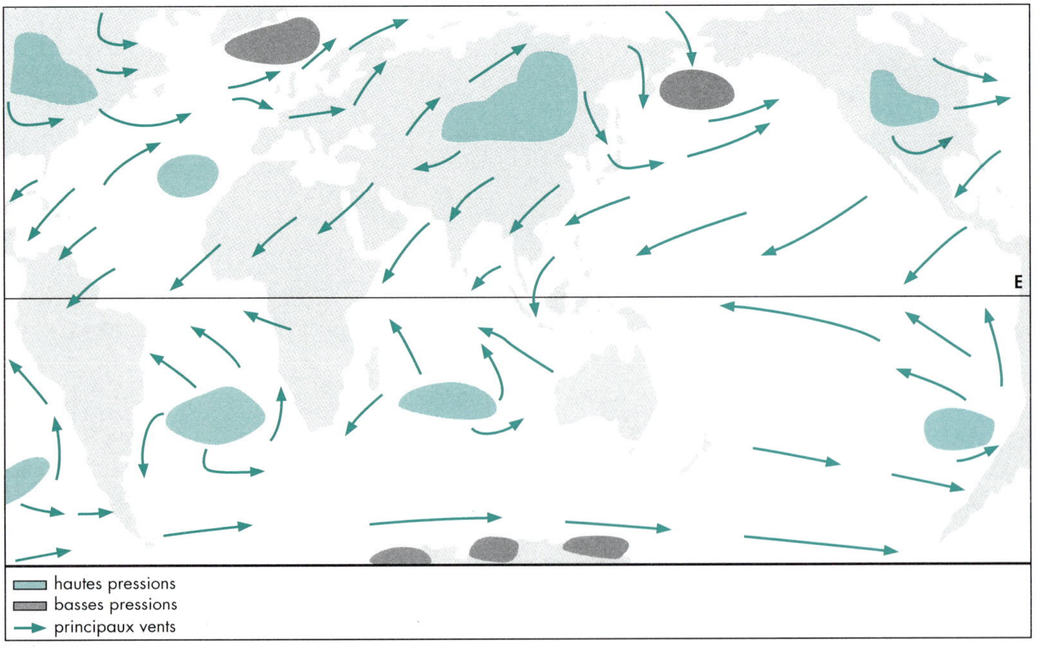

blable à la circulation atmosphérique et comporte dans chaque moitié Nord et Sud des deux grands océans un vaste circuit tournant dans le sens des aiguilles d'une montre au nord de l'équateur et dans le sens inverse au sud (voir fig. 2.9 : vents en janvier et fig. 2.10 : vents en juillet).

Aux alizés du nord-est de l'hémisphère Nord correspond le courant nord-équatorial, et aux alizés du sud-est de l'hémisphère Sud correspond le courant sud-équatorial. Ces deux courants réchauffés par leur passage près de l'équateur contribuent à former le Kouro Shivo et le Gulf Stream dans l'hémisphère Nord, le courant du Brésil et le courant de l'Australie orientale dans l'hémisphère Sud. Les courants nord et sud-équatoriaux entraînent le long des côtes orientales des océans un véritable déficit en eau. Celui-ci est comblé par un apport d'eau provenant des latitudes tempérées et, surtout, par des remontées d'eaux profondes, donc froides : c'est le phénomène de l'« upwelling » (fig. 2.11).

Ainsi, aux latitudes voisines des tropiques, les côtes ouest des continents sont bordées par des courants froids (courant des Canaries dans l'océan Atlantique Nord et courant de Californie dans l'océan Pacifique Nord, courant de Benguela dans l'océan Atlantique Sud et courant de Humboldt ou du Pérou dans l'océan Pacifique Sud). Ces courants froids, très riches en plancton, favorisent la prolifération de la faune (poissons, oiseaux). Dans le nord de l'océan Indien, la circulation des courants marins est plus complexe en raison de l'inversion saisonnière des vents de mousson.

2.11. *Le phénomène de l'upwelling.*

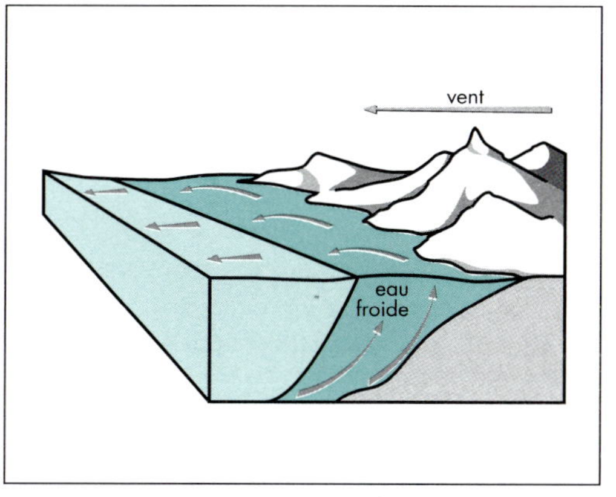

2.10. *Les vents en juillet.*

CLIMATOLOGIE DES OCÉANS

La température

La température des océans constitue un facteur déterminant pour l'évolution des climats. Les échanges thermiques qui déterminent sa température sont de deux types.

– L'océan s'échauffe surtout en absorbant en surface les radiations solaires et, en profondeur, les radiations thermiques provenant du centre de la Terre. Il y a également des échauffements de moindre importance dus à l'énergie cinétique née de courants de marée violents et à la condensation de la vapeur d'eau en surface (variations de la température de quelques dixièmes de degrés).

– L'océan se refroidit par radiation vers l'atmosphère et par évaporation, surtout quand l'eau est plus chaude que l'air et que celui-ci n'est pas saturé de vapeur d'eau. Le vent favorise cette évaporation qui absorbe de la chaleur. Au contact de l'eau, l'air se réchauffe, il devient plus léger et surtout plus instable que la couche qui le surmonte. Des turbulences se produisent avec des risques de précipitations résultant d'une condensation (refroidissement par contact avec des couches d'air plus froides).

Les températures moyennes des océans dépendent surtout de la latitude, mais la décroissance de la température n'est pas régulière de l'équateur aux régions polaires. À l'équateur, la température moyenne de l'eau est de 27 à 28 °C; la baisse de la température est lente mais régulière jusqu'aux tropiques où elle se situe entre 22 et 25 °C. Ensuite, elle s'accélère au-delà du 45ᵉ parallèle pour atteindre – 1,7 °C dans l'océan glacial Arctique et dans l'Antarctique.

La température de la surface des océans est plus élevée en moyenne dans l'hémisphère Nord que dans l'hémisphère Sud où les océans communiquent largement avec les eaux très froides de l'océan glacial Antarctique.

L'océan Pacifique est plus chaud que les autres océans. Ce phénomène résulte du fait que la proportion de ses eaux tropicales et équatoriales est plus importante que pour les autres océans. L'océan Atlantique voit sa superficie réduite dans ces zones par les avancées de l'Afrique et de l'Amérique du Sud. Les plus fortes températures des eaux de surface sont observées dans les mers presque fermées et près des côtes : 32 °C dans le golfe du Mexique, 34 °C en mer Rouge.

La température de l'eau des océans subit des variations diurnes, annuelles et accidentelles, toujours beaucoup plus faibles que les variations de la température de l'air.

La variation de la température de l'eau de surface entre le jour et la nuit n'est en moyenne que de 1 °C au milieu des océans. Elle augmente un peu au voisinage des côtes, surtout si la profondeur est faible. De plus, les variations diurnes sont plus marquées par ciel clair et temps calme que par ciel couvert.

D'une saison à l'autre, la variation annuelle de la température des océans est inférieure à 5 °C sous les tropiques et dans les régions polaires, à 10 °C dans la zone tempérée.

Dans l'hémisphère Nord, la température maximale de la surface de la mer est atteinte en août et la température minimale en février (c'est l'inverse dans l'hémisphère Sud). Ces extremums sont en retard d'un mois par rapport à ceux des températures de l'air du fait que les océans s'échauffent et se refroidissent plus lentement que les terres.

Les variations accidentelles de la température de la mer sont souvent dues aux tempêtes qui brassent les eaux de surface avec les eaux profondes plus froides.

Les tempêtes tropicales

Les plongeurs qui affectionnent les eaux tropicales ne doivent pas manquer de se renseigner sur l'existence de ces tempêtes tropicales qui sont classées selon leur intensité.

– Cyclones tropicaux : vents de force 12 sur l'échelle de Beaufort (120 km/h ou plus).

– Tempêtes tropicales : vents de force 8 à 12.

– Dépressions tropicales : vents inférieurs à force 8.

Les tempêtes tropicales, accompagnées de pluies torrentielles, sont souvent très destructrices dans les zones côtières. En mer, le vent et les vagues qui en résultent constituent une menace pour la navigation et les plongeurs. Heureusement, dans les régions soumises à de telles tempêtes, les offices météorologiques diffusent des avis spéciaux à la radio pour prévenir les populations. Les cyclones tropicaux se produisent principalement entre 5° et 30° de latitude et, pour les deux tiers, dans l'hémisphère Nord. La formation d'une tempête tropicale ou d'un cyclone nécessite que la température de l'eau soit au moins de 26,5 °C (les grands cyclones tropicaux se forment quand elle atteint 29 °C et plus). Plus l'air est chaud, plus il peut contenir de vapeur d'eau et plus grande est l'énergie libérée lors de sa condensation.

Aussi les cyclones sont-ils particulièrement violents sur les bords occidentaux des océans à la fin de l'été et au début de l'automne, quand la température de surface de l'eau de mer atteint son maximum. Près de l'équateur, les tempêtes tropicales sont plus rares : la force de Coriolis nécessaire pour engendrer le tourbillon de départ est nulle dans cette zone. Les cyclones tendent à se déplacer selon des trajectoires qui s'incurvent et les régions particulièrement menacées sont bien connues (fig. 2.12). Chaque cyclone parcourt des distances considérables en plusieurs jours, peut changer de direction, et son intensité peut se réactiver en fonction des conditions climatiques locales. Quand les cyclones atteignent les latitudes moyennes, ils ne survivent que peu de temps car la température de la mer est trop basse. De la même façon, ils se dissipent très rapidement sur les terres par manque d'humidité.

Des noms variés sont utilisés pour les désigner :

- ouragans (*hurricanes*), dans le golfe du Mexique, l'océan Atlantique Nord et l'océan Pacifique du Nord-Est ;
- typhons, dans l'océan Pacifique Ouest ;
- baguios, aux Philippines ;
- willy-willies en Australie…

Depuis la Seconde Guerre mondiale, à la suite des opérations américaines dans l'océan Pacifique, l'habitude de donner des prénoms à ces cyclones a été prise. Au début, il s'agissait de prénoms féminins, mais depuis les années 70 des prénoms masculins alternent avec les prénoms féminins. Ces prénoms sont attribués à l'avance, par ordre alphabétique, pour chaque saison, en commençant par la lettre A.

2.12. *Trajectoires des tempêtes tropicales.*

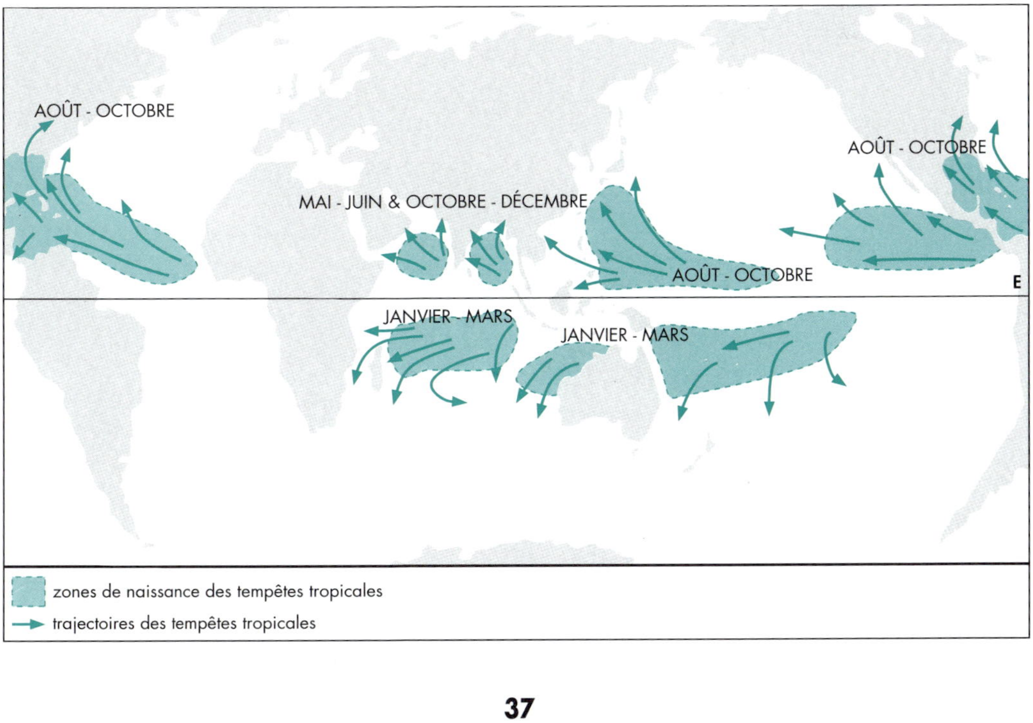

LES CONDITIONS MÉTÉOROLOGIQUES DES PRINCIPALES RÉGIONS DE PLONGÉE

Lors de la préparation d'un voyage, les plongeurs doivent tenir compte des conditions météorologiques moyennes de la zone où ils se rendent (température de l'air et de l'eau, précipitations, ensoleillement, risques de tempête...). Ces paramètres sont donnés pour les principales régions du monde, qui sont classées en fonction de leur situation dans les océans :

– océan Atlantique Ouest (p. 40 à 42),
– océan Atlantique Est (p. 43 à 44),
– bassin méditerranéen (p. 45 à 47),
– océan Indien et mer Rouge (p. 48 à 50),
– océan Pacifique (p. 51 à 53).

Les conditions météorologiques moyennes sont établies à partir de relevés météorologiques effectués durant plusieurs années sur une région. Le caractère statistique de ces informations permet d'optimiser le choix d'une période favorable pour plonger, mais n'apporte pas de garanties sur les conditions météorologiques qui seront effectivement rencontrées.

OCÉAN ATLANTIQUE OUEST

PETITES ANTILLES	J	F	M	A	M	J	J	A	S	O	N	D
Température maximale	28	28	29	29	30	30	30	31	31	30	30	29
Température minimale	19	19	19	21	22	23	23	23	23	22	21	20
Précipitations en mm	90	60	70	115	160	145	205	190	245	245	210	145
Jours de pluie > 1 mm	15	11	10	11	14	14	18	17	18	18	17	17
Heures de soleil / jour	7	8	8	8	8	8	7	8	7	7	7	7

Martinique, Guadeloupe...
• Époque la plus favorable : décembre à avril.
• Risques de pluies de juin à novembre. Côtes Est ou atlantiques (« au vent ») plus arrosées que les côtes Ouest ou caraïbes (« sous le vent »).
• Risques d'ouragans d'août à octobre.
• Température de l'eau : 23 à 28 °.

ARGENTINE	J	F	M	A	M	J	J	A	S	O	N	D
Température maximale	27	27	24	21	16	12	12	14	17	19	23	26
Température minimale	13	13	11	8	4	2	1	2	4	7	8	12
Précipitations en mm	6	14	17	11	19	11	15	13	15	17	13	14
Jours de pluie > 1 mm	3	4	4	3	5	5	5	4	5	4	3	4
Heures de soleil / jour	10	10	8	7	5	4	5	6	7	9	10	10

Valdés
• Époque la plus favorable : décembre à mars.
• Température de l'eau : maximum 18 à 19 ° !
• Vents souvent forts.

BAHAMAS	J	F	M	A	M	J	J	A	S	O	N	D
Température maximale	24	25	26	27	29	30	31	31	31	29	27	25
Température minimale	17	17	18	20	21	23	24	24	23	22	20	18
Précipitations en mm	35	45	45	80	115	160	150	135	165	165	85	40
Jours de pluie > 1 mm	6	6	5	6	11	14	16	16	17	15	9	9
Heures de soleil / jour	7	8	8	9	9	8	9	8	7	7	8	7

Nassau
• Époque la plus favorable : novembre à avril.
• Risques de pluies entre juin et octobre (tombant en général en fin de journée ou dans la nuit).
• Risques d'ouragans en septembre-octobre.
• Température de l'eau : 21 à 29 °.

BELIZE	J	F	M	A	M	J	J	A	S	O	N	D
Température maximale	27	28	29	30	31	31	31	31	31	30	28	27
Température minimale	19	21	22	23	24	24	24	24	23	22	20	20
Précipitations en mm	135	60	40	55	110	200	165	170	245	305	225	185
Jours de pluie > 1 mm	12	6	4	5	7	13	15	14	15	16	12	14
Heures de soleil / jour												

• Époque la plus favorable : janvier à avril.
• Risques d'ouragans vers septembre-octobre.

BERMUDES	J	F	M	A	M	J	J	A	S	O	N	D
Température maximale	20	19	20	22	24	27	30	30	29	27	24	21
Température minimale	15	14	15	16	19	22	24	24	23	21	19	16
Précipitations en mm	105	95	110	105	115	95	110	145	145	160	115	115
Jours de pluie > 1 mm	13	12	11	8	7	8	10	12	12	13	11	13
Heures de soleil / jour	5	5	6	8	8	9	10	9	8	6	6	5

• Époque la plus favorable : avril à septembre.
• Température de l'eau : 20 à 27 ° pendant cette période.

OCÉAN ATLANTIQUE OUEST

BRÉSIL	J	F	M	A	M	J	J	A	S	O	N	D
Température maximale	30	30	30	29	28	27	26	26	27	28	29	29
Température minimale	23	23	23	23	22	22	21	21	21	22	22	23
Précipitations en mm	75	115	165	280	295	225	205	115	95	100	115	125
Jours de pluie > 1 mm	10	12	15	18	21	20	20	16	13	11	12	11
Heures de soleil / jour	8	8	8	7	6	6	6	7	7	8	8	8

Salvador de Bahia
- Époque la plus favorable : septembre à mars.
- Température de l'eau : 25 à 28°.

CUBA	J	F	M	A	M	J	J	A	S	O	N	D
Température maximale	26	26	27	29	30	31	32	32	31	29	27	26
Température minimale	18	18	19	21	22	23	24	24	24	23	21	19
Précipitations en mm	70	45	45	60	120	165	125	135	150	170	80	60
Jours de pluie > 1 mm	6	4	4	4	7	10	9	10	11	11	7	6
Heures de soleil / jour	6	7	8	7	6	6	6	6	5	5	6	6

- Époque la plus favorable : novembre à avril.
- Risques de pluies de mai à novembre.
- Risques d'ouragans en septembre-octobre.
- Température de l'eau : 25 à 29°.

CURAÇAO-ARUBA-BONAIRE	J	F	M	A	M	J	J	A	S	O	N	D
Température maximale	29	29	29	30	30	31	31	31	32	31	30	29
Température minimale	24	24	24	25	25	25	25	26	26	25	25	24
Précipitations en mm	70	30	14	12	18	25	35	50	30	65	100	85
Jours de pluie > 1 mm	8	4	2	2	2	3	5	5	3	6	9	8
Heures de soleil / jour	9	10	9	9	7	9	10	10	9	9	8	8

Les « ABC »
- Époque la plus favorable : décembre à avril, mais les autres mois sont agréables si on ne craint pas la chaleur.
- Risques de pluies en novembre-décembre.
- Température de l'eau : en général supérieure à 27°.

ÉTATS-UNIS	J	F	M	A	M	J	J	A	S	O	N	D
Température maximale	4	4	9	15	21	26	28	27	24	18	12	6
Température minimale	− 3	− 2	1	6	12	17	20	19	16	10	4	− 1
Précipitations en mm	90	75	105	90	90	85	100	120	90	85	90	85
Jours de pluie > 1 mm	9	8	9	9	9	8	8	8	6	6	7	8
Heures de soleil / jour	5	6	7	7	8	10	10	7	8	7	6	5

Nouvelle-Angleterre
- Époque la plus favorable : juillet-août.
- Température de l'eau : 16 à 19° à cette époque.

ÉTATS-UNIS	J	F	M	A	M	J	J	A	S	O	N	D
Température maximale	24	25	27	28	30	31	32	32	31	29	27	25
Température minimale	14	15	16	19	21	23	24	24	24	22	18	15
Précipitations en mm	50	50	60	100	160	190	170	180	240	210	70	45
Jours de pluie > 1 mm	5	5	5	6	8	11	14	13	15	12	7	6
Heures de soleil / jour	8	8	8	9	9	9	9	8	7	7	7	7

Floride
- Époque la plus favorable : novembre à avril ; fortes chaleurs et humidité de juin à septembre.
- Risques d'ouragans en septembre-octobre.
- Température de l'eau : 24 à 28°.

OCÉAN ATLANTIQUE OUEST

GUYANE	J	F	M	A	M	J	J	A	S	O	N	D
Température maximale	29	29	29	29	29	30	30	31	32	32	31	30
Température minimale	23	23	23	23	23	22	22	22	21	21	22	22
Précipitations en mm	340	275	300	350	320	410	180	70	30	45	120	245
Jours de pluie > 1 mm	19	16	16	16	21	20	15	8	4	5	10	19
Heures de soleil / jour	5	5	6	6	5	6	8	8	9	9	8	6

Cayenne
- Époque la plus favorable : août à novembre.
- Risques de fortes pluies de décembre à juillet.
- Température de l'eau : aux environs de 27°.

HAÏTI	J	F	M	A	M	J	J	A	S	O	N	D
Température maximale	31	31	32	32	32	33	34	34	33	32	31	31
Température minimale	20	20	21	22	22	23	23	23	23	22	22	21
Précipitations en mm	30	35	75	155	190	110	65	135	165	160	80	45
Jours de pluie > 1 mm	3	5	7	11	13	8	7	11	12	12	7	3
Heures de soleil / jour	9	9	9	8	8	9	9	8	7	7	8	8

- Époque la plus favorable : décembre à mars.
- Risques de pluies d'avril à octobre.
- Température de l'eau : 26 à 29°.

MEXIQUE	J	F	M	A	M	J	J	A	S	O	N	D
Température maximale	28	29	31	32	33	33	32	32	32	30	28	27
Température minimale	19	19	20	22	23	23	23	23	23	22	20	19
Précipitations en mm	30	25	17	20	85	135	130	150	185	95	35	35
Jours de pluie > 1 mm	3	3	2	2	4	10	11	10	13	7	4	4
Heures de soleil / jour	5	5	6	6	7	6	6	6	6	5	5	5

Yucatan
- Époques les plus favorables : mars à mai et novembre à janvier.
- Risques d'ouragans (*hurricanes*) entre août et octobre.
- Température de l'eau : 22 à 28°.

OCÉAN ATLANTIQUE EST

AÇORES	J	F	M	A	M	J	J	A	S	O	N	D
Température maximale	17	17	17	18	20	22	25	26	25	22	20	18
Température minimale	11	11	11	12	13	15	17	18	17	16	14	12
Précipitations en mm	120	100	105	65	60	40	25	30	80	105	120	100
Jours de pluie > 1 mm	14	13	13	10	9	7	5	6	9	12	13	14
Heures de soleil / jour	3	3	4	5	5	5	6	7	6	4	3	3

- Époque la plus favorable : juin à septembre.
- Risques de pluies et de tempêtes de novembre à avril.
- Température de l'eau : 18 à 23°.

AFRIQUE DU SUD	J	F	M	A	M	J	J	A	S	O	N	D
Température maximale	26	26	25	22	19	18	17	18	19	21	23	25
Température minimale	16	16	14	12	10	8	7	8	9	11	13	15
Précipitations en mm	12	8	17	45	85	80	85	70	45	30	17	11
Jours de pluie > 1 mm	2	2	3	6	9	9	10	10	7	15	3	2
Heures de soleil / jour	11	10	9	7	6	6	6	6	7	9	10	11

- Époque la plus favorable : novembre à mars.
- Température de l'eau : aux environs de 20° pendant cette période.

CANARIES	J	F	M	A	M	J	J	A	S	O	N	D
Température maximale	21	21	22	23	24	26	28	29	28	26	23	22
Température minimale	14	14	15	16	17	19	21	21	21	19	16	16
Précipitations en mm	40	35	30	15	5	1	0	0	3	30	50	60
Jours de pluie > 1 mm	5	4	3	2	1	1	0	0	1	3	6	6
Heures de soleil / jour	6	7	7	8	10	11	11	11	8	7	6	6

Tenerife
- Époque la plus favorable : avril à octobre.
- Température de l'eau : 17 à 23°.

CAP-VERT	J	F	M	A	M	J	J	A	S	O	N	D
Température maximale	25	25	26	26	27	28	28	29	29	29	28	26
Température minimale	20	19	20	21	21	22	24	24	25	24	23	22
Précipitations en mm	2	0	0	0	0	0	0	95	115	30	8	2
Jours de pluie > 1 mm	1	0	0	0	0	0	0	8	7	3	1	1
Heures de soleil / jour												

- Époque la plus favorable : juin à octobre.
- Température de l'eau : 23 à 26°.

CÔTE-D'IVOIRE	J	F	M	A	M	J	J	A	S	O	N	D
Température maximale	31	32	32	32	31	29	28	28	28	29	31	31
Température minimale	23	24	24	24	24	23	23	22	23	23	23	23
Précipitations en mm	26	40	120	170	365	610	200	35	55	225	190	110
Jours de pluie > 1 mm	3	4	7	9	16	19	10	6	9	13	13	7
Heures de soleil / jour	6	7	7	9	6	4	4	4	4	6	7	6

- Époque la plus favorable : décembre à avril.
- Risques de fortes pluies en mai et, surtout, en juin.
- Température de l'eau : 26 à 29°.

OCÉAN ATLANTIQUE EST

ESPAGNE	J	F	M	A	M	J	J	A	S	O	N	D
Température maximale	12	12	14	15	17	20	21	22	21	18	15	13
Température minimale	7	7	8	10	11	14	16	16	15	12	10	8
Précipitations en mm	120	90	80	85	90	65	55	85	115	135	125	160
Jours de pluie > 1 mm	16	14	13	13	14	13	11	14	14	14	15	18
Heures de soleil / jour	3	4	5	6	6	6	7	6	5	4	3	2

Nord-Atlantique
- Époque la plus favorable : juin à septembre.
- Température de l'eau : maximum 20° pendant cette période.

FRANCE	J	F	M	A	M	J	J	A	S	O	N	D
Température maximale	9	9	11	12	15	18	20	20	18	15	11	10
Température minimale	4	4	5	6	8	10	12	13	11	9	6	5
Précipitations en mm	135	95	85	70	70	55	60	80	90	105	140	150
Jours de pluie > 1 mm	18	14	14	9	9	9	11	10	13	13	16	19
Heures de soleil / jour	2	3	4	6	7	7	7	6	5	4	2	2

Bretagne
- Époque la plus favorable : juin à septembre.
- Température de l'eau : 15 à 18° pendant cette période.

MADÈRE	J	F	M	A	M	J	J	A	S	O	N	D
Température maximale	19	18	19	19	19	22	24	26	24	23	22	19
Température minimale	13	13	13	14	16	17	19	19	19	18	16	14
Précipitations en mm	80	85	70	45	20	5	2	2	30	80	95	95
Jours de pluie > 1 mm	7	6	7	4	2	1	0	1	2	7	7	7
Heures de soleil / jour	5	6	7	7	7	7	8	8	8	6	5	5

- Époque la plus favorable : juin à septembre.
- Température de l'eau : 18 à 23°.

MAROC	J	F	M	A	M	J	J	A	S	O	N	D
Température maximale	20	22	22	22	24	24	26	27	27	26	23	20
Température minimale	9	9	11	12	15	16	18	18	17	15	12	8
Précipitations en mm	50	30	25	16	5	1	0	1	6	20	30	40
Jours de pluie > 1 mm	5	4	5	3	2	1	0	1	1	3	4	6
Heures de soleil / jour	8	8	9	10	10	10	9	9	8	8	7	7

Atlantique
- Époque la plus favorable : mai à octobre.
- Température de l'eau : 18 à 21° pendant cette période (à cause du Courant des Canaries).

PORTUGAL	J	F	M	A	M	J	J	A	S	O	N	D
Température maximale	14	15	17	20	21	25	27	28	27	22	17	15
Température minimale	8	8	10	12	13	15	17	17	16	14	11	8
Précipitations en mm	110	75	110	55	45	16	3	4	13	60	95	105
Jours de pluie > 1 mm	11	8	11	7	7	2	1	1	4	7	9	11
Heures de soleil / jour	5	6	7	9	10	11	12	12	9	7	6	5

- Époque la plus favorable : juin à septembre.
- Température de l'eau : 19 à 21° pendant cette période.

BASSIN MÉDITERRANÉEN

ALGÉRIE	J	F	M	A	M	J	J	A	S	O	N	D
Température maximale	15	16	17	20	23	27	28	29	27	23	19	16
Température minimale	9	9	11	13	15	18	21	22	21	17	13	11
Précipitations en mm	115	75	60	65	35	14	2	4	30	85	90	120
Jours de pluie > 1 mm	11	9	9	5	5	2	0	1	4	7	11	12
Heures de soleil / jour	5	6	7	8	10	10	11	10	9	6	5	5

- Époque la plus favorable : mai à octobre.
- Risques de pluies de novembre à février.
- Température de l'eau : 20 à 25°.

CHYPRE	J	F	M	A	M	J	J	A	S	O	N	D
Température maximale	18	17	19	23	28	32	34	34	32	28	23	19
Température minimale	7	8	8	11	15	19	22	22	20	16	13	9
Précipitations en mm	110	65	50	18	13	3	0	0	4	35	55	110
Jours de pluie > 1 mm	8	5	6	3	2	1	0	0	1	2	5	8
Heures de soleil / jour	5	6	7	8	10	12	12	12	11	9	6	5

- Époque la plus favorable : mai à novembre.
- Température de l'eau : 20 à 27° pendant cette période.

ESPAGNE	J	F	M	A	M	J	J	A	S	O	N	D
Température maximale	13	14	16	18	21	25	28	28	25	21	16	13
Température minimale	6	7	9	11	14	18	21	21	19	15	10	7
Précipitations en mm	30	40	50	45	55	40	30	50	80	85	50	45
Jours de pluie > 1 mm	5	5	8	9	8	6	4	6	7	9	6	6
Heures de soleil / jour	5	6	6	7	8	9	10	9	7	5	5	4

Costa Brava
- Époque la plus favorable : juin à octobre.
- Température de l'eau : 20 à 25° pendant cette période.

FRANCE	J	F	M	A	M	J	J	A	S	O	N	D
Température maximale	13	14	15	17	21	25	27	28	25	22	17	14
Température minimale	4	4	5	7	10	14	16	16	14	11	7	5
Précipitations en mm	75	65	55	50	50	20	10	16	50	90	95	90
Jours de pluie > 1 mm	9	9	7	7	7	3	1	2	4	7	9	10
Heures de soleil / jour	4	5	7	8	10	11	12	11	9	7	5	4

Côte méditerranéenne - Corse
- Époque la plus favorable : juin à septembre.
- Température de l'eau : 20 à 24° pendant cette période.

GRÈCE	J	F	M	A	M	J	J	A	S	O	N	D
Température maximale	13	14	15	20	25	30	33	33	29	24	19	15
Température minimale	6	7	8	11	16	20	23	23	19	15	12	8
Précipitations en mm	60	35	35	25	25	15	6	7	15	50	55	70
Jours de pluie > 1 mm	10	6	6	4	4	1	1	1	2	6	8	9
Heures de soleil / jour	4	5	6	8	9	11	12	12	9	7	5	4

- Époque la plus favorable : juin à septembre.
- Température de l'eau : 20 à 27°.

BASSIN MÉDITERRANÉEN

ISRAËL	J	F	M	A	M	J	J	A	S	O	N	D
Température maximale	18	19	22	25	28	29	31	32	31	29	26	20
Température minimale	9	10	11	14	17	20	23	24	22	19	15	11
Précipitations en mm	180	145	25	18	3	1	1	0	0	13	70	170
Jours de pluie > 1 mm	13	11	7	4	1	0	0	0	0	2	7	11
Heures de soleil / jour	8	8	9	10	11	12	12	12	11	10	8	7

• Époque la plus favorable : mai à octobre.
• Température de l'eau : 17 à 27°.

ITALIE	J	F	M	A	M	J	J	A	S	O	N	D
Température maximale	16	16	17	20	24	27	30	30	28	25	21	18
Température minimale	8	8	9	11	14	18	20	21	19	16	12	10
Précipitations en mm	70	45	58	50	19	9	2	18	40	75	70	60
Jours de pluie > 1 mm	12	8	8	6	3	2	0	2	4	8	8	10
Heures de soleil / jour	5	5	6	8	9	10	11	10	8	7	5	4

Sud
• Époque la plus favorable : mai à octobre.
• Température de l'eau : 20 à 25° pendant cette période.

MALTE	J	F	M	A	M	J	J	A	S	O	N	D
Température maximale	14	15	16	18	22	26	29	29	27	24	20	16
Température minimale	10	10	11	13	16	19	22	23	22	19	16	12
Précipitations en mm	90	60	40	15	12	2	0	8	30	65	90	110
Jours de pluie > 1 mm	12	8	5	2	2	0	0	1	3	6	9	13
Heures de soleil / jour	5	6	7	9	10	11	12	11	9	8	6	5

• Époque la plus favorable : avril à mi-octobre.
• Température de l'eau : 18 à 25° pendant cette période.

TUNISIE	J	F	M	A	M	J	J	A	S	O	N	D
Température maximale	15	16	18	21	23	29	32	32	29	25	20	16
Température minimale	7	8	9	11	14	18	20	21	20	16	12	8
Précipitations en mm	70	45	40	40	25	10	6	11	35	50	55	70
Jours de pluie > 1 mm	9	7	7	5	4	2	1	1	4	6	7	9
Heures de soleil / jour	5	6	7	8	10	11	12	11	9	7	6	5

• Époque la plus favorable : mai à octobre.
• Température de l'eau : 17 à 25° pendant cette période.

TURQUIE	J	F	M	A	M	J	J	A	S	O	N	D
Température maximale	12	13	16	21	26	30	33	33	29	24	19	14
Température minimale	5	5	7	10	14	18	21	21	17	14	10	7
Précipitations en mm	135	105	70	45	40	9	3	2	16	50	85	140
Jours de pluie > 1 mm	10	8	7	5	4	2	0	0	2	4	6	11
Heures de soleil / jour	4	6	6	8	10	12	12	12	10	7	5	4

Côte méditerranéenne
• Époque la plus favorable : mai à octobre.
• Température de l'eau : 20 à 25° et même 27° dans le Sud.

BASSIN MÉDITERRANÉEN

TURQUIE	J	F	M	A	M	J	J	A	S	O	N	D
Température maximale	11	10	12	15	19	23	26	26	23	20	17	13
Température minimale	5	4	5	8	13	17	20	20	17	14	10	7
Précipitations en mm	90	70	60	55	55	50	35	45	80	110	100	80
Jours de pluie > 1 mm	10	9	10	9	8	8	8	5	8	8	9	10
Heures de soleil / jour	3	3	4	5	7	8	7	7	5	5	4	3

Mer Noire
- Époque la plus favorable : juin à septembre.

RUSSIE	J	F	M	A	M	J	J	A	S	O	N	D
Température maximale	10	10	13	16	21	24	26	27	25	20	17	13
Température minimale	3	4	5	9	13	16	19	19	16	12	10	6
Précipitations en mm	200	125	130	115	93	100	60	100	105	90	143	183
Jours de pluie > 1 mm	14	11	11	11	9	8	6	7	7	7	9	12
Heures de soleil / jour	3	4	4	6	7	9	10	9	8	6	4	3

Mer Noire
- Époque la plus favorable : juin à août.
- Température de l'eau : 25 à 26° en août.

OCÉAN INDIEN ET MER ROUGE

AUSTRALIE	J	F	M	A	M	J	J	A	S	O	N	D
Température maximale	29	29	27	24	21	18	17	18	19	21	24	27
Température minimale	17	17	16	14	12	10	9	9	10	12	14	16
Précipitations en mm	8	10	20	45	130	180	170	145	85	55	20	13
Jours de pluie > 1 mm	2	2	4	6	10	12	14	14	12	9	5	3
Heures de soleil / jour	10	10	9	7	6	5	5	6	7	9	10	10

Sud-Ouest (Pert)
- Époque la plus favorable : octobre à mai.
- Risques de pluies de juin à septembre.

COMORES	J	F	M	A	M	J	J	A	S	O	N	D
Température maximale	30	30	31	30	29	28	28	28	28	29	30	31
Température minimale	23	23	23	23	21	20	19	18	19	20	22	23
Précipitations en mm	425	275	245	340	230	160	295	135	110	85	130	200
Jours de pluie > 1 mm	17	13	14	14	8	10	9	8	8	9	9	13
Heures de soleil / jour	6	6	7	6	7	8	8	7	7	8	8	7

- Époque la plus favorable : avril à octobre, et tout particulièrement août et septembre.
- Risques de pluies et de cyclones de novembre à mars.
- Température de l'eau : 25 à 28°.

DJIBOUTI	J	F	M	A	M	J	J	A	S	O	N	D
Température maximale	29	29	31	32	34	38	41	39	36	33	31	28
Température minimale	23	24	25	26	28	30	31	29	29	27	25	23
Précipitations en mm	12	11	25	12	5	1	2	8	8	10	20	13
Jours de pluie > 1 mm	3	2	2	1	1	0	1	1	1	1	2	2
Heures de soleil / jour	8	7	9	9	11	10	8	9	10	10	9	9

- Époque la plus favorable : octobre à avril ; fortes chaleurs et vents de sable (*khamsin*) de juin à septembre.
- Température de l'eau : 26 à 30° et même plus !

KENYA	J	F	M	A	M	J	J	A	S	O	N	D
Température maximale	32	32	33	31	29	29	28	28	29	30	31	32
Température minimale	23	24	24	24	23	21	20	20	21	22	23	23
Précipitations en mm	25	15	60	200	320	110	90	65	70	85	95	60
Jours de pluie > 1 mm	5	3	7	15	19	14	14	15	12	10	9	9
Heures de soleil / jour	8	9	9	7	6	7	7	8	8	9	9	9

- Époque la plus favorable : août à mars.
- Risques de pluies et de vents violents d'avril à juillet.
- Température de l'eau : 25 à 29°.

MADAGASCAR	J	F	M	A	M	J	J	A	S	O	N	D
Température maximale	31	31	31	31	31	29	29	29	31	32	32	31
Température minimale	23	23	23	22	20	19	17	18	19	20	22	23
Précipitations en mm	465	425	285	140	60	50	35	40	49	95	190	360
Jours de pluie > 1 mm	20	16	13	7	3	3	3	3	3	5	10	14
Heures de soleil / jour	7	7	7	8	9	8	9	9	10	10	9	7

Côte Nord-Ouest (Nosy-Be)
- Époque la plus favorable : avril à octobre.
- Risques de fortes pluies et même de cyclones de novembre à février.
- Température de l'eau : 25 à 28°.

OCÉAN INDIEN ET MER ROUGE

MADAGASCAR	J	F	M	A	M	J	J	A	S	O	N	D
Température maximale	30	30	29	28	27	25	24	25	26	27	29	29
Température minimale	23	23	22	21	19	18	17	17	17	18	20	22
Précipitations en mm	420	440	530	405	305	300	255	210	135	90	185	260
Jours de pluie > 1 mm	19	18	19	19	17	20	20	20	14	11	12	16
Heures de soleil / jour	7	7	6	7	6	6	5	6	7	7	8	8

Côte Est
- Époque la plus favorable : mai à septembre.
- Risques de cyclones entre janvier et mars.
- Température de l'eau : 25 à 28°.

MALAISIE	J	F	M	A	M	J	J	A	S	O	N	D
Température maximale	32	33	33	33	32	32	32	32	31	32	31	32
Température minimale	23	23	23	24	23	23	23	23	23	23	23	23
Précipitations en mm	95	80	140	190	270	195	190	295	400	430	300	145
Jours de pluie > 1 mm	6	5	8	11	12	9	10	11	15	19	18	9
Heures de soleil / jour	8	8	8	7	6	7	7	6	5	5	6	7

Côte Ouest
- Époques les plus favorables : décembre à mars et juin-juillet.
- Risques de fortes pluies et de vents violents entre août et novembre.
- Température de l'eau : 28 à 29°.

MALDIVES	J	F	M	A	M	J	J	A	S	O	N	D
Température maximale	30	30	31	31	31	30	30	30	30	30	29	30
Température minimale	23	24	25	26	26	25	25	25	25	25	24	23
Précipitations en mm	45	18	25	60	180	295	225	200	160	185	140	85
Jours de pluie > 1 mm	4	2	2	5	11	20	17	15	13	13	9	5
Heures de soleil / jour	7	7	7	7	6	5	5	5	6	6	6	7

- Époque la plus favorable : novembre à avril.
- Risques de pluies de mousson de juin à septembre.
- Température de l'eau : 28° toute l'année.

MAURICE	J	F	M	A	M	J	J	A	S	O	N	D
Température maximale	30	29	29	28	26	24	24	24	25	27	28	29
Température minimale	23	23	22	21	19	17	17	17	17	18	19	22
Précipitations en mm	235	240	385	205	175	115	130	85	85	55	80	170
Jours de pluie > 1 mm	18	18	21	16	19	16	16	16	13	9	10	13
Heures de soleil / jour	8	7	6	7	6	6	6	6	7	8	8	8

- Époque la plus favorable : mai à décembre.
- Risques de cyclones de janvier à mars.
- Température de l'eau : 22 à 27°.

MER ROUGE	J	F	M	A	M	J	J	A	S	O	N	D
Température maximale	21	23	26	31	36	38	39	40	37	33	28	23
Température minimale	10	11	12	14	18	24	26	26	25	21	16	12
Précipitations en mm	2	5	5	3	0	0	0	0	0	2	9	25
Jours de pluie > 1 mm	1	1	2	1	0	0	0	0	0	1	2	3
Heures de soleil / jour	7	8	8	9	10	11	11	11	10	9	9	7

Israël - Égypte
- Époques les plus favorables : mars à mai et octobre à novembre ; fortes chaleurs l'été.
- Température de l'eau : 22 à 27°.

OCÉAN INDIEN ET MER ROUGE

RÉUNION	J	F	M	A	M	J	J	A	S	O	N	D
Température maximale	29	30	29	28	27	26	25	24	25	26	27	28
Température minimale	23	23	23	22	20	18	18	17	18	19	20	22
Précipitations en mm	265	215	290	160	80	75	70	50	45	45	95	150
Jours de pluie > 1 mm	13	11	12	9	9	10	12	11	7	7	9	10
Heures de soleil / jour	8	8	7	7	7	7	7	7	7	7	7	7

- Époque la plus favorable : mai à novembre.
- Risques de cyclones en janvier-février.
- Température de l'eau : 25 à 27°.

SEYCHELLES	J	F	M	A	M	J	J	A	S	O	N	D
Température maximale	29	29	30	31	30	29	28	28	29	29	30	29
Température minimale	24	25	25	25	25	25	24	24	24	24	24	24
Précipitations en mm	310	300	180	190	100	50	65	110	125	220	230	305
Jours de pluie > 1 mm	11	7	9	7	6	4	4	4	4	7	9	11
Heures de soleil / jour	5	6	7	8	8	8	7	8	8	7	7	5

- Époques les plus favorables : fin avril à fin juin et mi-septembre à mi-novembre ; mer souvent agitée en juillet-août.
- Risques de pluies de mousson de décembre à mars.
- Température de l'eau : 22 à 29°.

THAÏLANDE	J	F	M	A	M	J	J	A	S	O	N	D
Température maximale	31	32	33	33	31	31	31	31	30	31	31	31
Température minimale	23	23	24	25	25	25	25	24	24	24	24	24
Précipitations en mm	35	40	75	125	295	265	215	246	325	315	195	80
Jours de pluie > 1 mm	4	3	6	15	19	19	17	17	19	19	14	8
Heures de soleil / jour	9	9	9	8	6	6	6	6	5	6	7	8

Phuket

- Époque la plus favorable : décembre à avril.
- Risques de cyclones en septembre-octobre.
- Température de l'eau : 27 à 30°.

OCÉAN PACIFIQUE

AUSTRALIE	J	F	M	A	M	J	J	A	S	O	N	D
Température maximale	29	29	28	26	23	21	20	22	24	27	28	29
Température minimale	21	20	19	16	13	11	9	10	13	16	18	19
Précipitations en mm	160	160	145	95	70	65	55	50	50	60	95	130
Jours de pluie > 1 mm	10	11	11	9	8	7	6	5	6	7	8	9
Heures de soleil / jour	8	7	7	7	7	7	7	8	8	8	8	9

Côte Est (Brisbane)
- Époque la plus favorable : octobre à février.
- Risques de pluies entre décembre et mars.
- Température de l'eau : 23 à 28°.

CANADA	J	F	M	A	M	J	J	A	S	O	N	D
Température maximale	6	7	10	14	17	20	23	22	19	14	9	7
Température minimale	0	1	3	5	8	11	13	12	10	7	3	2
Précipitations en mm	210	160	150	90	70	65	40	45	85	175	200	245
Jours de pluie > 1 mm	18	14	13	11	9	9	6	6	9	13	16	18
Heures de soleil / jour	2	3	4	6	8	7	9	8	6	4	2	1

Vancouver
- Époque la plus favorable : juin à août.

CHINE	J	F	M	A	M	J	J	A	S	O	N	D
Température maximale	25	26	28	30	31	31	31	31	30	30	27	25
Température minimale	17	19	21	23	25	25	25	25	24	22	19	17
Précipitations en mm	11	7	2	28	150	195	150	190	290	190	55	40
Jours de pluie > 1 mm	3	2	3	4	10	14	14	16	19	12	6	5
Heures de soleil / jour	4	3	3	3	5	5	7	7	7	7	6	5

Île Hainan
- Époque la plus favorable : novembre à avril.
- Risques de pluies de mai à septembre-octobre ; risques de typhons de juillet à octobre.
- Température de l'eau : 22 à 29°.

ÉTATS-UNIS	J	F	M	A	M	J	J	A	S	O	N	D
Température maximale	18	18	18	19	20	22	24	24	24	23	22	19
Température minimale	7	7	9	11	13	15	17	17	16	14	11	9
Précipitations en mm	70	75	45	30	3	3	0	0	5	10	30	60
Jours de pluie > 1 mm	5	4	4	3	1	1	0	0	1	1	2	4
Heures de soleil / jour	7	8	9	9	9	10	12	11	10	9	8	8

Californie (sud)
- Époque la plus favorable : juillet à octobre.
- Température de l'eau : maximum 20° à cause du courant de Californie.

FIDJI	J	F	M	A	M	J	J	A	S	O	N	D
Température maximale	30	30	30	29	28	27	26	26	26	28	29	30
Température minimale	23	23	23	23	22	21	20	20	21	21	22	23
Précipitations en mm	305	295	420	220	105	105	55	65	85	60	130	210
Jours de pluie > 1 mm	16	16	19	15	10	10	7	7	8	8	11	12
Heures de soleil / jour	7	6	6	6	7	7	7	8	7	7	7	8

- Époque la plus favorable : juin à octobre.
- Risques de pluies de novembre à avril.
- Température de l'eau : 24 à 28° (plus, dans les lagons).

OCÉAN PACIFIQUE

ÉTATS-UNIS	J	F	M	A	M	J	J	A	S	O	N	D
Température maximale	26	26	26	27	28	29	29	29	30	29	28	26
Température minimale	19	19	19	20	21	22	23	23	23	22	21	20
Précipitations en mm	95	85	75	35	25	8	11	25	25	45	55	75
Jours de pluie > 1 mm	8	8	8	6	6	4	6	6	5	7	8	9
Heures de soleil / jour	7	8	9	9	9	10	11	10	9	8	7	6

Hawaï
- Époque la plus favorable : mai à septembre.
- Risques de tempêtes en hiver et d'ouragans (rares) en été.

INDONÉSIE	J	F	M	A	M	J	J	A	S	O	N	D
Température maximale	29	29	29	30	30	30	30	31	31	31	30	29
Température minimale	23	24	23	23	23	22	21	21	21	22	23	23
Précipitations en mm	685	535	425	150	90	75	35	10	15	45	180	610
Jours de pluie > 1 mm	23	20	18	10	8	6	4	2	2	5	11	22
Heures de soleil / jour	5	6	6	8	8	8	9	10	10	10	9	5

Sulawesi
- Époque la plus favorable : mai à octobre.
- Risques de fortes pluies entre décembre et mars.
- Température de l'eau : 28 à 29°.

MALAISIE	J	F	M	A	M	J	J	A	S	O	N	D
Température maximale	28	29	30	31	31	31	31	31	31	31	30	28
Température minimale	22	23	23	23	23	23	22	22	22	22	22	23
Précipitations en mm	390	230	205	140	155	150	165	170	160	220	335	515
Jours de pluie > 1 mm	19	12	15	15	16	14	15	15	16	18	22	22
Heures de soleil / jour	5	7	7	7	7	7	7	7	6	6	5	5

Côte Est
- Époque la plus favorable : avril à septembre.
- Risques de fortes pluies de novembre à février.
- Température de l'eau : 28 à 29°.

MEXIQUE	J	F	M	A	M	J	J	A	S	O	N	D
Température maximale	31	31	31	31	32	32	32	33	32	32	32	31
Température minimale	22	22	22	23	24	25	25	25	25	24	24	23
Précipitations en mm	8	1	0	1	40	275	280	220	385	155	35	11
Jours de pluie > 1 mm	0	0	0	0	2	10	11	10	13	8	1	1
Heures de soleil / jour	9	9	9	8	7	7	7	7	6	7	9	9

Côte Ouest
- Époque la plus favorable : novembre à avril à Acapulco et mai à novembre en Basse-Californie.
- Risques de fortes pluies de juin à octobre à Acapulco.
- Température de l'eau : 27 à 29° à Acapulco, 21° maximum sur la côte occidentale de la Basse-Californie.

NOUVELLE-CALÉDONIE	J	F	M	A	M	J	J	A	S	O	N	D
Température maximale	29	29	28	26	24	24	23	23	24	25	27	28
Température minimale	23	23	23	21	20	19	17	17	18	19	21	22
Précipitations en mm	105	115	150	115	90	100	95	70	50	45	45	75
Jours de pluie > 1 mm	9	10	12	11	11	11	10	8	7	5	5	7
Heures de soleil / jour	8	8	6	7	6	6	6	7	7	9	9	9

- Époque la plus favorable : juin à octobre.
- Risques de cyclones de janvier à mars.
- Température de l'eau : 22 à 28°.

OCÉAN PACIFIQUE

NOUVELLE-ZÉLANDE	J	F	M	A	M	J	J	A	S	O	N	D
Température maximale	23	23	22	19	17	14	13	14	16	17	19	21
Température minimale	16	16	15	13	11	9	8	8	9	11	12	14
Précipitations en mm	80	95	80	95	125	135	145	115	100	100	90	80
Jours de pluie > 1 mm	7	7	8	10	14	14	16	14	13	11	10	8
Heures de soleil / jour	8	7	6	5	4	4	4	5	6	6	7	7

- Époque la plus favorable : décembre à février.
- Température de l'eau : 14 à 20°.

PHILIPPINES	J	F	M	A	M	J	J	A	S	O	N	D
Température maximale	32	32	33	34	34	34	34	34	33	33	33	32
Température minimale	19	19	20	20	21	22	21	21	21	21	20	20
Précipitations en mm	105	70	55	55	120	175	195	155	185	200	165	140
Jours de pluie > 1 mm	14	11	11	8	12	16	17	16	17	19	15	16
Heures de soleil / jour	5	5	7	7	6	5	5	5	5	6	5	5

- Époque la plus favorable : avril à août.
- Risques de fortes pluies et de typhons de juin à octobre.

POLYNÉSIE	J	F	M	A	M	J	J	A	S	O	N	D
Température maximale	30	30	30	30	29	28	28	28	28	29	29	30
Température minimale	23	23	23	23	22	21	21	20	21	22	23	23
Précipitations en mm	365	240	205	130	120	70	75	50	60	95	170	220
Jours de pluie > 1 mm	15	13	13	9	8	6	7	5	6	8	11	15
Heures de soleil / jour	7	7	7	8	7	7	7	8	8	7	7	6

Tahiti

- Époques les plus favorables : mars à mai et septembre à novembre.
- Risques de cyclones en janvier-février.
- Température de l'eau : 27 à 29°.

Chiffre Beaufort	Description du vent	Vitesse en km/h	Hauteur moyenne des vagues en mètres
0	Calme	< 1	0
1	Très légère brise	1 - 5	0,1
2	Légère brise	6 - 11	0,2
3	Petite brise	12 - 19	0,6
4	Jolie brise	20 - 28	1
5	Bonne brise	29 - 38	2
6	Vent frais	39 - 49	3
7	Grand frais	50 - 61	4
8	Coup de vent	62 - 74	5,5
9	Fort coup de vent	75 - 88	7
10	Tempête	89 - 102	9
11	Violente tempête	103 - 117	11,5
12	Ouragan	> 118	> 14

Tableau 2.4. *Échelle de Beaufort de la force du vent en fonction de sa vitesse.*

Termes descriptifs	Hauteur en mètres
Calme	0
Calme (ridée)	0 – 0,1
Belle	0,1 – 0,5
Peu agitée	0,5 – 1,25
Agitée	1,25 – 2,5
Forte	2,5 – 4
Très forte	4 – 6
Grosse	6 – 9
Très grosse	9 – 14
Énorme	14

Tableau 2.5. *Description de l'état de la mer en fonction de la hauteur des vagues.*

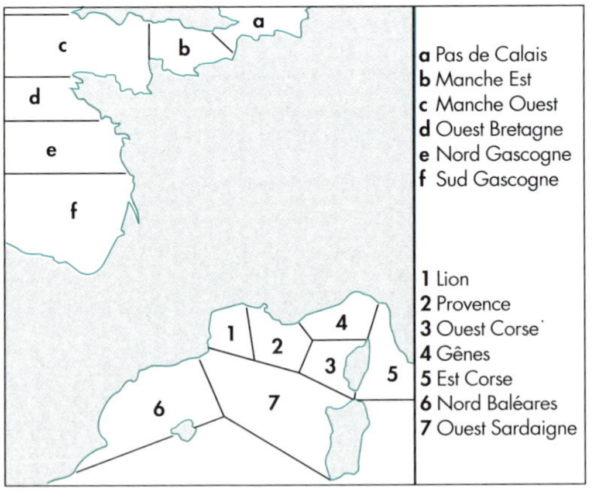

2.13. *Nomenclature des zones côtières selon Météo-France.*

Les prévisions météorologiques

Établies à partir de modèles thermodynamiques alimentés par des relevés météorologiques (stations fixes, bateaux, ballons sondes, satellites), les prévisions météorologiques donnent avec précision les conditions qui seront rencontrées le lendemain et les tendances pour les quatre à cinq jours à venir.
Les conditions de vent et l'état de la mer indiqués dans les bulletins météorologiques correspondent aux conditions maximales qui peuvent être rencontrées.
La direction du vent indiquée est celle d'où provient le vent. Sa vitesse est exprimée soit en km/h (ou en nœuds : 1 nœud = 1,852 km/h), soit selon l'échelle de Beaufort (tableau 2.4).
L'état de la mer (hauteur des vagues) fait aussi l'objet d'une nomenclature précise (tableau 2.5). Lorsque le vent est bien établi il existe une forte corrélation entre la vitesse (la force) du vent et la hauteur des vagues.
Les informations météorologiques sont obtenues auprès d'organismes spécialisés.

➤ En France

C'est Météo-France qui établit et diffuse les bulletins de prévisions météorologiques. Ceux-ci sont émis pour une zone définie selon une nomenclature bien établie (fig. 2.13). Ces informations qui sont généralement affichées dans les ports (capitainerie, clubs nautiques) peuvent aussi être obtenues directement :
– par radio : de nombreuses radios nationales et locales diffusent des bulletins météorologiques. France Inter diffuse chaque jour deux bulletins météorologiques maritimes vers 7 h et 20 h (horaires sujets à modification). À bord, ces bulletins peuvent être captés par radio VHF ;
– par téléphone : pour chaque département les prévisions sont diffusées par un répondeur qui peut être consulté en composant le 36.68.08 suivi du numéro à deux chiffres du département ;
– par minitel : composer 36.15 Météo (toutes zones).

➤ À l'étranger

Chaque pays dispose d'un office météorologique qui communique les prévisions pour ses zones côtières. Les moyens d'obtenir ces bulletins (radio, téléphone, etc.) sont répertoriés dans une publication (référence : n° 9-TP4, vol. D) éditée par l'Office météorologique mondial (OMM, Genève). Ces informations sont reprises dans l'ouvrage n° 96 du Service hydrographique et océanographique de la Marine (SHOM). Ces documents peuvent être consultés à la bibliothèque de Météo-France (voir ci-après adresses utiles).
Attention, le découpage des zones n'est pas nécessairement le même d'un pays à un autre. Ainsi, l'Angleterre et l'Espagne qui assurent une couverture météorologique du littoral français n'utilisent pas le même découpage des zones côtières que Météo-France.
Afin d'optimiser les conditions de sécurité de la plongée, les informations météorologiques doivent être complétées par :
– la lecture des cartes marines,
– les renseignements recueillis auprès des marins locaux (courants et effets de microclimat).

BIBLIOGRAPHIE

Atlas de la mer (Éd. R. Laffont), 1978.
Rachel Carson, *Cette mer qui nous entoure* (Éd. Stock-Nature), 1975.
Encyclopaedia Universalis (Océans. Marées).
Grand atlas de la mer. Universalis (Éd. A. Michel), 1983.
A. Ivanoff, *Introduction à l'océanographie : propriétés physiques et chimiques des eaux de mer.* Tome 2 (Éd. Vuibert), 1975.
François Carré, *Les océans* (Éd. PUF), 1983.
J. Rouch, *Les océans* (Éd. Payot-Bibliothèque scientifique), 1961.
Claude Benoit, *Les ressources des océans* (Éd. Eyrolles), 1976.
R. Mayencon, *Météorologie marine* (Éd. maritimes d'outre-mer), 1982.
A. Guilcher, *Précis d'hydrologie marine et continentale* (Éd. Masson), 1979 (2e édition).
J. N. Darde, *Saisons et climats* (Éd. Balland), 1992.

ADRESSES UTILES

Office météorologique mondial
Case postale 2300
CH-1211 Genève 2, Suisse
Tél. (19-41) 22.730.81.11.

Météo-France
Service de la documentation
2, avenue Rapp
75007 Paris
Tél. (1) 45.56.71.71.

3. L'ARCHÉOLOGIE

Archéologie sous-marine
Archéologie subaquatique

L'archéologie sous-marine et l'archéologie subaquatique ont en commun d'exercer leur activité sous l'eau. Toutefois, cette archéologie « sous l'eau » (pour reprendre l'expression anglaise plus unitaire archaeology underwater*), qu'il s'agisse des eaux salées et ouvertes de la mer ou des eaux douces et fermées des lacs et des rivières, ne saurait constituer une discipline autonome de l'archéologie. Elle n'est en réalité qu'une branche d'activité de l'archéologie générale. Ses objectifs, ses principes et ses méthodes sont identiques à ceux de l'archéologie terrestre et ne peuvent en être séparés. Seul le milieu dans lequel s'exerce l'activité archéologique est différent. Mais ce milieu subaquatique, au sens large, est régi par des lois physiques particulières qui ne sont pas familières à l'homme et qui lui sont même hostiles. De ce fait, il impose des conditions de travail inhabituelles et nécessite le recours à des techniques spécifiques. Ainsi l'archéologie sous-marine et l'archéologie subaquatique se définissent avant tout comme des techniques de l'archéologie qui permettent d'en élargir le champ d'investigation aux vastes domaines des fonds des mers, des lacs et des rivières. Ce faisant, elles conduisent l'archéologie à aborder l'étude de domaines neufs qui sont souvent sans équivalent terrestre. Aussi voisines qu'elles soient, l'archéologie sous-marine et l'archéologie subaquatique se distinguent néanmoins sur un certain nombre de points. Sur le plan technique, les conditions d'intervention peuvent être assez différentes entre la mer et les lacs ou rivières et, par exemple, l'une sera plus directement confrontée aux problèmes de profondeur, l'autre aux problèmes de visibilité. La différence de statut juridique entre les eaux intérieures et le domaine public maritime constitue aussi une autre divergence qui conduit à une organisation des deux activités selon des structures distinctes. Et c'est surtout la nature des sites découverts dans l'un et l'autre domaine qui contribue le plus, notamment en France, à distinguer les deux activités dont les thèmes de recherche sont de ce fait différents. Ainsi, quelle que soit la diversité des sites submergés sous les eaux de la mer, l'archéologie sous-marine se caractérise avant tout comme une archéologie des épaves de navires, privilégiant*

les études d'histoire économique à travers les échanges maritimes révélés par les cargaisons et les études d'archéologie navale à travers les vestiges des coques. L'archéologie subaquatique, en revanche, se distingue essentiellement par l'étude des sites d'implantation en bordure des lacs et des rivières, dont les plus célèbres sont les villages palafittes, et par une archéologie des voies d'eau. Situés dans un espace clos et strictement délimité, les gisements subaquatiques, y compris les épaves lacustresou fluviales, entretiennent des relations étroites d'interdépendance avec leur milieu. De ce fait, l'archéologie subaquatique est aussi une archéologie de l'environnement.
En revanche, les épaves sous-marines, situées dans l'espace ouvert de la mer, forment autant de gisements clos et homogènes sans relation directe de dépendance avec leur environnement sous-marin.
Contrairement à l'archéologie subaquatique, l'archéologie sous-marine n'est pas une archéologie du milieu marin.
Ce sont ces différences notables qui ont conduit en France à dépasser la notion commune d'archéologie « sous l'eau » et à distinguer, aussi bien sur le plan scientifique que dans leur organisation, l'archéologie sous-marine et l'archéologie subaquatique.

ARCHÉOLOGIE SOUS-MARINE

ORIGINE ET ÉVOLUTION

C'est au tout début du siècle que plusieurs découvertes sous-marines exceptionnelles vont à la fois révéler l'extraordinaire richesse du patrimoine gisant au fond des mers et marquer la naissance de l'archéologie sous-marine.
La première découverte eut lieu en 1900 en Grèce et fut réalisée par des scaphandriers pêcheurs d'éponges qui, au cours d'une escale à l'îlot d'Anticythère, découvrirent par 60 mètres de profondeur une épave antique chargée de statues de bronze et de marbre. Durant l'hiver suivant, et avec l'accord des autorités grecques, une quarantaine de statues furent récupérées. Parmi celles-ci, des bronzes remarquables comme un portrait de philosophe et surtout le célèbre *Ephèbe d'Anticythère,* statue originale du IVe siècle av. J.-C. Grâce à un curieux appareil remonté de l'épave et identifié depuis comme étant un calculateur astronomique, il fut possible, à partir de son réglage sur la position des astres, de dater le naufrage vers 80 av. J.-C.
Quelques années plus tard, en Tunisie cette fois, près de Mahdia, d'autres plongeurs pêcheurs d'éponges découvrirent en 1907, par 37 mètres de profondeur, une nouvelle épave antique chargée de colonnes et d'œuvres d'art en marbre et en bronze. Six campagnes furent organisées de 1908 à 1913 pour remonter l'essentiel de la cargaison du navire dont le naufrage survint au début du Ier siècle av. J.-C.
D'autres découvertes, comme celle en 1926 du *Zeus du cap Artémision,* chef d'œuvre de l'art grec classique du Ve siècle av. J.-C., allaient confirmer la richesse du fond des mers.

Les premières fouilles sous-marines

Aussi exceptionnelles que furent ces découvertes, elles ne firent l'objet que de récupération et l'on ne peut véritablement parler à leur propos de fouilles archéologiques. Le lourd scaphandre pied-lourd des pêcheurs d'éponges ne le permettait pas.
Il faut en fait attendre la mise au point du scaphandre autonome, durant les années 1942-43, par l'ingénieur E. Gagnan et J.-Y. Cousteau, pour que l'archéologie sous-marine puisse véritablement naître en disposant enfin d'un appareil adapté à ses besoins. Le formidable succès du scaphandre autonome qui s'ensuivit, notamment sur les côtes françaises, n'allait pas tarder à porter ses fruits.
Dès 1948, des plongeurs sportifs du Club alpin sous-marin découvrirent leurs premières épaves à Anthéor (aujourd'hui, la Chrétienne A) puis au Titan à l'île de Port-Cros. Toujours en 1948, le commandant Taillez et le Gers de la Marine nationale retournèrent sur l'épave de Mahdia pour y effectuer des relevés complémentaires qui furent les premiers réalisés sur une épave par des plongeurs autonomes. Enfin, la même année, le Gers expérimenta pour la première fois sur l'épave d'Anthéor un nouvel instrument destiné à devenir l'outil de base de toute fouille sous-marine : la suceuse à air.
Quelques années plus tard, en 1952, s'ouvrait par 40 mètres de profondeur sur le site du Grand Congloué, près de Marseille, la première fouille sous-marine entièrement réalisée par des plongeurs autonomes et à l'aide d'une suceuse à air. Les travaux furent entrepris par le commandant Cousteau et son équipe et sous le contrôle scientifique du professeur F. Benoit, alors directeur des Antiquités de Provence.

découverte d'épave archéologique, et soumettait à autorisation préalable toute intervention sur un gisement homogène. Les objets isolés en revanche pouvaient être prélevés à condition d'être déclarés et, si l'intérêt archéologique ne s'y opposait pas, éventuellement remis à leur découvreur.

➤ Une structure spécifique : la Drasm

Quelques années plus tard, en septembre 1966, fut créée, au sein du ministère de la Culture, la Direction des recherches archéologiques sous-marines (Drasm), afin d'assurer la protection et la tutelle du patrimoine sous-marin. Implanté dès l'origine à Marseille (fort Saint-Jean) au cœur même de l'activité archéologique sous-marine de l'époque, le service fut doté en 1967 d'un important moyen d'intervention avec le bâtiment de recherche archéologique *L'Archéonaute* (pl. II.3). Long de 30 mètres, large de 6 mètres, le navire a un déplacement de l'ordre de 130 tonnes pour un faible tirant d'eau de 2,50 m. Doté de deux hélices à pas variable le rendant très maniable et apte à manœuvrer près des côtes, ses équipements spécifiques lui permettent de mener à bien les diverses missions de recherches archéologiques sous-marines et de mettre en œuvre tous les systèmes de fouille ou de recherche nécessaires. Appartenant au ministère de la Culture, il est cependant par convention armé par un équipage de huit hommes de la Marine nationale et peut loger à bord une équipe scientifique et technique de huit personnes.

Chargée d'assurer la mise en valeur, l'étude et la protection du patrimoine archéologique sous-marin, la Drasm recense et expertise les découvertes dont elle dresse la carte archéologique. Elle délivre les autorisations de prospection et de sondage et conduit les interventions de sauvetage. Elle instruit les dossiers de demande d'autorisation de fouille que délivre le ministre de la Culture sur avis du Conseil supérieur de la recherche archéologique. Elle contrôle l'exécution des fouilles autorisées et veille à leur publication. En liaison avec les musées, elle gère les collections d'objets découverts ou issus des fouilles et participe aux expositions et aux manifestations sur le patrimoine sous-marin. Elle recueille et diffuse l'information et la documentation et forme aux techniques de sa discipline. Enfin, en liaison avec les administrations compétentes, elle contrôle l'application de la réglementation en vigueur et assure la protection des sites archéologiques sous-marins. Ses compétences nationales s'étendent à l'ensemble des eaux territoriales françaises de la métropole et des départements d'outre-mer.

➤ Une législation proprement archéologique

Récemment, en 1989, pour tenir compte de l'évolution de l'archéologie sous-marine, la France a adopté une nouvelle législation sur les « biens culturels maritimes » (loi du 1-12-1989 et décret du 5-12-1991). Cette loi, qui se substitue à la précédente, devient une loi spécifique proprement archéologique qui ne dépend plus du régime général des épaves. Son objet est élargi à la notion des biens culturels maritimes, qui concerne tous les vestiges ou tous les biens présentant un intérêt « préhistorique, archéologique ou historique... situés dans le domaine public maritime... » de quelque nature qu'ils soient et non plus seulement les seules épaves. Son champ d'application est en outre étendu au-delà du domaine public maritime (zone des 12 milles) au « fond de la mer de la zone contiguë » (zone des 12 à 24 milles). La propriété de l'État sur les biens culturels sans propriétaire connu est maintenue ainsi que l'obligation de la déclaration. En revanche, tout bien culturel maritime doit être dorénavant laissé en place et toute intervention sur un tel bien est soumis à autorisation préalable. C'est dès lors le respect fondamental du contexte archéologique qui l'emporte sur toute autre considération afin d'éviter tout déplacement ou prélèvement arbitraire. Une telle législation, sous-tendue par l'intérêt archéologique, doit renforcer plus encore les liens entre les plongeurs amateurs auteurs de la plupart des découvertes et la Drasm, devenue depuis lors le Département des recherches archéologiques sous-marines sans que ses attributions au sein du ministère de la Culture (direction du Patrimoine, sous-direction de l'Archéologie) ne soient réellement modifiées.

ASPECTS TECHNIQUES

S'effectuant dans un milieu hostile, non naturel à l'homme et régi par des lois physiques qui lui sont propres, l'archéologie sous-marine doit s'adapter aux contraintes particulières du milieu sous-marin. Toute intervention dans des conditions normales inférieures à 60 mètres suppose le recours aux appareils de plongée à l'air comprimé usuels (scaphandre autonome, narghilé...) et le respect des règles fondamentales de la plongée sous-marine. La principale contrainte qui en découle directement est la limitation du temps de plongée, qui dans la plupart des cas n'autorise le fouilleur qu'à passer un temps très bref sur son chantier. Il en résulte une organisation très particulière du travail, qui procède par équipes se relayant sur le site selon un programme précis des tâches à accomplir établi à l'avance. Par ailleurs, outre les difficultés de communication, il faut aussi tenir compte de la visibilité réduite qui peut conduire, dès qu'un site atteint une certaine dimension, à ce qu'il ne soit jamais vu en totalité durant toute la durée des fouilles, même lorsque les conditions de clarté sont bonnes. Toutes ces contraintes conduisent à recourir aux méthodes et aux techniques qui, pour une même qualité de résultats, sont les plus rapides et les plus efficaces. Ces techniques varient cependant selon la nature des opérations.

Les prospections

Les prospections sous-marines en vue de rechercher des sites se heurtent à de nombreuses difficultés et nécessitent le plus souvent la mise en œuvre de systèmes complexes. Les recherches par plongeurs autonomes, même remorqués de la surface selon la technique du pendeur, souffrent d'une faible autonomie et d'un champ de vision restreint. Elles ne peuvent donc être effectuées que dans des zones limitées et elles relèvent plus de l'exploration que de la prospection ciblée proprement dite. Les divers systèmes optiques mécanisés (télévision sous-marines, tourelle d'observation, etc.) permettent de résoudre le problème de l'autonomie, surtout lorsque la profondeur est importante, mais ils restent tributaires des limites de visibilité. C'est pourquoi on leur préfère des systèmes complexes mettant en œuvre plusieurs appareils complémentaires, tels le magnétomètre permettant de relever les anomalies magnétiques provoquées par les épaves (y compris les épaves antiques à amphores dont la terre cuite riche en oxyde de fer possède une aimantation rémanente suffisante pour être décelée si la masse totale est importante) et le sonar latéral *(side scan sonar)* qui, en émettant de part et d'autre de sa route un faisceau d'ondes ultrasonores se réfléchissant sur le fond, en donne une image acoustique qui permet de déceler sur un enregistreur les anomalies du fond.

Mais pour être efficaces, ces engins remorqués de la surface nécessitent des systèmes de navigation sophistiqués d'une très grande précision qui rendent ces recherches particulièrement onéreuses. On n'y recourt par conséquent que de façon exceptionnelle, lorsque la cible recherchée est particulièrement importante et la zone de recherche circonscrite. Un important travail préliminaire d'enquête sur archives ou auprès des pêcheurs est donc toujours nécessaire si l'on veut que la prospection soit couronnée de succès.

Les problèmes posés par la prospection d'un site connu sont de toute autre nature. La partie apparente d'un gisement étant généralement très réduite, il est souvent utile de procéder à la prospection du site pour mieux connaître son extension et ouvrir la fouille dans les meilleures conditions. Le sondage à l'aide d'une simple tringle métallique est une technique élémentaire qui, cependant, donne de bons résultats. Mais, là encore, on a de plus en plus tendance à utiliser des méthodes plus sophistiquées faisant appel au magnétomètre qui, associé au détecteur de métaux, permet d'obtenir une bonne caractérisation du gisement. Enfin, récemment, le procédé par mesures de résistivité, couramment utilisé en archéologie terrestre, a été expérimenté en milieu sous-marin de façon prometteuse.

La fouille

Les diverses phases de la fouille d'un gisement sous-marin sont identiques à celles d'un site terrestre. Il faut tout d'abord dégager les structures et les objets enfouis, puis effectuer les divers relevés nécessaires à l'enregistrement des caractéristiques du site et des relations qu'entretiennent les objets entre eux et avec les structures, enfin procéder au démontage et à la remontée des objets et, éventuellement, des structures que l'on souhaite récupérer.

Dans certains cas exceptionnels, lorsque certaines conditions sont réunies, il est parfois possible de s'affranchir des contraintes de la fouille en milieu sous-marin :

– en isolant et en asséchant le site, comme ce fut le cas en 1962 pour la fouille des navires vikings de Skuldelev dans le fjord de Roskilde au Danemark ;

– en procédant au renflouage de l'épave, à l'exemple de la récupération, entre 1957 et 1961, du navire royal suédois *Vasa* qui coula en 1628 en rade de Stockholm par 32 mètres de profondeur mais dont l'état de conservation était remarquable.

Toutefois, habituellement, la fouille se déroule en milieu sous-marin.

➤ Un instrument indispensable : la suceuse à air ou à eau

Le dégagement des sédiments qui recouvrent le site s'effectue à l'aide d'un instrument devenu aujourd'hui traditionnel : la suceuse à air ou à eau.

La suceuse à air est constituée d'une manche semi-rigide placée en position verticale et amarrée sur le fond, dans laquelle on envoie, par l'extrémité inférieure, de l'air comprimé. La brutale détente de l'air dans la manche crée un fort courant ascendant dont la puissance d'aspiration est d'autant plus grande que la différence de pression (c'est-à-dire la différence de niveau entre l'entrée et la sortie de la suceuse) est importante. Les sédiments sont alors rejetés en surface ou en immersion à une certaine distance du site, après être passés à travers le filtre d'une trémie disposée par précaution à la sortie de la manche. Cet instrument est cependant d'un maniement délicat, si l'on doit intervenir sur une couche archéologique sensible ou une coque fragile, en raison de sa grande puissance. C'est pourquoi on lui préfère souvent la suceuse à eau sous pression, moins violente et qui a l'avantage de fonctionner avec le même rendement quelle que soit la profondeur. Elle se compose d'une tuyère rigide de quelques mètres de longueur dont la tête en forme de Y possède une entrée oblique. Dans l'axe de la tuyère, on envoie un fort jet d'eau sous pression qui crée par dépression un courant aspirant dans la tête oblique que l'on peut munir d'une petite manche souple pour faciliter le travail de dégagement (pl. I.1). Les sédiments sont alors rejetés à la sortie de la tuyère à quelques mètres de la zone de travail. Dans certains cas, enfin, on peut utiliser directement une lance à eau sous pression munie de préférence d'un diffuseur de jet pour mieux en contrôler la puissance. Mais, là encore, son utilisation nécessite beaucoup de précautions.

➤ Les relevés sous-marins

Les méthodes de relevés sous-marins dépendent des caractéristiques de chaque site et de la densité des mesures. Les procédés métriques classiques par triangulation, mesures d'angles et de distances, ou à l'aide d'un cadre de relevé tridimensionnel ont l'inconvénient d'exiger un grand nombre de mesures souvent peu compatibles avec la limitation du temps de plongée. C'est pourquoi on ne les utilise que sur des zones limitées ou lorsque le nombre de points à relever est réduit. En revanche, les procédés photographiques, qui permettent un gain de temps appréciable et qui profitent de l'avantage du plongeur sous-marin de pouvoir évoluer dans les trois dimensions, sont les plus utilisés. Pour corriger les déformations dues à la réfraction de l'eau et à la perspective optique, il convient alors de recouvrir le site d'un carroyage étalonné et de s'assurer de la régularité des prises de vues à l'aide, par exemple, d'un bâti couplé au carroyage.

Cependant, le procédé actuellement le plus développé est la prise de vues stéréoscopiques qui, en restituant la vision binoculaire en relief, permet à l'aide d'un restituteur d'obtenir des relevés photogrammétriques tridimensionnels. Les conditions de prises de vues sous-marines, même en utilisant des appareils de bonne précision à l'optique corrigée et étalonnée, à défaut de chambres métriques, ne permettent néanmoins qu'une stéréophotogrammétrie approchée et nécessitent la mise en place de mires métriques en nombre suffisant pour obtenir une bonne précision. Mais, au total, le rapport entre la qualité des relevés obtenus, surtout en planimétrie, et la quantité de travail sous-marin est largement positif et justifie le succès actuel du procédé. Le système de prises de vues stéréoscopiques le plus habituel consiste à déplacer un appareil à intervalles réguliers (base des couples stéréo) sur un cadre implanté à une hauteur déterminée par la base de prise de vues. Mais un système plus léger, s'affranchissant de tout cadre fixe et comportant une platine à deux appareils photographiques déplacée à hauteur régulière, a été utilisé avec succès par la Drasm pour des relevés de zones limitées (pl. I.2).

➤ La remontée et le traitement des objets

La remontée des objets ne pose guère de problème particulier. Aux systèmes de levage actionnés depuis la surface, s'ajoutent toutes les possibilités de remontée par des ballons gonflés d'air comprimé gréés directement sur les objets ou sur des paniers et qui offrent en outre l'avantage d'une très grande souplesse d'emploi.

Une fois les objets remontés, des dispositions conservatoires doivent être prises pour assurer leur préservation notamment dans le cas des objets métalliques, surtout ferreux, et des matières organiques, dont le bois en particulier. Dans l'un et l'autre cas, il convient de maintenir les objets en milieu aqueux et d'éviter leur dessiccation avant d'entreprendre les nécessaires traitements de conservation. Pour les objets métalliques, le traitement par électrolyse, développé par EDF, est aujourd'hui le plus utilisé. Il permet de stopper la corrosion et de stabiliser les métaux en éliminant les chlorures avec de bons résultats, y compris pour les pièces de grandes dimensions. Les procédés de traitement des bois gorgés d'eau sont encore plus complexes. Si les bois protégés par les sédiments ont conservé leur forme, leur structure est néanmoins profondément altérée et ils n'ont plus de résistance mécanique. Laissés à l'air, ils se déforment totalement sous l'effet de la dessiccation. Parmi les diverses méthodes utilisées pour consolider et conserver les bois, la plus ancienne et l'une des plus répandues est l'imprégnation au polyéthylène glycol (PEG) qui a l'avantage de permettre le traitement de grandes surfaces de bois comme celles des épaves antiques de Kyrenia, Marsala ou Toulon. On recourt cependant de plus en plus fréquemment au traitement par lyophilisation sous vide qui obtient d'excellents résultats, mais qui ne peut s'appliquer qu'à des pièces de dimensions limitées à celles des chambres de traitement. La lyophilisation en pression atmosphérique, qui permet de s'affranchir de ces contraintes, est une technique prometteuse qui cependant n'a été expérimentée que sur l'épave antique de la Bourse de Marseille. Enfin, toujours en France, le Centre d'études nucléaires de Grenoble a mis au point une méthode par imprégnation de résine et polymérisation aux rayons γ qui convient particulièrement aux pièces les plus fragiles.

➤ La base de surface

Il convient enfin de ne pas oublier qu'à l'exception de quelques sites situés en bordure du littoral, la plupart des fouilles sous-marines nécessitent la présence d'une base flottante destinée à supporter les appareils indispensables à la plongée et au travail sous-marin et offrant des espaces de travail suffisants. Selon l'importance de la fouille, cette base de surface peut être constituée d'embarcations légères, de navires tel *L'Archéonaute*, ou encore de pontons fixes ou automoteurs qui présentent généralement l'avantage d'offrir une plate-forme de travail importante.

Les sites sous-marins

Compte tenu des contraintes auxquelles elle est soumise, l'archéologie sous-marine ne se justifie que par l'intérêt des vestiges qui gisent au fond des mers. Or, ces vestiges sont non seulement d'une extrême variété mais ils offrent de plus des conditions d'étude rarement réunies sur terre. Le phénomène d'immersion, quelle qu'en soit la cause (submersion, naufrage), conduit à figer chaque site dans le temps puis à le protéger par son ensédimentation. C'est en somme à chaque fois le « phénomène Pompéi » qui se reproduit. Les épaves offrent en outre l'intérêt de constituer des ensembles homogènes et normalement clos dans lesquels tous les objets présents, qu'ils appartiennent aux équipements de bord ou à la cargaison, sont en parfait synchronisme.

➤ Les sites terrestres submergés

De nombreux sites d'origine terrestre sont aujourd'hui submergés par la mer. Pour les périodes les plus reculées, il s'agit de grottes préhistoriques submergées à la suite des grandes transgressions marines post-glaciaires. En France, à la fin des années 60 et au début des années 70, plusieurs campagnes de fouilles conduites avec l'aide de *L'Archéonaute* dans les régions de Villefranche-sur-Mer et des calanques de Cassis et de Marseille ont mis en évidence de telles grottes préhistoriques. Celle de la Trémie dans les calanques, aujourd'hui submergée par 20 mètres de profondeur, présente des traces d'occupation remontant à 200 000 ans environ. Plus exceptionnelle encore est la récente découverte, en 1991, près de l'extrémité du cap Morgiou, de la grotte dite Cosquer (du nom de son inventeur) ornée de peintures pariétales et de gravures rupestres remontant à l'époque du paléolithique supérieur (vers – 18 500 B.P.) (pl. II.1). Bien que la grotte soit située en grande partie au niveau de la mer et donc exondée, son accès s'effectue par une galerie totalement immergée qui s'ouvre à 37 mètres de profondeur. Pour les périodes historiques plus récentes, au cours desquelles la variation du niveau moyen de la Méditerranée a été faible (environ 60 centimètres), la submersion des sites terrestres côtiers est due avant tout à des phénomènes tectoniques locaux. L'exemple le plus fameux est celui de la ville romaine de *Baia*, dans le golfe de Naples, aujourd'hui submergée jusqu'à 20 mètres de profondeur à la suite du lent affaissement du littoral par bradysismisme au cours des Ier et IIe siècles ap. J.-C. En France, où les côtes sont relativement plus stables, on ne connaît guère qu'un site majeur, celui de la grande ville portuaire des *Fossae Marianae* dont les vestiges, comprenant une importante nécropole des Ier-IIIe siècles de notre ère, reposent sous les eaux du golfe de Fos.

➤ Les ports et les mouillages

Les ports antiques, par leur nature mi-terrestre mi-maritime et leurs structures en partie marines, sont particulièrement sensibles aux variations du niveau de la mer, même de faible amplitude. Peu d'entre eux ont conservé leur relation d'origine avec la mer. Sur nos côtes, beaucoup de ports antiques sont aujourd'hui enterrés par suite de l'avancée des lignes de rivage comme ceux de Marseille, Toulon, Fréjus. Mais pour d'autres, il est nécessaire de recourir à l'archéologie sous-marine pour les étudier. C'est le cas notamment du petit port romain des Laurons, près de Martigues, qui constitue un remarquable ensemble homogène ayant conservé son bassin naturel trilobé et de nombreux vestiges de digues et d'appontements. Les mouillages, zones d'ancrage temporaire des navires ou zones d'abri par mauvais temps, constituent des sites sous-marins importants par la diversité du matériel rejeté par les équipages et leur accumulation au cours du temps. Outre leur intérêt pour mieux connaître la fréquentation des routes maritimes, ils offrent par la richesse de leur matériel de précieux témoignages sur les conditions de navigation et la vie à bord. De très nombreux jas d'ancre antiques, portant parfois des marques épigraphiques, proviennent de ces lieux. Signalons, à titre d'exemple, le port de la Quarantaine de Marseille installé dans un abri naturel de l'île de Pomègues où se sont accumulés, principalement au cours des XVIIe et XVIIIe siècles, des milliers d'objets de toute provenance révélateurs de la variété du trafic marseillais.

LES ÉPAVES

Quels que soient l'intérêt et la richesse de ces sites parfois exceptionnels, ce sont néanmoins les épaves de navire qui constituent les gisements sous-marins les plus caractéristiques et, de loin, les plus abondants. Cependant, en raison des nombreux facteurs qui président à leur formation, les épaves présentent entre elles une grande diversité.

Lors de son naufrage, après avoir déjà subi des dégâts plus ou moins importants, le navire finit par toucher le fond où il se stabilise. Un double processus s'engage alors. Sous l'action du milieu marin, les parties hautes en pleine eau sont progressivement altérées alors qu'en revanche les parties basses sont lentement recouvertes par les sédiments. Peu à peu, les structures s'effondrent et la cargaison se répand, tandis que la lente sédimentation poursuit sa progression. Finalement, les deux phénomènes contradictoires finissent par se rejoindre et l'épave se stabilise en atteignant alors son état d'équilibre.

Au cours de ce processus, la cargaison est amenée à jouer un rôle important. Si elle est composée d'éléments indestructibles dans l'eau, comme les amphores en terre cuite de l'Antiquité, elle va contribuer à protéger l'épave et, par sa masse, à en faciliter le repérage. Si, en revanche, elle est constituée de matériaux altérables, tels que les tonneaux de bois du Moyen Âge, elle sera elle-même détruite et son rôle de protection sera faible. Au total, l'épave sera moins bien préservée et plus difficilement repérable.

Outre la cargaison, de nombreux autres facteurs interviennent pour modifier le processus. La profondeur, tout d'abord, qui selon son importance mettra l'épave à l'abri de l'érosion mécanique de la houle et surtout de l'effet destructeur des tempêtes. La nature des fonds et le profil des côtes, ensuite. Ainsi, les côtes plates, sableuses ou lagunaires sont peu favorables à la préservation et au repérage des épaves. Quelle que soit leur cargaison, elles sont irrémédiablement fracassées par les tempêtes, dispersées, et leurs maigres restes finissent par être totalement masqués par les sédiments. En revanche, les côtes accores à fond de sable ou de posidonies réunissent des conditions beaucoup plus favorables à la conservation et au repérage des épaves. Enfin, à ces facteurs physiques, qui président directement à la formation des épaves, s'ajoutent des facteurs humains qui interviennent pour leur repérage. Ce sont les pêcheurs parfois, mais surtout les plongeurs sportifs qui sont à l'origine de la découverte des épaves. Plus une côte sera attrayante et fréquentée plus les découvertes d'épaves y seront nombreuses.

En raison de tous ces facteurs, la représentativité des épaves est très inégale selon les régions, les époques ou la nature des navires et de leur cargaison. C'est ainsi que près de 30 % des épaves connues sur nos côtes méditerranéennes sont situées dans la région de Marseille aux côtes favorables à la préservation des épaves et dont les fonds sont parmi les plus fréquentés. En revanche, la côte sableuse du Languedoc et les abords de Narbonne, qui fut l'un des plus grands ports antiques, n'ont livré à ce jour que très peu d'épaves. C'est à leur absence de cargaison que l'on doit de ne connaître que si peu d'épaves de navires de combat antiques. De même, si beaucoup d'épaves antiques sont celles de navires à cargaison d'amphores, on ne retrouve guère celles des navires de blé qui était transporté en vrac et dont le trafic était pourtant considérable. C'est, enfin, toujours en raison de la nature de leur cargaison que les épaves médiévales, où le tonneau a remplacé l'amphore, sont si rares et si difficiles à trouver.

Malgré leurs limites et leurs lacunes, les épaves constituent autant de témoignages archéologiques et historiques sans équivalent. Elles offrent de plus, comme nous l'avons souligné, des conditions d'étude privilégiées où le navire avec sa cargaison, ses équipements et son matériel de bord forme un ensemble théoriquement clos et homogène dont tous les éléments sont en étroites relations et en parfait synchronisme. À tous les égards, les épaves méritent une attention particulière.

Les épaves et le commerce maritime

Compte tenu de l'importance du commerce maritime qui, jusqu'à l'époque contemporaine, occupe une place privilégiée dans les échanges commerciaux, les épaves fournissent en premier lieu des données fondamentales aux études d'histoire économique. Une épave avec sa cargaison offre en effet une image ponctuelle mais précise de la nature et du volume des échanges en un lieu et à un moment donnés. Elles constituent aussi un maillon important de la chaîne économique, situé entre la production et la distribution, qui permet de mettre en évidence les phénomènes complexes de la commercialisation. Elles illustrent, dans la mesure où ils sont conservés, la diversité des produits et des associations de produits transportés et révèlent parfois des modes de conditionnement originaux.

UN TÉMOIGNAGE SUR L'HISTOIRE ÉCONOMIQUE DE L'ANTIQUITÉ

Les plus anciens témoignages d'échanges maritimes sur les actuelles côtes françaises sont fournis par des épaves étrusques, massaliotes et grecques. Postérieure de quelques années aux épaves étrusques de la *Love* (Antibes) et de l'*Esteou dou Miet* (Marseille), l'épave de *Bon Porté* (Saint-Tropez) du troisième quart du VIe siècle av. J.-C. souligne, par sa cargaison d'amphores massaliotes associées à quelques amphores grecques et étrusques, l'émergence des négociants marseillais dans les échanges maritimes.

Plus remarquable encore est le site de la pointe Lequin à Porquerolles où la Drasm (L. Long) a, au cours de plusieurs années de fouilles, mis en évidence deux épaves archaïques, l'une grecque de la fin du VIe siècle av. J.-C., l'autre massaliote du début du Ve siècle av. J.-C., elles-mêmes en partie recouvertes par une épave romaine de l'époque républicaine (fin IIIe, début IIe siècle av. J.-C.) et une autre de l'époque impériale du début de notre ère. Riche de quatre gisements d'épaves antiques plus ou moins superposées, le site de la pointe Lequin offre un bel exemple du phénomène aujourd'hui bien connu de la superposition des épaves due à des circonstances de naufrage identiques. D'une abondance exceptionnelle en céramiques attiques et ioniennes décorées, l'épave grecque est, à ce jour, le plus riche gisement de céramiques grecques archaï-ques connu en France et l'un des plus importants témoignages du commerce maritime de cette époque. On peut aussi citer parmi les épaves les plus anciennes, l'épave grecque de Plane 2 à l'entrée de la rade de Marseille, qui date de la fin du Ve siècle av. J.-C. Son intérêt réside notamment dans l'originalité de sa cargaison qui associe des amphores grecques à quelques amphores puniques et massaliotes, à de la céramique attique et à un important chargement de lingots de cuivre.

➤ Courants commerciaux et spécialisation des navires

D'autres épaves témoignent des grands courants commerciaux souvent consacrés à un produit dominant, à l'exemple des nombreux navires perdus vers la fin de la République romaine (fin IIe, Ier siècle av. J.-C.) lors de la grande vague d'exportation des vins d'Italie en Gaule. L'épave de la Madrague de Giens, avec sa cargaison de 6 000 amphores à vin de la région de Terracine en Italie et un chargement complémentaire de céramique campanienne et commune, illustre parfaitement, vers les années 70 av. J.-C., ce grand commerce. Elle souligne aussi par les grandes dimensions d'origine du navire, de 40 mètres de longueur et d'une capacité de charge de 400 tonnes, l'importance des armements affectés à ce trafic (pl. IV.2).

Un tel trafic a aussi donné lieu, au Ier siècle de notre ère, à une véritable spécialisation des navires. Des fouilles récentes ont ainsi mis en évidence l'existence de véritables navires citernes spécialisés dans le transport du vin en vrac. Leur cale était occupée à poste fixe par de grandes jarres en terre cuite, des *dolia*, pouvant atteindre 2 mètres de diamètre pour une capacité d'environ 2 000 litres. Des épaves de ces navires ont été retrouvées, entre autres, au Grand Ribaud dans les îles d'Hyères et au Petit Congloué en rade de Marseille.

1

2

1 *Dégagement d'une épave antique à l'aide d'une suceuse à eau sous pression.*

2 *Épave antique de Carry-le-Rouet (fin IIe - début Ier s. av. J.-C.), système léger de prises de vues stéréoscopiques sur le chargement de blocs de pierre.*

1

2

3

1 *Grotte Cosquer. Détail des peintures pariétales préhistoriques : cheval.*
2 *Épave antique de Ploumanac'h à chargement de lingots de plomb. Mise en place des mires pour les relevés photogrammétriques.*
3 *Vue de l'Archéonaute, navire des recherches archéologiques sous-marines du DRASM (Ministère de la Culture).*

1

2

3

1 *Épave médiévale de l'Aber Wrac'h (XVe s.) : vue d'ensemble de la coque.*

2 *Épave du Mauritius (1509) au Gabon : vue de détail d'un canon.*

3 *Épave de la Fourmigue C (Ier s. av. J.-C.) : masque de Silène en bronze.*

1

3

1 *Épave de la Madrague de Giens (Ier s. av. J.-C.). Vue d'ensemble de la dernière couche d'amphores encore en place dans l'épave. Au-dessus, le cadre de relevés stéréophotographiques.*

2 *Épave de la Madrague de Giens (Ier s. av. J.-C.). Vue d'ensemble de l'épave en cours de fouille montrant une partie des amphores de la cargaison et de la coque.*

➤ Échantillonnage des productions locales

À côté de ces navires affectés au transport d'un produit dominant, d'autres témoignent du commerce de l'ensemble des produits d'une même région. C'est un tel navire provenant d'Espagne du sud qui fut retrouvé à l'entrée du port de Port-Vendres. L'étude du gisement (D. Colls, B. Liou), dit Port-Vendres 2, a montré que le navire transportait un échantillonnage des produits de la riche province de Bétique et des régions avoisinantes : huile, vin, saumures, céramiques mais aussi lingots d'étain, de plomb et de cuivre. Le cachet d'un fonctionnaire impérial, affranchi de Messaline, sur les lingots d'étain a permis de dater l'épave de l'époque de l'empereur Claude, et les marques peintes conservées sur les amphores nous apprennent que plusieurs commerçants s'étaient regroupés pour expédier leurs produits sur un même navire. Celui de l'épave *Sud Perduto II*, naufragé dans les bouches de Bonifacio à l'époque augustéenne par 48 mètres de profondeur, provenait lui aussi d'Espagne. Il transportait cette fois une importante cargaison d'amphores à saumures disposées sur au moins trois couches et un chargement de lingots de plomb disposé en fond de cale.

➤ Vitalité du cabotage

La variété des cargaisons est un phénomène fréquent sur les navires de commerce antiques qui témoigne de la diversité des échanges maritimes et de la vitalité du cabotage. Affectée au petit commerce et à la redistribution des produits le long des côtes, l'activité de cabotage devait constituer le tissu de la vie maritime courante. L'une des épaves les plus caractéristiques de ce commerce est celle de la *Tradelière* reposant par 50 mètres de profondeur au large de Cannes. Pas moins de neuf types différents d'amphores, grecques, puniques, italiennes, espagnoles, composaient une partie de la cargaison qui comportait aussi de la vaisselle de terre cuite, des gobelets gigognes, des petits vases zoomorphes, des coupes de verre, sans compter des milliers de noisettes. Venu sans doute de Méditerranée orientale, ce navire à la cargaison hétéroclite fit naufrage sur nos côtes vers les années 50-10 av. J.-C. Parfois, les caractéristiques des cargaisons permettent de retrouver la route des caboteurs et leurs escales. Ainsi, il fut possible d'établir une partie du périple d'un petit bateau de 13 mètres de longueur venu sombrer en baie de Cavalière, près du Lavandou, vers les années 100 av J.-C., et dont la fouille fut effectuée par la Drasm (R. Lequément). La présence de monnaies numides et d'amphores puniques indique que le voyage commença vraisemblablement en Afrique. Puis le bateau gagna l'Italie dont il remonta les côtes en faisant escale en Apulie, puis en Campanie et en Ligurie, pour finalement achever prématurément sa route sur la côte du midi de la Gaule.

LA DIVERSITÉ DES CARGAISONS

Si les produits alimentaires constituaient une part importante du trafic maritime, les épaves montrent aussi que beaucoup d'autres matériaux étaient transportés par mer.

➤ Métaux

C'était le cas notamment des objets métalliques et des métaux bruts. L'un des gisements les plus étranges, et l'un des plus anciens, est celui de Rochelongue près d'Agde. Il a ainsi livré près de 800 kilogrammes de cuivre en lingots de diverses tailles, quelques lingots d'étain et plus de 1 700 objets en bronze : outils, armes, pièces de harnachement, parures et fibules. L'ensemble est datable du milieu du VIe siècle av. J.-C. Mais la véritable nature du site, cachette de fondeur aujourd'hui submergée par 8 mètres d'eau ou épave d'un petit bateau de bronzier ambulant, reste problématique en l'absence de toute trace du navire. Toutefois, l'exemple de l'épave du cap Gelidonya en Turquie, fouillée en 1960 par G.F. Bass, qui présente des caractéristiques semblables vient renforcer la dernière hypothèse. Les épaves transportant des matériaux bruts sont souvent très spectaculaires en raison de leur concrétion. L'une des plus remarquables à ce titre est l'épave de Bagaud 2 aux îles d'Hyères, dont la fouille réalisée par la Drasm (L. Long) a révélé un chargement composé de lingots et de barres de fer et de lingots d'étain estampillés au nom de mystérieux hypoceltes vers la fin du IIe siècle av. J.-C. Tout aussi remarquable est l'épave de Ploumanac'h en Bretagne du nord, qui est la seule épave antique véritablement fouillée sur les littoraux du Ponant. C'est sans doute grâce à sa cargaison de plusieurs centaines de lingots de plomb qu'elle fut repérée (pl. II.2). La fouille conduite par la Drasm (M. L'Hour) a permis de mettre en évidence, à travers les nombreuses marques sur lingots au nom de tribus celtes de Grande-Bretagne, un témoignage important sur le commerce du plomb en provenance de ce pays à la fin de l'Empire romain.

➤ Matériaux de construction

D'autres épaves aux cargaisons plus banales illustrent néanmoins la diversité des transports maritimes. Ce sont par exemple, l'épave du Dramont D (Saint-Raphaël) et sa cargaison de mortiers provenant d'un atelier italien au Ier siècle ou celle de la pointe de la Luque B (Marseille) avec son chargement de lampes à huile du IVe siècle. Ce sont aussi des transports de matériaux de construction, comme des tuiles de couverture, dont plusieurs épaves jalonnent nos côtes, telle celle de la calanque de l'Ane (Marseille) de la fin du Ier siècle ap. J.-C., ou même de pierres de taille. L'épave de Carry-le-Rouet, près de Marseille, fouillée par la Drasm (L. Long), transportait ainsi 24 grands blocs d'environ une tonne provenant des carrières de Ponteau près de Martigues et destinés à la construction d'édifices à Marseille à la fin du IIe siècle av. J.-C., ainsi qu'en témoignent les nombreuses marques de carrier gravées sur les pierres.

➤ Objets d'arts

Mais les découvertes les plus spectaculaires restent celles des objets d'art qui circulaient fréquemment à bord des navires. On a vu que les premières découvertes d'épaves, au début du XXe siècle, furent précisément celles de navires transportant de telles cargaisons, et l'on doit à l'archéologie sous-marine la plus grande partie des originaux en bronze de la statuaire grecque. Parmi les découvertes récentes, l'une des plus exceptionnelles fut la récupération en 1972, à Riace en Calabre (Italie) par 8 mètres de profondeur, de deux statues en bronze de guerriers plus grands que nature (environ 2,10 m) dans lesquelles on reconnaît des originaux du Ve siècle av. J.-C. d'une qualité remarquable. En France, il convient de citer le célèbre *Ephèbe d'Agde* découvert dans le lit de l'Hérault, la tête en marbre de l'empereur Auguste remontée par un pêcheur au large de la Camargue et dont les dimensions indiquent qu'elle appartenait à une statue monumentale, et la cargaison d'objets mobiliers en bronze de l'épave de la Fourmigue C à Golfe Juan. L'épave reposant par 60 mètres de fond, la Drasm fit appel en 1983 aux techniques de plongée en saturation pour sauver la cargaison en cours de pillage. Outre un chargement principal d'amphores à vin d'Italie, l'épave datée du Ier siècle av. J.-C. recelait des objets métalliques en bronze, parmi lesquels des éléments de lit composés de pièces damasquinées et d'appliques ornés de bustes de Silène ou d'Artemis accompagnés respectivement de protomés de mule ou de cheval ; ou encore un grand seau de bronze décoré sous les anses de masques de Silène, véritables chefs-d'œuvre de l'art hellénistique (pl. III.3).

LES ÉPAVES PLUS RÉCENTES

Les épaves des périodes plus récentes font de plus en plus l'objet de fouilles sous-marines. Parmi celles-ci, il convient de citer pour le Moyen Âge les épaves dites sarrasines des X et XIe siècles du Bataiguier (Cannes), d'Agay (Saint-Raphaël) et de Plane 3 (Marseille) qui doivent à leur chargement de grandes jarres de terre cuite et de céramique d'avoir été préservées. Autrement, on ne connaît guère de cargaison médiévale. Pour l'époque moderne, les grands navires des Compagnies des Indes, comme le *Prince de Conty* naufragé à Belle-Île-en-Mer en 1746, ou le hollandais *Mauritius* perdu en 1509 sur la côte du Gabon (pl. III.2), qui furent tous deux fouillés par la Drasm en 1985 (M. L'Hour) et 1986 (M. L'Hour, L. Long, E. Rieth), retiennent volontiers l'attention en raison de l'intérêt de leurs cargaisons apportant des données souvent ignorées des archives. De même pour les navires de commerce plus ou moins célèbres ou anonymes tels le *Dorothea*, ancien vaisseau royal danois réarmé au commerce (1693, Villefranche-sur-Mer), la flûte

hollandaise *La galère de Livourne* (1714, Arles) avec sa cargaison de plomb, de fer et d'acier, ou l'épave hollandaise d'Omonville-la-Rogue (début XVIIIe, Cotentin) et son fret de bouteilles et de plaques de verre, sans oublier le célèbre *Grand Saint Antoine*, qui apporta la peste à Marseille en 1720 et dont l'attrait est cependant plus historique qu'archéologique.
En revanche, les petits caboteurs de l'époque, le plus souvent anonymes, conservent tout leur intérêt en permettant de mettre en évidence des trafics locaux ignorés des sources historiques traditionnelles. C'est le cas, par exemple, des épaves du cap Lardier (XVIe, Saint-Tropez) et de Port d'Alon (XVIIe, Bandol), avec leur chargement d'ardoises ou de dalles de terre cuite, ou des épaves des Sardinaux (Sainte-Maxime) et du plateau des Chèvres (Marseille) et de leur cargaison de céramique de Fréjus (fin XVIe-XVIIe).
Enfin, les épaves de l'époque contemporaine, pouvant apporter des renseignements précieux, ne sauraient être ignorées. L'étonnant chargement hétéroclite du brick napolitain *Il Ghiasone* (1834, Les Embiez) révèle ainsi pour la première fois sur le plan archéologique l'existence d'un véritable commerce de pacotille au XIXe siècle.

Les épaves et l'archéologie navale

Outre leur apport à l'histoire économique, les épaves sont d'un intérêt considérable pour l'archéologie navale en offrant à l'étude les vestiges matériels qui ont fait pendant longtemps défaut. Lorsque l'épave n'a pas été fracassée, il est fréquent de retrouver sous les cargaisons des restes importants, homogènes et bien conservés des coques. Le plus souvent cependant ces vestiges se limitent aux fonds de carène, les parties hautes et les superstructures étant détruites. Parfois, si le navire s'est couché sur un flanc, on retrouve des éléments de muraille. En revanche, le cas de l'épave de la fin du IIIe siècle des Laurons 2 (Martigues), qui a conservé, outre les fonds de carène, tout un flanc et une partie du pont, reste tout à fait exceptionnel. À ces lacunes, s'ajoutent aussi les incertitudes sur la date et le lieu de construction des navires, qui restent ignorés dans la plupart des cas puisque leurs épaves ne renseignent au mieux à travers leur cargaison que sur la date du naufrage et le port d'embarquement des marchandises. Malgré ces restrictions, les épaves ont profondément renouvelé les études d'archéologie navale en apportant de nouvelles données et en permettant de réinterpréter les textes et les documents iconographiques. Grâce aux épaves, il est aujourd'hui possible d'étudier les navires sous un triple aspect.
– Technique : le navire en tant que machine.
– Fonctionnel : le navire en tant qu'instrument.
– Social : le navire en tant que lieu de vie et de travail d'une microsociété.
Cependant, notre connaissance du navire antique a essentiellement progressé à travers celle du navire de commerce dont plus d'une quarantaine d'épaves présentant des vestiges de coque importants ont été retrouvées. À l'opposé, toujours en raison du rôle des cargaisons, les découvertes de navires de guerre antiques sont extrêmement rares. L'éperon de combat en bronze d'Athlit (Israël) est une découverte isolée et les deux épaves de Marsala (Sicile) identifiées à des navires de combat puniques restent exceptionnelles.

➤ Les particularités de la construction navale de l'Antiquité gréco-romaine

Au-delà des particularités propres à chaque navire, les épaves témoignent d'un certain nombre de constantes qui permettent aussi de définir les caractéristiques fondamentales de la construction navale gréco-romaine. Ainsi, la structure des navires antiques apparaît déjà très évoluée dans la mesure où elle comporte tous les éléments fondamentaux (quille, bordés assemblés, membrures, préceintes...) qui définissent le bateau moderne. Mais surtout, cette structure se caractérise par un bordé d'une très grande homogénéité, toujours assemblé à franc-bord. Sur certaines épaves qui comptent parmi les plus anciennes, comme l'épave massaliote de *Bon Porté* (VIe siècle av. J.-C.), l'épave étrusque de Giglio, Italie (VIe siècle av. J.-C.) ou l'épave grecque de Gela, Sicile (début Ve siècle av. J.-C.), cet assemblage est réalisé au moyen de ligatures végétales. Cette méthode archaïque, qui subsiste néanmoins de façon locale durant toute l'Antiquité ainsi qu'en témoignent les épaves romaines de Commachio (Italie), de Nin (Dalmatie) ou de cap Béar 3 (Port-Vendres), est cependant supplantée par l'assemblage par languettes de bois chevillées dans des mortaises. Cette technique très ancienne, puisqu'elle est attestée dès l'âge du bronze sur l'épave d'Ulu Burun (vers 1350 av. J.-C.) en Turquie, et que l'on retrouve en fait sur la très grande majorité des épaves antiques, s'impose comme la caractéristique dominante de la construction navale antique.

En revanche, la membrure, constituée le plus souvent de couples formés de varangues (partie centrale de la membrure située au-dessus de la quille) alternées avec des demi-couples s'interrompant au niveau de la quille, est loin de présenter la même homogénéité. De fait, les divers éléments constitutifs de chaque couple (varangue, allonge) ne sont jamais assemblés entre eux et rarement à la quille. Cependant, à partir du Ier siècle av. J.-C. (par exemple, sur l'épave de la Madrague de Giens), puis sous l'Empire (ainsi qu'en témoignent les épaves de la Bourse de Marseille, des Laurons 2, de Saint-Gervais 3, de la Pointe de la Luque B ou de Port-Vendres 1), on observe quelques varangues assemblées à la quille dans le but de renforcer certains assemblages et d'augmenter la rigidité de la coque. Néanmoins, l'homogénéité du bordé et le soin apporté à sa réalisation et à sa protection (certains navires possèdent ainsi un double bordé, d'autres un revêtement de protection de feuilles de plomb, d'autres encore les deux à la fois, telle l'épave de la Madrague de Giens) soulignent bien son importance qui contraste avec le rôle secondaire joué par la membrure.

Ces caractéristiques ont permis de montrer l'originalité de la construction navale antique, qui procède selon un principe de construction dit « sur bordé » *(shell construction)* dans lequel le bordé joue le rôle structural dominant et détermine la forme du navire. L'étude minutieuse d'épaves, comme celle de Kyrenia ou celle du navire punique de Marsala sur lequel ont été retrouvées de nombreuses marques peintes de charpentier, a permis de préciser le processus de construction de la méthode « bordé premier » *(shell first)* dans laquelle le bordé est assemblé en premier lieu sur la quille alors que la membrure n'est mise en place qu'après coup dans un but essentiellement de renfort. Cependant, si le principe de construction « sur bordé » reste le principe fondamental de la construction navale antique, quelques épaves des derniers siècles de l'Empire romain laissent supposer une évolution des procédés vers un rôle plus actif de la membrure dans la construction. Mais, surtout, c'est grâce aux épaves que l'on a pu mettre en évidence le passage, à la fin de l'Antiquité et au cours du haut Moyen Âge, de la construction « sur bordé » à la construction « sur couples » qui deviendra dominante en Méditerranée. L'épave byzantine de Yassi Ada (Turquie) comme l'épave de Saint-Gervais 2 (Fos-sur-Mer), toutes deux de la première moitié du VIIe siècle, offrent un bel exemple de cette phase de transition. L'assemblage des planches du bordé n'est plus que secondaire (Yassi Ada) ou est même absent (Saint-Gervais 2), alors que la membrure prend une part de plus en plus importante dans la construction. Au tout début du XIe siècle, l'épave de Serce Liman (Turquie) présente une structure entièrement réalisée sur couples.

➤ La question du tonnage des navires antiques

L'étude des épaves s'est révélée tout aussi déterminante pour mettre en évidence les tonnages des navires antiques dont le problème était débattu depuis longtemps. Plusieurs épaves, notamment à Mahdia (Saint-Tropez) ou à l'Isola delle Correnti (Sicile, 350 tonnes), témoignent ainsi sous la République et l'Empire romains de cargaisons supérieures à 200 tonnes. Déjà importants, ces tonnages sont cependant dépassés par celui du navire de la Madrague de Giens, dont le port en lourd calculé à 400 tonnes correspond à ses grandes dimensions, qui atteignent 40 mètres de longueur sur 9 mètres de largeur et 4,50 m de hauteur de cale. Ce tonnage élevé serait même dépassé par celui de l'épave d'Albenga dont le gisement plus important encore conduit à estimer sa cargaison à un poids de l'ordre de 500 tonnes. À l'opposé de ces grandes unités vouées au grand commerce, les fouilles sous-marines révèlent aussi le tonnage des petites unités affectées au cabotage. Les épaves de Kyrenia (Chypre), de la Chrétienne C (Saint-Raphaël), de Cavalière (Lavandou) ou des Laurons (Martigues) sont celles de petits bateaux (10 à 15 mètres de longueur) dont le port en lourd s'établit autour de 20 à 30 tonnes. Entre ces deux extrêmes, de nombreuses épaves de navire d'une vingtaine de mètres de longueur témoignent de tonnages moyens de l'ordre de 100 à 150 tonnes.

➤ L'identification des types de navires

Lorsque les carènes sont suffisamment bien conservées, les épaves mettent en évidence la diversité des formes de coque et des types des navires. De nombreuses épaves, notamment dans les derniers siècles avant J.-C., montrent ainsi des fonds pincés à quille proéminente associés parfois à des arrières très élancés où l'étambot se double d'une sorte d'aileron de dérive (Marsala, Dramont, Cavalière, Madrague de Giens). D'autres, en revanche, en particulier sous l'Empire romain, se caractérisent par des fonds plats et des formes d'étrave et d'étambot relativement symétriques (Les Laurons 2, Port-Vendres 1). Mais l'exemple le plus remarquable est, là encore, fourni par l'épave de la Madrague de Giens dont l'état de conservation a permis non seulement de restituer la forme de la carène, mais aussi de faire des rapprochements iconographiques précis. La présence remarquable d'une étrave concave inclinée vers l'arrière, associée à un élancement important de l'étambot et à une position très avancée de la mâture, a, pour la première fois, permis d'identifier une épave avec un type de navire précis attesté par l'iconographie, notamment sur des mosaïques d'Ostie et de Tunisie (Thémétra). À travers leurs épaves, les navires antiques apparaissent aujourd'hui beaucoup plus élaborés qu'on ne le pensait et dotés de qualités nautiques insoupçonnées. Grâce à l'archéologie sous-marine, l'image du navire antique s'est trouvée profondément modifiée.

➤ La vie à bord des navires antiques

Enfin, il est fréquent de retrouver sur les épaves les pièces d'équipement et de gréement du navire (pompe de cale, ancres, plomb de sonde, poulies...), le matériel de bord (ustensiles de cuisine, vaisselle, outils, balance, plombs de pêche, etc.) et même parfois des objets personnels de l'équipage ou de passagers. Ce matériel, parfois banal, est néanmoins très utile pour mieux comprendre les conditions de vie et de travail à bord des navires. À travers sa distribution, il est aussi possible de restituer les zones de la cabine et des cambuses et d'appréhender l'organisation de l'espace sur les navires. Dans certains cas, il permet de déceler l'origine de l'équipage et même de le dénombrer à partir du comptage des pièces de vaisselle de bord. C'est ainsi, par exemple, que pour l'épave de Kyrenia on a pu établir que l'équipage était composé d'au moins quatre marins.

➤ L'archéologie navale moderne

Des données tout aussi importantes ont été fournies par les épaves plus récentes. En premier lieu, il convient de citer l'épave médiévale de la première moitié du XVe siècle de l'Aber Wrac'h en Bretagne en raison de l'extrême rareté des épaves du Moyen Âge. Sa fouille conduite par la Drasm (M. L'Hour) a mis en évidence une carène assez bien conservée dont l'intérêt majeur réside dans son mode de construction à clin (c'est-à-dire où les planches du bordé se recouvrent partiellement) caractéristique de la tradition nordique (pl. III.1).
Les épaves de la Renaissance de Villefranche-sur-Mer et de Calvi méritent de même une attention particulière. La première, identifiée comme étant celle de la *Lomellina*, grande nave génoise naufragée en 1516, a donné lieu à une fouille importante conduite de 1982 à 1990 (M. Guérout, E. Rieth). Par la qualité de ses vestiges, conservés sur 40 mètres de longueur, 12 mètres de largeur et 7 mètres de hauteur, comportant des éléments en place du faux-pont et du premier pont, et par l'intérêt de ses pièces d'équipements et d'artillerie, l'épave de Villefranche est à l'égale de la *Mary Rose* (Grande-Bretagne) et du baleinier basque de Red Bay (Canada), l'une des plus importantes épaves connues de son époque. Quant à l'épave de Calvi, qui semble être celle d'un navire de commerce italien de la fin du XVIe siècle, elle

vaut par la rareté de ses vestiges intéressant l'arrière du navire et notamment son tableau de poupe inédit. On a déjà cité, pour l'intérêt de leur cargaison, les épaves du *Mauritius* ou d'Omonville-la-Rogue, qui sont tout aussi dignes d'intérêt pour leur architecture navale révélatrice des méthodes de construction hollandaises de l'époque.

Enfin, si l'étude des grands vaisseaux du XVIIIe siècle se révèle souvent décevante compte tenu de nos connaissances approfondies de leur architecture, on peut en revanche attendre beaucoup des fouilles conduites actuellement par la Drasm (M. L'Hour) sur les navires de la flotte de Tourville perdus lors de la bataille de La Hougue en 1692 (Saint-Vaast-La-Hougue). Ces épaves, qui intéressent des bâtiments issus de chantiers du Levant et du Ponant, devraient permettre d'apprendre beaucoup sur les différentes pratiques des chantiers de la fin du XVIIe siècle.

Quant aux épaves contemporaines, telles celles du *CSS Alabama*, célèbre corsaire confédéré coulé au large de Cherbourg en 1864 durant la guerre de Sécession, ou du *Columbian*, vapeur britannique naufragé en 1865 à l'île de Molène (Ouessant) avec un chargement de faïence de Liverpool, leur intérêt réside, au-delà de la valeur historique et symbolique du premier, dans les données techniques qu'elles offrent à une époque de mutation radicale des marines de guerre et de commerce. Mais on est dès lors dans une perspective nouvelle qui est celle de l'archéologie industrielle.

➤ L'avenir de l'archéologie sous-marine

Discipline technique encore jeune au service de l'archéologie, l'archéologie sous-marine, dont l'histoire est liée à celles des techniques de l'exploration du fond des mers, est aujourd'hui devenue une branche à part entière de l'archéologie. Progressivement, son cadre d'intervention a été délimité, ses structures ont été mises en place et ses méthodes se sont affinées. Désormais, les objectifs scientifiques l'emportent sur toute autre considération et sont de même nature que ceux de l'archéologie générale. Malgré ses contraintes techniques, elle s'impose par l'intérêt exceptionnel et les conditions d'étude particulières qu'offrent les vestiges sous-marins, parmi lesquels les épaves occupent une place privilégiée. Mais, aussi importants et remarquables que soient les résultats acquis, ils restent encore limités au regard du formidable potentiel archéologique qui gît au fond des mers. L'intérêt scientifique de l'archéologie sous-marine paraît donc assuré, d'autant plus que de nouvelles orientations de recherche s'offrent régulièrement à elle. Cependant les contraintes techniques, avec leurs conséquences financières (notamment dans le domaine de l'étude des gisements profonds), pèsent lourdement sur son développement. Pour y faire face, elle doit constamment évoluer, comme elle a su le faire jusqu'à présent, pour s'adapter aux nouvelles techniques qui lui permettront d'augmenter ses capacités d'intervention et pour former ses intervenants de demain. C'est à ce prix que l'archéologie sous-marine assurera son avenir.

BIBLIOGRAPHIE

Ouvrages généraux :

Archéologie sous-marine sur les côtes de France ; vingt ans de recherche, catalogue d'exposition du musée du Château des Ducs de Bretagne, Nantes 1985.

G.F. Bass, *Archaeology Under Water*, Londres 1966.

G.F. Bass, *A History of Seafaring based on Underwater Archaeology*, Londres 1972.

K. Muckelroy, *Maritime Archaeology*, Cambridge 1978.

K. Muckelroy, *Archaeology Under Water. An Atlas of the World's Submerged Sites*, Londres 1980.

P.A. Gianfrotta, P. Pomey, *L'archéologie sous la mer*, Paris 1981.

Principales revues et collections :

Archaeonautica, CNRS, Paris, depuis 1977.

Cahiers d'archéologie subaquatique, Fréjus, depuis 1972.

International Journal of Nautical Archaeology and Underwater Exploration, Londres, depuis 1972.

Informations archéologiques : Recherches sous-marines dans *Gallia*, 27, 1969 (A. Tchernia) ; 31, 1973 (B. Liou) ; 33, 1975 (B. Liou) ; 40, 1982 (B. Liou) ; 43, 1985 (B. Liou, P. Pomey) ; dans *Gallia Informations*, 1, 1987-88 (P. Pomey).

ARCHÉOLOGIE SUBAQUATIQUE

UN PEU D'HISTOIRE

L'archéologie subaquatique dérive directement d'un grand mouvement de curiosité scientifique, apparu en Suisse au milieu du XIXe siècle, avec la mise au jour des stations lacustres.
On sait que dans les régions de climat alpin les cours d'eau sont à leur plus bas niveau en hiver, lorsque leurs apports sont bloqués sous forme de neige et de glace ; ce phénomène fut particulièrement sensible en Suisse durant l'hiver 1853-1854, et entraîna une baisse exceptionnelle du niveau des lacs. De par leur formation géologique, leurs rives se prolongent souvent vers le large par une vaste plate-forme recouverte d'une mince tranche d'eau. Ce sont ces plates-formes, appelées « beines », que les rigueurs du climat découvraient peu à peu. En même temps que l'eau reculait, on voyait apparaître çà et là des quantités de pieux dépassant du fond, avec parfois des sortes d'îles en cailloutis, que les pêcheurs appelaient « steinberg » dans le nord de la Suisse, et « ténevières » dans les régions de langue romane.
Ce genre d'observations fut certainement concomitant, cet hiver-là, dans la plupart des lacs suisses, mais c'est sur le lac de Zurich qu'eut lieu le déclic scientifique. Sur la rive orientale de ce lac, des cultivateurs du village d'Ober-Meilen voulurent profiter de la baisse des eaux pour agrandir leurs vignobles en y adjoignant des parties du rivage ainsi découvert. Pour ce faire, ils construisirent des sortes de petits polders, avançant des murets dans le lac et comblant les espaces vides avec de la vase et des pierres récupérées à distance. On s'aperçut vite que si l'on creusait dans les zones où les pieux dépassaient du fond, on extrayait, avec les cailloux et la craie lacustre, quantité de fragments de céramique, bois de cerf, outils de pierre et d'os, etc.
L'instituteur du village, Johannes Aeppli, intrigué par ces découvertes, alerta le président de la Société des antiquaires de Zurich, Ferdinand Keller. Celui-ci avait déjà pratiqué l'archéologie et il reconnut immédiatement l'ancienneté des objets. Mais, si ces sites étaient bien les restes d'habitations préhistoriques, on ne s'expliquait pas leur emplacement et la raison d'une telle forêt de pieux.
C'est un Français qui allait fournir une explication à Ferdinand Keller, de façon bien indirecte... Une vingtaine d'années auparavant, le navigateur Dumont d'Urville avait rapporté de ses voyages d'exploration d'étonnants dessins de villages entièrement construits sur pilotis. Le rapprochement fut rapidement fait : les innombrables pieux du lac suisse ne pouvaient être que les supports d'immenses plates-formes, sur lesquelles l'homme de l'âge de la pierre polie ou du bronze, ainsi qu'en témoignaient les objets découverts, avait installé maison, famille et même bétail ! Ces déductions furent confortées par quelques références antiques, comme la description du lac Prasias par l'historien grec Hérodote, au Ve siècle avant J.-C.

Nos ancêtres les Lacustres

Ferdinand Keller fit paraître très rapidement, dès la fin de l'année 1854, une publication sur le sujet, *Die Keltischen Pfahlbauten in den Schweizerseen,* qui enflamma ses contemporains et déclencha une frénésie de recherches. Les « stations lacustres » étaient nées et allaient régner sans partage sur les esprits pendant près d'un siècle.

Pourtant ce n'était pas la première fois que des restes préhistoriques étaient remontés du fond de l'eau. Des travaux d'aménagements portuaires sur le lac de Zurich, à Männedorf en 1843, à Ober-Meilen même dès 1829, avaient entraîné des découvertes d'objets qui, pour la plupart, avaient été rejetés à l'eau. Les temps n'étaient pas venus... Il fallut l'originalité de la thèse de Keller pour qu'éclatât le phénomène. Il fallut aussi une certaine prédisposition des esprits, dont nous chercherons l'origine du côté du politique.

Au milieu du XIXe siècle, la Confédération helvétique, qui a adopté une nouvelle Constitution en 1848, a besoin d'une identité culturelle commune pour des cantons aux mœurs, aux religions et aux langues différentes, sinon opposées. La découverte de palafittes (de l'italien *palo,* « pieu » et *fitto,* « planté ») un peu partout sur son territoire arrive à point nommé. Le sentiment national va pouvoir se développer autour des « Lacustres », comme il se développe en France, à peu près à la même époque, autour du mythe gaulois. Pendant un demi-siècle, ces Lacustres vont constituer un ciment national, s'imposant aux esprits dès l'école, envahissant jeux de construction ou découpages, se prolongeant à l'âge adulte dans une permanente référence à travers fêtes et carnavals, romans et tableaux, et culminant en 1867 dans le pavillon suisse de l'Exposition universelle de Paris.

➤ Une traînée de poudre

Cette appropriation du thème lacustre par la Suisse est d'autant plus étonnante que l'on s'aperçoit très vite, après les premières découvertes, que le phénomène n'est nullement circonscrit aux frontières de la Confédération. En quelques années, on découvre de tels vestiges en Allemagne du Sud, en Autriche, en Italie, en France. Robert Munro, dans son ouvrage *Les stations lacustres d'Europe aux âges de la pierre et du bronze,* paru en 1908, ne comptabilise pas moins de 335 stations, réparties en 42 lacs ou tourbières « autour des Alpes ».

En France même, les observations de l'Académie florimontane commencent dès 1856 sur le lac d'Annecy, ainsi que sur le lac du Bourget, où l'installation de la ligne de chemin de fer du Mont-Cenis éventre la station de Grésine (les conflits entre archéologues et aménageurs ne datent pas d'hier !). En 1860 est repéré pour la première fois un site médiéval, celui des Grands Roseaux, sur le lac de Paladru, près de Voiron (Isère). L'archéologue lyonnais Chantre y effectuera des fouilles entre 1866 et 1885. Les lacs du Jura n'échappent pas à la frénésie des recherches : en 1870, Le Mire effectue les premières fouilles au lac de Clairvaux et Giraudot les premières observations au lac Chalain en 1889. Il faut ensuite attendre 1903 pour voir les premiers travaux sur le lac d'Aiguebelette en Savoie, par Louis Schaudel, puis 1921 pour qu'Hippolyte Muller découvre la station néolithique des Baigneurs dans le lac de Paladru, ainsi qu'un nouveau gisement médiéval dans ce même lac, celui de Colletière.

➤ À la pêche aux moules

La fin du XIXe siècle et le début du XXe siècle voient se développer dans la plupart de nos lacs alpins une « pêche aux antiquités » qui va remplir les vitrines des collectionneurs et des musées. C'est ainsi que les curistes d'Aix-les-Bains peuvent, entre deux séances de thermalisme, se faire conduire par un pêcheur local sur les gisements du lac du Bourget, pour tenter leur chance à l'aide de pinces ou de râteaux articulés. Cette cueillette d'objets, motivée par la curiosité ou l'appât du gain, engendre des dégâts, parfois irrémédiables, sur les plus grands gisements qu'elle bouleverse et dont elle éparpille le matériel archéologique, sans grand profit scientifique.

➤ Pour ou contre les cités lacustres

Toutefois, peu à peu, les progrès de la géologie et de la limnologie, puis les observations de sites en stratigraphie par le Suisse Vouga et l'Allemand Reinerth amènent à penser, dans les années 1920-1930, que le niveau des lacs alpins n'a pas toujours été stable et que les restes observés correspondent à des villages implantés au bord de l'eau pendant des périodes d'étiage important et prolongé. C'est le début des polémiques entre tenants et opposants des cités lacustres. Le monde archéologique se divise, on retourne les arguments de l'adversaire, chacun campe sur ses positions… C'est seulement dans les années 50 que la cause semble entendue : avec la parution des travaux du Suisse Vogt (1954) et de l'Allemand Paret (*Le mythe des cités lacustres,* 1958), les tenants de la construction à même le sol l'emportent définitivement.

Définitivement, pas tout à fait… À partir de 1970, on assiste à une reprise généralisée des fouilles lacustres en Europe occidentale, souvent sous la pression des aménageurs, mais facilitées par des moyens importants. De nouveaux chercheurs apparaissent, les observations s'affinent et de nouvelles questions se posent. Pour y répondre, Anne-Marie et Pierre Pétrequin vont, à partir de 1975, ouvrir une nouvelle voie, fondée sur l'ethno-archéologie, qui vise à réinterpréter les documents d'archéologie subaquatique à partir d'observations faites sur des populations contemporaines dont le mode de vie s'apparente, par certains côtés, à celui de nos ancêtres de la préhistoire : pêcheurs des villages lacustres d'Afrique occidentale ou agriculteurs itinérants des Hautes Terres de Nouvelle-Guinée.

On se rend compte alors qu'il ne saurait y avoir une seule théorie explicative, que chaque fouille doit être appréhendée avec un œil neuf et que sur un même site des modèles explicatifs différents peuvent coexister. Autrement dit, pour citer Pierre Pétrequin : « Les conclusions nouvelles, après utilisation de modèles ethnographiques, donnent à la fois raison et tort à tous les partisans de telle ou telle version des cités lacustres ; chacun, au fil des écoles et des générations, a trouvé une petite part de vérité, mais l'a voulu abusivement rendre universelle. »

Élaboration d'une méthode

On pourrait s'attendre à ce que les savants soient allés chercher directement au fond des eaux des réponses à leurs interrogations. Il n'en a rien été pendant bien longtemps. À part une tentative dans le Léman en 1854, dont un tableau pittoresque nous garde le souvenir (fig. 3.1), le scaphandre pied-lourd n'a pas été utilisé, à une ou deux exceptions près, pour la recherche archéologique subaquatique. Sans doute parce que son usage n'était pas aussi

3.1. *De hardis précurseurs.*

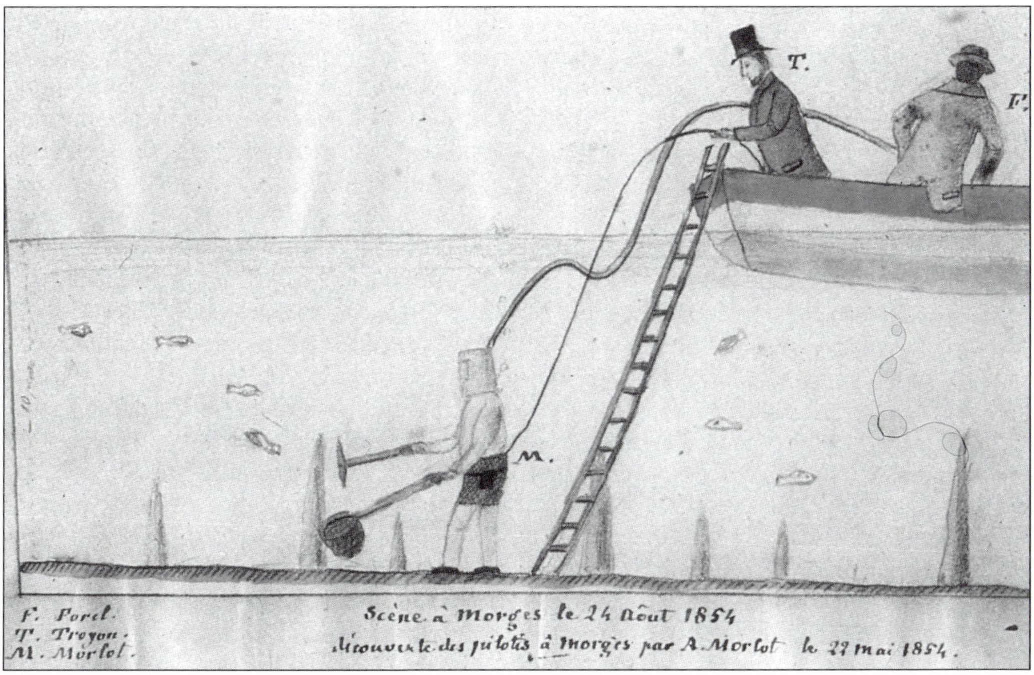

répandu dans nos régions qu'en mer, probablement aussi en raison de la nature molle et trouble des fonds lacustres. Les choses vont changer avec l'apparition des premiers scaphandres autonomes et, dès 1938, quelques intrépides, comme le docteur Favre sur le lac d'Annecy ou Jean-Jacques Pittard sur le Léman, appliquent cet équipement au ramassage des antiquités lacustres. Mais il ne s'agit pas encore d'archéologie.

➤ Une archéologie récente

C'est après la guerre, à partir de 1953, et surtout dans les années 1960-1970, qu'un archéologue amateur lyonnais, Raymond Laurent, jette enfin les bases d'une méthode scientifique d'exploitation des gisements immergés. Sa démarche, consistant à fouiller sous l'eau avec la même rigueur que le préhistorien sur terre, bénéficie alors de la diffusion d'un nouveau matériel, le scaphandre Cousteau-Gagnan. Nous avons peine maintenant à réaliser quel progrès il a constitué : fiable, facile à mettre en œuvre et relativement peu onéreux, il offre alors à tout archéologue un accès sans danger à des gisements situés sous quelques mètres d'eau.

Pour la première fois, l'archéologue va disséquer son gisement avec méthode au lieu d'arracher des objets au hasard ; pour la première fois, on pense que l'environnement compte autant que l'objet lui-même et qu'il faut faire parler cet environnement. Entre 1955 et 1970, Raymond Laurent va multiplier les expérimentations de topographie et de fouille sur les lacs du Bourget, d'Annecy, d'Aiguebelette.

➤ Un pionnier au caractère difficile

Mais, hélas, il associait à ses qualités de pionnier un caractère très entier et le moins que l'on puisse dire est que ses relations avec les services chargés de l'archéologie n'ont pas toujours été un modèle de rigueur administrative ou de cordialité... De sorte que, si les principes directeurs de notre spécialité étaient posés dès les années 70, l'archéologie subaquatique n'avait pas toujours bonne presse auprès des... archéologues ! Il appartient à Aimé Bocquet et Michel Colardelle d'avoir su modifier cette image. Le premier, préhistorien, le second, médiéviste, ils ont entrepris à partir de 1972 la fouille des gisements néolithique des Baigneurs et médiéval de Colletière, séparés par quelques centaines de mètres, à l'extrémité sud du lac de Paladru. Reprenant les méthodes et les matériels de Laurent, ils les ont adaptés pour répondre complètement aux principes théoriques énoncés par le grand préhistorien Leroi-Gourhan :

– exploration des couches archéologiques en décapage horizontal ;
– localisation précise des vestiges et structures, dans les trois dimensions ;
– tamisage de tous les sédiments encaissants pour en extraire, par observation, comptage, analyse, le maximum de renseignements sur les modes de vie et l'environnement de l'époque.

La création du CNRAS

Jusqu'en 1980, la recherche archéologique subaquatique a été laissée à la complète initiative des chercheurs, amateurs ou professionnels. Cette indépendance a favorisé un heureux foisonnement de tentatives, d'orientations nouvelles, comme par exemple le développement de la dendrochronologie, de la paléobotanique, l'adaptation de la sédimentologie au milieu subaquatique, etc. Mais, en même temps, on a pris conscience que cette spécialité pouvait être une discipline onéreuse et que le manque d'expérience risquait de conduire à des dérapages financiers. Les pouvoirs publics ont donc senti la nécessité de créer un organisme capable de codifier les méthodes, de rentabiliser des équipements coûteux et d'harmoniser les recherches.

C'est ainsi que le Centre national de recherches archéologiques subaquatiques (CNRAS) a été créé en 1980 par le ministère de la Culture.

➤ Une compétence distincte de celle du Drasm

C'est un service d'administration centrale délocalisé, basé à Annecy, qui relève, au sein de la direction du Patrimoine, de la sous-direction de l'Archéologie. Il se distingue du Département des recherches archéologiques sous-marines (Drasm) par son champ de compétences et ses attributions administratives.

La compétence du CNRAS s'étend à l'ensemble

du territoire national (y compris les DOM), « à l'exclusion du littoral ». La limite de compétences avec le Drasm correspond à la limite du domaine public maritime. C'est ainsi que les étangs littoraux du midi de la France (où les habitats préhistoriques sont nombreux) et certaines portions de fleuves (par exemple, le Rhône en aval d'Arles) ne relèveront pas de la compétence du CNRAS.

Contrairement au Drasm, le CNRAS ne délivre pas d'autorisations de fouille. En effet, le patrimoine archéologique situé au fond des lacs, étangs, fleuves ou rivières est régi par la loi du 27 septembre 1941, portant réglementation des fouilles archéologiques, comme n'importe quel gisement en terre ferme. Ce qui signifie que nul ne peut effectuer en ces endroits des « fouilles ou des sondages à l'effet de recherche de monuments ou d'objets pouvant intéresser la préhistoire, l'histoire, l'art ou l'archéologie sans en avoir au préalable obtenu l'autorisation ». Autorisation double d'ailleurs, puisque l'avis du ministre de l'Éducation nationale et de la Culture est subordonné à la présentation de l'autorisation du propriétaire du fonds (personne privée ou administration de tutelle).

➤ Procédures administratives et domaines d'intervention

En cas de découverte fortuite « à la suite de travaux ou d'un fait quelconque », l'inventeur est tenu d'en faire « la déclaration au maire de la commune » territorialement concerné, « qui doit transmettre sans délai au préfet ». Pour une bonne efficacité scientifique, il est conseillé de doubler cette filière administrative légale en prévenant directement le CNRAS ou la direction régionale des affaires culturelles dont on relève. En effet, au sein de cet organisme, c'est le service régional de l'archéologie qui aura la compétence pour le suivi administratif du dossier et la liaison scientifique avec le CNRAS.

Celui-ci est habilité à intervenir dans le domaine immergé (« milieu où l'exploration archéologique ne peut être menée à bien que par recours à la plongée »), mais on peut également faire appel à lui pour l'exécution de recherches « dans le domaine humide », c'est-à-dire dans un milieu « susceptible d'être asséché pour la poursuite des opérations ». C'est ainsi que les agents du CNRAS participent régulièrement à des opérations de diagnostic en tourbières ou dirigent le sauvetage d'embarcations retrouvées en pleine terre, protégées par la nappe phréatique.

Qui peut demander l'intervention du CNRAS ? En théorie, n'importe quel fouilleur, sous réserve qu'il transmette sa demande par le canal administratif normal, c'est-à-dire par le service régional de l'archéologie dont il relève. Le chef de ce service transmet alors le dossier au CNRAS, avec son avis sur la demande. Dans la pratique, on s'aperçoit que ce sont le plus souvent les services régionaux de l'archéologie qui sollicitent pour eux-mêmes conseil ou intervention. Par ailleurs, le CNRAS peut aussi être saisi directement par la sous-direction de l'Archéologie.

On constate que la gamme des implications est large, du conseil technique à l'intervention directe, en passant par le prêt de matériel ou les montages financiers spécifiques. De plus, le CNRAS a ses propres programmes de recherche, essentiellement orientés vers l'inventaire des habitats lacustres et les prospections fluviales diachroniques.

Il a aussi un rôle documentaire et pédagogique important à jouer. Il est automatiquement destinataire de « tout document [...] relatif aux opérations de recherches archéologiques conduites en milieu immergé ». Il assure la diffusion des connaissances par des stages pratiques ou des sessions de sensibilisation à l'archéologie des milieux submergés ou humides.

Enfin, il a développé depuis quelques années un laboratoire de traitement des objets gorgés d'eau. Chacun sait qu'un objet archéologique, qui a séjourné dans un milieu saturé d'eau, est extrêmement fragile. Sa belle apparence ne doit pas faire illusion : s'il ne subit pas un traitement conservatoire spécifique, qui doit commencer dès la sortie de l'eau, sa destruction est inéluctable. Le CNRAS s'est donc fait une spécialité du traitement des petits objets gorgés d'eau (en bois, os, cuir, vannerie, etc.) et de leur moulage avant traitement.

CONSERVATION ET PROSPECTION

Lorsqu'il s'occupe de préhistoire, l'archéologue fonde sa démarche essentiellement sur l'étude des restes matériels laissés par les hommes de telle ou telle époque. Même à partir du moment où nous commençons à avoir des témoignages écrits conservés, le recours à la pratique archéologique reste nécessaire, car les textes donnent rarement des réponses fiables ou complètes à nos interrogations.

Mais on aura bien conscience que nous ne travaillons que sur des séries réduites et en quelque sorte sélectionnées par le temps : ne parviennent généralement jusqu'à nous que quelques catégories d'objets, la céramique, le matériel lithique, l'os, les métaux. C'est pourquoi il est souvent difficile de porter notre connaissance jusqu'au niveau du quotidien, pourquoi aussi la prudence est extrême lorsque l'on aborde les problèmes relatifs au cultuel.

Les fouilles en lacs, tourbières et rivières ne répondent pas à toutes les questions, puisqu'elles sont limitées à certaines aires géographiques et à certaines tranches de l'histoire, très minces au regard de la chronologie générale. Néanmoins, leurs apports, induits par la qualité et la quantité des restes conservés, permettent de jeter un regard neuf sur des époques dont nous ne connaissons que les grandes lignes.

Une conservation exceptionnelle

Cette conservation quasi miraculeuse des restes organiques dans les gisements lacustres est certainement la première chose à laquelle on pense pour les caractériser. On y retrouve en effet, presque toujours, des vestiges qui sont habituellement détruits par le temps sur les gisements terrestres. À quoi attribuer cette conservation ?

Essentiellement au fait que les matériaux ont été ensevelis dans des dépôts sédimentaires humides, à l'abri de la lumière et de l'oxygène, c'est-à-dire en milieu anaérobie. D'ailleurs, il n'est pas nécessaire que l'immersion soit totale : les nappes phréatiques, les marais, les tourbières peuvent receler le même type de gisements.

➤ Le précieux reflet de la vie

Ces restes organiques sont pour nous un précieux reflet de la vie des habitants. Aux outils, aux ustensiles familiaux s'ajoutent les résidus de la vie de tous les jours : copeaux, litière, débris de nourriture, etc. Cette poubelle fait le bonheur des archéologues ! La séparation minutieuse et l'identification de tous ces éléments donne des résultats étonnants. Par exemple, l'analyse d'un bloc témoin sur la fouille des Baigneurs a permis de décompter 27 000 graines de 81 espèces différentes ! On imagine la difficulté à gérer une telle masse d'informations. Mais les résultats sont à la hauteur de l'investissement. Sur ce même gisement, on a pu définir non seulement quelles céréales étaient cultivées, mais aussi quelles variétés de mauvaises herbes les accompagnaient. À partir de ces déterminations, les spécialistes ont pu déduire que le blé était semé au printemps et sarclé. La présence avec les épis de mauvaises herbes à port élevé a permis de reconnaître que la moisson s'effectuait seulement sur les épis et qu'on laissait en terre la paille et les mauvaises herbes de taille inférieure. De la même façon, l'absence de foin sur la station prouve que les animaux broutaient en sous-bois : toutes les terres péniblement défrichées dans la forêt primaire qui entourait le village étaient réservées à la culture.

➤ Bien réfléchir avant d'intervenir

Pour arriver à de tels résultats, il faut que les opérations soient menées avec une systématique absolue et les questions correctement posées au départ. La lenteur des travaux et le nombre réduit d'équipes imposent des choix mûrement réfléchis. En revanche, les méthodes varieront peu en fonction de l'appartenance chronologique des vestiges. C'est surtout le milieu qui dictera ses contraintes. On ne peut fouiller de la même façon dans l'eau calme d'un lac et dans une rivière au courant marqué. La nature des sédiments encaissants aura aussi son importance : les stratigraphies sont faciles à réaliser dans la craie lacustre, alors qu'elles s'éboulent en permanence dans les niveaux sableux des rivières.

La prospection

Mais avant de fouiller un site, encore faut-il l'avoir découvert ! On peut pour cela s'en remettre au hasard, c'est ce que nous appelons les découvertes fortuites. Par exemple, les dragages en rivières sont une source de renseignements, certes brutale, mais néanmoins utile. L'érosion apporte aussi son lot de découvertes. Il arrive qu'une rivière, allongeant ses méandres d'année en année, mette ainsi à jour quelque vestige. L'Arnon, affluent du Cher, dégagea ainsi en 1983 une pirogue à Massay, près de Vierzon. Des embarcations d'âges divers apparaissent ainsi régulièrement sur les bancs de sable de l'Allier et de la Loire, pour être parfois réensablées par la crue suivante. Mais le cas le plus amusant est sans doute celui de la pirogue médiévale de Gueugnon, en Saône-et-Loire, découverte dans l'Arroux par un émérite pêcheur local, tout simplement en marchant dessus !

➤ Plonger d'abord dans les... archives

Toutefois, en règle générale, l'archéologue préfère organiser sa recherche. La première étape de l'archéologie subaquatique consiste à plonger... dans les archives. Il faut faire l'inventaire des publications, anciennes ou récentes, sur le sujet ou la zone choisie, et accumuler les informations. Rien ne doit être écarté : évaluation de la topographie antique, photos aériennes, détermination des voies de passages, cartes bathymétriques, cadastre napoléonien, cartes anciennes, tableaux, actes notariaux, tournées d'apéritif au Café des Pêcheurs, tous les renseignements sont bons à prendre !

Lorsque la masse documentaire a été triée et les fonds cartographiques de repérages établis, vient la phase de prospection sur le terrain. À ce niveau-là, on rencontre une large gamme de possibilités, dans laquelle on pourra fixer son choix en fonction de la problématique scientifique, des caractéristiques du milieu, ou des crédits disponibles.

➤ Puis prospecter sur le terrain

La prospection aérienne directe est peu utilisée, en raison de la faible transparence des eaux. Toutefois, nos collègues suisses de Neuchâtel ont pu ainsi repérer des embarcations antiques et réaliser de magnifiques clichés d'habitats submergés, permettant de comprendre d'un coup d'œil l'organisation spatiale des villages.

Depuis la surface de l'eau, on pourra utiliser un simple sondeur enregistreur, à condition qu'il soit précis dans les faibles profondeurs, pour repérer des anomalies du fond. On visualisera ainsi dans les lacs les plates-formes submergées propices aux installations préhistoriques et, dans les rivières, des sites de franchissement à gué. Mais il ne faut pas avec cet appareillage espérer découvrir des épaves qui, le plus souvent sans matériel, ne forment pas comme en mer un tumulus sur le fond. Pour ce faire, le scanner à balayage latéral sera plus utile, puisqu'il donne une sorte d'image en silhouette de tout ce qui dépasse du fond, même sur une faible hauteur. Malheureusement, il ne discrimine pas les troncs d'arbre et les pirogues... L'interprétation des images demande de l'expérience et les vérifications en plongée sont toujours nécessaires. On pourrait imaginer de coupler cet appareil avec un ensemble vidéo télécommandé, mais la turbidité des eaux en rendrait l'emploi souvent aléatoire.

➤ Et affiner le repérage des sédiments

Pour avoir des connaissances sur le remplissage des fonds, on peut aussi utiliser le sondeur à sédiments. Notre collègue, Louis Bonnamour, a pu ainsi mettre en évidence des zones d'enfoncement du lit de la Saône, d'origine tectonique et postérieures au XIVe siècle. Pour notre part, nous avons expérimenté, sur des gisements recouverts de sédiments, des prospections au magnétomètre à proton dans le lac de Chalain et des prospections électriques dans le Léman. Dans les deux cas, les résultats ont été très positifs, l'inconvénient majeur de ces systèmes étant la durée d'installation sur le fond du maillage de référence. Avec les possibilités actuelles d'acquisition de données en continu, on devrait arriver à une rentabilité plus correcte.

3.2. *Opération de carottage.*

3.3. *La carotte ouverte montre une alternance de niveaux stériles blancs et de couches archéologiques.*

Reste évidemment la solution la plus simple et la moins onéreuse : la prospection à vue. Pour être fiable, elle doit être pratiquée avec beaucoup de méthode, par des plongeurs à l'œil exercé, car en eau douce les anomalies du fond sont colmatées, atténuées par la vase. Par ailleurs, il est fréquent que rien ne signale un gisement. Dans les lacs, le dépôt régulier de craie ou les apports torrentiels peuvent recouvrir un habitat d'un ou deux mètres de sédiments. Dans les rivières, les fonds varient d'année en année, en fonction des crues ou de l'érosion régressive. C'est pourquoi le résultat d'une prospection à vue ne peut être admis comme définitif, si celle-ci n'est accompagnée d'un nombre suffisant de sondages de contrôle. Ces derniers sont généralement exécutés à la suceuse à eau, parfois avec des pelles mécaniques sur ponton. Dans les sédiments meubles que constituent les craies lacustres, on a recours à un instrument fort simple qui permet de multiplier rapidement les contrôles : le carottier (fig. 3.2). Il est constitué d'un tube de plexiglas transparent, muni d'une poignée pour l'enfoncement et d'un bouchon amovible. Il fonctionne selon le principe de la pipette de laboratoire. Enfoncé verticalement jusqu'à la poignée dans le sédiment, il est ensuite bouché hermétiquement, puis retiré avec précaution. On extrait ainsi une colonne de sédiment dont l'analyse visuelle est immédiate : les niveaux bruns, quand il y en a, correspondent à des dépôts organiques, le plus souvent d'origine anthropique et signalent un gisement archéologique (fig. 3.3). Le contenu est ensuite extrudé et l'opération recommence. Quelques prises de cotes permettent de situer précisément à quelle profondeur sous la craie se trouve le gisement.

LA FOUILLE

Après la prospection vient la stade de la fouille. On a déjà dit que le patrimoine archéologique des eaux intérieures n'était pas seulement localisé au sein même de celles-ci, mais qu'on le rencontrait aussi dans les berges, dans les zones humides et, même, parfois en pleine terre en raison des variations de lit des rivières. On ne s'étonnera donc pas de voir mêlées les techniques de l'archéologie terrestre et celles, plus spécifiques, du subaquatique.

Aménagements et embarcations

C'est ainsi que les aménagements – ponts, gués, ports, moulins, pêcheries (fig. 3.4) – feront l'objet de relevés et, éventuellement, de démontages et de prélèvements. On prendra systématiquement des échantillons de bois pour les études dendrochronologiques, dont nous verrons l'importance plus loin à propos des fouilles d'habitats.
Pour ce qui est des embarcations, le principe d'étude est simple et très proche de ce qui se pratique en mer. Le bateau est inscrit dans une structure en duralumin, elle-même positionnée topographiquement. Cette structure simple (rectangle allongé ou série de carrés) sert de référence pour toutes les prises de cotes nécessaires à l'établissement du plan et des profils longitudinaux et transversaux. Ce schéma général est complété par une multitude d'observations de détail portant sur le mode d'assemblage (chevilles, gournables, clous, etc.), sur les traces d'outils et les repères de mise en place, les stigmates d'utilisation, les réparations, la qualité des bois employés... Des tunnels peuvent être creusés pour observer les fonds, des trous percés pour déterminer les épaisseurs, des prélèvements remontés en surface pour l'étude du mode de construction et l'échantillonnage dendrochronologique. Certaines pièces exceptionnelles peuvent aussi être moulées sous l'eau. La couverture photographique, impossible en rivière, peut parfois être réalisée en lac.

Ces études d'architecture navale sont complétées par des observations sur le milieu au contact du bateau et à quelque distance. À partir de là, on peut définir les conditions de dépôt, d'enfouissement, le type d'écoulement avant et après la mise en place de l'épave. Ces indications, croisées avec celles provenant de l'embarcation elle-même, permettent d'améliorer nos connaissances sur les évolutions climatiques et hydrologiques, et leur influence sur l'économie du moment.

Habitats

Face à un habitat, les choses sont évidemment beaucoup plus compliquées et deux attitudes sont possibles : soit évacuer l'eau et ramener le problème à une fouille terrestre, soit mettre l'archéologue dans l'eau... L'une et l'autre ont leurs avantages et leurs inconvénients, et le choix est parfois délicat.

➤ La fouille d'habitat en caisson

Le principe des fouilles en caisson de palplanches, asséché à l'aide de puissantes pompes,

3.4. *Pêcherie dans le lac du Bourget (datée 1515).*

est assez ancien et a été utilisé sur le lac de Constance dès 1929. Plus tard, en 1964, le même système a été mis en place sur le site d'Auvernier-la Saunerie, près de Neuchâtel. Dans la même baie, les travaux autoroutiers réalisés dans les années 70-75 ont mis hors d'eau une série de villages protohistoriques. De vastes digues ont permis d'assécher momentanément des polders où pouvaient opérer simultanément plusieurs équipes de fouille. Plus près de nous dans le temps, c'est à l'abri de parois moulées qu'ont opéré les fouilleurs de Bordeaux (îlot Saint-Christoly), de Lyon (bateau de la place Tolozan) et de Paris (site de Bercy).
Outre son coût élevé qui rend les scientifiques tributaires des aménageurs, ce système présente l'inconvénient d'entraîner un tassement important des couches archéologiques, d'où une difficulté d'interprétation et des risques de détérioration pour les objets.

➤ La fouille d'habitat en plongée

La fouille en plongée présente, par rapport à la fouille en caisson, deux avantages. D'une part, les couches conservent leur épaisseur et leur texture (malgré, parfois, un enfoncement général sous le poids des sédiments récents); l'observation autant que le dégagement des objets fragiles en sont facilités. D'autre part, le prix de revient est sans commune mesure avec la fouille en caisson. L'intervention subaquatique est une archéologie légère, aisée à mettre en œuvre et facile à déplacer.
En revanche, un certain nombre de difficultés lui sont propres, imputables au milieu ou au plongeur lui-même. Ainsi, la faible profondeur des gisements, qui autorise une longue activité sans paliers, a pour corollaire un réchauffement rapide des eaux en été, qui détermine la précipitation du carbonate de calcium en suspension, la prolifération du plancton en surface et celle des otites chez les plongeurs! À ces perturbations naturelles s'ajoutent les nuages de particules soulevés par le moindre coup de palme intempestif, qui se redéposent sur les vestiges déjà dégagés et obligent à de fréquents nettoyages. En hiver, les conditions s'inversent : les eaux redeviennent limpides et salubres, mais glaciales (5 ° C dans les lacs alpins).
Par ailleurs, l'expérience montre qu'après un certain temps, variable selon les individus et leur entraînement, les capacités intellectuelles du plongeur (mémoire, discernement, initiative) chutent rapidement. Or, la fouille en plongée est affaire de concentration et, si l'attention se relâche, on casse du matériel ou l'on fait des erreurs. C'est pourquoi il convient de bien préciser avant la plongée le déroulement des tâches, de standardiser les gestes et, à la sortie de l'eau, de toujours vérifier les mesures : c'est en surface que l'on gagne du temps, c'est au fond que l'on en perd. C'est aussi la raison pour laquelle on programme toujours en début de plongée les tâches délicates.

Méthodes de topographie

L'une de ces tâches est l'implantation du carroyage, puisque de sa précision dépendra la qualité des travaux. On a souvent essayé d'utiliser au fond de l'eau le même système que celui employé par les archéologues de terre ferme, en immergeant des carrés rigides ou en les construisant au fond. Mais on a constaté que ce système convient mal à la fouille de grandes surfaces, en raison de fréquentes déformations. De plus, l'unité de surface, généralement le mètre carré, est trop grande pour replacer avec une approximation suffisante les éléments qui seront retrouvés au tamisage (tessons, éclats de débitage, etc.) et les cartes de répartition deviennent moins explicites. Toutefois, ce système est tout à fait acceptable sur de petites surfaces et nous l'utilisons nous-mêmes fréquemment pour des sondages ou des fouilles d'embarcations.
Le triangle isocèle rectangle, qui associe le principe du carroyage (par la présence d'un angle droit) et celui de la triangulation, a rarement été utilisé. La longueur, toujours arrondie, de l'hypothénuse rend l'ensemble très difficile à maîtriser sur de grandes surfaces.
C'est finalement la **triangulation équilatérale**, développée par Laurent à partir de 1962, qui donne les meilleurs résultats pour les fouilles extensives, par sa précision invariable et sa facilité de construction, même dans les eaux les moins claires. Le principe en est simple : à par-

tir d'un axe (généralement, la plus grande longueur du gisement) et d'un point initial (point zéro) définis arbitrairement, on construit des triangles équilatéraux contigus par déplacements successifs, jusqu'à couvrir toute la surface à exploiter (fig. 3.5 et 3.6). La matérialisation des triangles se fait à l'aide de règles en duralumin, munies à leurs extrémités d'un système de mâchoires pouvant coulisser à la demande sur les tubes qui marquent les sommets des triangles. Seuls ces tubes d'angle restent en place, les règles ou « gabarits » n'étant installés que sur la zone ouverte en fouille.

Le repérage topographique d'un gisement est ainsi réalisé de façon rapide, fiable et définitive, ce qui permet d'ouvrir simultanément plusieurs secteurs de fouille sans craindre de distorsions au moment du recouvrement.

La taille du triangle est choisie en fonction du type de travaux et des conditions de milieu : 10 mètres pour le positionnement rapide des vestiges de surface (la règle est alors remplacée par une câblette d'acier), 2 mètres dans les eaux très sombres ou les pentes importantes, 5 mètres dans le cas général. Les triangles sont désignés non par un chiffre et une lettre, comme dans le carroyage classique, mais par les numéros (du plus petit au plus grand) attribués à chacun de leurs sommets : on parlera, par exemple, du triangle 003/007/205. L'attribution des numéros de sommet s'organise selon une division du gisement en quatre quartiers à partir du point zéro et de la ligne zéro, couplée à une numérotation composite ordonnée en fonction de la position dans chaque quartier par rapport à des références « lignes » et « colonnes ». L'ensemble peut paraître compliqué à première vue, mais il faut bien prendre en compte que le plongeur n'est tenu de mémoriser que les deux ou trois triangles, au maximum, de sa zone de fouille.

Un triangle de 5 mètres est trop grand pour constituer une unité de référence. C'est pourquoi il est à son tour subdivisé en 25 petits triangles métriques de 0,43 m² de surface. On atteint là une unité de fouille quasi idéale, suffisamment grande pour qu'on puisse y travailler à l'aise et assez petite pour permettre des études de répartition significatives. Pour faciliter le repérage dans l'eau à l'intérieur des unités métriques, celles-ci sont provisoirement identifiées par des lettres, de A à Z (en excluant le I), ordonnées de l'angle dont le numéro est le plus faible à celui dont le numéro est le plus fort. Mais il ne s'agit que d'une facilité accordée au plongeur : les objets qui proviennent de chacun des triangles métriques sont classés dès leur arrivée à terre selon le système numérique évoqué ci-dessus.

Les étapes de la fouille

Le repérage étant installé, il convient de procéder à l'enlèvement des morts-terrains, si le gisement n'affleure pas. C'est le seul moment où l'on fera appel à des engins, suceuse ou dévaseuse électrique. Dès que l'on arrive au niveau archéologique, le travail s'effectue à la main. L'emploi d'outils (truelle, couteau) est proscrit, pour ne pas détériorer des artefacts qui sont tous d'une très grande fragilité. La couche archéologique est récupérée avec précautions et

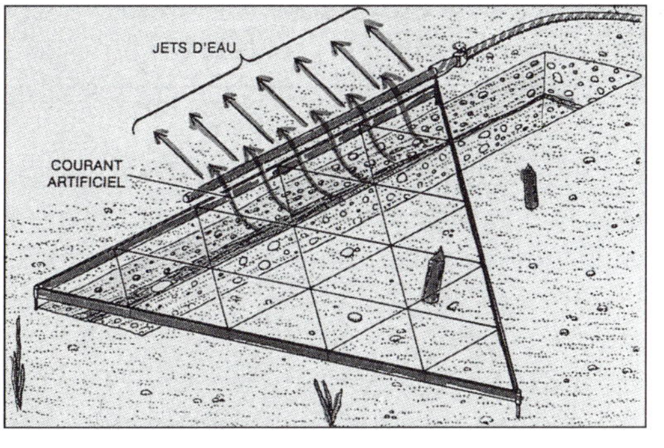

3.5. *Principe de triangulation.*

3.6. *Application du principe de triangulation.*

déposée dans des seaux, individualisés par triangle métrique et niveau de couche. Les objets fragiles, qui ne supporteraient pas une manipulation, sont sortis avec le bloc de sédiment qui les enveloppe, découpé et posé sur une plaque de tôle ou de plastique (fig. 3.7). Ils seront ensuite dégagés en surface avec les précautions nécessaires.

➤ Le problème de la visibilité

Ces activités ne se font pas sans la mise en suspension de sédiments impalpables qui obscurcissent rapidement la zone de fouille. Pour conserver une bonne visibilité, on utilise un système dérivé de la tuyère employée par U. Ruoff sur le lac de Zurich dès les années 60. On l'appelle le « rideau d'eau » ; il consiste simplement à créer un courant artificiel en injectant de l'eau sous pression dans un tube, fermé à l'autre extrémité et percé de trous suivant une génératrice. Le courant provoqué par l'éjection de l'eau, soigneusement dirigé pour ne pas endommager les couches encore en place, va entraîner avec lui la vase en suspension et redonner au fouilleur un certain confort visuel.
Il lui faut en effet un minimum de visibilité pour dresser un plan au 1/10 de tout ce qu'il rencontre, les cotes d'altitude étant prises depuis le niveau du gabarit. Il note aussi le maximum d'informations sur le niveau dans lequel il travaille (composition, épaisseur, orientation générale des végétaux...) et sur le matériel archéologique rencontré (état de conservation, pendage, nature des bois, section, etc.). En gros, on lui demande d'enregistrer tout

3.7. *Sortie d'un objet fragile.*

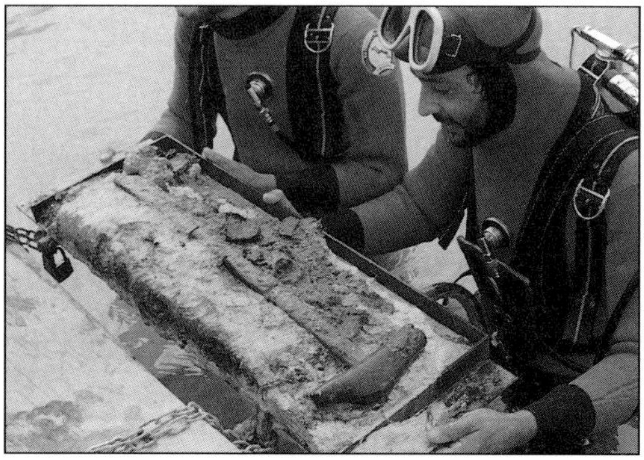

ce qu'il sera seul à voir : il ne faut jamais oublier que l'acte de fouille est un acte de destruction, et l'on doit tout faire pour que cette destruction soit compensée par une rentabilité scientifique maximale.
La photographie (ou maintenant la vidéo) n'est pas, dans les eaux intérieures, un bon support de documentation. Les conditions sont le plus souvent très défavorables à l'obtention de bons clichés et c'est seulement dans les vues rapprochées ou même la macrophotographie que l'on peut espérer un résultat correct. C'est pourquoi la photographie est utilisée seulement comme un complément ou une illustration du plan ; en aucun cas elle ne sert de système directeur pour la fouille.

➤ La remontée et le traitement des pièces

Durant la fouille, les seaux sont remontés un à un, pour éviter tout mélange, jusqu'au support de surface, où une équipe assure la tâche délicate d'enregistrer, d'étiqueter et, si besoin est, de protéger ce qui sort de l'eau, tout en assurant la surveillance du plan d'eau et la sécurité des plongeurs.
Le matériel est ensuite transporté à la base principale, où il va suivre des cheminements variés en fonction de sa nature avant d'être conditionné. On a vu qu'une des caractéristiques de la fouille d'habitats est la récupération de la totalité du sédiment formant le niveau archéologique. Cet important volume va devoir être intégralement tamisé à l'eau sur des batteries de tamis emboîtés, équipés de mailles de 8 à 1 millimètre. Ce travail de patience permettra d'en individualiser toutes les composantes, naturelles (cailloux, brindilles, feuilles, fruits, graines, etc.) ou anthropiques (éclats de silex, tesson, éléments de parure...). Chaque composante est isolée, comptée ou pesée, puis stockée avant étude. Les pièces fragiles (céramique, objets de bois, cuir, textile, vanneries, etc.) subissent immédiatement les premiers traitements conservatoires.
Le reste du processus opératoire est semblable à celui d'une fouille en terre ferme : marquage et dessin du matériel, analyse typologique, travail sur les plans et les répartitions... S'y ajoute une connotation sciences naturelles fortement

marquée : palynologues, botanistes, sédimentologues uniront leurs efforts pour définir l'environnement contemporain de l'habitat, à partir des résultats du tamisage ou de carottes extraites à leur intention.

La machine à remonter le temps

De toutes ces sciences dites connexes, il en est une sur laquelle il convient d'insister, tant elle a eu d'importance dans l'évolution de nos connaissances depuis vingt ans, je veux parler de la dendrochronologie. Elle permet de déterminer la période durant laquelle un arbre a vécu et de préciser son année d'abattage (et parfois même la saison lorsque l'échantillon possède encore son écorce).

Tout le monde a remarqué qu'un tronc d'arbre coupé laisse voir une succession d'anneaux plus ou moins larges, alternativement clairs et foncés. L'ensemble formé d'un anneau clair et d'un anneau foncé correspond à un *cerne de croissance*. Les parties claires correspondent à la poussée de sève du printemps, les parties plus foncées à la pousse de plus en plus réduite de l'été et de l'automne. La largeur des cernes varie en fonction de nombreux facteurs, parmi lesquels le climat prédomine. Les cernes vont donc refléter dans leur constitution les variations climatiques locales, et une même variété, le chêne par exemple, poussant dans une même aire géographique, réagira de façon similaire aux variations du milieu.

➤ Datation relative et datation absolue

La transcription de la mesure des cernes d'un arbre, sous forme d'une courbe semblable à une courbe de température, est comparable à celle d'autres arbres de même nature et de même âge approximatif. La corrélation d'un certain nombre de pics caractéristiques (appelés « signatures ») permet un repérage chronologique et un classement des échantillons. On peut ainsi, dans un même ensemble, définir l'ordre des poussées et des dates d'abattage. On parle alors de datation relative : l'archéologue sait dans quel ordre les bois ont été utilisés, en revanche il ne connaît pas la date d'utilisation.

Pour parvenir à ce second niveau de connaissance, ou datation absolue, il faut se recaler sur une courbe de référence qui part de l'époque présente et remonte jusqu'à la préhistoire. De telles courbes, établies à partir de milliers de prélèvements effectués depuis trente ans sur des bois de toutes époques, existent pour le chêne d'Allemagne et de Suisse, et permettent de remonter avec certitude jusqu'à l'année 4089 avant notre ère. Ces courbes peuvent servir de base à des datations en France, avec d'autant plus de chances d'aboutir à un résultat que l'on se rapproche de l'est du pays. Des courbes de références régionales, pour le chêne et même les résineux, sont en cours d'élaboration chez nous par les différents laboratoires travaillant sur la question. À terme, on peut espérer que dans quelques années on sera en mesure de dater la plupart des bois archéologiques conservés, sous réserve qu'ils présentent un nombre de cernes suffisant.

QUELQUES RÉSULTATS : LES HABITATS

Nous venons de voir comment s'organise la fouille d'un habitat bien conservé. Je voudrais maintenant, à travers deux sites, l'un néolithique (les Baigneurs), l'autre médiéval (Colletière), présenter quelques apports de l'archéologie subaquatique.

Il ne s'agit évidemment pas de reprendre l'ensemble des résultats obtenus sur ces sites, mais seulement d'insister sur certains acquis pour lesquels le milieu humide est particulièrement propice : organisation de l'habitat ; relation des habitants avec leur environnement à travers l'agriculture, l'élevage ou la chasse ; abondance et originalité du matériel conservé.

Pourquoi seulement deux sites et pourquoi ceux-là ? Présenter systématiquement chacune des fouilles en cours reviendrait à un lassant catalogue. De plus, tous les gisements ne permettent pas l'ensemble des études précédemment évoquées. Par exemple, on n'a pas retrouvé, dans les fouilles du lac de Sanguinet dans les Landes, la même richesse en matériaux organiques que dans les lacs alpins. Dans d'autres cas, comme sur le site du Gué-des-Piles à Chalon-sur-Saône, un certain nombre d'études importantes sont encore en cours. Les deux sites du lac de Paladru restent donc en fait les seuls à ce jour, et pour notre territoire, à être allés aussi loin dans l'exploitation des données. Enfin, leur proximité géographique – ils sont distants de quelques centaines de mètres – rend plus perceptibles les différences comportementales de ces deux groupes humains installés sur un même terroir à plus de trois millénaires d'écart.

Par ailleurs, le lecteur pourra s'étonner que nous n'abordions pas en détail le problème des variations du niveau des lacs, qui est pourtant à l'origine des travaux présentés ici. C'est un choix délibéré. Les observations et les études sur le sujet sont bien sûr abondantes. Mais plus elles se multiplient et se précisent localement, et plus on a conscience de la difficulté à trouver un modèle théorique général. L'impact des phénomènes strictement climatiques est variable en fonction de l'hydrologie locale, et la détermination de la part des phénomènes climatiques et géomorphologiques dans les réactions de chaque bassin est extrêmement complexe. Faire le point des connaissances par zones géographiques et périodes chronologiques dépasserait largement le cadre de ce chapitre. Nous assurerons donc le lecteur de la réalité des phénomènes de transgressions et régressions, et le renverrons pour l'étude de ce délicat sujet aux ouvrages spécialisés, particulièrement aux travaux de M. Magny pour la France et de B. Moulin pour la Suisse.

Le site des Baigneurs

Le village néolithique des Baigneurs (environ 2700 avant J.-C.) est situé sur une petite plateforme lacustre, à l'extrémité sud du lac de Paladru, devant l'actuel village de Charavines. Il occupe une surface approximative de 1 500 m^2, dont un tiers seulement a été fouillé. Les maisons qui le composent, de forme rectangulaire (en moyenne 5 mètres x 15 mètres), étaient établies à partir de trois ou quatre alignements de pieux, espacés d'environ 1,5 m, qui constituaient l'ossature sur laquelle était posée la charpente. Toit et murs paraissent avoir été faits seulement de végétaux (branches, roseaux).

L'ÉVOLUTION DE L'HABITAT

On observe sur le même emplacement deux niveaux archéologiques, correspondant à deux occupations successives en moins d'un siècle. On comprend donc que le gisement se présentait à l'archéologue comme un vaste champ de pieux inorganisés, dans le fouillis desquels seul le plan d'une maison, légèrement excentrée, se lisait facilement. Par chance, il s'est avéré que les maisons de la première occupation étaient construites en sapin, ce qui a permis de réaliser une étude très complète de dendrochronologie relative et de définir ainsi avec précision l'évolution de l'habitat.

L'année première de l'installation, une seule maison est construite, orientée est-ouest, très près de la rive du lac (maison I). La deuxième année, une maison semblable à la première est installée parallèlement à celle-ci, à une distance de 1,20 m seulement (maison II). Deux autres maisons de même type sont construites à quelques mètres des précédentes, mais avec des orientations différentes (maisons III et IV). En même temps, une palissade est plantée, côté terre; le faible diamètre de ses piquets la fait considérer plus comme une clôture que comme une défense.

Après sept ans d'utilisation, la maison I est abattue (sans doute en raison du pourrissement de la structure), mais reconstruite suivant le même plan, au même endroit. Dix ans plus tard, elle est à nouveau reconstruite, en même temps que la maison II. Dans les autres maisons, on constate une série de réparations (remplacement ou doublage des pieux porteurs). Après une trentaine d'années d'installation, le village est abandonné. Certaines maisons sont incendiées (volontairement ou non). Les eaux du lac remontent et déposent sur les restes de l'habitat une couche de craie stérile.

Après un laps de temps de trente à quarante ans, les hommes se réinstallent sur le site et bâtissent une maison à l'emplacement même de la maison I de la première occupation, réutilisant même sa zone foyère en argile comme support pour la leur! Cette maison est réalisée en sapin, ce qui permet une analyse dendrochronologique de ses structures. Les autres vont malheureusement être construites avec des bois inutilisables pour ce genre de datation : orme, frêne, aulne. L'évolution de cette seconde occupation est donc moins bien connue que celle de la première. On suppose toutefois que ce deuxième village a eu lui aussi une durée de vie de vingt à trente ans, avant un abandon cette fois définitif.

QUELS HABITANTS ? QUELS MODES DE VIE ?

Les hommes qui se sont installés au bout du lac de Paladru ne sortaient pas du néant : les diagrammes polliniques mettent en évidence, pour les siècles précédant la première installation, une succession de baisses de pollens forestiers, en parallèle avec la présence de pollens de céréales. Déforestation et agriculture : c'est la preuve que des groupes humains, dont aucune trace n'a été retrouvée, étaient déjà installés dans la région. Seul le milieu humide des bords du lac nous a conservé un instantané, une tranche de vie de ces agriculteurs itinérants de la fin du néolithique.

➤ Agriculture et cueillette

À leur arrivée, la forêt règne en maître : 95 % des pollens observés sont des pollens d'arbres et le sapin prédomine. Dès l'installation des hommes, on constate un recul des pollens de sapin, puis des autres arbres; les pollens forestiers descendent à 80 %, tandis que ceux des céréales passent de 0,25 % à 2,5 %. Pendant l'abandon, la forêt reprend ses droits et les pollens forestiers remontent à 95 %. La deuxième occupation est marquée à son tour par une nette déforestation : les pollens de sapin passent de 35 % à 10 %, ceux du hêtre chutent de 35 % à 5 %. C'est la trace d'un grand essartage, qui permet une culture abondante de céréales, et dont les pollens atteignent un pic exceptionnel de 19 %.

Ces céréales, on sait qu'elles étaient constituées essentiellement de blé (dont trois variétés ont été repérées) et d'orge. On cultivait aussi le lin, ainsi que le pavot, dont les graines permettent la fabrication de galettes ou l'extraction d'huile. On peut penser que ses effets narcotiques n'étaient pas non plus inconnus.

La cueillette était un complément alimentaire très important. On retrouve en quantité noisettes, faines, prunelles, pommes sauvages de quelques centimètres de diamètre coupées en deux et torréfiées. On rencontre aussi la noix, les pignes de pin, les graines de vigne sauvage, de mûre, de coqueret... Les glands étaient sans doute destinés à la nourriture des porcs, mais ils pouvaient également être consommés par l'homme, après préparation adéquate. Parmi les graines reconnues dans les niveaux archéologiques, certaines peuvent correspondre à la récolte de plantes médicinales, comme l'origan, le thym, l'églantine, le millepertuis.

L'impression générale qui prévaut, au vu de la variété des espèces consommées, est que ces agriculteurs avaient une connaissance remarquable de leur environnement végétal, connaissance qui parfois laisse pantois l'homme moderne et déraciné que nous sommes. Même le bois était soigneusement choisi en fonction de l'utilisation prévue : le hêtre pour le chauffage, le chêne pour les pirogues, l'érable pour les manches de haches, l'if pour les arcs et les cuillères, le buis pour les peignes.

➤ Chasse et élevage

Nous sommes malheureusement moins bien renseignés sur l'alimentation carnée des habitants du village que sur leur alimentation végétale. En effet, les os sont assez mal conservés dans le gisement. Il est vraisemblable que ceux des petites espèces (oiseaux, lapins) ont complètement disparu. Néanmoins, la fraction encore déterminable permet de constater que la chasse (essentiellement cerfs et sangliers) l'emporte légèrement sur l'élevage (environ 60 % contre 40 %).

Cette observation doit toutefois être tempérée par le fait que le cerf, qui représente 30 à 40 % des restes, est chassé non seulement pour sa viande mais aussi et peut-être surtout pour sa peau et ses bois, matériau indispensable à la confection d'outils aussi importants que les pioches ou les gaines pour la fixation des pierres de haches sur les manches. Cette chasse est « industrielle » plus que nutritionnelle. La preuve en est que le chevreuil n'apparaît presque pas dans les restes décomptés.

Parmi les animaux élevés (porc, chèvre, mouton, bœuf), le porc prédomine nettement lors de la première occupation (environ la moitié des restes). Pendant la seconde occupation, il régresse au bénéfice du bœuf domestique, qui représente alors un tiers des restes.

3.8. *Couteaux néolithiques emmanchés.*

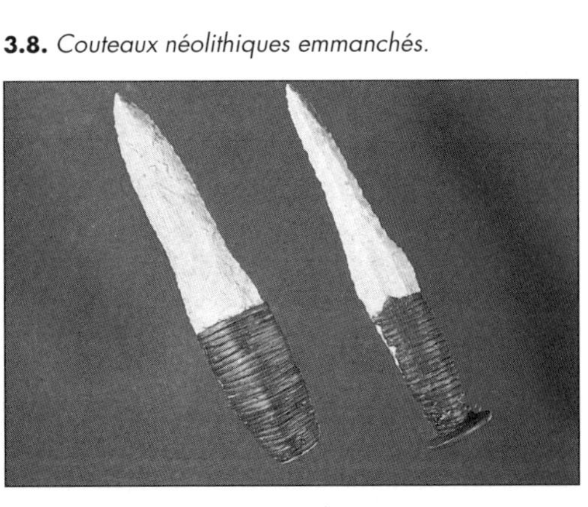

➤ Le témoignage des objets et outils

Le tableau de nos connaissances sur la vie quotidienne des agriculteurs néolithiques de Charavines est complété par le très grand nombre d'objets retrouvés en fouille. Nous passerons sur le matériel lithique et céramique que l'on retrouve sur tout gisement comparable, pour nous arrêter sur quelques artefacts hors du commun.

Symboles des activités de défrichement et de façonnage journalier, les manches de haches en érable sont remarquables par leur profil ergonomique. Longs de 60 à 80 centimètres, rectilignes ou légèrement cintrés, ils sont toujours terminés par un élargissement facilitant la tenue. À l'extrémité taillante, le manche forme une tête lourde et robuste, propre à appuyer le coup et résister au choc.

Des couteaux de silex, ayant conservé leur emmanchement, sont aussi des pièces rarissimes et du plus grand intérêt, tant par leur excellent état de conservation que par la variété des techniques mises en œuvre : emmanchement simple constitué par l'enroulement très serré d'une fine racine sur un matelas de fibres végétales, ou processus plus complexe faisant intervenir un collage de brai de bouleau, avec un manche rapporté et ligaturé ou un savant enroulement d'osier (fig. 3.8).

La navigation, la pêche et la chasse sont évoquées par une grande pirogue en chêne (longueur : 8,50 m), une pagaie en hêtre et un arc en if de 1,30 m de long, qui porte encore en son centre la trace de sa poignée en ficelle.

Les activités ménagères sont aussi représentées, avec des restes de vannerie et de sparterie, et les nombreuses cuillères en bois rencontrées dans les deux niveaux d'occupation. Toujours réalisées en if, elles sont de deux modèles : cuillères à pot, avec un angle prononcé entre cuilleron et manche ; cuillère à bouche, où la poche est dans l'axe du manche. On a remarqué que le bord gauche de ces cuillères était fréquemment beaucoup plus usé que le bord droit : ceux qui s'en servaient étaient droitiers (fig. 3.9)… Le robot de la cuisinière n'est pas

oublié : on a retrouvé plusieurs batteurs, réalisés à partir d'une tête de petit sapin, où l'on a conservé sur quelques centimètres des départs de branches. Un mouvement rapide de rotation entre les paumes produisait l'effet désiré sur le lait ou la bouillie. L'utilisation de tels batteurs est encore attestée à l'époque moderne en Europe centrale et en Sibérie.
Enfin, on n'oubliera pas les peignes à tisser, aux dents finement découpées au silex dans une plaquette de buis. Si le sol n'a guère conservé les produits de ce tissage, on peut penser que les vêtements de laine ou de lin étaient maintenus par des lacets et des épingles à tête décalée, taillées dans de minces baguettes de houx, que l'on a retrouvées à plusieurs exemplaires.

Le site de Colletière

Le site de Colletière s'étend sur une surface d'environ 2 000 m², à l'extrémité sud du lac de Paladru, sur sa rive droite. Les fouilles, qui ont commencé comme celles des Baigneurs en 1972, sont toujours en cours.
Quatre grands bâtiments ont été repérés, installés parallèlement au rivage antique, préalablement stabilisé par une série de pieux massifs et un apport de galets. Ces bâtiments sont entourés, côté terre, par une palissade légère qui ne semble pas avoir de fonction défensive. Entre la palissade et les bâtiments s'étend une vaste cour d'environ 800 m². Il n'a pas été nécessaire, comme sur le site voisin, d'avoir recours à la dendrochronologie pour définir la position des maisons : il n'y a ici qu'une seule occupation et le mode de construction rend le repérage assez évident.

LES BÂTIMENTS

L'armature des maisons est faite de grands poteaux verticaux en chêne, implantés en relation avec une assise de troncs empilés horizontalement, pouvant atteindre cinq niveaux successifs. Ces troncs horizontaux, enfoncés dans le limon crayeux du lac, constituent en quelque sorte une fondation en « semelle flottante ». Murs et parois étaient réalisés en clayonnage recouvert d'argile.

Les parties hautes des habitations sont mal connues : il est possible que les charpentes aient été récupérées lors de l'abandon du village et les toitures étaient vraisemblablement en matériau périssable (chaume ?). Une chose est sûre : tous les assemblages de poutraison sont effectués sans clous, seulement par tenons et mortaises, lumières et encoches.
Les bâtiments fouillés sont d'un type uniforme, constituant chacun une unité d'habitation et de production. Ils comprennent une zone de vie (restes culinaires autour de grands foyers surmontés d'une hotte pour évacuation et peut-être séchage ou fumage), des espaces de rangement (accumulation d'objets), des zones de réserves (provisions de noix et noisettes), une étable (présence de litière et de coprolithes) et une zone d'activité agricole ou artisanale. Au vu des éléments de construction conservés, l'existence d'un étage (habitation et/ou grenier) est très vraisemblable.

LES ACTIVITÉS

Lorsque les hommes s'installent à Colletière, aux environs de l'an mil, la région est une zone frontière, dans laquelle ils vont se conduire en pionniers. Il semble que l'occupation gallo-romaine locale, sporadique, n'ait pas détruit le couvert forestier, ou qu'il se soit reconstitué. Quoi qu'il en soit, les habitants de Colletière procèdent à des défrichements massifs pour leur installation, la mise en culture des terres et, peut-être aussi, leurs activités artisanales (production de fer).

3.9. *Gisement des Baigneurs : peignes, cuillères et épingles.*

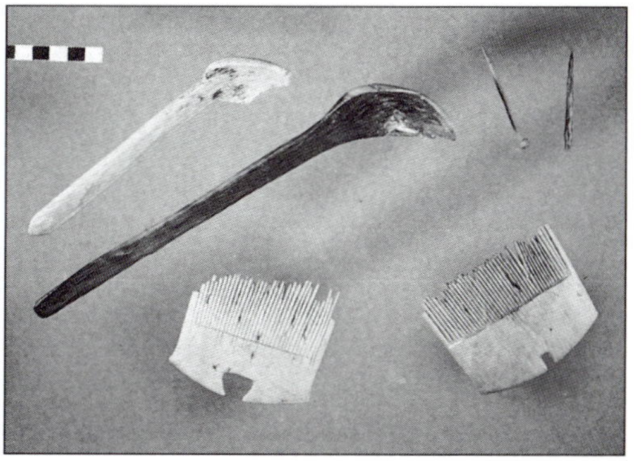

➤ Agriculture céréalière et arboriculture

L'agriculture est essentiellement céréalière, avec une prédominance du seigle sur le blé et l'avoine. Le chanvre et le lin sont cultivés pour leurs fibres. Les espèces de jardin sont réduites : lentilles, fèves, pois, pour l'essentiel. On ne trouve pas trace d'espèces dont on sait qu'elles étaient cultivées dès l'époque carolingienne, comme le poireau, l'ail, l'oignon, la chicorée, le céleri, le radis ou le panais. La cueillette est présente, mais nettement moins diversifiée que pour le gisement des Baigneurs : noisettes, châtaignes, merises, nèfles, framboises.

En revanche, l'arboriculture est bien installée : les restes de noix, pommes, prunes, cerises sont abondants. La présence de pépins de vigne n'implique pas automatiquement la vinification, mais la découverte de fragments de tonneau rend celle-ci possible. Quant au faines et aux glands, retrouvés en quantité, ils peuvent, comme au néolithique, servir à l'alimentation des humains et des animaux.

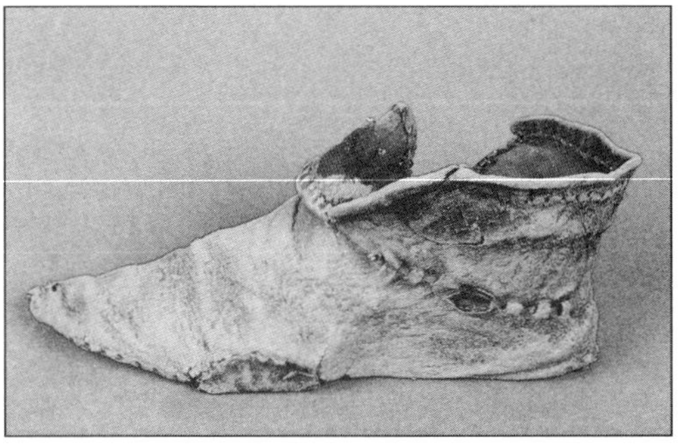

3.10. *Chaussure médiévale en cuir.*

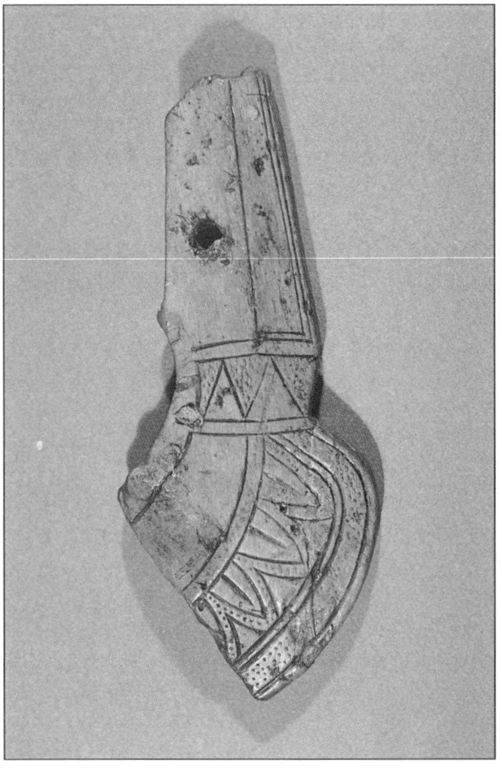

3.11. *Gisement de Colletière : élément de selle en bois sculpté.*

➤ De l'élevage, un peu de chasse et la pêche, bien sûr

Les animaux sont essentiellement des porcs (70 % des restes). La bonne conservation des vestiges osseux, contrairement au gisement voisin, permet une détermination précise de la stature des animaux et de leur âge. On a pu calculer ainsi que les porcs ne dépassaient pas 70 à 80 kilos et que 50 % d'entre eux étaient abattus très jeunes, entre trois et douze mois. Chèvres et moutons (18 % des restes) subissent le même sort, entre six et douze mois. Ils sont aussi de petite taille (20-30 kilos), tout comme les bovidés, qui atteignent juste 1,10 à 1,20 m au garrot. Le sort de ces derniers est différent selon qu'ils sont élevés pour la boucherie (abattage entre dix-huit et trente mois) ou pour le lait (abattage après quatre ans). Poules et poulets sont présents, mais manifestement peu abondants, et le cheval, animal noble, n'est jamais consommé.

Quant à la chasse, elle est devenue une activité tout à fait marginale, ne représentant plus que 1 % des restes osseux. Elle porte sur le cerf, le chevreuil, le sanglier, le lièvre, ainsi que sur les oiseaux installés sur le lac, les champs et les bois environnants.

L'activité de pêche est naturelle dans un tel milieu. Elle est attestée par quelques restes (écailles ou vertèbres), mais surtout par des engins spécifiques (foëne, flotteurs de filets).

➤ Artisanat et activités ludiques

Comme sur le gisement précédent, la conservation des objets organiques est remarquable. On retrouve, cette fois, du cuir en quantité, vraisemblablement parce qu'il a été tanné (et aussi parce que le gisement est beaucoup plus jeune !). À côté de nombreuses chutes et découpes, les fouilleurs ont eu la chance de découvrir des chaussures complètes (fig. 3.10) et, même, l'embauchoir de bois qui les maintenait en forme. En bois, également, une longue série de plats tournés, retrouvés entiers ou cassés dans le sens du fil, ainsi que de nombreuses cuillères. Ce travail du bois, qu'on devine omniprésent (fig. 3.11), est pourtant assez peu représenté par des outils qui ont dû être récupérés, pour la plupart, lors de l'abandon du village. On a, toutefois, retrouvé une gouge, des ciseaux à bois et, même, un petit rabot. Quant aux haches, elles s'apparentent soit à la cognée, soit à la hache du charpentier, mais leurs manches de frêne sont maintenant rectilignes et comparables aux nôtres.

Les activités de tissage fournissent, elles aussi, leur lot d'objets : bobines, fuseaux en érable et peignes à carder, plus grands et plus massifs que les peignes néolithiques.

Encore plus exceptionnels sont les témoignages des activités ludiques des habitants de Colletière. On a retrouvé, en effet, de nombreuses pièces de jeux de société, dans un état de fraîcheur étonnant (jetons, dés en noisetier, pièces d'échecs), ainsi que les restes d'une vingtaine d'instruments de musique, tant à cordes (chevalets de vielle) qu'à vent (flûtes, double chalumeau).

Cette conservation remarquable n'intéresse pas seulement les matériaux organiques : le fer profite également du milieu propice formé par l'eau douce et les conditions anaérobies. Les objets métalliques sont très abondants : plus de 2 000 éléments divers ont été répertoriés, associés à des fonctions agricoles ou militaires (fers à cheval, clous, haches, forces, faucilles, couteaux, clés, éperons, carreaux d'arbalète, fers de javelots et de lances...). Une telle profusion, dans un modeste établissement, la découverte de lames absolument neuves et de loupes de métal brut laissent penser à un atelier de production sur le site même.

QUELQUES RÉSULTATS : LES EMBARCATIONS

Cette évocation de l'archéologie des eaux intérieures ne serait pas complète si nous ne parlions pas de la batellerie propre à ce milieu. En préalable, il est bon de rappeler certaines observations, régulièrement formulées ces dernières années, par François Beaudouin et Eric Rieth, trop rares pionniers de cette discipline.

Contraintes et faiblesses des études

➤ L'importance du milieu de navigation

Le bateau des eaux intérieures ne peut être dissocié de son milieu de navigation, qui influence ses dimensions et sa morphologie.

– Ce milieu est fermé à ses deux extrémités. Jusqu'à l'apparition, au milieu du XVIIe siècle, des canaux de jonction et leur développement, au cours du XVIIIe siècle, les voies d'eau sont des espaces clos. Chaque bassin forme une entité régionale, fermée sur elle-même, accentuant les particularismes, laissant perdurer ici des modes de navigation abandonnés ailleurs.

– Ce bassin est rarement homogène, de l'amont vers l'aval. L'opposition est particulièrement sensible sur notre façade ouest, entre un secteur amont quasi montagnard et un secteur aval largement ouvert aux effets de marée.

– En outre, le milieu sur lequel navigue le bateau n'est pas stable. Il évolue très sensiblement au fil du temps, sous la double influence de la dynamique fluviale et de l'action de l'homme qui, tout à la fois, facilite la navigation (barrages, appontements, cales...) et la gêne (moulins, pêcheries).

Autrement dit, « si le bâtiment de mer forme, à lui seul, un ensemble archéologique cohérent, se suffisant à lui-même, le bateau fluvial ne le compose qu'en relation avec son milieu naturel et aménagé » (Rieth, 1992).

➤ La pauvreté de la documentation disponible

Une autre différence entre mer et rivière réside dans la pauvreté documentaire, écrite ou icono-

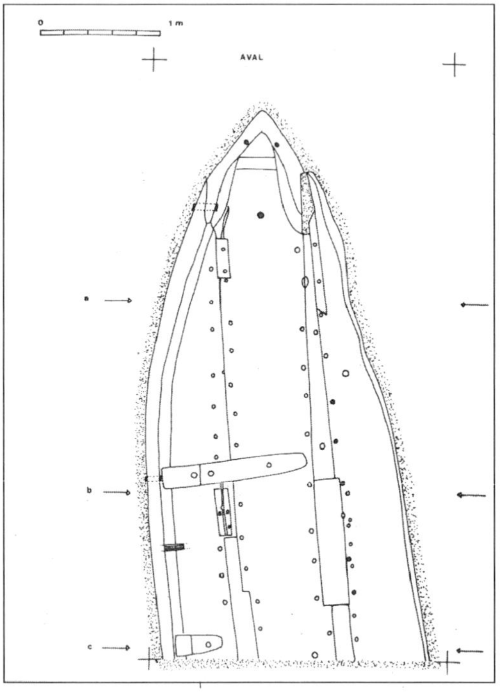

3.12. *Bateau d'Orlac. Plan de la partie avant.*

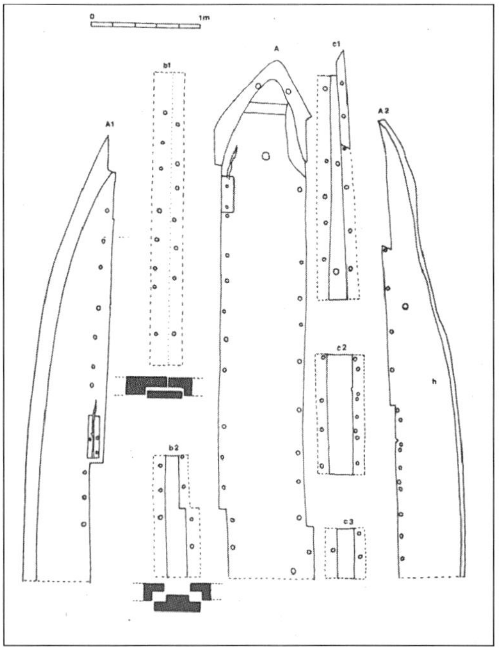

3.13. *Bateau d'Orlac. Eclaté de la partie avant montrant le processus d'assemblage.*

graphique, qui est la nôtre, même pour des époques très proches. Ainsi, aucun traité de construction propre à la navigation intérieure n'a été publié au XVIIIe ou au XIXe siècle, alors que les ouvrages d'architecture navale maritime sont nombreux à cette époque. On comprend, dès lors, que l'approche archéologique joue un rôle capital dans la connaissance de ce patrimoine.

➤ Une connaissance encore balbutiante

Malheureusement, l'étude des embarcations des eaux intérieures est encore très embryonnaire et disparate. Si l'on en croit le dernier inventaire (Lerat-Renon, 1986), complété par les découvertes récentes, c'est un peu plus de deux cents pirogues monoxyles qui auraient été signalées ou étudiées en France, s'échelonnant du néolithique au XIXe siècle. Pour nombre de ces bateaux, la date de découverte correspond à la date de la destruction. De plus, beaucoup de ceux qui ont survécu (souvent dans un état de dégradation avancée) sont datés de façon très subjective. La seule façon sérieuse d'aborder le problème serait d'appliquer systématiquement à tous les restes connus les moyens modernes de datation (radiocarbone couplé à la dendrochronologie). Mais, outre la longueur et le coût d'une telle entreprise, il faut reconnaître que la chasse à la pirogue au fond d'une réserve de musée est un sport bien aléatoire...

➤ Vers un développement des découvertes

Il est certain, en tout cas, que nous allons vers une recrudescence des découvertes (et des problèmes) due, certes, aux recherches spécifiques, mais aussi à une prise de conscience des partenaires de l'archéologue (entrepreneurs, exploitants, associations, plongeurs, pêcheurs) qui signalent des embarcations et provoquent leur sauvetage. Pour ces dernières années, on rapportera les découvertes liées aux fouilles du lac de Sanguinet (B. Maurin, Cress), qui portent à seize le nombre de pirogues monoxyles découvertes sur les bords du lac ou dans le chenal sous-lacustre de la Gourgue, en relation avec des sites s'étageant de l'âge du fer à la fin de la période gallo-romaine. Les prospections de L. Bonnamour, dans la Saône chalonnaise, amènent aussi des découvertes régulières, la dernière étant celle d'une pirogue de plus de 12 mètres de long, datée de la fin de l'âge du bronze (fouilles A. Dumont). Pour notre part, nous avons étudié, depuis 1984, sept monoxyles dans le lit de la Charente, aux environs de Saintes, datant pour la plupart du haut Moyen Âge (fouilles E. Rieth et CNRAS).

L'apport des fouilles en cours

La Charente est, d'ailleurs, le seul fleuve de France à avoir fourni, sur un même bassin, des pirogues monoxyles, un bateau assemblé du VIe-VIIe siècle après J.-C. (fouilles en cours) et un bateau de type monoxyle assemblé. On appelle ainsi une embarcation que l'on peut schématiquement représenter comme une grande pirogue coupée en deux dans le sens de la largeur et dont on aurait, ensuite, relié les deux flancs par un ou plusieurs éléments longitudinaux.

Ce bateau (fig. 3.12 et 3.13), trouvé à Orlac, par 5 mètres de fond, mesure 15,50 m de long et 2,10 m dans sa plus grande largeur. Sa plus grande hauteur de bordé conservé est de 0,42 m. Tous les éléments constitutifs sont assemblés au moyen de chevilles de bois, à l'exclusion de tout élément métallique. Son étude complète, dans une eau avec une visibilité moyenne de 50 centimètres, a nécessité trois campagnes de fouilles (direction E. Rieth). La datation dendrochronologique a permis de définir qu'il avait été construit dans la première moitié du XIe siècle. Le bateau ne gardait pas de trace de sa cargaison (s'il en avait une au moment de son abandon), mais on a pu calculer qu'avec un déplacement de 12,5 t, sa charge utile était de 8,2 t.

Il constituait le seul exemplaire de ce type fouillé en France jusqu'à la récente découverte (1991) par L. Bonnamour d'une embarcation de même type, quoique plus petite, à une vingtaine de kilomètres en aval de Chalon-sur-Saône (fig. 3.14). Cette dernière mesure 7,20 m de long, avec une largeur variant de 1,02 m (proue) à 1,20 m (poupe). Elle est datée de la fin du XIIIe - début du XIVe siècle. Avec son calfatage à la mousse de buis (que n'a pas le bateau d'Orlac), elle s'intègre dans une tradition de construction navale du nord-ouest de l'Europe, dite de tradition celtique.

NOS RESPONSABILITÉS

Ces embarcations posent le problème de leur conservation. La plupart du temps, celle-ci est assurée par un réenfouissement ou, en cas d'obligation de déplacement, par l'installation dans une structure d'accueil. Il faut bien avoir conscience que ces mesures ne sont qu'un palliatif. Des méthodes de traitement des bois existent, qui ont été exposées dans la partie de ce chapitre consacrée à l'archéologie sous-marine, et nous ne reviendrons pas dessus. Chacune a ses avantages et ses inconvénients, aucune ne peut prétendre à l'universalité.

Le problème n'est plus là. Il réside dans la volonté collective d'appliquer, enfin, nos connaissances, qu'on peut maintenant estimer fiables, à la conservation à grande échelle du patrimoine immergé. C'est une ambition qui dépasse la seule archéologie et rejoint le poli-

3.14. *Epave médiévale de type monoxyle assemblé. La Saône, lieu-dit « Pont Sarrasin ».*

tique. Que l'on y prenne garde : malgré le développement de nos possibilités en matière de conservation, nos réalisations restent bien modestes par rapport aux besoins, et nous serons redevables devant les générations futures de ce que nous n'aurons pas su mettre en œuvre.

N'oublions pas que le patrimoine subaquatique, s'il recèle encore d'immenses possibilités d'exploitation, qui sont pour l'instant autant de réserves archéologiques, est aussi d'une extrême fragilité et exposé à tous les risques. Il n'est pas, comme le patrimoine sous-marin, relativement protégé par l'éloignement de la côte ou la profondeur des lieux, contre son pire ennemi, l'homme. Sa position est tout à fait inverse. Gisant à faible profondeur, il est à la portée de tous. Situé au fond des rivières ou en bordure des rives lacustres, il est le premier à souffrir de toutes les perturbations infligées au milieu : dragages, rectifications de berges, correction du niveau des eaux, aménagements routiers, immobiliers ou portuaires...

Sa protection ne peut être assurée seulement par quelques spécialistes ; elle est l'affaire de tous et passe par une prise de conscience collective des décideurs, des aménageurs et de chaque citoyen. Dans ce mouvement d'idées, les plongeurs devraient avoir à cœur de jouer un rôle exemplaire.

BIBLIOGRAPHIE

Historique et méthodes

Archéologie des lacs et des rivières.
Vingt ans de recherches subaquatiques en France.
Catalogue expo. Musée Château d'Annecy, juin-octobre 1984.

A. Gallay,
L'habitat lacustre préhistorique.
Esquisse historique de la question palafittique, *in* Archives des sciences, Soc. de physique et d'histoire naturelle, vol. 36, fasc. 2 (p. 203-214), Genève, 1983.

M.-J. Lambert,
Le mythe des cités lacustres.
Plaquette CRDP Besançon/CDDP du Jura, musée d'Archéologie de Lons-le-Saunier, 1988.

M. Magny,
Les palafittes aujourd'hui : bilan et perspectives.
Un siècle d'archéologie lacustre.
Revue archéologique de l'Est, tome XXXV (p. 41-61), 1984.

A. Pelletier (dir.),
L'archéologie et ses méthodes.
Ed. Horvath, Roanne, 1985.

P. Petrequin,
Les cités lacustres. La Recherche n° 113 (p.778-785), juillet-août 1980.

P. Petrequin,
Gens de l'eau, gens de la terre.
Ethnoarchéologie des communautés lacustres.
Hachette, 1984.

A.-M. et P. Petrequin,
Le Néolithique des lacs. Préhistoire des lacs de Chalain et de Clairvaux (4000 - 2000 av. J.-C.).
Éd. Errance, Paris, 1988.

Gisements

B. Arnold,
Cortaillod-Est, un village du bronze final,
1. Fouille subaquatique et photographie aérienne.
Éd. du Ruau (Archéologie neuchâteloise, 1), Saint-Blaise, 1986.

A. Bocquet et A. Houot,
La vie au Néolithique. Charavines, un village au bord d'un lac, il y a 5 000 ans...
Histoire et Archéologie, les dossiers, n° 64, juin 1982.

L. Bonnamour,
L'habitat bronze final du Gué-des-Piles à Chalon-sur-Saône (Saône-et-Loire).
Étude archéologique. Gallia Préhistoire t. 31 (p. 159-189).
Éd. du CNRS, Paris, 1989.

M. Colardelle et E. Verdel,
Un village de l'an mil retrouvé sous l'eau.
Histoire et Archéologie, les dossiers, n° 129, juillet-août 1988.

M. Colardelle et E. Verdel,
La formation d'un terroir au XIe siècle.
Les habitats et mottes castrales du lac de Paladru (Isère) dans leur environnement.
Documents d'archéologie française, Paris, 1993.

G. De Boe et F. Hubert,
Une installation portuaire d'époque romaine à Pommeroeul.
Archeologica Belgica, 192 (p. 1-57), 1977.

G. Milne et B. Hobley,
Waterfront Archeology in Britain and Northern Europe,
CBA, Research Report, 1981, 41.

Batellerie

B. Arnold,
Batellerie gallo-romaine sur le lac de Neuchâtel.
Éd. du Ruau (Archéologie neuchâteloise 12 et 13), Saint-Blaise, 1992.

Mc Grail,
Rafts, Boats and Ships, from Prehistoric Times to Medieval Era.
National Maritime Museum, Londres, 1981.

E. Rieth,
L'épave d'Orlac, Etude d'un bateau de rivière du XIe siècle et approche d'un milieu de navigation fluviale.
Documents d'archéologie française, Paris, 1993.

Conservation

Collectif.
Les bois gorgés d'eau, étude et conservation.
Actes de la 2e conférence du groupe de travail « Bois gorgés d'eau » de l'Icom, août 1984.
Grenoble, CETBGE, 1985.

Collectif.
La conservation en archéologie.
Méthodes et pratique de la conservation.
Éd. Masson, 1990.

J.-D. Renaud,
Barque gallo-romaine de Bevaix : premiers résultats du moulage intégral d'un bateau long de 20 mètres.
Helvetica Archeologica, 20, n° 77 (p. 29-37), 1989.

Paléoclimatologie

M. Magny et P. Olive,
Origine climatique des variations du niveau du lac Léman au cours de l'Holocène. La crise de 1700 à 700 BC.
Archives suisses d'anthropologie générale, Genève, 45 (p. 159-169), 1981.

M. Magny,
Holocene Lake-Level Fluctuations in Jura and in Northern Sudalpine Ranges (France) : Regional Pattern and Climatic Implications.
Boreas 4, 1992.

M. Magny,
Une nouvelle mise en perspective des sites archéologiques lacustres : les fluctuations holocènes des lacs jurassiens et subalpins.
Gallia Préhistoire. Éd. du CNRS, parution 1993.

M. Magny,
Sédimentation et dynamique de comblement dans les lacs du Jura au cours des quinze derniers millénaires.
Revue d'Archéométrie, parution 1993.

B. Moulin,
La dynamique sédimentaire et lacustre durant le tardiglaciaire et le post-glaciaire.
Éd. du Gruau (Archéologie neuchâteloise, 9), Saint-Blaise, 1992.

4. BIOLOGIE SOUS-MARINE

Le règne animal
Le règne végétal
Le plancton

Faire découvrir la biologie marine, autrement dit, amener à comprendre la flore et la faune des océans, en quelques pages, n'est pas une mince affaire. Mais ce chapitre n'est pas destiné à former des scientifiques de haut niveau, capables de distinguer toutes les espèces animales et végétales vivant en mer; il n'en existe d'ailleurs pas !
Il a seulement pour objectif de fournir à tout plongeur des moyens aussi simples que possible pour savoir à quels groupes appartiennent les organismes rencontrés, quelle est leur organisation interne, dans quelles zones ils évoluent habituellement, de quoi ils se nourrissent et comment ils se reproduisent. Il vise, en même temps, à donner au moniteur la trame de son cours sur l'environnement, trop souvent négligé devant l'énormité de la masse de documentation à manipuler pour le préparer.
Enfin, son autre but est de développer le sens du respect de la nature et de la responsabilité de chacun pour la protection de celle-ci.
Il ne s'agit donc pas, ici, d'établir un catalogue d'espèces ni de les aborder toutes. Seuls sont expliqués les groupes dont certains membres sont couramment observés en plongée en France métropolitaine. La mention du nombre de couches cellulaires fondamentales dont sont faits les organismes animaux correspond au premier stade du développement. Au cours de la croissance, ces couches engendrent ou non des tissus spécialisés, par divisions cellulaires. Les animaux les moins complexes (Spongiaires, Cnidaires, etc.) ne possèdent que deux couches, les plus élaborés, comme les Poissons et les Mammifères, en ont trois.
On pourra s'étonner de voir figurer ici le plancton, mais plusieurs de ses constituants sont familiers des plongeurs. De plus, il est fréquemment cité comme ressource alimentaire.
Il n'est traité qu'à la fin, avec les végétaux marins, qui sont souvent considérés comme des éléments du décor sans intérêt biologique.
De nombreux schémas, simplifiés à l'extrême, illustrent soit des organismes entiers caractéristiques d'un groupe, soit un ou plusieurs de leurs détails, pour faciliter la compréhension de leur organisation ou de leur fonctionnement.
Des photographies en couleurs ou en noir et blanc accompagnent le texte.

Les exemples qu'elles représentent sont tous originaires des côtes de France métropolitaine. Lorsque aucune indication géographique n'est donnée à leur propos, cela signifie qu'on peut les rencontrer tout aussi bien en mer du Nord, en Manche, en Atlantique qu'en Méditerranée.
Autant que faire se peut, chaque fois que l'usage d'un mot scientifique compliqué a été jugé indispensable, il est expliqué de façon simple et répétitive pour éviter au lecteur une recherche fastidieuse ou l'utilisation d'un lexique. De même, les termes représentant les grandes subdivisions de la classification (par ordre hiérarchique décroissant : règne, embranchement, classe, ordre, famille, genre, espèce…) sont mentionnés lorsque nécessaire mais sans insistance excessive. Par contre, de nombreux conseils ou renseignements sont fournis pour permettre de trouver et observer, en plongée, les organismes décrits.
Les rubriques « Ne pas confondre », « Observer en plongée » et « Attention » sont destinées, entre autres, à faciliter l'organisation de plongées à thème.
Les remarques concernant le danger que représentent certains individus ne sont valables que pour la France métropolitaine.
Si la plongée sous-marine est une activité sportive incontestable, l'homme qui a la chance d'évoluer dans un milieu qui lui est inhabituel doit savoir prendre le temps de regarder, d'admirer et de comprendre.
Il a beaucoup à découvrir, même sur les fonds de sable ou d'herbiers qui lui semblent inintéressants.
Les pages qui suivent ont été rédigées pour l'aider dans cette voie.

EMBRANCHEMENT DES SPONGIAIRES

Les Spongiaires (masses poreuses : porifères, qui présentent des pores) ou Éponges sont des animaux immobiles, plus ou moins élastiques au toucher, toujours fixés à un support. Ils ont des formes très variées et peuvent se présenter en lames épaisses, en lobes allongés, en tubes, en éventail, en coupe, en arbuste, etc. Leur couleur est aussi très diversifiée et peut être très vive (rouge, rose, orangé, jaune vif, blanc-vert, bleu, brun…).
Le corps est toujours perforé de deux types d'orifices circulaires. Les plus grands (diamètre : 0,1 à 1 cm), les oscules (orifices exhalants), sont visibles pour les plongeurs. Ils sont peu nombreux. Les autres, plus petits (diamètre : 0,005 cm), les ostioles (orifices ou canaux inhalants), sont beaucoup plus nombreux mais moins faciles à observer.
Les Spongiaires sont des organismes très simples d'organisation. Ils sont constitués seulement de deux couches de cellules séparées par une matière mucilagineuse, la mésoglée (*méso*- : médian ; -*glée* : matière gélatineuse), dans laquelle peuvent circuler des cellules. Chez les éponges simples, les deux enveloppes forment une sorte de sac avec une cavité centrale et un gros orifice, l'oscule (fig. 4.1). Chez les éponges complexes, il existe plusieurs unités fondamentales, chacune identique à une éponge simple, disposées autour de la cavité centrale et en communication avec elle (fig. 4.2).
Il n'y a, chez les Spongiaires, ni organes ni tissus. La couche cellulaire interne est constituée de cellules qui sont, chacune, munies d'un flagelle, petit cil capable d'onduler (fig. 4.3). Ce sont les choanocytes (-*cytes* : cellules ; *choano*- : à collerette). Le battement des flagelles entraîne une forte circulation de l'eau. Celle-ci pénètre le corps de l'éponge par les petits orifices, les ostioles, parvient jusqu'à la cavité centrale et est ensuite rejetée par l'orifice exhalant ou oscule. La vitesse de circulation de l'eau est de l'ordre de 15 cm/s. Une éponge filtre l'équivalent de son propre volume en eau en quelques

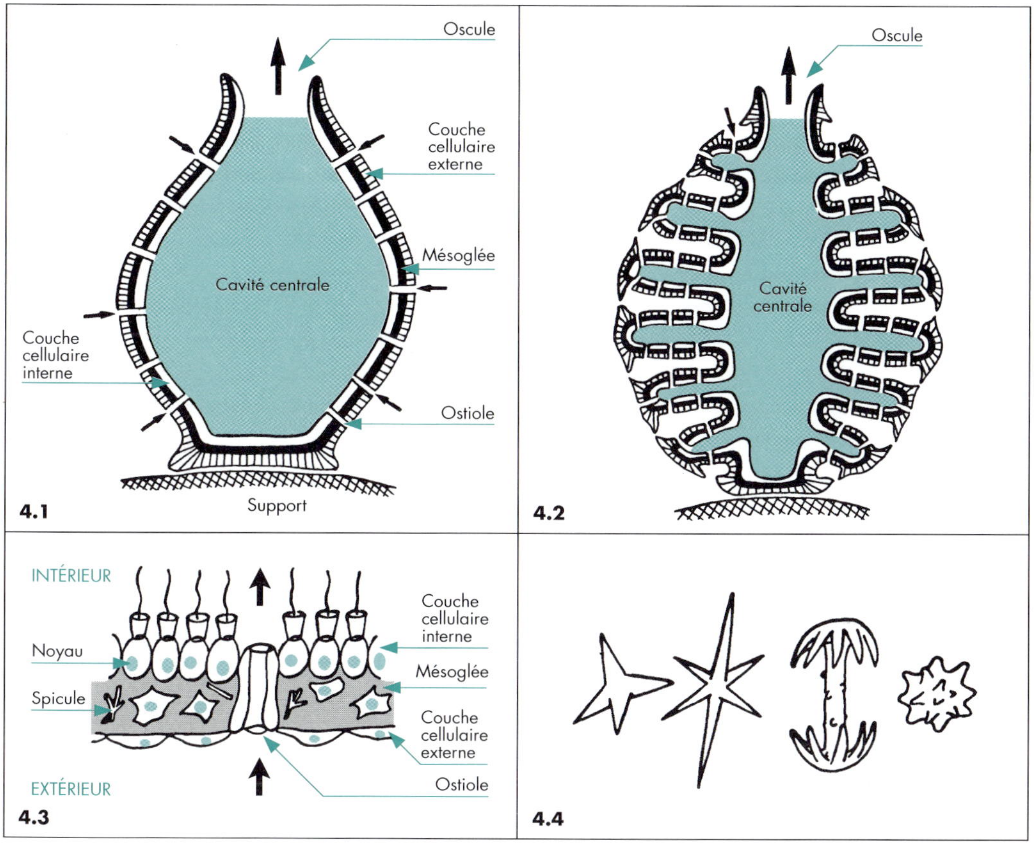

4.1. *Organisation d'une Éponge simple vue en coupe longitudinale. Les flèches montrent le sens de circulation de l'eau.*

4.2. *Organisation d'une Éponge complexe vue en coupe longitudinale. Les flèches montrent le sens de circulation de l'eau.*

4.3. *Fragment des enveloppes d'une Éponge.*

4.4. *Différents exemples de formes de spicules.*

secondes. Elle prélève l'oxygène dissous et les éléments nutritifs contenus dans son milieu de vie, l'eau de mer. Elle y rejette ses déchets.

Dans la mésoglée, sont élaborés, selon les éponges, des piquants (spicules) calcaires (classe : Calcisponges), siliceux à six pointes (classe : Hexactinellides), siliceux à quatre pointes, cornéo-siliceux ou cornés en spongine, une substance voisine de la soie (classe : Démosponges). Ces piquants de forme très diversifiée sont typiques des espèces. Ils servent de squelette à l'animal (fig. 4.4). Du fait de la présence de ces spicules, les éponges ont peu de prédateurs. Certains Gastéropodes (Nudibranches) et Poissons les consomment et sont attachés à une espèce particulière.

Les Spongiaires, en raison de leur organisation très simple, avec une certaine indépendance des cellules, peuvent se régénérer aisément. Ils se fragmentent ainsi pour se multiplier par voie asexuée. Ils peuvent aussi bourgeonner pour assurer leur multiplication.

Enfin, ces organismes sont fréquemment associés à d'autres animaux qui trouvent refuge dans leur cavité centrale. Ce sont des Vers, des Crabes, voire des Bernard-l'ermite. Certains d'entre eux hébergent aussi des micro-algues dans leur mésoglée, ce qui leur confère des couleurs ou des propriétés irisantes étonnantes (Zooxanthelles brun-jaune ou Syncyanelles bleu-vert).

Les Spongiaires sont sensibles aux épidémies, aux pollutions et au froid. Leur durée de vie varie de un à trois ans.

LES SPONGIAIRES

DIMENSIONS

Sur les côtes de France métropolitaine, les Spongiaires atteignent rarement plus de 40 à 50 cm.

RÉGIME ALIMENTAIRE

Compte tenu de la dimension des ostioles, les éponges ne peuvent ingérer que de fines particules de 0,2 à 50 microns (millième partie du millimètre). Elles se nourrissent de protophytes (unicellulaires végétaux), de protozoaires (unicellulaires animaux), de bactéries et de substances dissoutes dans l'eau.

REPRODUCTION

Les sexes mâle et femelle sont généralement réunis sur le même individu (hermaphrodisme). Les gamètes (cellules reproductrices sexuées) sont mûrs toutefois à des périodes différentes. Les ovules (gamètes femelles) sont libérés dans la cavité centrale où ils sont fécondés par les spermatozoïdes (gamètes mâles) d'un autre individu qui pénètrent par les ostioles. L'œuf résultant de la fécondation engendre une larve nageuse ciliée qui s'échappe par l'oscule et finit par se fixer à un support pour redonner une éponge.

ÉCOLOGIE

Les Spongiaires se développent sur des supports très variés, rochers, animaux, algues ou autres plantes marines, épaves, etc., depuis la surface jusqu'à des profondeurs excessives pour les plongeurs. Dans les eaux fortement agitées, elles adoptent des formes arrondies ou aplaties, alors que dans les eaux calmes elles ont des aspects arbusculeux rappelant ceux de végétaux avec lesquels on les confond souvent. La *Spongia officinalis* ou éponge de toilette est récoltée en Grèce et en Tunisie.

EXEMPLES ILLUSTRÉS

■ *Clathrina primordialis* (pl. I.1). Éponge blanc vif à jaunâtre, ovoïde à sphérique, supportée par un petit pied fixateur, elle est constituée d'un réseau de tubes. Son organisation est de type complexe. On la rencontre sur les tombants et surplombs à partir de – 10 m. Longueur du pied : 1 à 3 cm ; diamètre du corps : jusqu'à 4 à 5 cm. Méditerranée.

Classe : Calcisponges.

■ *Axinella verrucosa* (pl. I.2). Organisme arbusculeux typique, d'une couleur orange vif caractéristique, pouvant atteindre jusqu'à 60 cm de hauteur. Assez souple, cette éponge vit fixée généralement sur les rochers horizontaux, parfois sur des tombants depuis – 10 m jusqu'à – 100 m. Son organisation est de type complexe.

Classe : Démosponges.

■ *Cliona viridis* (pl. I.3). Éponge de couleur brun grisâtre, massive, sans forme définie, adhérant fortement à son support. Ferme au toucher, elle montre de gros oscules dressés en tubes au rebord plus clair. D'autres parties apparaissent aplaties avec de nombreux ostioles. Certaines zones de la surface de cette éponge sont colonisées par des algues. Organisation de type complexe. Certaines associations de cet individu peuvent atteindre 30 cm de longueur. Cette éponge perfore les roches calcaires ou les coquilles d'animaux marins (elle est connue des ostréiculteurs sous le nom de « maladie du pain d'épice »). Au stade adulte, elle recouvre la roche ou la coquille qu'elle a dégradée par un mécanisme chimique. Méditerranée.

Classe : Démosponges.

■ *Crambe crambe* (pl. I.4). Éponge étoilée. Organisme formant des lames épaisses adhérant fermement à leur support, de couleur orange vif jusqu'à rouge sombre, lisse ou velouté au toucher. Éponge caractéristique par la disposition rayonnante, autour des oscules (ressemblant à de petits volcans), des canaux exhalants souvent renflés comme des veines de la main. Organisation de type complexe. Le développement des groupements d'individus peut atteindre jusqu'à 1 m^2. Se rencontre entre – 5 et – 30 m, fixée sur des tombants ou des surplombs rocheux, essentiellement en Méditerranée.

Classe : Démosponges.

■ *Verongia aerophoba* (pl. I.5). Cette éponge est très caractéristique par sa couleur jaune vif et par la forme généralement tubulaire massive de ses associations d'individus. Les tubes, de 2 à 3 cm de diamètre et de 15 cm de longueur, sont tronqués à leur extrémité libre et s'ouvrent, chacun, par un oscule. Leur base présente parfois des prolongements latéraux arbusculeux. Organisation de type complexe. Les associations d'individus peuvent atteindre 30 cm de longueur. Cette éponge est élastique car ne renfermant pas de spicules mais seulement de la spongine. Elle héberge des algues microscopiques bleues qui provoquent le verdissement lorsque l'individu est amené à l'air libre (d'où son nom, *aerophoba* : qui n'aime pas l'air). Vit fixée sur des rochers depuis – 2 m jusqu'à – 30 m. Classe : Démosponges.

NE PAS CONFONDRE
avec les Ascidies coloniales.

OBSERVER EN PLONGÉE

- Rechercher ces animaux à tous les niveaux ; faciles à repérer par leurs vives couleurs.
- Rechercher leurs prédateurs, très camouflés (couleur ou forme analogue), grâce aux traces laissées sur l'éponge (voir à ce propos le paragraphe « Gastéropodes »).

EMBRANCHEMENT DES CNIDAIRES

Les Cnidaires ou animaux orties sont des organismes qui possèdent des cellules spéciales destinées à la capture de proies ou à la protection, les cnidoblastes. Ils sont aussi dénommés Cœlentérés, autrement dit organismes à coelome ou encore animaux creux.
On trouve ici, à la fois, les Gorgones, les Anémones, le Corail et les Méduses. Il s'agit d'animaux très diversifiés d'aspect. Ils sont cependant tous construits sur le même modèle de base à symétrie axiale : le polype, pour les organismes fixés (benthiques) et la méduse (fig. 4.5), pour ceux qui vivent libres.
Le corps du polype ou de la méduse est constitué de deux couches de cellules séparées l'une de l'autre par une masse mucilagineuse, la mésoglée. Au centre du corps se trouve la cavité stomacale qui s'ouvre, à l'extérieur, par un orifice qui fait fonction à la fois de bouche et d'anus. Cet orifice est bordé par une ou plusieurs couronnes de tentacules simples ou ramifiés (pinnulés) destinés à capturer les

4.5. *Les deux types de modèles de base d'organisation des Cnidaires.*

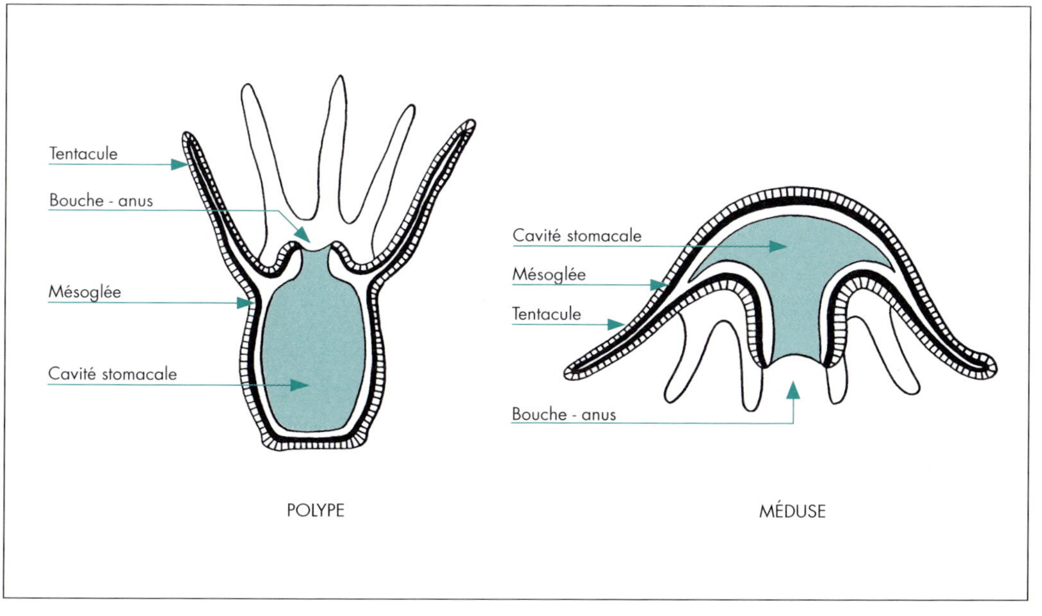

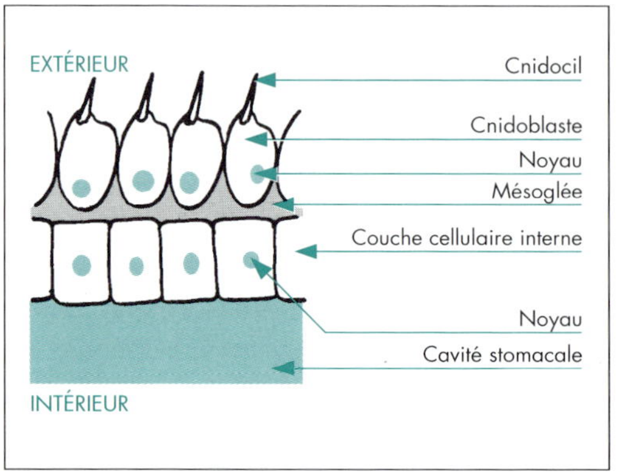

4.6. *Coupe transversale d'un fragment de Cnidaire.*

proies. C'est sur ces tentacules que se localisent les cnidoblastes (nématocystes) dont la dévagination de la capsule urticante (cnidocyste) libère un venin qui peut provoquer, chez les plongeurs et encore plus chez les baigneurs sans vêtement en néoprène, des irritations dermiques, voire des brûlures sévères (fig. 4.7). Les cnidoblastes sont situés dans la couche cellulaire externe (fig. 4.6).

Les Cnidaires peuvent se présenter sous forme de polypes isolés ou réunis en colonies par des prolongements de leur cavité stomacale, et aussi sous l'aspect de méduses. Les formes coloniales s'accroissent par bourgeonnement. Parfois, il y a spécialisation fonctionnelle des polypes dont certains assurent seulement la nutrition, la défense ou la reproduction.

Souvent, les polypes sont rétractiles. Au moindre contact ou sous l'effet de turbulences, ils peuvent ou non, selon les espèces, disparaître dans la thèque cornée ou calcifiée qui entoure la colonie ou qui en constitue l'armature. Certains Cnidaires, en effet, sont capables de précipiter les carbonates de calcium et, donc, de se calcifier au sein de leur mésoglée. Enfin, quelques-uns acceptent, dans leur organisme, la présence de microalgues (zooxanthelles). Ce type de cohabitation, association fructueuse pour les deux partenaires, est qualifiée de symbiose (-*biose* : vie ; *sym*- : ensemble). La présence de ces végétaux confère aux animaux des couleurs souvent exceptionnelles.

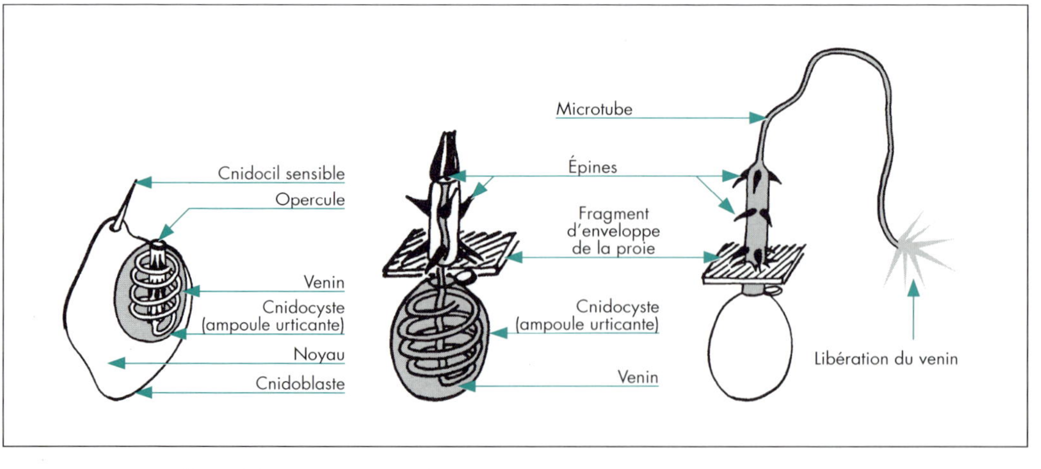

4.7. *Organisation d'un cnidoblaste et de son fonctionnement.*

LES CNIDAIRES

DIMENSIONS

Quelques millimètres jusqu'à plus de un mètre.

RÉGIME ALIMENTAIRE

Carnivores, les Cnidaires se nourrissent du zooplancton, d'invertébrés et même de petits poissons. Ils consomment aussi de la matière organique particulaire.

REPRODUCTION

Pour les organismes passant toute leur vie sous forme de méduse (classe des Scyphozoaires), les sexes sont généralement portés par des individus différents. Les cellules reproductrices mâles (gamètes mâles ou spermatozoïdes) et femelles (ovules) sont libérées dans l'eau où a lieu la fécondation. Celle-ci engendre un œuf qui se divise et donne naissance à une larve ciliée nageuse à l'origine d'une nouvelle méduse.
Les formes à polypes de la classe des Hydrozoaires donnent naissance à des méduses de petite taille (fig. 4.8) qui portent le sexe mâle ou femelle. Ces méduses se détachent habituellement de la colonie et libèrent les gamètes dans l'eau où a lieu aussi la fécondation. La larve nageuse qui naît de l'œuf redonne un polype.
Enfin, pour la troisième et dernière classe des Cnidaires, celle des Anthozoaires (*-zoaires* : animaux ; *antho-* : fleurs), les polypes portent directement les sexes réunis sur le même individu (hermaphrodisme) ou sur des individus séparés. La fécondation a lieu également dans l'eau et la larve qui en résulte se fixe pour former un nouveau polype. Quelques cas de viviparité (libération directe des petits tout formés, sans enveloppe protectrice) sont connus.

ÉCOLOGIE

Les Cnidaires vivent :
– soit fixés sur toutes sortes de fonds (benthiques), rochers, algues ou autres végétaux marins, animaux, épaves, en milieu calme ou agité, peu ou bien éclairé, depuis la surface jusqu'à des profondeurs inaccessibles aux plongeurs ;
– soit flottants (pélagiques ou planctoniques).
Certaines Anémones constituent des associations avec

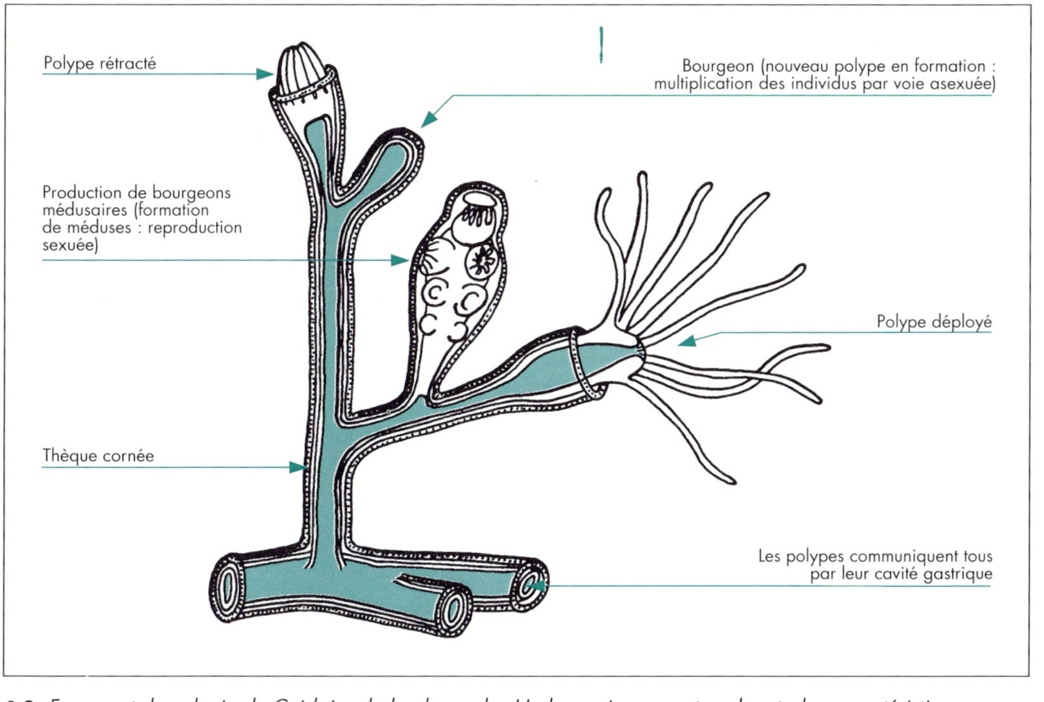

4.8. *Fragment de colonie de Cnidaire de la classe des Hydrozoaires avec tous les stades caractéristiques. Les deux couches cellulaires et la mésoglée ne sont pas représentées ici.*

des Bernard-l'ermite en se fixant sur la coquille qui sert d'abri à ces derniers.

EXEMPLES ILLUSTRÉS

■ *Aglaophenia pluma* (pl. II.1). Colonie plumeuse à tiges principales courbées. Les rameaux latéraux portent des polypes. Parfois, on peut observer des formations globuleuses qui sont les polypes producteurs de méduses sexuées. Longueur : 5 cm.
Classe : Hydrozoaires ; ordre : Hydraires.

■ *Physalia physalis* (pl. II.2). Organisme constitué d'un volumineux flotteur gélatineux (30 cm de longueur et 10 cm de largeur), teinté de bleu et de rouge, qui porte les individus coloniaux. Sous le flotteur sont insérés de nombreux polypes de plusieurs mètres de longueur servant à la défense (simulant des tentacules). D'autres polypes, plus petits, assurent la nutrition ou la reproduction. Attention, animal très dangereux par les brûlures qu'il peut infliger.
Classe : Hydrozoaires ; ordre : Siphonophores.

■ *Corynactis viridis* (pl. II.3) ou Anémone perle. Organisme vivant en peuplements très denses aux couleurs chatoyantes et quelque peu fluorescentes. Le polype, de petite taille (0,5 cm de diamètre ; 1 cm de longueur) est translucide. Les tentacules, granuleux, se terminent par un renflement en boule. Ils sont disposés en trois cercles concentriques. Couleurs très variables, mais regroupement des individus par taches colorées homogènes dues à l'active multiplication asexuée. Généralement, le corps du polype, le tentacule et son extrémité sont de couleur différente. Les *Corynactis* et tous les autres exemples suivants appartiennent à la classe des Anthozoaires qui regroupe les organismes dont la cavité stomacale des polypes est cloisonnée en compartiments (6 ou 8) de façon rayonnante et qui ont 6 (ou multiple) tentacules simples, creux, lisses ou 8 ramifiés (pinnulés). De – 5 à – 100 m sur tombants rocheux, en Manche et Atlantique essentiellement.
Classe : Anthozoaires ; sous-classe : Hexacoralliaires.

■ *Anemonia sulcata* (pl. II.4) ou Anémone commune. Organisme vivant isolé ou en peuplements plus ou moins denses. Le polype peut atteindre jusqu'à 10 cm de diamètre et jusqu'à 15 cm de hauteur. Les tentacules (environ 200), lisses, ont jusqu'à 20 cm de longueur. Ils ne sont pas totalement rétractiles. La couleur générale est vert à vert-jaune (présence d'algues symbiotiques : zooxanthelles) et l'extrémité des tentacules est violette à mauve. De – 1 à – 20 m, fixé sur les rochers, algues ou plantes marines à fleurs. Cette Anémone est consommée dans le midi sous le nom de « rastégué », frite à l'huile d'olive ou ajoutée à une omelette. Cuite, elle perd son caractère urticant très prononcé. Attention, lorsque l'on rince son masque ou lorsque l'on se frotte le visage après avoir touché des Anémones sur les rochers.
Classe : Anthozoaires ; sous-classe : Hexacoralliaires.

■ *Cerianthus membranaceus* (pl. II.5). Polype pouvant atteindre jusqu'à 40 cm de longueur, inclus dans un tube mucilagineux incrusté parfois de matériel sédimentaire (sable, etc.) et de couleur grisâtre à jaune pâle. Environ 200 tentacules en deux cercles concentriques. Ceux du centre sont généralement courts et souvent de couleur différente de ceux de la périphérie dont la longueur atteint jusqu'à 20 cm. Tous sont très effilés et s'alignent dans le courant. Organisme rétractile de couleurs souvent remarquables et très diversifiées. Considéré comme urticant. Vit sur des fonds sédimentaires sablo-vaseux, depuis – 1 à – 40 m, surtout en Méditerranée.
Classe : Anthozoaires ; sous-classe : Hexacoralliaires.

■ *Leptopsammia pruvoti* (pl. II.6). Polype solitaire de 1 à 2 cm de hauteur et 2 à 3 cm de diamètre, de couleur jaune citron vif. Tentacules nombreux disposés en plusieurs cercles concentriques, translucides et rétractiles. Squelette calcaire à côtes marquées. À partir de – 5 m jusqu'à – 40 m, sur tombants rocheux, surplombs ou sur parois de grottes.
Classe : Anthozoaires ; sous-classe : Hexacoralliaires.

■ *Parazoanthus axinellae* (pl. III.1). Organisme colonial dont les polypes de 1 cm de longueur, jaune vif à orangé, sont reliés par des connexions rampantes (stolons) de leurs cavités stomacales. Entre 24 et 36 tentacules en une seule couronne, de 1 cm de longueur, en partie rétractiles. À partir de – 1 m jusqu'à – 60 m, sur des tombants rocheux, surplombs, parois de grottes, envahissant des Éponges ou des Ascidies.
Classe : Anthozoaires ; sous-classe : Hexacoralliaires.

■ *Alcyonium palmatum* (pl. III.2) ou main de Dieu. Organisme colonial dressé, arbusculeux, atteignant 50 cm de hauteur, blanc, rose, orangé, brun ou rouge. Les polypes, nombreux, à huit tentacules pinnulés disposés sur un seul cercle, sont rétractiles. Longueur des polypes : 1 cm. Ils sont blancs ou verdâtres. Vit de – 5 à – 30 m fixé sur tombants, sur-

plombs ou sur roches horizontales. La calcification de la colonie est ici incomplète, elle se fait au sein de la mésoglée.
Classe : Anthozoaires ; sous-classe : Octocoralliaires.

■ *Corallium rubrum* (pl. III.6) ou corail rouge. Animal colonial dressé, arbusculeux, ramifié dans tous les plans, d'un rouge éclatant (avec la lumière d'une torche sous-marine), parfois rose, très rarement blanc. L'axe principal est dur, bien calcifié, alors que les extrémités sont fragiles. Peut atteindre 50 cm de hauteur. Nombreux polypes d'un blanc vif, à huit tentacules pinnulés, rétractiles (longueur : 2 cm ; diamètre : 2 cm), disposés en une seule couronne. Vit de – 15 à – 200 m, sur tombants rocheux, parois de grottes et dans des failles, toujours en milieu peu éclairé. C'est le corail des bijoutiers. Méditerranée exclusivement.
Classe : Anthozoaires ; sous-classe : Octocoralliaires.

■ *Eunicella stricta* (pl. III.3). Organisme colonial dressé, arbusculeux, ramifié dans un seul plan, d'un blanc sale. L'ensemble est calcifié mais conserve une certaine souplesse. Atteint 75 cm de hauteur. Nombreux polypes translucides, de 0,5 cm de longueur et de diamètre, à huit tentacules, parfois colorés en brun verdâtre (présence d'algues symbiotiques), rétractiles. Vit fixé solidement sur rochers de – 5 à – 25 m, en eau calme ou agitée par de forts courants. Peuplements très denses parfois. Méditerranée exclusivement.
Classe : Anthozoaires ; sous-classe : Octocoralliaires.

■ *Paramuricea clavata* (pl. III.4). C'est la gorgone bleue des plongeurs. Organisme colonial arbusculeux, dressé, ramifié dans un seul plan, d'un rouge pourpre superbe (avec la lumière d'une torche sous-marine) apparaissant bleu nuit sans éclairage. Peut atteindre un mètre de hauteur. Calcifié légèrement et, de ce fait, souplesse assez importante. Nombreux polypes roses à huit tentacules pinnulés, disposés en une seule couronne, rétractiles. Vit fixé solidement sur tombants rocheux de – 20 m à – 50 m, en eau souvent agitée par forts courants. Méditerranée exclusivement.
Classe : Anthozoaires ; sous-classe : Octocoralliaires.

■ *Veretillum cynomorium* (pl. III.5). Organisme colonial cylindrique pouvant atteindre 30 cm de hauteur, de couleur jaune pâle, orange ou blanc. Le corps de la colonie, non calcifié, peut se contracter et réduire ainsi sa dimension. Les polypes, translucides, sont longs de 2 à 3 cm (diamètre : 2 à 3 cm), non rétractiles. Ils occupent sans ordre la partie supérieure de la colonie. Ils possèdent huit tentacules pinnulés organisés en une seule couronne. Vit enfoncé par sa base dans le sable ou la vase, en dessous de – 15 m.
Classe : Anthozoaires ; sous-classe : Octocoralliaires.

NE PAS CONFONDRE

• Les Méduses avec les Cténaires qui sont aussi gélatineux, translucides, mobiles mais non urticants.

• Le corail rouge *(Corallium rubrum)* avec le faux corail, animal calcifié aussi, arbusculeux *(Myriapora truncata)* qui appartient à l'embranchement des Bryozaires et qui se distingue par sa couleur orangée et ses extrémités tronquées.

OBSERVER EN PLONGÉE

• Les Hydraires, petites plumes délicates.
• Les mouvements des Méduses.
• La rétraction des polypes chez les Anthozoaires.
• La luminescence, en plongée de nuit, de certaines Méduses (Pélagie, etc.).

ATTENTION

• Aux brûlures : laver à l'eau de mer, verser de l'alcool ou du vinaigre, saupoudrer du sable ou de la farine, gratter avec un objet plat et couvrir avec une pommade analgésique. En cas de choc, diriger vers l'hôpital d'urgence pour traitement par antihistaminiques.

• Ne prélever en aucun cas le corail rouge ni même les Gorgones.

• Ne pas donner de coups de palmes inconsidérés dans les zones à corail rouge et à Gorgones.

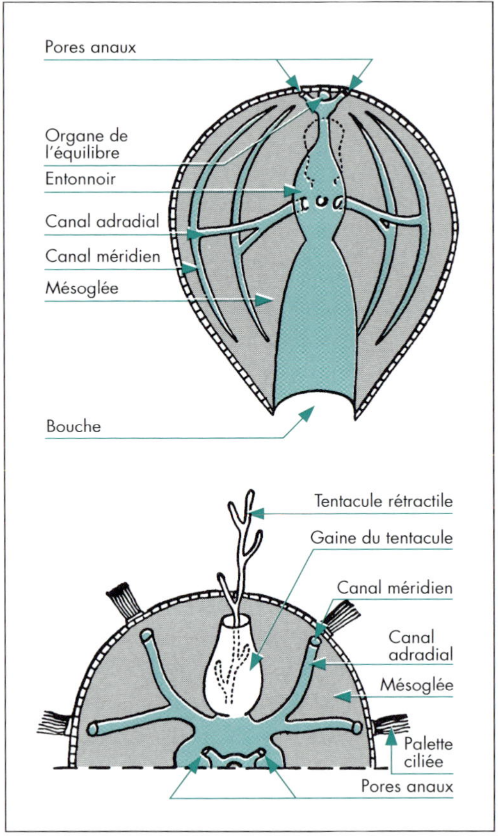

4.9. *En haut, une moitié d'un Cténaire (genre :* Hormiphora*) coupée selon l'axe joignant la bouche à l'anus (pores anaux) et par le plan de symétrie ; en bas, la même moitié vue par-dessus.*

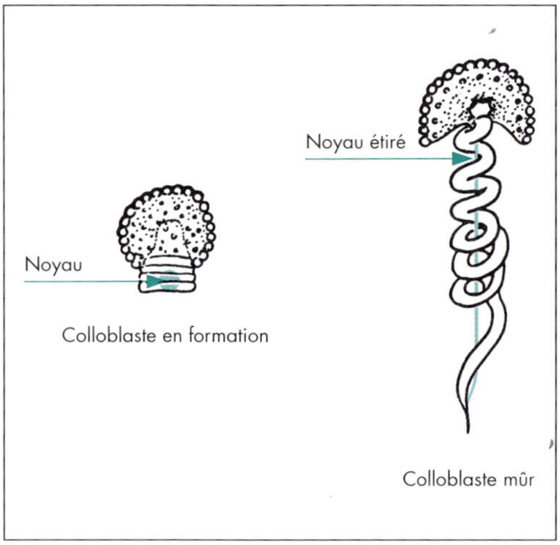

4.10. *Colloblaste en formation et colloblaste arrivé à maturité.*

EMBRANCHEMENT DES CTÉNAIRES

Appelés aussi Cténophores (qui portent des peignes), ces animaux généralement planctoniques (c'est-à-dire flottants) sont translucides et très délicats. Leur corps est constitué seulement par deux couches de cellules séparées l'une de l'autre par une masse mucilagineuse (gélatineuse) très irisée ou lumineuse. Compte tenu de leur transparence, ils passent très souvent inaperçus des plongeurs.

Ce sont des organismes à symétrie axiale à laquelle se superpose une symétrie bilatérale. Ils possèdent un (souvent plusieurs) appareil digestif s'ouvrant, au pôle inférieur, par une bouche unique et, au pôle supérieur, par plusieurs pores anaux (de l'anus). Au voisinage de ces derniers, se situe l'organe assurant l'équilibre dans le milieu (fig. 4.9).

La locomotion est assurée par les peignes ou palettes ciliées disposées à la périphérie du corps en rangées (jusqu'à huit) parallèles à l'axe longitudinal. Les mouvements des cils provoquent des irisations très caractéristiques. Certaines espèces sont également douées d'ondulations.

La plupart des Cténaires possèdent deux tentacules principaux insérés de part et d'autre du corps, ramifiés ou non, et rétractiles dans des poches ou gaines. Grâce à leurs cellules collantes (colloblastes), ils capturent les proies et les apportent jusqu'à la bouche (fig. 4.10).

LES CTÉNAIRES

DIMENSIONS

Quelques millimètres jusqu'à plus de un mètre.

RÉGIME ALIMENTAIRE

Carnivores, les Cténaires se nourrissent de zooplancton et de petits poissons. On les prétend même cannibales.

REPRODUCTION

Hermaphrodites (les deux sexes sont réunis sur le même individu), les Cténaires libèrent leurs produits génitaux, ovules (gamètes ou cellules reproductrices femelles) et spermatozoïdes (gamètes mâles), dans l'eau où se produit la fécondation.

ÉCOLOGIE

La plupart des Cténaires vivent dans les cinq à dix premiers mètres sous la surface. On les rencontre en nombre souvent très important. Quelques espèces sont rampantes.

EXEMPLES ILLUSTRÉS

■ *Pleurobrachia pileus* (pl. IV.1). Organisme ovoïde à sphérique (diamètre : 3 cm au plus) avec deux tentacules de 10 à 20 cm de longueur, plumeux.
Classe : Tentaculata ; ordre : Cydippides.

■ *Cestus veneris* (pl. IV.2) ou ceinture de Vénus. Corps aplati et allongé en ruban (longueur : jusqu'à 1,50 m). En plus de l'action des palettes ciliées, peut se mouvoir par ondulation.
Classe : Tentaculata ; ordre : Cestides.

■ *Beroe cucumis* (pl. IV.3). Corps allongé (15 cm de longueur), de section ellipsoïdale, dépourvu de tentacules. La capture des proies est faite ici grâce à l'ouverture très large de la bouche. Animal nageant activement.
Classe : Atentaculata ; ordre : Béroïdes.

NE PAS CONFONDRE

avec les Méduses
qui sont aussi gélatineuses, translucides et, surtout, urticantes (ce que ne sont pas les Cténaires).

OBSERVER EN PLONGÉE

- Rechercher ces animaux dans les premiers mètres des plongées dans le bleu.
- Observer : les irisations, surtout à contre-jour, dues aux mouvements des palettes ciliées ; les ondulations des ceintures de Vénus.
- Plonger la nuit pour observer la luminescence des *Beroe* (lumière verte) et ceintures de Vénus.

EMBRANCHEMENT DES ÉCHIURIENS

Les Échiuriens (*-ur* : à queue ; *échi-* : épineuse) sont des animaux exclusivement marins mal connus des plongeurs. Ce sont des vers dont le corps, constitué de trois couches cellulaires, n'est pas segmenté (c'est-à-dire qu'il est fait d'un seul tenant) et est construit sur le mode de la symétrie bilatérale. Il y a donc, dans la partie antérieure, une tête et, dans la partie postérieure, un anus. Il y a aussi une face ventrale et une face dorsale. La tête renferme la partie principale du système nerveux et des organes des sens.

Le corps, plus ou moins cylindrique, lisse ou couvert de verrues, ressemble à un boudin. Il est mou. À l'avant, il est prolongé par une trompe généralement longue, large et plus ou moins aplatie. La face ventrale de celle-ci est repliée sur elle-même, formant une gouttière dont la couche superficielle est faite de cellules ciliées. Son rôle est de conduire les particules alimentaires jusqu'à la bouche. La trompe est rétractile mais ne peut jamais rentrer dans le corps (fig. 4.11). Chez la plupart des genres, l'anus est bordé par un ou plusieurs cercles de soies épineuses.

La bouche est reliée à l'anus par l'intestin, long et contourné. Dans la région postérieure et en position ventrale, se trouve la glande sexuelle (ou gonade) unique et axiale. Dans la région antérieure, non loin de la bouche, en position ventrale et de part et d'autre de l'intestin, on trouve deux néphridies (sortes de reins) qui déversent leur contenu directement à l'extérieur par des pores néphridiens ventraux.

4.11. *Organisation simplifiée de* Bonellia viridis.

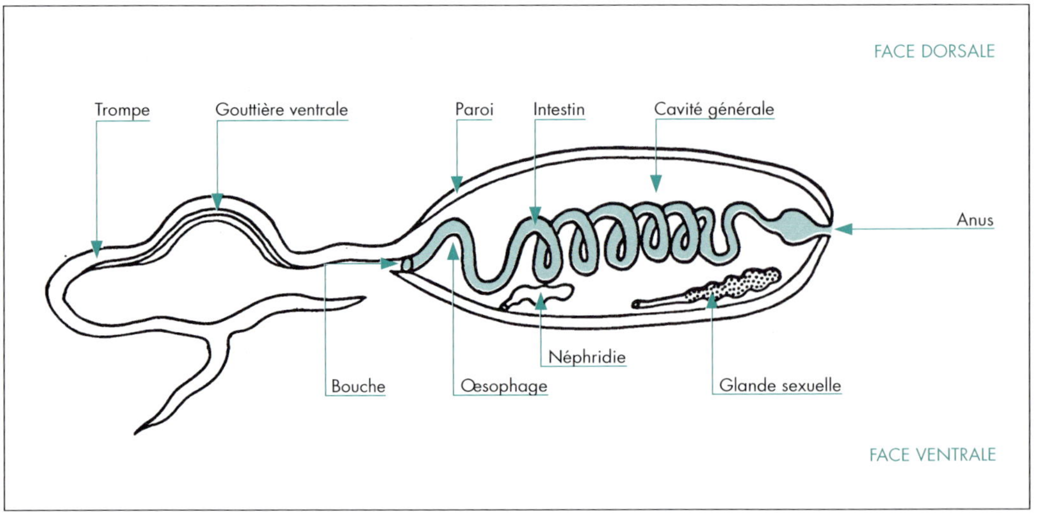

LES ÉCHIURIENS

DIMENSIONS

De quelques centimètres jusqu'à environ 1,50 m.

RÉGIME ALIMENTAIRE

Les Échiuriens se nourrissent de particules organiques et de micro-organismes animaux ou végétaux vivant dans le sédiment (fond marin). L'extrémité de la trompe, terminée en harpon, en cuillère ou en fourche, glisse sur la vase, le sable, les algues et collecte les aliments. Certains individus piègent aussi les micro-organismes dans la matière visqueuse (mucus, mucilage) dont ils enduisent les tunnels où est logé leur corps.

REPRODUCTION

Les Échiuriens sont caractérisés par la séparation des sexes. Il y a donc des animaux mâles et d'autres femelles, la plupart du temps impossibles à distinguer sur le vivant. Les produits sexuels (spermatozoïdes et ovules) sont d'abord libérés, habituellement, dans la cavité générale, puis dans le milieu extérieur où se produit la fécondation. L'œuf qui en résulte donne au bout de quelques jours une larve ciliée qui, après une phase de vie planctonique, engendre un nouvel individu. On ne connaît pas, chez ces animaux, de mécanisme de multiplication végétative (asexuée) ou de régénération.

ÉCOLOGIE

Il est difficile d'apercevoir des Échiuriens en plongée de jour. En effet, le corps des individus est toujours caché, immobile, dans des failles ou des anfractuosités de rochers, dans le coralligène (formation algale), et toujours en éclairement réduit. Seules les trompes peuvent être aperçues si le plongeur se fait discret, sinon elles sont rétractées et disparaissent à la vue.
Les Échiuriens ont peu de prédateurs compte tenu de l'habitat qu'ils occupent. Certains poissons consomment les trompes.

EXEMPLE ILLUSTRÉ

■ *Bonellia viridis* (pl. IV.4 et IV.5). C'est le seul animal appartenant à cet embranchement qui soit connu des plongeurs. Seule la trompe est repérable. Il s'agit d'un long filament sombre, mince, terminé par une fourche à deux bras élargis, qui se révèle d'un vert sombre dans le faisceau de la torche (d'où le nom d'espèce : *viridis* signifie vert ; la couleur est due aux substances colorées contenues dans les micro-algues ingurgitées par l'animal). Cette trompe appartient à la femelle dont le corps ovoïde, de 5 à 15 cm de longueur, est toujours caché et impossible à extraire de son repaire sans marteau ni burin. Certains exemplaires ont des trompes dépassant 1,5 m de longueur. Le mâle est nain (1 à 3 mm de longueur) et ne peut être observé qu'à l'aide d'une loupe. Il vit en parasite sur la femelle, soit sur la trompe, soit dans l'œsophage, soit encore dans l'organe excréteur ou néphridie. La fécondation est interne, ici (seul cas chez les Échiuriens), et les œufs qu'elle engendre sont rejetés dans le milieu extérieur. Les larves qui en naissent deviennent des femelles au bout d'une dizaine de jours. Toutefois, si pendant leurs déplacements, elles rencontrent une femelle adulte et qu'elles adhèrent à la trompe de celle-ci, elles évoluent en mâle au bout d'une centaine d'heures. Les hormones élaborées par la femelle et présentes au pourtour de la trompe bloquent la multiplication cellulaire de la larve et induisent sa transformation en mâle. Vit sur des parois rocheuses ou au pied de tombants, en faible éclairement, toujours à proximité de fonds vaseux et jusqu'à – 100 m.

NE PAS CONFONDRE

Aucune confusion possible avec d'autres organismes.

OBSERVER EN PLONGÉE

- Découvrir les trompes de *Bonellia viridis*.
- Noter leur dimension.
- Les toucher pour voir leur rétraction.

ATTENTION

Bonellia viridis ne présente aucun danger pour le plongeur.

- Ne pas tirer sur la trompe qui est très fragile.
- Ne pas essayer d'extraire le corps de l'animal. Le risque de le détruire est grand. Il devient aussi très vulnérable vis-à-vis de ses prédateurs.

EMBRANCHEMENT DES PLATHELMINTHES

Les Plathelminthes ou vers (Helminthes) plats sont des animaux dont le corps mou, fait d'un seul tenant, est organisé sur le mode de la symétrie bilatérale, c'est-à-dire qu'il présente un avant et un arrière, un dos, un ventre, un côté droit et un côté gauche. L'organisme est aplati de l'avant à l'arrière, ressemblant ainsi à un ruban. Il est totalement recouvert de cils très nombreux dont les battements permettent les déplacements. L'animal semble ainsi glisser sans se déformer, dans l'eau ou à sa surface. Les grandes espèces sont capables également de nager en faisant onduler leur corps. Les Plathelminthes sont soit parasites (vivant aux dépens d'autres animaux), soit libres dans le sol ou dans les eaux douces ou marines. Les formes libres appartiennent toutes à la classe des Turbellariés (de *Turbella* qui signifie petit tourbillon ; ces animaux montrent de nombreux petits tourbillons à leur pourtour, dus à l'activité des cils dorsaux). Les renseignements qui suivent concernent essentiellement les représentants de cette classe.

Le corps, constitué de trois couches fondamentales de cellules, présente, vers l'avant, une tête souvent bien reconnaissable avec les organes sensoriels tels qu'une (ou deux) paire d'yeux (taches oculaires ou ocelles, noires ou rouges) et, parfois, des tentacules tactiles et des cellules sensibles aux substances chimiques. La bouche est toujours localisée sur la face ventrale mais elle occupe des positions très variables et est rarement associée à la tête. Elle fait aussi office d'anus. Elle se prolonge à l'intérieur par un pharynx qui peut se dérouler à l'extérieur en

4.12. *Organisation simplifiée d'un Plathelminthe.*
Sur le dessin du bas, la partie arrière droite de l'appareil digestif a été supprimée ainsi que la partie droite de l'appareil sexuel mâle et la partie gauche de l'appareil sexuel femelle.

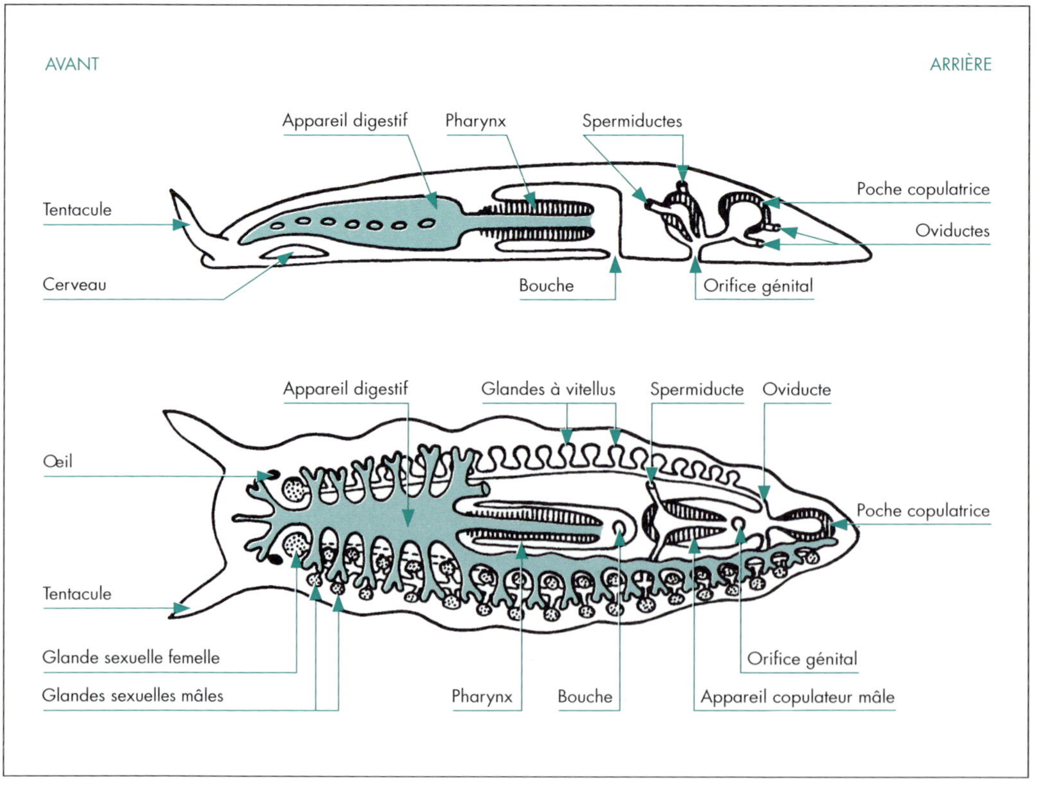

trompe (fig. 4.12). L'intestin qui fait suite au pharynx est très ramifié (surtout chez les grandes espèces) pour assurer une bonne répartition des substances nutritives, l'animal ne possédant pas d'appareil circulatoire et la cavité générale étant occupée en totalité par des tissus. Les éléments non digérés sont régurgités par la bouche.

Il n'y a pas de reins mais leur fonction est assurée par de nombreux petits organes situés au voisinage de la peau.

Le système nerveux est assez bien développé avec, dans la tête, un cerveau primitif se prolongeant, dans le corps, par deux cordons.

Les Plathelminthes ne possèdent pas d'appareil respiratoire, la respiration s'effectuant directement au travers de la peau. L'action des cils dorsaux consiste à renouveler l'eau au pourtour de l'animal.

Enfin, si la plupart des Turbellariés sont lisses, certains peuvent être munis, sur leur face dorsale, de papilles, sortes de renflements de formes variées, en nombre assez important. La couleur du corps est généralement sombre, mais on connaît un certain nombre d'espèces aux teintes très voyantes et vives. Quelques-unes sont colorées en vert car elles hébergent dans leurs tissus des micro-algues. D'autres sont translucides au point que l'on peut voir l'intestin au travers de l'animal.

LES PLATHELMINTHES

DIMENSIONS

Les espèces marines métropolitaines ont une longueur qui varie de quelques millimètres à plusieurs centimètres.

RÉGIME ALIMENTAIRE

Les Turbellariés se nourrissent de micro-algues ou de micro-animaux qu'ils capturent avec leur trompe (pharynx déroulé) à l'aide d'une substance adhésive fabriquée par cette dernière. Une fois emprisonnées et immobilisées, les proies sont sucées et entraînées jusqu'à l'intestin. Certains peuvent consommer des Cnidaires (ils stockent alors les cellules urticantes de ceux-ci dans leur épiderme), des Ascidies et même des huîtres.

REPRODUCTION

La plupart des Turbellariés sont hermaphrodites, autrement dit, les sexes mâle et femelle sont portés par le même individu. L'appareil mâle est fait de deux testicules (glandes sexuelles mâles) en chapelet disposés parallèlement de chaque côté du corps. Les canaux des testicules (spermiductes ; *ducte* : qui conduit, *spermi-* : le sperme) aboutissent à l'appareil copulateur mâle ou pénis. L'appareil sexuel femelle est constitué de deux ovaires (glandes sexuelles femelles) situés près des yeux. Ils sont reliés à la poche copulatrice par deux canaux (oviductes ; *ovi-* : les œufs ou plus exactement les ovules ou cellules sexuelles femelles) situés parallèlement l'un à l'autre et sur chaque côté de l'animal. Les oviductes portent généralement de nombreuses glandes à vitellus (une substance de réserve équivalant au jaune de l'œuf de poule). La fécondation cependant est croisée, c'est-à-dire qu'elle ne peut se réaliser qu'entre deux individus différents, le pénis de celui qui joue le rôle de mâle pénétrant par l'orifice génital de l'autre pour déposer les cellules sexuelles mâles (spermatozoïdes) dans la poche copulatrice.

Les œufs qui naissent de la fécondation sont pondus par paquets, sous forme de cocons. Ils donnent soit directement un nouvel individu, soit une larve qui, après une vie planctonique de durée variable, se métamorphose en un nouvel individu.

Les Turbellariés peuvent aussi se multiplier par voie asexuée, c'est-à-dire sans intervention de cellules sexuelles. Leur corps se fragmente et chaque partie reconstitue un animal complet. Ils utilisent cette possibilité de régénération pour réparer leur organisme lorsqu'il est blessé.

ÉCOLOGIE

Les Turbellariés vivent, pour la plupart, près du fond (benthiques) ou dans des eaux peu profondes. On les trouve ainsi sur les rochers, les animaux fixés ou les macro-algues, dans les moulières ou dans les parcs à huîtres (le genre *Stylochus* ou sangsue des huîtres est un ravageur des parcs). Quelques-uns, cependant, nagent et mènent une vie planctonique.

EXEMPLE ILLUSTRÉ

■ *Prostheceraeus roseus* (pl. IV.6). Turbellarié appartenant à l'ordre des Polyclades – à intestin à nombreuses (*poly-*), ramifications (*-clades*) –, à corps plat, en forme de feuille, à rebords plus ou moins ondulés et de couleur très vive (pourpre-mauve à bordure et stries longitudinales d'un blanc vif). La tête est marquée par la présence d'une paire de tentacules très courts. La queue est arrondie. Se rencontre depuis les premiers mètres jusqu'à – 30 m, voire plus, sur rochers, éponges encroûtantes, algues... Longueur : jusqu'à 2 cm ; largeur : 2 cm.

NE PAS CONFONDRE

Les Plathelminthes peuvent souvent être confondus avec certains Nudibranches (Mollusques, Gastéropodes), mais ils s'en distinguent par l'absence totale, chez eux, de branchies.

OBSERVER EN PLONGÉE

- Chercher les formes très colorées.
- Observer la nage en plaçant les individus en pleine eau.
- Observer la souplesse du corps.

ATTENTION

Les Turbellariés ne présentent aucun danger pour l'homme.

- Les manipuler avec précaution pour ne pas les blesser. Leur corps est très fragile.

EMBRANCHEMENT DES ANNÉLIDES

Les Annélides ou animaux au corps fait d'anneaux sont des vers dont l'organisme est constitué de trois couches cellulaires fondamentales. Certains portent des soies – *Chaeta* – nombreuses (ce sont les Polychètes) ou peu nombreuses (Oligochètes). D'autres en sont totalement dépourvus (Achètes). Le ver de terre appartient à la deuxième catégorie (ou classe) alors que la sangsue fait partie de la troisième. Achètes et Oligochètes fréquentent surtout les milieux terrestres et les eaux douces. Les Polychètes, au contraire, sont pratiquement tous marins et, de ce fait, sont les seuls pris en compte ici .

Classe des Polychètes

Le corps de l'individu est généralement allongé, plus ou moins cylindrique, et montre une symétrie bilatérale avec une tête et une queue. Il est constitué par une série d'anneaux en nombre variable, séparés les uns des autres par des cloisons internes (fig. 4.13 et 4.15).

La tête, à l'avant de l'animal, porte les organes sensoriels (antennes, cirres tentaculaires, palpes, yeux et zone olfactive) et la bouche. Elle contient un cerveau simple qui se prolonge, dans le tronc, par une chaîne de ganglions nerveux. Chez les Polychètes errants et chez les sédentaires fouisseurs, le pharynx qui fait suite à la bouche peut se dérouler à l'extérieur pour se transformer en trompe (fig. 4.14) munie de petites dents épineuses et armée, la plupart du temps, d'une puissante mâchoire chitineuse très dure. Le rôle de la trompe est d'assurer la capture des proies ou de permettre le creusement de galeries dans les sédiments du fond. Les cirres tentaculaires, particulièrement fins et longs chez certaines espèces fixées, sont étalés pour collecter les particules nutritives.

La longueur du tronc varie avec le nombre d'anneaux qui le constituent. En règle générale, les organisations interne et externe sont semblables d'un anneau à l'autre. Ainsi, chacun

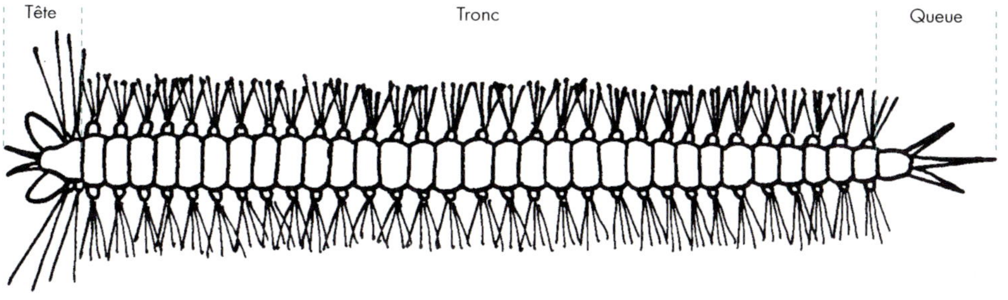

4.13

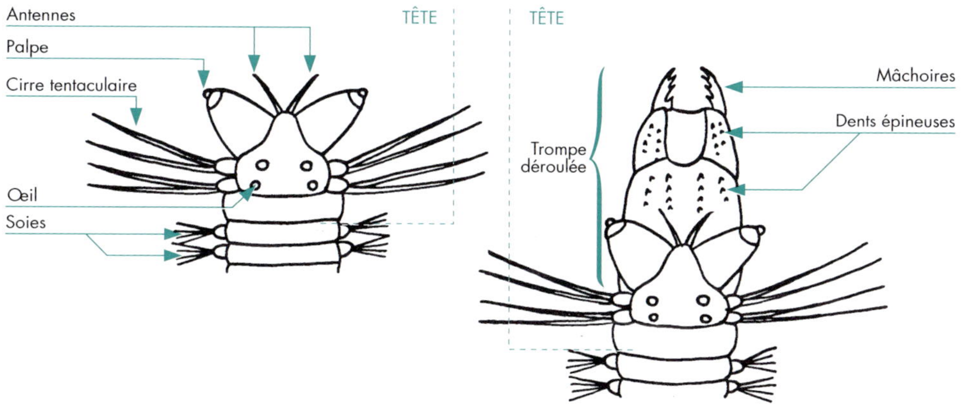

4.14

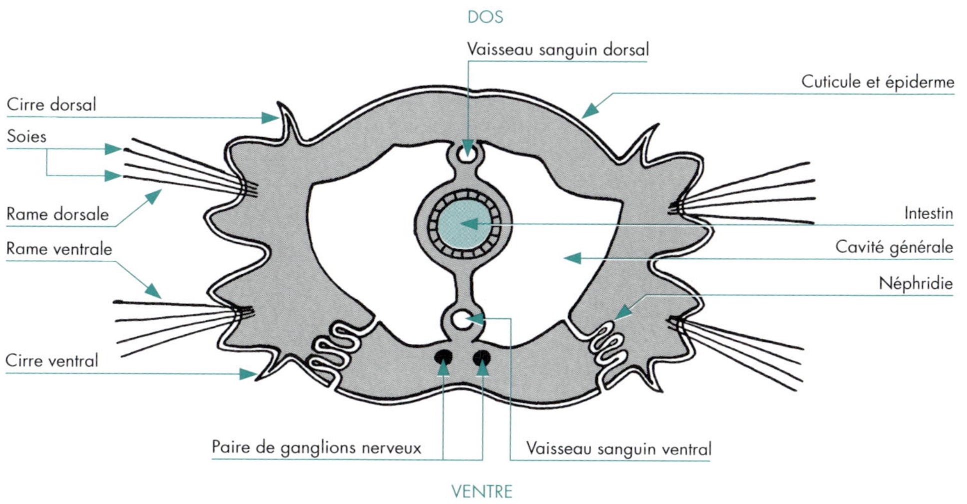

4.15

4.13. *Aspect général d'un Polychète vu de dessus.*

4.14. *Tête d'un Polychète avec, à droite, la trompe déroulée.*

4.15. *Coupe transversale d'un anneau au niveau du tronc.*

porte au moins une paire d'appareils locomoteurs (parapodes) munis parfois d'une branchie et renferme une paire d'organes excréteurs (néphridies) et une paire de ganglions nerveux.
Le parapode est un renflement qui présente, depuis le dos vers le ventre (fig. 4.15) :
– un cirre dorsal, parfois élargi en écaille protectrice et irisé ou encore transformé en crochet ;
– deux rames de soies chitineuses, dont les formes peuvent être très variées chez un même individu. Elles servent à la locomotion ;
– des branchies, renflements situés à la base des soies et possédant de très nombreux petits vaisseaux sanguins. Elles assurent la respiration. Leur forme est variable. Chez certains individus vivant fixés, les branchies du premier anneau sont développées en panache plumeux coloré de bandes transversales variées (orange, brun, blanc). Dans ce cas, elles assurent aussi la filtration de l'eau et la conduction des petites particules vers la bouche. En cas de danger, elles sont très vivement rétractées ;
– un cirre ventral.
La queue est constituée par le dernier anneau. Elle porte l'orifice de l'anus. Parfois, elle est ornementée de cirres.
L'ensemble de l'organisme est recouvert par un épiderme épaissi par une cuticule souple qu'il sécrète et dont la couleur est variable. Les mouvements de contraction ou destinés à la locomotion sont produits par des muscles nombreux et puissants.
Enfin, il n'existe pas de cœur. Le sang circule grâce aux contractions de la paroi des vaisseaux sanguins. Le vaisseau dorsal amène le sang vers la tête tandis que le vaisseau ventral le conduit vers la queue.
Les Polychètes se subdivisent en deux groupes, selon leur mode de vie. Les uns sont, en effet, libres ou errants, rampant sur le fond ou même nageant grâce à l'action de leurs parapodes. Les autres, fixés, construisent un tube qu'ils ne quittent pas : on les qualifie de tubicoles. Le tube est soit calcifié (parfois l'animal peut le fermer hermétiquement par un bouchon ou opercule), soit muqueux. Dans ce dernier cas, des grains de sable ou des débris de coquille y sont agglomérés. Le tube est fixé sur ou sous les rochers, dans le sable ou encore sur d'autres organismes. Certaines formes sédentaires peuvent ne pas construire de tube mais vivre dans des galeries qu'elles creusent dans le sédiment. Elles se développent dans la vase ou le sable fin. Ce sont les Polychètes fouisseurs. Enfin, il faut signaler l'existence d'individus coloniaux vivant associés les uns aux autres.

1

2

3

4

5

1 *Clathrina primordialis.*
2 *Axinella verrucosa.*
3 *Cliona viridis.*
4 *Crambe crambe.*
5 *Verongia aerophoba.*

1

2

3

4

5

6

1 *Aglaophenia pluma.*
2 *Physalia physalis.*
3 *Corynactis viridis.*
4 *Anemonia sulcata.*
5 *Cerianthus membranaceus.*
6 *Leptopsammia pruvoti.*

1

2

3

4

5

6

1 *Parazoanthus axinellae.*
2 *Alcyonium palmatum.*
3 *Eunicella stricta.*
4 *Paramuricea clavata.*
5 *Veretillum cynomorium.*
6 *Corallium rubrum.*

1

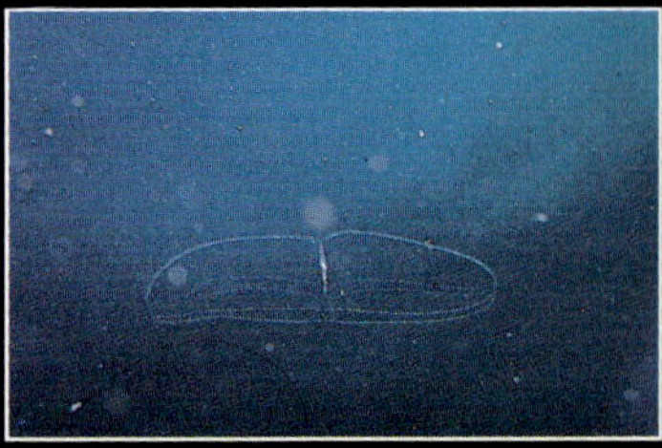

2

3

4

5

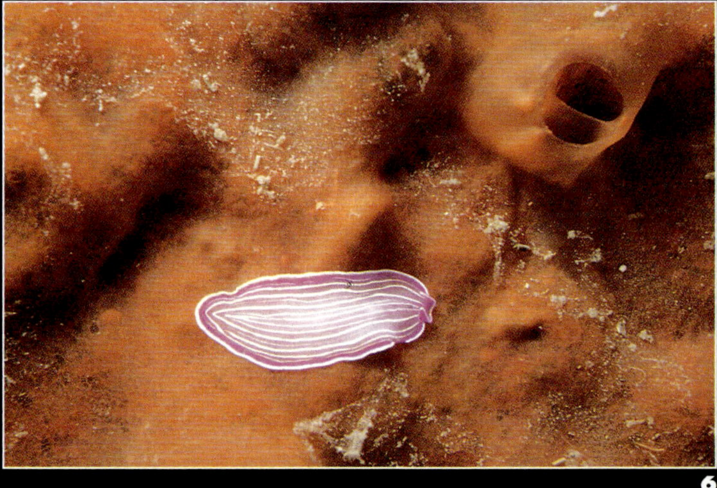

6

1 *Pleurobrachia pileus.*
2 *Cestus veneris.*
3 *Beroe cucumis.*
4 *Bonellia viridis.*
5 *Bonellia viridis* : détail de la trompe.
6 *Prostheceraeus roseus.*

1

2

3

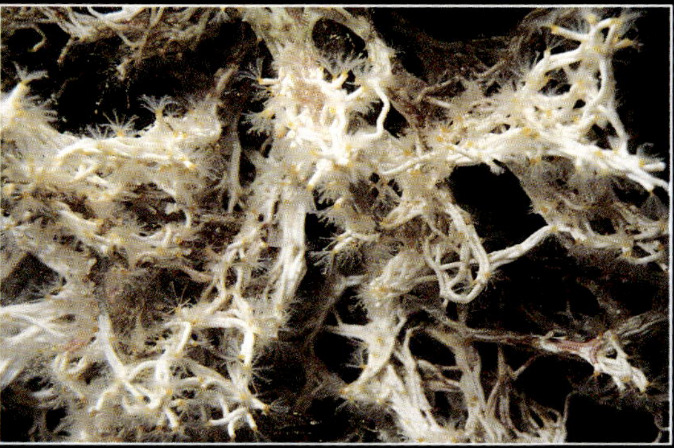

4

1 *Serpula vermicularis.*
2 *Lanice conchilega.*
3 *Spirographis spallanzani.*
4 *Salmacina dysteri.*

1

1 *Antedon mediterranea.*
2 *Ophiothrix fragilis.*
3 *Ophioderma longicauda* : détail du disque.
4 *Echinaster sepositus.*
5 *Marthasterias glacialis* : détail de l'extrémité d'un bras.

2

3

4

5

1

2

3

4

5

6

1 *Paracentrotus lividus.*
2 *Arbacia lixula.*
3 *Holothuria forskali :* individu libérant ses tubes de Cuvier.
4 *Holothuria tubulosa :* individu mâle dressé libérant ses produits sexuels.
5 *Holothuria forskali.*
6 *Aslia lefevrei :* détail des tentacules buccaux.

1

2

3

4

1 *Lepidochitona cinereus.*
2 *Astrea rugosa.*
3 *Buccinum undatum.*
4 *Murex brandaris.*

1

2

3

4

5

1 *Anthiopella cristata.*
2 *Flabellina affinis.*
3 *Glossodoris valenciennesi.*
4 *Peltodoris atromaculata* : détail des branchies.
5 *Tylodina perversa.*

1

2

3

4

5

1 *Pecten maximus :*
détail du bord du manteau avec tentacules et yeux.
2 *Mytilus edulis.*
3 *Octopus vulgaris.*
4 *Sepia officinalis :* détail de l'œil.
5 *Sepiola affinis.*

1

2

3

5

4

1 *Palinurus vulgaris.*
2 *Macropodia longirostris.*
3 *Sertella septentrionalis.*
4 *Myriapora truncata.*
5 *Membranipora membranacea.*

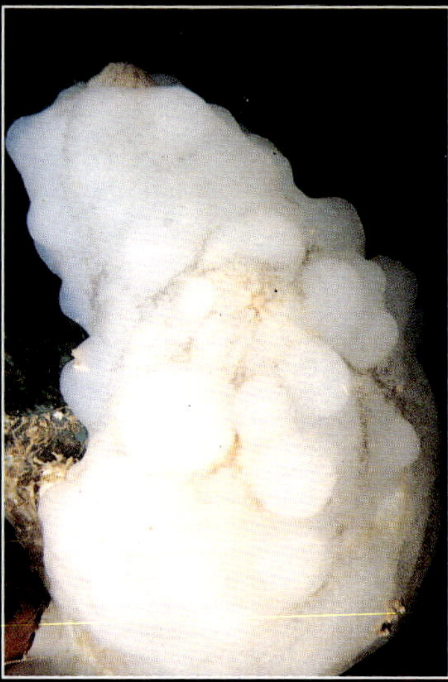

2

1

3

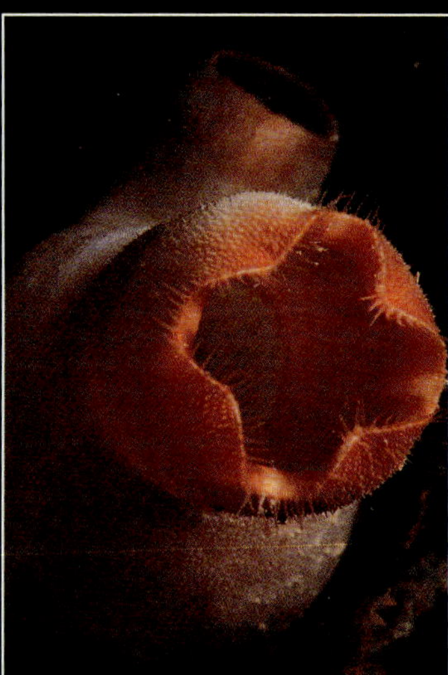

4

5

1 *Clavelina nana.*
2 *Phallusia mamillata.*
3 *Microcosmus sabatieri* : détail du siphon inhalant.
4 *Halocynthia papillosa* : détail du siphon inhalant.
5 *Botryllus schlosseri.*

1

2

3

4

5

6

1 *Torpedo marmorata.*
2 *Epinephelus guaza* : vue de la tête.
3 *Serranus cabrilla.*
4 *Scorpaena scrofa* : vue de la tête.
5 *Mullus surmuletus.*
6 *Diplodus cervinus.*

1

2

3

4

5

1 *Chromis chromis.*
2 *Chromis chromis* : juvéniles.
3 *Tursiops truncatus.*
4 *Labrus bimaculatus* : vue de la tête.
5 *Halichoerus gryphus.*

1

2

3

4

1 *Dictyota dichotoma.*
2 *Codium fragile.*
3 *Udotea petiolata.*
4 *Himanthalia elongata* : vue du disque basal.

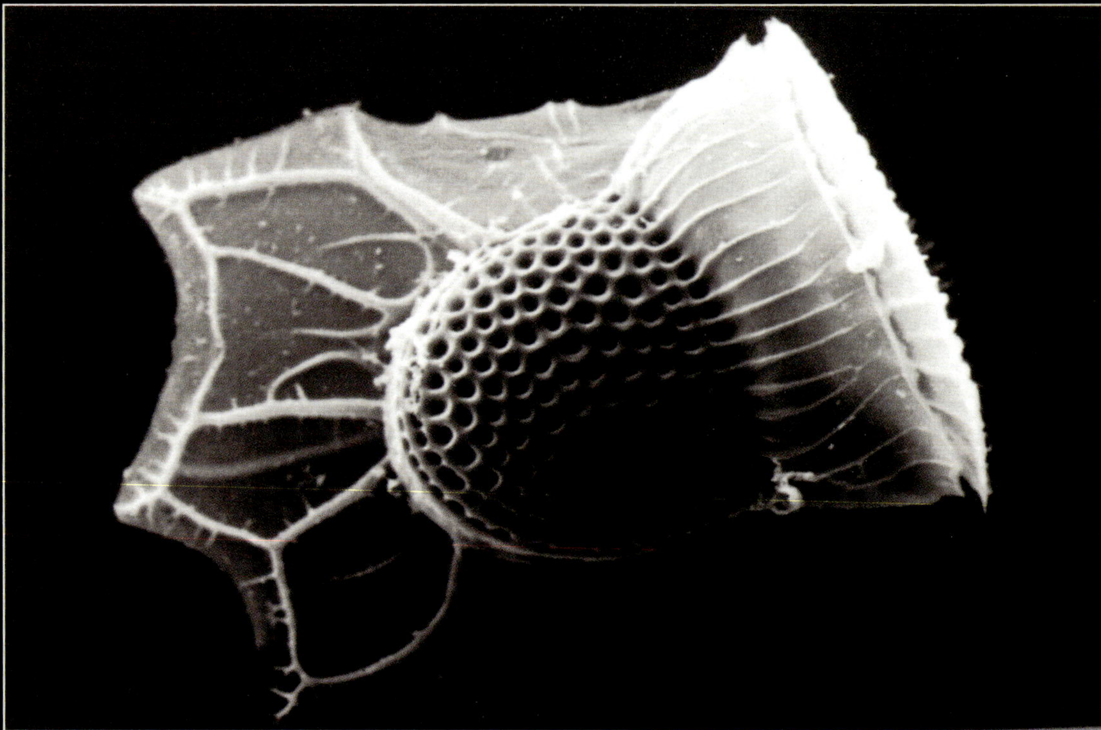

1

2

3

4

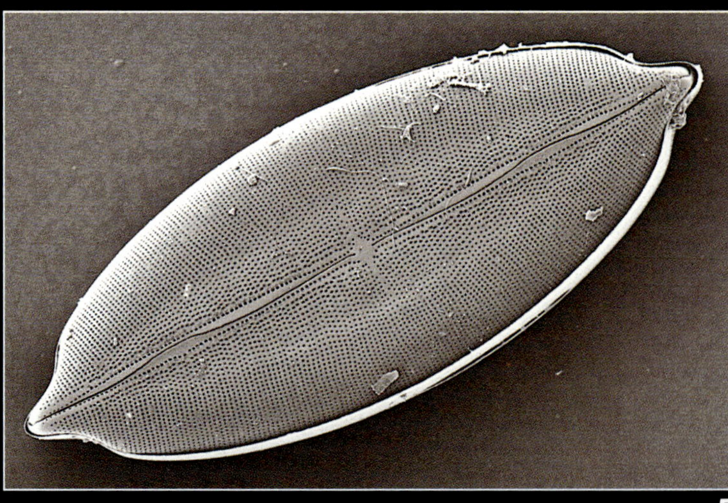

5

1 *Ornithocercus magnificu* (M.E.B.).
2 *Sargassum muticum.*
3 *Asparagopsis armata.*
4 *Liagora viscida.*
5 Diatomée (M.E.B.).

LES POLYCHÈTES

DIMENSIONS

Depuis quelques millimètres jusqu'à plusieurs dizaines de centimètres.

RÉGIME ALIMENTAIRE

Les Polychètes libres ou errants sont généralement des carnivores, donc des prédateurs, qui chassent activement leurs proies. Parmi celles-ci, on trouve des organismes planctoniques (animaux ou végétaux) mais aussi des Vers, des Crustacés, etc.

Les individus sédentaires soit filtrent l'eau avec leur panache branchial, soit collectent les particules organiques sur le fond à l'aide de leurs longs cirres tentaculaires, soit encore ingèrent le sable ou la vase et en digèrent les micro-organismes ou les particules organiques (espèces fouisseuses). Les tortillons de sable ou de vase que l'on observe sur les plages ou plus profondément correspondent aux déjections de ces dernières espèces.

REPRODUCTION

Dans la majeure partie des cas, les sexes sont portés par des individus différents. Toutefois, il est impossible de distinguer un Polychète mâle d'une femelle car il n'y a pas d'organe sexuel visible. Les cellules sexuelles (ou gamètes) sont fabriquées par les cellules de la paroi de la cavité générale. Lorsqu'elles sont mûres, elles sont rejetées dans le milieu extérieur par des canaux spéciaux ou même par les néphridies. La fécondation a lieu en mer. L'œuf qui en résulte donne naissance à une larve nageuse, munie de cils. Cette dernière connaît d'abord une existence planctonique de durée variable selon les espèces, puis elle tombe sur le fond et se transforme en un nouvel Annélide.

Certains Polychètes subissent des modifications importantes au moment de la fécondation et sont alors difficiles à reconnaître. Les yeux et la tête s'agrandissent alors que les soies et les anneaux de la moitié postérieure se développent. Une fois ces modifications réalisées, l'animal nage vers la surface pour y libérer ses produits génitaux.

Parfois, seuls les anneaux postérieurs fabriquent les gamètes. Lorsque ces derniers sont mûrs, les anneaux se détachent du reste de l'individu, gagnent la surface et, en se dégradant, libèrent les cellules sexuelles. La reproduction sexuée est parfois liée au cycle lunaire. Tous les individus se métamorphosent alors au même moment. Un tel phénomène se produit régulièrement en Polynésie où il est appelé « Palolo ». Son ampleur est telle qu'on exploite l'espèce qui en est la cause à des fins alimentaires.

La multiplication asexuée se produit aussi chez quelques Polychètes, assurant soit la prolifération soit la survie. La partie postérieure émet des sortes de boursouflures ou bourgeons se transformant en nouveaux individus qui finissent par se détacher.

ÉCOLOGIE

On rencontre les Polychètes dans tous les milieux et jusqu'aux plus grandes profondeurs. Ils sont fixés aux rochers, dans le sable ou à d'autres organismes, enfouis dans la vase ou tout sédiment meuble, ou encore errants.

Ils représentent tous une source abondante de nourriture pour tous les autres animaux et notamment les poissons. Les formes sédentaires à tubes ou fouisseuses sont relativement bien protégées des prédateurs. Les Polychètes errants doivent se cacher de sorte qu'ils sont difficiles à observer en plongée.

Certaines petites espèces à tube calcifié constituent une partie des salissures marines *(bio-fouling)* qui se développent rapidement, entre autres, sur les coques de bateaux.

EXEMPLES ILLUSTRÉS

■ *Lanice conchilega* (pl. V.2) ou maçon du sable. Ce Polychète vit dans un tube rigide recouvert de particules de sable ou de graviers ou, encore, de fragments de coquilles associés les uns aux autres par une matière mucilagineuse. Le tube est toujours dressé à la surface du sédiment (hauteur : jusqu'à 30 cm) et son extrémité libre porte un bouquet de filaments rigides ou franges. Se rencontre partout, depuis les eaux de surface jusqu'à environ – 100 m.

■ *Serpula vermicularis* (pl. V.1). Animal à tube calcifié grossièrement cylindrique, souvent très contourné et fixé au rocher ou à une coquille seulement par sa base. La tête porte deux lobes branchiaux symétriques constitués chacun par 30 à 40 filaments plumeux disposés en demi-cercles et très rétractiles. Le corps et les branchies sont de couleur variable, allant du jaune pâle au rouge vif, en passant par le rose ou l'orange. L'animal peut fermer hermétiquement son tube par un opercule conique dont le rebord est dentelé. Longueur du tube : jusqu'à 6-7 cm. On peut rencontrer cette espèce depuis les premiers mètres sous la surface jusqu'à – 50 m.

■ *Spirographis spallanzani* (pl. V.3). Magnifique Polychète bien connu de la plupart des plongeurs, il vit dans un tube membraneux souple plus ou moins incrusté de particules de vase, fixé sur des rochers, des algues et même sur des chaînes de mouillage de balise ou sur des filières à moules (jusqu'à, au moins, – 50 m), toujours en eau agitée et riche en particules. Ici, alors que l'un des lobes branchiaux est rudimentaire, l'autre est développé excessivement et peut s'épanouir en spirale. Il est très rétractile. Les filaments branchiaux, très plumeux, sont colorés de façon variable par des bandes (orange, brun, rouge sombre...) alternant avec du blanc. La longueur du tube peut atteindre 30 cm et le diamètre du panache 20 à 25 cm.

■ *Salmacina dysteri* (pl. V.4). Il s'agit d'une forme sédentaire, coloniale, arborescente (longueur de la colonie : jusqu'à 30 cm). Les individus vivent chacun dans un tube calcifié de faible diamètre (quelques millimètres), d'un blanc vif, dépourvu d'opercule. Lorsque le milieu est calme, les panaches branchiaux, jaune vif en leur centre et translucides à leurs extrémités, s'épanouissent aux orifices des tubes. Ils sont très rétractiles. Cet animal vit fixé sur des rochers (surplombs) ou sur d'autres organismes tels que les Gorgones ou les Hydraires, jusqu'à – 20 m.

NE PAS CONFONDRE

Aucune confusion possible avec des organismes appartenant à un autre embranchement sauf, peut-être, entre le panache branchial des Annélides à tube et le bouquet de tentacules d'une Anémone ou d'un Cérianthe.

OBSERVER EN PLONGÉE

- Les panaches épanouis des espèces tubicoles, en approchant d'eux avec précaution ; puis agiter l'eau pour voir leur rétraction.
- Les cirres tentaculaires d'Annélides sous forme de fins et longs filaments translucides étalés sur les rochers et se rétractant lorsqu'on les touche.
- L'opercule des Serpula.
- Les espèces errantes cachées sous les pierres. Toujours remettre celles-ci en place sans les retourner !
- Les tortillons de sable ou de vase. Essayer de creuser le sédiment pour attraper l'animal !
- La trompe d'une forme libre en appuyant légèrement sur la tête ou, plus simplement, en regardant vivre l'animal quelques minutes.

ATTENTION

Certains Polychètes errants ont des mâchoires qui peuvent pincer assez fort les doigts du plongeur trop entreprenant.

EMBRANCHEMENT DES ÉCHINODERMES

L'embranchement des Échinodermes ou animaux à peau (derme) épineuse (*échino*-) ne comprend que des individus marins, visibles à l'œil nu au stade adulte. Il réunit des organismes très différents par la forme générale, tels que les Comatules, les Étoiles de mer, les Holothuries (ou concombres de mer), les Ophiures et les Oursins.
Tous sont individualisés (c'est-à-dire non coloniaux) et vivent toujours au voisinage du fond ou fixés à lui (ce sont des êtres benthiques). La plupart du temps, ils sont durs au toucher et parfois gluants.
Le corps des Échinodermes est constitué de trois couches cellulaires fondamentales. Il est recouvert entièrement par la plus externe, l'épiderme, qui est souvent très vivement coloré. La caractéristique de l'organisation de tous les membres de cet embranchement est la symétrie pentaradiaire ou à cinq *(penta)* rayons (radiaire) centrés sur la bouche, à laquelle se superpose, dans certains cas, une symétrie bilatérale. Chez les Holothuries, la bouche est bordée par une couronne de tentacules rétractiles (fig. 4.17). La bouche se poursuit par un œsophage, un intestin et, dans la plupart des cas, par un anus. Si, dans la classe des Crinoïdes (animaux chevelus, comme les comatules), la bouche est en position supérieure, dans les classes des Échinides (animaux épineux, comme les oursins) et des Astérides (animaux étoiles, comme les Étoiles de mer), elle est en position basale, directement au contact du support et, chez les Holothurides (animaux symbolisant parfaitement le sexe mâle, comme les Holothuries), elle est localisée dans la région antérieure (fig. 4.16 et 4.17). Chez la majorité des Échinodermes, l'anus est situé au pôle opposé à celui de la bouche.
Tous ces animaux ou presque sont capables de se déplacer, soit grâce à des mouvements de leurs piquants mus par une série de muscles, soit à l'aide de petits organes spécialisés, les ambulacres (appareils pour marcher) reliés au système aquifère (fig. 4.18) qui fonctionne à la manière d'un appareil hydropneumatique, soit encore par des mouvements propres de leur corps tout entier (cas des Holothurides) ou des bras seulement (cas des Astérides et des Ophiurides : animaux serpents, leurs bras simulant des serpents).
Grâce aux mouvements de leurs piquants, certains Oursins peuvent creuser la roche qui leur sert de support. La cavité ainsi réalisée est réintégrée après chaque déplacement pour rechercher de la nourriture. Les mouvements chez les Oursins sont lents comme chez les Holothuries, alors qu'ils sont relativement rapides chez les Comatules, les Étoiles de mer et, surtout, chez les Ophiures.
Si les ambulacres, chez les Oursins, les Holothuries et les Étoiles de mer, se terminent par une sorte de ventouse et assurent ainsi certains déplacements, chez les Comatules et chez les Ophiures, ils sont dépourvus de cet appendice. Chez les premières, ils filtrent l'eau et récoltent les particules nutritives, tandis que chez les secondes ils servent au toucher et à la respiration.
Sous l'épiderme de la plupart des Échinodermes se trouvent des plaques calcifiées (fig. 4.18), non mobiles les unes par rapport aux autres chez les Oursins, constituant un test ou capsule rigide (observable chez les individus morts), ou indépendantes comme chez les Étoiles de mer et les Ophiures, laissant une certaine souplesse au corps de l'individu. Selon les cas, les plaques peuvent être renforcées de verrues ou de piquants calcifiés, de longueur fort variable et plus ou moins acérés selon les espèces. Ces piquants, chez beaucoup d'organismes, sont actionnés par des muscles et complètent ainsi l'action des ambulacres à ventouse.
Chez les Holothuries, les plaques calcifiées n'existent pas. Par contre, dans leur enveloppe, elles possèdent des petites particules calcifiées microscopiques, les sclérites, dont les formes sont caractéristiques de l'espèce et rappellent les spicules de certains Spongiaires. Le grand nombre de sclérites rend le corps des Holothuries relativement ferme.
Enfin, certains Échinodermes, en particulier les Oursins et les Étoiles de mer, portent d'autres

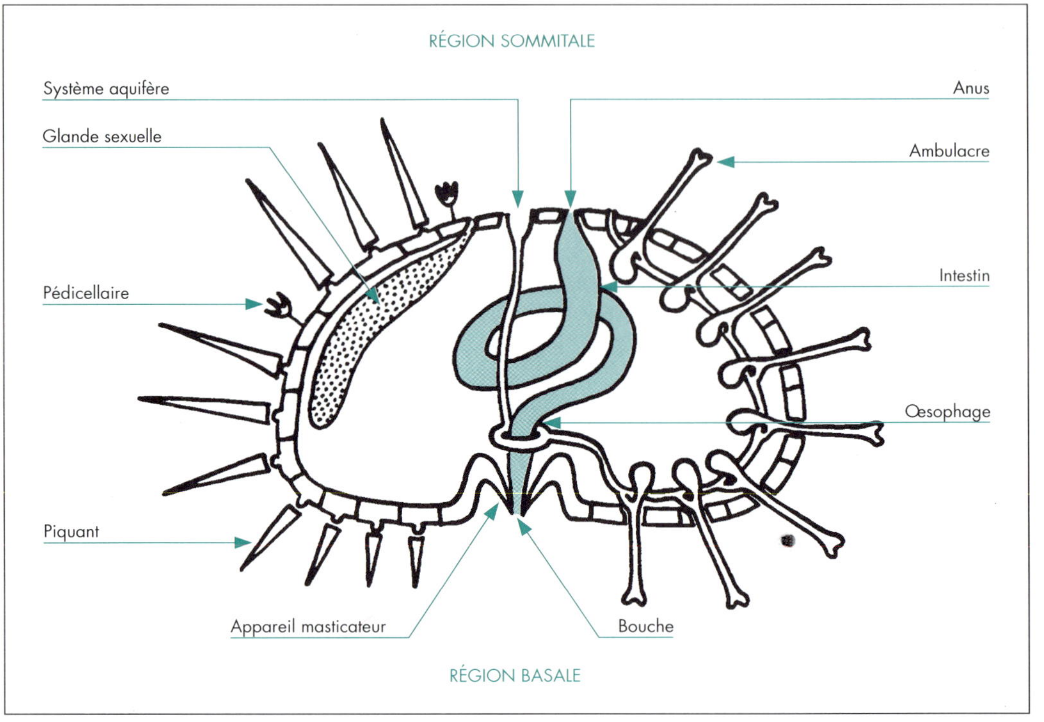

4.16. *Organisation simplifiée d'un Oursin.*

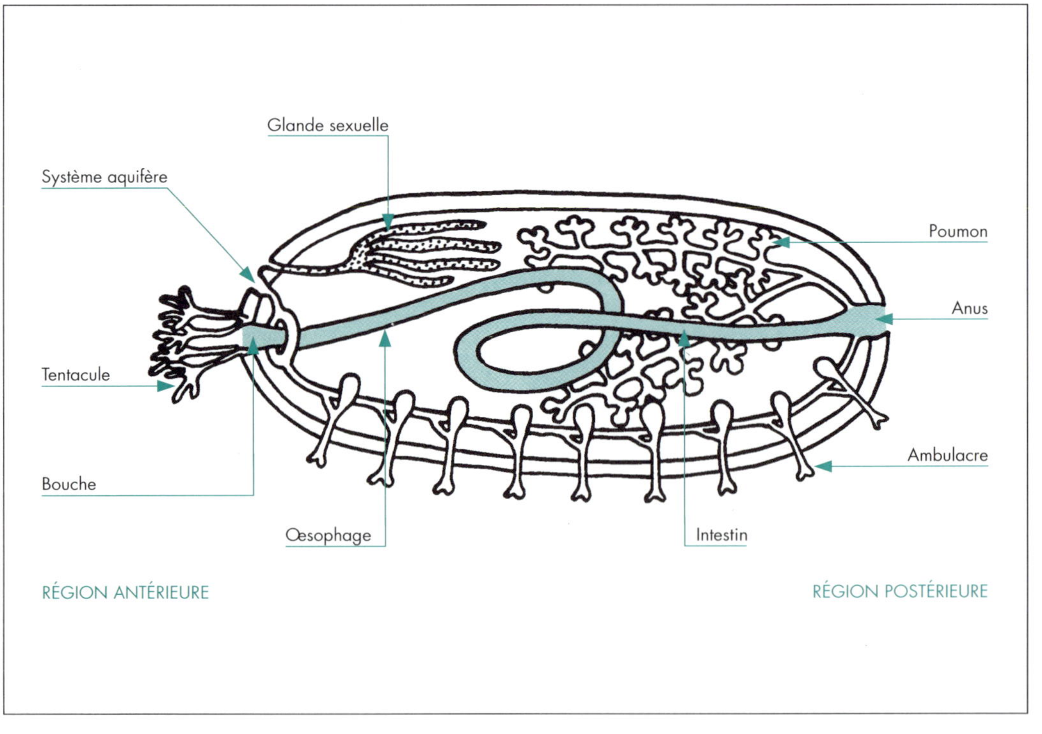

4.17. *Organisation simplifiée d'une Holothurie.*

petits appendices fixés sur leurs plaques. Il s'agit des pédicellaires (fig. 4.16), sortes de petites pinces montées sur un pied et dont les rôles sont d'assurer le nettoyage du test, la défense de l'organisme et, éventuellement, la capture de proies.

Chez la plupart des Échinodermes, la respiration est cutanée, les gaz respiratoires, oxygène et gaz carbonique, diffusant au travers de la peau directement depuis l'eau de mer vers l'intérieur du corps pour le premier, et dans le sens inverse pour le second (Oursins, Comatules). Les Étoiles de mer, pour leur part, ont des branchies disposées sur la face supérieure des organismes. Quant aux Ophiures, elles respirent par l'intermédiaire de leurs ambulacres, et les Holothuries grâce à deux « poumons » localisés dans la partie postérieure des individus.

Les Comatules, les Ophiures et les Étoiles de mer ont un grand pouvoir de régénération, beaucoup moins marqué chez les Oursins et les Holothuries. Elles peuvent, en effet, reconstituer des parties de leurs bras lorsqu'ils sont brisés ou même des portions de leur partie centrale. De même, les fragments détachés peuvent régénérer un individu complet.

Les Échinodermes, organismes pourtant coriaces avec leurs piquants ou leurs plaques calcaires, sont la proie de certains prédateurs, essentiellement des Poissons (Girelles, Sars, Balistes, etc.). Pour leur échapper, certains ont adapté des stratégies de camouflage, comme les Oursins qui maintiennent à leur surface des fragments d'algues ou de coquillages (il s'agit aussi peut-être d'une protection contre les excès de lumière). D'autres, comme certaines Holothuries, libèrent par l'anus, lorsqu'elles sont agressées, des filaments blancs (tubes de Cuvier) très collants. Lorsque ceux-ci sont gonflés d'eau, ils forment un réseau très gluant dans lequel vient s'empêtrer le prédateur. D'autres se protègent avec leurs pédicellaires. Certaines Holothuries peuvent être parasitées par un petit poisson qui s'installe dans leur appareil respiratoire. Ses jeunes se nourrissent des glandes sexuelles de l'hôte. Il faut ajouter que les Étoiles de mer, organismes particulièrement voraces, sont parfois cannibales, consommant volontiers des Holothuries, d'autres Étoiles et même des Oursins. L'homme aussi se nourrit d'Échinodermes. En France métropolitaine, ce sont certaines espèces d'Oursins de Méditerranée qui sont concernées. L'importance des prélèvements est devenue telle qu'il a fallu réglementer sévèrement la récolte pour éviter une raréfaction. En Asie, le tégument (enveloppe) de certaines Holothuries est utilisé par les gourmets comme aliment de choix sous le nom de « trépang ».

4.18. *Détail d'un piquant et de deux ambulacres d'un Oursin.*

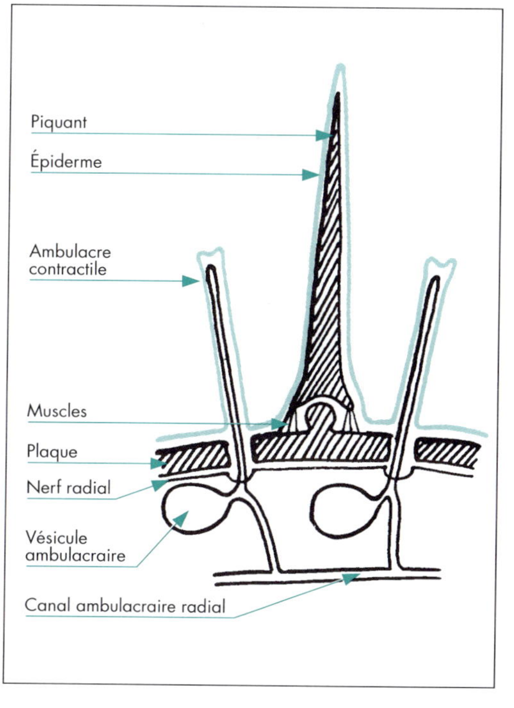

LES ÉCHINODERMES

DIMENSIONS

De 5 mm à plus de 1 mètre.

RÉGIME ALIMENTAIRE

Chez les Échinodermes, les sources de nourriture sont très variées selon les classes considérées.

Ainsi, les Crinoïdes attirent, à l'aide de leurs bras articulés et pennés (c'est-à-dire plumeux), vers leur bouche dirigée vers le haut toutes les particules organiques ou les micro-organismes qui tombent vers le fond ou qui flottent à proximité.

Les Ophiurides se nourrissent de particules organiques, de petits Crustacés, de Vers et même de Mollusques. Les Holothurides ont un régime alimentaire assez voisin, mais ingurgitent des éléments de la microfaune et de la microflore du sable et de la vase, capturant les individus à l'aide de tentacules (10 à 20) bordant la bouche, rétractiles, simples ou ramifiés.

Les Échinides, pour leur part, sont essentiellement végétariens, consommant des Algues. Ceci explique la lenteur de leurs déplacements non motivés par la capture de proies, ainsi que la longueur de leur intestin nécessaire à l'assimilation des substances nutritives des végétaux. Les Algues sont fragmentées et broyées par le puissant appareil masticateur fait de cinq dents et localisé au niveau de la bouche.

Enfin, les Astérides sont des carnivores redoutables. Les Étoiles de mer consomment, de façon vorace, des Mollusques (en particulier des Huîtres, des Moules, des Coquilles Saint-Jacques...), des Gastéropodes, des Crustacés et même des Poissons. Elles sont ainsi la cause de déprédations très importantes dans les élevages d'huîtres et de moules et sont chassées par les ostréiculteurs et les mytiliculteurs.

REPRODUCTION

Dans la plupart des cas, les individus sont soit mâles soit femelles. L'hermaphrodisme (réunion des deux sexes sur le même individu) est très rare. Les produits des glandes sexuelles (gamètes mâles ou spermatozoïdes et gamètes femelles ou ovules) sont généralement déversés directement dans l'eau de mer où se produit la fécondation. L'œuf qui en résulte engendre une larve qui a une vie planctonique (c'est-à-dire errante en pleine eau). Au bout d'un certain nombre de métamorphoses (modifications internes ou externes plus ou moins importantes), la larve donne naissance à un nouvel individu.

On connaît quelques espèces chez lesquelles les œufs sont incubés. Pour l'Oursin comestible *(Paracentrotus lividus)*, on estime à deux ans le temps nécessaire depuis la fécondation pour obtenir un individu adulte.

Chez les Étoiles de mer, la fragmentation avec régénération d'un organisme entier à partir de chaque morceau est un moyen de multiplication végétative (c'est-à-dire asexuée)

ÉCOLOGIE

Les Échinodermes occupent tous les types de supports tels que fonds rocheux, sableux ou vaseux, depuis les premiers mètres sous la surface jusqu'à bien au-delà de – 100 m pour certains, dans des eaux toujours bien salées. Ils affectionnent plutôt les zones peu éclairées.

Les Comatules se rencontrent généralement fixées à des supports rocheux dans les anfractuosités, par leurs cirres ou appendices crochus en forme de crampons, à partir de – 10 m. Les Ophiures sont toujours cachées sous des pierres ou dans des failles. On peut les observer aussi dans la vase des eaux très troubles. Les Étoiles de mer, les Oursins, les Holothuries occupent aussi bien les substrats rocheux que sableux. Certaines Étoiles ou certains Oursins sont totalement inféodés au sable. Ainsi, les Spatangues (ou souris de mer) et les Échinocardium (ou Oursins en cœur) sont typiques des fonds sableux. Ils n'ont pas d'appareil masticateur très développé car leur alimentation repose essentiellement sur la microfaune et la microflore du sable. En pays tropical, on rencontre sur de tels fonds les fameux Oursins dollars totalement plats et d'ornementation variable selon les contrées. Ces Oursins vivent totalement enfouis dans le sable.

EXEMPLES ILLUSTRÉS

■ *Antedon mediterranea* (pl. VI.1). Cet Échinoderme très élégant a un corps en forme de calice autour de la face supérieure duquel sont régulièrement disposés cinq bras plumeux très fragiles. Ces appendices se dédoublent très près du corps de l'animal, de sorte que l'on peut en compter dix. Sur la face inférieure, sont insérés des bras crochus lisses, les cirres, qui constituent l'appareil de fixation ; tout type de support

(Algues, Gorgones, etc.) peut être utilisé. Toutefois, lorsque nécessaire, l'animal peut nager très efficacement. La couleur est vive et peut varier du rose au rouge ou violacé avec des anneaux blanc, jaune ou sombre. Le diamètre, bras étalés, peut atteindre 20 à 25 cm. Se rencontre depuis – 10 m jusqu'au-delà de – 60 m.
Classe : Crinoïdes.

■ *Ophiothrix fragilis* (pl. VI.2). Ophiure à corps non circulaire mais anguleux et couvert de très fins piquants sur la face supérieure. Les bras sont de faible diamètre (0,5 cm) et couverts de longs piquants dentelés et translucides. Ils sont très cassants. Le diamètre du corps ne dépasse pratiquement jamais 2 cm et la longueur des bras 10 cm. La couleur varie de brun-jaune à violacé en passant par le rouge. Vit sous les pierres, sous les Algues, à l'abri de la lumière vive, depuis les premiers mètres jusqu'à... – 4 000 m !
Classe : Ophiurides.

■ *Ophioderma longicauda* (pl. VI.3). Ophiure à corps circulaire de couleur brun verdâtre tacheté de sombre. Les cinq bras, circulaires en section, sont assez robustes (diamètre : environ 1 cm). Ils sont bordés de nombreux piquants courts et sont, de ce fait, rugueux au toucher. Le diamètre du corps atteint 3 cm et environ 30 cm avec les bras. Vit sous les pierres ou enfouie dans le sable, depuis les premiers mètres jusqu'à – 70 m.
Classe : Ophiurides.

■ *Echinaster sepositus* (pl. VI.4). Cette belle Étoile est facile à reconnaître à cause de sa couleur rouge orangé vif. Elle est munie de cinq bras mais peut en montrer plus, comme la plupart des Étoiles après des anomalies de régénération. Son corps est assez mou. Vit surtout sur des fonds rocheux, plus rarement sur le sable ou la vase, depuis les premiers mètres jusqu'à – 60 m. Son diamètre maximal n'excède que très exceptionnellement 30 cm. Elle consomme essentiellement des Éponges. Lorsque l'animal émet ses produits génitaux, il adopte une position arquée très caractéristique.
Classe : Astérides.

■ *Marthasterias glacialis* (pl. VI.5). Une des plus grandes Étoiles que l'on peut rencontrer sur les côtes françaises métropolitaines (diamètre : jusqu'à 90 cm). Elle est caractérisée par ses cinq bras robustes couverts, sur leur face supérieure, de forts piquants portés par des verrues disposées en lignes parallèles à l'axe de chacun des appendices. Dispersés parmi les verrues, on peut observer de nombreux pédicellaires en forme de pince. La couleur du corps, sans éclairage additionnel, est terne, gris-vert à brun sombre. Le faisceau de la lampe ou du flash révèle des coloris insoupçonnés. Connue des régions polaires (d'où son nom : Étoile de mer glaciaire), on rencontre cette Étoile sur les fonds rocheux ou sableux jusqu'à – 100 m. C'est un des prédateurs d'Huîtres, Coquilles Saint-Jacques, Chlamys, etc., les plus redoutés.
Classe : Astérides.

■ *Paracentrotus lividus* (pl. VII.1). C'est l'oursin comestible ! Le corps a un contour circulaire en vue de dessus. Sa face supérieure est convexe alors que sa face inférieure (celle où se situe la bouche) est aplatie. Les piquants, nombreux, sont robustes et lisses (longueur : 3 cm). Le diamètre total de l'individu n'excède pas 12 cm. La couleur est variable, brun-jaune, vert olive, violet, jamais noir. Vit sur les fonds rocheux depuis les premiers mètres jusqu'à – 30 m.
Cette espèce est consommée depuis au moins 5 000 ans avant Jésus-Christ pour le goût raffiné de ses gonades (glandes sexuelles) et plus particulièrement celles des femelles (ovaires, de couleur orange vif) ; celles des mâles (testicules, de couleur jaune pâle) sont plus fades.
Classe : Échinides.

■ *Arbacia lixula* (pl. VII.2). Cet oursin est toujours noir. Les piquants, plus nombreux, sont légèrement plus fins. Le diamètre total ne dépasse pas 11 cm. La zone molle entourant la bouche occupe la moitié environ de la face inférieure. Les pieds ambulacraires de la face supérieure n'ont pas de ventouse (l'animal ne peut se camoufler sous des débris). Vit surtout dans les premiers mètres, sur des fonds rocheux où il broute les algues calcaires. Ne se consomme pas (amer !).
Classe : Échinides.

■ *Holothuria tubulosa* (pl. VII.4). Cette Holothurie, colorée en gris-beige sur sa face supérieure et presque blanche sur sa face inférieure, a l'allure d'un gros boudin. Le corps, d'un diamètre de 4 à 7 cm et d'une longueur de 20 à 40 cm, est hérissé de plusieurs rangées de renflements terminés par de petites pointes souples (papilles) de la même couleur. L'animal est toujours étalé, plus ou moins immobile, sur des fonds rocheux ou sableux, sauf lors de l'émission des produits génitaux (pour les mâles, spermatozoïdes de

couleur blanche ; pour les femelles, ovules de couleur rose) : il se dresse alors verticalement sur sa partie postérieure ressemblant quelque peu à un serpent. Lorsqu'elle est inquiétée, cette espèce n'émet pas de filaments blancs collants (tubes de Cuvier). On la rencontre depuis les premiers mètres jusqu'à – 60 m.
Classe : Holothurides.

■ *Holothuria forskali* (pl. VII.3 et VII.5). Cette espèce, un peu plus petite que *Holothuria stellati*, est colorée en noir sur sa face supérieure et se caractérise par la présence de nombreuses petites pointes (papilles) d'un blanc vif. Sa face inférieure est claire. C'est elle qui libère les tubes de Cuvier lorsqu'elle est agressée. Elle est équipée de vingt tentacules autour de la bouche. La longueur du corps atteint 25 cm. Cette espèce a le même habitat que *Holothuria tubulosa*, mais jusqu'à – 70 m.
Classe : Holothurides.

■ *Aslia lefevrei* (pl. VII.6). Cet animal à forme de concombre a un corps de couleur brun sale, brun ou gris-vert. Il loge dans les fissures de rochers d'où dépassent seulement les dix tentacules (huit grands et deux petits) entourant la bouche. Ceux-ci sont noirs et blancs et paraissent souvent translucides. Ils sont très ramifiés. Vit attaché solidement par ses ambulacres à ventouse sous les rochers ou dans les failles jusqu'à – 40 m. La longueur du corps atteint 15 cm ; celle des grands tentacules, 5 à 10 cm.
Classe : Holothurides.

NE PAS CONFONDRE

• Aucune confusion possible avec des organismes d'un autre embranchement.

• Ne pas confondre *Paracentrotus lividus*, l'Oursin comestible, avec l'Oursin noir, *Arbacia lixula*, que certains considèrent comme le mâle du précédent. Il s'agit d'un autre organisme totalement coloré de noir, de mêmes dimensions et aspect, mais qui n'est pas consommé en raison du goût amer de ses glandes sexuelles.

OBSERVER EN PLONGÉE

• Les ambulacres d'Oursin ou d'Étoile.

• L'éjection des tubes de Cuvier, en pressant légèrement le corps de l'Holothurie à pointes blanches sur fond noir *(Holothuria forskali)*.

• Les Ophiures, en soulevant des cailloux (les remettre après !).

• L'enfouissement dans le sable de la grande Étoile à gros piquants de part et d'autre de chaque bras *(Astropecten)*.

• La libération des produits génitaux par *Holothuria stellati* (en été). Repérer les animaux dressés verticalement et être patient ! L'événement se produit en plusieurs fois espacées de quelques minutes. Il est très fugace.

• La fuite et la nage des Coquilles Saint-Jacques, en approchant d'elles une Étoile de mer comme *Marthasterias glacialis*. Ne pas abandonner cette dernière dans un champ de Coquilles !

• Le mouvement des tentacules d'*Aslia lefevrei*, qui se replient alternativement vers la bouche pour y amener les particules nutritives.

ATTENTION

• Aux piquants d'Oursins. Les piqûres sont souvent douloureuses (en pays tropical, certains Oursins et Étoiles sont venimeux !).

• Ne pas palmer de façon inconsidérée et ne pas s'appuyer sans précaution.

• À la manipulation des Ophiures qui sont très fragiles et dont on casse souvent les bras.

• En France, la récolte des Oursins comestibles n'est autorisée que d'octobre à mars pour ne pas détruire les gisements. Ne pas outrepasser la loi ! Il est aussi interdit de récolter en plongée !

EMBRANCHEMENT DES MOLLUSQUES

Les Mollusques ou animaux à corps mou sont des organismes faits, fondamentalement, de trois couches cellulaires. Leur organisation est basée sur la symétrie bilatérale, parfois difficile à détecter. L'individu, non segmenté (fait d'un seul tenant), possède généralement une tête, un pied et des viscères. Ces derniers sont enfermés dans une enveloppe protectrice, le manteau (ou pallium) susceptible, chez la plupart des représentants de l'embranchement, de provoquer la précipitation des carbonates, autrement dit de construire une coquille. Entre cette enveloppe et le corps même est ménagée la cavité palléale qui communique avec le milieu ambiant et où se localisent l'appareil respiratoire et les orifices du tube digestif, de l'appareil excréteur et des glandes sexuelles. Dans la majeure partie des cas, le pharynx, qui fait suite à la bouche, est équipé d'une lame dentelée, râpeuse, la radula.

Cet embranchement regroupe des animaux très diversifiés par leurs formes, leurs comportements et leurs colorations mais qui sont organisés sur le même modèle fondamental. On connaît bien certains d'entre eux pour leur intérêt gastronomique (Bigorneau, Calmar, Coquille Saint-Jacques, Huître, Ormeau, Poulpe, etc.). D'autres sont familiers des plongeurs pour la beauté de leurs couleurs (Limaces de mer). C'est le second embranchement en importance pour le nombre d'espèces.

Classe des Polyplacophores

Porteurs de plusieurs plaques (*-phores* : porteurs; *poly-* : plusieurs; *-placo-* : plaque), appelés aussi Amphineures (*-neure* : à nervure; *amphi-* : tout autour), ces animaux sont tous marins. Ils ont un corps aplati à symétrie bilatérale (fig. 4.19). La partie basale est molle : c'est le pied. La partie supérieure est coriace, car recouverte par huit plaques sécrétées par le manteau et qui se chevauchent incomplètement à la manière des tuiles d'un toit. Elles sont plus larges que longues et disposées très régulièrement. Leur rebord externe est inclus dans la ceinture, repli du manteau qui porte, chez certains genres, des piquants peu acérés. Elles sont mobiles les unes par rapport aux autres. La couleur des plaques est variable : brune, rouge, verte, etc. La tête, ici, est presque inexistante et n'est matérialisée que par la bouche. L'anus est à l'autre extrémité du corps. Le cœur possède un ventricule et deux oreillettes.

4.19. *Vues supérieure et inférieure simplifiées d'un Chiton.*

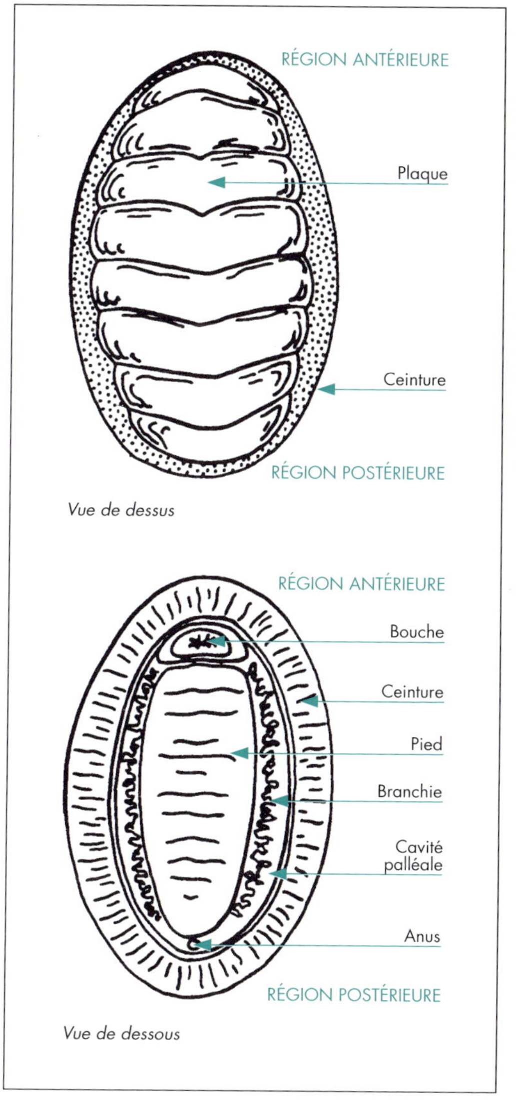

LES POLYPLACOPHORES

DIMENSIONS

De quelques millimètres à quelques centimètres.

RÉGIME ALIMENTAIRE

Les Polyplacophores consomment essentiellement les micro-algues qui couvrent les rochers ou les végétaux marins. Ils râpent la surface de ceux-ci prélevant ainsi leur nourriture avec leur radula tout en rampant avec lenteur.

REPRODUCTION

Chez les représentants de cette classe, les sexes sont presque toujours portés par des individus différents. Les produits sexuels sont libérés dans le milieu où se réalise la fécondation. Les œufs qui en résultent se transforment en larves ciliées qui, après une courte vie planctonique, commencent à sécréter des plaques et se changent en nouveaux individus.

ÉCOLOGIE

Les Polyplacophores sont des animaux à mœurs surtout nocturnes. De jour, ils vivent dans des failles ou des anfractuosités de rochers et sous les pierres. Ils ne se déplacent que la nuit pour s'alimenter. On les trouve depuis les premiers mètres sous la surface jusqu'à – 20 m. Quelques espèces, toutefois, ont été récoltées par chalutage au-delà de – 1 000 m.
Lorsque l'animal est perturbé, il peut se rouler en boule comme le Hérisson, pour protéger son corps avec ses plaques qui forment alors une sorte de bouclier. Les prédateurs sont mal connus.

EXEMPLE ILLUSTRÉ

■ *Lepidochitona cinereus* (pl. VIII.1). C'est le Polyplacophore le plus répandu sur les côtes de France métropolitaine. Son corps est assez épais. Les plaques granuleuses sont de couleur variable, pouvant aller du vert au rouge en passant par le gris. La ceinture déborde largement des plaques et est hérissée de petits granules très nombreux. La longueur des individus peut atteindre 3 cm. Se rencontre toujours sous des pierres, des coquilles vides, depuis les premiers mètres sous la surface jusqu'à – 15 m.

NE PAS CONFONDRE

Aucun risque de confusion avec un quelconque autre groupe marin sauf, peut-être, avec les Patelles et les Nudibranches à coquille (tous deux appartenant aux Gastéropodes).

OBSERVER EN PLONGÉE

• Essayer de trouver ces animaux en soulevant des pierres. Bien remettre celles-ci en place, pour sauvegarder toute la faune qu'elles abritent.
• Provoquer l'enroulement de l'animal, en le décollant doucement du rocher et en le touchant. Le replacer, ensuite, dans une anfractuosité.

ATTENTION

Les Polyplacophores ne présentent aucun risque pour les plongeurs. Ne pas les déranger abusivement.

Classe des Gastéropodes

Les Gastéropodes ou animaux ayant l'estomac (*gaster*-) dans le pied (-*pode*) sont les plus diversifiés des Mollusques. Il n'est d'ailleurs pas aisé de savoir précisément le nombre d'espèces vivant à la surface du globe. Ainsi, selon trois ouvrages spécialisés publiés entre 1970 et 1980, on trouve respectivement : 17 000, 64 500 et 90 000 espèces !

Quoi qu'il en soit, ils présentent une extrême variété et ils se sont adaptés à des milieux aussi différents que l'eau salée, l'eau douce et même l'habitat terrestre (l'Escargot, la Limace, etc.).

Le corps des Gastéropodes est organisé sur le mode de la symétrie bilatérale mais, pour la plupart d'entre eux, une spiralisation secondaire d'une partie ou de la totalité de l'individu camoufle celle-ci. Le pied, musculeux, épais, généralement allongé et capable d'ondulation, est l'appareil locomoteur. Il se prolonge, vers l'avant, par une tête munie d'yeux et de tentacules et renfermant les ganglions cérébroïdes qui font office de cerveau. Immédiatement à l'arrière de la tête se situe le sac viscéral qui renferme tous les organes assurant les différentes fonctions (digestive, excrétrice, reproductrice...).

La cavité palléale n'existe pas chez tous les Gastéropodes. Lorsqu'elle est présente, c'est là qu'aboutissent l'anus et les orifices des glandes sexuelles et de l'appareil excréteur (rein). C'est aussi à cet endroit qu'est (sont) fixée(s) la (les) branchie(s). On l'appelle aussi cavité branchiale.

Le sac viscéral se replie vers l'extérieur formant ainsi le manteau qui élabore la coquille chez les Gastéropodes qui en possèdent une. Cette dernière, faite d'une seule valve non cloisonnée et constituée de trois couches, est faite de l'association d'une matière organique, la conchyoline (voisine de la chitine des Insectes), et de carbo-

4.20. *Organisation simplifiée d'un Gastéropode Prosobranche (*-branche *: branchie ;* proso- *: vers l'avant).*

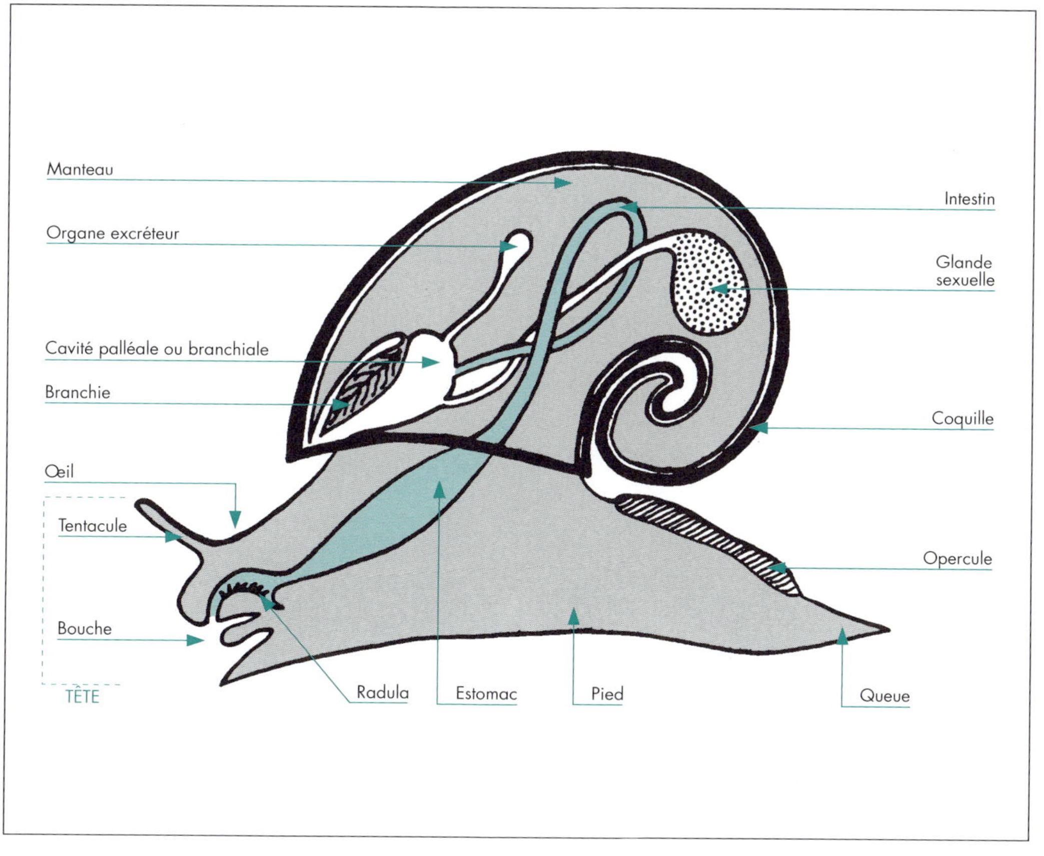

nates de calcium. Ceux-ci existent sous deux formes, calcite ou aragonite, dans la couche interne. S'il s'agit de calcite, l'intérieur de la coquille ressemble à de la porcelaine ; s'il s'agit d'aragonite, la coquille est nacrée. À cela s'ajoutent des pigments (caroténoïdes, mélanine...) qui teintent la coquille de toutes les couleurs possibles. Enfin, selon les groupes, la coquille des Gastéropodes peut être ou non spiralée et porter des prolongements plus ou moins importants. Selon son développement, le corps de l'animal peut s'y rétracter plus ou moins totalement et être, dans certains cas, complètement protégé par un bouchon, l'opercule, fait de matière organique renforcée ou totalement calcifié, qui obture la coquille de façon hermétique. Certains Gastéropodes n'ont qu'une coquille réduite, d'autres n'en ont aucune. L'une des plus importantes rencontrées dans les eaux métropolitaines est celle du Triton (50 cm de longueur) mais elle est rare.

La respiration, chez les Gastéropodes, s'effectue soit directement au travers de la peau, soit au moyen de branchies, soit même par un poumon. Les branchies peuvent être abritées dans la cavité palléale (fig. 4.20) ou bien être externes. Dans ce dernier cas, soit elles sont disposées en bouquet autour de l'anus, soit en deux séries de touffes de part et d'autre du corps (fig. 4.21).

Selon qu'ils ont leurs branchies à l'avant, à l'arrière ou qu'ils respirent par un poumon, on sépare les Gastéropodes en trois sous-classes : les Prosobranches (*proso-* : à l'avant), les Opisthobranches (*opistho-* : à l'arrière) et les Pulmonés (à poumon). Lorsque les branchies sont internes, elles sont très ramifiées et leur enveloppe externe est tapissée de cellules ciliées qui assurent la circulation de l'eau. Celle-ci entre dans la cavité palléale grâce à un rebord du manteau transformé en tube ; c'est le siphon.

4.21. *Organisation simplifiée d'un Nudibranche.*

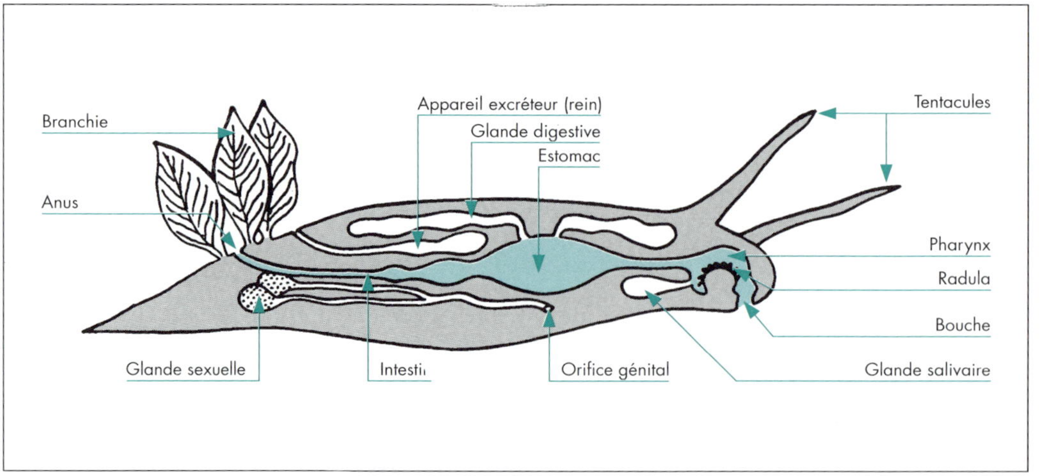

LES GASTÉROPODES

DIMENSIONS

Quelques millimètres à une cinquantaine de centimètres.

RÉGIME ALIMENTAIRE

Dans cette classe, on trouve aussi bien des herbivores mangeurs d'algues microscopiques ou de grande taille, que des carnivores consommant des Cnidaires, des Échinodermes et même des Lamellibranches. Certains d'entre eux sont même très friands d'Huîtres dont ils percent la coquille à l'aide de leur radula et par action d'acides fabriqués par les glandes salivaires. Certains Nudibranches grands consommateurs de Cnidaires produisent un mucus anesthésiant qui empêche l'explosion des cnidoblastes (cellules urticantes). Ces cellules restent intactes au cours de la digestion et migrent dans les excroissances branchiales dorsales qui sont aussi des prolongements du foie. Elles peuvent alors fonctionner lorsqu'un prédateur agresse le Nudibranche, le protégeant ainsi efficacement. D'autres Gastéropodes sont nécrophages, c'est-à-dire mangeurs de cadavres, ou même parasites d'animaux appartenant à d'autres groupes. Enfin, certains, dépourvus de radula, sont des filtreurs qui se nourrissent d'organismes planctoniques végétaux ou animaux ou de particules organiques. Pour finir, il faut citer le cas de ceux qui hébergent des formes de parasites de Poissons.

REPRODUCTION

Les deux modes de reproduction sexuée – à savoir : sexes séparés sur des organismes différents, ou hermaphrodisme lorsque les deux sexes sont réunis sur le même individu – se rencontrent chez les Gastéropodes. Toutefois, chez les espèces hermaphrodites, il est rare que les ovules et les spermatozoïdes soient mûrs en même temps. Ces produits sexuels peuvent être déversés dans le milieu mais, le plus souvent, il y a copulation et fécondation interne. Les œufs qui naissent de la fécondation sont emprisonnés dans une matière gélatineuse (mucus), souvent sous forme de rubans à l'allure très caractéristique ou dans des logettes de nature chitineuse. Ils donnent naissance, après quelques heures, soit à une larve nageuse (fig. 4.74), soit directement à un nouvel individu.

ÉCOLOGIE

Les Gastéropodes marins occupent tous les types de supports, rochers, sables, algues, vases, graviers. Si certains préfèrent le jour (mœurs diurnes), d'autres vivent toujours cachés dans l'ombre et ne sortent que la nuit (mœurs nocturnes). On les trouve depuis les premiers mètres sous la surface jusqu'à... – 5 000 m ! Certains, comme les Nudibranches, sont très sensibles à la plupart des formes de pollution. D'autres, au contraire, sont très résistants et peuvent même accumuler des métaux lourds (mercure, plomb) qui sont responsables de troubles très graves chez l'homme lors de la consommation de tels animaux.

Les prédateurs sont multiples, l'homme n'étant pas le moindre tant pour la consommation que pour les collections de coquilles !

EXEMPLES ILLUSTRÉS

■ *Astrea rugosa* (pl. VIII.2). Ce Gastéropode est bien connu des plongeurs par son opercule volumineux, épais, de couleur orange et vernissé sur sa face externe. La coquille peut atteindre 5 à 6 cm de diamètre. Elle est très résistante, épaisse et ornementée de renflements épineux disposés le long des sept tours de la spire. Sa couleur est brun-vert. Il vit sur des fonds rocheux de Méditerranée entre – 5 et – 20 m.

■ *Buccinum undatum* (pl. VIII.3). La coquille, ici, peut atteindre 12 cm de longueur. Elle est brun-jaune, spiralée avec six ou sept tours et ondulée. L'orifice est largement ouvert et s'obture par un opercule corné. Le corps de l'animal est beige pâle et tacheté par endroits de sombre. Cet animal affectionne les fonds de sable ou de vase depuis les premiers mètres sous la surface jusqu'à – 100 m. Il se nourrit essentiellement de vers et de cadavres. On connaît bien ses pontes qui constituent des masses spongieuses souvent rejetées à la côte et surnommées savonnettes de mer. Elles sont faites de nombreuses vésicules assez coriaces une fois séchées et qui contiennent une multitude d'œufs. Cet animal est consommé par l'homme.

■ *Murex brandaris* ou Rocher massue ou Murex droite épine (pl. VIII.4). Ce Gastéropode a une coquille spiralée jaune pâle très caractéristique, constituée par une partie renflée portant de nombreux prolongements épineux et une partie effilée creuse. L'orifice est largement ouvert et s'obture, lorsque l'individu se rétracte, par un opercule corné. La longueur de la coquille atteint 10 à 12 cm. Se rencontre sur les fonds essentiellement vaseux de la mer Méditerranée, de – 15 à – 30 m.

■ *Anthiopella cristata* (pl. IX.1). Superbe Nudibranche de 2 cm seulement de longueur, dont le corps, beige, est translucide et orné, sur le dos, de deux bandes blanches qui fusionnent vers l'arrière. À l'avant, la tête est matérialisée par une paire de tentacules dont le sommet est blanc vif. Le dos est hérissé d'excroissances (ou cerata, qui jouent le rôle de branchies et de prolongements du foie), longues, cylindriques et renflées à leur extrémité qui est colorée en bleu fluorescent. C'est un animal mou, gluant au toucher, qu'on rencontre sur des fonds rocheux entre – 10 et – 30 m, en Méditerranée. Il se nourrit d'Hydraires.

■ *Flabellina affinis* (pl. IX.2). Nudibranche spectaculaire par sa coloration homogène mauve-violet vif. Le corps, long de 2 à 4 cm, est translucide, mou et gluant. Le dos est hérissé de bouquets de cerata portés par des pieds évasés qui sont disposés en deux séries parallèles depuis l'avant vers l'arrière. On rencontre cet animal en Méditerranée, depuis quelques centimètres sous la surface jusqu'à au moins – 40 m. Sa nourriture préférée est composée par des Hydraires.

■ *Glossodoris valenciennesi* (pl. IX.3). C'est le plus gros Nudibranche des côtes méditerranéennes de France. Sa longueur varie de 8 à 13 cm. Le corps, mou, gluant, blanc crème à gris bleuté est tacheté de très nombreux petits points jaune citron disposés sans ordre. À l'avant, la tête se reconnaît à la paire de tentacules bleu-violet, annelés et entourés, à leur base, d'un cercle jaune. Le rebord du corps est nettement ondulé. Les branchies sont disposées à l'arrière, en un panache autour de l'anus. Elles sont massives et non plumeuses. Cet animal vit entre – 25 et – 50 m sur des fonds rocheux en Méditerranée. Il se nourrit d'Hydraires et d'Éponges.

■ *Peltodoris atromaculata* (pl. IX.4). Nudibranche de 5 à 7 cm de longueur, bien connu des plongeurs en Méditerranée. Son corps granuleux est facile à repérer avec sa couleur blanc vif et ses taches marron sombre, de dimensions variables et disposées sans ordre. À l'avant, deux tentacules annelés marquent la position de la tête. À l'arrière, l'anus est entouré par un bouquet de neuf branchies plumeuses. Animal coriace, car sa partie externe est renforcée par des spicules calcaires analogues à ceux rencontrés chez certaines Éponges. On l'observe depuis les premiers mètres jusqu'à au moins – 50 m, sur les fonds rocheux de la Méditerranée. Se nourrit presque exclusivement d'une Éponge, *Petrosia*, de couleur brun-rouge et très ferme. Il est très sensible aux moindres perturbations de l'eau et rétracte rapidement ses tentacules et ses branchies.

■ *Tylodina perversa* (pl. IX.5). Encore un Nudibranche spectaculaire par la couleur jaune vif de son corps dont la longueur peut atteindre 6 cm. L'avant est caractérisé par une paire de tentacules semblables à ceux d'un Escargot terrestre. À l'arrière, le dos de l'animal est occupé par une coquille souple, brunâtre, semblable à une Patelle (Chapeau chinois, Arapède, Brenic...) et couverte, souvent, par de petites Algues. Les branchies sont en partie cachées par cette coquille. Cet animal est rencontré de – 5 à – 30 m sur des fonds rocheux de la Méditerranée. Son aliment exclusif est l'Éponge jaune vif *Verongia aerophoba* qu'il ronge avec sa radula.

NE PAS CONFONDRE

Seuls des Gastéropodes, les Nudibranches peuvent être confondus avec certains vers plats qui sont souvent vivement colorés (mauve, orange, vert) et dont le corps aplati et apparaissant gluant est très similaire.
On peut aussi prendre les Patelles pour des Chitons (Polyplacophores).

OBSERVER EN PLONGÉE

- En plongée de jour, en Manche ou Atlantique, rechercher sur fonds de graviers les « grains de café » *(Trivia)* ou tout autre Gastéropode à coquille. Étudier leur mode de déplacement.
- En Méditerranée, la nuit, chercher dans les failles des « porcelaines » *(Cyprea)*. Il en existe encore. Les remettre en place !
- Sous les pierres, chercher les Ormeaux *(Haliotis)*.
- Rechercher, sur les Gorgones ou les Hydraires, les Nudibranches. Il en existe de très petits et de très camouflés avec des couleurs souvent exceptionnelles.
- Faire un trou dans le sable pour voir les Nasses s'y précipiter.
- Observer les pontes de Nudibranches (rubans ponctués enroulés, blancs ou colorés).

ATTENTION

- Toute récolte en plongée à des fins gastronomiques ou de collection ou pour tout autre motif est formellement interdite.
- Après observation, replacer systématiquement les pierres déplacées.

Classe des Scaphopodes

Les Scaphopodes (*-podes* : à pied ; *scapho-* : qui creuse), appelés aussi Solénoconques (*-conque* : coquille ; *soléno-* : en tuyau), sont tous des Mollusques marins. Leur caractéristique fondamentale est la coquille qui rappelle la forme d'une défense d'éléphant. Elle est ouverte aux deux extrémités. Sa couleur est blanc crème. La partie la plus large est enfouie dans le sable tandis que la plus étroite est apparente dans l'eau.
Le corps de l'animal, entièrement inclus dans la coquille (fig. 4.22), est allongé et organisé sur le mode de la symétrie bilatérale. Le manteau, repli du sac viscéral, est appliqué contre la coquille qu'il fabrique.
La tête est localisée dans la partie large. Elle est bordée par deux bouquets de tentacules qui s'enfoncent dans le sable. Le pied, très volumineux, déborde la bouche, pour s'enfouir aussi dans les sédiments. Dépourvus de branchies, les Scaphopodes respirent directement au travers de leur peau et de leurs tentacules. Le cœur est très simple, sans ventricule ni oreillette. La cavité palléale occupe une grande partie de la coquille. On y trouve l'orifice de l'appareil digestif (anus), du rein et de la glande sexuelle.

4.22. *Organisation simplifiée d'un Dentale.*

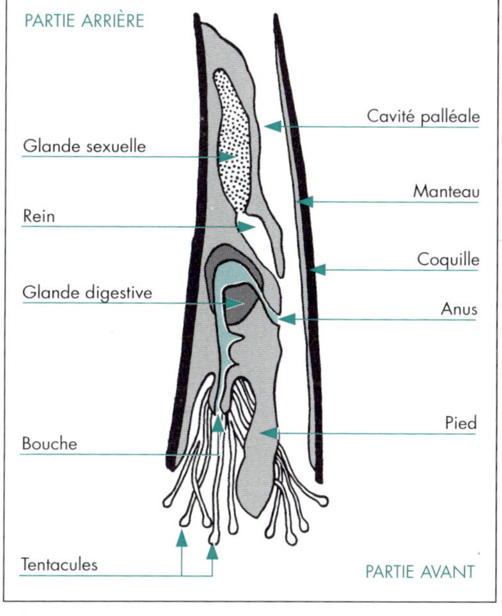

LES SCAPHOPODES

DIMENSIONS

De 2 cm à 10 cm de longueur.

RÉGIME ALIMENTAIRE

Les Scaphopodes se nourrissent de particules organiques et d'organismes microscopiques surtout animaux qu'ils capturent avec leurs tentacules.

REPRODUCTION

Les sexes mâle et femelle sont portés par des individus différents. Les produits sexuels sont libérés dans le milieu où s'effectue la fécondation.

ÉCOLOGIE

Les Scaphopodes vivent toujours enfouis dans le sable depuis les premiers mètres sous la surface jusqu'à... – 4 000 m.

NE PAS CONFONDRE

Avec la forme caractéristique de leur coquille, les Scaphopodes ne peuvent être confondus avec aucun autre organisme marin.

OBSERVER EN PLONGÉE

Rechercher surtout les coquilles d'animaux morts, parfois nombreuses sur fonds de vase ou de sable fin.

ATTENTION

Ces animaux ne présentent aucun danger pour l'homme.

Classe des Bivalves

Ces Mollusques à coquille faite de deux parties ou valves sont aussi appelés Lamellibranches (c'est-à-dire animaux à branchies faites de lamelles). Beaucoup d'entre eux sont bien connus en raison de leur intérêt gastronomique (Clams, Coquilles Saint-Jacques, Huîtres, Moules, Palourdes, Pétoncles, Praires, etc.). La plupart sont marins, mais il existe un certain nombre d'espèces vivant dans les eaux douces.

Le corps de l'animal est enveloppé par le manteau qui fabrique la coquille faite de deux morceaux calcifiés mobiles l'un par rapport à l'autre grâce à une charnière. Un ou plusieurs muscles adducteurs, puissants, assurent la fermeture en se contractant (fig. 4.23). Le ligament interne élastique tend à ouvrir la coquille lorsque le ou les muscles adducteurs se relâchent.

La forme de la coquille est très variée : triangulaire, ovale, rectangulaire, avec aileron plus ou moins développé, etc. Certains individus, par exemple la Moule, ont les deux valves semblables, alors que d'autres sont complètement

4.23. *Disposition simplifiée d'un Lamellibranche dans ses deux valves.*

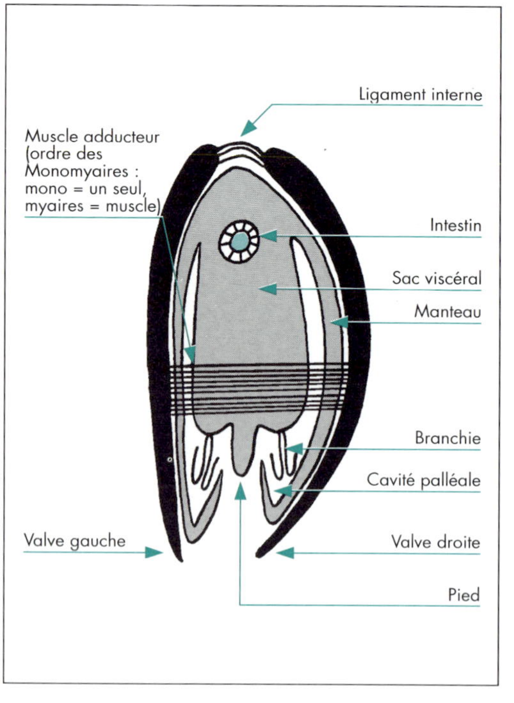

asymétriques, telle la Coquille Saint-Jacques (fig. 4.24) avec sa valve droite bombée et la gauche plane. Couleurs et ornementation de la coquille sont aussi très diversifiées. Si on observe des valves lisses, on peut aussi en rencontrer avec des stries plus ou moins marquées, des granules, des verrues ou même des épines. Quant aux colorations, comme pour les Gastéropodes, elles sont dues à des pigments multiples et peuvent s'échelonner du blanc au noir en passant par toutes les teintes imaginables. Lorsque l'animal est blessé, il peut réparer sa coquille dont la constitution est analogue à celle des Gastéropodes (matière organique : la conchyoline ; substances minérales : calcite et aragonite). Certaines espèces peuvent fabriquer des perles par dépôt de nacre autour d'un corps étranger introduit entre le manteau et la coquille.

Les Bivalves ont un corps aplati où la symétrie bilatérale caractérisant l'ensemble des Mollusques est difficile à retrouver (fig. 4.24). La tête est absente. Le manteau s'étale dans chacune des valves et forme un repli sur lequel sont fixés des tentacules tactiles (organes du toucher) plus ou moins longs selon les espèces et des taches oculaires (organes de la vue). Le sac viscéral renferme les organes assurant les principales fonctions : appareil digestif, avec une glande digestive appelée hépatopancréas (*hépato-* : foie), très volumineuse ; appareil excréteur avec deux reins ; glande sexuelle généralement très développée. Il se prolonge par le pied, organe musculeux, parfois très important et servant à ramper, creuser, voire sauter. Chez les formes sédentaires (qui ne rampent ou ne nagent pas), il est très réduit mais renferme la plupart du temps, une glande fabriquant une substance cornée voisine de la soie qui durcit au contact de l'eau et qui est à l'origine de l'appareil fixateur de l'animal : le byssus. Les Lamellibranches dépourvus de cette glande peuvent adhérer à leur support directement par l'une de leurs valves. Dans certains

4.24. *Organisation simplifiée de la Coquille Saint-Jacques dans sa valve droite.*

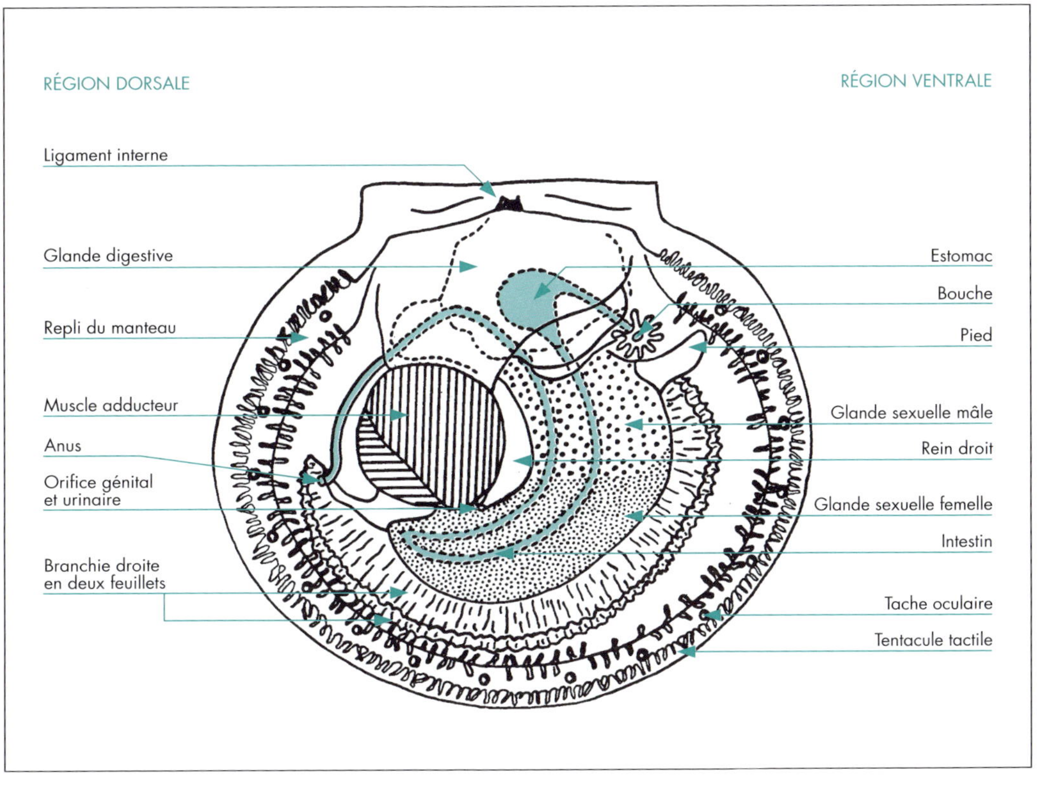

cas, le manteau forme une sorte de tube, le siphon, qui facilite la circulation de l'eau, entre autres, chez les individus vivant enfouis.
La cavité palléale, formée par les replis du manteau, renferme deux branchies lamelleuses qui assurent la fonction respiratoire. Les mouvements des très nombreux cils branchiaux permettent la circulation active de l'eau et la capture des particules alimentaires.
Le sang circule dans de très nombreux vaisseaux, grâce à l'action d'un cœur constitué d'une oreillette et d'un ventricule. Il est de couleur bleu-vert en raison de la présence de cuivre dans le pigment respiratoire (l'hémocyanine) qu'il contient.
Comme chez tous les Mollusques, le système nerveux est bien développé.
Enfin, les Bivalves sont souvent associés à des micro-algues qu'ils hébergent dans les tissus de leur manteau et qui peuvent leur conférer des couleurs extraordinaires.

LES BIVALVES

DIMENSIONS

De quelques millimètres à environ 1 mètre.

RÉGIME ALIMENTAIRE

Les Bivalves se nourrissent de particules organiques ou de plancton en filtrant activement l'eau ambiante. Une Moule peut ainsi pomper 4,5 l/h et une Huître jusqu'à 34 l/h. Les cils branchiaux amènent à la bouche les éléments nutritifs. Certains Bivalves peuvent être carnivores tandis que d'autres sont nécrophages (ils consomment des cadavres).
Les branchies de ces Mollusques absorbent certains ions et les accumulent, ce qui peut les rendre toxiques pour l'homme. Elles peuvent aussi être colmatées par des micro-algues produisant des toxines. Les animaux sont alors dangereux à la consommation.

REPRODUCTION

Les sexes sont dans quelques cas portés par des individus différents mais, en général, les Bivalves sont hermaphrodites. Chez la Coquille Saint-Jacques, par exemple, une partie de la glande sexuelle est mâle et l'autre femelle. Sa couleur est orangé-rouge ; elle est appelée corail pour cette raison (fig. 4.24). Au cours de leur vie, les animaux sont alternativement et de façon répétitive mâles puis femelles.
La fécondation a généralement lieu dans le milieu ambiant (eau de mer), plus rarement dans la cavité palléale où les cellules sexuelles mâles (spermatozoïdes) sont introduites avec la circulation d'eau provoquée par l'action des branchies. L'œuf donne naissance à une larve ciliée nageuse qui est équipée d'une fine coquille. Quand elle trouve un support convenable, la larve se fixe et engendre un nouvel individu. Il faut entre trois et quatre ans, par exemple, pour qu'une Huître atteigne l'âge adulte.

ÉCOLOGIE

Les Bivalves sont des animaux benthiques, c'est-à-dire qui vivent fixés sur le fond ou au voisinage de celui-ci. Ainsi, certains reposent seulement à la surface du sable ou de la vase ou s'y enfouissent. D'autres sont attachés aux rochers, aux épaves ou à des supports implantés par l'homme comme les bouchots à moules.

Quelques individus sont même capables de perforer le bois (Tarets), constituant un réel danger pour les coques de bateau, ou encore la pierre (Pholades...). On rencontre les Bivalves depuis les premiers mètres sous la surface jusqu'à – 3 000 m au moins.
Comme pour les Gastéropodes, nombreux sont leurs prédateurs. Parmi eux, il faut citer les Étoiles de mer, les Bigorneaux perceurs (Gastéropodes : *Nucella lapillus*), les Céphalopodes, les Oiseaux (Goélands, Huîtriers-pie, etc.).
Quelques Crustacés sont associés aux Bivalves, vivant dans leur cavité palléale (Pinnothère, chez la Moule). D'autres sont parasites, se développant dans l'intestin de l'hôte, provoquant son amaigrissement et sa mort (cas de *Mytilicola intestinalis* chez la Moule).

EXEMPLES ILLUSTRÉS

■ *Mytilus edulis* (pl. X.2). C'est la Moule comestible, bien connue des plongeurs avec ses deux valves symétriques, bombées, d'épaisseur moyenne, de couleur externe variant du bleu sombre au brun-noir et fixée au rocher par son byssus. La longueur de la coquille peut atteindre jusqu'à 15 cm. Des stries concentriques peu marquées ornementent la face externe des valves. Vit dans les eaux brassées par la houle ou dans les eaux calmes des estuaires ou même des ports, depuis la surface jusqu'à – 20 m.

■ *Pecten maximus* (pl. X.1) ou Coquille Saint-Jacques. Les caractères généraux de cet animal ont déjà été donnés dans le texte ci-dessus. La coquille est ornementée de côtes renflées rayonnant depuis la zone d'attache du ligament et de stries plus fines disposées parallèlement au rebord des valves. La couleur de la coquille est généralement jaune pâle à rosé. Vit enfoui dans le sable ou à sa surface, posé sur sa valve droite bombée. Cet animal peut fuir rapidement, par une nage saccadée, la zone d'attache des deux valves vers l'arrière, en éjectant avec force l'eau par fermeture et ouverture brusques de la coquille. On le rencontre jusqu'à – 50 m.

NE PAS CONFONDRE

Du fait de l'organisation de leur coquille, on ne peut confondre les Lamellibranches avec aucun représentant d'un autre embranchement.

OBSERVER EN PLONGÉE

- Repérer les empreintes des Coquilles Saint-Jacques sur les fonds de sable.
- Déclencher la nage et la fuite des Coquilles Saint-Jacques en approchant d'elles une Étoile de mer.
- Chercher les Moules « Hirondelles » *(Pteria hirundo)* sur les Gorgones.
- Observer dans les herbiers les grandes Moules ou « Jambonneau » *(Pinna nobilis).*
- Repérer sur les rochers certains Bivalves camouflés par d'autres organismes *(Arca, Ostrea...)* et dont la fermeture brutale révèle la présence.
- Chercher sur le sable les orifices d'où dépasse parfois un siphon.

ATTENTION

- Comme pour les Gastéropodes ou tous les autres groupes, toute récolte est formellement interdite. Respecter et faire respecter cette règle.
- Certains Bivalves accumulent des toxines dans leurs tissus ou ont parfois leur appareil filtrant colmaté par des organismes unicellulaires élaborant des poisons. Ne pas les consommer crus pendant les plongées !

Classe des Céphalopodes

Les Céphalopodes ou animaux à tête (*céphalo-*) fixée sur le pied (*-pode*) sont, pour certains, comme le Poulpe (qu'on appelle aussi Pieuvre) ou la Seiche, familiers des plongeurs. D'autres sont très difficiles à apercevoir et à observer. C'est le cas de la Sépiole et de la *Sepietta*, de petite taille (3 à 5 cm de longueur) et chassant la nuit, de l'Élédone, vivant en profondeur, ou encore du Calmar à la nage très rapide et préférant plutôt les eaux du large.

Leur corps est organisé sur le mode de la symétrie bilatérale avec un avant et un arrière et des côtés gauche et droit.

Le pied est divisé en huit (chez le Poulpe et l'Élédone) ou dix (chez la Seiche, la Sépiole et le Calmar) tentacules disposés autour de la bouche. Les tentacules du Poulpe, par exemple, sont tous de dimensions équivalentes (jusqu'à 1 m de longueur) alors que chez la Seiche, deux sont plus longs, rétractiles et servent d'organes d'attaque. Tous sont munis de ventouses à contour circulaire, perforées en leur centre (deux rangées chez le Poulpe, une seule chez l'Élédone, par exemple) servant à maintenir des objets ou des proies. Chez certains Céphalopodes, les tentacules assurent, en partie, la locomotion, par mouvements lents de reptation.

Contrairement au cas des Gastéropodes, il n'y a pas, ici, de coquille externe pour les individus des côtes de France métropolitaine (elle existe, par contre, chez l'Argonaute, le Nautile, la Spirule, vivant dans des eaux plus chaudes). En revanche, on peut en observer une, interne et plus ou moins développée (« os » de Seiche, « plume » chez le Calmar).

La tête est équipée d'une paire d'yeux (indépendants l'un de l'autre chez le Poulpe, par exemple), remarquablement organisés, avec paupière, iris, cristallin et rétine. La pupille a généralement une forme caractéristique (rectangulaire chez le Poulpe ; en fente étroite en S chez la Seiche, etc.). La tête renferme un cerveau bien développé.

La bouche située à la base des tentacules est munie de deux mâchoires cornées (bec de perroquet) et d'une radula avec des rangées de dents cornées. Elle se poursuit par l'œsophage (fig. 4.25 et 4.26) et l'ensemble de l'appareil digestif qui débouche par l'anus dans la cavité palléale, au voisinage des orifices des glandes sexuelles et de l'appareil excréteur (rein).

Pour les déplacements rapides (attaques ou fuites), les Céphalopodes peuvent rejeter avec violence, par leur entonnoir ou siphon, l'eau aspirée au préalable dans la cavité palléale. Certains d'entre eux sont aussi équipés soit d'une membrane ondulante, la jupe, entourant le corps (Seiche), soit d'ailerons ou nageoires plus ou moins développés (Calmar, Sépiole...) permettant d'assurer un positionnement sta-

4.25. *Organisation simplifiée d'une Seiche.*

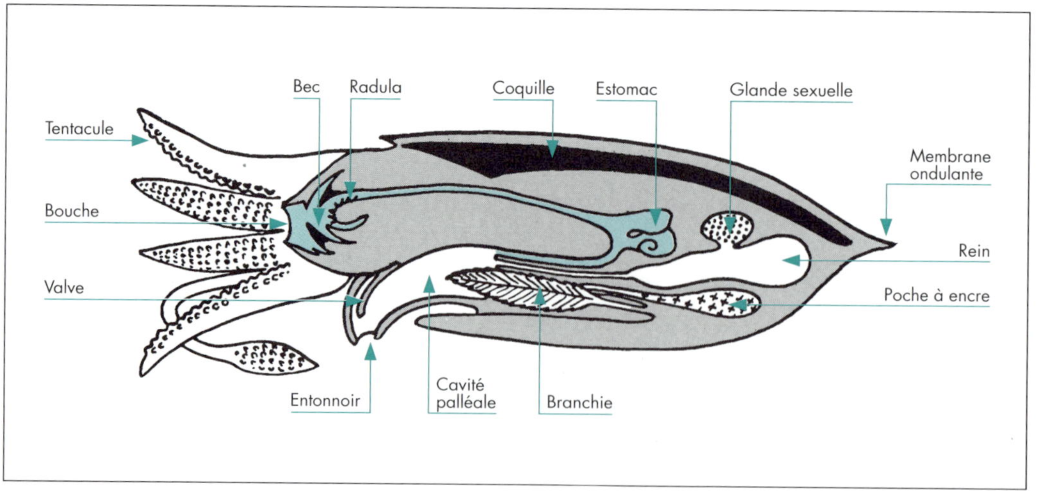

tionnaire en pleine eau. Le sens de l'équilibre est dû à deux récepteurs, les statocystes (*-cyste* : cellule ; *stato-* : de position).
Pour échapper à leurs ennemis, les membres de cette classe disposent, outre la fuite rapide, de deux moyens très perfectionnés. Ils ont tous, en effet, une poche à encre, matière colorée (pigment) de noir, la mélanine, dont les particules sont en suspension dans une substance gélatineuse. Cette poche déverse son contenu près de l'orifice de l'entonnoir, de sorte que l'encre peut être chassée avec force à l'extérieur. Elle crée ainsi un nuage qui cache l'animal ou qui en simule un autre. Le second moyen qui permet aux Céphalopodes de se prémunir de leurs adversaires est le camouflage. Leur peau renferme de nombreuses cellules colorées – ou chromatophores (*-phore* : qui porte ; *chromato-* : couleur) – de jaune, orange, rouge, brun ou noir, disposées sur plusieurs couches. Ces cellules peuvent se distendre ou se contracter à volonté, modifiant ainsi le coloris du corps (blanc, beige, brun, rouge) qui est soit uniforme soit tacheté. C'est le mimétisme ou façon de mimer, de simuler, le milieu environnant. Pour compléter cette capacité, certains comme le Poulpe et la Seiche sont capables de hérisser leur peau de renflements plus ou moins importants, adoptant de la sorte un aspect rugueux qui les cache encore mieux.
La respiration est assurée par les branchies (deux chez la plupart des Céphalopodes), très ramifiées, localisées dans la cavité palléale et alimentées en eau bien oxygénée par la circulation provoquée par l'action de l'entonnoir. Le cœur est bien développé, puissant. Le sang, dont il permet la circulation, est incolore ou bleu-vert en raison de la présence de cuivre dans la substance pigmentaire qu'il renferme, l'hémocyanine (*hémo-* : sang ; *-cyanine* : colorant bleu), et qui est responsable du transport des gaz respiratoires.

4.26. *Organisation simplifiée d'un Poulpe.*

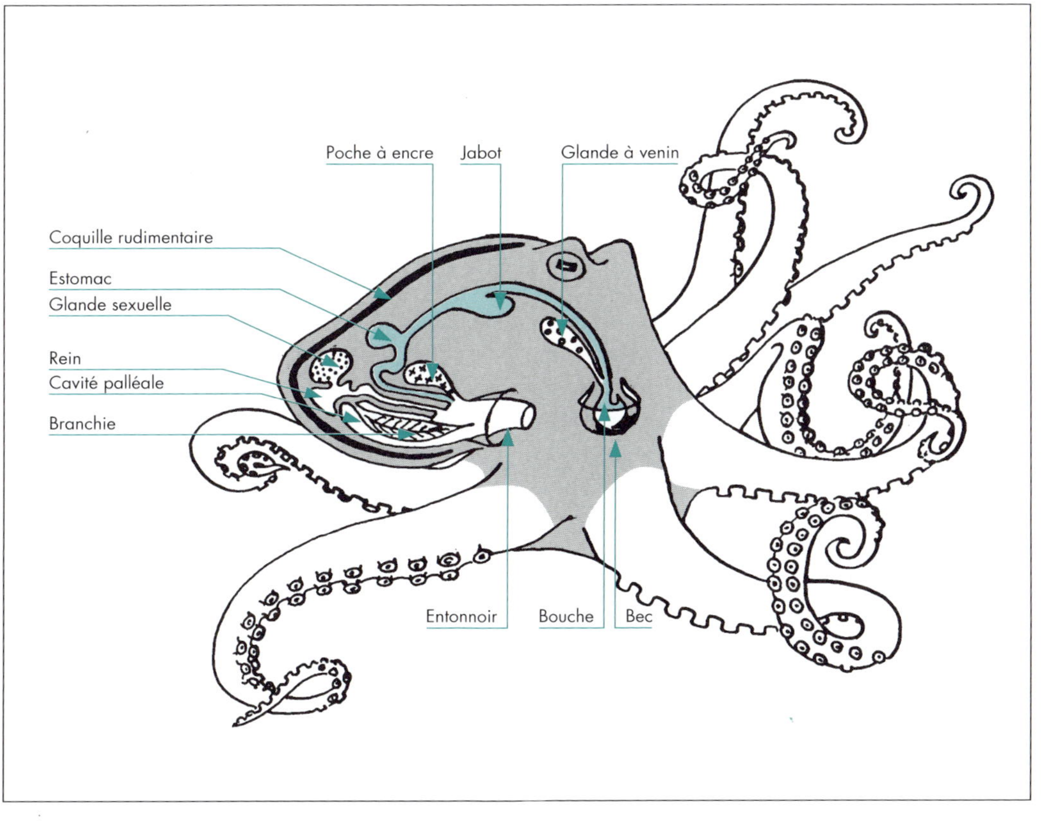

LES CÉPHALOPODES

DIMENSIONS

Pour les Céphalopodes visibles en plongée, le plus gros, sur les côtes de France métropolitaine, est le Poulpe : 1,5 m d'envergure, au maximum. Le plus petit est la Sépiole : 3 à 5 cm de longueur.

RÉGIME ALIMENTAIRE

Les Crustacés (Crevettes, Crabes, Langoustes, etc.) constituent la base de l'alimentation des Céphalopodes qui sont tous carnivores. Toutefois, certains comme le Poulpe se nourrissent aussi de Bivalves (Mollusques à coquille faite de deux valves), de Céphalopodes et même de Poissons. Ils chassent essentiellement la nuit. La plupart paralysent leur proie à l'aide d'un venin, la céphalotoxine, fabriqué par les glandes salivaires. Certains comme la Seiche ou la Sépiole s'enfouissent plus ou moins totalement dans le sable pour surprendre leurs proies.

REPRODUCTION

Il n'y a pas d'hermaphrodisme chez les Céphalopodes : les individus sont toujours soit mâle soit femelle. Il n'y a pas de véritable accouplement. Le pénis ou organe sexuel mâle fabrique de petites structures gélatineuses en forme de tube, les spermatophores (*-phore* : qui porte ; *spermato-* : les spermatozoïdes). Ceux-ci sont déposés dans la cavité palléale de la femelle par un des tentacules transformé pour la circonstance : le bras hectocotyle ou bras à cent ventouses (*hecto-* : cent ; *-cotyle* : ventouse). Chez le Poulpe, le mâle et la femelle peuvent se tenir à 1 m l'un de l'autre pour cette opération, alors que chez les Calmars, les Seiches ou les Sépioles, le rapprochement des deux partenaires se fait face à face et est plus intime avec entremêlement des tentacules.

Les spermatophores, une fois déposés, se déchirent et libèrent les spermatozoïdes qui fécondent les ovules (cellules reproductrices femelles) dès qu'ils sont produits par la femelle. Les œufs qui naissent de la fécondation sont pondus soit sous forme de grappes blanches, gélatineuses (Poulpe, environ 150 000 œufs par cordon) ou sous forme de petits sacs noirs, colorés par la mélanine, et fermes, les « raisins de mer » (chez la Seiche, 6 à 30 œufs par grappe). La femelle fixe les œufs soit au plafond de cavités (cas du Poulpe), soit sur des plantes marines ou sur des Gorgones (Seiches, Sépioles). Chez le Poulpe, elle couve et protège ses œufs contre les prédateurs.

La fécondation a lieu généralement au printemps, après la migration hivernale (vers les fonds de 80 à 100 m). La ponte se produit entre trois semaines et deux mois après. Dans certains cas, les femelles ne s'alimentent plus après la ponte et meurent assez rapidement.

À partir des œufs, naissent de nouveaux individus (20 à 30 jours d'incubation chez le Poulpe). Les naissances s'échelonnent sur une semaine environ.

ÉCOLOGIE

Certains Céphalopodes vivent au voisinage du fond. On les qualifie pour cette raison de benthiques (le *benthos* regroupe tous les organismes, animaux ou végétaux vivant près du fond ou fixés à celui-ci). Ce sont, en particulier, les Poulpes et les Élédones. Ils s'aménagent des abris dans de petites grottes ou cavités, dans des débris d'amphores, et en protègent les abords en accumulant des pierres ou des objets très variés. Ils recherchent donc de préférence les zones rocheuses.

Les Seiches, pour leur part, affectionnent les herbiers de plantes marines et les Sépioles et Sépietta les fonds de sable fin de faible profondeur (– 5 à – 10 m). Enfin, les Calmars sont pélagiques, c'est-à-dire qu'ils vivent en pleine eau, généralement au large, et n'ont pas de niche.

Tous ces animaux ont des mœurs essentiellement nocturnes. Leur durée de vie moyenne varie de 18 mois à 3 ans (Poulpes, Sépioles), jusqu'à 4 ou 5 ans (Seiches) voire 10 ans.

De très nombreux prédateurs traquent les Céphalopodes. Ainsi, les Calmars sont les proies des Requins, des Globicéphales, des Marsouins, des Espadons et même des Oiseaux, particulièrement à la période de reproduction où on peut assister à des regroupements de milliers d'individus. Les Poulpes, eux, sont très recherchés par les Mérous, les Murènes, etc. Enfin, l'homme, qui apprécie hautement la chair de la plupart des Céphalopodes, les pêche activement (voire excessivement !), soit de façon artisanale (foëne, gargoulettes), soit de façon industrielle (chalutage).

Il faut signaler aussi que certains vers peuvent parasiter les Céphalopodes en se fixant soit dans leurs branchies, soit dans leurs reins.

EXEMPLES ILLUSTRÉS

■ *Octopus vulgaris* (pl. X.3) ou Poulpe, appelé aussi Pieuvre. C'est le Céphalopode le plus connu des plongeurs. Avec ses huit tentacules, c'est un octopode (*octo*- : huit ; -*pode* : pied). Il se distingue de l'Élédone seulement par le nombre de rangées de ventouses sur les tentacules : une seule chez ce dernier, deux pour le Poulpe. Se rencontre dans la plupart des cas sur fond rocheux, depuis les premiers mètres jusqu'à – 30 à – 40 m. Souvent difficile à repérer.

■ *Sepia officinalis* (pl. X.4) ou Seiche. Elle a un corps allongé, aplati, de section ovale et assez ferme en raison de la présence de l'os ; celui-ci est bordé par la membrane ondulante et orné de stries brun foncé transversales. C'est un décapode (*deca*- : dix ; -*pode* : pied) qui peut atteindre 30 à 40 cm de longueur. On peut l'observer depuis les premiers mètres jusqu'à – 20 m sur des fonds sableux et dans les herbiers.

■ *Sepiola affinis* (pl. X.5). Ce petit décapode (3 à 5 cm) est très peu connu, sauf comme ingrédient de la paella ! Son corps a une forme rappelant celui de la Seiche avec les petits de laquelle il est souvent confondu. Il s'en différencie par la présence de deux petits ailerons ou nageoires à l'arrière au lieu de la membrane ondulante, et par les yeux très grands et globuleux. Il vit sur des fonds de sable fin, entre – 5 et – 10 m, où on ne peut l'apercevoir qu'en plongée de nuit.

NE PAS CONFONDRE

Aucune confusion n'est possible avec des membres d'un autre groupe.

OBSERVER EN PLONGÉE

- Repérer les niches de Poulpes ou d'Élédones, en recherchant les amas de pierres ou de débris avec, au voisinage, des restes de Crustacés ou des coquilles vides.
- Chercher Seiches, Sépioles (en plongée de nuit).
- Observer les différents modes de nage, le rôle de l'entonnoir, l'émission d'encre.
- Observer les variations de coloris, leur rapidité et les modifications de relief de la peau.
- Regarder les Céphalopodes chasser.
- Étudier leur capacité de réflexion.
- Observer les pontes gélatineuses des Calmars pendues au plafond des grottes.

ATTENTION

- Les Céphalopodes ne présentent aucun danger pour le plongeur sur les côtes de France métropolitaine. Ils sont particulièrement pacifiques et même faciles à domestiquer.
- Ne pas les agresser ni les brutaliser. Ils peuvent mordre avec leur bec corné, si on les maintient fermement du côté de la bouche.
- Ne pas déranger les femelles en train de couver.

EMBRANCHEMENT DES ARTHROPODES

Les Arthropodes ou animaux à pattes (*-podes*) articulées (*arthro-*) sont faits de trois couches cellulaires fondamentales. Cet embranchement regroupe à la fois des organismes vivant sur ou dans le sol (comme les Insectes, les Mille-pattes, les Scorpions ou les Araignées), et d'autres à vie surtout aquatique, soit marine, soit d'eau douce. Deux tiers de l'ensemble des espèces animales appartiennent à cet embranchement.

Le corps des Arthropodes est fait de plusieurs morceaux ou segments mobiles les uns par rapport aux autres, et est organisé sur le mode de la symétrie bilatérale. Dans la plupart des cas, il est recouvert d'une matière rigide fabriquée par la peau, la chitine, qui constitue la carapace et qui peut parfois être imprégnée de calcaire.

La classe des Crustacés (animaux à croûte, à carapace) regroupe les Arthropodes aquatiques marins que connaissent les plongeurs et, pour beaucoup, les gastronomes (Araignées de mer, Cigales de mer, Crabes, Crevettes, Homards, Langoustes, Langoustines, etc.). Certains, adaptés à l'eau douce, comme l'Écrevisse, sont aussi bien connus et appréciés.

Classe des Crustacés

L'organisme des Crustacés est constitué de trois parties généralement bien distinctes : la tête, le thorax et l'abdomen. Chacune est faite de segments au nombre précis mais variable selon les groupes considérés. Les mouvements des segments les uns par rapport aux autres sont possibles grâce à l'amincissement de la chitine au niveau de leur jonction.

Chaque segment porte une paire de prolonge-

4.27. *Organisation simplifiée de la Langoustine (coupe en long et vue de dessus de la moitié gauche).*

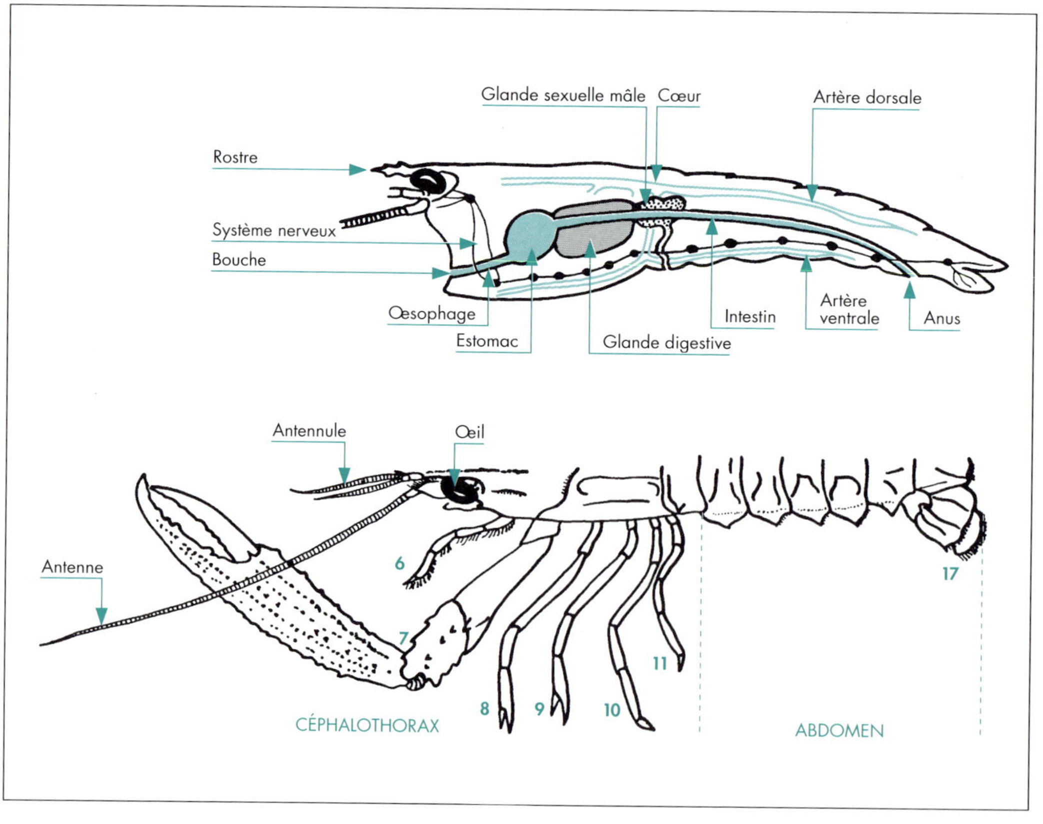

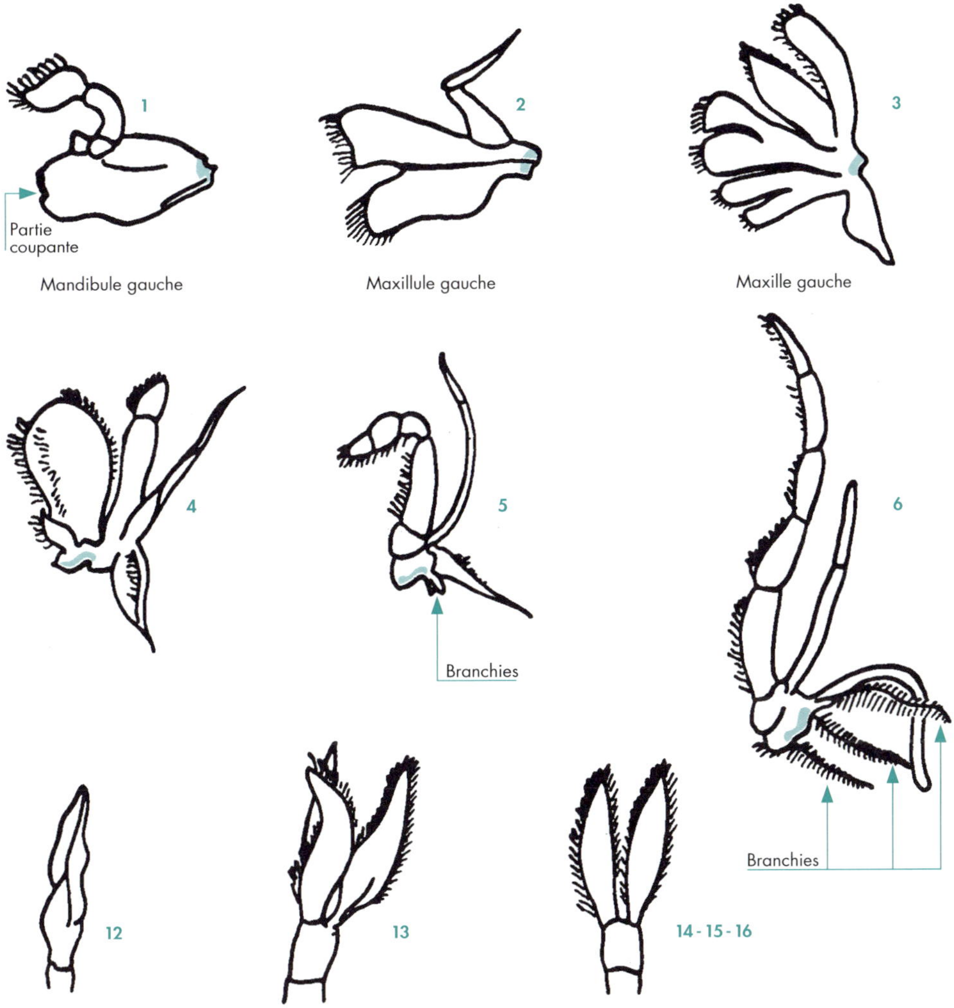

4.28

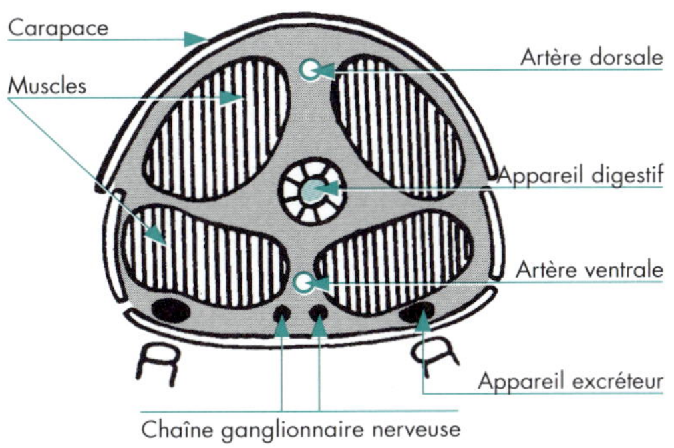

4.29

4.28. *Les différents appendices de la Langoustine.*
1 à 3 : appendices céphaliques masticateurs.
4 à 6 : appendices thoraciques préhensiles et masticateurs.
7 à 11 : appendices thoraciques locomoteurs (voir fig. 4.27).
12 à 17 : appendices abdominaux natatoires (pour 17, voir fig. 4.27).

4.29. *Coupe transversale simplifiée d'un Crustacé au niveau de l'abdomen.*

ments (appendices) formés habituellement d'une ou de deux séries d'articles au nombre et aux formes très variables selon les groupes et même, parfois, chez un même individu. Les articles des appendices sont mobiles les uns par rapport aux autres : ils sont articulés.

Les segments de la tête portent les appendices céphaliques, dont certains sont des organes sensoriels tandis que d'autres sont destinés à saisir et broyer les aliments, et disposés, alors, autour de la bouche. Ainsi, chez la Langoustine (fig. 4.27), la tête porte deux paires d'antennes (de l'avant vers l'arrière : antennules, puis antennes), une paire d'yeux et trois paires d'appendices à rôle masticateur (fig. 4.28 : 1, 2 et 3) destinés à couper, râper ou trier.

Le thorax présente huit paires d'appendices. Les trois premières (fig. 4.28 : 4, 5 et 6) servent à saisir et mastiquer les aliments. Les cinq autres (fig. 4.27 : 7 à 11) assurent essentiellement la locomotion, mais la première d'entre elles est surtout destinée à la capture des proies, les deux derniers articles étant transformés en une pince puissante (fig. 4.27 : 7) chez la Langoustine (mais aussi chez le Homard, l'Écrevisse, etc.). Les autres se terminent en petite pince (fig. 4.27 : 8 et 9) ou en griffe (fig. 4.27 : 10 et 11). Enfin, l'abdomen, communément appelé queue, porte six paires de pattes nageuses. Les deux premières, chez le mâle, sont modifiées en appareil copulateur (fig. 4.28 : 12 et 13). Les trois suivantes (fig. 4.28 : 14 à 16), modifiées en rames, permettent la nage. La dernière (fig. 4.27 : 17) est très élargie et aplatie : elle joue un rôle majeur dans les mouvements de fuite, en dirigeant la trajectoire et en renforçant l'action des contractions de l'abdomen. Chez la femelle, les pattes nageuses (fig. 4.28 : 12 à 16) maintiennent les œufs sous l'abdomen.

Les différents types d'appendices décrits ci-dessus et leur mode d'organisation se retrouvent, à quelques différences près, chez tous les membres de l'ordre des Décapodes – animaux à dix (*déca*-) pattes locomotrices (-*podes*) –, c'est-à-dire pratiquement chez tous les Crustacés comestibles.

Il existe très souvent chez ces derniers (comme chez d'autres Crustacés appartenant à des ordres différents) une fusion de certains de leurs segments comme ceux de la tête. La carapace chitineuse peut alors recouvrir de façon uniforme tête et thorax, constituant le céphalothorax, bouclier de protection des organes vitaux. Parfois, à l'avant de la tête, l'animal possède un renfort de la carapace, pointu, épineux ou fortement cranté. C'est le rostre, qui protège les yeux et l'avant de l'animal.

La bouche, située à la base des yeux, se poursuit par un œsophage, un estomac, parfois tapissé à l'intérieur de plaques coriaces, et un intestin qui débouche, par l'anus, dans la partie ventrale du dernier segment de l'abdomen. Une glande digestive volumineuse, située à l'arrière de l'estomac, entoure le début de l'intestin.

Chez les Crustacés, la respiration s'effectue soit par passage direct des gaz respiratoires au travers de la peau et de la chitine amincie (cas des petites espèces), soit au moyen de branchies lamelleuses ou filamenteuses portées, chez les Décapodes, par les premiers articles des appendices thoraciques (les mouvements des appendices permettent le renouvellement de l'eau). Dans ce dernier cas, ces organes sont protégés par la carapace du céphalothorax. Le Cloporte, un des rares Crustacés vivant en milieu terrestre (on le trouve sous les pots de fleurs), respire aussi à l'aide de pattes branchiales.

L'appareil circulatoire est très simple. Il est composé d'un cœur simpliste, fait d'une oreillette et d'un ventricule, qui est en relation avec une volumineuse artère dorsale et une ventrale (fig. 4.29). Le sang, ailleurs, circule de façon diffuse, sans vaisseaux bien délimités, entre les branchies, les muscles et les viscères.

Le système nerveux est fait d'une masse de ganglions faisant office de cerveau, située dans la tête à la base des yeux, et d'une chaîne ganglionnaire dédoublée vers l'avant, disposée dans la partie ventrale de l'animal et qui court tout au long du corps. Pour le maintien de leur équilibre, les Crustacés possèdent des organes spéciaux localisés à la base des antennes ou dans les appendices abdominaux. Les poils, qui recouvrent en partie ou en totalité les individus, sont sensoriels. Ils détectent les courants d'eau ou les substances dissoutes dans l'eau. Certaines espèces peuvent percevoir les sons grâce à des capteurs disposés au niveau des

articulations des appendices. Les yeux, simples ou composés, sont presque toujours par paires.
Il n'y a pas de vrais reins chez les Crustacés, mais des appareils excréteurs plus simples, disposés par paire dans chaque segment.
Enfin, les Crabes et les Crevettes peuvent changer leur coloration pour mieux se confondre avec leur milieu. Toutefois, ces modifications sont lentes car elles se réalisent grâce à l'action d'hormones. Chez les Céphalopodes, nous l'avons vu, ces variations de couleur existent aussi ; mais elles sont beaucoup plus rapides car commandées par le système nerveux.
La croissance de l'organisme n'est pas empêchée par la présence de la carapace chitineuse. En effet, à certaines époques de l'année, les Crustacés se débarrassent des couches externes rigides de leur cuirasse, qui se détachent. C'est la mue. Ce phénomène est immédiatement suivi par une courte période de croissance, au cours de laquelle l'animal est vulnérable. L'arrêt de la croissance est provoqué par le durcissement progressif des parties molles de la carapace, mises à nu par la mue. Ce mécanisme se répète tout au long de la vie de l'individu.
Les Crustacés ont des genres de vie et des formes très variés. Aussi, le caractère de base qui permet de les classer en différents ordres est-il, la plupart du temps, l'aspect général des appendices. Ainsi, l'ordre des Amphipodes regroupe les animaux à pattes (-*podes*) situées de part et d'autre (*amphi*-) ; celui des Cirripèdes, les individus à pattes (-*pèdes*) en touffe de cheveux (*cirri*-) ; celui des Cladocères, les organismes à antennes (-*cères*) ramifiées (*clado*-) ; celui des Copépodes, des animaux à pattes en forme de rame (*copé*-) ; celui des Isopodes, les organismes à pattes toutes égales (*iso*-) ; celui des Phyllopodes, les individus à pattes en forme de feuille (*phyllo*-) et celui des Schizopodes, les exemplaires à pattes divisées (*schizo*-).
Chaque ordre peut être subdivisé à son tour. Ainsi, on peut distinguer, parmi les Décapodes, les Macroures à queue ou abdomen (-*ures*) de grande taille (*macro*-), les Anomoures à queue anormale (*anomo*-) comme le Bernard-l'ermite et, enfin, les Brachyoures à queue courte (*brachy*-) tels les Crabes et Araignées de mer.

LES CRUSTACÉS

DIMENSIONS

Depuis une centaine de micromètres ou microns (1 / 1 000 de millimètre) jusqu'à 70 - 80 centimètres.

RÉGIME ALIMENTAIRE

Très varié selon les groupes considérés. Les Crustacés microscopiques ou de faible dimension mais visibles à l'œil nu se nourrissent soit de débris organiques ou de matières en décomposition (comme le Talitre ou Puce de mer, voir fig. 4.30), soit de bactéries, de micro-algues ou d'animaux du plancton (comme la Ligie, voir fig. 4. 31). Certains, comme la Mysis (fig. 4.32), récupèrent les débris alimentaires d'autres organismes comme les Anémones de mer au voisinage desquelles on les trouve habituellement. D'autres sont des filtreurs (comme les Balanes, voir fig. 4.33 et 4.34). Enfin, les Crustacés de taille plus importante sont des carnivores ou même des mangeurs de cadavres, des nécrophages (*necro*- : des morts ; -*phage* : qui se nourrit).
Les appendices situés au voisinage de la bouche sont toujours adaptés au régime alimentaire des individus.
Il faut signaler aussi que certains membres de l'ordre des Copépodes et de celui des Isopodes, entre autres, sont parasites : ils se nourrissent aux dépens de leur hôte. On en trouve ainsi sur d'autres Crustacés, fixés sur l'abdomen ou dans les cavités naturelles, ou sur des Poissons, attachés à la peau, aux yeux, aux narines ou aux branchies.

REPRODUCTION

Dans la plupart des cas, les sexes mâle et femelle sont portés par des individus différents. Dans ce cas, les individus se distinguent l'un de l'autre par des variantes de formes (exemple : chez la Langoustine mâle, les appendices 12 et 13). Chez les Crabes, la distinction porte sur l'extrémité de l'abdomen qui est repliée : elle est triangulaire chez les mâles et arrondie chez les femelles.
Cependant, les sexes peuvent parfois être regroupés sur un même organisme, qualifié alors d'hermaphrodite, comme chez les Cirripèdes (exemple : la Balane).
La fécondation s'effectue presque toujours par copulation entre deux individus, le pénis de celui qui joue le rôle de mâle pénétrant dans la cavité générale du par-

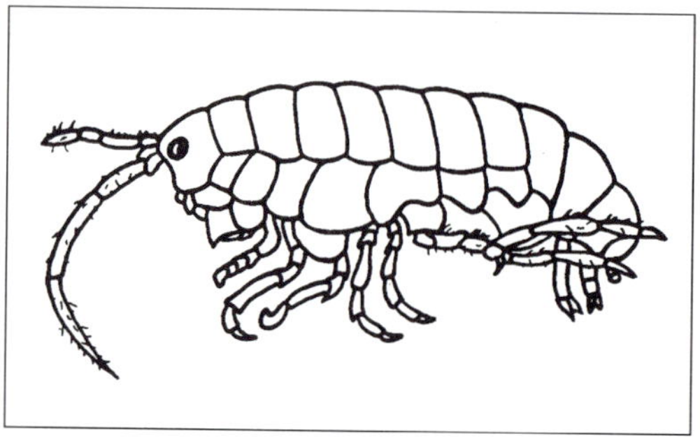

4.30. *Le Talitre (Puce de mer). Seuls les appendices du côté gauche sont représentés. (Amphipodes). L : 18 à 25 mm.*

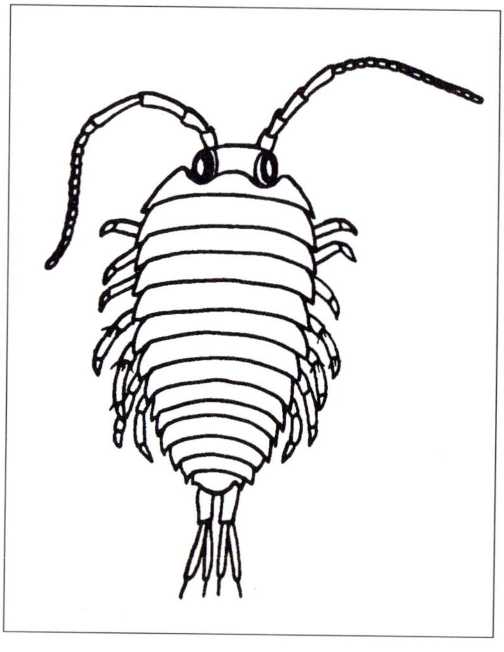

4.31. *La Ligie, vue de dessus. (Isopodes). L : 20 à 25 mm.*

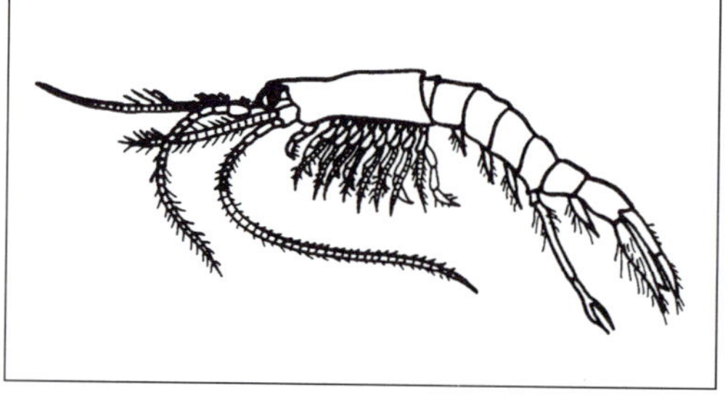

4.32. *La Mysis. Seuls les appendices du côté gauche sont représentés. (Schizopodes). L : 15 à 20 mm.*

tenaire qui y libère les cellules reproductrices femelles (ovules). Les œufs qui naissent de la fécondation sont soit portés dans une sorte de sac (poche incubatrice), soit fixés aux appendices abdominaux. Ils donnent le jour à des larves nageuses microscopiques (fig. 4.76) qui vivent près de la surface, participant alors à la composition d'une partie du plancton (c'est-à-dire tous les êtres généralement de petite taille qui errent en pleine eau). Au cours de leur croissance et avant de redonner de nouveaux individus, les larves peuvent changer d'aspect une ou plusieurs fois. Elles subissent, comme certains insectes, des métamorphoses. Les Crustacés peuvent régénérer un ou plusieurs appendices perdus par accident ou à la suite de combats avec des prédateurs. Il y a repousse à la mue suivante.

ÉCOLOGIE

Les Crustacés vivent à toutes les profondeurs et dans toutes les mers, en pleine eau comme sur le fond. Beaucoup des petites espèces constituent une partie importante du plancton.

Les Crabes, les Crevettes et les Puces de mer vivent cachés sous les pierres, dans les failles, enfouis dans le sable ou au milieu des algues. Certains Crabes se camouflent en installant sur leur carapace des rameaux d'algues qui, en se développant, dissimulent l'animal, mais constituent parfois une gêne en ralentissant ses déplacements.

Les Homards, les Langoustes, les Galathées se complaisent dans les fentes de rocher. Les Bernard-l'ermite élisent domiciles dans des coquilles de Gastéropodes vides, dont ils garnissent souvent la surface d'Éponges ou d'Anémones pour échapper à leurs prédateurs. Ils changent de coquille au cours de leur croissance. D'autres vivent même directement dans des Éponges.

Certaines espèces de Crevettes, comme le genre *Pontonia* (longueur : 2 à 3 cm), habitent à l'intérieur de Mollusques Lamellibranches (cas des Moules et surtout des « Jambonneaux ») vivants avec lesquels ils sont associés (on parle de commensalisme), tandis que d'autres se développent sur les feuilles des plantes marines à fleurs *(Posidonia)*. Leur corps est aplati et coloré en vert, simulant parfaitement les feuilles.

Les Cirripèdes, eux, sont fixés sur les rochers, les carapaces d'autres Crustacés, les coquilles de Mollusques, la peau des Baleines... Certains Copépodes et Isopodes sont accrochés à d'autres animaux et les

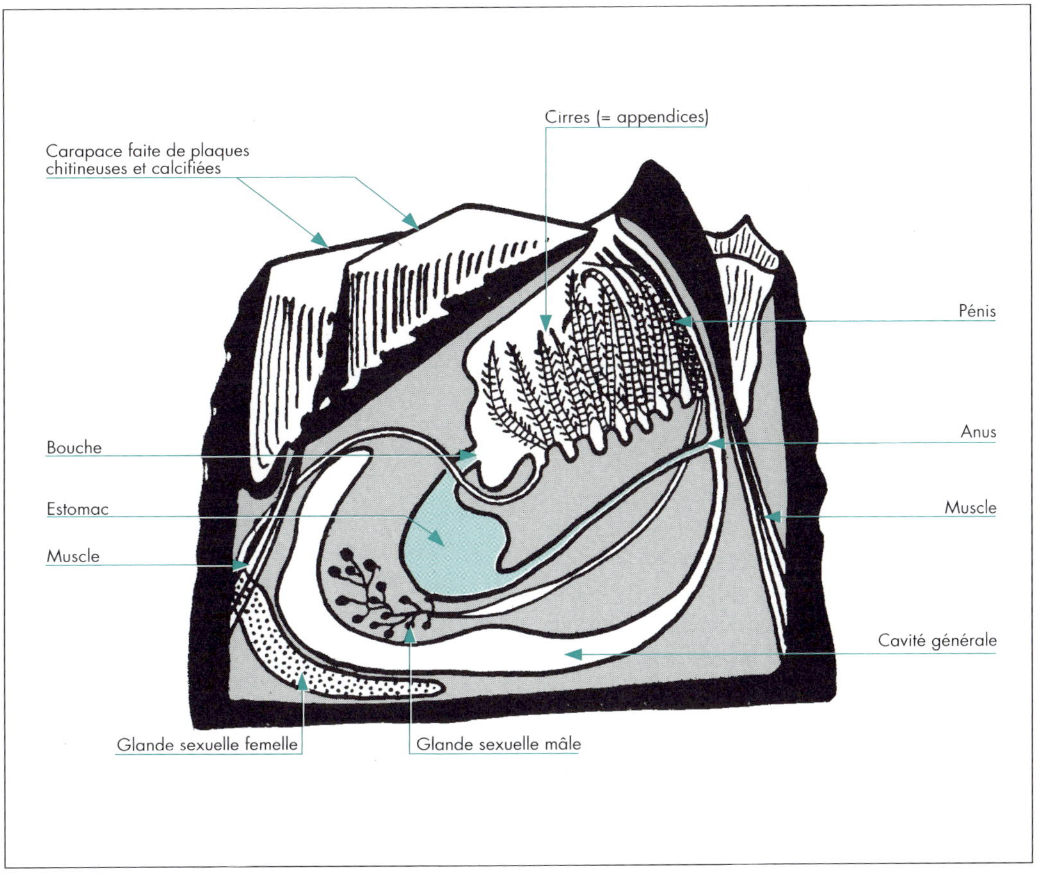

4.33. *Organisation simplifiée d'une Balane. (Cirripèdes). Diamètre : 15 à 20 mm.*

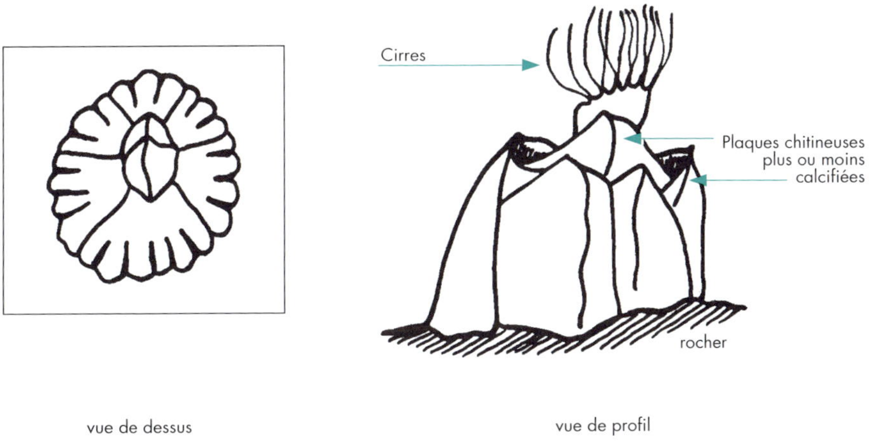

4.34. *Vues de dessus et de profil d'une Balane .*

parasitent. Enfin, il existe des Crustacés qui creusent de grandes galeries dans le sable ou la vase et dont on ne voit que les orifices. Ils n'en sortent presque jamais.

Il faut signaler aussi que des organismes comme les Langoustes, les Araignées de mer ou les Crabes tourteaux (dormeurs) sont capables de grandes migrations collectives dans certaines régions du monde.

Les Crustacés constituent la base de l'alimentation de bon nombre d'animaux, en particulier des Céphalopodes, des Poissons et même des Mammifères (plusieurs espèces de Baleines se nourrissent presque exclusivement de Krill, sorte de crevettes qui nagent en bancs énormes en pleine eau).

EXEMPLES ILLUSTRÉS

■ *Palinurus vulgaris* (pl. XI.1). C'est la Langouste dont le nom provient d'un mot latin qui signifie sauterelle. Ce Décapode Macroure est coloré de brun violacé avec, dispersées, des taches jaunâtres. Il se distingue de la plupart des autres par l'absence de pinces sur la première paire de pattes locomotrices. Sa carapace est puissamment armée de pointes sur le céphalothorax et de plaques tranchantes sur l'abdomen. Ses dimensions varient en moyenne entre 30 et 50 cm de longueur, mais le plus grand exemplaire connu dépasse le mètre ! Vit sur les fonds de rochers et graviers, la plupart du temps camouflé dans les fentes d'où dépassent les très longues antennes facilement repérables. Fréquemment rencontré entre – 10 et – 80 m, mais les prélèvements inconsidérés effectués tant par les pêcheurs que par certains plongeurs autonomes sans scrupules (or, la loi est formelle !) ont fait régresser l'espèce sur toutes nos côtes.

■ *Macropodia longirostris* (pl. XI.2). Ce Décapode Brachyoure est un Crabe qui n'excède pas 2 cm. Il est très caractéristique avec ses pattes très longues, grêles et légèrement velues à l'exception de la première paire qui porte les pinces. La cuirasse, boursouflée de plusieurs renflements, est de forme triangulaire avec un long prolongement, dédoublé, épineux, vers l'avant (le rostre). La couleur est jaunâtre mais souvent l'animal porte des fragments d'algues ou d'éponges qui le rendent presque invisible dans son environnement. Se rencontre depuis les faibles profondeurs jusqu'à au moins – 40 m, sur tous les types de fonds, mais souvent parmi les algues. Il se nourrit essentiellement de Bryozaires, de petits Crustacés et de Cnidaires.

NE PAS CONFONDRE

- Les *Mysis* sont souvent confondues avec des alevins de Poissons. Leurs faibles dimensions ne permettent pas de faire la différence à l'œil nu. Elles forment souvent des bancs denses au voisinage immédiat des anémones.
- Certains Crabes à appendices très grêles rappellent des Araignées (Arthropodes ; classe : Arachnides). Le nombre de pattes chez ces dernières est de huit ; il est de dix (pinces comprises) chez les premiers.

OBSERVER EN PLONGÉE

- Les Bernard-l'ermite portant des Anémones sur leur coquille.
- Les Isopodes parasites de Poissons.
- L'apparition et la disparition rythmiques des appendices de Balane (regarder de près).
- Les Crabes mâles, dont la partie terminale de l'abdomen, repliée sur le thorax, est triangulaire, et les femelles, chez lesquelles elle est arrondie.
- Les Crevettes, en les attirant avec des morceaux de viande avariée ou en les recherchant dans les failles, avec une torche, en plongée de nuit. Elles sont souvent abondantes dans les trous à Congres.
- La nage des Homards ou des Langoustes, en les délogeant avec précaution de leur antre avec le tuba.
- Les mouvements des appendices au voisinage de la bouche.
- Écouter, sous l'eau, les claquements secs des pinces de certains Crustacés *(Alpheideae)*.

ATTENTION

- En plongée, ne remonter aucun Crustacé et tout particulièrement ceux qui sont comestibles.
- Lorsqu'on la saisit par le dessus de sa carapace, l'Araignée de mer replie ses appendices vers le haut et peut coincer ainsi les doigts contre les épines dont elle est hérissée. Douloureux ! Mettre alors l'animal sur le dos.
- Les pinces des gros Crabes et Homards sont très puissantes. Ne pas y laisser traîner ses doigts !
- Les queues de Langoustes sont équipées de lames chitineuses très tranchantes. Ne pas tenter de les saisir à main nue.
- Ne pas essayer de déloger les Langoustes de leur trou en tirant sur les antennes. On réussit seulement à les casser.

EMBRANCHEMENT DES BRYOZOAIRES

Les Bryozoaires, ou animaux ressemblant à des végétaux de l'embranchement des Bryophytes (*-phytes* : plantes, *bryo-* : mousses), sont aussi appelés Ectoproctes (c'est-à-dire à anus extérieur) ou Polyzoaires (*poly-* : nombreux, *-zoaires* : animaux). Ce sont des organismes coloniaux fixés, souples ou fermes, très cassants au toucher. Chacun des individus constitutifs de la colonie est un polypide.

Son organisation est caractérisée par une symétrie bilatérale. Il possède une bouche bordée par une couronne de tentacules ciliés (bouche + tentacules = lophophore; voir fig. 4.35) rétractiles, un estomac, un intestin et un anus localisé à la base du lophophore et distinct de la bouche. Un système nerveux est développé avec une sorte de cerveau.

Chaque polypide est situé dans une logette ou zoécie (zoécie + polypide = zoïde) que génèrent les individus. Selon les espèces, la forme des zoécies est aplatie, tubulaire, quadrangulaire... Ces logettes ont une paroi de nature chitineuse, calcifiée ou non. Les orifices par lesquels sortent les polypides peuvent modifier leur diamètre, être rigides ou même être obturés par un bouchon (opercule). Chez certaines espèces, on rencontre des zoïdes spécialisés dans le nettoyage ou la défense (vibraculaires, aviculaires) avec des opercules très particuliers.

Les colonies de Bryozoaires ont des formes très diversifiées, en croûtes, en arbuscules, en masses charnues ou calcifiées, toujours très finement ornementées. Leur couleur peut être blanche, beige, orangé à rouge, parfois avec des taches vertes en surimpression. Enfin, certains Bryozoaires hébergent dans les cavités générales de leurs zoécies des animaux unicellulaires (Ciliés), des microchampignons et des micro-algues. La présence de ces dernières se manifeste par des colorations particulières.

Les Bryozoaires, en raison de leur enveloppe coriace, ont peu de prédateurs. Certains Gastéropodes (Nudibranches) et de petits Arthropodes en font cependant leur nourriture de base.

4.35. *Fragment de colonie de Bryozoaire simplifiée avec deux polypides, l'un déployé, l'autre rétracté.*

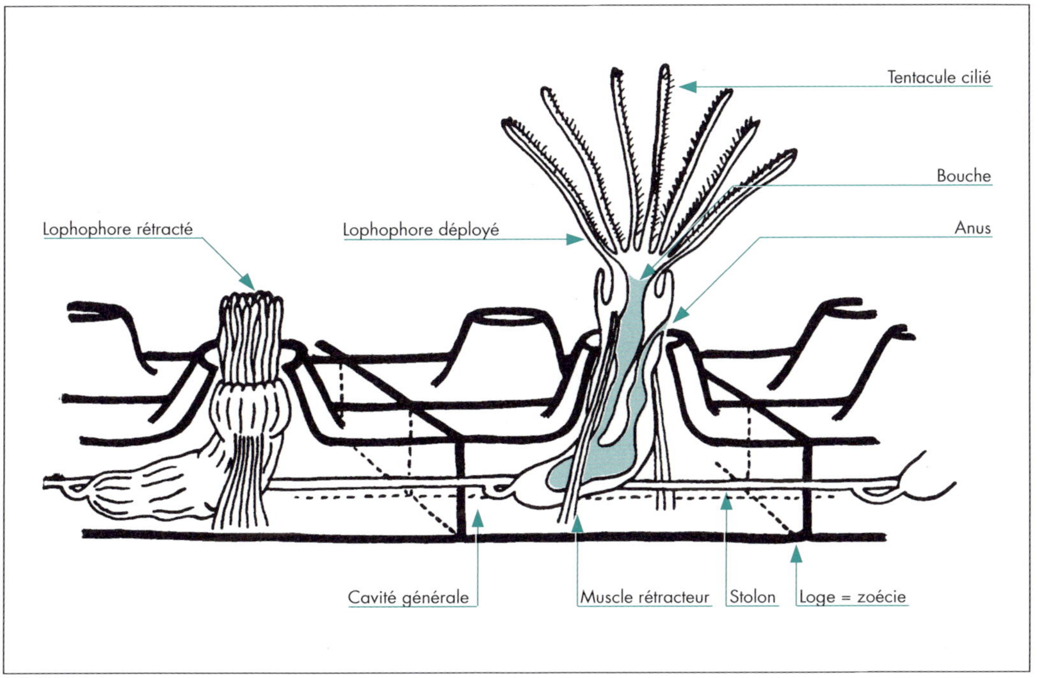

LES BRYOZOAIRES

DIMENSIONS

Longueur d'un zoïde : de 1 à 2 mm.
Longueur ou diamètre des colonies : jusqu'à 50 cm.

RÉGIME ALIMENTAIRE

Les Bryozoaires se nourrissent essentiellement d'organismes unicellulaires animaux (Protozoaires) ou végétaux (Protophytes) et, pour ces derniers, surtout de Diatomophycées (Diatomées). Les mouvements des tentacules et les battements de leurs cils drainent les micro-organismes vers la bouche et sont à l'origine de la circulation de l'eau. Nutrition et respiration n'ont lieu que lorsque le polypide est déployé.

REPRODUCTION

Les sexes sont portés le plus souvent par des colonies différentes, mais on connaît des cas d'hermaphrodisme (sexes mâle et femelle sur la même colonie). Les glandes sexuelles (gonades) sont situées près de l'intestin.
La fécondation a lieu dans la zoécie. L'œuf qui en résulte est incubé directement dans la logette ou dans une chambre incubatrice (ovicelle). Il s'y développe en larve nageuse qui est libérée et passe un temps plus ou moins long dans le plancton. Elle finit par se fixer, construit une nouvelle zoécie et génère une nouvelle colonie par bourgeonnement de nouveaux polypides.

ÉCOLOGIE

Les Bryozoaires se développent sur des rochers, des coquillages, des algues, des plantes marines à fleurs, des épaves, depuis la surface jusqu'à des profondeurs excessives pour les plongeurs autonomes. On en connaît quelques espèces en eau douce.
Ils constituent une partie de ce que l'on appelle les salissures marines ou *fouling* (avec les Micro-algues, les Spongiaires, les Hydraires, les Vers à tubes calcaires, les Cirripèdes et les Ascidies), qui se développent sur les coques de bateaux ou les jetées des ports.

EXEMPLES ILLUSTRÉS

■ *Membranipora membranacea* (pl. XI.5) appelé aussi napperon de dentelle. Colonie rampante développée surtout sur les frondes des Laminaires (algues brunes), sur lesquelles elle forme un très fin réseau blanc vif, d'allure plus ou moins discoïde. La paroi des zoécies est calcifiée. Les logettes sont de section rectangulaire et disposées très régulièrement en files parallèles. Longueur des colonies : jusqu'à 40 cm. Bryozoaire rencontré jusqu'à – 30 m.

■ *Myriapora truncata* (pl. XI.4) ou faux corail. La colonie est arbusculeuse, régulièrement ramifiée. Les rameaux ont les extrémités tronquées. Très ferme au toucher car forte calcification. La couleur varie du jaune à l'orangé sombre. Ce Bryozoaire atteint 10 à 15 cm de hauteur. Il vit en Méditerranée seulement, fixé sur des tombants rocheux, dans des failles, sous des surplombs et dans des grottes, jusqu'à – 20 m.

■ *Sertella septentrionalis* (pl. XI.3) ou dentelle de Neptune. Ce Bryozoaire est bien connu de tous les plongeurs. Ses colonies sont en forme de lame contournée, dressée, très finement perforée en réseau simulant un filet, ferme (car calcifiée) mais très fragile. La couleur est rose ou orange pâle. Diamètre des colonies : jusqu'à 15 cm. Vit fixé par une base étroite sur des tombants rocheux, sous des surplombs et dans des grottes, depuis – 5 m jusqu'à – 100 m.

NE PAS CONFONDRE

• Avec les Hydraires : les Bryozoaires sont opaques et rugueux ; ils ne sont pas venimeux.
• Avec les Ascidies coloniales.
• *Myriapora truncata* est souvent confondu avec le Corail rouge *(Corallium rubrum)* par les plongeurs inexpérimentés.
Le Bryozaire est orangé et non rouge vif ; les extrémités de ses rameaux sont tronquées et non arrondies.

OBSERVER EN PLONGÉE

• Les délicats réseaux des zoécies.
• Les prédateurs souvent très camouflés (mimétisme).
• Les lophophores, trop petits, ne sont pas visibles en plongée.

ATTENTION

• Ne prélever en aucun cas la dentelle de Neptune ou tout autre exemplaire.
• Éviter les coups de palmes intempestifs près des tombants ou dans les grottes, pour ne pas briser ces organismes fragiles dont la croissance est très lente.

EMBRANCHEMENT DES CHORDÉS

Cet embranchement regroupe tous les animaux possédant une « corde » ou axe squelettique, localisée dans leur partie dorsale et, ce, pendant une période ou la totalité de leur vie.

Sous-embranchement des Tuniciers

Les Tuniciers (animaux à tunique) ou Urocordés (animaux à « corde » située dans la queue, *uro*-) sont des organismes uniquement marins, pratiquement toujours visibles à l'œil nu à l'état adulte.

Des trois classes de Tuniciers, seule celle des Ascidies est connue des plongeurs. Elle est donc la seule traitée ici.

Les Ascidies sont des animaux qui vivent solitaires ou en colonies. Dans le premier cas, elles sont cylindriques ou en forme de tonneau ; dans l'autre, elles constituent des masses plus ou moins informes et gélatineuses.

Le corps d'une Ascidie solitaire est un sac à deux orifices, fixé solidement à son support par des prolongements simulant des racines (stolons). Un orifice est situé à la partie supérieure de l'individu (fig. 4.36), dans l'axe du corps. C'est le siphon inhalant qui fait office de bouche et par lequel pénètre l'eau. Le second orifice est disposé sur le côté, dans le tiers supérieur de l'animal. C'est le siphon exhalant ou cloacal. Son rôle est d'évacuer l'eau chargée des déchets de l'alimentation et de la respiration.

L'enveloppe générale du corps, la tunique, est soit transparente, soit laiteuse, ou encore dense et rugueuse. Sa coloration peut être très variée. Elle est constituée presque uniquement d'une matière tout à fait exceptionnelle chez les animaux, à savoir la cellulose (la tunicine), molécule habituellement végétale. Cette enveloppe est élaborée par l'épiderme et irriguée par des vaisseaux sanguins. Chez certaines espèces, elle peut être très épaisse et renfermer aussi des particules minérales assez semblables à celles de certains Spongiaires. Ce sont des spicules ; leur forme est souvent caractéristique de l'espèce.

À l'intérieur de l'Ascidie, le siphon inhalant se poursuit par une grande poche, le pharynx, qui occupe une partie importante de la cavité générale. Sa paroi est percée de nombreuses fentes très fines disposées parallèlement à l'axe du corps, formant un réseau de perforations dont le rôle est d'assurer la respiration et la filtration des aliments. Il s'agit donc à la fois d'une branchie (appareil respiratoire qui prélève l'oxygène dissous dans l'eau aspirée) et d'un œsophage. La partie interne du pharynx est tapissée de cellules munies de cils qui, par leurs battements, assurent la circulation de l'eau. Celle-ci, débarrassée des gaz respiratoires et des aliments, traverse les fentes et s'écoule d'abord dans la cavité générale, puis dans la cavité exhalante, pour être ensuite rejetée au loin par le siphon exhalant. La vitesse du courant d'eau est d'environ 60 cm / min. L'Ascidie est un animal filtreur. On estime à 100 litres le volume d'eau de mer pompé quotidiennement par un animal de taille moyenne.

Au pharynx font suite d'abord l'estomac, puis l'intestin, qui se termine par l'anus qui s'ouvre dans la cavité exhalante au voisinage immédiat des orifices des glandes sexuelles.

L'animal possède aussi un cœur dépourvu de

4.36. *Organisation simplifiée d'une Ascidie solitaire.*

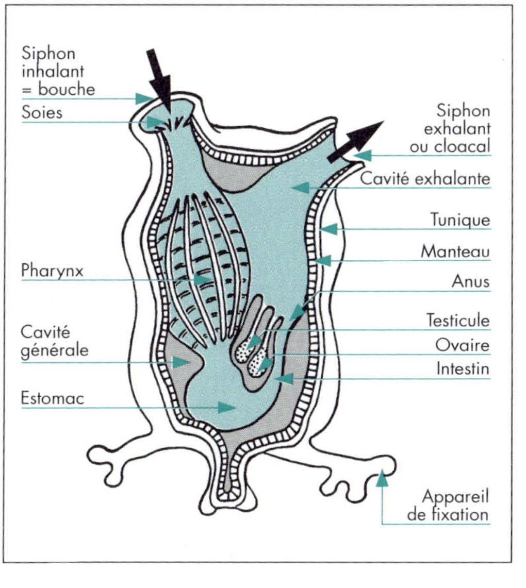

valvules et dont la circulation s'inverse régulièrement (20 à 30 battements dans un sens, suivis de 40 dans l'autre). Le système nerveux est également assez élaboré.

Les Ascidies sont des animaux rétractiles. Lorsqu'ils sont perturbés, ils se contractent et ferment leurs siphons à l'aide de soies. La capacité de régénération est étonnante.

Les Ascidies coloniales sont constituées par plusieurs individus unis entre eux par des stolons, c'est-à-dire des prolongements de leurs appareils de fixation respectifs. Les formes composées sont faites d'individus intimement soudés les uns aux autres. La tunique, dans ce cas, est commune et les membres de l'association sont disposés en couronne autour de l'orifice exhalant unique (fig. 4.37). Enfin, beaucoup de genres hébergent dans leur cavité générale des micro-algues qui peuvent conférer à leur hôte une coloration particulière.

4.37. *Organisation simplifiée d'un fragment d'Ascidie composée.*

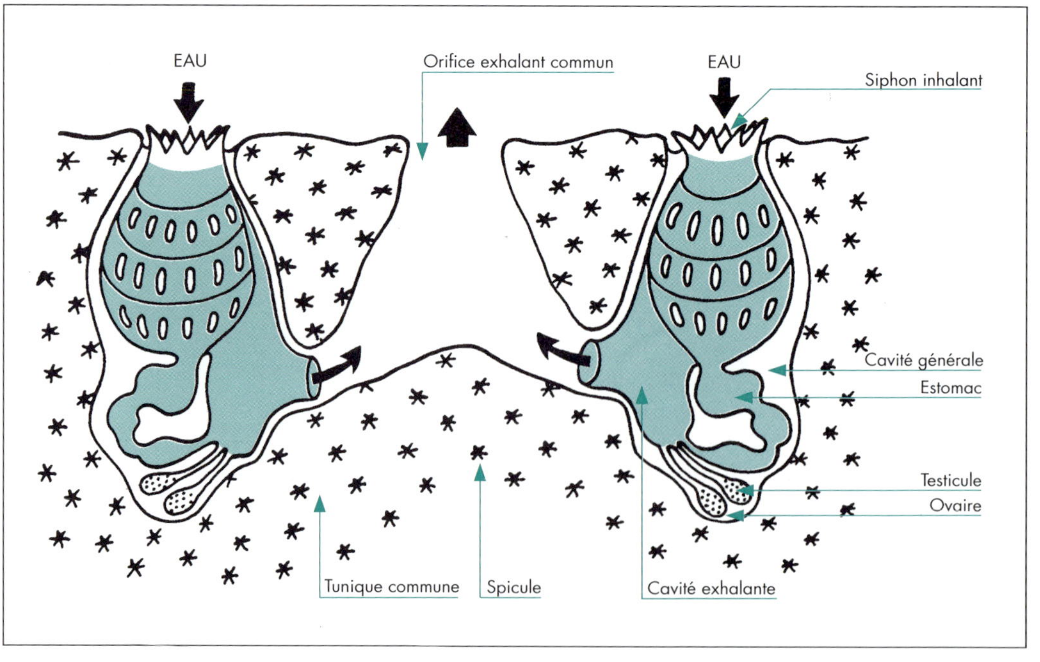

LES TUNICIERS

DIMENSIONS

De 5 mm à 20 cm pour les Ascidies solitaires ; jusqu'à 50 cm pour les colonies d'Ascidies composées.

RÉGIME ALIMENTAIRE

Les Ascidies, animaux filtreurs, se nourrissent d'organismes planctoniques, micro-algues et micro-animaux, de bactéries et de particules organiques.

REPRODUCTION

Les Ascidies sont presque toujours hermaphrodites, chaque individu possédant un testicule et un ovaire. Les produits des glandes sexuelles sont déversés dans la cavité exhalante. La fécondation a lieu soit dans cette cavité, soit à l'extérieur, dans l'eau de mer. L'œuf résultant de la fécondation se développe soit dans la cavité (espèces vivipares, libérant directement les larves vivantes), soit dans l'eau de mer (espèces ovipares, expulsant les œufs). Il engendre une larve nageuse dont les caractéristiques expliquent la position des Tuniciers dans la classification, au voisinage immédiat des Vertébrés. En effet, la larve (fig. 4.75), longue de 1 mm à peine, possède une « corde », sorte de colonne vertébrale non segmentée, localisée seulement dans la queue (d'où aussi le nom d'Urocordés ou Urochordés ; *uro-* : queue) et dans la région dorsale. Ce cordon élastique confère une certaine rigidité à la queue. La larve est également équipée d'une vésicule cérébrale et d'un œil primitif.

La durée de vie de la larve, appelée aussi têtard, est de 6 à 24 heures. Elle se fixe sur un support. Les organes qui la caractérisent (corde, œil et vésicule cérébrale) régressent et elle engendre une nouvelle Ascidie, animal typiquement invertébré !

Chez les Ascidies simples, seule existe la reproduction par voie sexuée, alors que les organismes coloniaux ou composés peuvent simplement bourgeonner d'autres individus. C'est la multiplication végétative sans intervention des sexes.

ÉCOLOGIE

On rencontre les Ascidies depuis les premiers mètres sous la surface jusqu'à des profondeurs excessives pour les plongeurs amateurs. Elles vivent fixées solidement sur des cailloux, des algues ou des plantes marines à fleurs, la plupart du temps en zone ombragée. Certaines, toutefois, sont totalement libres dans le sable. Leur durée de vie varie de 1 à 3 ans. Certains genres servent de supports à des Algues, des Bryozoaires, des Spongiaires, alors que d'autres en sont totalement dépourvus.

Les Ascidies, enfin, sont la proie d'un certain nombre de prédateurs comme des Vers, des Mollusques, des Crabes, des Poissons et même l'Homme.

EXEMPLES ILLUSTRÉS

■ *Clavelina nana* (pl. XII.1). Ascidie coloniale composée d'un nombre d'individus variable, reliés les uns aux autres seulement par des stolons. Sa caractéristique fondamentale est la transparence totale et l'absence de pigmentation de la tunique. Les individus semblent faits de verre, d'où le nom de « clochettes de cristal » qui leur est attribué. Ils ont une forme de massue et leur longueur peut atteindre 2 à 3 cm. Le pharynx est souvent mis en évidence par des bandes transversales opaques, blanches ou jaunes. Vit toujours fixé sur des rochers, des cailloux, des Gorgones et même sur des Algues, jusqu'à – 60 m.

Ordre : Entérogones (*-gones* : à glandes sexuelles ; *entéro-* : proches de l'intestin).

■ *Phallusia mamillata* (pl. XII.2). Une des plus grandes Ascidies des côtes françaises. La forme générale du corps est celle d'un tronc de cône, le siphon inhalant étant dans la partie rétrécie. La tunique, de couleur blanche à gris bleuté, est coriace et boursouflée de tubercules arrondis et lisses. Le siphon exhalant est assez loin de la bouche. L'animal atteint jusqu'à 20 cm de longueur. Vit fixé sur des rochers ou sur des cailloux enfouis dans des sédiments fins. Affectionne les eaux très turbides. A été récolté, par dragage, jusqu'à – 200 m. Ordre : Entérogones.

■ *Halocynthia papillosa* (pl. XII.4). Cette Ascidie solitaire est caractérisée par la couleur rouge vif de sa tunique qui a la consistance et la solidité du cuir et qui n'est recouverte par aucun autre organisme. La forme du corps rappelle celle d'une amphore avec un col latéral supplémentaire (on la surnomme aussi « outre de mer »). Les orifices des deux siphons ne sont pas circulaires mais en étoile à quatre branches. Ils sont recouverts, sur leur rebord, de nombreuses soies rigides. Lorsque l'animal est perturbé, il contracte son corps tout entier et les siphons se ferment. La longueur du corps peut atteindre jusqu'à 15 cm. Vit solidement fixé sur les rochers ou sur des cailloux, jusqu'à – 30 m. Est consommé par certains en Méditerranée. Ordre : Pleurogones (qui signifie glandes sexuelles près de la paroi).

■ *Microcosmus sabatieri* (pl. XII.3). Cette Ascidie a reçu des appellations diverses telles que « bijut », « figue de mer » et, la plus connue, « violet ». Elle est très difficile à découvrir pour un non-averti car sa tunique, très coriace, fripée et brunâtre, sert de support à une multitude d'organismes comme des Éponges, des Bryozoaires, des Cnidaires et des Algues, qui la camouflent. Cette association de nombreux individus, animaux et végétaux, explique son nom scientifique (*Microcosmus* : petit monde). Les seules parties faciles à voir du « violet », lorsque l'animal n'est pas perturbé, sont les orifices des siphons. Ils sont circulaires, clairs et ornés de plusieurs (huit à dix) bandes rouge sombre disposées longitudinalement et à égale distance les unes des autres. La longueur du corps atteint jusqu'à 20 cm. Cet animal vit fixé à un support rocheux ou sur des coquilles vides, depuis – 5 jusqu'à – 100 m. Il est comestible et très apprécié de certains amateurs de fruits de mer, en Méditerranée. C'est la partie interne, jaune citron et à l'odeur très caractéristique (iodée) qui est consommée et indispensable, paraît-il, pour faire une bonne bouillabaisse. Ordre : Pleurogones.

■ *Botryllus schlosseri* (pl. XII.5). Ascidie composée appelée « marguerite de mer », cet animal est beaucoup plus fréquent en Manche et Atlantique qu'en Méditerranée. Il constitue des masses gélatineuses charnues qui présentent des ornementations caractéristiques simulant des fleurs. Ces ornementations sont dues à la disposition des individus par séries de dix à vingt autour d'orifices exhalants communs. Chaque série avec un orifice est une « fleur » (fig. 4.37). Les colorations sont remarquables par leurs associations (jaune vif et gris, bleu et vert, rouge et marron) et par leur diversité. La masse mucilagineuse est la tunique communautaire. Cet organisme peut constituer des masses de 15 à 20 cm de longueur. Il vit fixé sur des rochers, des animaux et surtout sur des Algues, particulièrement les brunes (Laminaires). Ses couleurs vives tranchent sur le brun-jaune des frondes ou des crampons de ces végétaux. On le rencontre jusqu'à – 30 m. Ordre : Pleurogones.

NE PAS CONFONDRE

avec les Bryozaires et surtout les Spongiaires,
pour les formes coloniales et composées.
On peut faire la différence en observant les orifices
(lorsqu'ils ne sont pas trop petits) :
s'ils sont contractiles, il s'agit d'une Ascidie
(siphons inhalants et exhalants) ;
s'ils ne le sont pas, il s'agit d'une Éponge (oscules).

OBSERVER EN PLONGÉE

- Les divers genres d'Ascidies.
- La contraction des siphons chez les grandes formes.
- Le « violet » et apprendre à le repérer.
- Essayer de repérer les mouvements d'eau au voisinage des siphons, par l'agitation des particules en suspension.

ATTENTION

Les Ascidies ne présentent aucun danger pour le plongeur.

- Ne pas récolter en plongée.

Sous-embranchement des Vertébrés

CLASSE DES POISSONS

Les Poissons sont des animaux bien connus, du moins pour certains, des plongeurs. Ce sont des Vertébrés car leur corps possède un squelette dont l'armature principale est la colonne vertébrale ou arête centrale. Ils vivent dans les eaux douces, marines, saumâtres et quelques-uns sont même aptes à survivre plus ou moins longtemps hors de l'eau. On en connaît environ 20 000 espèces à la surface du globe.

La classe des Poissons est actuellement subdivisée en deux sous-classes :

– les Chondrichthyens ou Poissons (*-ichthyens*) cartilagineux (*chondr-*),

– les Ostéichthyens ou Poissons osseux (*osté-*).

Parmi les premiers, on rencontre en plongée seulement des membres du groupe des Sélaciens (Requins et Raies).

Pour les seconds, seuls des exemplaires du groupe des Téléostéens (*télé-* : parfaitement ; *-ostéens* : osseux) sont observés couramment.

Les Sélaciens et les Téléostéens ont un corps dont la forme rappelle généralement celle d'un fuseau, effilée à ses deux extrémités et renflée dans sa partie médiane (fig. 4.38). Cette allure élancée est très hydrodynamique et favorise les déplacements rapides. La symétrie bilatérale est de règle ici, avec un côté droit qui est le reflet exact du côté gauche.

À côté des individus fuselés, on rencontre des animaux au ventre plat (Rascasses, Baudroies) qui ont de ce fait plus de facilités pour prendre appui sur le fond. D'autres encore ont le ventre et le dos totalement aplatis (Raies, Torpilles) ou bien les côtés (Soles, Carrelets, Limandes). La Sole repose ainsi sur son côté gauche et ses deux yeux sont à droite, alors que c'est exactement l'inverse pour le Turbot. Certains Poissons, enfin, ont des contours encore plus diversifiés. Ils peuvent ressembler à des serpents (Congres, Murènes) ou être plus extraordinaires comme l'Hippocampe (*-campe* : à l'allure ; *hippo-* : de cheval).

L'allure générale des Poissons est complétée par les prolongements qui leur servent de moyens de locomotion, à savoir les nageoires. Chez les Sélaciens, elles sont épaisses et seulement soutenues par des baguettes cartilagineuses internes, alors que chez les Téléostéens, elles sont minces, membraneuses et rigidifiées par des rayons. Ces derniers sont de deux types : soit ils sont épineux, faits d'un seul élément pointu et dur ; soit ils sont constitués de plusieurs morceaux alignés bout à bout, parfois ramifiés, ce qui les rend totalement flexibles.

4.38. *Organisation externe simplifiée de la Morue (*Gadus morhua*).*

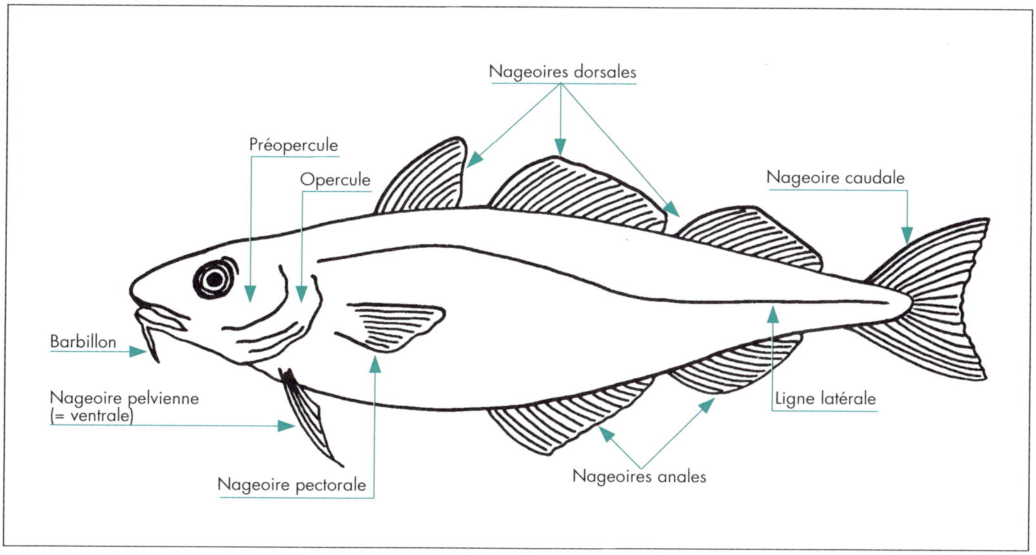

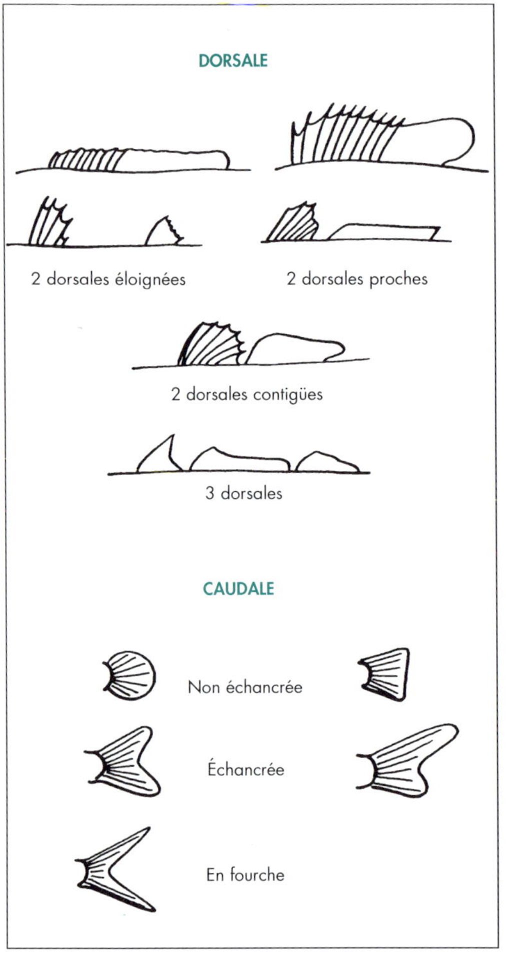

4.39. *Les différents types de nageoires impaires dorsales et caudales.*

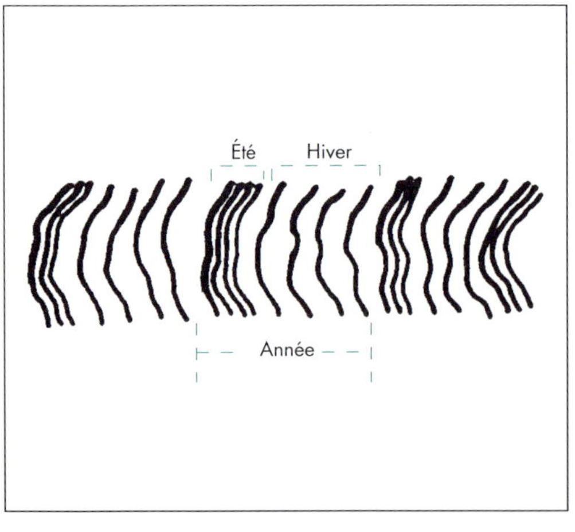

4.40. *Détail d'un fragment d'écaille de Poisson.*

Les nageoires peuvent être disposées dans le plan de symétrie du corps et sont alors impaires. Il s'agit des dorsales (on peut en compter jusqu'à trois de l'avant vers l'arrière), des anales (une à deux vers l'arrière, après l'anus) et de la caudale (nageoire de la queue). La forme de cette dernière est très variée (fig. 4.39). Elle peut ainsi être entière, droite ou arrondie, échancrée avec deux lobes égaux ou inégaux, ou même fourchue.

Les nageoires en nombre pair sont celles qui correspondent aux membres chez les humains. Les pectorales (*pectora* : poitrine) se situent sur les flancs, en arrière de la tête, une de chaque côté du corps, et les pelviennes (du bassin) ou ventrales sont disposées sur le ventre à des emplacements très fluctuants selon les espèces.

Parfois, l'une ou l'autre des nageoires impaires manque. C'est le cas, par exemple, chez la Raie Pastenague qui n'a pas de caudale, la queue se terminant par un fouet (chez l'Hippocampe également). Chez le Congre et la Murène, dorsale, caudale et anale sont fusionnées formant, tout au long du corps, une unique membrane ondulante. Les nageoires paires peuvent aussi être absentes. Ainsi, il n'y a pas de pectorales chez la Murène, pas de pelviennes chez les Anguilles, les Congres, les Hippocampes et les Murènes. Certaines nageoires sont aussi complètement transformées : chez les Poissons volants (Exocets), les pectorales sont développées en ailes; chez les Gobies, les nageoires ventrales sont réunies pour former une ventouse qui sert à l'animal à se fixer sur un support.

Les mouvements lents et le maintien de l'équilibre sont dus aux nageoires dorsales, anales, pectorales et ventrales (exemples : Mérous, Castagnoles, Vieilles). Les mouvements rapides de fuite ou d'attaque sont provoqués par la nageoire caudale, ainsi que par des contractions musculaires puissantes du corps tout entier. Alors que le Grondin (à ventre plat) n'atteint que 6 km/h, le Maquereau peut dépasser 50 km/h et le Thon 80 km/h.

Le corps des Poissons est totalement recouvert par la peau et, dans certains cas, par des productions de celle-ci, parmi lesquelles on trouve des écailles, des tentacules ou des lambeaux de peau. Chez les Sélaciens, les écailles sont fabri-

quées par la couche externe de la peau, l'épiderme. Elles ne sont pas incluses dans celle-ci et s'apparentent à des dents. La Roussette a ainsi une peau très agressive qui a été utilisée comme abrasif avant l'apparition du papier de verre. Chez les Téléostéens, la synthèse des écailles a son siège dans le derme, partie plus profonde de la peau. Elles demeurent couvertes par l'épiderme (fig. 4.45). Les unes sont lisses, les autres rugueuses.
Les écailles sont de nature osseuse. Elles se recouvrent les unes les autres de l'avant vers l'arrière (fig. 4.44), comme les tuiles du haut en bas d'un toit. Leur nombre est invariable tout au long de la vie de l'animal, elles augmentent seulement de taille avec la croissance de celui-ci. Les phases d'accroissement sont marquées sur les écailles par des stries concentriques dont les espacements et le nombre varient selon les saisons (zones à stries serrées : hiver; zones à stries écartées : été; voir fig. 4.40). Ce revêtement cuirassé n'empêche ni les échanges chimiques avec le milieu extérieur ni une certaine respiration au travers de la peau.
Enfin, il faut signaler que certains Poissons sont complètement dépourvus d'écailles (Murène) ou que ces dernières sont minuscules et profondément enfoncées (Anguille, Blennie). Le corps apparaît alors lisse et visqueux car, dans tous les cas, il est recouvert par une matière gluante, le mucus ou mucilage, sécrétée par de nombreuses glandes de la peau.
Les couleurs et les dessins qui ornementent les Poissons sont souvent très variés. De plus, la coloration peut évoluer avec l'âge, le sexe, la saison, l'habitat et même la nécessité de camouflage. Les différentes teintes sont engendrées par trois types de cellules de la peau, situées dans le derme, sous les écailles :
– les chromatophores, qui renferment des substances colorées (pigments), produits de déchet de l'alimentation. Contrairement au cas des Céphalopodes qui possèdent aussi des chromatophores, ces cellules ne changent pas de forme ici. C'est le pigment qui est déplacé ;
– les guanophores, qui contiennent de nombreux cristaux de guanine (paillettes cristallines) jouant le rôle de miroirs réfléchissant la lumière. Les guanophores sont responsables de la couleur argentée, prédominante chez les Poissons ;
– les iridophores, qui fonctionnent comme des milliers de petits prismes, décomposant la lumière avant de la renvoyer. Ils sont à l'origine des irisations.
Les changements de couleur sont contrôlés par le système nerveux et par des hormones. Au moment de la période de reproduction (le frai), les hormones sexuelles ont une influence marquante sur la livrée des Poissons. Les femelles sont généralement ternes alors que les mâles sont très vivement colorés. Quant aux dessins qui ornementent les animaux, ils sont destinés à les camoufler dans le milieu. C'est le phénomène d'homochromie (*homo-* : même; *-chromie* : coloration), caractéristique chez la Rascasse ou chez certains Poissons plats (Sole, Carrelet).

Le corps des Poissons comprend trois parties : la tête, le tronc et la queue.

• **La tête** est caractérisée par la présence de la bouche. Elle est limitée par le museau qui peut être plus ou moins allongé. Lorsqu'il est très proéminent, on lui donne le nom de rostre. La forme et la position de la bouche sont très variées. Habituellement terminale, la bouche peut être disposée sur le côté ou même vers le ventre. Elle est orientée vers le bas si l'animal cherche sa nourriture dans le fond de la mer, ou vers le haut s'il chasse, à l'affût, des proies nageuses. Les deux mâchoires sont ou non de même longueur. Toutes deux portent parfois des prolongements charnus, les barbillons. La localisation des dents est également très diversifiée. Elles peuvent ainsi être situées sur les mâchoires, sur le palais ou encore sur la langue. On en trouve même parfois dans l'œsophage et l'estomac. Leur forme varie de la pointe acérée jusqu'au bloc massif destiné à broyer.
La tête (fig. 4.41) renferme le cerveau protégé par les os du crâne et la plupart des organes des sens. Les yeux sont disposés sur le dos de la tête, écartés ou rapprochés, ou de chaque côté, voire encore les deux du même côté chez certains Poissons plats. Dans la majorité des cas, ils n'ont pas de paupières. Cependant, certains

Requins ont une membrane qui se relève de bas en haut pour couvrir le globe oculaire alors que d'autres Poissons ont deux paupières verticales. L'iris est pratiquement immobile de sorte que la pupille est fixe. Son contour est circulaire mais, chez quelques Requins, elle est rectiligne. Dans la plupart des cas, les yeux sont totalement indépendants du point de vue fonctionnement. L'odorat est bien développé. Il est probable que les Poissons communiquent par signaux chimiques. L'organe de l'olfaction est constitué par des fossettes situées en avant des yeux. L'oreille est simple : il n'y a pas de pavillon, pas de tympan, ni d'osselets, ni d'oreille moyenne. Elle renferme les organes de l'équilibre. Chez certains Téléostéens, les barbillons assurent la fonction de papilles gustatives ou encore d'organe tactile. C'est le cas chez les Rougets, Lieus ou Tacauds.

La tête renferme l'appareil respiratoire. Les Poissons sont équipés d'un système particulier, les branchies, que l'on rencontre dans d'autres groupes comme chez les Gastéropodes ou les Crustacés. Il permet à l'animal de prélever l'oxygène dissous dans l'eau, nécessaire à sa vie. Il assure aussi le rejet des déchets de la respiration (gaz carbonique) et d'une partie de l'alimentation. Les branchies sont disposées, chez la plupart des Poissons, de part et d'autre de l'arrière de la tête. L'entrée de l'eau se fait généralement par la bouche. En fermant celle-ci, l'animal chasse l'eau par ses fentes branchiales (fig. 4.42). Celles-ci sont visibles de l'extérieur chez les Sélaciens (Requins, Raies). Elles sont cachées, chez les Téléostéens, par une plaque osseuse, l'opercule, qui les protège. En arrière de l'opercule se situe l'ouïe qui est l'orifice de refoulement de l'eau. En avant des branchies, les branchiospines, sortes de pointes rigides, filtrent l'eau absorbée par l'animal, dirigeant les particules alimentaires vers l'œsophage (fig. 4.42 et 4.43) chez les Poissons se nourrissant de plancton. Les branchies sont composées de nombreuses lames et lamelles pour augmenter la surface d'échange avec le milieu ambiant.

• **Le tronc** est limité, à l'avant, par l'opercule ou les fentes branchiales et, à l'arrière, par l'anus. Il renferme l'œsophage qui fait suite au pharynx, l'estomac et l'intestin qui s'ouvre à l'extérieur par l'anus. À l'ensemble de l'appareil digestif sont reliés un foie et une rate. Au voisinage de l'anus s'ouvre la vessie urinaire dans laquelle se déverse le rein, appareil excréteur. En réalité, chez les Poissons, le rôle de ce dernier est limité, l'élimination de certains déchets se faisant par l'intermédiaire des bran-

4.41. *Organisation interne schématique d'un Poisson Téléostéen.*

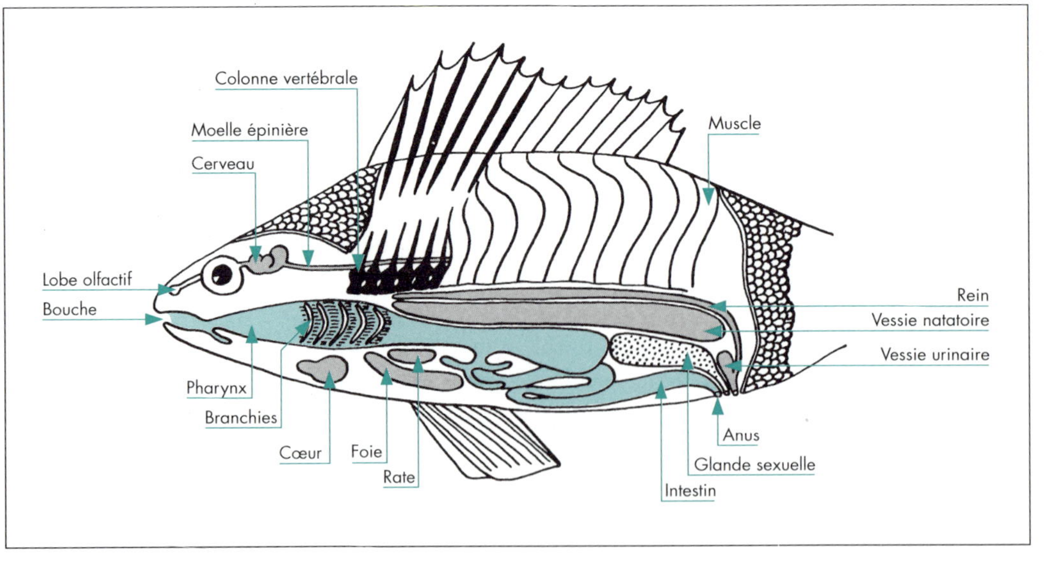

chies. Proche aussi de l'anus, s'ouvre l'appareil sexuel, souvent volumineux et qui occupe la partie arrière du tronc (fig. 4.41). La circulation sanguine est assurée par le cœur qui ne possède que deux cavités, une oreillette et un ventricule, disposées en ligne. Il est situé dans la partie ventrale proche des branchies.

On observe encore dans le tronc, une vésicule importante remplie de gaz. C'est la vessie natatoire. Elle est absente chez les Sélaciens ainsi que chez un certain nombre de Téléostéens, comme les Poissons plats. C'est un diverticule de l'œsophage qui peut être en communication avec lui ou en être isolé. Le remplissage de cette poche suit les variations de pression du milieu extérieur. Son rôle est d'ajuster la flottabilité et de percevoir les variations de profondeur. Elle intervient aussi dans l'émission de sons (c'est le cas pour le Rouget grondin) ou dans la perception des sons lorsqu'elle est en contact avec les oreilles internes.

Le tronc renferme, enfin, la colonne vertébrale ou arête centrale. Les vertèbres ne sont pas creuses. Elles portent, dans leur partie dorsale, un prolongement épineux évidé à sa base, dans lequel se localise la moelle épinière. En avant du tronc, les vertèbres soutiennent les côtes.

À la surface du tronc et jusqu'à la base de la nageoire caudale, se situe un organe de perception propre aux Poissons. C'est la ligne latérale, localisée à mi-hauteur du corps et seulement visible chez certaines espèces. Elle est constituée par une rangée de perforations au travers de l'épiderme et des écailles (fig. 4.44), reliées à un canal étalé dans le derme et renfermant des

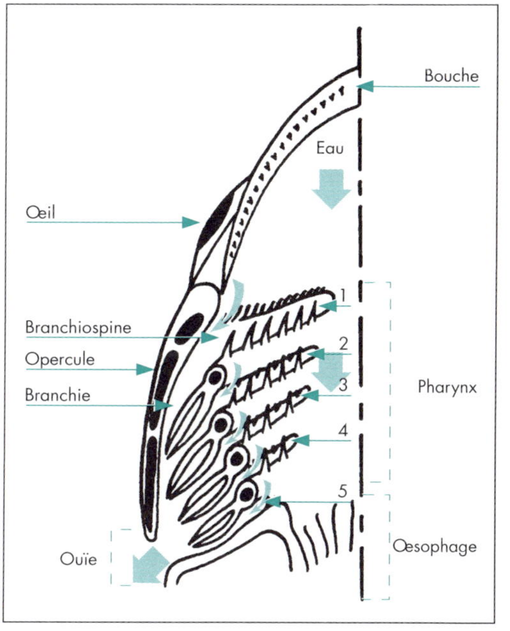

4.42. *Coupe ventrale de la partie droite de la tête d'un Téléostéen avec ses cinq fentes branchiales (1 à 5).*

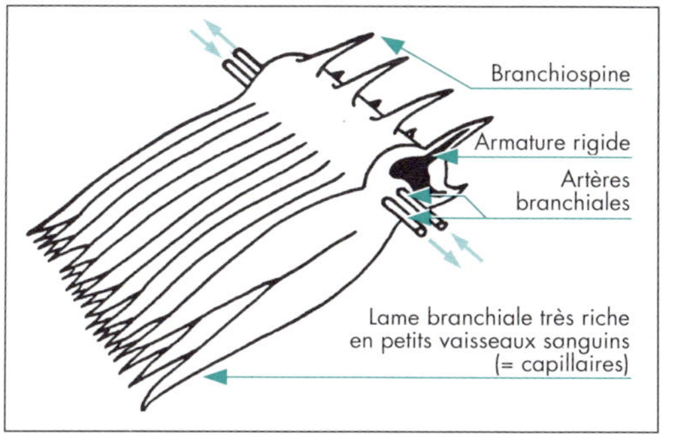

4.43. *Détail d'un fragment de branchie.*

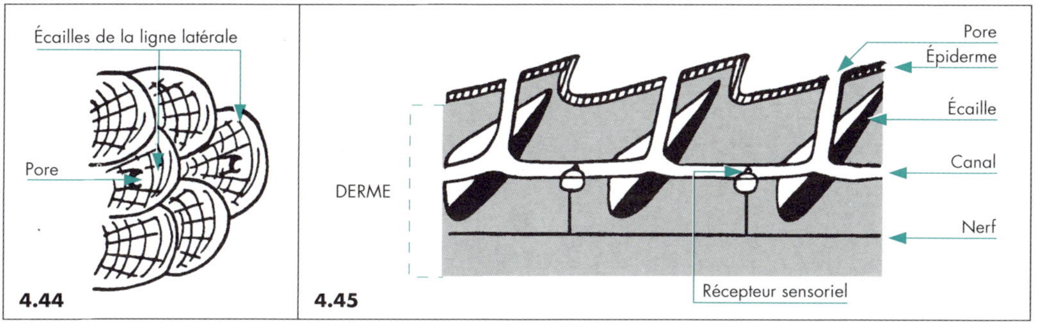

4.44. *Quelques écailles au voisinage de la ligne latérale.*
4.45. *Coupe au travers d'un fragment de peau de Poisson au niveau de la ligne latérale.*

récepteurs sensoriels (fig. 4.45). Les Poissons sont ainsi doués d'un sixième sens capable de percevoir les ondes de faible fréquence et de faible intensité. Il leur permet de la sorte de détecter les proies, les prédateurs et d'évoluer facilement la nuit ou en eau trouble.

• **La queue** porte la nageoire caudale dont la forme est variable (fig. 4.39).

LES POISSONS

DIMENSIONS

Pour les côtes de France métropolitaine et pour les individus ayant atteint l'âge adulte, les tailles varient de quelques centimètres (Gobies) à une dizaine de mètres (Requin pèlerin).

RÉGIME ALIMENTAIRE

Très rares sont les Poissons herbivores stricts (Saupes). Ceux-là broutent les algues et les plantes marines à fleurs. Les carnivores exclusifs sont beaucoup plus nombreux mais, parmi eux, il faut distinguer les mangeurs de zooplancton (Anchois, Harengs, Poissons lune, Requins pèlerins, Sardines), ceux qui consomment des invertébrés fixés ou vivant au voisinage du fond, surtout des Crustacés et des Mollusques, et encore ceux qui se nourrissent de Poissons (Bars, Rascasses, Thons, Vives, etc.). Il y a peu de brouteurs de Bryozoaires, Cnidaires, Spongiaires ou Tuniciers.
D'autres Poissons sont omnivores (*omni- :* tout ; *-vore :* se nourrit), c'est-à-dire qu'ils consomment à la fois des végétaux et des animaux. On rencontre aussi des détritivores qui mangent des détritus ou débris organiques, des nécrophages qui s'alimentent à partir de cadavres, et des parasites qui dévorent les tissus de leur hôte.

REPRODUCTION

La production de nouveaux individus passe obligatoirement, chez les Poissons, par la reproduction sexuée. Les organes sexuels ont des dimensions considérables ; chez le Saumon femelle, par exemple, l'ovaire représente le quart du poids total de l'animal. Dans la plupart des cas, les sexes sont portés par des individus différents, mais on connaît des exemples d'hermaphrodisme où les deux sexes sont réunis sur le même individu mais rarement fonctionnels car non mûrs en même temps. De plus, chez certains Poissons, l'individu change de sexe au cours de son existence. Ainsi, les Labres et les Girelles sont d'abord femelles puis mâles. Dans le cas de ces deux exemples, les sexes sont reconnaissables, à la période de reproduction, par leur coloration différente.
Chez les Sélaciens, la fécondation nécessite un accouplement. Les nageoires ventrales du mâle sont intro-

duites dans la femelle et servent à conduire les cellules sexuelles (spermatozoïdes) le long d'une gouttière qu'elles portent. Un certain nombre de Requins et de Raies mettent au monde leurs petits complètement formés. Les autres libèrent des œufs qui, comme chez la Roussette, sont fixés à des supports divers à l'aide de filaments tortillonnés.

Chez les Téléostéens, les cellules reproductrices femelles (ovules) sont libérées dans le milieu marin par centaines de milliers ou par millions. Les mâles les fécondent en abandonnant leurs spermatozoïdes au voisinage. Ainsi, chez la Morue, 4 à 6 millions d'ovules sont produits par une seule femelle. Les œufs résultant de la fécondation sont soit laissés sans surveillance, soit enfouis dans le fond de la mer, soit encore conservés dans le corps de l'adulte femelle ou même mâle jusqu'à ce que le petit soit apte à survivre (chez l'Hippocampe mâle, les petits, situés dans la poche abdominale, sont alimentés par le sang de leur père). L'Apogon mâle protège ses œufs en les abritant dans sa bouche ! Certains mâles construisent même des nids avec des algues et des coquillages.

La période de reproduction correspond à des dates généralement très précises. Les sites de reproduction, appelés frayères, ont parfois aussi des localisations privilégiées qui entraînent quelquefois les Poissons à changer de milieu : le Saumon, poisson marin, ne pond qu'en eau douce ; l'Anguille, poisson d'eau douce ne peut effectuer sa ponte qu'en milieu marin.

Les petits subissent souvent des métamorphoses importantes avant d'atteindre l'âge adulte. Ainsi, les larves de Soles sont symétriques. Les œufs renfermant des réserves (vitellus) libèrent des alevins, larves munies d'une vésicule vitelline dont le contenu est consommé jusqu'à ce que la bouche soit formée et fonctionnelle.

ÉCOLOGIE

Les Poissons occupent tous les types de milieux marins et à toutes les profondeurs. Dans la zone littorale, les anfractuosités rocheuses, les touffes d'algues ou de plantes marines à fleurs, le sable ou la vase sont occupés par les Poissons benthiques (Baudroies, Blennies, Congres, Gobies, Murènes, Soles, Vieilles, etc.). En haute mer, on trouve de bons nageurs. Ce sont les Poissons pélagiques (Maquereaux, Sardines, Thons) qui effectuent la plupart du temps des migrations très importantes dues aux changements de température du milieu – les Poissons sont des animaux à sang froid de sorte qu'il leur faut chercher en permanence le milieu de température convenable –, à la recherche de frayères ou encore de nourriture. Certains Poissons ont des habitats très particuliers. Tel est le cas du *Fierasfer* qui vit dans l'intestin d'une Holothurie (Échinodermes) et qui le consomme.

Les Poissons peuvent vivre en solitaire (Mérou) ou en bancs de plusieurs milliers d'individus parfois (Sardines). Il leur arrive aussi d'être parasités par des Algues, des Bactéries, des Champignons, des Crustacés et des Vers. Ils sont quelquefois très toxiques par accumulation, dans leur chair, de poisons fabriqués par des êtres planctoniques, ou de substances chimiques, déchets des activités industrielles humaines auxquels ils peuvent être insensibles.

Enfin, ils ont de nombreux prédateurs : Cnidaires, Crustacés, Poissons eux-mêmes, Mammifères marins, Oiseaux et, le pire, l'Homme.

EXEMPLES ILLUSTRÉS

■ *Torpedo marmorata* (pl. XIII.1) ou Torpille marbrée (Sélaciens). La forme du corps rappelle celle d'une guitare. La couleur est brun-jaune, plus ou moins tachetée de sombre. La peau est lisse. Deux orifices, les spiracles (sortes d'évents), bien visibles, sont situés à l'arrière des yeux. Ce Poisson peut atteindre au moins un mètre de longueur. Il vit préférentiellement sur les fonds de sable, depuis les premiers mètres sous la surface jusqu'à – 200 m. Ne pas le toucher car il produit de l'électricité.

■ *Scorpaena scrofa* (pl. XIII.4) ou Chapon ou encore Rascasse rouge (Téléostéens). La tête est volumineuse et le corps massif. Derrière les yeux, le crâne présente un creux. Une seule nageoire dorsale est visible, dont la partie antérieure est très épineuse. La caudale est entière et arrondie. La coloration est rose rougeâtre ou beige jaunâtre avec des taches plus sombres dispersées. On note de nombreuses excroissances de chair sur le maxillaire inférieur et sur le tronc au niveau de la ligne latérale. En arrière des yeux, deux tentacules sont visibles. Longueur : 50 cm. Ce Poisson très sédentaire est rencontré dans les zones riches en algues et dans les herbiers de plantes marines à fleurs, entre – 15 et – 200 m.

■ *Epinephelus guaza* (pl. XIII.2) ou Mérou (Téléostéens). Cet animal peut atteindre, à l'âge adulte, jusqu'à 1,40 m de longueur et peser 50 kg. Le corps est ovoïde et la tête se caractérise par des lèvres épaisses. La mâchoire supérieure est légèrement plus courte que l'inférieure. Toutes les nageoires sont bordées d'un liseré blanc. La caudale est entière et arrondie. Le dos et les flancs sont brun-vert ou brun rougeâtre, avec de nombreuses taches claires dispersées. Le ventre est orangé à jaune pâle. Le Mérou vit dans les rochers, dans des trous d'où il ne sort que rarement, entre – 20 et – 400 m, en Méditerranée.

■ *Serranus cabrilla* (pl. XIII.3) ou Serran chevrette (Téléostéens). Poisson au corps effilé (longueur : 30-35 cm) et à museau assez fin, de couleurs changeantes selon la profondeur à laquelle il vit (depuis les premiers mètres sous la surface jusqu'à – 600 m). Le dos est brun, strié de clair. Le ventre est saumon. Les flancs montrent une bande longitudinale rouge orangé courant de l'arrière de la tête jusqu'à la base de la caudale et bordée par deux lignes verdâtres. La caudale est entière mais légèrement échancrée. Vit dans les rochers et les herbiers.

■ *Mullus surmuletus* (pl. XIII.5) ou Rouget de roche (Téléostéens). L'animal a le corps fuselé avec deux nageoires dorsales courtes nettement séparées l'une de l'autre. La caudale est fourchue. Le front est fuyant. Deux longs prolongements de peau (barbillons) sont fixés au maxillaire inférieur. Le corps est brun-rouge à verdâtre sur le dos et blanc sur le ventre. Une bande rouge sombre court depuis l'œil et à son niveau jusqu'à la base de la nageoire caudale. Ce Poisson devient rouge après sa mort, ce qui explique son nom. Longueur : 40 cm. Vit sur les fonds de sable qu'il creuse avec ses barbillons, pour y chercher sa nourriture, jusqu'à – 100 m.

■ *Diplodus cervinus* (pl. XIII.6) ou Sar à grosses lèvres ou encore Sar tambour (Téléostéens). Poisson de forme largement ovoïde et comprimé sur les côtés. La nageoire dorsale, unique, est très longue, allant de la partie la plus haute du tronc jusque près de la base de la nageoire caudale. Cette dernière est échancrée et ses deux lobes égaux sont pointus. Le corps est beige argenté avec cinq bandes marron verticales. Longueur : 60 cm. Vit en Méditerranée, sur les rochers, en bancs souvent composés de nombreux individus, depuis – 10 m jusqu'à – 300 m.

■ *Chromis chromis* (pl. XIV.1 et XIV.2) ou Castagnole (Téléostéens). La forme du corps est ovoïde. La bouche est réduite. La nageoire caudale est fourchue et bordée de blanc. Les nageoires ventrales sont très effilées et longues. La couleur, chez l'adulte, est brun-noir alors que chez les jeunes, elle est bleu vif fluorescent. Les mâles défendent courageusement leur territoire et peuvent même mordiller un plongeur sans combinaison. Longueur : 12 cm. Vit en Méditerranée dans les rochers, parfois en pleine eau et dans ce cas en bancs très denses, jusqu'à – 25 m.

■ *Labrus bimaculatus* (pl. XIV.4) ou Coquette (Téléostéens). Poisson à corps élancé et museau assez long. La nageoire dorsale est longue, s'étalant depuis l'arrière de la tête jusque près de la nageoire caudale. Cette dernière est entière et arrondie. La femelle ou les jeunes mâles sont rose-beige avec trois taches sombres séparées par quatre taches blanches sur le dos, juste en avant de la caudale. Les mâles adultes ont de superbes couleurs avec un réseau de bandes bleu violacé fluorescentes sur fond jaune orangé. Longueur : 40 cm. Rencontré dans les zones rocheuses jusqu'à – 200 m.

NE PAS CONFONDRE

À part les Congres et les Murènes qui ressemblent à des serpents, il y a peu de risques de confusion avec des animaux appartenant à un autre groupe. Toutefois, les nageoires dorsales des Dauphins peuvent être interprétées, vues de loin, comme celles de Requins !

OBSERVER EN PLONGÉE

Pour observer les Poissons, la règle fondamentale, en plongée, est de ne pas s'agiter et, surtout, de ne pas essayer de les toucher.

D'une manière générale, observer le comportement des Poissons. Profiter des plongées de nuit : les Poissons sont alors plus faciles à approcher.

- Sur le sable, rechercher les Poissons camouflés (Carrelets, Soles, Vives) et les fouisseurs qui y trouvent leur nourriture (Rougets).
- Dans les rochers, observer les Labres ou les Sars, qui s'y déplacent toujours en groupes. Avec une lampe, essayer de voir, au fond des trous, les Congres, Mérous, Murènes...
- Dans les algues et les herbiers de plantes marines à fleurs, observer les bancs de Saupes à rayures longitudinales jaunes, qui les broutent.
- Essayer de repérer les mâles et les femelles d'une même espèce à l'époque du frai (Girelles, Labres).
- Chercher les petits des Castagnoles avec leur couleur bleu fluorescent (Méditerranée).
- Observer, en Méditerranée, le comportement du Labre nettoyeur et de ses patients (souvent positionnés verticalement) qu'il débarrasse de leurs parasites et peaux mortes.
- Chercher les œufs de Roussettes et observer, au travers de leur paroi, le petit.
- Regarder souvent vers la surface pour voir des Poissons pélagiques.

ATTENTION

Aucun Poisson n'est dangereux ou agressif sur les côtes de France métropolitaine (il n'y a pas d'attaque de Requins dans ces zones). Par contre, lorsqu'ils sont trop perturbés, certains peuvent se défendre violemment. Aucune des piqûres infligées par leurs éventuels rayons venimeux n'est mortelle, mais certaines peuvent provoquer une réaction de panique ou un état de choc. Remonter alors immédiatement et, dès le retour à terre, consulter un médecin ou, à défaut, un pharmacien.

- Les Raies aigles et Pastenagues sont munies d'un ou deux aiguillons venimeux sur le dessus de la base de la queue. Mais pour les approcher,il faut être très rapide sauf lorsqu'elles sont posées sur le fond.
- Les Raies torpilles peuvent produire des chocs électriques de l'ordre de 220 volts. Ne pas les toucher sur les côtés en arrière des yeux.
- Les Vives ont des rayons venimeux (les cinq ou sept premiers) sur la première nageoire dorsale et un sur l'opercule. Attention, en touchant le sable, elles y sont toujours enfouies.
- Les Rascasses, bien camouflées dans les rochers, ont aussi des rayons venimeux (les premiers des nageoires dorsales, anales et ventrales).
- Ne pas mettre la main dans les trous de roche qui peuvent servir de refuge à un Congre ou une Murène. Ces Poissons, de taille parfois respectable, ne relâchent que difficilement leur prise. La morsure de Murène peut s'infecter très vite, car les dents sont creuses et renferment beaucoup de déchets alimentaires. De plus, leur salive contient des toxines.
- Gare aux coups de queues des Roussettes sur des mains nues, leur peau est très abrasive.
- Éviter de donner à manger aux Poissons. Les rendre trop familiers, c'est leur faire courir des risques vis-à-vis des plongeurs peu scrupuleux !
- Récupérer les sacs en plastique flottant entre deux eaux : certains Poissons comme les Mérous les ingèrent (ils les confondent avec des Poulpes), ce qui peut bloquer leur appareil respiratoire ou digestif et entraîner leur mort.

CLASSE DES MAMMIFÈRES

Les Mammifères, c'est-à-dire les animaux qui portent (*-fères*) des mamelles (*mammi-*), sont des êtres à sang chaud, capables donc de maintenir constante la température de leur corps, quelles que soient les conditions extérieures. Ils possèdent généralement un pelage (une fourrure) huilé par un corps gras produit par la peau, destiné à protéger du froid et de l'humidité. Lorsque la fourrure n'existe pas, la peau est doublée, à l'intérieur, par des matières grasses, le lard, qui jouent le rôle d'isolant (jusqu'à 40 cm d'épaisseur parfois !).

La respiration s'effectue toujours grâce à des poumons qui servent à prélever l'oxygène de l'air atmosphérique et à y rejeter le gaz carbonique, déchet de l'activité des cellules.

Les Mammifères sont vivipares, c'est-à-dire qu'ils mettent toujours leurs petits au monde déjà tout formés.

Enfin, ils sont doués d'une certaine faculté de raisonnement grâce au développement important et à la complexité de leur cerveau.

Les caractères qui les distinguent fondamentalement des autres classes de Vertébrés (Amphibiens, Oiseaux, Poissons et Reptiles) qui peuvent posséder également une ou plusieurs des propriétés énumérées ci-dessus, sont :

– la capacité à produire du lait pour nourrir les jeunes (les membres de l'ordre des Monotrèmes n'ont pas de mamelles, mais ils fabriquent du lait et, certains, comme l'Ornithorynque, vivent dans l'eau) ;

4.46. *Organisation simplifiée du squelette du membre antérieur d'un Dauphin (bras : nageoire).*

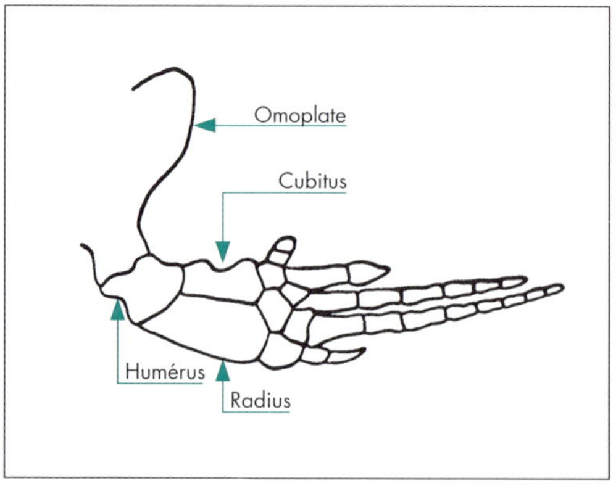

– la possession de véritables poils ;

– le développement considérable du cerveau et du système nerveux.

Les Mammifères constituent une petite classe avec, à peine, 5 000 espèces, alors que les Poissons en comptent au moins 20 000, les Oiseaux 8 500, et les Reptiles 6 000. Toutefois, parmi eux, se rangent les humains et l'organisation générale des membres de cette classe peut se comprendre en considérant celle de l'Homme.

Parmi la vingtaine d'ordres qui composent la classe des Mammifères, trois seulement sont adaptés à la vie aquatique : les Cétacés, les Pinnipèdes et les Siréniens. Ils appartiennent tous à la sous-classe des Placentaires, qui réunit les animaux dont les femelles fabriquent, après la fécondation, un placenta (« gâteau plat », ainsi appelé en raison de sa forme chez la femme), système de membranes étroitement associées à l'utérus. Le placenta permet à l'embryon de se nourrir directement à partir du sang maternel.

Les Siréniens, avec les Lamentins (Amérique du Nord-Est, Antilles, eaux douces en Amérique du Sud, côte occidentale de l'Afrique, du Sénégal à l'Angola, et dans le lac Tchad) et les Dugongs (mer Rouge, océan Indien, jusqu'au Nord-Est de l'Australie), ne sont pas pris en compte ici, aucun individu n'étant présent sur nos côtes métropolitaines.

Pour les deux autres ordres, seuls sont traités les cas des animaux dont on peut, en plongée, rencontrer quelques individus sur les côtes de France, de manière tout à fait exceptionnelle.

➤ Ordre des Cétacés

Les Cétacés (Baleines) sont des Mammifères dont le corps rappelle, par sa forme, celui des Poissons. Ils n'ont pas de membres postérieurs (qui seraient l'équivalent des jambes), quant aux antérieurs, ils ressemblent à des nageoires (nageoires pectorales ; de *pectora* : poitrine). Les doigts de la main sont dépourvus d'ongles, ne sont pas séparés et sont inclus dans la même enveloppe de peau (fig. 4.46).

Tous ces animaux ont une queue transformée en nageoire (nageoire caudale), disposée horizontalement et de taille parfois imposante

(6,5 m de largeur chez le Rorqual bleu !). Dans la plupart des cas, existe sur le dos une nageoire verticale (nageoire dorsale ou aileron), pouvant atteindre jusqu'à 2 m de longueur chez l'Orque mâle. Nageoire caudale et nageoire dorsale ne sont pas soutenues par des os (fig. 4.47). C'est dans l'ordre des Cétacés que l'on rencontre les plus grands animaux vivant actuellement sur notre planète. Le Rorqual bleu ou Baleine bleue atteint 30 mètres de longueur et pèse, en moyenne, 110 à 120 tonnes.

Les Cétacés ne remontent jamais sur la terre. Ils vivent toujours au voisinage de la surface et en pleine eau.

Parmi eux, on distingue deux groupes (ou sous-ordres) en fonction des moyens dont ils disposent pour s'alimenter.

• Le premier est celui des Mysticètes (rats géants de la mer) ou Baleines à fanons, lames cornées, très nombreuses (jusqu'à 800 chez le Mégaptère, avec 60 cm de longueur), fixées à la mâchoire supérieure et dont le rôle est de filtrer le macroplancton en suspension dans l'eau qui sert d'aliment. Baleines, Mégaptères et Rorquals appartiennent à ce groupe. Ils ont deux évents, orifices respiratoires.

• Le second sous-ordre porte le nom d'Odontocètes, autrement dit Cétacés (*-cètes*) à dents (*odonto-*). On trouve parmi eux les Bélugas, les Cachalots, les Dauphins, les Marsouins et les Narvals ou licornes des mers (les mâles sont caractéristiques avec leur épée ou trophée, constituée par l'incisive supérieure gauche développée de façon excessive en pointe vrillée de 1,5 à 2 m de longueur). Le régime alimentaire des Odontocètes est composé essentiellement par des Céphalopodes (Calmars surtout), des Poissons (Maquereaux, Sardines), des Crustacés, des Lamellibranches et même des Méduses. Ils ne possèdent qu'un unique évent.

Dauphins et Marsouins sont les seuls à pouvoir être parfois observés par les plongeurs au voisinage immédiat des côtes de France. Leur corps, complètement lisse, est débarrassé de toute partie saillante (pavillon des oreilles inexistant, pas de poils). Son profil est parfaitement adapté au déplacement dans l'eau (hydrodynamique). La queue, équipée d'une musculature puissante, assure la propulsion en effectuant des mouvements de bas en haut. Les nageoires pectorales jouent seulement le rôle de stabilisateurs.

Ces animaux reviennent régulièrement à la surface pour respirer au moyen de leur évent, orifice unique correspondant aux narines, en liaison avec les poumons par la trachée. L'ouverture de l'évent est contrôlée par des

4.47. *Organisation simplifiée d'un Dauphin.*

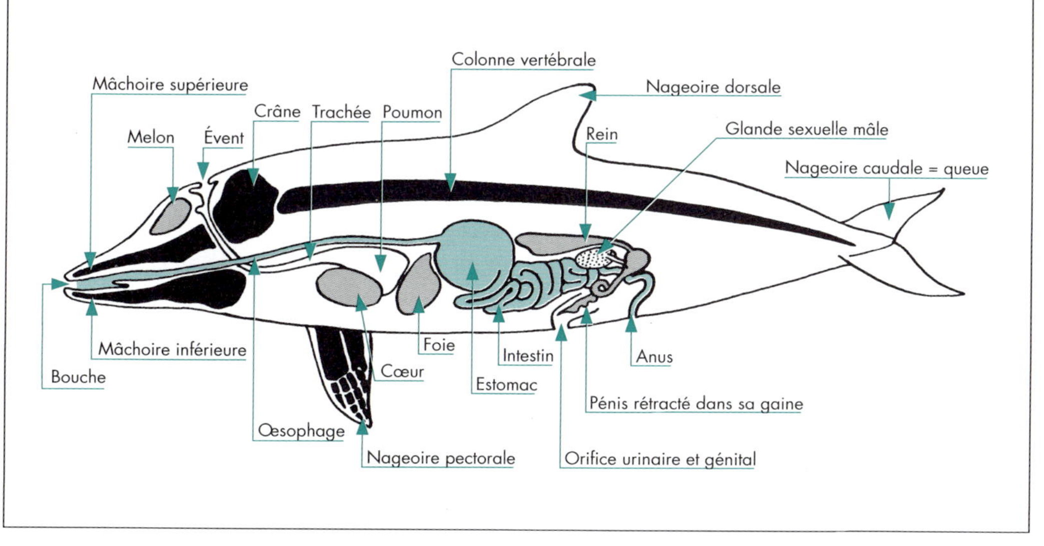

muscles. La bouche ne joue aucun rôle dans la respiration.

Le système circulatoire est adapté pour permettre le maintien de la température à 37 °C et pour assurer des apnées parfois prolongées (jusqu'à 2 heures chez le Globicéphale). Pour se repérer dans le milieu aquatique, un sixième sens est à la disposition des Dauphins et des Marsouins. C'est l'écholocation : des ondes sonores sont émises puis, après s'être réfléchies sur les obstacles, sont perçues et analysées par l'animal. Ce moyen permet le repérage des proies et des obstacles. Le melon, partie renflée à l'avant de la tête des Dauphins, qui renferme une matière huileuse, le spermaceti, pourrait jouer un rôle dans ce mécanisme qui rappelle le sonar inventé par l'homme pour détecter les sous-marins.

LES CÉTACÉS

REPRODUCTION

La fécondation est interne, le pénis du mâle étant introduit dans l'appareil sexuel de la femelle. Le mâle se distingue de la femelle par sa taille, en général, plus grande et par l'absence de mamelles au voisinage de l'orifice de l'appareil sexuel. Le pénis est maintenu à l'intérieur de l'organisme du mâle jusqu'au moment de la fécondation, phénomène qui est souvent précédé par des manœuvres de rapprochement entre les deux partenaires (parade nuptiale) pouvant durer plusieurs jours.

Le temps qui sépare la fécondation de la mise au monde (la gestation) varie de 7 à 16 mois selon les espèces. Lors de l'accouchement, qui a lieu près de la surface, le petit est libéré, la queue en premier, ce qui lui évite la noyade. Il s'allaite pendant 12 à 14 mois à l'une des deux mamelles de sa mère dont les contractions musculaires lui injectent le lait dans la bouche.

ÉCOLOGIE

Dauphins et Marsouins vivent généralement en groupes : de quelques individus jusqu'à plus d'un millier. Ils communiquent entre eux par des cliquetis et des sifflements dont la signification n'est pas encore comprise.

Parfois, un ou plusieurs individus se détachent du groupe et viennent au contact de l'homme. Ce fut le cas de celui baptisé Jean-Louis, dans la baie des Trépassés en Bretagne.

Marsouins et Dauphins ont très peu de prédateurs. Seule l'Orque les attaque… et l'Homme !

EXEMPLES ILLUSTRÉS

Quatre Odontocètes peuvent éventuellement être rencontrés en plongée.

■ *Phocaena phocaena* (fig. 4.48). C'est le Marsouin ou cochon de mer, caractérisé par une tête arrondie, tronquée, avec un museau court. Le ventre est clair et le dos gris foncé. Une ligne noire court de la base des nageoires pectorales jusqu'à la bouche. Chaque mâchoire porte de 44 à 56 dents aplaties. La longueur du corps varie de 1,5 à 2 mètres et le poids de 45 à 90 kg. La vitesse de pointe de la nage est de 22 km/h. Les apnées ont une durée moyenne de 4 minutes avec des maxima de 12 minutes. Cet animal farouche peut être observé par temps très calme, en Méditerranée, en Bretagne et même dans l'estuaire de la Seine. Il pourrait vivre de 12 à 16 ans.

■ *Delphinus delphis* (fig. 4.49) ou Dauphin des anciens. La tête présente un long museau ou rostre, fin et aplati, bien démarqué du melon (partie frontale renflée). L'œil est cerclé de noir. Le corps est long (1,8 à 2,6 mètres) et fuselé. Le poids, selon les individus, varie de 90 à 140 kg. Le dos et les nageoires sont sombres et le ventre et les flancs clairs. Chaque mâchoire est armée de 80 à 100 petites dents pointues toutes semblables. L'animal atteint 45 km/h en vitesse de pointe. Il peut rester jusqu'à 8 minutes en apnée. Il affectionne le voisinage de l'homme et joue volontiers avec les étraves de bateaux. Se rencontre surtout en Méditerranée, pour la France. Durée de vie estimée à 25 - 30 ans.

■ *Tursiops truncatus* (fig. 4.50) ou grand Dauphin ou encore Dauphin à gros nez. Le rostre est court et le front bombé par un melon très marqué. La mâchoire inférieure est légèrement plus longue que la supérieure. Chacune porte de 36 à 52 dents. La longueur du corps varie de 2,5 à 4 mètres et le poids, entre 200 et 600 kg. La coloration relativement uniforme est grise avec une tendance plus foncée sur le dos et un ventre clair. La vitesse de pointe est de l'ordre de 35 km/h. Cet animal fait surface 2 à 3 fois par minute et ses apnées peuvent durer 7 à 10 minutes. Durée de vie probable : au moins 35 ans. Cette espèce est une des plus étudiées car très souvent emprisonnée dans les marinelands (pl. XIV.3).

■ *Globicephala melaena* (fig. 4.51) ou Dauphin pilote. Le Globicéphale, comme son nom l'indique (*-céphale* : tête ; *globi-* : globuleuse), a un front très proéminent qui se raccorde directement sur la bouche. Le rostre est très réduit. Chaque mâchoire porte 16 à 26 dents volumineuses. La longueur du corps varie de 5 à 8,5 mètres et le poids peut atteindre jusqu'à 4 tonnes. La couleur du corps est noire. Les nageoires pectorales, longues, sont fixées très près de la tête. La vitesse de pointe est de l'ordre de 45 km/h et les apnées durent, en moyenne, de 5 à 10 minutes. Les Globicéphales pourraient atteindre – 1 000 mètres de profondeur lorsqu'ils plongent (on dit qu'ils sondent). La gestation, de 15 à 16 mois, est la plus longue de celles de tous les Odontocètes. La durée de vie est estimée à une quarantaine d'années.

4.48. *Tête de* Phocaena phocaena, *Marsouin.*
4.49. *Tête de* Delphinus delphis, *Dauphin des anciens.*
4.50. *Tête de* Tursiops truncatus, *grand Dauphin ou Dauphin à gros nez.*
4.51. *Tête de* Globicephala melaena, *Dauphin pilote.*

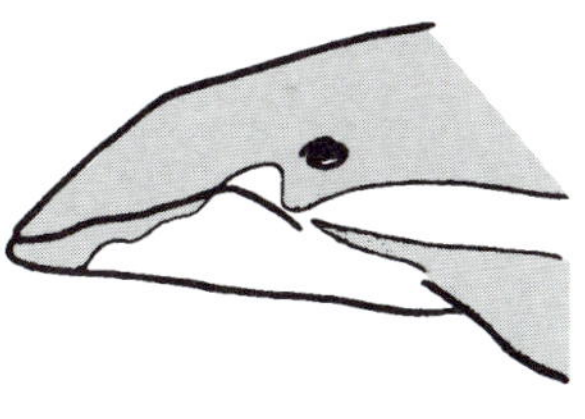

4.48

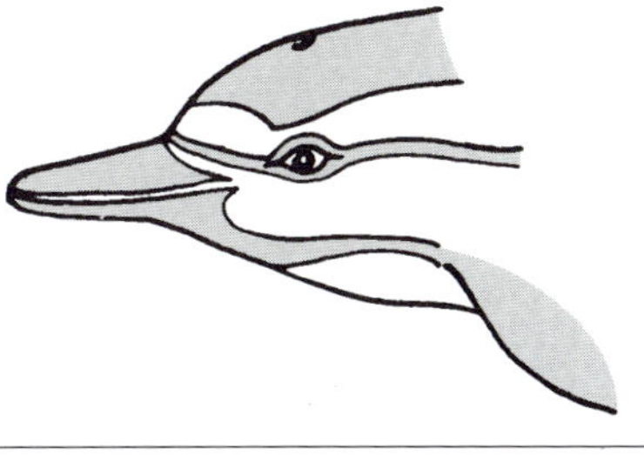

4.49

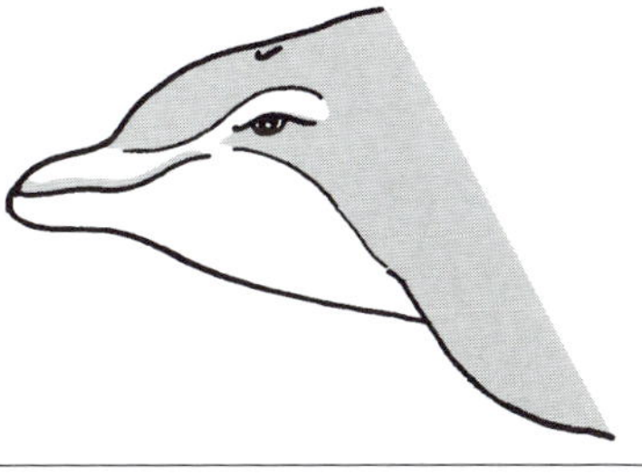

4.50

4.51

NE PAS CONFONDRE

Risque de confusion avec des Poissons comme les Requins lorsque l'animal n'est pas vu de près.

OBSERVER EN PLONGÉE

• Les détails de la tête, en particulier, le front et le rostre (pour déterminer de quel animal il s'agit) ; la couleur ; les mouvements.

• Essayer de percevoir les sons émis.

ATTENTION

• Si l'on souhaite profiter des rencontres fortuites, ne pas se précipiter sur l'animal ; éviter les gestes brusques et les cris violents. S'approcher calmement et attendre le choix du Mammifère.

• Éviter de toucher la peau qui est fragile. On risque aussi, par des contacts, de transmettre des Bactéries et des Champignons microscopiques qui peuvent parasiter l'animal par la suite.

• En cas d'échouage : humecter l'animal rapidement et en permanence ; prévenir les pompiers et les scientifiques les plus proches ; ne pas tirer l'animal par les appendices pour tenter de le remettre à l'eau ; dégager son évent, seul orifice respiratoire.

➤ Ordre des Pinnipèdes

Les Pinnipèdes ou animaux aux pieds (*-pèdes*) en forme de nageoire (*pinni-*) regroupent les Éléphants de mer, les Morses, les Otaries et les Phoques. Ils sont moins adaptés à la vie aquatique que les Dauphins. Bien que leur corps soit presque autant hydrodynamique, la présence d'une fourrure plus ou moins épaisse réduit la vitesse du déplacement. Les membres antérieurs et postérieurs ont tous un squelette. Ils sont courts et sont seulement transformés en palettes natatoires, les doigts étant reliés sur presque toute leur longueur par de la peau (fig. 4.52). Chez les Phoques et les Morses, la propulsion est assurée par le jeu des quatre membres, alors que seuls les postérieurs jouent ce rôle chez les Éléphants de mer et les Otaries.

Les Pinnipèdes passent une partie de leur vie sur la terre ferme où leurs membres antérieurs leur permettent de se hisser et de se mouvoir. Ils y viennent ainsi pour se reposer, se réchauffer et mettre des petits au monde.

La respiration est assurée par deux narines en fentes très étroites placées haut sur le museau, et en relation avec les deux poumons par la trachée. Les narines sont fermées hermétiquement lorsque l'animal est en plongée.

Ces Mammifères, comme les Cétacés d'ailleurs, ont des possibilités d'apnée nettement supérieures à celles des humains, car la quantité de sang contenue dans leur corps est beaucoup plus grande, de même que sa capacité à fixer l'oxygène. Enfin, en apnée, le cœur réduit considérablement le nombre de ses pulsations (le Phoque de Weddell descend jusqu'à – 500 m).

4.52. *Organisation simplifiée du squelette du membre antérieur d'un Pinnipède (bras : nageoire).*

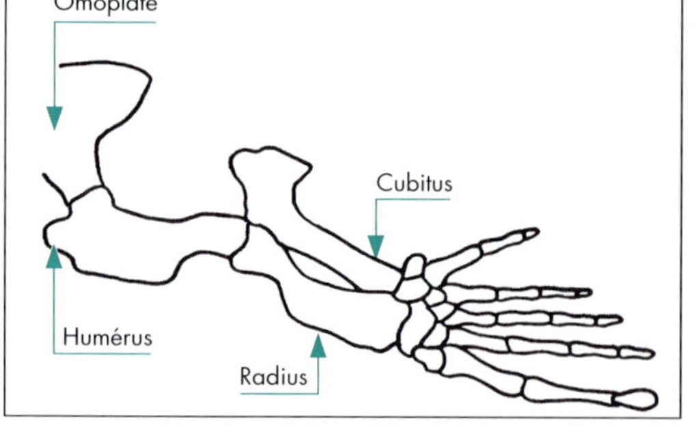

LES PINNIPÈDES

Le plus grand Pinnipède est l'Éléphant de mer, *Myrounga leonina*, avec une longueur maximale signalée de 6,5 m et un poids de 4,5 tonnes. Il vit, notamment, dans les îles de l'archipel de Kerguelen, au sud de Madagascar.

EXEMPLES ILLUSTRÉS

Seuls quelques exemplaires de Phoques peuvent être, très exceptionnellement, observés en plongée sur les côtes de France métropolitaine. Il s'agit principalement des espèces suivantes.

■ *Halichoerus gryphus* (pl. XIV. 5) ou Phoque gris. On le trouve en Manche et dans l'Atlantique, sur quelques îlots difficiles d'accès de Bretagne. Son corps atteint 3 mètres de longueur et peut peser jusqu'à 250 kg. La coloration d'ensemble est grise avec des taches plus sombres dispersées sur le dos et les flancs. Le ventre est plus pâle et uniforme. Le régime alimentaire est composé de Crustacés, Lamellibranches, Mollusques Céphalopodes et Poissons. Cet animal peut réaliser des apnées de 15 à 20 minutes. La fécondation de plusieurs femelles par un même mâle (polygamie) est de règle chez cette espèce. Au moment de la période d'accouplement, un mâle peut constituer ainsi un harem, c'est-à-dire un groupe de femelles qui lui sont dépendantes. La gestation dure 11 mois. Le petit naît dans un état de développement avancé et sa croissance est rapide.

■ *Monachus monachus* ou Phoque moine. On le trouve, lui, en Méditerranée. Son corps, d'une longueur de 2,5 à 3,5 m, est coloré en gris-brun sur le dos et en beige tacheté de sombre sur le ventre. Le poids peut atteindre 350 kg. L'alimentation est essentiellement composée de Mollusques Céphalopodes et Poissons. Les femelles ne mettent qu'un petit au monde (sur des plages ou dans des grottes isolées) tous les deux ans et après 11 mois de gestation. La fécondation a lieu sur terre ou dans l'eau. Cette espèce, comme la précédente, a été chassée de façon abusive, de sorte que sa survivance est totalement hypothétique.

■ On peut encore rencontrer, en quelques endroits des côtes de la presqu'île du Cotentin, *Phoca vitulina* ou Veau marin.

NE PAS CONFONDRE

Aucune confusion n'est possible avec des exemplaires d'autres groupes lorsqu'on peut voir les animaux correctement. Car la tête des Phoques est caractéristique, avec ses narines, ses moustaches (ou vibrisses : poils particuliers jouant le rôle d'organe du toucher) et l'absence d'oreilles (pas de pavillon). Les membres distinguent aussi ces animaux de tous les autres, notamment par la présence de griffes. Il en est de même pour la fourrure.

OBSERVER EN PLONGÉE

- Observer la forme du corps et sa coloration.
- Écouter les sons émis.
- Se laisser approcher sans bouger, le Phoque est un animal très curieux.

ATTENTION

- Ne pas se précipiter pour s'approcher des animaux.
- Ne pas tenter de toucher les petits accompagnés de leur mère.
- Gare aux morsures : bien que rarement agressif, le Phoque peut mordre à la manière d'un chien.

LES ALGUES MARINES

Les Algues marines sont des végétaux qui composent le fond du décor des plongées. De ce fait, leur observation est souvent négligée. Leur caractère fondamental est qu'elles ne produisent jamais de fleurs.

Certaines sont faites d'une seule cellule pouvant soit nager ou flotter librement, appartenant alors au plancton, soit être fixées sur tous les types de supports tels que rochers, sable, boue, autres végétaux, animaux ou même les constructions humaines (jetées, coques de bateaux, etc.). Elles forment dans ce dernier cas un revêtement gluant au toucher et souvent coloré en brun-jaune. Ce sont les Algues benthiques (autrement dit : qui vivent fixées) unicellulaires. Compte tenu de leurs dimensions, la plupart du temps très réduites, elles ne sont pas détaillées ici car elles ne sont pas perceptibles à l'œil du plongeur.

À côté de ces êtres microscopiques mais dont la masse dans les océans est considérable, existe une seconde catégorie d'Algues formées d'un nombre de cellules variable mais souvent très important. Ce sont généralement de grands individus que l'on qualifie de macro-algues (*macro-* : grand), par opposition aux précédents que l'on nomme micro-algues (*micro-* : petit). Ils sont à l'origine des forêts marines. Dans la majeure partie des cas, ils vivent accrochés à un support, plus ou moins plaqués à lui ou dressés à sa surface.

4.53. *Les différentes parties d'un thalle d'algue (*Laminaria*).*

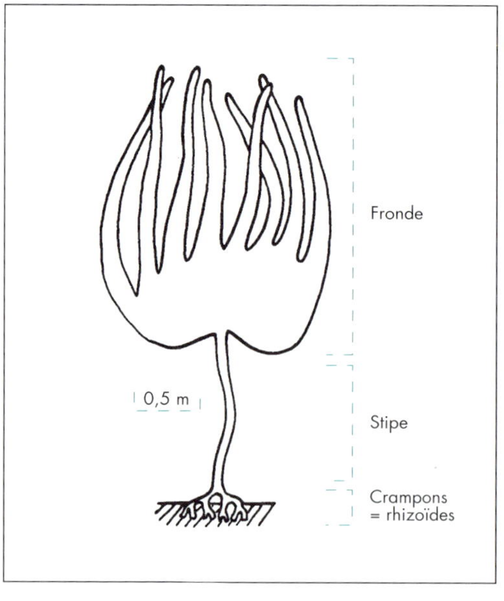

La paroi des cellules algales (absente chez certains individus unicellulaires) se laisse aisément traverser par les gaz et les substances chimiques dissous dans le milieu marin. De ce fait, les Algues n'ont pas besoin de puiser dans le sol l'eau et les sels minéraux nécessaires à leur développement. Les macro-algues n'ont donc pas de sève, alors que celle-ci est indispensable aux plantes à fleurs terrestres, et sont dépourvues de cellules spécialisées dans sa conduction. Leur organisme a, par conséquent, une organisation beaucoup plus simple et est fait de très peu de catégories de cellules. On le nomme thalle (pousse) et son appareil fixateur, crampons ou rhizoïdes. La partie qui simule parfois une tige est qualifiée de stipe et celle qui ressemble aux feuilles est appelée fronde (fig. 4.53).

Les formes des thalles dressés sont très diversifiées. On trouve ainsi des filaments faits d'une seule série de cellules, d'autres ramifiés, des touffes, des arbuscules, des lames plus ou moins contournées ou découpées, des boules creuses, des cordons, des tubes creux, etc. Dans certains cas, un seul stipe peut porter plusieurs frondes. Quelques espèces possèdent aussi des flotteurs en forme de sphère ou d'œuf, répartis le long du stipe ou dans les frondes. Ils sont remplis de gaz et ont pour rôle de permettre à la plante d'être dressée et de capter au mieux les rayons solaires. En effet, les Algues n'ont pas de tissus rigides (à la différence des plantes terrestres à fleurs) qui pourraient permettre à l'ensemble de leur thalle de se tenir debout. Ceci explique pourquoi, à marée basse, elles sont avachies sur les rochers. Toutefois, celles qui ont la possibilité de s'entourer d'un squelette calcifié externe conservent une allure bien dressée (fig. 4.54 à 4.56).

L'appareil fixateur est soit constitué d'une

seule cellule, soit de cellules groupées en massifs ou en disques. Parfois, sa forme rappelle fortement celle de racines de plantes à fleurs. Les thalles qui se plaquent à leur support (rochers, coquilles de Mollusques vivants ou morts, stipes d'autres Algues, etc.) sont dits « encroûtants », car ils forment souvent une sorte de croûte épousant plus ou moins bien les contours du support. Ils peuvent être faits exclusivement de matière organique ou être calcifiés en surface ou profondément.

Parfois, plusieurs d'entre eux se superposent, seuls les plus externes demeurant vivants. De tels empilements sont à l'origine de structures géologiques. C'est le cas du trottoir algal qui se développe, en particulier, sur les côtes rocheuses françaises de Méditerranée occidentale, dans les premiers mètres sous la surface. Le coralligène est une autre de ces formations, rencontrée dans la même région, mais à partir de – 20 m. Elle simule les massifs coralliens, d'où l'origine de son nom.

Une autre originalité des Algues est la diversité de leurs coloris. Si une bonne partie d'entre elles sont vertes comme les plantes à fleurs terrestres, d'autres sont rouges, brunes ou bleues. Ces couleurs variées sont dues à la présence, dans chaque cellule du thalle, de substances chimiques pigmentaires. Ainsi, les chlorophylles (*chloro-* : vert ; *-phylle* : feuille) sont responsables de la teinte verte, les xanthophylles (*xantho-* : jaune) et les caroténoïdes (qui colorent, entre autres, la carotte) du jaune, les phycoérythrines (*phyco-* : algue ; *-érythrine* : rouge) du rouge et les phycocyanines (*-cyanine* : bleu) du bleu. Alors que les chlorophylles sont présentes chez toutes les Algues, les autres pigments n'apparaissent que chez certains groupes. La teinte finale résulte des teneurs respectives des différentes substances colorées.

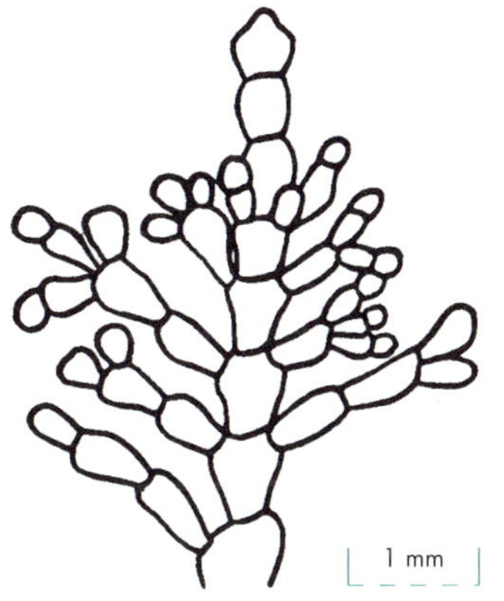

4.54

4.55

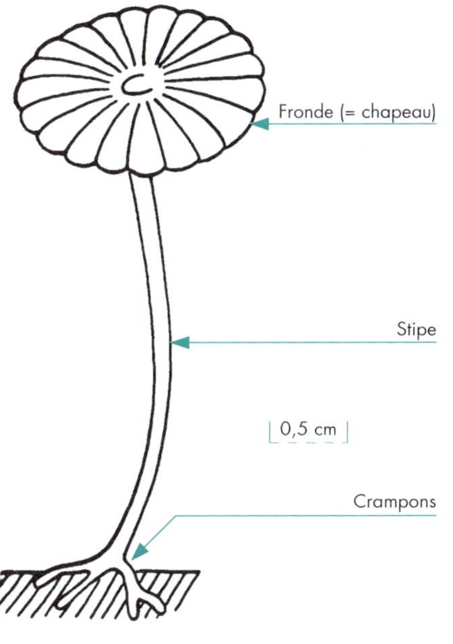

4.56

4.54. *Fragment de l'algue rouge calcifiée* Corallina.

4.55. *Thalle de l'algue verte calcifiée* Halimeda.

4.56. *Thalle entier de l'algue verte unicellulaire* Acetabularia.

On utilise, en particulier, cette variété de coloris pour la classification des Algues marines. On distingue ainsi essentiellement quatre classes principales :
- les Chlorophycées ou Algues (*-phycées*) vertes,
- les Rhodophycées ou Algues rouges (*rhodo-* a la même signification que *erythro-*),
- les Phaeophycées ou Algues brunes (*phaeo-*),
- les Cyanophycées ou Algues bleues (*cyano-*).

La dernière se distingue des trois autres par les dimensions beaucoup plus faibles de ses représentants, par l'organisation généralement simple de leurs thalles et par des caractères cellulaires qui les rapprochent des Bactéries (entre autres, l'absence d'enveloppe du noyau).

Pour classer les Algues, il faut cependant être prudent car, parfois, la relation entre la couleur et le groupe d'appartenance n'est pas toujours évidente. Ainsi, certaines Chlorophycées apparaissent orangé vif, des Rhodophycées peuvent être bleues et des Cyanophycées, grises, jaunes voire rouge vif. Ces variantes sont le fait soit d'une très forte teneur de l'un des pigments qui camoufle totalement les autres, soit de l'accumulation excessive d'une substance colorée d'une autre nature que celles mentionnées plus haut, dans des conditions de vie particulières.

À ces diverses couleurs se superposent aussi des phénomènes d'irisation, généralement bleue ou verte, voire multicolore chez certaines Algues brunes (*Cystoseira, Dictyota*) ou rouges (*Chondria, Chondrus*). Cette iridescence est provoquée par la réflexion de la lumière soit sur des globules particuliers contenus dans les cellules, soit sur des structures spéciales des parois cellulaires.

Parmi les curiosités de ces végétaux, il faut noter encore que certains d'entre eux renferment des cellules à iode et d'autres des cellules à acide sulfurique concentré, par exemple.

Enfin, la consistance gélatineuse des Algues est due à un mucilage (mucus), substance plus ou moins épaisse et filante, translucide, qu'elles rejettent à leur périphérie et qui adhère au thalle. Ce mucus est essentiellement constitué de sucres. Un de ses rôles est de protéger la plante contre les Bactéries et les microchampignons aquatiques.

LES ALGUES MARINES

DIMENSIONS

Pour les côtes de France métropolitaine, les dimensions des Algues pluricellulaires – faites de plusieurs (*pluri-*) cellules – non planctoniques varient de quelques millimètres à 10-12 mètres. L'élongation et l'élargissement des thalles s'effectuent par divisions multiples des cellules.

RÉGIME ALIMENTAIRE

Les Algues, en général, comme tous les végétaux possédant des chlorophylles, réalisent la photosynthèse. Ce mécanisme consiste en une suite de réactions chimiques qui aboutit à la fabrication de matières organiques nécessaires à la vie et à la croissance de l'individu. L'énergie de la lumière solaire (photons ou particules de lumière) déclenche cette synthèse qui s'effectue à partir d'éléments dissous dans l'eau, à savoir le gaz carbonique de l'air et des sels minéraux. L'oxygène de l'atmosphère, indispensable à la respiration de nombre d'êtres vivants sur la terre, est un dérivé de la photosynthèse. Les Algues qui sont ainsi capables d'élaborer leur propre matière sans la prélever sur d'autres organismes sont qualifiées d'autotrophes (*-trophe* : qui se nourrit ; *auto-* : par soi-même). Les herbivores et les carnivores, non doués de cette faculté, sont des hétérotrophes (*hétéro-* : de l'autre).

REPRODUCTION

Contrairement aux plantes à fleurs chez lesquelles les organes reproducteurs mâles (étamines) et femelles (pistils) sont la plupart du temps bien mis en évidence au centre de la fleur, dans le cas des Algues, qui n'ont pas de fleurs, ces organes sont difficiles à voir. Tous les végétaux possédant ce caractère sont regroupés sous le terme de Cryptogames (*crypto-* : caché ; *-game* : mariage, union). Ce sont, avec les Algues, les Champignons, les Fougères, les Lichens et les Mousses.

Chez les Algues, les modalités de la reproduction sont très diversifiées. On peut ainsi, selon les espèces, rencontrer les deux sexes sur un même individu (hermaphrodisme) ou séparés sur deux thalles différents. Les caractéristiques des gamètes (cellules reproductrices), lorsqu'ils sont présents, sont très variées en fonction des classes considérées (fig. 4.57). Les Cyanophycées ne produisent pas de gamètes. On ne connaît pas,

chez elles, de cas de reproduction sexuée.
Enfin, une autre particularité propre aux Algues est que l'œuf résultant de la fécondation donne rarement naissance directement à un individu semblable à l'un de ses parents. En fait, il engendre une plante asexuée ressemblant ou non par sa forme et ses dimensions au végétal initial et indépendante ou fixée à celui-ci. Cette nouvelle plante produit des spores qui, en germant, se transforment chacune en une autre plante sexuée (fig. 4.58). Ce schéma relativement simple peut montrer, selon les cas considérés, de nombreuses complications. Les plantes sexuées et asexuées sont qualifiées de générations. Chez les Algues rouges, on connaît des exemples où trois types de générations se succèdent avant qu'il y ait apparition d'un individu porteur des organes de reproduction (fig. 4.59). De tels mécanismes sont inconnus chez les plantes à fleurs. Une génération peut avoir une vie très courte ou cachée (thalle très petit fait seulement de quelques cellules). Les spores, souvent, constituent des formes de résistance, attendant la saison favorable pour se développer.
Compte tenu de ce qui précède, on peut difficilement dire que les Algues sont soit annuelles, soit pérennantes (vivaces ou vivant plus d'un an). Toutefois, dans le cas de celles qui sont facilement observables à l'œil nu, certaines ne persistent sous cette forme que quelques semaines ou quelques mois. Le reste du temps, elles sont sous la forme de thalles microscopiques ou même de spores. Les autres peuvent durer en totalité ou pour partie pendant plusieurs années. Ainsi, les Algues calcifiées encroûtantes sont vivaces.
En général, la prolifération des macro-algues est rarement le fait de la reproduction sexuée qui est un mécanisme complexe exigeant des conditions de milieu très strictes (température, éclairement, salinité). Elle est, en réalité, due à des possibilités de multiplication par voie asexuée variées. En effet, la plupart des Algues peuvent produire des milliers de spores asexuées, se réduire en fragments ou fabriquer des organes de dissémination plus complexes, chacun d'entre eux régénérant un individu.

ÉCOLOGIE

La répartition des Algues dans le milieu marin est fonction de divers facteurs physiques et chimiques de l'environnement. Le principal d'entre eux est la lumière qui est indispensable pour la réalisation de la photosynthèse. Elle intervient par sa qualité et par sa quantité. Or certaines composantes de la lumière sont plus ou moins rapidement absorbées par l'eau. Ainsi le rouge ne parvient pas en dessous de – 10 m alors que le bleu dépasse largement – 50 m.
La clarté de l'eau joue aussi un rôle important sur la quantité de l'éclairement qui peut parvenir jusqu'aux végétaux. Ainsi, dans des eaux très troubles, le niveau qu'ils atteignent n'excède pas quelques mètres alors qu'en eaux très claires il peut être de – 150 m. Cependant, certaines Algues préfèrent les zones vivement éclairées, près de la surface, tandis que d'autres se complaisent dans des zones d'ombre.
Le support sur lequel se fixent les Algues intervient aussi par sa consistance et non par sa composition chimique, comme c'est le cas sur terre, ces plantes marines n'y puisant pas leurs substances nutritives. Les

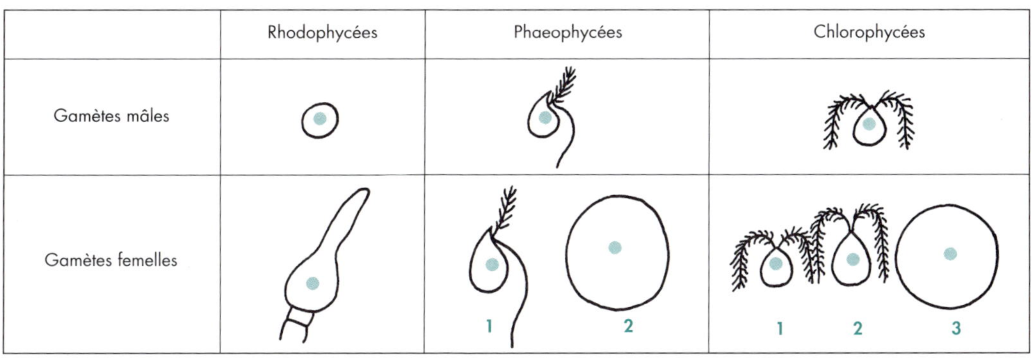

4.57. *Les différentes formes de gamètes chez les Algues. Les numéros indiquent les diverses possibilités. Le gamète femelle des Rhodophycées reste fixé alors que, dans tous les autres cas, les cellules reproductrices sont libérées. En bleu, le noyau de la cellule.*

graviers et les sables instables, trop souvent remués, ainsi que les vases, ne montrent aucune végétation algale macroscopique. Les thalles se fixent, la plupart du temps, sur les rochers, sur des coquilles vides, sur des animaux vivants, fixés ou mobiles, ou même sur d'autres Algues. Elles peuvent ainsi porter préjudice à certaines activités économiques humaines ; c'est le cas de l'Algue brune *Colpomenia* (ou voleuse d'Huître), sorte de sphère creuse qui, à l'état adulte, peut entraîner hors des parcs, sous l'effet des courants, les Huîtres auxquelles elle adhère.

De plus, certaines espèces affectionnent tout particulièrement les eaux calmes alors que d'autres supportent bien l'agitation ou les courants forts.

Dans les mers à marées importantes, les Algues occupent des niveaux variés en fonction de leur résistance à la dessiccation, au dessèchement. On peut ainsi observer dans la zone de balancement des marées, depuis la surface jusque vers le fond, des groupements d'espèces successifs appelés ceintures. La température, généralement, joue un rôle plutôt dans la répartition géographique que dans la distribution verticale des Algues.

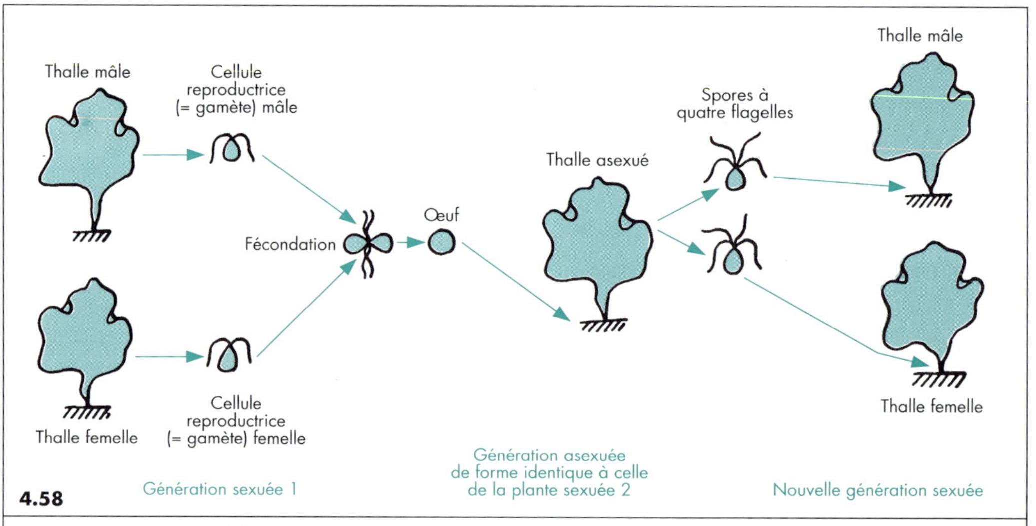

4.58

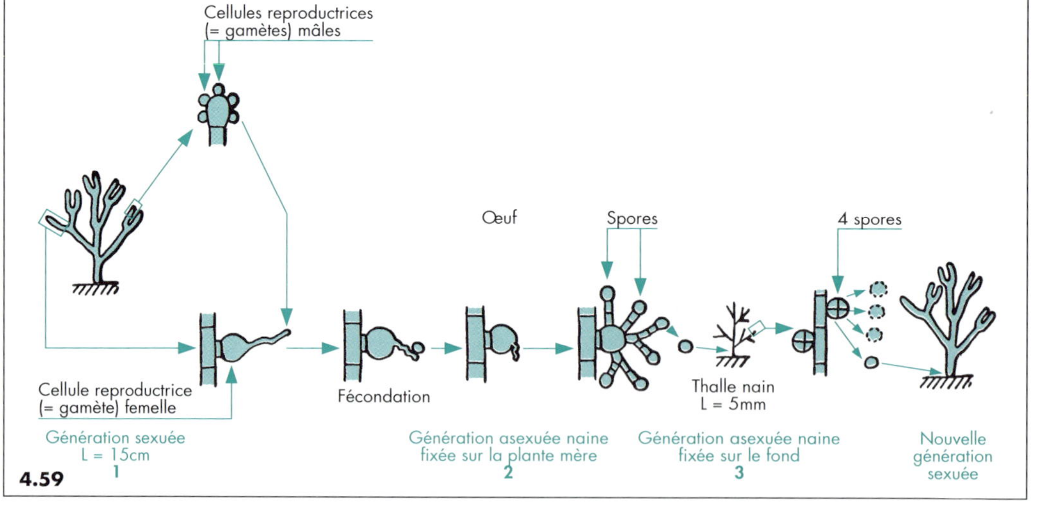

4.59

4.58. *Succession des deux générations sexuée (1) et asexuée (2) chez une Algue verte à sexes portés par des thalles différents* (Ulva lactuca).

4.59. *Succession des générations sexuée (1) et asexuées (2 et 3) chez une Algue hermaphrodite rouge calcifiée* (Liagora viscida).

Dans les estuaires ou les cuvettes persistant à marée basse, les variations de salinité ne sont supportées sans dommages que par quelques espèces. La concentration en sels nutritifs (nitrates, phosphates, etc.) influe sur le développement et la multiplication des Algues.

Il y a des Algues microscopiques qui vivent incluses à l'intérieur ou entre les cellules d'animaux (Spongiaires, Cnidaires), protégées des prédateurs, tandis que leur hôte profite des substances qu'elles fabriquent par photosynthèse. Certaines Algues bleues peuvent aussi se développer à l'intérieur de roches calcaires ou de coquilles de Lamellibranches qu'elles perforent.

EXEMPLES ILLUSTRÉS

■ *Codium fragile* – Algues vertes – (pl. XV.2). Algue d'un beau vert, formant des touffes dressées buissonnantes de 25 à 30 cm de hauteur. Elle porte de nombreux rameaux cylindriques (diamètre : 0,2 à 1 cm), disposés régulièrement et à consistance spongieuse, douce au toucher. L'appareil fixateur a l'allure d'un disque. Cette plante se rencontre surtout sur des fonds rocheux, à galets, depuis les premiers mètres sous la surface jusqu'à – 25 m.

■ *Udotea petiolata* – Algues vertes – (pl. XV.3). Cette Algue de couleur vert sombre, dressée, rigide, portée par un stipe bien visible, a un thalle en lame, à forme d'éventail, élargi et arrondi à son sommet. L'appareil fixateur est constitué par un bouquet de crampons très fins et très denses. La hauteur de la plante atteint 10 cm. Elle vit fixée sur des rochers ou des plantes marines à fleurs, dans les eaux calmes de la Méditerranée, depuis les premiers mètres sous la surface jusqu'à – 25 m. L'hiver, seul le stipe persiste.

■ *Dictyota dichotoma* – Algues brunes – (pl. XV.1). Le thalle est transparent, membraneux, large de 0,2 à 1,5 cm et très régulièrement ramifié toujours dans un plan. Les rameaux ressemblent à des rubans minces, aplatis, jaune pâle à brun, avec, parfois, des irisations bleutées, délicates. Les sommets sont arrondis. Cette Phaeophycée dont la longueur peut avoisiner 25 cm vit fixée par des rhizoïdes courts sur les rochers, galets et sur d'autres Algues, jusqu'à – 15 m.

■ *Himanthalia elongata* – Algues brunes – (pl. XV.4). Algue très caractéristique par sa base ressemblant à un champignon en forme de coupe, de couleur brun sombre (diamètre : 2 - 3 cm). Au centre de cette coupe, se dresse un filament aplati (largeur : 1 à 2 cm), épais et très régulièrement ramifié. La longueur du filament peut dépasser 2 m. C'est lui qui produit les organes reproducteurs. La base de la coupe est fixée aux rochers par un petit disque, jusqu'à – 15 m, en Manche et dans l'Atlantique. Elle peut persister plusieurs années alors que le filament ne dure que quelques mois.

■ *Sargassum muticum* – Algues brunes – (pl. XVI.2). Cette Phaeophycée, de couleur brun olive, atteint 12 à 15 m de longueur. Elle est composée d'un axe très fin (diamètre : 2 à 3 mm) avec de nombreuses ramifications latérales. Chaque rameau porte de multiples frondes de taille réduite ainsi que de petites vésicules (diamètre : 0,5 cm) qui font office de flotteurs. La base est fixée par un petit disque (diamètre : 1 à 2 cm), sur les rochers, les galets, les Huîtres, etc. Vit en Manche et dans l'Atlantique et a commencé à s'implanter en Méditerranée depuis 1980. On la trouve jusqu'à – 15 m.

■ *Asparagopsis armata* – Algues rouges – (pl. XVI.3). Plante en touffe, très fine, densément ramifiée, de couleur rose vif, pouvant atteindre 15 cm de longueur. Certains des rameaux sont très souples et groupés en bouquets irrégulièrement distribués sur les axes. D'autres, bien rigides, sont épineux (d'où le nom de l'espèce : *armata* signifie armé) et peuvent s'accrocher aisément au jersey de la combinaison. Cette Algue porte les appareils sexuels. Après la fécondation, l'œuf se divise et les rameaux qu'il engendre forment des spores. Une fois libérées, celles-ci donnent naissance à des thalles asexués de petite taille (diamètre : 2 cm) qui ressemblent à des boules laineuses faites de filaments très fins et d'un rose très vif (appelés *Falkenbergia rufolanosa*). Ces thalles produisent à leur tour d'autres spores asexuées qui, après libération, germent et redonnent des plantes sexuées. Ces deux formes de la même Algue, bien différentes par leur forme, vivent fixées sur les rochers depuis les premiers mètres jusqu'à – 15 m.

■ *Liagora viscida* – Algues rouges – (pl. XVI.4). Algue de couleur blanche car calcifiée (faiblement), cylindrique, abondamment ramifiée et régulièrement dans tous les plans, ayant l'aspect de petits arbustes (longueur : 10 cm). Le diamètre des axes et des rameaux n'excède pas un millimètre. Les extrémités sont arrondies et teintées de rouge sombre. Consistance assez ferme. Vit en Méditerranée jusqu'à – 10 m, fixée aux rochers ou aux galets par un petit disque.

NE PAS CONFONDRE

• Confusion possible avec les plantes marines à fleurs, mais ces dernières sont peu gélatineuses, ne sont jamais finement ramifiées, sont toujours enracinées dans le sable où les Algues ne sont pratiquement jamais présentes.

• Certaines petites Algues calcifiées ressemblent aussi à des animaux fixés, coloniaux (Cnidaires comme les Gorgones ; Bryozoaires).

OBSERVER EN PLONGÉE

• Sur les côtes de la Manche et de l'Atlantique, plonger dans les grandes forêts de Laminaires. Le spectacle en vaut la peine !

• Essayer de distinguer les différents groupes d'Algues : vertes, brunes, rouges.

• Rechercher les bases des Algues pour comprendre leur mode de fixation.

• Essayer de distinguer les différents types d'organisation de thalles : lame, tube, filament simple ou ramifié...

• Repérer les touffes très fines, bleu-vert ou violacé de certaines Algues bleues. Les Cyanophycées se présentent aussi sous forme de petites masses gélatineuses bleu-vert accrochées aux rochers juste sous la surface, en Méditerranée.

• Rechercher les Algues iridescentes.

• En Manche ou Atlantique, repérer les ceintures algales en plongeant sur un tombant à marée haute.

• En Méditerranée, plonger au niveau du trottoir algal ou dans le « coralligène ». La faune y est souvent très riche, car ces constructions algales présentent de nombreuses anfractuosités, couloirs, grottes, très recherchés comme abri.

• Au cours des plongées entre – 30 et – 40 m, observer la prédominance des Algues rouges. Noter, en les touchant, leur consistance très gélatineuse. Constater aussi, pour bon nombre d'entre elles, leur couleur presque blanche à ces profondeurs.

ATTENTION

Aucun danger ne peut venir des Algues en plongée, mais il peut arriver que les frondes des grandes Algues brunes, longues, souvent filamenteuses et par conséquent emmêlées, se prennent dans les robinetteries et les poignées des blocs.

LES PLANTES MARINES À FLEURS

Les plantes à fleurs aquatiques marines que l'on rencontre sur les côtes de France métropolitaine – les plongeurs connaissent bien les grandes prairies qu'elles composent, mais souvent ils les évitent, croyant ne rien pouvoir y observer – appartiennent toutes à l'embranchement des Spermaphytes (*-phytes* : plantes ; *sperma-* : à graines) ou encore au groupe des Phanérogames (*-game* : appareil reproducteur ; *phanéro-* : apparent, visible). Ce sont toutes des membres de la famille des Potamogétonacées (*-geton* : voisin ; *potamo-* : du fleuve) qui regroupe de nombreuses plantes aquatiques d'eau douce. Cette famille fait partie de la classe des Monocotylédones (*mono-* : à une seule ; *-cotyl-* : cavité ; *-édone* : à manger), dont les représentants possèdent tous des graines à un seul cotylédon (feuille spéciale enfermée dans la graine et destinée à nourrir la jeune plante lors de la germination et, ce, jusqu'à ce qu'elle ait acquis son autonomie) comme, chez les végétaux terrestres, l'Iris, le Muguet ou le Blé, par exemple.

En plus des fleurs, un autre caractère distingue ces organismes des autres végétaux. En effet, ils ont tous des cellules spéciales regroupées en faisceaux dont le rôle fondamental est de conduire la sève. Ce sont les vaisseaux conducteurs qui sont inexistants chez les Algues, ces dernières n'ayant pas de sève.

Une Potamogétonacée est donc faite d'une tige, la plupart du temps disposée horizontalement et plus ou moins enfouie dans le sable. C'est la tige rampante ou rhizome d'où partent, par endroits, de nombreuses petites racines ou radicelles servant à fixer solidement au fond l'individu (c'est-à-dire un pied). Le long de cette tige horizontale apparaissent des feuilles immergées, rarement flottantes, très allongées et en forme de ruban. Les nervures sont toujours parallèles entre elles et disposées dans la longueur de la feuille. Les feuilles sont caduques : elles se détachent régulièrement de la tige ; mais les plantes sont vivaces (pérennantes) : le rhizome demeure vivant et d'autres feuilles remplacent celles qui disparaissent. Les parties mortes sont jetées lors de tempêtes sur les plages où elles s'accumulent, formant des épaisseurs parfois considérables, appelées banquettes, dont le rôle n'est pas négligeable dans la protection du littoral en retenant les particules de sable.

Les feuilles de Potamogétonacées marines sont toutes de couleur verte car elles renferment dans leurs cellules deux molécules pigmentaires, les chlorophylles a et b, qui leur confèrent cette teinte.

Enfin, ces végétaux recouvrent des surfaces très importantes qui correspondent, dans le milieu marin, aux forêts ou aux prairies des milieux terrestres. Ces grandes étendues portent le nom d'herbiers. Leur importance est capitale car elles jouent plusieurs rôles. En premier lieu, elles produisent de l'oxygène par la photosynthèse. Elles fabriquent aussi de la matière organique. Elles épurent l'eau en utilisant certaines des substances qui y sont dissoutes. Enfin, elles hébergent de très nombreux animaux (Céphalopodes, Cnidaires, Crustacés, Échinodermes, Gastéropodes, Mollusques et Poissons) qui s'y abritent, y pondent ou même s'en nourrissent.

Pour finir, il faut signaler que de multiples individus benthiques (vivant sur ou près du fond) utilisent les feuilles des plantes à fleurs marines comme support, de telle manière que celles-ci sont rarement très propres (Algues, Hydraires, Vers).

LES PLANTES MARINES À FLEURS

DIMENSIONS

La longueur des feuilles des différentes espèces des côtes de France varie de 10 cm à 1,30 m et leur largeur de 1 à 12 mm.

RÉGIME ALIMENTAIRE

Les végétaux possédant les chlorophylles sont capables de fabriquer pratiquement toutes les substances organiques nécessaires à leur croissance à partir du gaz carbonique et des sels minéraux dissous dans l'eau et ce, grâce à l'énergie que leur fournissent les particules de lumière (photons). Le mécanisme qu'ils réalisent ainsi porte le nom de photosynthèse (synthèse chimique sous l'action des photons). Tous les êtres ayant la capacité d'assurer par eux-mêmes leur croissance sont qualifiés d'autotrophes. Les animaux, dépourvus de chlorophylle, sont obligés de puiser chez les autres êtres vivants les molécules organiques qui leur sont indispensables, ce sont des hétérotrophes.

L'oxygène, gaz fondamental pour la vie de la plupart des organismes peuplant la croûte terrestre (dont l'Homme !), est un produit de déchet de la photosynthèse.

Les Potamogétonacées marines, plantes photosynthétiques, puisent dans les fonds marins, grâce à leurs radicelles, les sels minéraux dont elles ont besoin.

REPRODUCTION

Chez les Spermaphytes, les sexes mâle et femelle sont situés dans les fleurs. L'appareil mâle est constitué par les étamines où s'élaborent les grains de pollen. Ce sont les grains de pollen qui, en germant, engendrent les cellules reproductrices mâles ou spermatozoïdes. La libération des grains de pollen par les étamines porte le nom de pollinisation. Chez les plantes marines à fleurs, celle-ci se produit directement dans l'eau.

L'appareil femelle, localisé au centre de la fleur, est formé de un ou plusieurs ovaires portant à leur sommet un prolongement, le pistil, terminé par une ou plusieurs pièces recouvertes d'une matière gélatineuse, les stigmates. Ces pièces sont destinées à collecter les grains de pollen. Les ovaires renferment une ou plusieurs cellules sexuelles femelles, les ovules. La fécondation a lieu

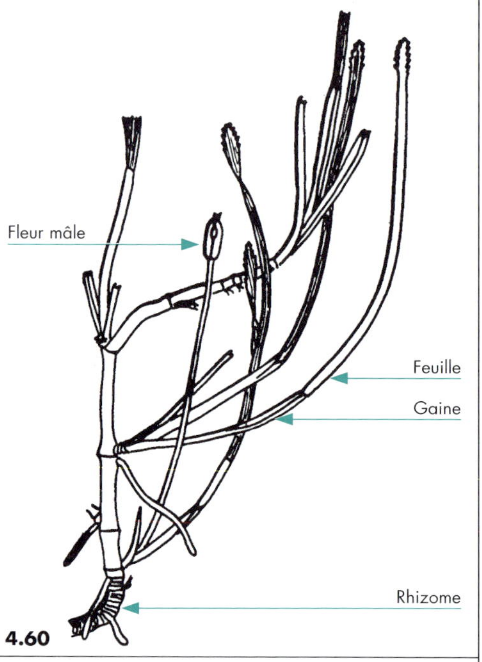

4.60

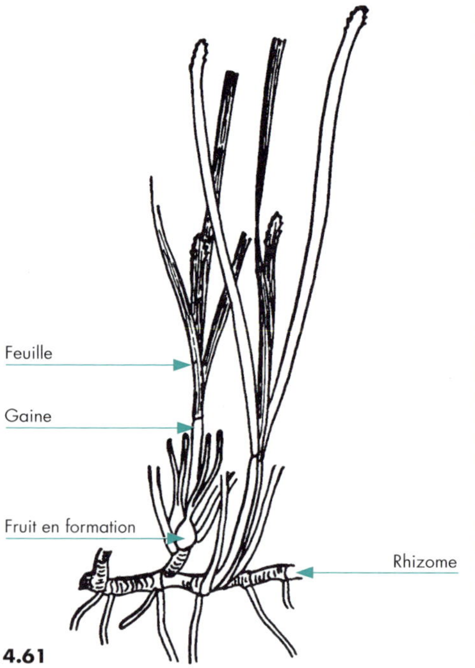

4.61

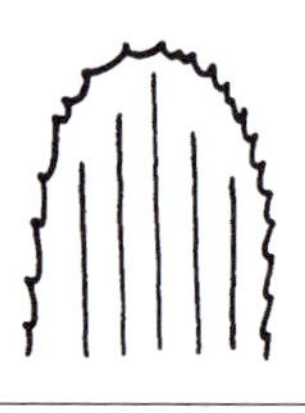
4.62

dans l'ovaire où les spermatozoïdes sont introduits par le tube de germination du grain de pollen.

Chez les Potamogétonacées marines, selon les espèces, on trouve des pieds produisant soit des fleurs mâles, soit des fleurs femelles, mais les deux peuvent être observées sur le même individu. On rencontre aussi des fleurs portant en même temps les deux sexes (hermaphrodites). Dans la plupart des cas, les fleurs sont très simples et souvent ne possèdent ni calice (ensemble des sépales, à la base de la fleur), ni corolle (ensemble des pétales). Elles sont verdâtres et petites et, par conséquent, difficiles à voir. Après la fécondation, l'ovaire se transforme en fruit et les ovules fécondés deviennent des graines qui renferment chacune un futur nouvel individu, l'embryon.

La colonisation des fonds marins, en fait, est rarement assurée par ce mécanisme sexuel compliqué qui nécessite des conditions climatiques très strictes. Les rhizomes ont la propriété de pouvoir croître sans arrêt aussi bien horizontalement que verticalement. Ceci permet à la plante de s'élever continuellement au-dessus des matières qui s'accumulent entre les rhizomes (débris de coquilles, d'Algues, de feuilles, sable), les jeunes pousses étant toujours au-dessus des sédiments. Cette production de jeunes pousses due à la croissance permanente des rhizomes est un phénomène où n'interviennent pas les organes sexuels. C'est la multiplication végétative ou asexuée. Elle génère un enchevêtrement inextricable de tiges rampantes appelé matte. L'élévation constante de la matte est à l'origine de la formation de sortes de récifs ou de barres qui finissent par isoler plus ou moins le littoral de la pleine mer. Cette élévation est estimée à 1 mètre par siècle. L'épaisseur de certaines mattes peut atteindre 10 m.

ÉCOLOGIE

Les Potamogétonacées se développent en mer ou dans les étangs proches du littoral, sur des fonds de sable riches en matières organiques, sur des fonds de vase ou de gravier sableux. Elles ont besoin de lumière, de sorte que leur répartition en profondeur est fonction de

4.60. *Organisation simplifiée d'un pied mâle de* Cymodocea nodosa.

4.61. *Organisation simplifiée d'un pied femelle de* Cymodocea nodosa.

4.62. *Sommet d'une feuille de* Cymodocea nodosa.

la clarté de l'eau mais aussi de l'ensoleillement. On peut les trouver ainsi depuis les premiers mètres jusqu'à environ – 40 m dans des eaux dont la température varie entre + 10 et + 20 °C. Elles sont, enfin, très sensibles à la concentration en sel du milieu (valeur normale, environ 36 g de chlorure de sodium par litre), certaines d'entre elles ne tolérant que de très faibles écarts.

La survie de ces grands herbiers marins est compromise par tous les rejets industriels et urbains qui rendent les eaux plus troubles et y déversent de multiples substances toxiques. Elle est aussi mise en danger par la construction de ports de plaisance qui dévastent les fonds et modifient les courants et les trajectoires de la houle. Les nombreux mouillages des bateaux de plaisance arrachent également les rhizomes et contribuent à la dégradation de ces végétaux.

EXEMPLES ILLUSTRÉS

Quatre Potamogétonacées peuvent être rencontrées, en plongée, sur les côtes de France métropolitaine.

■ *Cymodocea nodosa* ou Cymodocée noueuse. Elle porte le nom d'une nymphe. Le rhizome est long, assez grêle et de couleur rouge. Il présente de fortes racines et de nombreux rameaux courts qui supportent les feuilles avec leur longue gaine à la base (fig. 4.60 et 4.61). La longueur des feuilles varie de 10 à 25 cm et la largeur de 0,1 à 0,4 cm. Leur sommet est arrondi et son rebord montre de très petites dents (fig. 4.62). Cinq à sept nervures parallèles courent le long de la feuille.

La floraison se produit de mai à août. Les fleurs mâles sont faites seulement de deux étamines et portées par des rameaux spéciaux (longueur : 7-10 cm). Les fleurs femelles sont constituées de deux ovaires chacun terminé par deux stigmates longs et rectilignes. Fleurs mâles et fleurs femelles apparaissent sur des pieds différents (fig. 4.63 et 4.64). Pour la France, se rencontre seulement en Méditerranée, sur fonds de sable riche en débris organiques, à faible profondeur (maximum : – 15 m). Plante assez peu commune.

■ *Posidonia oceanica* ou paille de mer, chiendent marin. Cette plante vivace tire son nom de Poséidon, alias Neptune, le dieu de la mer. Elle se reconnaît à son rhizome volumineux hérissé de fibres brunâtres qui sont les restes des anciennes feuilles. Les feuilles, vert sombre, pouvant atteindre 1,30 m de longueur, sont emboîtées les unes dans les autres (fig. 4.65).

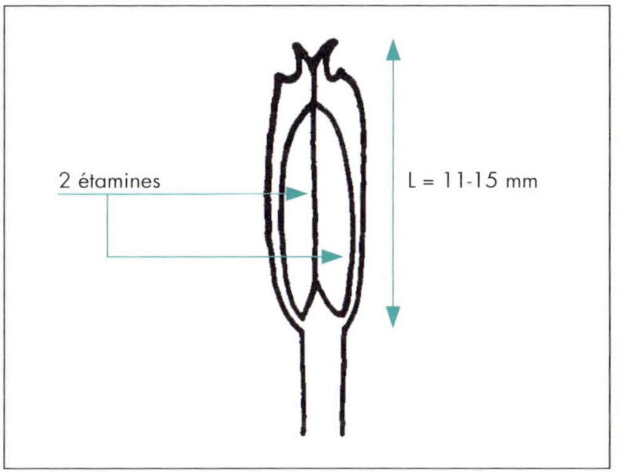

4.63. *Organisation simplifiée d'une fleur mâle de* Cymodocea nodosa.

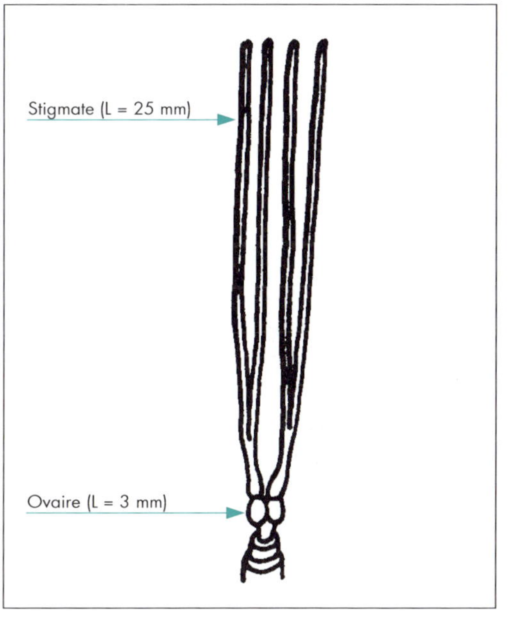

4.64. *Organisation simplifiée d'une fleur femelle de* Cymodocea nodosa.

Elles ont une forme de ruban (largeur : 0,6 à 1 cm) et présentent onze à treize nervures parallèles. Leur rebord est lisse sur toute la longueur.

La floraison se produit généralement entre septembre et novembre. Les fleurs sont mâles et femelles à la fois (hermaphrodites). Elles apparaissent en petits bouquets dressés sur une tige unique de 15 à 25 cm de longueur. Elles sont dépourvues de sépales et de pétales. Elles sont constituées de trois étamines et d'un ovaire. Leur longueur atteint 0,5 à 0,6 cm (fig. 4.66).

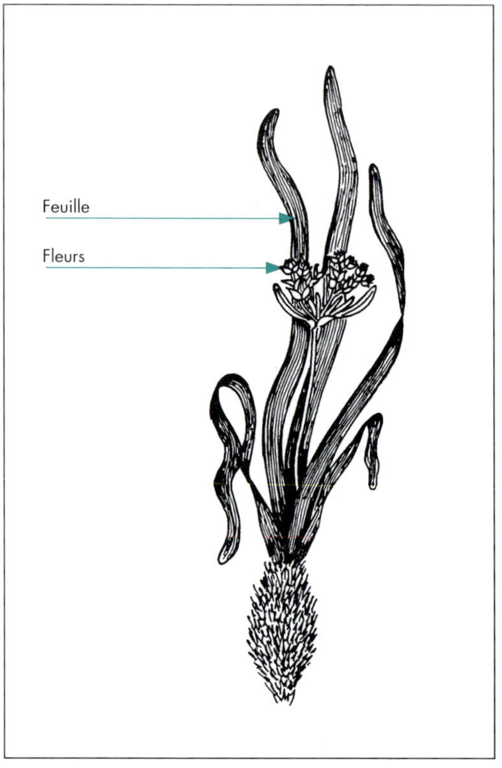

4.65. *Organisation simplifiée d'un pied de* Posidonia oceanica.

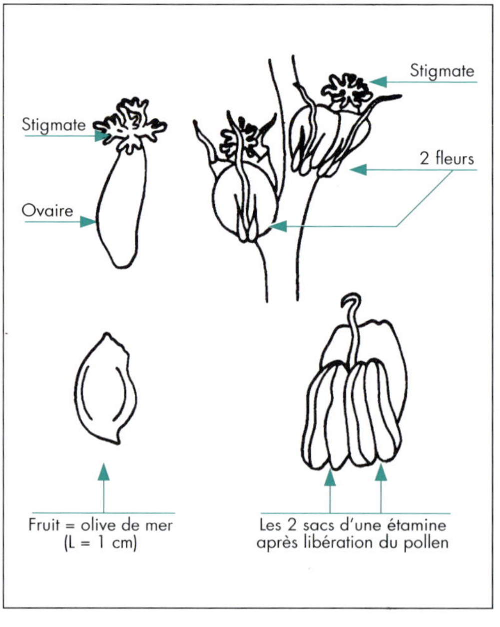

4.66. *Détails de fleurs et le fruit de* Posidonia oceanica.

Les fruits qui résultent de la fécondation ressemblent à des olives avec une petite pointe au sommet. Ils sont charnus, verts (noirs une fois secs) et ne renferment qu'une seule graine. Ce sont les olives de mer qui sont parfois rejetées à la côte. Elles germent toujours avant d'être enfouies.

Posidonia oceanica ne se rencontre qu'en Méditerranée où elle constitue des herbiers très importants (on a dénombré parfois jusqu'à 700 faisceaux de feuilles par mètre carré !). Elle se développe bien entre + 17 et + 20 °C et ne supporte que de très faibles variations de la salinité normale. On peut la rencontrer jusqu'à – 40 m dans des eaux très limpides et non polluées. Parfois, lors de tempêtes, on peut trouver sur les plages de sable, des boules feutrées brunâtres. Ce sont les pelotes de mer, qui sont des agglomérats de restes de feuilles mortes roulés par les flots.

■ *Zostera marina* ou foin de mer, verdière. Cette plante vivace tire son nom de l'allure en ruban de ses feuilles (*zostera* : ruban). La longueur de celles-ci peut atteindre 1,20 m et la largeur varier de 2 à 12 mm. Elles présentent cinq à sept nervures parallèles, celles voisines du rebord étant souvent difficiles à voir à l'œil nu. Elles sont munies d'une gaine à leur base et arrondies à leur sommet avec, parfois, une petite pointe à l'extrémité. Leur rebord est lisse (fig. 4.67). Le rhizome n'est pas ramifié. Il est assez important (diamètre : 5 mm) et porte des touffes de racines au niveau de chacun de ses renflements (nœuds).

La floraison se produit de juin à septembre. Les fleurs sont soit mâles, soit femelles, mais elles sont portées par le même pied, disposées sur des feuilles spécialisées. Elles sont organisées en deux rangées avec une alternance régulière des sexes (fig. 4.68) ; environ quarante fleurs par feuille. Elles n'ont ni sépales, ni pétales. Les fleurs mâles sont faites d'une seule étamine (longueur : 4 mm) ; les femelles sont constituées d'un unique ovaire avec, à son sommet, deux stigmates (longueur : 2-3 mm). Toutes sont verdâtres. Les fruits qui résultent de la fécondation sont striés en long. Ils sont aplatis à la base et ne renferment qu'une seule graine (fig. 4.69).

Zostera marina est présente en mer du Nord, en Manche, en Atlantique et en Méditerranée, jusqu'à environ – 15 m sur des fonds de sable, de boue et de graviers sableux. Elle supporte des températures variant entre + 10 et + 20 °C. Elle tolère des variations de salinité allant de 3 g à 40 g de sel par kilogramme d'eau. Cette plante a servi autrefois en Hollande pour la construction de digues. En France, ses feuilles séchées étaient utilisées pour confectionner des coussins ou des matelas, pour emballer des marchandises. On la récoltait aussi par fauchage à marée basse pour s'en servir comme engrais.

■ Une autre espèce, *Zostera noltii*, vit également sur les côtes de France. Sa distribution est identique à celle de la précédente, mais son habitat est moins profond. Elle est plus petite que *Zostera marina*. Son rhizome est très frêle (diamètre : 0,5 à 2 mm) et ses feuilles ont seulement 10 à 30 cm de longueur et 1 à 2 mm de largeur. On n'y observe que trois nervures parallèles. Enfin, les fleurs sont moins nombreuses sur les feuilles qui les portent (trois à douze) et le fruit est lisse. Cette plante, également vivace, est assez rare.

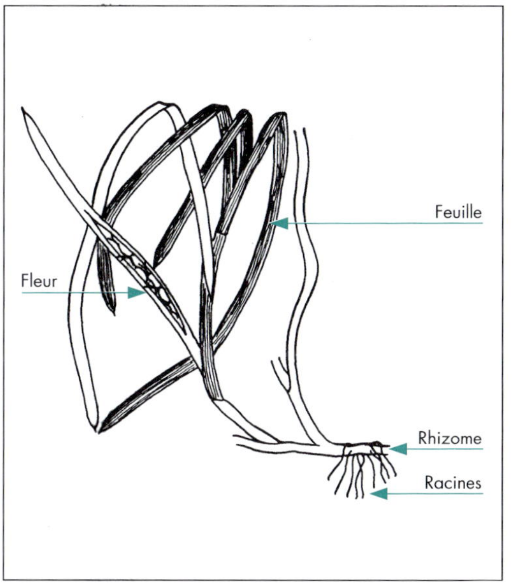

4.67. *Organisation simplifiée d'un pied de* Zostera marina.

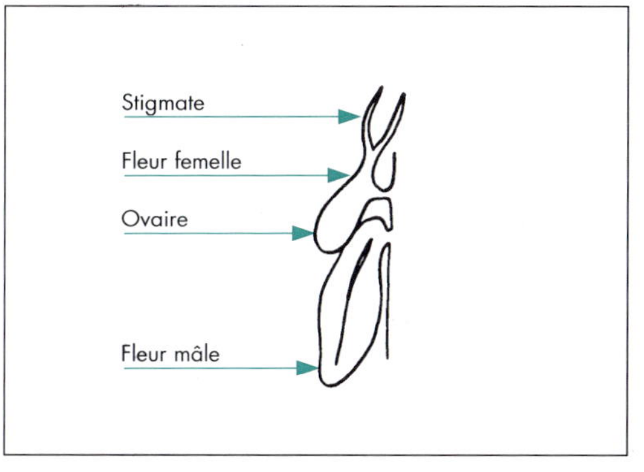

4.68. *Mode de fixation d'une fleur mâle et d'une fleur femelle de* Zostera marina.

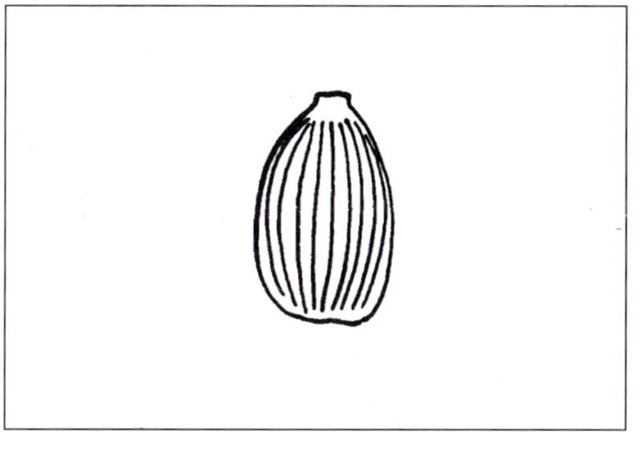

4.69. *Fruit de* Zostera marina.

NE PAS CONFONDRE

• Avec les Algues, qui n'ont jamais cet aspect de rubans et n'ont jamais ni fleurs ni fruits.
• Il n'est pas toujours aisé de distinguer les unes des autres les quatre espèces décrites ci-dessus, surtout lorsqu'elles n'ont pas leurs fleurs.
Mais le problème ne se pose qu'en Méditerranée, car en mer du Nord, Manche et Atlantique, on ne trouve que les Zostères.
Les caractères distinctifs à considérer sont : les dimensions des feuilles (longueur, largeur), l'extrémité des feuilles et le nombre de nervures, la couleur et la dimension du rhizome, la présence ou non de restes séchés de feuilles, la disposition des fleurs.

OBSERVER EN PLONGÉE

• Ne pas négliger les plongées sur herbier.
• Observer les caractères cités ci-dessus.
• Observer les animaux et les Algues fixés sur les Potamogétonacées.
• Observer la faune vivant dans l'herbier, en particulier les animaux qui ont une couleur verte et une forme rappelant celle des feuilles (Nudibranches, Crustacés, Poissons).
• Observer le haut des feuilles de Posidonies souvent croqué par les Saupes (Poissons à rayures jaunes longitudinales).
• Observer la faune fixée sur les rhizomes ou cachée dans leurs entrelacs à la base des feuilles.

ATTENTION

Ne pas détériorer inconsidérément les herbiers, dont l'équilibre est actuellement déjà très compromis.

LE PLANCTON

On regroupe sous le nom de **plancton** (organismes errants) tous les êtres pélagiques (c'est-à-dire vivant en pleine eau) incapables de se mouvoir par leurs propres moyens ou dont la force des mouvements est insuffisante pour gagner contre les courants d'eau. Ceux qui ont une nage assez puissante pour se déplacer de façon autonome (Mammifères marins, Poissons, etc.), et qui sont également pélagiques, constituent le **necton.** Il existe une troisième catégorie, le **benthos,** formée par les individus qui vivent fixés sur le fond ou qui évoluent en permanence à son voisinage (Anémones, Congres, Gorgones, Langoustes...). Les limites entre ces trois compartiments sont parfois floues.
Le plongeur est rarement conscient de l'existence du plancton, celui-ci passant la plupart du temps inaperçu, soit à cause de ses faibles dimensions, soit parce qu'il est presque totalement translucide. Il faut donc être très attentif pour apercevoir, en plongée, les êtres planctoniques de grande taille ou être confronté à une prolifération considérable (*bloom*, ou marée rouge, brune ou verte) pour se retrouver dans une eau laiteuse ou colorée à la surface.
Le plancton n'est pas constitué, comme on le pense souvent, exclusivement d'organismes microscopiques. Les tailles de ses composants peuvent ainsi être inférieures à 2 microns (1 micron : 1/1 000 millimètre) ou atteindre des valeurs supérieures au mètre. En raison de cette grande diversité dimensionnelle, on distingue trois catégories :
– le nannoplancton ou plancton nain (de moins de 2 microns jusqu'à 20 microns) ;
– le mésoplancton ou plancton moyen (de 20 microns jusqu'à 20 millimètres) ;
– le macroplancton ou grand plancton (supérieur à 20 millimètres).

Des considérations physiologiques basées sur le mode d'alimentation permettent de séparer deux grands groupes, le **phytoplancton** (ou

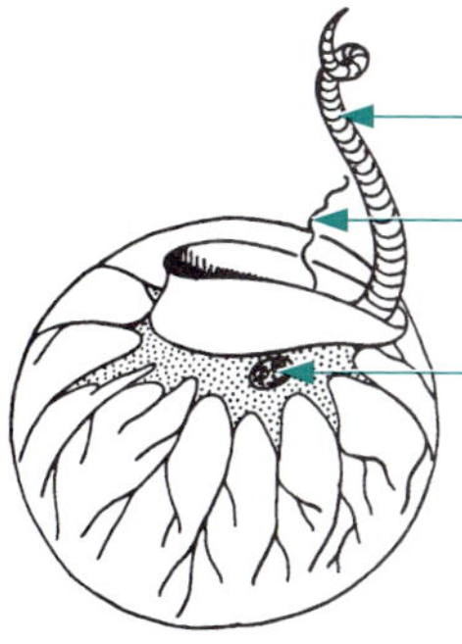

4.70

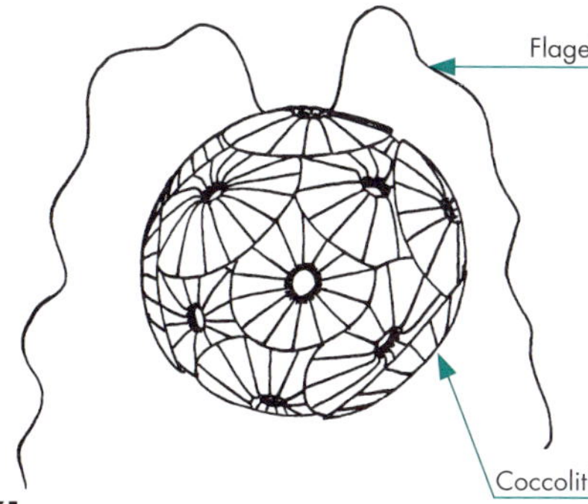

4.71

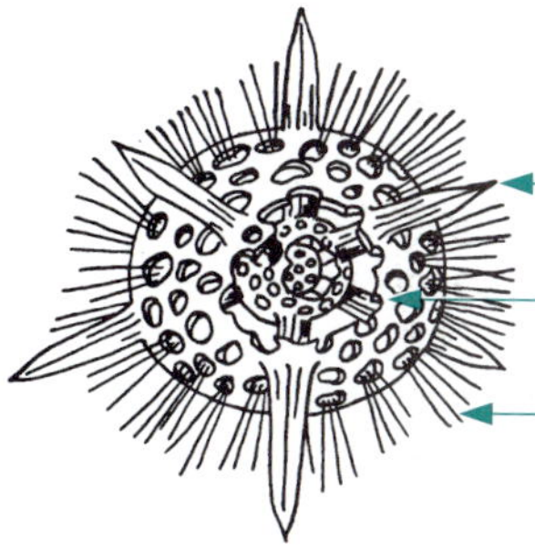

4.72

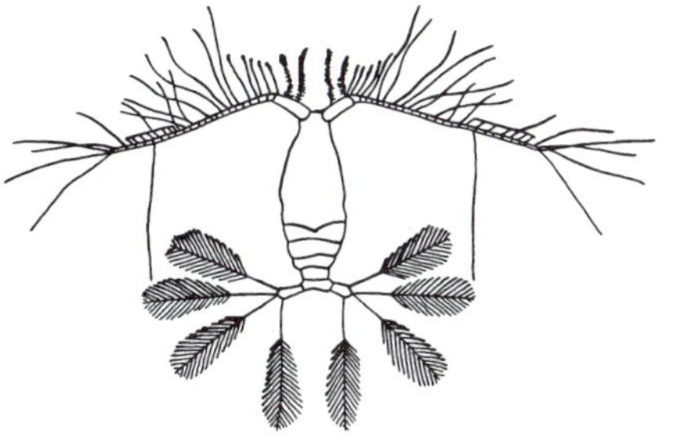

4.73

4.74

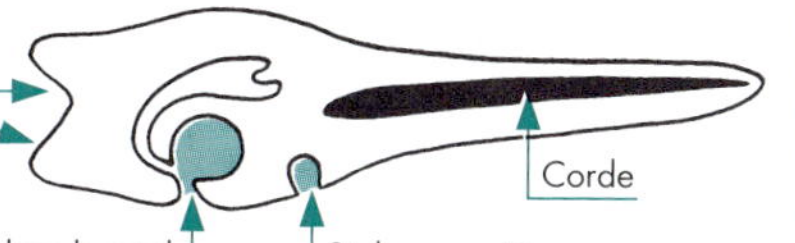

4.75

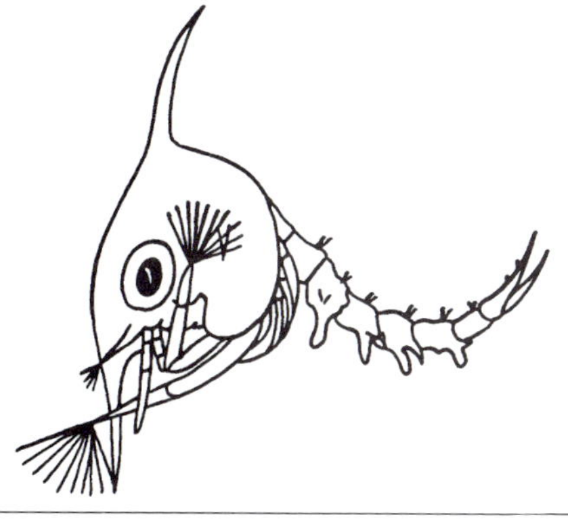

4.76

4.70. *Organisation simplifiée de* Noctiluca scintillans *(diamètre : 0,2 à 2 mm).*
4.71. *Organisation simplifiée d'une Prymnésiophycée* (Umbellosphaera) *(diamètre : 10-20 microns).*
4.72. *Organisation simplifiée d'un Radiolaire (diamètre : 150-200 microns) ; Holoplancton.*
4.73. *Copépode planctonique marin,* Calocalanus *(longueur : 1 à 2 mm) ; Holoplancton.*
4.74. *Organisation simplifiée d'une larve de Mollusque Gastéropode (diamètre : 0,2-0,3 mm) ; Méroplancton.*
4.75. *Organisation simplifiée d'une larve d'Ascidie (longueur : 2-3 mm) ; Méroplancton.*
4.76. *Larve de Crustacé* (Atelecyclus) *(longueur : 1 mm) ; Méroplancton*

plancton végétal) et le **zooplancton** (ou plancton animal).

• Le premier est constitué de micro-algues unicellulaires (fig. 4.70 et 4.71) ou faites de quelques cellules. Pratiquement, toutes sont capables de réaliser la photosynthèse, c'est-à-dire de fabriquer les matières organiques nécessaires à leur développement. Cette aptitude à vivre de façon autonome (autotrophie) est due aux pigments tels que la chlorophylle qui sont présents dans les organismes et qui leur confèrent, parfois, des couleurs remarquables. Interviennent aussi dans ce mécanisme le gaz carbonique de l'atmosphère, qui se dissout dans l'eau, et la lumière. L'exigence du phytoplancton pour ce dernier facteur conditionne sa localisation au voisinage de la surface (zone épipélagique). On rencontre donc l'essentiel des êtres phytoplanctoniques dans les premiers mètres sous la surface et, ce, jusqu'à – 100 m, voire – 120 m selon la clarté de l'eau.

Ces micro-algues sont de couleur verte (classe des Prasinophycées), jaune (classes des Diatomophycées ou Diatomées et des Chrysophycées), brune (parfois rouge ou encore bleue : classe des Dinophycées) ou bleue (classe des Cyanophycées ou Algues bleues).

• Le zooplancton, pour sa part, est composé d'organismes sans pigments photosynthétiques, qui sont unicellulaires (Ciliés, Foraminifères, Radiolaires – fig. 4.72) ou faits de nombreuses cellules, de taille microscopique (Copépodes – fig. 4.73; Larves – fig. 4.74 à 4.76) ou de dimensions plus conséquentes (Cnidaires, Cténaires). Tous se nourrissent aux dépens d'autres êtres vivants ou de leurs déchets. Ils sont herbivores, carnivores ou détritivores. Ils vivent depuis la surface jusqu'aux plus grands fonds.

Certains individus sont planctoniques pendant toute la durée de leur vie. On les regroupe sous le nom d'**Holoplancton** (*holo- :* entier, entièrement). Les micro-algues, les animaux unicellulaires, certains Crustacés (Copépodes, qui représentent 70 % de la totalité du zooplancton), Cténaires et Tuniciers représentent la majeure partie de l'Holoplancton.

D'autres organismes ne passent qu'une partie de leur vie dans le plancton et se transforment en devenant adultes. Ils constituent le **Méroplancton** (*méro- :* partiellement). Les œufs et les larves de la plupart des représentants des divers embranchements d'animaux marins sont méroplanctoniques.

Les êtres planctoniques non doués de mouvement sont souvent de taille très réduite. Ils renferment fréquemment des gouttelettes d'huile qui diminuent leur densité, ou bien sont munis de prolongements de leur paroi (ailerons, épines très longues...) qui augmentent leur flottabilité. Ceux qui sont mobiles possèdent des organes locomoteurs (flagelles, membres articulés, palettes ciliées, etc.) ou sont capables d'ondulations ou de contractions. Ils peuvent ainsi évoluer dans leur milieu, mais leur énergie n'est pas suffisante pour pouvoir lutter contre les courants. Certains d'entre eux sont toutefois aptes à effectuer des déplacements verticaux très importants (plus de 600 m).

Parmi les espèces planctoniques unicellulaires, filamenteuses, voire à nombreuses cellules, on peut noter, chez certaines, la présence d'une coquille ou carapace faite d'une ou plusieurs parties et dont la nature chimique peut être très variée : siliceuse (Diatomophycées, pl. XVI.5 ; Radiolaires), calcaire (Chrysophycées, Foraminifères, Mollusques), cellulosique (Dinophycées) ou chitineuse (Crustacés). Les ornementations de ces coquilles sont dans certains cas remarquables par leur complexité et leur beauté (fig. 4.71 et 4.72). Lorsque les organismes meurent, seules persistent les carapaces minérales qui tombent au fond et constituent, particulièrement dans les océans à eaux froides, des accumulations de boues considérables. Celles-ci, sous l'effet de la pression, se compactent et se fossilisent. Elles ont engendré et construisent encore actuellement des roches comme la craie (formée par l'accumulation des coccolithes des Prymnésiophycées, fig. 4.71) ou la diatomite (due à l'empilement de milliards de coquilles de Diatomophycées, pl. XVI.5).

À côté de ces productions géologiques, les éléments du plancton jouent des rôles fondamentaux. Ainsi, le phytoplancton, particulièrement prolifique, engendre une bonne partie de l'oxygène de l'atmosphère qui n'est qu'un déchet de la photosynthèse. Il représente aussi la pre-

mière étape de la chaîne alimentaire. Il sert de nourriture de base à tout le zooplancton herbivore et constitue une bonne partie de l'alimentation des filtreurs (Cnidaires, Cténaires, Spongiaires, Tuniciers). Les micro-algues sont les producteurs primaires car elles sont les premiers producteurs de matière organique. Ceux qui s'en nourrissent sont les consommateurs primaires (ou herbivores) qui, à leur tour, servent à la nutrition des consommateurs secondaires (Céphalopodes, Poissons carnivores...).
Enfin, il faut mentionner que certains composants du phytoplancton, comme des Dinophycées, des Prymnésiophycées et des Cyanophycées, peuvent être à l'origine de phénomènes d'intoxication très graves, en particulier lors de l'ingestion de fruits de mer ou de Poissons renfermant soit les organismes eux-mêmes, soit les toxines qu'ils ont élaborées.

LE PLANCTON

EXEMPLES ILLUSTRÉS

▪ *Noctiluca scintillans* – Holoplancton. Cette micro-algue (classe des Dinophycées) est bien connue des plongeurs et des plaisanciers. C'est elle qui illumine les eaux de milliers de points brillants la nuit, caractéristique d'où elle tire son nom (*nocti-* : nuit ; *-luca* : lumière). Son diamètre varie, selon les individus, de 0,2 à 2 mm. Elle est munie d'un flagelle dont les mouvements sont insuffisants pour assurer le déplacement. Elle possède aussi un tentacule strié qui permet la capture de proies ou de particules organiques qui constituent l'essentiel de son alimentation (fig. 4.70). Elle renferme d'autres micro-algues vivantes qui réalisent la photosynthèse. Elle prolifère lorsque les eaux se réchauffent et peut être à l'origine de marées roses.

▪ *Ornithocercus magnificus* – Holoplancton. Cette micro-algue (classe des Dinophycées) photosynthétique, d'eaux marines tropicales, de couleur brune, est munie d'expansions de paroi étonnantes lui assurant une bonne flottabilité. Elle est mobile grâce à l'action de deux flagelles (non visibles sur la photo présentée, pl. XVI.1). Diamètre : 40 microns.

▪ *Umbellosphaera* sp. (fig. 4.71) – Holoplancton. Micro-algue (classe des Prymnésiophycées) photosynthétique de couleur brun-jaune et de forme sphérique. Elle fabrique des plaques calcifiées (coccolithes) qui sont disposées sur son pourtour. Leur accumulation dans les fonds océaniques engendre des boues calcaires à l'origine de la craie. Diamètre de la cellule : 10 - 20 microns.

NE PAS CONFONDRE

• Les poussières en suspension dans l'eau peuvent facilement être interprétées comme des êtres planctoniques.
• Les manifestations colorées des proliférations planctoniques peuvent être prises pour des pollutions chimiques.

OBSERVER EN PLONGÉE

• Essayer de repérer, dans les premiers mètres des plongées dans le bleu, certains des composants du mésoplancton.
• Plonger la nuit pour observer les phénomènes de luminescence (bioluminescence) provoqués, entre autres, par les Noctiluques ou certains Cténaires (Beroe...).

ATTENTION

• À part le groupe des Méduses (Cnidaires) qui sont urticantes, les autres composants du plancton ne sont pas dangereux pour le plongeur.
• Pour la consommation des Mollusques, Lamellibranches surtout, et de certains Poissons, respecter scrupuleusement les consignes municipales ou préfectorales.

BIBLIOGRAPHIE

A.D.M.S.
La faune et la flore sous-marine des côtes de la Manche et de l'Atlantique, en 200 fiches, avec photos couleur.
Éd. A.D.M.S., Labo. Marit. Concarneau. 1987.

Barnes, R.S.K.,
A synoptic classification of living organisms.
273 p. Blackwell Scientific Publ. 1984.

Bauchot, M.L. et Pras, A.,
Guide des Poissons marins d'Europe.
428 p. Éd. Delachaux & Niestlé, Neuchâtel. 1980.

Beaumont, A. et Cassier, P.,
Biologie animale.
Les Cordés, anatomie comparée des Vertébrés.
5e éd. 610 p. Éd. Dunod-Bordas. 1982.

Bonnier, G. et Douin, R.,
La grande flore en couleurs, France, Suisse, Belgique et pays voisins,
4 : 677-1401 + V-VII et XI-XXXI. Éd. Belin. 1990.

Bonnier, G. et Douin, R.,
La grande flore en couleurs, de Gaston Bonnier.
France, Suisse, Belgique et pays voisins,
2 : 374 à 721. Éd. Belin, Paris. 1990.

Bougis, P.,
Écologie du plancton marin.
T.1 : *Le Phytoplancton.* 196 p. ;
T.2 : *Le Zooplancton.* 200 p.
Éd. Masson et Cie (Coll. d'Écologie). 1974.

Bougis, P. et Dejean-Arrecgros, J.,
Guide nature mer Méditerranée.
180 p. Éd. Édimo-L'Europa, Monaco. 1991.

Bouligand, Y. et *Al.*,
Éléments de zoologie.
Éd. Centre de Documentation Universitaire, Paris.
332 p. 1974.

Cabrioc'h, J., Floc'h, J.-Y., Le Toquin, A., Boudouresque, C.-F., Meinesz, A. et Verlaque, M.,
Guide des algues des mers d'europe.
231 p. Éd. Delachaux & Niestlé, Neuchâtel. 1992 .

Campbell, A. C. et Nicholls, J.,
Guide de la faune et de la flore littorales mers d'Europe.
322 p. Éd. Delachaux & Niestlé, Neuchâtel. 1979.

Carli, F., de,
L'univers inconnu des poissons (en couleur).
256 p. Coll. Multiguide Nature.
Éd. Elsevier Sequoia (édit. française), Bruxelles. 1976.

Castric, A., Chassé, C. et Michel, C.,
Flore et faune fixées sous-marines de Bretagne.
100 p. (3e éd.). Éd. ADMS-Labo. marit., Concarneau. 1984.

Chrétiennot-Dinet, M.J.,
Atlas du phytoplancton marin, 3. *Chlorarachniophycées, Chlorophycées, Chrysophycées, Cryptophycées, Euglenophycées, Eustigmatophycées, Prasinophycées, Prymnesiophycées, Rhodophycées, Tribophycées.*
261 p. Éd. CNRS, Paris. 1990.

Clément, J.-L.,
Invertébrés di littoral armoricain.
2e éd. 95 p. Éd. Cercle Naturaliste des Étudiants Nantais, Fac. Sc., Nantes. 1978.

Coste, H.,
Flore descriptive et illustrée de la France, de la Corse et des contrées limitrophes.
3 : 807 p. Éd. Librairie des sciences et des arts, Paris. 1937.

Devillers, C. et Clairambaut, P.,
Précis de zoologie : Vertébrés.
1. *Anatomie comparée.*
2e éd. 468 p. Éd. Masson. Paris. 1976.

Diels, L., in
Engler's Syllabus der Pflanzenfamilien.
Eine Übersicht über das gesamte Pflanzensystem mit besonderer Berücksichtigung der Medizinal - und Nutzpflanzen.
419 p. Éd. Borntraeger Fres, Berlin. 1936.

Ehrhardt, J.-P. et Seguin, G.,
Le plancton, composition, écologie, pollution.
210 p. Éd. Bordas, Paris. 1978.

Fiala-Médioni, A., Petron, C. et Rives, C.,
Guide sous-marin de la Méditerranée.
156 p. Éd. Flammarion. La Maison Rustique (édit. française), Paris. 1987.

Gayral, P.,
Les algues, morphologie, cytologie, reproduction, écologie.
166 p. Éd. Doin, Paris. 1975.

Gayral, P. et Cosson, J.,
Les algues.
32 p. Éd. Ouest-France, Rennes. 1979.

Gayral, P. et Cosson, J.,
Connaître et reconnaître les algues marines.
223 p. Éd. Ouest-France, Rennes. 1986.

Geistdoerfer, P. et Meusy J.-J.,
Poissons des mers d'Europe.
125 p. Éd. Hatier, Paris. 1983.

George, J.-D. et George, J.-J.,
La vie marine. Encyclopédie illustrée des invertébrés marins.
173 p. + 128 pl. couleur. Éd. Maloine, Paris. 1980.

Gorenflot, R. et Guern, M.,
Organisation et biologie des Thallophytes.
235 p. Éd. Doin, Paris. 1989.

Grassé, P. P., Poisson, R. A. et Tuzet, 0.
Précis de zoologie. Invertébrés.
936 p. Éd. Masson, Paris. 1970.

Grassé, P. P.,
Précis de Zoologie. Vertébrés : Reproduction , biologie, évolution et systématique.
2. *Agnathes, Poissons, Amphibiens et Reptiles.* 2e éd. 464 p.
3. *Oiseaux et Mammifères.* 2e éd. 395 p.
Éd. Masson, Paris. 1976 et 1977.

Harmelin, J.-G., Vacelet, J. et Petron, C.,

Méditerranée vivante.
Promenades à la rencontre de la faune et de la flore.
260 p. Éd. Glénat, Grenoble. 1987.

Harmelin, M. et Harmelin, J.-G.,
Guide des Poissons de la Méditerranée.
144 p. Éd. Delachaux & Niestlé, Neuchâtel. 1991.

Harrison, R. et Bryden, M. M.,
Baleines, Dauphins et Marsouins.
239 p. Coll. Encyclopédie visuelle.
Éd. Bordas (édit. française), Paris. 1989.

Hartog, C. den,
The sea-grasses of the world.
Verh. Kon. Ned. Akad. Wetensch., Afd. Natuurk.,
Tweede Sect. 59 (1) : 5-275 + 31 photos. 1970.

Joubin, L.,
Les métamorphoses des animaux marins.
270 p. Éd. E. Flammarion, Paris. 1926.

Louisy, P., Maitre-Allain, T. et Magnan, D.,
Les Poissons d'Europe.
384 p. Éd. Solar (édit. française). 1989.

Luther, W. et Fiedler, K.,
Guide de la faune sous-marine des côtes méditerranéennes.
270 p. Éd. Delachaux & Niestlé (édit. française),
Neuchâtel. 1965.

Margulis, L. et Schwartz, K. V.,
Five kingdoms.
An illustrated guide to the phyla of life on earth.
338 p. Éd. Freeman & Cie, New York. 1982.

Mohres, F. P.,
Le monde sous-marin.
256 p. Éd. Hatier, Paris. 1965.

Moreau, A. et Levet, V.,
Mammifères marins du monde.
128 p. Éd. Arthaud, Paris. 1991.

Nelson, J. S.,
Fishes of the world.
523 p. Éd. Wiley-Interscience. 1984.

Perrier, R.,
La faune de la France.
X. *Vertébrés. Poissons* (par L. Bertin), *Batraciens, Reptiles, Oiseaux, Mammifères.*
212 p. Éd. Delagrave, Paris. 1924.

Perrier, R.,
La faune de la France.
II. *Arachnides et Crustacés.*
220 p. Éd. Delagrave, Paris. 1929.

Perrier, R.,
La faune de la France.
Bryozoaires, Brachiopodes, Mollusques, Protocordés (Amphioxus, Tuniciers).
172 p. Éd. Delagrave, Paris. 1930.

Perrier, R.,
La faune de la France.
I B. *Vers et Némathelminthes.*
179 p. Éd. Delagrave, Paris. 1935.

Perrier, R.,
La faune de la France.
I A. *Cœlentérés, Spongiaires, Échinodermes.*
118 p. + PZ 95. Éd. Delagrave, Paris. 1936.

Ribier, J. et Godineau, J.-C.,
Les algues.
284 p. Éd. Flammarion. 1984.

Ricard, M.,
Atlas du phytoplancton marin.
2. *Diatomophycées.*
297 p. Éd. CNRS, Paris. 1987.

Sournia, A.,
Atlas du phytoplancton marin.
1. *Cyanophycées, Dictyochophycées, Dinophycées, Raphidophycées.*
219 p. Éd. CNRS, Paris. 1986.

Stevens, J. D., 1987.
Les Requins.
240 p. Coll. Encyclopédie visuelle.
Éd. Bordas (édit. française), Paris. 1987.

Sylvestre, J.-P.,
Guide des Dauphins et Marsouins.
159 p. Éd. Delachaux & Niestlé, Neuchâtel. 1990.

Theodor, J.,
Méditerranée vivante.
110 p. Éd. Payot, Lausanne. 1964.

Toulemont, A.,
Sous la mer. Faune et flore.
123 p. Éd. Hatier, Paris. 1982.

Turquier, V. et Loir, M.,
Connaître et reconnaître la faune du littoral.
335 p. Éd. Ouest-France, Rennes. 1981.

Vickers, A. et Shaw, M. H.,
Phycologia Barbadensis.
Iconographie des algues marines récoltées à l'île Barbade, Antilles (Chlorophycées et Phéophycées),
44 p. et 93 pl. Éd. Klincksieck, Paris. 1908.

Wartenberg, A. von,
Systematik der niederen Pflanzen.
Bakterien, Algen, Pilze, Flechten Einführung für Biologen, Pharmazeuten und Mediziner.
326 p. Éd. Thieme, Stuttgart. 1972.

Weinberg, S.,
La Méditerranée, du rivage à 40 mètres.
352 p. Éd Nathan, Paris. 1992.

Wettstein, R.,
Handbuch der systematischen Botanik.
1152 p. Éd. Deuticke, Leipzig und Wien. 1935.

Whitehead, P. J. P., Bauchot, M.-L., Hureau, J.-C., Nielsen, J. et Tortonese, E.,
Fishes of the North-Eastern Atlantic and the Mediterranean Sea.
3 vol., 1473 p. Éd. UNESCO, Paris. 1984, 1986.

5. LE MATÉRIEL DU PLONGEUR

Ce chapitre ne s'adresse pas aux spécialistes. Il est conçu pour les plongeurs ayant déjà une expérience (niveau 1) et réalisant une trentaine de plongées par an.
Lorsque l'on effectue peu de plongées, l'achat d'un équipement complet n'est pas réaliste car le matériel est très onéreux et son entretien contraignant.
Cette acquisition peut se faire en plusieurs étapes. Un choix s'impose donc.
Si l'on ne peut faire abstraction de l'achat de certains matériels (palmes, masque, tuba), d'autres par contre peuvent être loués sur place sans difficulté.
L'ordre que nous avons choisi tient compte de ces paramètres et d'un certain esprit de la plongée. Nous nous adressons ici à des plongeurs pratiquant la plongée de loisir, la plongée d'exploration, d'où, par exemple, la place prioritaire réservée à la lampe ou au gilet de stabilisation.
En outre, nous avons relevé pour chaque instrument une liste des caractéristiques essentielles dont ils doivent être dotés, si vous envisagez d'en faire l'achat.
Enfin, vous trouverez à chaque fois des conseils d'entretien.
Nous avons particulièrement insisté sur le fonctionnement des détendeurs et de la robinetterie, en proposant des schémas qui vous aideront à détecter d'éventuelles pannes et à y remédier.
L'ordre d'achat proposé est le suivant :
– Les palmes (avec chaussons), le masque, le tuba : ce sont des éléments de base. Ils doivent être adaptés à la morphologie du plongeur.
Les posséder est indispensable.
– La lampe : la plongée, activité basée sur l'exploration et la découverte, impose la possession d'une lampe, même petite, si l'on veut restituer les couleurs naturelles, illuminer les trous et leurs habitants.
– La combinaison et la ceinture de plombs : la combinaison protège le plongeur du froid.
Seule une combinaison personnelle remplit parfaitement ce rôle en s'adaptant, plongée après plongée, à la forme du corps. Les plombs sont associés à la combinaison et permettent d'annuler sa flottabilité.
– Le gilet de stabilisation : il est sans nul doute un élément clé de confort et de sécurité. Actuellement de nombreux clubs n'en possèdent pas, contrairement aux détendeurs et aux bouteilles ; c'est la raison pour laquelle il occupe ici cette place importante.
– La montre et le profondimètre, et des tables immergeables : ils permettent de se situer dans l'espace subaquatique, de gérer la plongée et de devenir relativement autonome.
– L'ordinateur : il constitue la nouveauté et le progrès technologique de ces dernières années.
Ses capacités à calculer constamment et rapidement les différents paramètres de la plongée sont appréciables.
– Le détendeur et le manomètre immergeable : volontairement, nous ne les avons pas placés en début

de liste car ce sont des instruments que l'on peut louer sans difficulté. Si votre budget vous le permet, nous vous conseillons cependant d'en faire l'acquisition. Le détendeur est un objet personnel auquel on s'habitue.
– La bouteille : elle constitue votre réserve d'air, d'où le dilemme « faut-il acheter un bloc mono ou bi-bouteille ? »
Avant toute acquisition il est nécessaire de connaître les lois qui régissent l'usage et l'entretien des bouteilles, surtout s'il s'agit d'une bouteille d'occasion. De toute évidence, vu le prix de vente, l'acquisition d'une bouteille ne se justifie que pour un plongeur qui réalise de nombreuses plongées ; en outre, la location d'une bouteille sur place vous évite son transport et le souci de son entretien.
– Le couteau et les accessoires de sécurité : ils complètent l'équipement, mais ne sont pas vraiment indispensables.

PALMES, MASQUE, TUBA

Les palmes

Elles assurent la propulsion. Elles doivent être adaptées à la morphologie et à la musculature du plongeur, afin d'éviter tous risques d'entorses, d'essoufflement, de crampes, etc.
Deux caractéristiques essentielles doivent être prises en considération :
– la longueur,
– la rigidité.
C'est la combinaison de ces deux qualités qui va fournir au plongeur les appuis nécessaires à sa propulsion. Il est impossible, sans connaître le gabarit d'un plongeur, de définir le type de palmes qui lui convient. Seuls plusieurs essais dans l'eau peuvent vous guider. Avant d'en faire l'acquisition, faites-vous prêter différents modèles par des membres de votre club ou par votre fournisseur.
Sachez malgré tout que les palmes doivent poursuivre le mouvement de la jambe, donc ne pas être trop rigides. Les longues palmes nécessitent une réelle rigidité pour supporter le poids du plongeur équipé et transmettre la propulsion.
Elles sont souvent la cause de douleurs aux genoux et aux chevilles. D'autre part, leur taille les rend encombrantes sur un bateau pneumatique ainsi que dans le sac de plongée. Réservons-les aux chasseurs.
Vive la couleur, vive la vie : pour votre sécurité abandonnez les traditionnelles palmes noires, peu visibles par les autres membres de la palanquée.

➤ Palmes chaussantes ou palmes réglables ?
Que vous choisissiez l'un ou l'autre modèle, les chaussons sont indispensables avec des palmes chaussantes, ils offrent une protection efficace contre le froid et les blessures occasionnées par le frottement des palmes.
De plus, équipés d'une semelle, ils permettent de se déplacer sans risques sur le sable et les rochers.

• *Les palmes chaussantes* (fig. 5.1) sont à conseiller particulièrement aux enfants. Elles offrent un meilleur confort et tiennent mieux aux pieds. Lors de leur achat il est impératif de les essayer avec vos propres chaussons (à semelles fines de préférence).

5.1. *Palme chaussante.*

• *Les palmes réglables* (fig. 5.2) sont plus faciles à enfiler et permettent de changer de modèle de chaussons sans problème. Si vous optez pour ce modèle, assurez-vous qu'elles s'attachent et se règlent simplement.

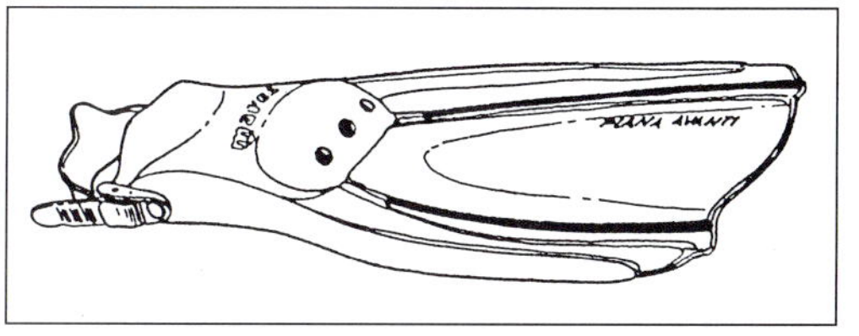

5.2. *Palme réglable.*

➤ L'entretien des palmes

Rincez vos palmes à l'eau douce après chaque plongée et, l'hiver, stockez-les dans un endroit à l'abri de l'humidité.

Le masque

Le masque universel n'existe pas. Essayons de découvrir le modèle qui vous convient.

➤ Comment choisir ?

Différents tests simples permettent de sélectionner les modèles qui peuvent vous convenir.

– Devant une glace, assurez-vous que le masque épouse bien la forme de votre visage.

– Après une inspiration, le masque doit tenir collé sur le visage sans l'aide de la sangle lorsque l'on regarde le sol. Écartez tous les masques n'offrant pas une garantie totale d'étanchéité.

Pour les moustachus, un petit truc très simple aide à résoudre les problèmes d'étanchéité : repliez le bord inférieur du masque vers l'intérieur (fig. 5.6)

– Mesurez le champ de vision : la tête fixe, droite et immobile, regardez de haut en bas (fig. 5.3), regardez de gauche à droite (fig. 5.4).

Ne conservez que les masques qui offrent un plus grand champ de vision. Ils sont meilleurs si le ou les verres du masque sont près du visage (très important pour les photographes).

– Vous devez réaliser sans difficulté la manœuvre de Valsalva.

Si vous avez des problèmes de vue, optez pour un masque binoculaire (à deux verres) et assurez-vous que l'adaptation de verres correcteurs est possible.

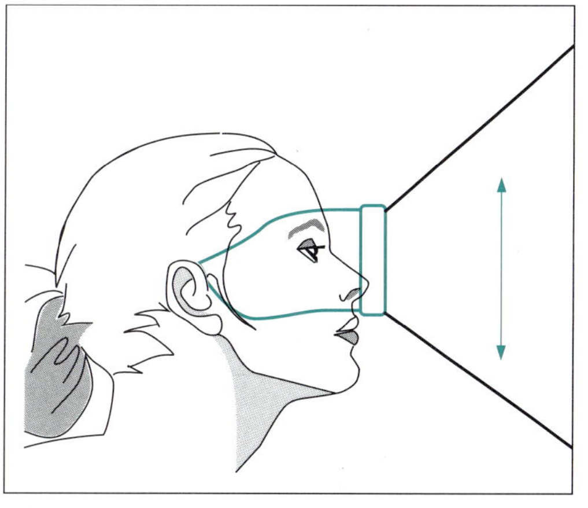

5.3. *Champ de vision de haut en bas.*

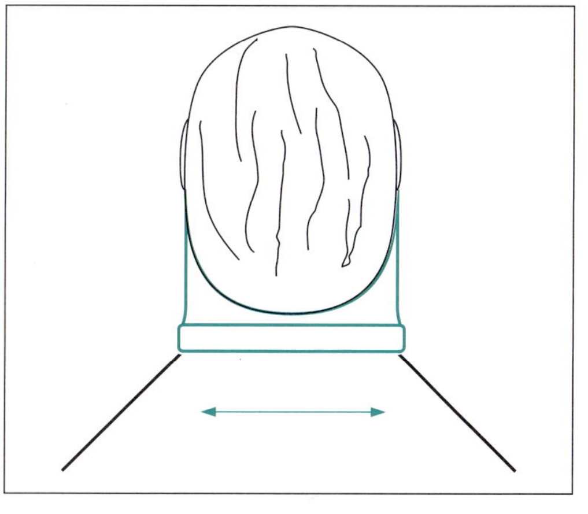

5.4. *Champ de vision de gauche à droite.*

Le masque doit être équipé d'un réglage rapide et simple.
Une sangle fendue en deux permet un meilleur maintien (fig. 5.5).
Le même modèle en silicone ou en graphite offre un meilleur confort, une plus grande résistance au soleil et une durée de vie plus longue.
Le modèle translucide apporte une plus grande luminosité et réduit l'effet de tunnel, mais nous le déconseillons aux photographes car il favorise l'apparition de lumières parasites.
Les masques à vitres latérales offrent une plus grande luminosité et une meilleure clarté, mais un angle mort subsiste au niveau de la jonction des vitres. Ces masques nécessitent une certaine accoutumance (on a l'impression de voir derrière...). Très volumineux, ils s'adaptent difficilement aux petits visages et posent quelques problèmes aux personnes qui ne maîtrisent pas parfaitement le vidage de masque. Ces vitres provoquent parfois des lumières parasites peu tolérables lorsque l'on pratique la photographie sous-marine.

➤ L'entretien du masque

Avant la première utilisation, pour éviter toute trace de buée sur la vitre, frotter la partie interne du masque avec du dentifrice, ce qui supprime le produit de démoulage résiduel cause de l'apparition de la buée.
Après chaque plongée, rincez votre masque à l'eau douce et entreposez-le dans un endroit sec, de préférence dans une boîte rigide afin qu'il ne se déforme pas.

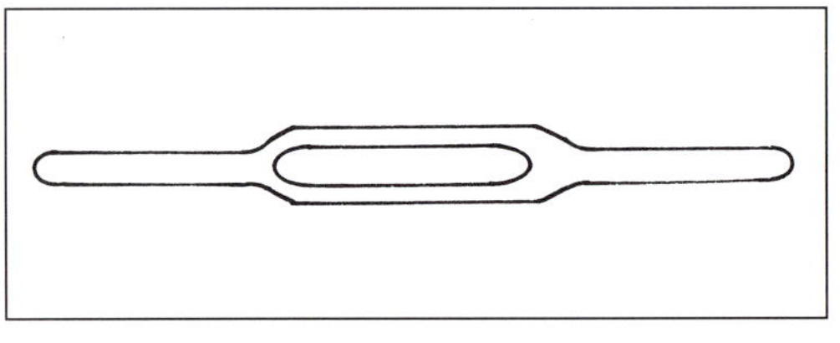

5.5. *Sangle de masque.*

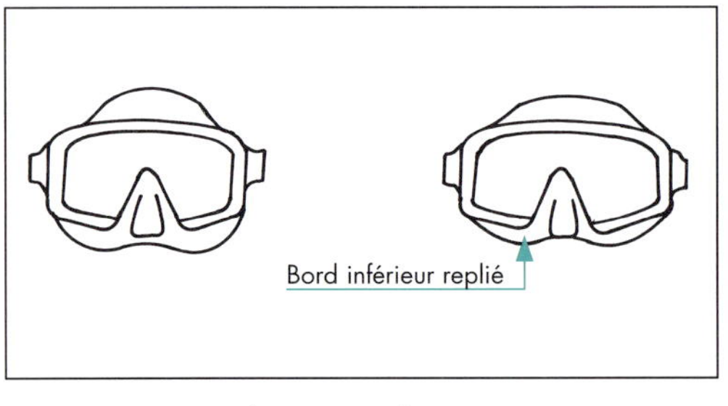

5.6. *« Truc » pour les moustachus.*

Le tuba

Le tuba, matériel de sécurité, permet au plongeur de nager en surface capelé. Pléthore de tubas sont arrivés sur le marché. Ils présentent, selon les constructeurs, des « avancées » techniques qui n'en ont souvent que le nom.
Optez donc pour un tuba simple avec une soupape d'expiration et de préférence avec un embout en silicone.
Fixez-le dans la sous-cutale de la veste ou en tout autre endroit dont vous êtes particulièrement sûr !

➤ Comment choisir ?

Son diamètre doit correspondre à peu près au diamètre de votre pouce. Il doit mesurer environ 30 centimètres de long pour un adulte.
Un diamètre ou une longueur trop importante risquent d'entraîner un essoufflement.
En général, les tubas sont construits pour être placés sur le côté droit du visage. Si vous préférez le positionner à gauche, assurez-vous que cela est possible.

➤ L'entretien du tuba

Rincez-le simplement à l'eau douce après chaque plongée.

LAMPE

La lampe est la compagne indispensable qui éclaire et illumine trous et failles. Elle restitue vie et couleurs. Sans elle, la plongée d'exploration au-delà de 10 mètres n'a pas le même attrait.
Il en existe pour toutes les bourses. Vous avez le choix entre un grand nombre de lampes qui peuvent se répartir en trois catégories. Le modèle choisi devra toutefois posséder une bonne (solide) dragonne.

➤ Les lampes de 5 watts
Ces premiers modèles (fig. 5.7), peu onéreux, ont une puissance d'environ 5 watts. Ils tiennent facilement dans une main. Ils ont une petite parabole, leur éclairage manque souvent de puissance et leur autonomie reste moyenne. L'utilisation de piles rechargeables est recommandée. Nous les conseillons aux débutants dès les premières plongées.

➤ Les lampes de 10 à 20 watts
Ce sont des lampes à accus et ampoule halogène avec une grosse parabole. La lumière est beaucoup plus soutenue, leur puissance s'étage de 10 à 20 watts. Ce sont de bonnes lampes permettant d'éclairer convenablement, et elles ressemblent déjà à de petits phares (fig. 5.8).

➤ Les torches ou phares
Ils sont à ampoule halogène et d'une puissance supérieure à 20 watts. Ils sont souvent lourds et encombrants, mais leur autonomie et leur puissance confèrent une autre dimension à la plongée (fig. 5.9).

➤ L'entretien de la lampe
Rincez la lampe après chaque plongée. Chaque ouverture de la lampe doit être suivie d'un nettoyage et d'un graissage du ou des joints d'étanchéité.
Si vous n'utilisez pas la lampe pendant un certain temps, nous vous conseillons d'enlever ses piles qui risquent de couler et d'endommager l'ensemble de l'appareil. Vérifiez régulièrement la charge des accus, ils se dégradent s'ils sont complètement déchargés.

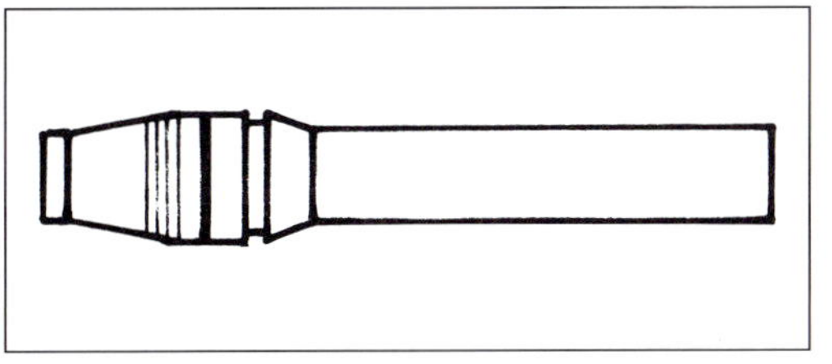

5.7. *Lampe de 5 watts.*

5.8. *Lampe de 10 à 20 watts.*

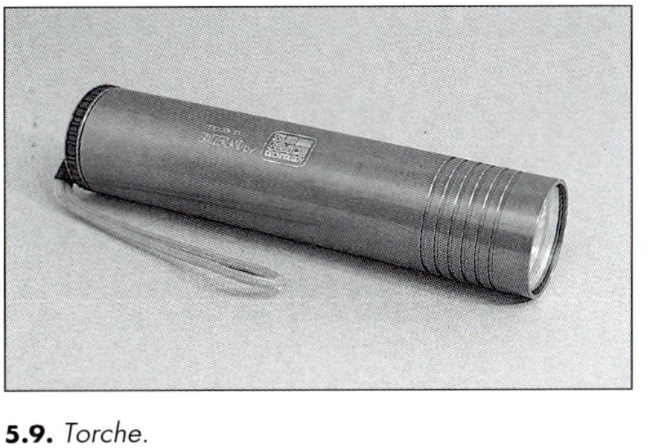

5.9. *Torche.*

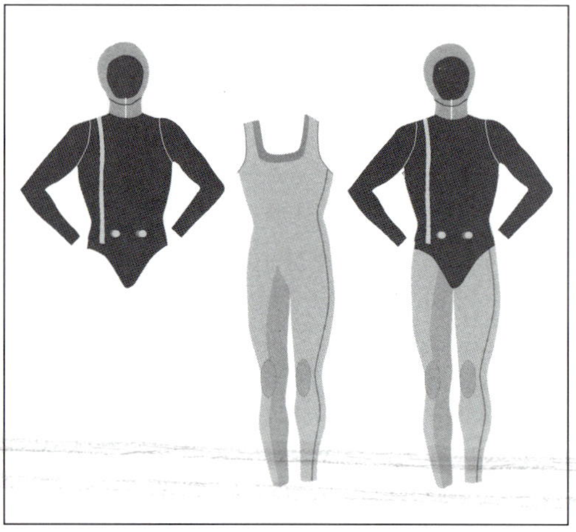

5.10. *Combinaison deux-pièces.*

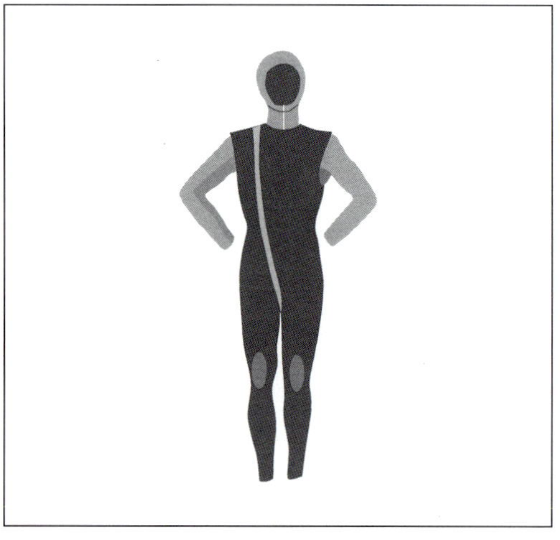

5.11. *Combinaison monopièce.*

COMBINAISON, PLOMBS

La combinaison

Élément essentiel de l'équipement du plongeur, c'est également le plus voyant. Pendant très longtemps la couleur noire a été de mise ; les fabricants ont adopté ces dernières années des couleurs plus « fun » qui apportent une touche de gaieté non négligeable pour la plongée de loisir.
Le rôle de la combinaison est de protéger le plongeur du froid. Le logigramme ci-contre, basé sur la température de l'eau, va vous permettre de choisir avec précision la combinaison adéquate.

LES DIFFÉRENTS MODÈLES

➤ **Deux-pièces :** c'est un ensemble composé de deux éléments (fig. 5.10). Suivant les collections leur présentation peut varier :
- pantalon (taille basse ou gilet),
- veste à cagoule avec ou sans manches.

➤ **Monopièce :** c'est une combinaison complète d'un seul tenant, avec ou sans cagoule suivant le modèle (fig. 5.11).
Quel que soit le modèle choisi, il est souvent possible de couper une combinaison sur mesures.

➤ **Avec ou sans fermeture éclair ?**
La fermeture éclair facilite l'habillage mais provoque une entrée d'eau. Si vous ne plongez qu'épisodiquement, optez tout de même pour la facilité d'habillage. Les fermetures aux poignets et aux chevilles ne sont pas réellement nécessaires, sauf pour un enfant pour qui elles sont en revanche indispensables (de grandes marques fabriquent des combinaisons spécialement pour les enfants).
Le choix d'une combinaison sans fermeture éclair se justifie si vous plongez dans des eaux froides ou si vous plongez très souvent.

Avec fermeture éclair

Monopièce

Séche ou à volume variable

C'est une combinaison particulièrement recommandée pour la plongée en eaux froides voire glacées. Elle est en néoprène étanche ou en toile, elle sert également de gilet de stabilisation. **Elle nécessite un apprentissage préalable.**

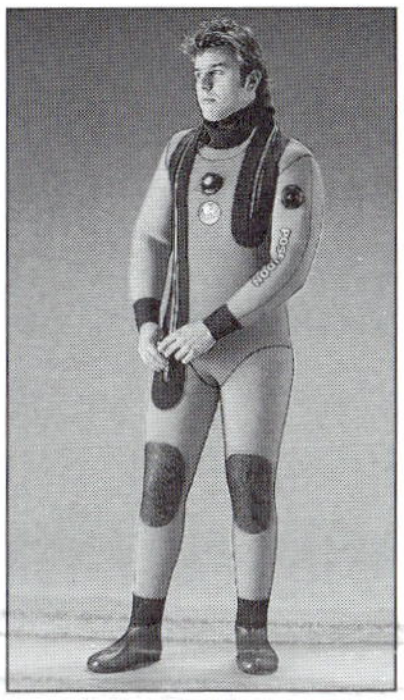

Lycra/polyréthane

C'est une matière qui offre les mêmes possibilités qu'un néoprène de 3 mm, avec toutefois l'avantage d'être moins encombrante et surtout d'avoir une flottabilité nulle. Cette combinaison recommandée dans des eaux chaudes (30°) peut également être utilisée sous une combinaison en néoprène l'hiver.

Atlantique

Les températures y sont basses, une combinaison en néoprène de 6 à 7,5 mm est nécessaire. Si vous plongez également en hiver une combinaison sèche est préférable.

Méditérranée

Une combinaison en néoprène de 5 à 6 mm suffit amplement, surtout si vous ne plongez qu'aux beaux jours.

Mers chaudes

Les températures y sont clémentes. Une combinaison en néoprène de moins de 5 mm est largement suffisante, voire même les combinaisons en lycra/polyréthane pour les eaux trés chaudes.

Néoprène tranché jersey extérieur

C'est un néoprène de 4 à 6 mm d'épaisseur qui colle trés bien à la peau et procure une excellente isothermie. Son défaut est d'être fragile et très difficile à enfiler (l'usage d'un shampoing est indispensable).

Néoprène doublé jersey double face

C'est le néoprène que l'on rencontre le plus souvent. Il protège bien du froid, est plus résistant et facile à enfiler.
Il est particuliérement conseillé pour la plongée loisirs. Suivant le lieu de plongée choisissez son épaisseur (certains modèles de pantalon gilet ont le bustier en néoprène intérieur lisse, pour une meilleure isothermie).
Atlantique 6 à 7,5mm
Méditérranée 5 à 6mm
Tropique 3,5 à 4,5mm.

Deux-pièces

Monopièce

Sans fermeture éclair

Avec fermeture éclair

5.12. *Le logigramme.*

LES FINITIONS

➤ **Les manchons.** Ce sont des pièces rapportées aux poignets, aux chevilles ou sur la cagoule. Ils sont en néoprène lisse, doublé jersey extérieur, et assurent une meilleure isothermie. Ils sont recommandés pour les combinaisons doublées jersey double face.

➤ **Le collé.** Le vêtement en néoprène est alors uniquement collé (combinaison tranchée), ce qui le rend très fragile.

➤ **Le collé quatre aiguilles.** Le vêtement est collé puis cousu, la couture traverse complètement le néoprène et le jersey (petites entrées d'eau dues aux trous occasionnés par les aiguilles de la machine à coudre).

➤ **Le collé surjeté.** Le vêtement est collé et cousu sur l'une ou les deux faces en jersey. La couture ne traverse pas complètement le néoprène (pas d'entrée d'eau par les petits trous occasionnés par l'aiguille de la machine à coudre). Cela donne un vêtement de bonne qualité, solide et bien fini.

➤ **Les bordures.** Galonnées ou surjetées, elles donnent une meilleure finition au vêtement.

➤ **Les renforts.** Les genoux ou les coudes, endroits sensibles, peuvent être protégés :
– par des renforts en néoprène collés ou cousus à même la combinaison,
– par des genouillères adaptables et indépendantes,
– par plusieurs couches de vernis passées au pinceau sur la combinaison même.

➤ **L'entretien de la combinaison**
Rincez-la à l'eau douce après chaque plongée, ne la laissez pas sécher au soleil. Il est possible, de temps en temps, de la nettoyer à la machine à laver (programme eau froide bien entendu). En fin de saison, entreposez-la sur un cintre dans un endroit sec.

La ceinture et les plombs

La ceinture et les plombs (fig. 5.16) annulent la flottabilité de la combinaison.
L'achat de plombs de formes et de couleurs variées est plus une question de goût qu'une nécessité. Si vous connaissez bien votre lestage, choisissez une ceinture remplie de billes de plombs. Celles-si sont réparties uniformément dans l'ensemble de la ceinture, ce qui assure un confort indéniable (fig. 5.17).

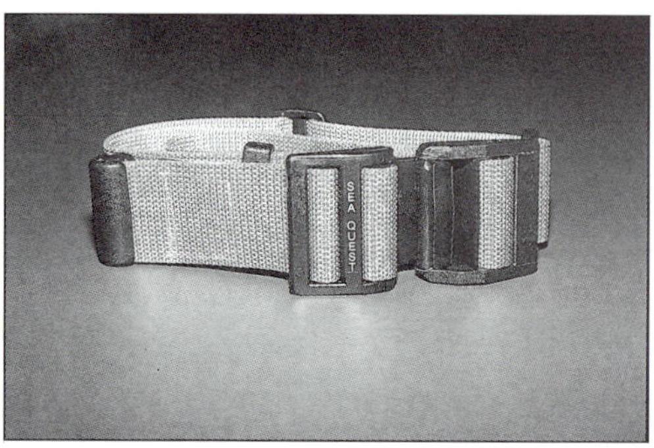

5.16. *Ceinture à fixation rapide.*

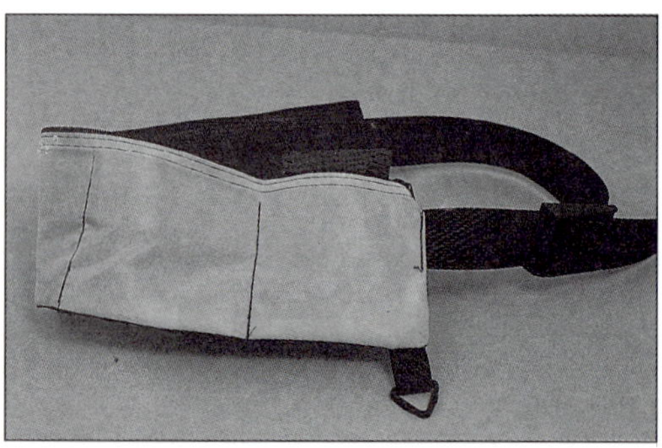

5.17. *Ceinture à billes de plombs.*

GILET DE STABILISATION

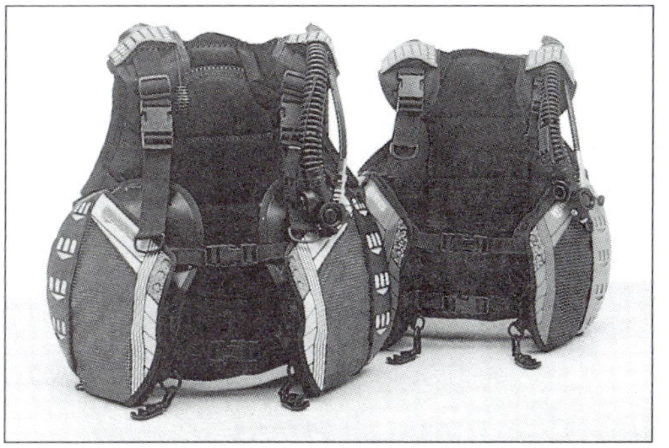

5.18. *Gilet de stabilisation.*

Le gilet de stabilisation (fig. 5.18) améliore considérablement le confort et la sécurité en plongée, à condition toutefois d'en maîtriser parfaitement l'utilisation. Il permet une flottabilité nulle en immersion et une remontée sans effort en contrôlant la vitesse à l'aide de la purge. Ce n'est cependant pas un gilet de sauvetage capable de maintenir les voies respiratoires hors de l'eau en cas de perte de connaissance. Son fonctionnement est basé sur le principe d'Archimède et la loi de Mariotte.
Que vous soyez équipé d'un gilet ou non, les principes de l'équilibration doivent être respectés. Le plongeur équipé d'une bouteille gonflée à 30 bars, muni de tout son équipement et de son gilet dégonflé doit avoir un poids apparent nul à – 3 mètres.

CHOIX DU GILET

Un gilet doit posséder les éléments suivants.
– Un inflateur à gonflage rapide (fig. 5.19). Éventuellement, un détendeur inflateur (fig. 5.20) ou un deuxième étage de détendeur (fig. 5.21).
– Deux purges (une haute et une basse), dont une rapide.
– Un sanglage rapide, simple et efficace qui doit permettre de s'équiper facilement et de passer aisément d'un mono à un bi-bouteille. Par ailleurs, ce sanglage doit assurer un maintien exemplaire du gilet sur la bouteille (fig. 5.22).
– Une ceinture ventrale à la taille du plongeur : c'est elle qui maintient le gilet sur le corps.
– Une simple enveloppe (les doubles enveloppes, plus résistantes, sont trop lourdes hors de l'eau).
Pour un adulte, un volume compris entre 16 et 20 litres est parfait pour assurer confort et sécurité. Pour pratiquer la plongée de loisir, inutile de vous encombrer d'un gilet de trop grand volume, surtout si vous êtes bien équilibré et si vous plongez, comme cela est recommandé, avec un coéquipier lui-même équilibré d'un gilet.

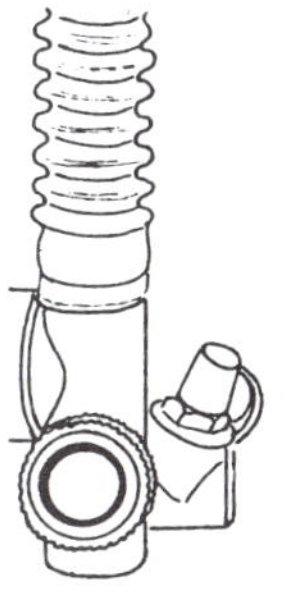

5.19

5.20

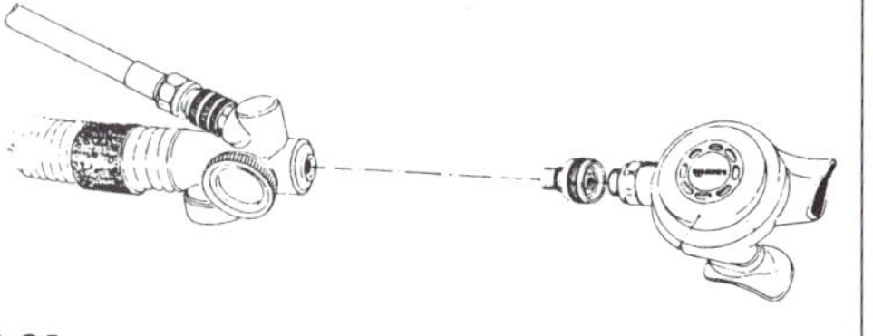

5.21

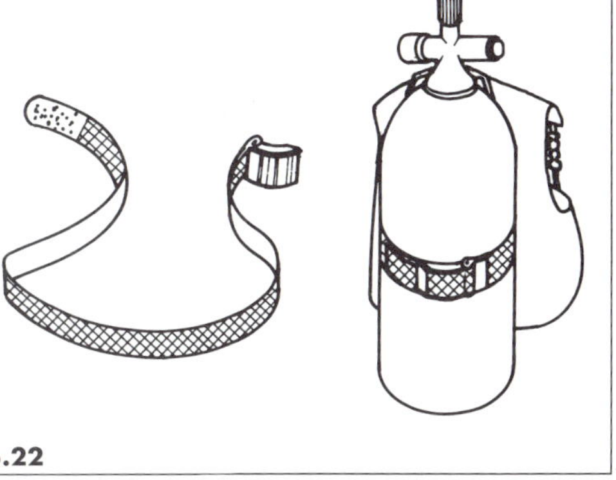

5.22

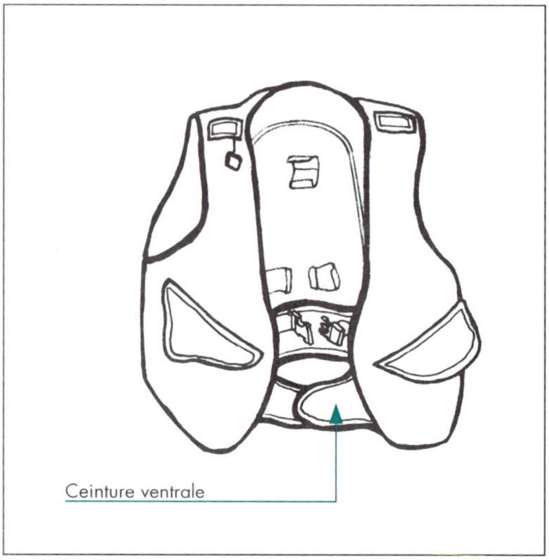

5.23. *Gilet monopièce.*

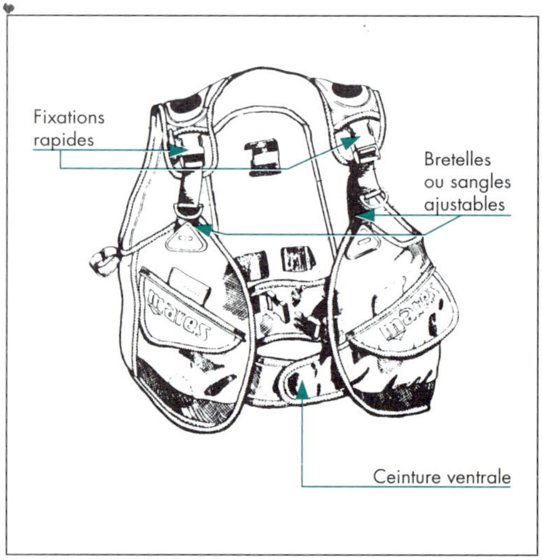

5.24. *Gilet à bretelles.*

Pour la plongée sans combinaison (sous les tropiques) ou pour un enfant, un volume de 6 à 10 litres suffit.

– Le back-pack : qu'il soit rigide ou semi-rigide, il faut l'essayer si possible avec une bouteille, vérifier qu'il est confortable, qu'il s'adapte bien et qu'il peut se régler. Pour plonger dans les mers chaudes un simple gilet sans back-pack convient parfaitement.

Actuellement, on trouve sur le marché principalement deux modèles de gilets de stabilisation l'un monopièce, l'autre à bretelles réglables.

➤ **Le gilet monopièce.** L'air pouvant se répartir dans l'ensemble du gilet, il gagne en volume. Il s'ajuste uniquement par la ceinture et les sangles ventrales (fig. 5.23). Les personnes de forte corpulence ont plus de difficultés à en trouver un à leur taille. Une fois gonflé, le gilet peut comprimer la poitrine, ce qui est désagréable particulièrement pour les femmes.

➤ **Le gilet à bretelles réglables** ou ADV *(Advanced Design Vest)* s'adapte plus facilement à votre corpulence. Sa coupe n'oppresse pas la cage thoracique une fois le gilet gonflé. De plus, certaines marques proposent une coupe féminine dégageant parfaitement la poitrine. Les sangles peuvent être facilement détendues et ajustées suivant le gonflage de votre gilet (fig. 5.24). Par ailleurs, les fixations rapides au niveau des épaules permettent de se déséquiper plus aisément.

Les poches doivent être suffisamment grandes afin de pouvoir y ranger un minimum de matériel utile (tablette, crayon, parachute de signalisation, etc.) sans risque de perte.

ENTRETIEN DU GILET

Pensez à vider votre gilet après chaque plongée, puis rincez-le à l'eau douce. Avant de le ranger pour l'hiver, rincez l'intérieur et démontez les purges afin d'ôter toute trace de sel ou de sable.

PROFONDIMÈTRE, MONTRE, ORDINATEUR

Le profondimètre

Si de nombreux modèles sont présents sur le marché, nous devons vivre avec notre époque : le profondimètre électronique est de loin le plus fiable et le plus précis.
Actuellement, le modèle le plus commercialisé (fig. 5.25) est fabriqué par une seule société mais distribué par plusieurs grandes marques sous un conditionnement différent.

➤ Ses fonctions
Il indique la profondeur instantanée et la profondeur maximale atteinte. Une alarme visuelle nous signale une remontée trop rapide (vitesse de remontée > 12 m/min). La durée totale de la plongée est communiquée. Une mémoire enregistre les quatre plongées précédentes (important en cas d'accident ou tout simplement pour calculer une plongée successive).
Il donne en plus la température de l'eau et le temps passé en surface entre deux plongées espacées de moins de 24 heures
Sa mise en route est automatique. Il est possible de le monter sur une console avec un manomètre ou un compas (fig. 5.26 et 5.27).

➤ Son entretien
Rincez-le après chaque plongée et conservez-le à l'abri dans une boîte.

La montre

Elle permet de connaître le temps de plongée et de calculer les plongées successives. Associée à un profondimètre, elle rend autonome.
Les modèles actuels répondent à tous les goûts : montre à aiguilles, montre digitale, montre mixte à affichage digital et à aiguilles.
Quel que soit le modèle choisi, celui-ci doit posséder :
– une garantie d'étanchéité de 100 mètres au moins ;
– un cadran et des aiguilles lisibles (phospho-

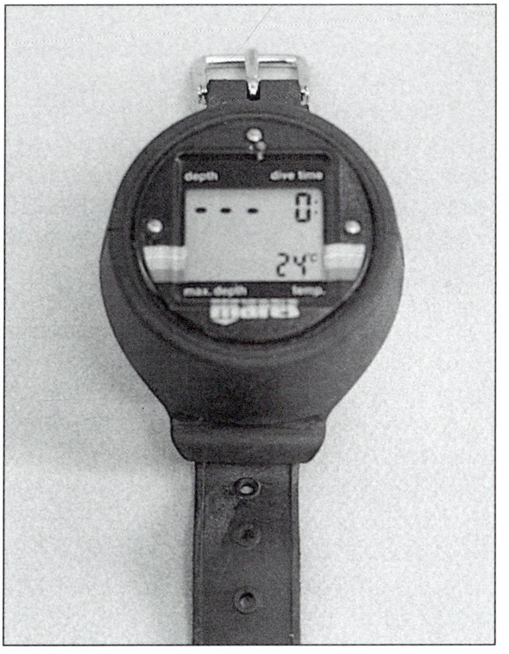

5.25. *Profondimètre.*

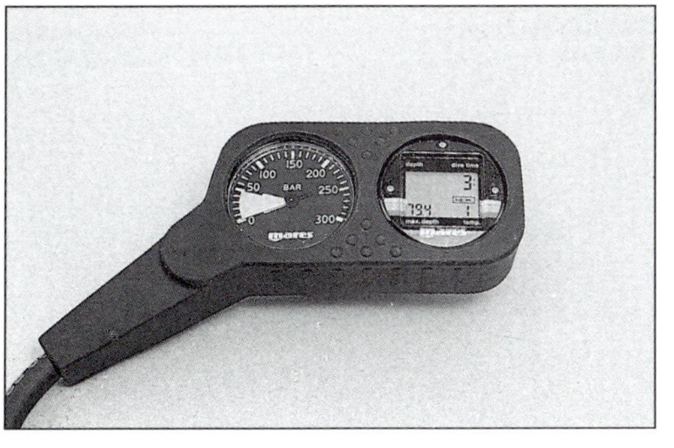

5.26. *Profondimètre monté avec un manomètre.*

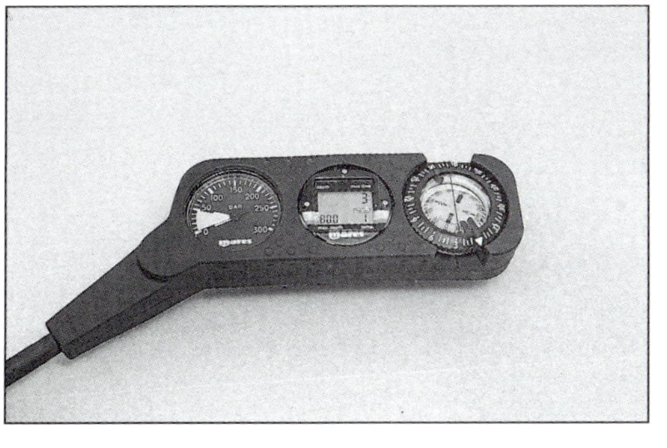

5.27. *Profondimètre monté avec un manomètre et un compas.*

rescents) même par faible visibilité ;
- une couronne crantée ne tournant que dans un seul sens ;
- un verre minéral, en général plus résistant ;
- un bracelet imputrescible ou en métal inoxydable suffisamment long pour être placé sur la combinaison.

L'ordinateur

C'est un auxiliaire précieux bénéficiant des connaissances et des progrès technologiques de notre époque. Il est apparu sur le marché depuis peu et suscite comme toute nouveauté de nombreuses controverses. C'est un instrument à usage personnel, qui intègre instantanément les différents paramètres de la plongée (fig. 5.28). Ainsi, par rapport aux tables qui prennent en compte la profondeur maximale pour le calcul des paliers, l'ordinateur permet, en gérant au plus près la saturation, de limiter la durée des paliers. Toutefois, tout comme les tables, l'ordinateur n'est pas en mesure de prendre en considération tous les paramètres. Aussi vous devez être vigilant sur votre condition physique de plongeur, l'effort effectué au fond, la température de l'eau, etc., car ce sont souvent là des causes d'accidents dits immérités (voir chapitre 8 « Médecine et plongée »).

5.28. *Ordinateur.*

➤ Ses fonctions

Plusieurs modèles existent sur le marché. Les informations principales qu'ils fournissent sont les suivantes :
- profondeur réelle instantanée ;
- temps de plongée sans palier ;
- profondeur où l'on doit faire ses paliers ;
- durée totale de la plongée ;
- alarme visuelle de non-respect de la vitesse de remontée ou des paliers ;
- programme de plongée en altitude ;
- temps de désaturation ;
- usure des piles ;
- profondeur maximale d'utilisation 99 mètres.

À ces fonctions principales s'ajoutent quelques qualités à retenir en vue d'un achat : mise en marche automatique, profondeur maximale atteinte, durée et profondeur des paliers, bonne lisibilité, simplicité d'emploi (éviter les ordinateurs permettant ou nécessitant la modification de certains paramètres), autonomie des piles d'une durée de deux ans sur la base de 100 plongées par an.
Les différents modèles disponibles présentent quelques variantes.
- Alarme sonore de non-respect de la vitesse de remontée et des paliers.
- Profil d'une plongée successive.
- Alarme visuelle de la profondeur plafond et de la profondeur plancher.
- Temps total de la remontée.
- Vitesse de remontée à trois niveaux (plus le plongeur s'approche de la surface, plus sa vitesse de remontée diminue).
- Indicateur de vitesse de remontée (plusieurs segments s'allument en fonction de la vitesse de remontée choisie).
- Température.
- Délai à respecter avant un voyage en avion.

– Temps d'adaptation à une plongée en altitude.
– Possibilité, avec un interface, de brancher votre ordinateur de plongée sur un ordinateur de bureau de type PC, et de ressortir vos plongées sous forme de graphique.
– Manomètre électronique incorporé.
Les derniers modèles tiennent compte de la consommation d'air du plongeur. Un certain état de fatigue peut être pris en considération en programmant l'ordinateur sur un mode de plongée en altitude (plus pénalisant dans la durée des paliers).
Mais attention à leur fiabilité, leur mise au point nécessite encore quelques progrès.
En bénéficiant des avancées technologiques, l'ordinateur deviendra plus performant tant au niveau de la sécurité que de la fiabilité, tout en voyant son prix diminuer.

➤ Son entretien
Rincez bien l'ordinateur après chaque plongée et conservez-le à l'abri de l'humidité dans un boîtier de protection.

DÉTENDEURS

Malgré le nombre élevé des modèles et la disparité des prix, nous allons tenter de vous guider dans l'achat d'un détendeur, ainsi que dans la compréhension de son fonctionnement afin que vous soyez capable de détecter et de réparer d'éventuelles pannes.
Car tout laisse penser qu'il y a, de la part des constructeurs, un souci de mythifier le détendeur pour le plongeur néophyte à qui il est présenté comme un objet mystérieux. Ceci leur permet d'en proposer un très grand nombre en n'apportant que de légères modifications, ne touchant que peu le principe général de fonctionnement. En fait, pour la plongée de loisir nous pouvons regrouper les « 1er étage » de détendeurs autour de deux grandes familles : le 1er étage à clapet piston et le 1er étage à clapet membrane. Chacune des familles de 1er étage peut présenter la particularité technique d'être compensé ou non compensé.
En ce qui concerne les « 2e étage », deux options techniques sont possibles : le 2e étage à clapet aval et le 2e étage à clapet amont.

Fonctionnement

➤ Le 1er étage

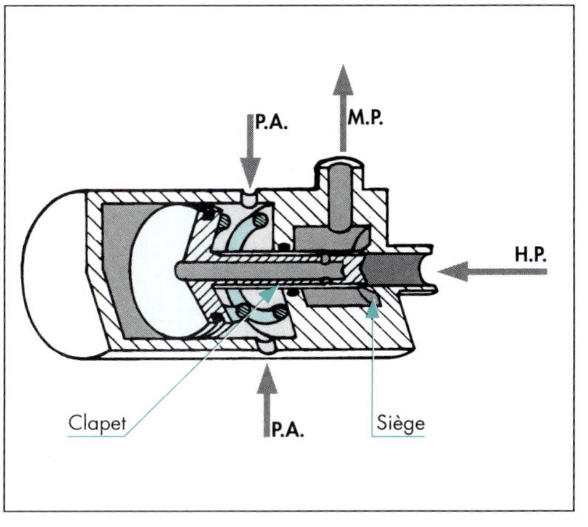

5.29. *Clapet piston.*

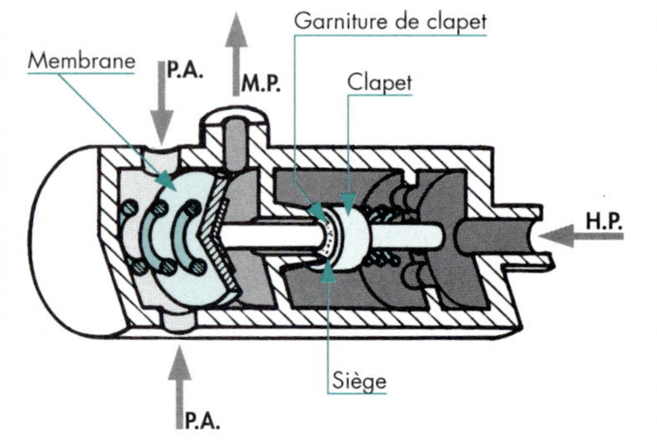

5.30. *Clapet membrane non compensé.*

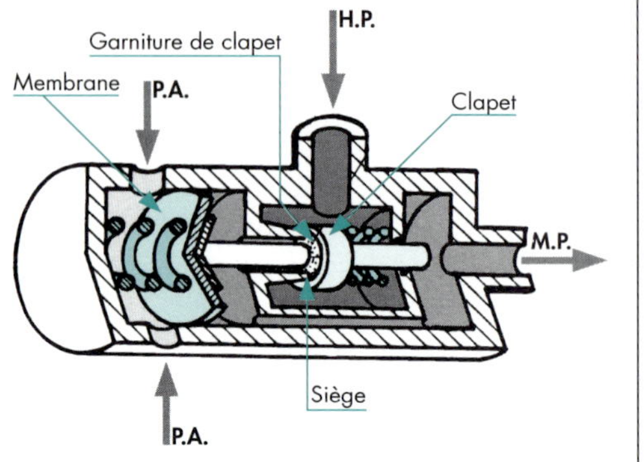

5.32. *Clapet membrane compensé.*

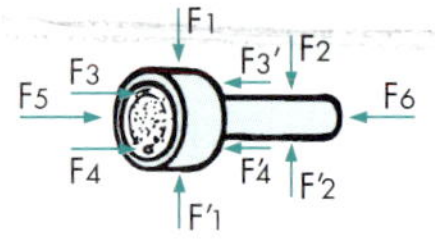

5.31. *Clapet avec détails des forces.*

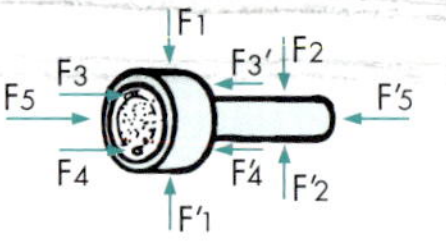

5.33. *Clapet avec détails des forces.*

• *À clapet piston* (fig. 5.29)
C'est par l'intermédiaire d'un clapet piston que l'air à haute pression (H.P.) de la bouteille est détendu à la pression ambiante à laquelle s'ajoute le tarage du ressort, ce qui donne la moyenne pression (M.P.).
Son mécanisme et son entretien restent assez simples. Son point faible se situe au niveau du joint torique du clapet piston (le clapet piston et son joint se déplacent dans la chambre humide, les parois de cette dernière sont parfois recouvertes de dépôts de sel et autres, ce qui entraîne des fuites ou des entrées d'eau dues à l'usure prématurée du joint sur les parois). Un rinçage sérieux s'impose après chaque plongée.

• *À clapet membrane* (fig. 5.30)
Son mécanisme est un peu plus élaboré. La pression ambiante est transmise par une membrane qui s'incurve. Aucune pièce coulissante n'est en contact avec la chambre humide, d'où l'absence de fuites. La moyenne pression peut se régler extérieurement sur presque tous les détendeurs à 1er étage à membrane.

➤ Le 2e étage

• *À clapet aval* (voir fig. 5.34)
En cas de fuite au niveau du 1er étage, l'air de la chambre M.P. repousse le clapet de son siège et entraîne une fuite d'air au 2e étage.
Un second étage à clapet aval simple suffit amplement pour la plongée loisir. Certains modèles disposent d'une molette de réglage au niveau du 2e étage qui permet d'augmenter ou de diminuer l'effort inspiratoire, mais cette option n'est pas indispensable.

➤ La compensation

• *Clapet membrane non compensé* (fig. 5.30)
La haute pression s'applique directement sur le piston. F1, F2, F3, F4 sont égales et directement opposées à F1', F2', F3', F4'.
Elles s'annulent (fig. 5.31) :
F1 = F1'
F2 = F2'
F3 = F3'
F4 = F4'
F5 s'oppose à F6, F6 dépend de la valeur de la

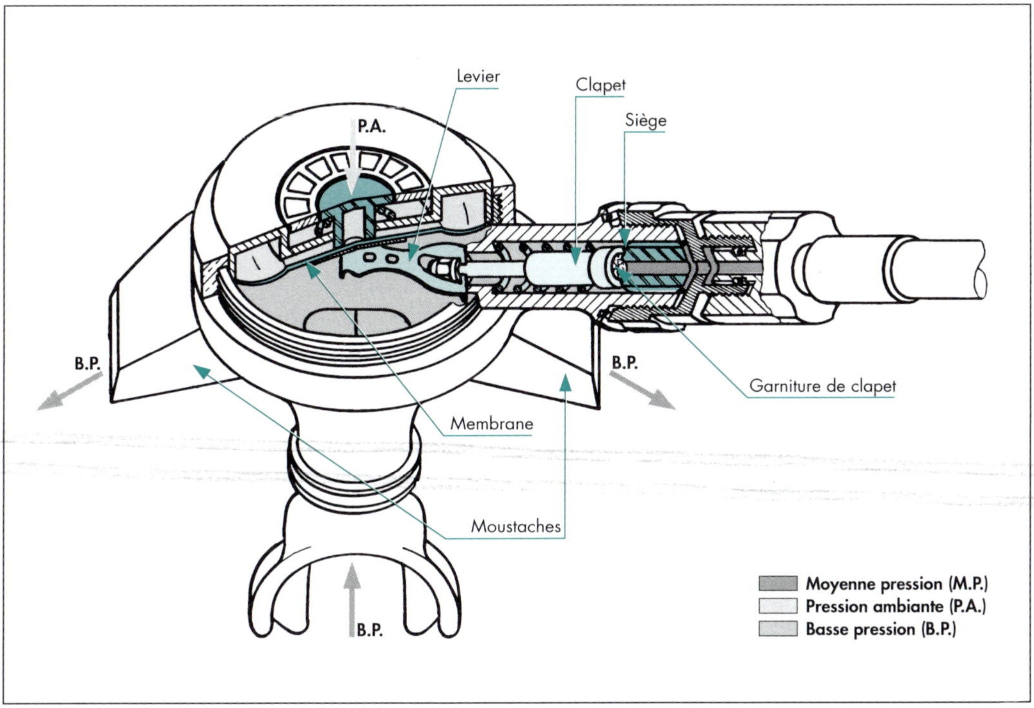

5.34. *2e étage à l'expiration.*

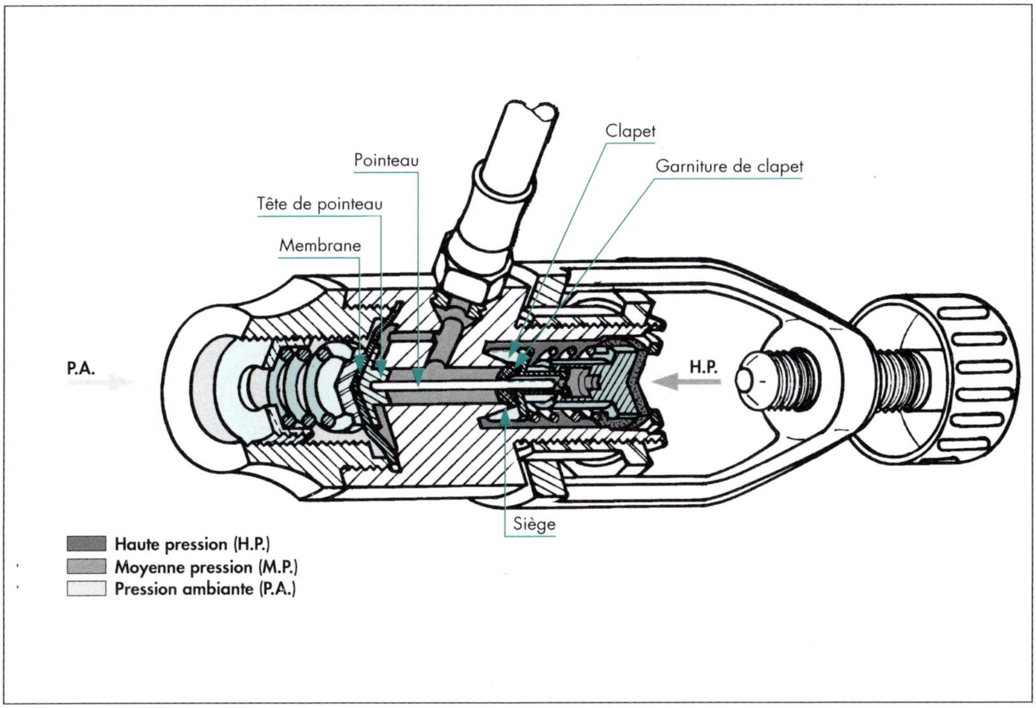

5.35. *1er étage à l'expiration.*

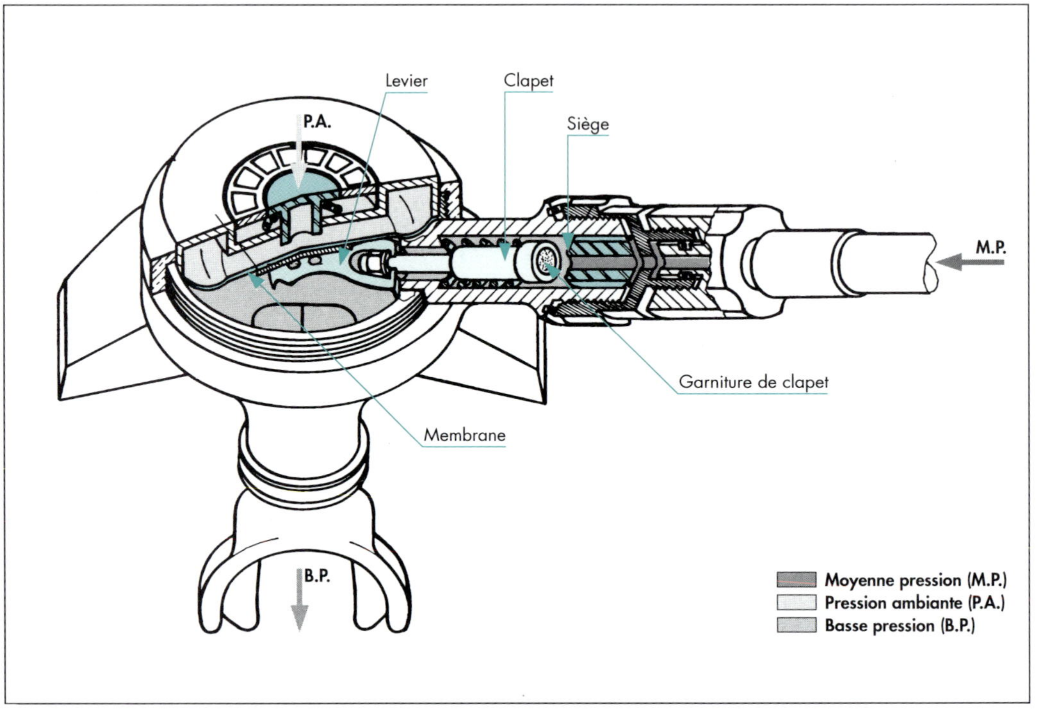

5.36. *2ᵉ étage à l'inspiration.*

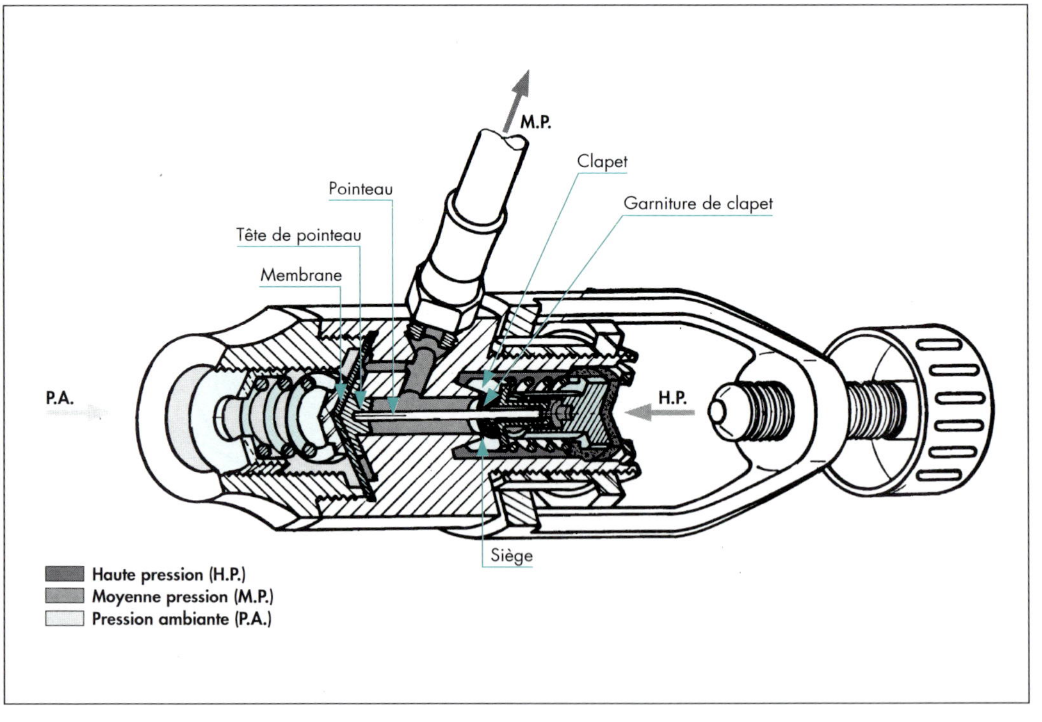

5.37. *1ᵉʳ étage à l'inspiration.*

haute pression qui varie constamment au cours de la plongée. En fin de plongée la haute pression ayant notablement diminué, l'effort respiratoire sera différent.

• *Clapet membrane compensé* (fig. 5.32)
La haute pression s'applique uniformément sur le clapet. F1, F2, F3, F4, F5 sont égales et directement opposées à F1', F2', F3', F4', F5'.
Elles s'annulent (fig. 5.33) :
F1 = F1'
F2 = F2'
F3 = F3'
F4 = F4'
F5 = F5'
La moyenne pression ne varie pas, quelle que soit la valeur de la haute pression.

Afin d'allier confort et sécurité, nous vous conseillons de choisir un détendeur à clapet membrane compensé pouvant être équipé éventuellement d'un raccord DIN (normes étrangères).
Mais quel que soit le détendeur choisi, il est vital d'y associer un manomètre immergeable lisible (écran et aiguilles phosphorescents), et de protéger tous les flexibles du 1er étage par des manchons de protection.
Certains détendeurs possèdent un kit spécial antigivre (qui empêche le 1er étage de geler) pour les eaux très froides.

➤ L'expiration ou position de repos du détendeur

• *Au niveau du 2e étage* (fig. 5.34)
À l'expiration, le levier et la membrane restent dans leur position initiale. L'air expiré s'échappe par les moustaches. Le clapet est en appui sur le siège, empêchant l'air de la chambre M.P. de passer dans le chambre basse pression (B.P.).

• *Au niveau du 1er étage* (fig. 5.35)
Au repos ou à l'expiration, le clapet est en appui sur le siège, l'air contenu dans la chambre H.P. ne peut passer dans la chambre M.P. L'étanchéité est assurée par la garniture de clapet.

➤ L'inspiration

• *Au niveau du 2e étage* (fig. 5.36)
À l'inspiration, une dépression se crée dans la chambre B.P., la membrane s'incurve en entraînant le levier. Ce mouvement (membrane + levier) a pour effet de décoller le clapet de son siège et de laisser passer l'air de la chambre M.P. vers la chambre B.P.

• *Au niveau du 1er étage* (fig. 5.37)
Lors de l'inspiration, l'air de la chambre M.P. du 1er étage passe dans la chambre M.P. du 2e étage, ce qui entraîne une chute de pression dans la chambre M.P. du 1er étage. La membrane s'affaisse et pousse le clapet par l'intermédiaire de la tête du pointeau. Le clapet n'est plus en contact avec le siège, l'air de la chambre H.P. passe dans la chambre M.P. du 2e étage.

Réparation

Nous ne pouvons dans cet ouvrage décrire tous les détendeurs. Aussi avons-nous choisi le MR12V, de chez Mares, car il est de bonne qualité et représentatif des détendeurs avec 1er étage à clapet membrane compensé.

L'OUTILLAGE NÉCESSAIRE

Notre objectif n'est pas de nous substituer au réparateur, mais simplement de démythifier le détendeur et de rendre plus accessible son entretien. S'il est vrai que certains réglages seraient plus précis avec un matériel coûteux et sophistiqué que seuls possèdent les spécialistes, tous ces réglages et réparations peuvent se réaliser avec de l'outillage courant.
Sur les schémas éclatés (fig. 5.38 et 5.39) et avec leurs nomenclatures, il est facile de situer les pannes et d'y remédier en suivant la gamme de démontage correspondante.
Chaque remontage doit être précédé d'un nettoyage des pièces, d'une vérification et d'un graissage au silicone des joints toriques correspondants ; pour y arriver, suivez la gamme en sens inverse !
Pour procéder à ces opérations, nous vous conseillons de posséder toujours dans votre sac de plongée une petite trousse contenant au moins ces quelques outils indispensables.

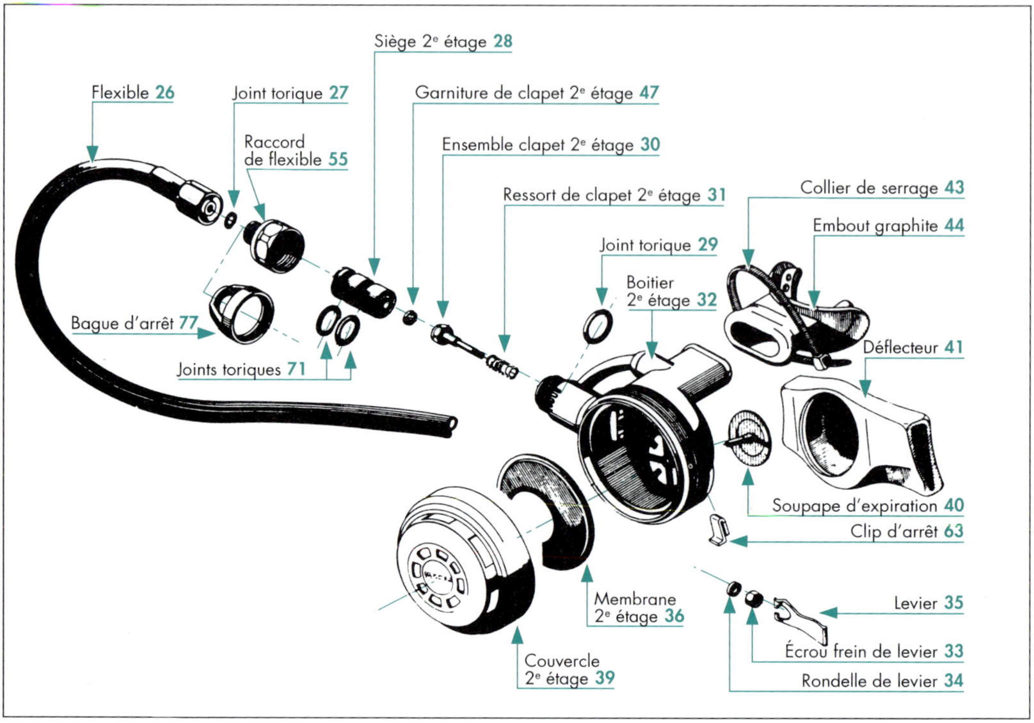

5.38. *2e étage du détendeur.*

- Clé Allen de 5,5 et de 10.
- Clé plate de 5,5.
- Clé à molette.
- Tournevis.
- Embout + collier.
- Tube de graisse silicone.
- Pinces Brucelles.
- Filtre en bronze.
- Joints toriques (divers modèles).
- Circlips.
- Garniture de clapet de 1er et de 2e étage.
- Chiffon.
- Colle néoprène.

LES DIFFÉRENTES PANNES

Les pannes peuvent être classées suivant quatre catégories – entrée d'eau, fuites d'air, débit continu, peu ou pas assez d'air – et se situer au niveau du 1er ou du 2e étage.

Le nettoyage des pièces en bronze ou en acier inoxydable peut se faire dans un bain d'eau additionnée d'acide chlorhydrique à 10 %, suivi d'un rinçage à l'eau douce.

Les pièces en plastique, caoutchouc ou silicone doivent être nettoyées dans un bain d'eau légèrement savonneuse, puis rincées à l'eau douce.

➤ Les entrées d'eau

Elles se situent :

– Au niveau de la membrane **36** du 2e étage (fig. 5.38). Vérifier qu'elle est bien en place, la remplacer si elle est percée.

63–**39**–**36**

Enlever le clip **63**, *puis dévisser le couvercle* **39** *afin d'accéder à la membrane* **36**

– Au niveau de la soupape d'expiration **40** du 2e étage. La nettoyer si elle est sale ou la remplacer.

41–**40**

Enlever le déflecteur **41** *ce qui donne accès à la soupape d'expiration* **40**

➤ Les fuites d'air

Elles proviennent de l'usure des joints du 1er ou du 2e étage. Il suffit de les remplacer.

- *Au niveau du 1er étage* (voir fig. 5.39)

– Joint de sortie **19** du bouchon M.P. ou du flexible de la M.P.

20–**19**

Dévisser le bouchon M.P. **20** *et remplacer le joint torique* **19**,

ou **26**–**19**

Dévisser le flexible **26** *et remplacer le joint torique* **19**.

– Joint de sortie **52** du bouchon H.P. ou du flexible H.P. du manomètre.

53–**52**

ou

flexible HP du manomètre–**52**

Dévisser le bouchon **53** *ou le flexible H.P. du manomètre et changer le joint* **52**.

Une fuite rare peut provenir de la membrane **14** endommagée du 1er étage. Son remplacement s'avère nécessaire.

17 18–**16**–**15**–**14**

Dévisser la cloche **17** *et enlever le ressort* **16**, *la rondelle d'appui* **15** *et changer la membrane* **14**. *Régler la M.P. si nécessaire (voir ci-après le paragraphe « Le débit continu au niveau du 1er étage »).*

- *Au niveau du 2e étage* (voir fig. 5.38)

Les fuites viennent des joints **27** **71** **29** du raccord de flexible **26** de la M.P. sur le boîtier du 2e étage.

– Joint torique **27**

26–**27**

Dévisser le flexible **26**, *changer le joint* **27** *puis...*

– Joint torique **71**

26–**77**–**55**–**28**–**71**

Retirer la bague d'arrêt **77**, *dévisser le raccord de flexible* **55** *et dégager le siège* **28**. *Remplacer les deux joints fixés sur le siège.*

– Joint torique **29**

26–**77**–**55**–**29**

Après avoir retiré le raccord de flexible **55**, *on accède au joint* **29**.

➤ Le débit continu

Si celui-ci se produit immédiatement après l'ouverture, la panne se situe au niveau du 2e étage.

Si le débit continu se déclare quelques instants après l'ouverture de votre bouteille, la panne se situe au niveau du 1er étage.

- *Au niveau du 1er étage* (voir fig. 5.39)

Il peut être dû à un mauvais réglage de la M.P. Pour y remédier, il faut vous munir d'un manomètre de réglage M.P. que vous montez sur une des sorties M.P. ; puis tourner la vis de réglage **18** à l'aide d'une clé Allen de 10. L'aiguille de votre manomètre doit se situer aux alentours de 9,5 à 9,8 bars. Notez bien que cette valeur est propre à ce détendeur. À défaut de manomètre de réglage M.P., repérez la position initiale de la vis de réglage **18**, puis à l'aide d'une clé Allen de 10 faites varier la M.P. Si cette manœuvre n'apporte aucune amélioration ramenez la vis de réglage **18** à sa position initiale, la panne se situe ailleurs.

Le clapet **9** et/ou le pointeau **12** peuvent également entraîner un débit continu s'ils sont sales ou abîmés. Il suffit de les changer.

– Clapet **9**

7–**3**–**2**–**22**–**4 5 6**–**8**–**9**

Dévisser l'écrou **7** *et retirer l'étrier* **3**, *puis ôter le circlip* **2** *et le filtre* **22**, *puis sortir l'ensemble guide-clapet* **4, 5, 6** *et le ressort* **8**, *vous avez accès au clapet* **9**.

– Pointeau **12**

18 17–**16**–**15**–**14**–**13**–**12**

Dévisser la cloche **17**, *retirer le ressort de membrane* **16**, *ôter la rondelle d'appui* **15** *et la membrane* **14**, *retirer la tête de pointeau* **13**, *vous avez accès au pointeau* **12**.

– L'usure du joint **6**

7–**3**–**2**–**22**–**4**–**6**

Dévisser l'écrou **7** *et retirer l'étrier* **3**, *puis ôter le circlip* **2** *et le filtre* **22**. *Sortir l'ensemble guide clapet* **4** *et ôter le joint* **6**.

L'usure des ressorts (tarage défectueux) **16** et **8** peut entraîner un débit continu, il est donc nécessaire de les remplacer. Ce type de panne reste exceptionnelle.

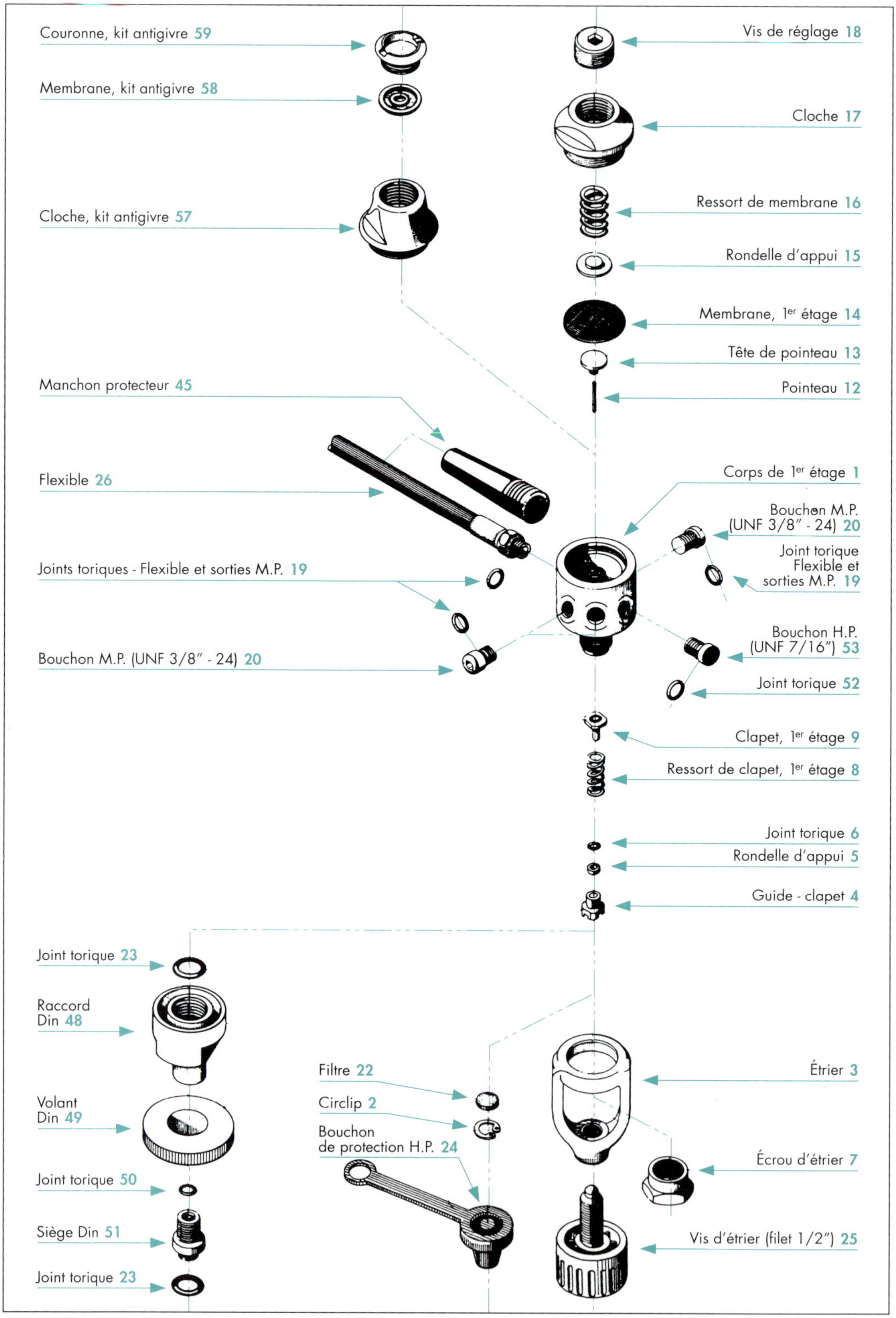

5.39. *1er étage de détendeur en vue éclatée.*

– Ressort 16

18 – 17 – 16

Dévisser la cloche 17 et changer le ressort 16, régler la M.P.

– Ressort 8

7 – 3 – 2 – 22 – 4 5 6 – 8

Dévisser l'écrou 7 et retirer l'étrier 3, puis ôter le circlip 2 et le filtre 22, sortez l'ensemble guide-clapet 4 5 6 et remplacer le ressort 8, régler la M.P.

• *Au niveau du 2e étage* (voir fig. 5.38)
Il peut être dû à plusieurs facteurs.

– L'usure de la garniture de clapet 47 qu'il faut changer ou éventuellement retourner sans l'abîmer si vous n'en possédez pas une de rechange.

47 ↑
26 – 77 – 55 – 28 → 30 → 31
↑
63 – 39 – 36 → 33 → 34 → 35

Dévisser le flexible 26 et la bague d'arrêt 77, puis dévisser le raccord de flexible 55 et ôter le siège 28. Ensuite, vous devez retirer le clip d'arrêt 63 et dévisser le couvercle 39, et enlever la membrane 36. Vous pouvez ensuite dévisser l'écrou frein de levier 33 qui maintient l'ensemble clapet 30 et ôter la rondelle d'appui. Il est maintenant possible d'extraire l'ensemble clapet 30 et le ressort 31, et de changer la garniture du clapet 47 de l'ensemble clapet 30. Au remontage utiliser le gabarit (voir ci-après le paragraphe « Peu ou pas d'air »).

– L'usure du siège 28 sur lequel reposent l'ensemble clapet 30 et la garniture de clapet 47 qu'il est nécessaire de remplacer.

26 – 77 – 55 – 28

Dévisser le flexible 26 et ôter la bague d'arrêt 77, dévisser le raccord de flexible 55 et retirer le siège 28.

– Le mauvais tarage ou l'usure du ressort de clapet 31 qu'il faut remplacer.

26 – 77 – 55 – 28 → 30 47 → 31
↑
63 – 39 – 36 → 33 → 34 → 35

Procéder au démontage comme cela a été fait précédemment pour atteindre l'ensemble clapet 30 et la garniture de clapet 47.

– Le levier 35 tordu, en contact avec la membrane, qui doit être remplacé.

63 – 39 – 36 – 33 – 34 – 35

Retirer le clip 63 et dévisser le couvercle 39. Ôter la membrane 36, dévisser l'écrou 33 et ôter la rondelle 34, remplacer le levier 35.

– Le bouton de surpression sur le couvercle 39 bloqué ou cassé, nécessite le remplacement de l'ensemble.

63 – 39

Ôter le clip 63, dévisser le couvercle 39.

➤ Peu ou pas d'air

Cette panne peut provenir du 1er ou du 2e étage.

• *Au niveau du 1er étage* (voir fig. 5.39)
Cette panne peut-être due à un mauvais réglage de la moyenne pression (voir ci-dessus le paragraphe « Le débit continu au niveau du 1er étage »).

– Le filtre en bronze 22 corrodé ou sale peut empêcher l'air de passer (ce type de panne ne devrait jamais arriver, surtout en croisière !).

2 – 22

Enlever le circlip 2, changer le filtre 22.

– Le pointeau 12 sale ou tordu doit être remplacé ou nettoyé.

18 17 – 16 – 15 – 14 – 13 – 12

Dévisser la cloche 17, ôter le ressort 16 et sortir la rondelle d'appui 15 et la membrane 14, puis retirer la tête de pointeau 13 et le pointeau 12.

• *Au niveau du 2e étage* (voir fig. 5.38)
Le levier 35 (voir fig. 5.34) tordu, déréglé ou cassé n'est plus en contact avec la membrane 36 .

63 – 39 – 36 – 33 – 34 – 35

Si le levier est déréglé, le gabarit en carton permet de le régler en actionnant l'écrou 33. Poser le gabarit (fig. 5.40) sur le bord du boîtier du 2e étage 32, puis à l'aide de la vis 33 régler le levier 35 afin qu'il entre en contact avec le bord inférieur du gabarit. Si le réglage est impossible (levier tordu ou cassé), le changer et recommencer la même opération.

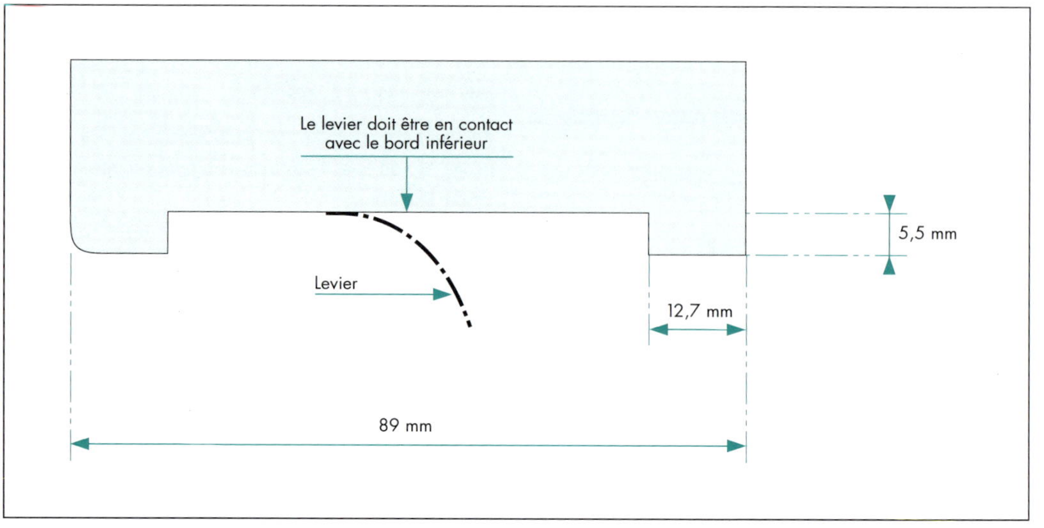

5.40. *Gabarit en carton.*

ENTRETIEN DU DÉTENDEUR

Rincez le détendeur à l'eau douce après chaque plongée et entreposez-le dans un endroit sec.

➤ **Point important à noter.** Sur le 1er étage des détendeurs les sorties M.P. et H.P. sont différenciées par leur diamètre :
– haute pression (H.P.) = 7/16",
– moyenne pression (M.P.) = 3/8".
Attention, certains détendeurs anciens ont une sortie H.P. de 3/8".

BOUTEILLES

Pour déterminer le bloc bouteille qui vous convient le mieux, deux critères méritent votre attention : la contenance et le poids.

• *La contenance :* c'est votre réserve d'air. Inutile de vous charger d'une quantité d'air que vous ne consommerez pas. Avant de vous décider pour une mono-bouteille ou un bloc bi-bouteille, il est capital de connaître vos espaces d'évolution ainsi que votre consommation.

• *Le poids :* c'est également un facteur de choix, surtout pour les femmes et les adolescents (fig. 5.41). Le poids d'un bloc bouteille est en rapport étroit avec sa contenance, mais également avec l'alliage utilisé.

Les éléments du choix

Actuellement, les blocs bouteilles existent dans deux matériaux : l'acier et l'aluminium. Les bloc en acier sont les plus courants. Les blocs en alliage d'aluminium, très controversés par le passé, mais dont on apprécie aujourd'hui les qualités (tableau 5.1), présentent les avantages suivants :
– meilleure résistance à la corrosion,

5.41. *Bouteilles en alliage d'aluminium.*

– meilleur comportement à la surpression,
– poids légèrement inférieur.

Les bouteilles en alliage d'aluminium doivent être rééprouvées obligatoirement tous les cinq ans par le service des Mines, tandis que les bouteilles en acier doivent être rééprouvées obligatoirement tous les deux ans (cette réépreuve peut cependant être repoussée tous les cinq ans à condition toutefois qu'un technicien en inspection visuelle en assure le contrôle annuellement).

➤ Le sanglage

Si, comme nous vous le recommandons, vous utilisez un gilet de stabilisation, il est préfé-

Tableau 5.1. *Rapports de contenance et de poids entre les blocs en alliage d'aluminium et les blocs en acier pour adulte.*

Volume	Matière	Poids	Pression de service	Nombre de sorties	Durée de réépreuve	Volume disponible
10 litres	Alu	15 kg	200 bars	1 ou 2	5 ans	2 m^3
12 litres	Acier	19 kg	200 bars	1 ou 2	2 ans	2,4 m^3
10 litres	Alu	18,5 kg	250 bars	1 ou 2	5 ans	2,5 m^3
15 litres	Alu	18 kg	200 bars	1 ou 2	5 ans	3 m^3
15 litres	Acier	23 kg	200 bars	1 ou 2	2 ans	3 m^3

rable de ne pas conserver le sanglage afin d'obtenir une meilleure fixation sur le corps de la bouteille. Dans le cas contraire, veillez à ce que les sangles soient facilement réglables et à ce que votre bouteille possède une poignée de transport.

➤ La robinetterie

L'acquisition, précédemment, d'un manomètre immergeable ne justifie pas l'équipement d'une réserve. Une robinetterie à double sortie est préférable pour y adapter par la suite un deuxième détendeur de secours (certaines marques proposent même une robinetterie tournante).

Le robinet doit pouvoir recevoir un détendeur à étrier ou à normes DIN (normes étrangères).

Remarque : les filetages des bouteilles doivent impérativement correspondre aux filetages des robinetteries.

➤ Fonctionnement du bloc bouteille (fig. 5.42)

Bouteille fermée, le clapet est en appui sur le siège et empêche l'air H.P. de s'échapper. À l'ouverture, la tige tournevis entraîne le clapet et le décolle du siège, laissant l'air H.P. passer.

Les réparations

Sur le schéma donnant une vue éclatée de la bouteille (fig. 5.43). Nous allons situer les pannes rencontrées et y remédier.

Attention : avant de travailler sur votre bouteille, vérifiez qu'elle est vide.

➤ Fuites

• *La fuite sans détendeur*

– Au niveau de l'orifice de sortie : la fuite est due à l'usure du clapet 17 .

1 – 2 – 20 – 4 – 5 22 – 6 – 21 40 24 – 17

Dévisser l'écrou 1, *retirer le ressort* 2, *le volant* 20

5.42. *Robinetterie de bouteille.*

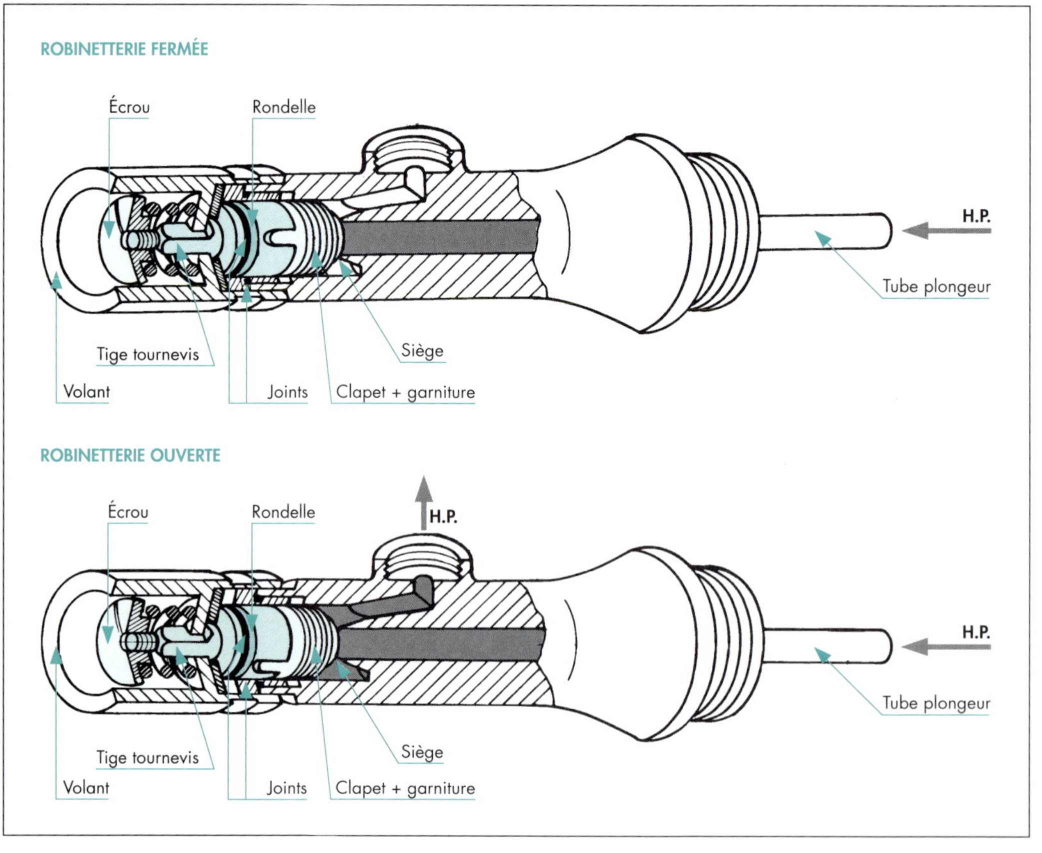

et la rondelle 4. Sortir le palier 5, puis la rondelle 6, ôter la tige tournevis 21 et changer le clapet 17.

– Au niveau de la robinetterie **19** et de son joint **16**.

19–**16**

Démonter la robinetterie 19 et changer le joint 16.

– Au niveau du bouchon **34** et de son joint **33** usé.

36–**35**–**34**–**33**

Ôter le cache écrou 36, dévisser l'écrou 35 et retirer le bouchon 34, remplacer le joint 33.

– Au niveau de la vis **44** et de son joint **22** usé.

44–**22**

Dévisser la vis 44 et remplacer le joint 22.

• *La fuite avec détendeur*

– Au niveau de l'intermédiaire DIN **43** et de son joint **23**.

43–**23**

Démonter l'intermédiaire DIN 43 et changer le joint 23

– Au niveau du volant du robinet, fuites dues à l'usure des joints **22** ou **24**.

1–**2**–**20**–**4**–**5**–**6**–**21**
(sous **5** : **22** ; sous **21** : **40**–**24**)

Procéder au démontage, comme indiqué ci-dessus dans le cas d'une fuite sans détendeur. Changer les joints usés.

➤ Robinet bloqué

C'est une panne due à la garniture du clapet **17** marquée (le plongeur force sur la fermeture du robinet en essayant d'endiguer une fuite).

1–**2**–**20**–**4**–**5 22**–**6**–**21 40 24**–**17**

Dévisser l'écrou 1, retirer le ressort 2, le volant 20 et la rondelle 4. Sortir le palier 5, puis la rondelle 6, ôter la tige tournevis 21 et changer le clapet 17.

5.43. *Robinetterie de bouteille en vue éclatée.*

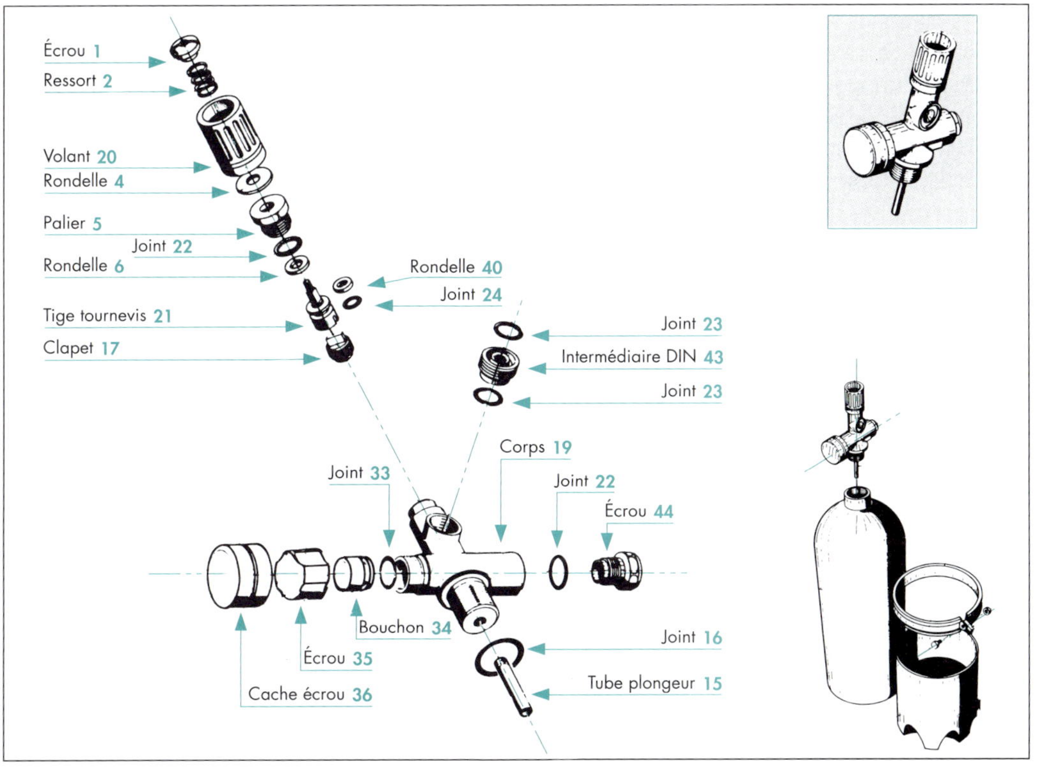

➤ Robinet dur
Les pièces peuvent être grippées (voir ci-dessus « La fuite avec détendeur »). Nettoyer les pièces et les remonter après les avoir graissées.

➤ Absorption d'eau
La chute du tube plongeur 15 entraîne l'absorption d'eau ou d'autres dépôts résiduels dans la bouteille.

19–15

Démonter l'ensemble de la robinetterie 19, revisser le tube plongeur ou le changer si son filetage est abîmé.

➤ L'entretien de la bouteille

Rincez la bouteille à l'eau douce après chaque plongée. Purgez-la avant de la gonfler afin de supprimer le résidu d'eau éventuel dans l'orifice de sortie. Vous pouvez la protéger extérieurement par des filets. En fin de saison, démontez votre robinetterie, vérifiez que la bouteille ne contient pas d'eau et que le tube plongeur est toujours bien à sa place sur le robinet.
Remontez la robinetterie après avoir changé le joint 16, et entreposez-la après l'avoir gonflée à environ 50 bars.
La robinetterie de la bouteille doit se remonter facilement et il ne doit pas y avoir de jeu entre le filetage de la bouteille et le filetage de la robinetterie. Attention : de trop nombreux démontages de la robinetterie entraînent une usure prématurée des filetages.

COUTEAU ET AUTRES ACCESSOIRES

Le couteau

C'est un instrument utile au cas où vous vous trouveriez empêtré dans un filet ou un filin. Mais, rassurez-vous, il est surtout utilisé comme outil d'appoint.
Il est impératif que sa lame soit tranchante et en acier inoxydable. Nous vous conseillons de choisir un couteau équipé d'une lame dentelée d'un côté (seule capable de couper des cordes humides) et tranchante de l'autre (fig. 5.44).
Comme le tuba, c'est un instrument dont on fait une grande consommation, car les gaines, peu fiables, causent trop souvent leur perte. La qualité de l'étui et de sa fixation est aussi un facteur de choix (fig. 5.45).

➤ Entretien
Rincez votre couteau à l'eau douce après chaque plongée. En fin de saison, graissez-le.

Les accessoires de sécurité

Ils ne sont pas indispensables mais leur possession reste un atout. La liste qui suit n'est pas exhaustive et peut être complétée.

➤ La boussole : elle nous donne le cap sous l'eau et nous aide à nous repérer lorsque l'on est perdu.

➤ Le parachute de signalisation : il est facilement repérable par toute surveillance de surface, mais, surtout, il permet d'effectuer des paliers en étant vu de loin par les autres bateaux naviguant aux alentours.

➤ Le bâton de cyalume : c'est un point lumineux qui signale votre présence en cas de faible visibilité ou lors d'une plongée de nuit.

➤ L'alarme de plongée : branchée sur la sortie moyenne pression du détendeur, elle émet en surface un signal sonore perceptible de loin.

➤ **V.H.F.** : une radio permet d'alerter plus rapidement les secours.

➤ **Un ensemble à oxygénothérapie** : de petites trousses de secours existent, et l'apport rapide d'oxygène sur certains types d'accidents ne peut être que bénéfique.

➤ **Le flash écho** : en plongée de nuit, il permet d'être repéré ou d'indiquer la position du mouillage.

➤ **La plaquette de plongée** : elle est très utile pour noter les détails et circonstances d'un accident (le médecin vous en sera reconnaissant). Plus généralement, elle vous servira à noter des observations et à communiquer sous l'eau.

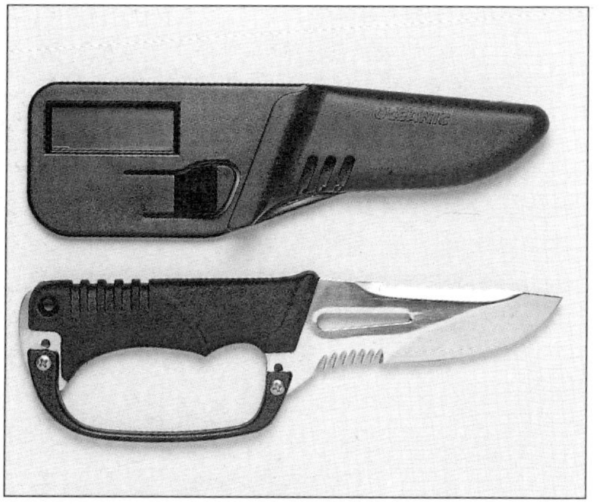

5.44. *Couteau à lame dentelée d'un côté et tranchante de l'autre.*

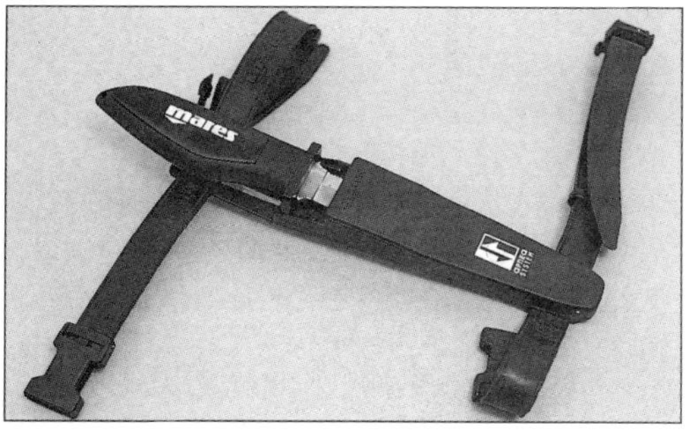

5.45. *Étui de couteau.*

6. LA PRISE DE VUE SOUS-MARINE

Créer, illustrer, mémoriser correspond à un besoin profond de communication de l'homme. La gravure puis la peinture en ont été longtemps les outils les plus exploités. Dès son invention (Niepce, 1826), la photographie devient rapidement la technique de création et de documentation la plus utilisée. Les plongeurs sous-marins, qui n'échappent pas à ce besoin de communiquer, s'intéressèrent à la prise de vue avant même de pouvoir évoluer librement dans le milieu aquatique. Dès la fin du XIXe siècle des pionniers, tels Louis Boutan et William Thompson, ouvrent l'ère de la prise de vue sous-marine. Depuis, des photographes de talent (Hans Haas, David Pilosof, Herwarth Voigtmann, Kurt Amsler, David Doubilet, Christopher Newbert...) nous enchantent avec leurs images. C'est un photographe, Jack E. Williamson, qui réalise les premières séquences sous-marines pour le film Vingt mille lieues sous les mers (1914). De nombreux films ont suivi : Le monde du silence (Louis Malle, Jacques-Yves Cousteau), Bleue est la mer, blanche est la mort (Peter Gimble, Ron et Valery Taylor), La fille de l'océan (Mike Portelli ; pl. I.1), Le grand bleu, Atlantis (Luc Besson, Christian Petron ; fig. 6.1 et 6.2). Ces œuvres sont souvent à l'origine de notre passion pour la plongée sous-marine. « Tout a été fait, il ne nous reste plus rien à faire... », tel est le discours

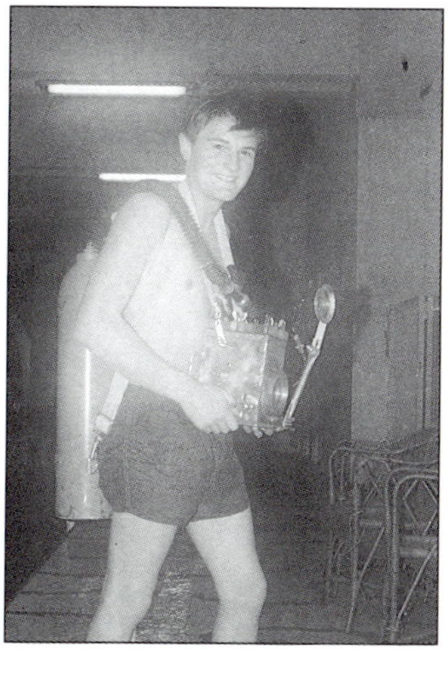

6.1. *À 16 ans, Christian Petron réalise son premier caisson étanche.*

6.2. *Trente ans plus tard, il tourne les images d'Atlantis.*

déconcertant, parfois prononcé par un photographe ou un réalisateur désœuvré (généralement à la fin de la proclamation du palmarès d'un concours dont il n'est pas lauréat).
« Sottise ! Tout est à faire... » : le regard émerveillé de votre petit(e) ami(e) le jour de son baptême de plongée, ce poisson non répertorié qui, sortant des abîmes, vient à votre rencontre, votre femme, délicieuse sirène, évoluant avec un dauphin dans un décor de gorgones...
Tout est à faire : le comportement social des mammifères marins, les techniques de chasse des poissons prédateurs n'ont jamais été filmés, la fiction, qui par définition n'a pour limite que celle de l'imagination, n'a que peu exploité les richesses du monde sous-marin...
Tout est à faire : moins d'un millionième de la mer a été exploré et seulement moins de quelques pour cent des espèces sous-marines ont été filmées dans leur environnement.
Les pionniers nous ont ouvert la voie de la prise de vue sous-marine, mais son histoire à facettes multiples est encore devant nous.
Inspirons-nous de nos prédécesseurs, mais sans les plagier.
Lorsque le désir ou le besoin de réaliser des images sous-marines devient de plus en plus pressant, l'amateur doit choisir le ou les styles dans lesquels il souhaite s'exprimer : la création artistique, l'illustration technique ou scientifique, le souvenir. Deux modes d'expression s'offrent à lui :
– l'image fixe (la photographie),
– l'image animée (le cinéma ou la vidéo).
La prise de vue apportera d'autant plus de plaisir à l'auteur que celui-ci aura fait ses choix en fonction de ses moyens propres (disponibilité en temps, degré d'exigence de qualité, maîtrise de la technologie, budget).
Il n'y a pas de méthode rationnelle qui permette de guider le plongeur sous-marin dans le choix du style et de l'équipement de prise de vue, mais la connaissance des possibilités et des limites des techniques et du matériel peut éviter bien des déceptions.
Les règles d'un art ou d'une technique sont généralement édictées à partir de l'analyse des œuvres qui se sont imposées dans le temps.
Les règles de base de la prise de vue sous-marine, exposées dans ce chapitre, n'échappent pas à ce principe.
Si elles peuvent guider le réalisateur dans ses premiers pas et limiter ses échecs, seule la transposition ou la transgression de ces règles conduira à l'œuvre originale.

LES TECHNIQUES D'EXPRESSION

La photographie est le moyen le plus économique et le moins contraignant de réaliser des documents. L'exploitation des images est simple (projection de diapositives, tirage papier). Le temps nécessaire à la réalisation des documents excède de peu celui de la prise de vue (sauf pour la production de diaporamas). Les puristes utiliseront du matériel haut de gamme qui permet d'obtenir une définition d'image inaccessible en cinéma ou en vidéo.
La photographie reproduit un instant figé d'une scène. Si elle est susceptible de recréer une ambiance (pl. II.1), de faire partager une émotion (pl. II.4), c'est l'image animée qui permet d'évoquer pleinement l'action. La conjugaison de l'idée originale avec la maîtrise des techniques de prise de vues et de montage permet à l'auteur de suggérer à son public des visions et des sensations bien au-delà de la réalité même.
Si le potentiel informatif et émotionnel est plus grand en cinéma et en vidéo qu'en photographie, la gestion de ces modes d'expression est plus délicate. L'investissement en temps, avant le tournage (écriture du scénario) et après (montage, sonorisation), est important.
Le prix de l'équipement de prise de vues est du même ordre de grandeur que celui du matériel photographique. C'est la post-production qui fait la différence, surtout si le montage fait appel à des effets spéciaux.
Au plaisir de créer, l'instant de la prise de vue apporte aussi au réalisateur d'images sous-marines celui de renouer, en toute innocence, avec son instinct de chasseur. C'est cependant l'accueil du public, plus ou moins large, qui apporte l'ivresse. Quelle que soit la technique choisie, l'auteur d'images doit être attentif à ce que ses documents ne dorment pas dans une armoire. Une image doit vivre après sa fabrication et nécessite du temps pour être valorisée (album ou exposition, illustration de livres ou de revues, participation à des festivals, présentation des films en salle ou diffusion par les chaînes de télévision).

Principe de fonctionnement des appareils de prise de vue

En image fixe ou animée, les appareils de prise de vue comportent six éléments de base (fig. 6.3).

➤ Les objectifs

Ce sont des systèmes optiques composés de lentilles, en verres minéraux ou organiques, qui donnent d'un objet une image réelle qui se forme sur le récepteur d'image.

➤ Le diaphragme

C'est une ouverture réglable, généralement quasi circulaire et placée à l'intérieur de l'objectif.
Il permet d'ajuster la quantité de lumière qui arrive sur le récepteur d'image.

➤ L'obturateur

Il fixe le temps pendant lequel le récepteur d'image est exposé ou analysé. En photographie et en cinéma, l'obturateur est mécanique (central ou à rideau). Le temps d'exposition correspond à la durée pendant laquelle l'obturateur laisse, pour chaque image, la lumière arriver sur le récepteur.
En vidéo, l'obturateur est électronique. Le temps d'exposition correspond à la période avec laquelle les signaux délivrés par le récepteur sont analysés. Le récepteur reçoit en permanence l'image transmise par l'objectif.
En photographie, le temps d'exposition est généralement réglable de la seconde à 1/1000e, voire 1/10000e de seconde. Pour le matériel bas de gamme cette plage est réduite à une ou deux vitesses d'exposition (1/50e, 1/100e de seconde).
En cinéma et en vidéo, la vitesse standard d'exposition est respectivement fixée à 1/50e et 1/25e de seconde.
La cadence de prise de vue, qui ne doit pas être confondue avec la vitesse d'obturation, définit le nombre d'images enregistrées par secondes. La cadence standard de projection étant de 25 images par seconde, une cadence de prise de vue supérieure donnera à la projection un effet de ralenti, et une cadence inférieure, un effet d'accéléré. Le changement de cadence

impose le changement du temps d'exposition. En cinéma amateur, le temps d'exposition correspond généralement à la moitié du temps qui sépare deux images. En vidéo, les effets de ralenti et d'accéléré sont nécessairement effectués au montage, les caméras amateur ne disposant actuellement que de la cadence de 25 images/sec et parfois de l'enregistrement vue par vue.

➤ Le récepteur d'image

Il saisit l'image formée par l'objectif. Il est composé soit de sels argentiques photosensibles déposés sur un film en triacétate de cellulose, soit d'un capteur électronique (dispositif à transfert de charge : CCD). C'est le réglage conjugué du diaphragme et de l'obturateur qui assure l'exposition correcte du récepteur d'image.

➤ Le support d'image

Il est confondu avec le récepteur pour l'image argentique. Pour l'image électronique, les signaux délivrés par le récepteur sont stockés sur un support magnétique (bande, disque).

➤ Le viseur

Il permet à l'opérateur de voir l'image qui sera saisie par le récepteur. Il est soit optique, soit électronique.

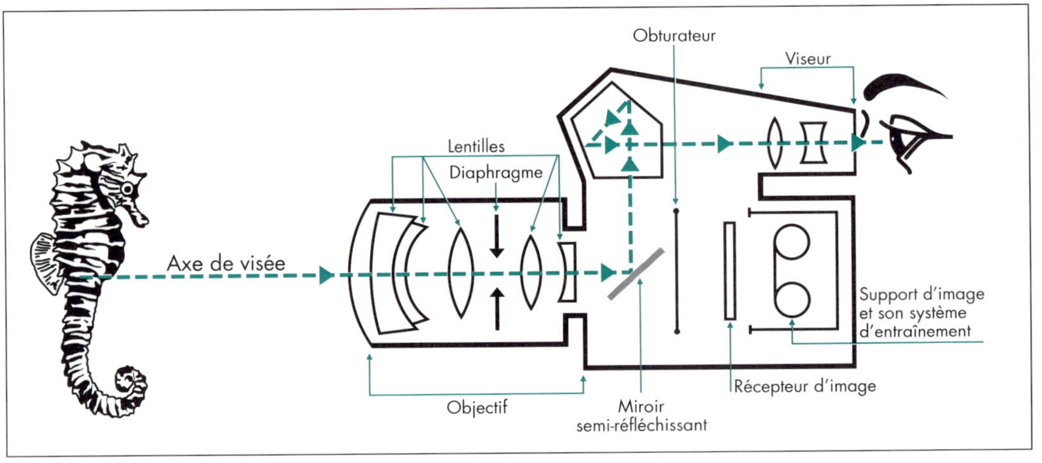

6.3 a *Schéma de principe d'un appareil de prise de vue avec récepteur argentique.*

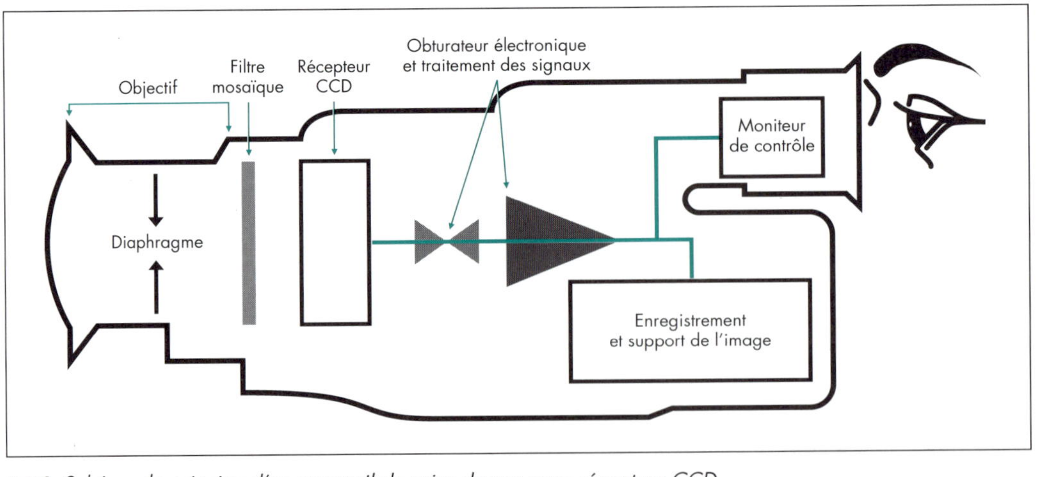

6.3 b *Schéma de principe d'un appareil de prise de vue avec récepteur CCD.*

• *Le viseur aérien* ou *viseur sportif* (fig. 6.4) est constitué d'un cadre dont le centre doit être aligné avec la mire de visée. Rapide d'emploi, il est peu précis.

• *Le viseur galiléen* (fig. 6.5) donne une image claire qui sera appréciée lorsque la luminosité est faible. Comme pour le viseur sportif, son axe de visée est distinct de l'axe de prise de vue. Pour les sujets proches (distance inférieure à 1 mètre), le défaut de parallaxe entre le viseur et l'objectif, qui en résulte, ne favorise pas la précision du cadrage.

• *Le viseur reflex mono objectif* ou *TTL* (*Through The Lens* : à travers l'objectif) permet un cadrage précis et un contrôle de la mise au point. Les paramètres d'exposition et de diaphragme sont généralement affichés dans le viseur. Les viseurs électroniques sont tous TTL. L'image de visée est observée sur un petit moniteur vidéo. Tous les camescopes en sont équipés ainsi que certaines caméras de cinéma professionnelles.
En photographie ou en cinéma, l'image fournie par le viseur reflex peut être reprise par une petite camera vidéo (caméra crayon) connectée à un moniteur. Cette adaptation permet une visée confortable et est particulièrement utile lorsque l'appareil de prise de vue doit être géré de la surface (site dangereux, etc.). Une solution plus simple consiste à coupler à l'appareil de prise de vue, un caisson contenant une petite caméra vidéo de surveillance reliée à la surface (fig. 6.6).

6.4. *Caméra 16 mm équipée d'un viseur sportif.*

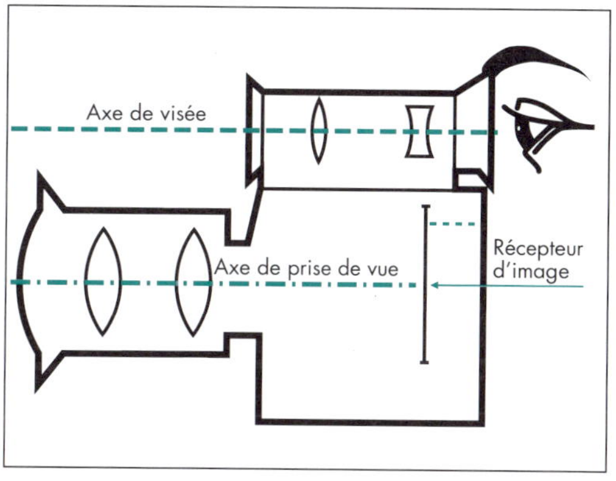

6.5. *Schéma de principe d'un viseur galiléen.*

6.6. *Appareil de prise de vue équipé d'une visée vidéo contrôlée de la surface.*

Les formats de prise de vue

Le choix du format de prise de vue résulte du compromis entre trois critères :
– la maniabilité de l'appareil,
– l'exigence de la définition de l'image,
– le budget.
En image fixe, le format 24 x 36 est le plus utilisé. Il présente l'avantage d'être d'un coût raisonnable et d'offrir à l'utilisateur une gamme très étendue de produits, tant en matériel de prise de vue qu'en pellicules. Pour les puristes, les formats professionnels 6 x 6 ou 6 x 7 permettent de réaliser une image hautement défi-

nie. Ce matériel moins diffusé est plus onéreux et plus encombrant.

En cinéma non professionnel, il n'existe actuellement plus que deux formats, le Super 8 et le 16 mm. Certains irréductibles continuent d'opérer en format 8 mm ou 9,5 mm bien que l'approvisionnement en film devienne difficile.

Le Super 8 est le format grand public. Le matériel très maniable est peu coûteux, la post-production est bon marché. Bien qu'en cours d'abandon, ce format a permis la réalisation de nombreux films de qualité et peut satisfaire de nouveaux cinéastes.

Le 16 mm est un format semi-professionnel. Il offre de ce fait une gamme importante de matériel et d'accessoires.

Le matériel de prise de vues est tout à fait accessible à l'amateur, mais un budget non négligeable devra être prévu pour les tournages.

La durée de prise de vues avec une bobine de film Super 8 ou 16 mm ne dépasse pas 2 minutes et demi à 5 minutes. Si ce temps est généralement suffisant pour une plongée, la vidéo offre une autonomie de prise de vues plus confortable, de l'ordre de 20 minutes, limitée souvent par la capacité des batteries.

Plutôt que de format, il est plus fréquent, en vidéo, de parler de standards.

Deux standards amateurs se sont imposés, le VHS (*Video Home System*) et le 8 mm, qui se subdivisent en six sous-standards : VHS, VHS-C, S-VHS, S-VHS-C, 8 mm et Hi-8. En VHS les labels « S » et « C » signifient « Super » et « Compact ». Le S-VHS et le Hi-8 bénéficient, par rapport aux standards dont ils sont respectivement issus (VHS, 8 mm), des derniers perfectionnements techniques (meilleure qualité de l'image, son stéréo). Les informations inscrites sur les bandes magnétiques VHS ou VHS-C sont identiques et peuvent être lues par les appareils S-VHS (magnétoscopes, tables de montage) ; la réciproque est hélas impossible. De même, la compatibilité entre le 8 mm et le Hi-8 est limitée à la lecture des bandes 8 mm par le matériel Hi-8. Le VHS-C et le S-VHS-C utilisent des cassettes « compactes » dont les dimensions permettent de réduire la taille des camescopes. Au moment où la valse des standards commençait à se calmer, voici qu'arrivent un nouveau format, TVHD (format 16/9), et le camescope à disque laser.

Pour simplifier, n'oublions pas qu'il existe trois systèmes de codage de la couleur (PAL, NTSC, SECAM) qui ne sont pas compatibles entre eux. Il existe heureusement des transcodeurs. Le système PAL devient le standard le plus usité, principalement en vidéo. Aussi, lors de l'achat d'un téléviseur, il est prudent de s'assurer qu'il est au moins bistandard (SECAM pour les émissions TV françaises, PAL pour la vidéo et les émissions TV étrangères).

Les récepteurs d'image

L'image formée par l'objectif est recueillie par le récepteur dont deux types sont actuellement disponibles : les récepteurs argentiques et les récepteurs CCD. Ils utilisent le même principe de base de l'analyse des couleurs : une couleur peut être décomposée ou reconstituée à partir de trois couleurs de base (bleu, vert, rouge).

LES RÉCEPTEURS ARGENTIQUES

Ils sont composés de sels d'argent liés dans une gélatine qui est déposée sur un support transparent (polyester ou triacétate de cellulose). Sous l'effet de la lumière les sels d'argent se décomposent pour donner de l'argent métallique. Sa concentration augmente avec la quantité de lumière reçue par le récepteur. L'image latente ainsi formée est révélée lors du développement en laboratoire. Sous l'action du révélateur, l'argent est transformé en oxyde noir. Les sels d'argent ne sont pas attaqués par le révélateur et restent transparents. L'image ainsi obtenue est négative. Les zones claires du sujet sont opaques (oxyde d'argent). Les films inversibles (positifs) subissent au développement un traitement spécial qui inverse les blancs et les noirs.

Les récepteurs couleur sont composés de trois couches photosensibles séparées par des filtres sélectifs de couleur (fig. 6.7). Un premier filtre élimine le rayonnement ultra-violet, qui n'est pas vu par l'œil mais qui décompose les sels d'argent. La première couche photosensible ne réagit qu'à la composante bleue de la lumière (la plus énergétique du spectre visible). Elle est accolée à un filtre jaune qui élimine le rayonnement bleu qui n'a pas interagi. La deuxième couche, qui réagit au vert, est suivie d'un filtre éliminant le vert. Enfin, la dernière couche est sensible au rouge. Après le développement chaque couche sensible donne lieu respectivement, par coloration des gélatines, à une image bleu-noir, vert-noir, rouge-noir. Le blanc est obtenu par addition des trois couleurs primaires. La réactivité relative des couches sensibles (épaisseur, structure, etc.) permet d'équilibrer le rendu des couleurs en fonction de la nature de la lumière ambiante (lumière du jour, lumière artificielle). Contrairement aux films du type « lumière artificielle », les films équilibrés pour la lumière du jour réagissent plus au rouge qu'au bleu. Aussi, ils seront préférés pour la prise de vue sous-marine.

La sensibilité à la lumière d'une pellicule varie avec la taille des grains de sels d'argent qui la composent. Plus la taille des grains est importante, plus la pellicule est sensible au détriment, hélas, de sa définition. La sensibilité des pellicules est exprimée en ISO. Le chiffre caractéristique de la sensibilité est d'autant plus grand que la pellicule est sensible. Ainsi, lorsque la sensibilité ISO est doublée, le film a besoin de deux fois moins de lumière.

Il existe deux types de pellicule couleur : les films inversibles et les films négatifs.

➤ Les films inversibles

C'est le moyen le plus économique de réaliser des prises de vue. Après développement, ils sont directement projetables ce qui permet une sélection pratique et rapide des meilleures images ou séquences.

Ils présentent cependant l'inconvénient de ne pas supporter une grande latitude d'exposition (+ 1 à - 1/2 diaphragme). Compte tenu du faible contraste, à l'exception des contre-jours, qui règne en milieu aquatique, cet inconvénient est mineur, mais gare aux erreurs d'exposition !

Dans des conditions de lumière faible (grande profondeur en lumière ambiante), les films inversibles de grande sensibilité (400 ISO) peuvent être travaillés comme des films de 800 ou 1600 ISO sous réserve de subir un développement spécial.

Certains films inversibles peuvent être facilement développés par les amateurs (kit de développement E6), ce qui permet lors d'un voyage de contrôler les résultats au jour le jour.

➤ Les films négatifs

Grâce à leur grande latitude d'exposition (+ 4 à - 2 diaphragmes), les films négatifs sont d'un usage très souple. Ils permettent au tirage (photo ou cinéma) des corrections importantes en intensité et en rendu de couleur.

Il est illusoire de vouloir apprécier, par observation directe la qualité d'une image négative. Le tirage d'un « positif » de contrôle est obligatoire, ce qui peut être onéreux et lourd à gérer lorsque la production devient importante.

➤ Les films noir et blanc

Difficiles à se procurer en Super 8, ces films ont leurs adeptes et peuvent donner lieu à des

6.7. *Schéma de principe de la composition d'un film argentique couleur.*

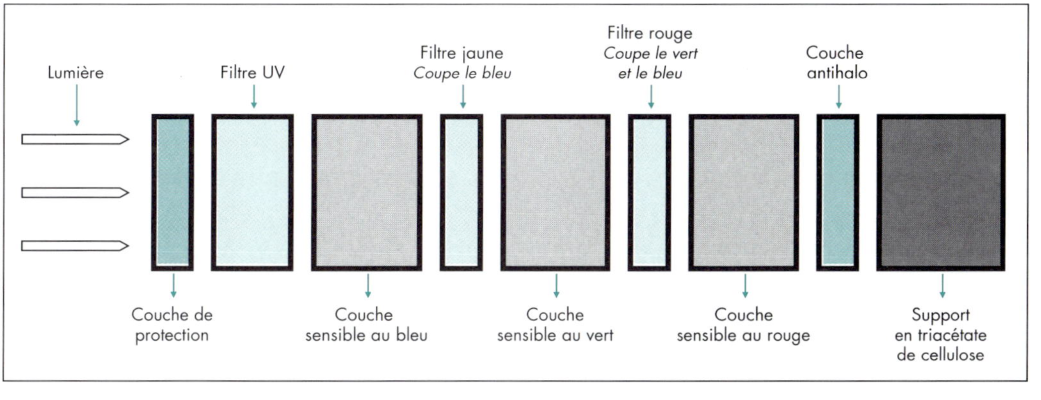

images de qualité. La définition de ces films est excellente et, grâce à un traitement spécial en laboratoire, leur contraste peut être accentué, ce qui est appréciable en prise de vue sous-marine.

En photographie, le virage des tirages papier (kit Colorvir) donne des clichés en bichromie (bleu-noir, sépia-noir, etc.) qui ne manquent pas de charme (pl. III.1). Ces travaux de laboratoire sont tout à fait accessibles aux amateurs.

➤ Le choix du film

La sensibilité du film sera choisie la plus faible possible (meilleure définition) compatible avec les conditions de lumière prévue lors de la prise de vue. Lorsque les conditions sont favorables (faible profondeur, macrographie, etc.), une sensibilité du film de 25 ou 50 ISO donne les meilleurs résultats.

Pour des conditions moyennes (profondeurs de 10 à 30 mètres), il est préférable de choisir des sensibilités comprises entre 64 et 200 ISO. Au-delà, lorsque la lumière devient faible, des sensibilités de 300 ISO et plus sont nécessaires. Ces films sont à utiliser pour la réalisation de documents techniques ou scientifiques. Les puristes seront déçus par leur mauvaise définition et leur faible tolérance au contraste.

En cinéma et en photographie, les grandes marques (Agfa, Fuji, Kodak, etc.) proposent une large gamme de sensibilités pour les films négatifs et inversibles, à l'exception du Super 8 couleur où il n'existe plus que deux types de pellicules inversibles (25 et 160 ISO).

Si la définition des films et leur conservation dans le temps sont sensiblement les mêmes d'une marque à l'autre, la nuance intervient dans le rendu des couleurs : légère dominante saumon pour Agfa, couleurs plus agressives chez Fuji. Le choix de la pellicule sera fonction du goût de l'auteur, du sujet traité et des possibilités locales d'approvisionnement. En tout état de cause, la qualité finale d'une image résulte plus des soins apportés au développement que de la qualité intrinsèque de la pellicule, sous réserve que celle-ci ait été correctement exposée.

LES RÉCEPTEURS CCD (OU MOS)

Les récepteurs d'image (CCD : *Charge Coupled Device*, dispositif à transfert de charge) des caméras vidéo et de certains appareils photographiques sont constitués d'une matrice de capteurs photosensibles ou pixels (de 300 000 à 500 000). La dimension d'un récepteur CCD, c'est-à-dire son format, est définie par la longueur de sa diagonale. Actuellement, trois formats « amateurs » sont disponibles (1/3, 1/2 ou 2/3 de pouce). L'analyse en chrominance est obtenue en plaçant devant le récepteur un filtre

Tableau 6.1. *Caractéristiques géométriques et résolution des récepteurs argentiques et CCD.*

Récepteur	Cinéma		Photo		Vidéo		
	S 8	16 mm	6 x 6	24 x 36	1/3 pouce	1/2 pouce	2/3 pouce
Taille en mm	5,7 x 4,2	10,3 x 7,7	60 x 60	24 x 36	4,8 x 3,6	6,4 x 4,8	8,8 x 6,6
Surface en mm^2	24	80	3 600	860	17	31	58
Rapport L/h	1,36	1,34	1,0	1,5	1,33	1,33	1,33
Définition en pixel x 10^6	8 à 3	4 à 15	100 à 500	30 à 130	0,3	0,44	0,44

mosaïque. Celui-ci est composé par la juxtaposition de microfiltres monochromatiques dont la taille correspond à celle d'un pixel. Les couleurs des microfiltres sont au nombre de trois ou quatre selon le mode d'analyse en chrominance utilisé (cyan, magenta, vert et jaune). La définition de l'image est donc égale au tiers ou au quart du nombre total de pixels du récepteur. En fait, le traitement des signaux délivrés par le récepteur permet d'améliorer quelque peu cette résolution spatiale.

La définition de l'image est aussi fonction des conditions de lumière. Lors de l'enregistrement sur la bande magnétique (ou le disque) des signaux délivrés par le récepteur, le rapport « signal/bruit » diminue lorsque la lumière devient faible. À la relecture, le signal est altéré, dégradant ainsi la qualité de l'image.

Les caméras vidéo récentes permettent de réaliser des prises de vues dans des conditions de lumière faible (2 à 3 lux). Les fabricants recommandent cependant d'opérer à partir de 100 lux afin d'obtenir un signal vidéo correct.

À titre de comparaison et pour un éclairement supérieur à 100 lux, un récepteur CCD a une sensibilité équivalente à celle d'un film argentique de 120 à 180 ISO.

Il existe des caméras vidéo comportant trois récepteurs CCD, chacun analysant une couleur. Il en résulte une définition de l'image trois fois meilleure. Cette technologie courante dans les formats professionnels existe aussi en S-VHS et en Hi-8, mais les caméras ainsi équipées sont d'un prix cinq à six fois supérieur à celui des meilleurs camescopes grand public.

Le rendu correct des couleurs en fonction de la température de couleur de l'éclairage (naturel ou artificiel) est assuré par « la balance des blancs ». La correction s'effectue en intervenant sur l'amplitude relative des signaux de chrominance. Ce réglage est soit manuel, soit automatique. Lorsqu'une couleur occupe la quasi-totalité de l'image, le système automatique peut être mis en défaut. Certaines caméras permettent de mémoriser plusieurs types de balance des blancs. L'opérateur peut ainsi passer rapidement d'un type d'éclairage à un autre, sous réserve que cette commande existe aussi sur le caisson étanche.

Les définitions intrinsèques des récepteurs argentiques (100 ISO) et CCD sont présentées tableau 6.1. La qualité finale de l'image sera nécessairement moins bonne. Elle dépend aussi :
– de la qualité de l'objectif de prise de vues ;
– du positionnement (planéité, fixité) du support de l'image argentique à la prise de vues et à la reproduction ;
– du mode d'analyse vidéo (1 CCD plus filtre mosaïque ou 3 CCD) ;
– de la qualité de l'enregistrement du signal vidéo (rapport signal/bruit, azimutage des têtes, vitesse de défilement, etc.) ;
– de la qualité des appareils de reproduction (projecteur, agrandisseur, moniteur).

Selon la qualité de ces divers éléments, à la prise de vues et à la reproduction, la définition finale de l'image n'excédera pas 50 %, voire beaucoup moins, de la définition intrinsèque du récepteur.

Une image bien définie résulte de l'optimisation de ces différents paramètres, tout en sachant qu'il est vain d'améliorer à l'extrême un des éléments si les autres ne donnent pas lieu à une qualité semblable.

Les posemètres

La quantité de lumière nécessaire à l'exposition correcte du récepteur d'image est obtenue par le réglage conjugué du diaphragme et du temps d'exposition. L'œil humain appréciant difficilement l'intensité lumineuse réfléchie par un sujet, il est très aléatoire de se fier à une simple observation visuelle pour régler l'exposition correcte d'une prise de vue. L'emploi d'un posemètre ou cellule élimine pratiquement tout risque d'une mauvaise exposition du récepteur d'image, mais nécessite cependant quelques précautions.

• Certains posemètres, indépendants de l'appareil de prise de vue, mesurent la lumière incidente arrivant sur le sujet. Cette méthode, très utilisée par les photographes et les cinéastes terrestres professionnels, ne sera pas retenue en prise de vue sous-marine. En effet, elle présente deux inconvénients majeurs :
– la mesure doit être corrigée du pouvoir

réflecteur du sujet, qu'il n'est pas toujours facile d'apprécier ;
– la mesure doit s'effectuer quasiment au contact du sujet, ce qui pose quelques problèmes avec certains acteurs (poissons, spirographes, etc.).

• En lumière réfléchie, le posemètre doit être le plus près possible de l'objectif. À l'exception de produits bas de gamme et de certaines caméras, les appareils de prise de vue sont dotés d'un posemètre incorporé. Pour les plus perfectionnés, la mesure s'effectue directement à travers l'objectif (mode TTL).
Les indications données par le posemètre dépendent de la sensibilité du récepteur d'image et de son champ angulaire de visée par rapport à celui de l'objectif. Trois types d'analyses existent actuellement (pl. III.2).

➤ **Mesure spot**. La mesure s'effectue sur une partie très limitée et centrale de l'image. Le réalisateur doit s'assurer, en balayant le champ de l'image, que le contraste n'est pas trop important et que le réglage choisi correspond à l'exposition correcte du sujet principal.

➤ **Mesure centrée.** Le posemètre analyse une zone beaucoup plus importante de l'image. La mesure correspond à la moyenne de la quantité de lumière issue de cette zone.
Les précautions à prendre sont les mêmes qu'en visée spot.

➤ **Mesure matricielle.** Cette technique d'analyse ne fonctionne qu'en mode TTL. La mesure s'effectue sur plusieurs zones (3 à 5) recouvrant l'ensemble de l'image. Un petit calculateur détermine la valeur moyenne de l'intensité lumineuse de l'image en privilégiant généralement la zone centrale.
Pour une sensibilité du récepteur d'image et des conditions d'éclairement données, le posemètre donne plusieurs couples de valeurs « diaphragme-temps d'exposition » qui correspondent à une exposition correcte.
Le choix du couple optimal dépend essentiellement de la nature du sujet traité et de l'effet recherché.

Le couplage du posemètre avec le diaphragme et l'obturateur s'effectue selon trois modes.

• *Mode manuel*
Le posemètre indique les couples « diaphragme-temps d'exposition » corrects. L'utilisateur choisit un des couples en fonction des conditions de prise de vue et règle manuellement ces deux paramètres. Cette méthode, plus lente que les suivantes, présente l'avantage de pouvoir sous ou surexposer facilement l'image en fonction de l'effet recherché.

• *Mode semi-automatique*
– Avec priorité au diaphragme : l'utilisateur sélectionne un diaphragme et la vitesse d'obturation se règle automatiquement en fonction des indications de la cellule ;
– Avec priorité à la vitesse : celle-ci est choisie à priori ; le diaphragme est réglé automatiquement par la cellule. Ce mode est le plus usité en cinéma et en vidéo, la plupart des caméras ne disposant pas d'obturateurs à vitesse réglable ; le temps d'exposition est imposé par le constructeur.

• *Mode automatique*
L'appareil de prise de vue choisit selon ses propres critères l'un des couples « diaphragme-vitesse » et règle automatiquement les deux fonctions. Ce mode, réservé à la photographie, offre l'avantage de disposer d'un appareil immédiatement opérationnel lorsqu'un sujet inattendu et fugitif se présente, mais ne donne pas toujours lieu à un piqué optimal de l'image.

En mode semi-automatique ou automatique, la sous ou surexposition d'une image sera obtenue soit à l'aide d'une commande spéciale, soit en modifiant le réglage de la sensibilité du film.

LES OBJECTIFS

Parmi les éléments qui définissent la qualité d'une image, l'objectif de prise de vue joue un rôle déterminant. Les caractéristiques d'un objectif (ouverture nominale, distance minimale de mise au point) permettent d'en apprécier la qualité. Aussi, lors du choix d'un appareil de prise de vue et, plus particulièrement, si celui-ci peut être équipé d'objectifs différents, une sélection rigoureuse des objectifs permettra de ne pas se retrouver face à des images systématiquement molles et sans piqué.

Bien que les objectifs à focale fixe restent toujours en tête du palmarès de la qualité optique, les objectifs à focale variable (zooms) ont bénéficiés ces dernières années de progrès techniques suffisamment importants pour donner satisfaction à de nombreux utilisateurs.

En photographie, les pellicules ont atteint un tel degré de définition que celle de l'objectif intervient de façon déterminante dans la qualité de l'image.

Le choix entre focale fixe et zoom résulte du compromis entre trois critères : exigence technique, facilité d'emploi, budget.

En cinéma et plus encore en vidéo, la définition des récepteurs d'images n'atteint pas celle des pellicules photographiques. Les zooms haut de gamme permettent d'obtenir des images d'excellente qualité. En prise de vue rapprochée, ce sont les objectifs à focale fixe qui donnent encore les meilleurs résultats.

Les objectifs à focale fixe

Les objectifs de prise de vue sont définis par trois paramètres : la distance focale, l'ouverture minimale, la distance minimale de mise au point. À ces paramètres « objectifs » il conviendrait d'en ajouter deux plus subjectifs : le contraste et le rendu des couleurs.

LA DISTANCE FOCALE

Exprimée en millimètres, la distance focale d'un objectif définit, pour un format donné, le champ angulaire « θ » de prise de vue. Les constructeurs indiquent généralement la valeur du champ couvert selon la diagonale du récepteur d'image. Il apparaît cependant que, pour l'utilisateur, le champ horizontal est plus exploitable (tableau 6.2). Il peut être calculé à partir de la relation $tg(\theta/2) = K/f$, soit $\theta = 2\ arctg\ (K/f)$, f étant la distance focale de l'objectif en millimètres et K une constante de proportionnalité fonction du format.

Les valeurs de Kh, Kv, Kd pour la détermination respective des champs horizontaux, verticaux et diagonaux sont données au tableau 6.3 pour les principaux formats de prise de vue. Les champs angulaires sont donnés pour des objectifs travaillant à l'air ou sous l'eau derrière un hublot hémisphérique (voir « Les hublots des caissons étanches »). Les objectifs des boîtiers étanches par construction ou placés derrière un hublot plan voient leur champ réduit en prise de vue sous-marine. La correspondance entre le champ angulaire à l'air et sous l'eau est donnée au tableau 6.4. Pour un objectif donné, il est parfois plus pratique de connaître la largeur du champ couvert à une distance définie que celle du champ angulaire. La correspondance entre les deux paramètres est donnée au tableau 6.5.

Le choix de la focale d'un objectif dépend essentiellement du type d'image à effectuer.

– Les objectifs « grand angle », dont le champ angulaire horizontal se situe entre 50 et 150 degrés, sont bien adaptés à la prise de vue d'ambiance.

– Les focales moyennes (20 à 50 degrés) seront préférées pour la prise de vue de sujets plus délimités (poissons, gorgones, laminaires, plongeurs, etc.).

– Les téléobjectifs (20 degrés et moins), utilisés pour saisir des détails, sont d'un emploi délicat sous l'eau du fait de leur faible profondeur de champ, de leur distance minimale de mise au point trop importante, et de l'influence du bougé de l'appareil de prise de vue sur le piqué de l'image. Leur usage est généralement limité à la prise de vue rapprochée lorsqu'ils disposent d'une commande adaptée.

Comme toute règle, celles-ci sont faites pour être transgressées en fonction du besoin de création ou de l'inattendu de la situation. L'emploi d'objectifs de distances focales différentes donne, pour un même sujet, un rendu différent de l'image. Avec une focale moyenne, les proportions du sujet sont conservées, mais le décor est réduit. Avec un grand angulaire, le sujet subit une légère déformation mais apparaît dans un environnement mieux explicité. Dans ce deuxième cas, la réussite de l'image nécessite que le sujet se laisse approcher et que la distance minimale de mise au point de l'objectif soit suffisamment faible.

Tableau 6.2. *Angle de champ horizontal des objectifs en fonction de la distance focale (en degré décimal).*

focale en mm	Photo		Cinéma			Vidéo		
	6 x 6	24 x 36	35 mm	16 mm	S 8	2/3 pouce	1/2 pouce	1/3 pouce
2,5				134	88	121	105	88
4,4				106	57	90	73	57
5,7				91	45,5	75	59	45,5
6			128	88,5	43,5	72,5	57	43,5
9	146,5		108	66	30	52,5	40	30
10	143	122	102	61	27	47,5	36	27
12	136	113	92	52	22,5	40	30,5	22,5
15	127	100	79	42,5	18	32,5	24	18
18	118	90	69	36	15	27,5	20	15
20	112,5	84	64	32,5	13,5	25	18	13,5
24	103	74	53	27,5	11,5	20,5	15,5	11,5
28	94	65,5	48	23,5	10	18	13	10
35	81	54	39	19	8	14,5	10,5	8
50	62	40	27	13	5,5	10	7	5,5
60	53	33,5	23,5	11	4,5	8,5	6	4,5
70	46,5	29	20	9,5	4	7	5,3	4
80	41	25,5	17,5	8,5	3,5	6	4,6	3,5
100	33,5	20,5	14	7	2,7	5	3,7	2,7
120	28	17	12	5,5	2,3	4,2	3	2,3
150	22,5	13,5	9	4	1,8	3,3	2,4	1,8
180	19	11,5	8	3,7	1,5	2,8	2	1,5
200	17	10,5	7	3	1,4	2,5	1,8	1,4
300	11,5	7	4,5	2	1	1,7	1,2	1

	Photo		Cinéma			Vidéo		
	6 x 6	24 x 36	35 mm	16 mm	S 8	2/3 pouce	1/2 pouce	1/3 pouce
Kh	30	18	12,4	5,85	2,4	4,4	3,2	2,4
Kv	30	12	9,3	4,4	1,8	3,3	2,4	1,8
Kd	42,4	21,6	15,5	7,34	3,0	5,5	4,0	3,0

Tableau 6.3. *Coefficients pour le calcul des angles de champ horizontaux (Kh), verticaux (Kv) et diagonaux (Kd) pour différents formats de prise de vue.*

θair	θeau	θair	θeau	θair	θeau
4	3	25	18,7	65	47,5
6	4,5	30	22,4	70	51
8	6	35	26	75	54,3
10	7,5	40	29,7	80	57,6
12	9	45	33,3	85	61
15	11,2	50	37	90	64
18	13,5	55	40,5	95	67
20	15	60	44	100	70

Tableau 6.4. *Correspondance entre les champs angulaires d'un objectif opérant à l'air (θ air) ou sous l'eau, placé derrière un hublot plan (θ eau). S'applique aussi aux objectifs des appareils étanches par construction.*

En cinéma ou en vidéo, plusieurs modèles de caméra disposent d'objectifs interchangeables. Moyennant une bague d'adaptation, certaines optiques photo peuvent aussi être utilisées. Mais attention, un 24 mm, qui est un grand angle pour le format 24 x 36, devient un petit télé sur une caméra vidéo 8.

Cette possibilité d'utiliser des objectifs photographiques s'avère surtout intéressante pour la prise de vue rapprochée.

L'OUVERTURE GÉOMÉTRIQUE ET L'OUVERTURE PHOTOMÉTRIQUE

À l'exception des objectifs catadioptriques (peu adaptés à la prise de vue sous-marine), la quantité de lumière traversée par un objectif est réglable à l'aide du diaphragme (ou iris).

Champ angulaire	Champ en mètre	Champ angulaire	Champ en mètre
5	0,09	60	1,15
7	0,12	70	1,40
10	0,17	80	1,68
20	0,35	90	2,00
30	0,54	100	2,38
40	0,73	110	2,86
50	0,93	120	3,46

Tableau 6.5. *Correspondance entre le champ angulaire horizontal (en degré) et le champ (en mètre) couvert à un mètre de distance par un objectif.*

➤ L'ouverture géométrique

L'ouverture géométrique « f » de l'objectif est définie par le rapport :

f = distance focale/diamètre du diaphragme.

Les ouvertures « f » sont repérées selon les valeurs normalisées : 1 ; 1,4 ; 2 ; 2,8 ; 4 ; 5,6 ; 8 ; 11 ; 16 ; 22 ; 32... D'une ouverture à l'autre, dans l'ordre croissant, la quantité de lumière qui traverse l'objectif est divisée par deux.

Par abus de langage, l'ouverture géométrique est généralement appelée diaphragme.

➤ L'ouverture photométrique

L'ouverture photométrique « T » des objectifs correspond à l'ouverture géométrique corrigée des pertes de transmission de la lumière par réflexion sur les différentes lentilles. Sa valeur est toujours supérieure à l'ouverture géométrique. Dans le cas d'optiques comportant un grand nombre de lentilles (zooms) l'écart entre f et T peut atteindre un diaphragme (atténuation d'un facteur deux de la lumière par absorption). Cet écart ne présente pas d'inconvénient lorsque le réglage de l'exposition est effectué par une cellule placée derrière l'objectif (TTL), mais pose problème lors de l'emploi d'une cellule indépendante de l'appareil de prise de vue, sachant que les constructeurs donnent rarement la correspondance entre f et T. Des essais s'imposent.

L'ouverture maximale (ou nominale) correspond au plus grand diamètre que peut atteindre le diaphragme. Elle reflète la qualité intrinsèque de l'objectif. Plus elle est grande (f petit), meilleur est l'objectif.

➤ Le vignettage

Un défaut parfois observé sur les images est le « vignettage », il correspond à une sous-exposition dans les coins de l'image. Ce phénomène résulte :

– soit d'une mauvaise utilisation de l'objectif (pare-soleil trop long, monture de filtre trop épaisse ; pl. III.4) ; dans ce cas, le remède est immédiat ;

– soit d'un défaut exagéré de l'optique (pl. III.3).

À grande ouverture et pour des rayons lumineux d'incidence élevée (objectifs grand angulaire) les montures extérieures des lentilles font office de diaphragme, entraînant une sous-exposition des sujets fortement décentrés par rapport à l'axe optique (fig. 6.8). Lorsque le diamètre du diaphragme diminue, les rayons lumineux ne sont occultés que par lui, le vignettage disparaît.

Le vignettage est considéré négligeable lorsque la variation d'exposition entre le milieu et les bords de l'image est inférieure à 0,3 diaphragme. Généralement, le vignettage disparaît lorsque f est deux diaphragmes au-dessus de l'ouverture nominale.

En plongée, la lumière n'est jamais très importante et, pour des prises de vue d'ambiance, il est fréquent de travailler à des ouvertures f : 4 ou f : 5,6. Aussi, afin d'éliminer les risques de vignettage, il est souhaitable d'utiliser des objectifs d'ouverture nominale f : 2 ou f : 2,8.

LA MISE AU POINT ET LA PROFONDEUR DE CHAMP

Un objectif est un système optique composé de lentilles qui, d'un objet plan perpendiculaire à l'axe optique (axe de visée), donne une image dans le plan du récepteur (émulsion argentique, capteur CCD).

➤ La mise au point

Lorsque la distance « objet-objectif » varie, il en est de même de la distance « image-objectif ». La mise au point consiste à faire coïncider l'image et le récepteur. Avec les objectifs modernes, elle est obtenue en modifiant la distance relative des groupes de lentilles qui les constituent. Ces groupes sont montés sur une monture hélicoïdale commandée par la bague de mise au point.

Il y a « stigmatisme parfait » lorsqu'un système optique donne d'un objet ponctuel une image ponctuelle. L'image est parfaitement nette. Attention, la distance de mise au point gravée sur les objectifs est la distance « sujet-récepteur d'image ».

Compte tenu du fait que les sujets ne sont pas tous dans le plan de mise au point, ceux qui sont situés de part et d'autre de ce plan donnent, dans le plan du récepteur, non plus une image ponctuelle mais une image de taille défi-

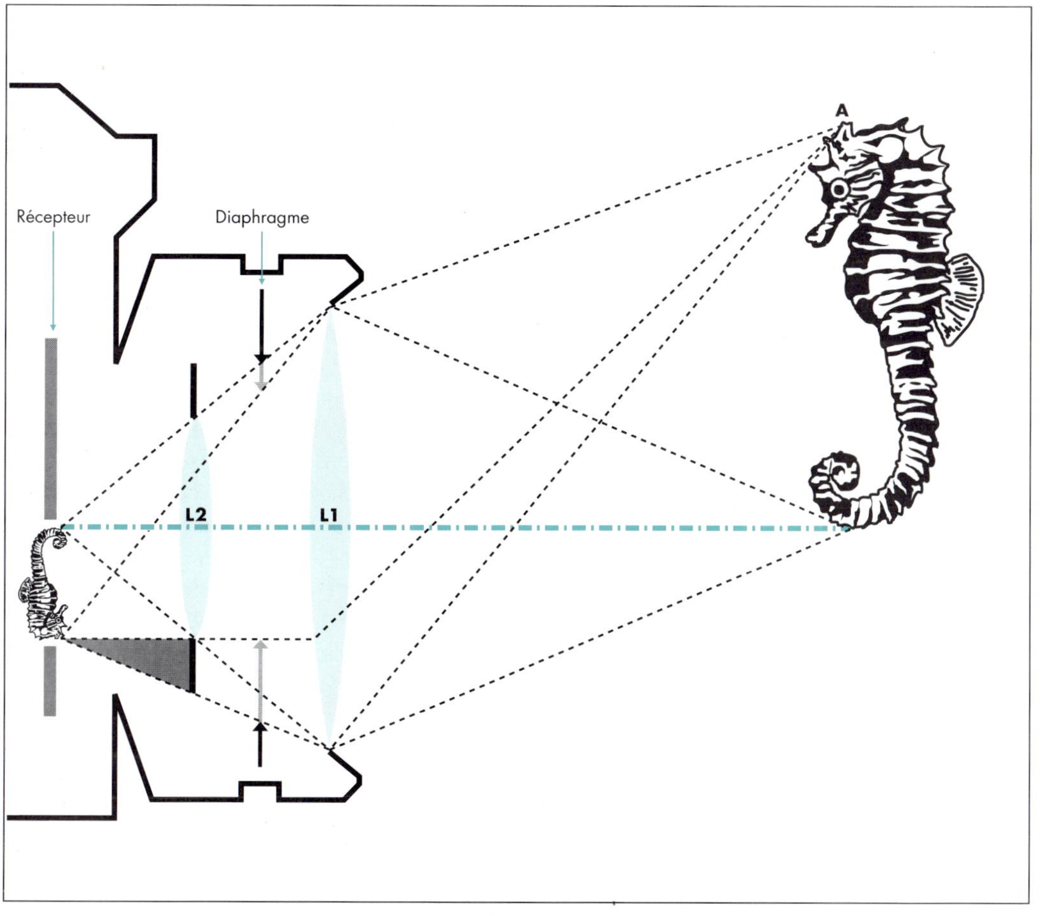

6.8. *Lorsque le diaphragme est grand ouvert, la lentille L_2 oculte une partie de la lumière issue de A. Lorsque le diaphragme se referme (position en pointillé) lui seul délimite le faisceau lumineux.*

nie, qui est d'autant plus grande que le sujet s'écarte du plan de mise au point (fig. 6.9).

➤ La profondeur de champ

La profondeur de champ est la zone située de part et d'autre du plan objet dans laquelle un objet ponctuel donnera, dans le plan du récepteur, une image de taille suffisamment petite pour être assimilée par l'observateur à un point. Cette dimension, appelée « cercle de confusion », est subjective. Elle dépend de l'acuité visuelle de l'observateur, du pouvoir de résolution et du format du récepteur. La valeur généralement admise de la taille du cercle de confusion est 0,03 mm. La valeur du cercle de confusion permet de déterminer la profondeur de champ des objectifs, qui dépend de trois

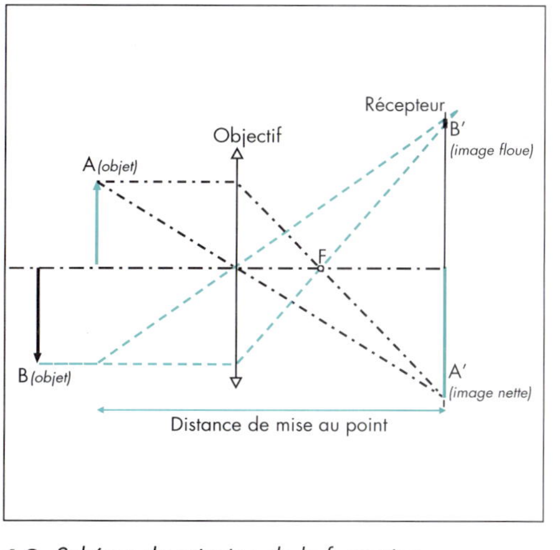

6.9. *Schéma de principe de la formation d'une image nette (A') et d'une image floue (B').*

paramètres : la distance focale, la distance de mise au point et l'ouverture du diaphragme.
Les tables de profondeur de champ de divers objectifs opérant à l'air sont présentées au tableau 6.6. En prise de vue sous-marine, les tables de profondeur de champ des objectifs montés sur des boîtiers étanches par construction ou opérant derrière un hublot plan sont obtenues en utilisant la focale effective (focale effective = 1,33 x focale réelle). Sous l'eau, la profondeur de champ d'un 35 mm est équivalente à celles d'un 50 mm à l'air. Les distances lues sont les distances apparentes. La distance apparente est égale à la distance réelle divisée par 1,33.
Il n'est pas envisageable de mémoriser ces tables. Les objectifs haut de gamme possèdent souvent cette indication sur la bague de réglage des diaphragmes. L'utilisateur retiendra les principales lois approchées de variation :
– la profondeur de champ double lorsque l'objectif est fermé de deux diaphragmes ;
– la profondeur de champ est multipliée par 5 quand la distance de mise au point est doublée ;
– à distance de prise de vue égale, la profondeur de champ est multipliée par 5 lorsque la focale est divisée par deux.

LA DISTANCE MINIMALE DE MISE AU POINT

Compte tenu de la visibilité limitée sous l'eau, l'obtention d'une image contrastée et bien définie impose, à quelques exceptions près, que le sujet principal soit situé à une distance maximale de l'ordre de 2 mètres. Les meilleurs résultats sont généralement obtenus pour des distances inférieures à 1 mètre. Force est de constater que la distance minimale de mise au point (DMMP) de nombreuses optiques est mal adaptée à la prise de vue sous-marine. Cette constatation devient consternation à la lecture des caractéristiques de certains objectifs spécifiques à la prise de vue sous-marine. Pour les courtes focales, la DMMP est souvent satisfaisante (de l'ordre de 0,3 à 0,4 m). En ce qui concerne les moyennes ou longues focales, la DMMP est souvent égale ou supérieure à 1 mètre. La modification du tirage de l'objectif, effectuée par le fabriquant ou un opticien spécialisé, permet de réduire la DMMP. Dans ces conditions, la distance maximale de mise au point, qui est habituellement à l'infini, est réduite à 5 ou 6 mètres. Cette adaptation n'est exploitable sans risques qu'avec des appareils disposant de la visée réflexe.
Certains objectifs ne comportent pas de réglage de mise au point. Celle-ci est préréglée par le constructeur sur la « distance hyperfocale » (entre 1 et 2 mètres). Cette distance de mise au point correspond à la profondeur de champ maximale qui, pour l'ouverture maximale, est comprise entre l'infini et la moitié de la distance hyperfocale. Dans ce cas, la modification du tirage (hyperfocale ramenée entre 25 et 40 centimètres) permet une utilisation optimale de l'objectif pour la prise de vue sous-marine lorsque celui-ci est placé derrière un hublot hémisphérique (voir ci-après, « Les hublots des caissons étanches »). La fourniture, par le constructeur ou un spécialiste, de cales de tirage calibrées offre la possibilité d'utiliser l'objectif tant à l'air que sous l'eau.

LES COMPLÉMENTS OPTIQUES

Ce sont des systèmes optiques qui, accolés à l'objectif, permettent d'en modifier les caractéristiques. Ils sont de quatres types :
– les bonnettes permettent une prise de vue rapprochée ;
– les diviseurs de focale, placés devant l'objectif, augmentent le champs angulaire de prise de vue. Sur les appareils étanches par construction, leur mise en place s'effectue sous l'eau. Ils offrent ainsi une plus grande souplesse d'emploi face à l'inattendu des sujets ;
– les multiplicateurs de focale et les bagues-allonge, intercalés entre le boîtier de prise de vue et l'objectif ne présentent d'intérêt que pour la prise de vue rapprochée ;
– les anamorphoseurs permettent, sous réserve d'un projecteur adapté, la projection d'images « scope ». En cinéma amateur cette technique onéreuse reste confidentielle. Le nouveau standard 16/9 offre dès à présent aux vidéastes un format « scope » qui ne nécessite pas l'usage d'un anamorphoseur.
Si ces dispositifs augmentent, pour un coût

Tableaux 6.6. *Tables de profondeurs de champ pour un cercle de confusion égal à 0,03 mm (communiquées par Nikkon).*

Nikkor 20 mm f / 2.8

Distance de mise au point	Profondeur de champ							Rapport de reproduction
		f / 2.8	f / 4	f / 5.6	f / 8	f / 11	f / 16	f / 22	
0,25		0,244–0,256	0,242–0,259	0,239–0,262	0,235–0,268	0,230–0,276	0,222–0,291	0,214–0,312	1 / 8,4
0,3		0,290–0,311	0,287–0,315	0,282–0,322	0,275–0,333	0,267–0,348	0,254–0,377	0,242–0,422	1 / 10,9
0,4		0,380–0,423	0,372–0,435	0,362–0,451	0,348–0,477	0,332–0,517	0,310–0,604	0,288–0,768	1 / 15,8
0,5		0,465–0,542	0,452–0,563	0,435–0,593	0,413–0,647	0,389–0,732	0,356–0,954	0,325–1,533	1 / 20,7
0,7		0,626–0,797	0,599–0,849	0,567–0,931	0,526–1,093	0,484–1,407	0,428–2,824	0,379–∞	1 / 30,6
1		0,844–1,23	0,793–1,38	0,734–1,63	0,661–2,27	0,591–4,61	0,505–∞	0,433–∞	1 / 45,3
2		1,42–3,44	1,27–5,02	1,11–13,35	0,94–∞	0,79–∞	0,64–∞	0,52–∞	1 / 94,4
∞		5–∞	3,2–∞	2,3–∞	1,6–∞	1,2–∞	0,9–∞	0,6–∞	1 / ∞

Nikkor 24 mm f / 2

Distance de mise au point	Profondeur de champ								Rapport de reproduction
	f / 2	f / 2.8	f / 4	f / 5.6	f / 8	f / 11	f / 16	f / 22	
0,3	0,295–0,306	0,293–0,308	0,289–0,312	0,286–0,317	0,280–0,325	0,273–0,336	0,263–0,356	0,253–0,386	1 / 8,6
0,35	0,342–0,359	0,339–0,362	0,334–0,368	0,329–0,376	0,320–0,388	0,311–0,406	0,297–0,440	0,282–0,491	1 / 10,7
0,4	0,389–0,412	0,384–0,417	0,378–0,425	0,370–0,437	0,359–0,455	0,347–0,481	0,328–0,534	0,309–0,619	1 / 12,8
0,5	0,481–0,521	0,474–0,530	0,463–0,544	0,451–0,565	0,433–0,600	0,413–0,651	0,384–0,763	0,356–0,974	1 / 16,9
0,7	0,659–0,747	0,645–0,768	0,624–0,801	0,598–0,852	0,565–0,943	0,528–1,092	0,478–1,502	0,431–2,866	1 / 25,0
1	0,914–1,106	0,884–1,156	0,842–1,241	0,794–1,378	0,731–1,653	0,667–2,227	0,585–5,576	0,512–∞	1 / 37,3
2	1,661–2,525	1,557–2,826	1,424–3,447	1,280–4,905	1,114–13,871	0,962–∞	0,789–∞	0,654–∞	1 / 78,1
∞	9,090–∞	6,517–∞	4,588–∞	3,302–∞	2,337–∞	1,723–∞	1,221–∞	0,904–∞	1 / ∞

Nikkor 28 mm f / 2

Distance de mise au point	Profondeur de champ								Rapport de reproduction
	f / 2	f / 2.8	f / 4	f / 5.6	f / 8	f / 11	f / 16	f / 22	
0,25	0,248–0,252	0,247–0,253	0,246–0,255	0,244–0,257	0,241–0,260	0,239–0,264	0,234–0,271	0,229–0,280	1 / 5,3
0,3	0,296–0,304	0,295–0,306	0,293–0,308	0,290–0,311	0,286–0,317	0,281–0,324	0,273–0,337	0,265–0,354	1 / 7,1
0,35	0,344–0,356	0,342–0,359	0,339–0,362	0,335–0,368	0,328–0,376	0,321–0,387	0,310–0,408	0,298–0,437	1 / 8,9
0,4	0,392–0,409	0,389–0,412	0,384–0,418	0,378–0,425	0,370–0,437	0,360–0,454	0,345–0,485	0,330–0,531	1 / 10,7
0,5	0,486–0,515	0,481–0,521	0,473–0,531	0,463–0,545	0,450–0,567	0,434–0,598	0,410–0,661	0,386–0,760	1 / 14,2
0,7	0,670–0,733	0,659–0,747	0,643–0,770	0,623–0,803	0,596–0,859	0,565–0,942	0,522–1,130	0,480–1,504	1 / 21,2
1	0,936–1,075	0,912–1,109	0,880–1,163	0,840–1,247	0,788–1,399	0,732–1,656	0,656–2,422	0,586–5,746	1 / 31,7
2	1,740–2,358	1,655–2,541	1,542–2,881	1,415–3,512	1,261–5,272	1,113–14,604	0,935–∞	0,789–∞	1 / 66,7
∞	12,353–∞	8,850–∞	6,223–∞	4,471–∞	3,157–∞	2,321–∞	1,625–∞	1,207–∞	1 / ∞

Nikkor 35 mm f / 2

Distance de mise au point	Profondeur de champ								Rapport de reproduction
	f / 2	f / 2.8	f / 4	f / 5.6	f / 8	f / 11	f / 16	f / 22	
0,3	0,298–0,303	0,297–0,304	0,295–0,305	0,293–0,307	0,290–0,311	0,287–0,315	0,282–0,322	0,276–0,322	1 / 5,67
0,35	0,346–0,354	0,345–0,355	0,343–0,358	0,340–0,361	0,336–0,366	0,331–0,373	0,323–0,385	0,314–0,400	1 / 7,10
0,4	0,395–0,405	0,393–0,408	0,390–0,411	0,386–0,416	0,380–0,423	0,373–0,433	0,362–0,450	0,350–0,474	1 / 8,51
0,5	0,491–0,510	0,487–0,513	0,482–0,519	0,476–0,528	0,466–0,541	0,455–0,558	0,437–0,591	0,418–0,637	1 / 11,3
0,7	0,683–0,718	0,676–0,726	0,666–0,738	0,654–0,755	0,636–0,781	0,615–0,818	0,584–0,888	0,551–0,992	1 / 16,9
1	0,958–1,05	0,942–1,07	0,919–1,10	0,891–1,14	0,852–1,22	0,808–1,33	0,745–1,58	0,683–2,05	1 / 25,3
2	1,83–2,21	1,77–2,31	1,68–2,48	1,58–2,74	1,45–3,28	1,32–4,34	1,15–9,71	0,999–∞	1 / 53,1
∞	19,5–∞	14,0–∞	9,80–∞	7,03–∞	4,94–∞	3,62–∞	2,52–∞	1,85–∞	1 / ∞

Nikkor 55 mm f / 2.8

Distance de mise au point	Profondeur de champ								Rapport de reproduction
	f / 2.8	f / 4	f / 5.6	f / 8	f / 11	f / 16	f / 22	f / 32	
0,25	0,25–0,25	0,25–0,25	0,249–0,251	0,249–0,251	0,249–0,251	0,248–0,252	0,248–0,252	0,247–0,254	1 / 1,9
0,26	0,26–0,26	0,259–0,261	0,259–0,261	0,259–0,261	0,258–0,262	0,258–0,262	0,257–0,263	0,256–0,265	1 / 2,2
0,28	0,279–0,281	0,279–0,281	0,279–0,281	0,278–0,282	0,278–0,282	0,277–0,283	0,276–0,285	0,274–0,287	1 / 2,6
0,3	0,299–0,301	0,299–0,301	0,298–0,302	0,298–0,302	0,297–0,303	0,296–0,305	0,294–0,307	0,291–0,31	1 / 3,0
0,35	0,349–0,351	0,348–0,352	0,347–0,353	0,346–0,354	0,345–0,356	0,342–0,358	0,339–0,362	0,335–0,368	1 / 4,0
0,4	0,398–0,402	0,397–0,403	0,396–0,405	0,394–0,406	0,392–0,409	0,388–0,413	0,384–0,419	0,377–0,428	1 / 5,0
0,5	0,496–0,504	0,494–0,506	0,492–0,509	0,488–0,513	0,484–0,517	0,477–0,526	0,469–0,537	0,457–0,556	1 / 6,9
0,6	0,593–0,607	0,59–0,61	0,587–0,614	0,581–0,621	0,574–0,629	0,564–0,643	0,551–0,661	0,532–0,694	1 / 8,7
0,7	0,69–0,71	0,686–0,715	0,68–0,721	0,672–0,731	0,663–0,743	0,647–0,764	0,63–0,792	0,603–0,845	1 / 10,6
0,8	0,786–0,814	0,781–0,821	0,773–0,829	0,762–0,843	0,749–0,86	0,728–0,891	0,705–0,932	0,67–1,01	1 / 12,4
1	0,977–1,02	0,967–1,04	0,955–1,05	0,937–1,07	0,916–1,1	0,883–1,16	0,846–1,24	0,793–1,39	1 / 16
1,2	1,17–1,24	1,15–1,25	1,13–1,28	1,11–1,31	1,08–1,36	1,03–1,45	0,98–1,58	0,9–1,85	1 / 19,7
1,5	1,44–1,56	1,42–1,59	1,39–1,63	1,35–1,69	1,3–1,78	1,23–1,94	1,15–2,19	1,05–2,79	1 / 25,2
2	1,9–2,12	1,86–2,17	1,8–2,25	1,73–2,37	1,65–2,55	1,53–2,93	1,41–3,56	1,25–5,64	1 / 34,3
3	2,77–3,28	2,68–3,42	2,57–3,62	2,42–3,98	2,26–4,54	2,03–5,95	1,82–9,59	1,55–∞	1 / 52,4
5	4,36–5,86	4,14–6,34	3,87–7,10	3,53–8,68	3,19–12,04	2,74–34,62	2,53–∞	1,91–∞	1 / 88,8
∞	33–∞	23–∞	16–∞	11–∞	8–∞	6–∞	4–∞	3–∞	1 / ∞

Nikkor 85 mm f / 2

Distance de mise au point	Profondeur de champ								Rapport de reproduction
	f / 2	f / 2.8	f / 4	f / 5.6	f / 8	f / 11	f / 16	f / 22	
0,85	0,845–0,855	0,843–0,857	0,840–0,860	0,837–0,864	0,831–0,870	0,824–0,878	0,813–0,891	0,800–0,908	1 / 8,1
1	0,993–1,007	0,990–1,010	0,986–1,015	0,981–1,020	0,972–1,030	0,963–1,041	0,947–1,061	0,928–1,087	1 / 9,9
1,2	1,189–1,211	1,185–1,215	1,179–1,222	1,171–1,231	1,159–1,245	1,144–1,263	1,120–1,294	1,094–1,344	1 / 12,2
1,5	1,483–1,518	1,476–1,525	1,466–1,536	1,452–1,551	1,433–1,574	1,410–1,605	1,372–1,658	1,331–1,727	1 / 15,8
2	1,968–2,033	1,955–2,047	1,937–2,068	1,913–2,097	1,878–2,141	1,836–2,200	1,771–2,306	1,699–2,448	1 / 21,7
3	2,925–3,079	2,869–3,112	2,854–3,162	2,800–3,233	2,723–3,345	2,632–3,496	2,495–3,784	2,348–4,203	1 / 33,5
5	4,789–5,231	4,710–5,329	4,596–5,485	4,453–5,707	4,254–6,077	4,031–6,616	3,707–7,771	3,384–9,851	1 / 57
10	9,174–10,993	8,881–11,449	8,475–12,209	7,990–13,397	7,359–15,696	6,701–20,000	5,836–37,025	5,058–∞	1 / 115,8
∞	108,540–∞	77,572–∞	54,347–∞	38,863–∞	27,250–∞	19,860–∞	13,702–∞	10,007–∞	1 / ∞

Nikkor 105 mm f / 2.8

Distance de mise au point	Profondeur de champ								Rapport de reproduction
	f / 2.8	f / 4	f / 5.6	f / 8	f / 11	f / 16	f / 22	f / 32	
0,41	0,409–0,410	0,409–0,410	0,408–0,411	0,408–0,411	0,407–0,412	0,407–0,412	0,405–0,414	0,404–0,416	1 / 2
0,45	0,449–0,451	0,449–0,451	0,449–0,451	0,448–0,452	0,447–0,453	0,446–0,454	0,444–0,456	0,442–0,459	1 / 2,43
0,5	0,499–0,501	0,499–0,501	0,498–0,502	0,497–0,503	0,496–0,504	0,494–0,506	0,492–0,509	0,489–0,512	1 / 2,95
0,55	0,549–0,551	0,548–0,552	0,547–0,553	0,546–0,554	0,545–0,556	0,542–0,558	0,539–0,561	0,535–0,566	1 / 3,45
0,6	0,598–0,602	0,598–0,603	0,597–0,604	0,595–0,605	0,593–0,607	0,590–0,610	0,586–0,615	0,581–0,621	1 / 3,95
0,7	0,697–0,703	0,696–0,704	0,695–0,705	0,693–0,708	0,690–0,711	0,685–0,716	0,680–0,722	0,672–0,732	1 / 4,93
0,8	0,796–0,804	0,795–0,805	0,793–0,808	0,790–0,811	0,786–0,815	0,780–0,822	0,772–0,831	0,761–0,845	1 / 5,9
1	0,994–1,01	0,991–1,01	0,987–1,01	0,982–1,02	0,975–1,03	0,966–1,04	0,952–1,05	0,934–1,08	1 / 7,8
1,2	1,19–1,21	1,19–1,21	1,18–1,22	1,17–1,23	1,16–1,24	1,15–1,26	1,13–1,28	1,10–1,32	1 / 9,7
1,5	1,48–1,52	1,48–1,52	1,47–1,53	1,46–1,55	1,44–1,57	1,42–1,60	1,38–1,64	1,34–1,71	1 / 12,6
2	1,97–2,03	1,96–2,04	1,94–2,06	1,92–2,09	1,89–2,13	1,85–2,19	1,79–2,28	1,72–2,42	1 / 17,4
3	2,93–3,07	2,90–3,10	2,87–3,15	2,81–3,21	2,74–3,31	2,65–3,46	2,53–3,71	2,38–4,12	1 / 26,9
7	6,62–7,43	6,47–7,62	6,28–7,92	6,02–8,37	5,70–9,12	5,29–10,4	4,81–13,2	4,27–21,0	1 / 65
∞	117–∞	83–∞	59–∞	42–∞	29–∞	21–∞	15–∞	11–∞	1 / ∞

moindre, les possibilités d'un équipement donné, ils ne donnent pas la même qualité d'image qu'une optique monobloc.

Les zooms

Les objectifs à focale variable (zooms) offrent un champs angulaire de prise de vue continuement variable entre deux valeurs définies. Ils permettent un cadrage précis et une couverture angulaire très importante avec un nombre limité d'objectifs, ce qui est intéressant tant d'un point de vue budgétaire que pour le volume et le poids du matériel à transporter.

Les zooms ont atteint ces dernières années une qualité suffisante pour être systématiquement utilisés en prise de vue animée. Dans ce cas, la taille du récepteur d'image est relativement petite ce qui permet d'obtenir des qualités d'image tout à fait satisfaisantes avec des zooms dont le diamètre des lentilles reste raisonnable. Cependant, il n'existe pas actuellement de bons zooms dont la focale minimale corresponde à un véritable grand angulaire. L'emploi d'une caméra ou d'un camescope à objectifs interchangeables résout ce problème.

En photographie, le choix entre focale fixe et zoom est plus délicat, sauf pour les appareils étanches par construction pour lesquels il n'existe pas encore de zooms, à l'exception du RS-AF de Nikon. Pour les appareils montés dans un caisson étanche, les fabriquants de matériel photo proposent des gammes très complètes de zooms. Si ceux-ci sont attractifs par leur souplesse d'emploi, ils présentent cependant quelques inconvénients.

– Leur définition optique est moins bonne qu'une focale fixe.

– L'ouverture nominale est généralement plus petite (f plus grand) que celle des optiques à focale fixe. La lumière en plongée étant faible, la mise au point sera plus délicate à réaliser. Les défauts de vignettage ne disparaîtront qu'à des ouvertures plus élevées que celles généralement utilisées en lumière ambiante.

– La distance minimale de mise au point (DMMP) est importante. Si les grands angulaires bénéficient d'une DMMP généralement adaptée à la prise de vue sous-marine, de l'ordre de 0,3 m, celle-ci est pratiquement le double avec les zooms et limite considérablement les possibilités de prise de vue. Certains zooms disposent d'une commande « macro » qui permet de réduire la DMMP, il convient cependant de s'assurer que celle-ci peut être actionnée lorsque le matériel de prise de vue est dans un caisson étanche.

Les hublots des caissons étanches

Lorsqu'un appareil de prise de vue est placé dans un caisson étanche, l'objectif reprend l'image aérienne donnée par le hublot frontal du sujet observé. De la qualité et de la position de cette image intermédiaire dépend la qualité de l'image finale sur le récepteur de l'appareil de prise de vue.

Les hublots les plus courants sont plans ou sphériques. Il existe d'autres types de hublots plus élaborés qui corrigent certains défauts optiques (aberrations géométriques ou chromatiques). Fabriqués souvent à l'unité, ils sont plus coûteux et leur diffusion est limitée, voire confidentielle.

LES HUBLOTS PLANS

Un observateur (ou un appareil de prise de vue) placé dans l'air derrière un hublot plan (dioptre plan) voit l'image d'un sujet situé dans l'eau plus près de lui que celui-ci ne l'est en réalité (fig. 6.10). Le rapport entre la distance apparente Da (distance hublot-image) et la

6.10. *Schéma de principe de la formation d'une image par un dioptre plan. (grandissement = 1, grossissement =* $\frac{\alpha'}{\alpha}$ *= 1,33 (4/3).*

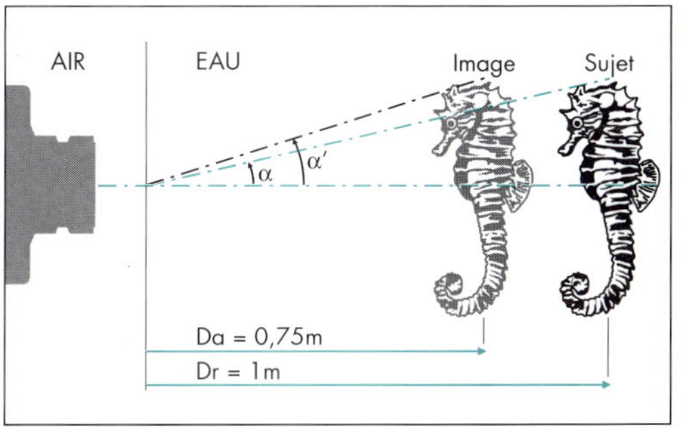

distance réelle Dr (distance hublot-objet) est Dr/Da = n, avec n indice de réfraction de l'eau par rapport à l'air (n = 4/3). Contrairement à ce qui a été dit, et hélas répété, l'image observée est de la même taille que le sujet (grandissement égal à un). Mais comme l'image est plus proche, le grossissement est de l'ordre de 4/3, c'est-à-dire que l'angle sous lequel le sujet est observé est plus grand que s'il était dans l'air.

Ainsi, pour cadrer un sujet sous-marin, il faut un objectif dont l'angle de champ est plus grand (focale plus courte) qu'à l'air. En prise de vue sous-marine, un objectif de focale « f », placé derrière un hublot plan, se comporte donc comme un objectif à l'air de focale « f' » plus grande (f' = 4/3 f). La focale apparente étant plus grande, la profondeur de champs se trouve réduite. Du fait que le sujet semble se rapprocher de l'appareil de prise de vue, il importe que les objectifs bénéficient d'une DMMP réduite. Un objectif dont la DMMP est de 60 centimètres ne peut faire le point que sur des sujets placés au-delà de 80 centimètres (distance réelle).

L'utilisation du hublot plan présente un autre inconvénient. Le dioptre plan donne d'un objet plan perpendiculaire à l'axe de visée une image qui n'est pas plane (fig. 6.11). Si la mise au point est effectuée au centre de l'image ses bords seront flous. Ce phénomène est accentué par le fait que l'image d'un objet ponctuel est étendue, et ce d'autant plus que l'objet s'écarte de l'axe de visée et se rapproche du hublot. Pour des objectifs dont le champ angulaire est inférieur à 50 degrés, ce phénomène n'altère pas, de façon sensible, la qualité de l'image. Au-delà, la dégradation de la qualité de l'image dans les angles devient visible, voire insupportable avec un objectif grand angulaire. L'usage d'un hublot hémisphérique devient alors nécessaire.

LES HUBLOTS HÉMISPHÉRIQUES

Un hublot hémisphérique donne, d'un sujet évoluant de la surface du dioptre à l'infini, une image qui se déplace de la surface du dioptre à une distance égale à trois fois son rayon de courbure (fig. 6.12 et 6.13). L'espace aquatique

6.11. *Schéma de principe de la dégradation de la qualité d'une image en fonction de la distance de prise de vue et de l'écartement du sujet par rapport à l'axe de visée.*

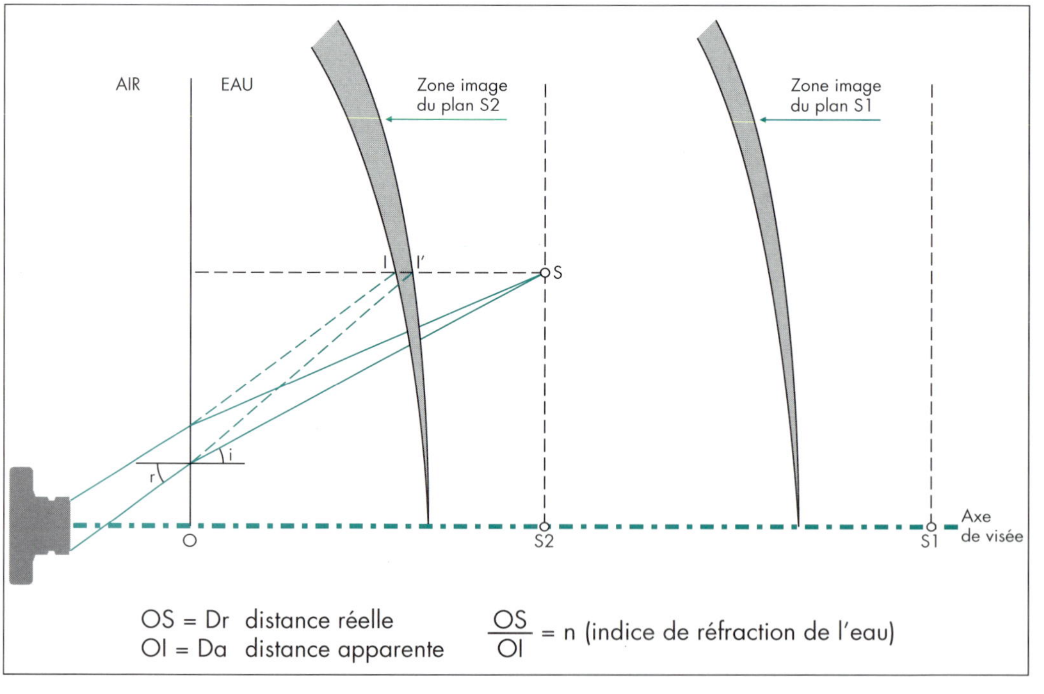

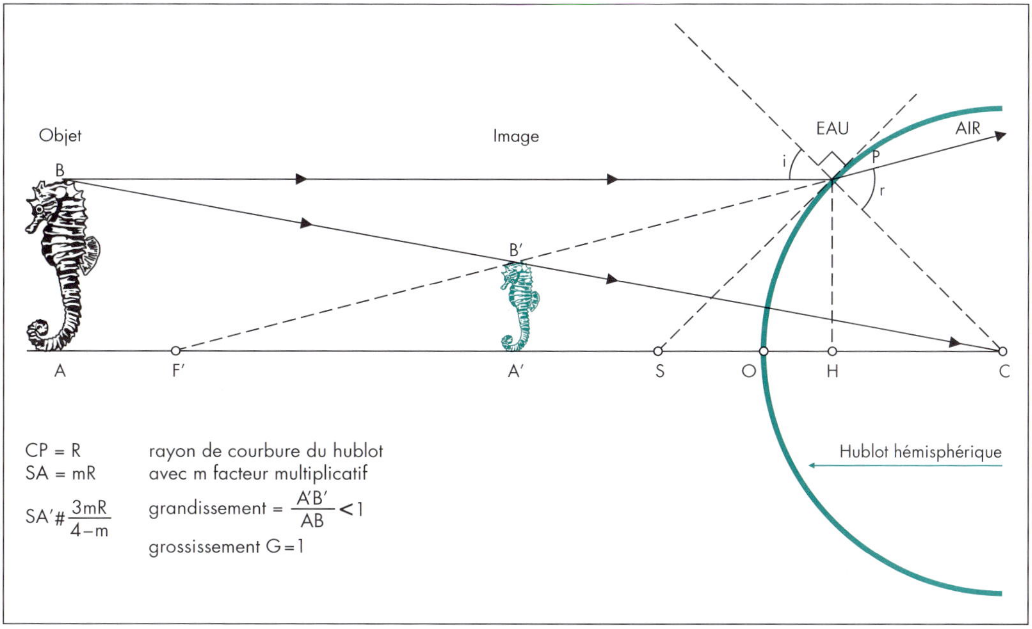

6.12. *Schéma de principe de la formation d'une image par un dioptre sphérique.*

observé à travers un tel hublot est donc fortement contracté. Ce phénomène ne pose pas de problème particulier, sous réserve que la distance entre le récepteur d'image et l'image fournie par le hublot (distance de mise au point) soit supérieure à la DMMP. Ce qui est généralement le cas pour les objectifs de focales courtes. Si la DMMP est trop grande, une bonnette de puissance P = 1/3 R (R : rayon de courbure du dioptre exprimé en mètres) vissée sur la partie frontale de l'objectif permet à l'objectif de revoir l'espace aquatique dans sa vraie grandeur. Le dioptre sphérique et la bonnette forment un système optique « afocal » de grandissement égal à l'unité. Ce montage permet d'améliorer sensiblement la profondeur de champ. Il convient cependant d'utiliser une bonnette de bonne qualité, qui ne dégrade pas la définition de l'image.

Le grandissement (taille de l'image/taille du sujet) produit par un dioptre sphérique varie en fonction de la position du sujet et est toujours inférieur à 1. Le grossissement est constant et égal à 1. Ainsi, le champ angulaire couvert par l'objectif en prise de vue aérienne est conservé en prise de vue sous-marine.

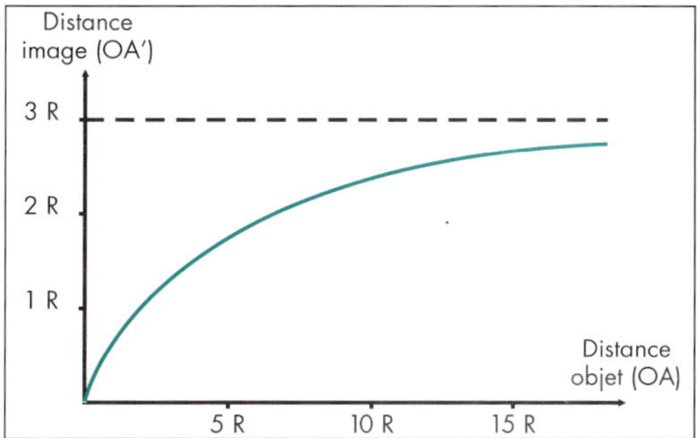

6.13. *Variation de la distance image en fonction de la distance objet pour un hublot sphérique. Les distances sont exprimées en multiple du rayon de courbure du hublot.*

Une analyse précise de la formation d'image par un dioptre sphérique montre qu'il y a stigmatisme parfait pour un point particulier (point de Weierstrass) et stigmatisme approché pour les autres points. La qualité optique est ainsi tout à fait satisfaisante pour la prise de vue. Les meilleurs résultats sont obtenus lorsque le centre optique de l'objectif est confondu avec le centre de la sphère définie par le dioptre. Afin de disposer de caissons d'encombrements raisonnables, cette condition impose que le rayon de courbure soit limité à une dizaine de centimètres. Cette condition permet aussi d'expliquer les limites du dioptre plan qui est un dioptre sphérique de rayon infini. L'image est donc optimale lorsque celui-ci est à l'infini, ce qui pose quelques problèmes d'encombrement !

LES HUBLOTS CORRECTEURS

L'utilisation d'un dôme, éventuellement complété par une bonnette convergente, est une solution satisfaisante mais imparfaite. En effet, lors de la mise au point, la distance objectif-hublot devrait être changée. Cette variation est toutefois réduite lorsque le dôme est utilisé avec une bonnette.

6.14. *Schéma de principe des préobjectifs Ivanoff (a) et Thalacetor (b).*

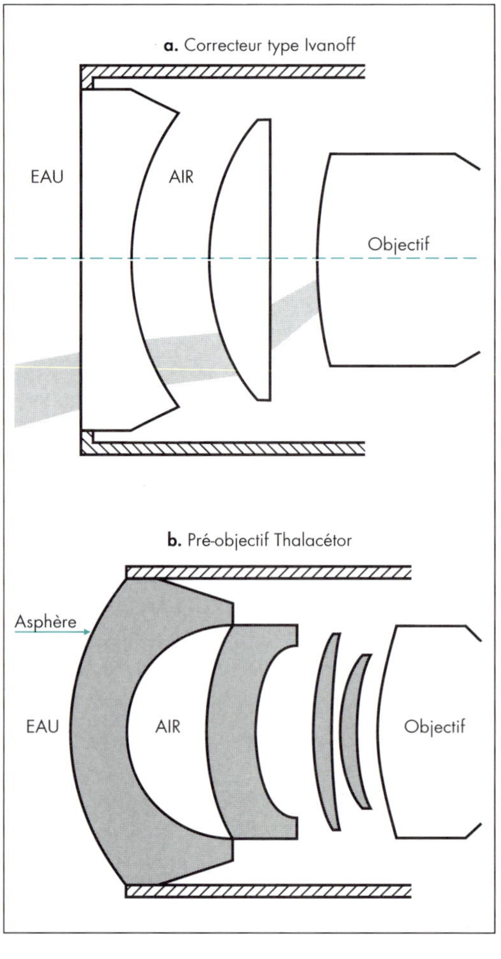

C'est le professeur Ivanoff qui, le premier, conçoit et réalise un préobjectif permettant à l'objectif de travailler dans les mêmes conditions de grandissement et d'angle de champ qu'en prise de vue aérienne. Ce système optique « afocal » a un grandissement égal à 1/n (n : indice de l'eau). Il comprend deux éléments, l'un plan-concave, l'autre plan-convexe (fig. 6.14 a). Chaque élément est composé de deux lentilles accolées en verre dont les pouvoirs dispersifs sont différents afin d'éliminer les aberrations chromatiques. Ce préobjectif quasi parfait a cependant une limite. Il ne peut être monté que devant des objectifs dont la distance focale est légèrement inférieure à la diagonale du récepteur d'image, à moins de faire appel à des lentilles de tailles démesurées.

Un préobjectif plus récent, le « Thalacétor » (fig. 6.14 b), a été réalisé par l'ingénieur Laurent. Il permet à l'objectif de retrouver dans l'eau ses caractéristiques à l'air, voire d'en augmenter le champ angulaire. Le Thalacétor a été adapté sur les caméras utilisées pour le tournage des films *Le Grand Bleu* et *Atlantis*. Le Thalacétor, d'un prix abordable, est commercialisé en Suisse par la société Ceto.

Les systèmes de mise au point automatique (autofocus)

Le marché offre actuellement deux systèmes de mise au point automatique : la télémétrie infrarouge et la télémétrie par détection de phase. Le rayonnement infrarouge étant fortement absorbé dans l'eau (quelques millimètres), la télémétrie infrarouge, qui équipe les appareils de gamme moyenne, ne fonctionne pas sous l'eau.

Le principe du système de télémétrie par détection de phase consiste à analyser deux faisceaux lumineux issus d'un même objet placé sur l'axe optique de l'objectif (fig. 6.15). Lorsque la bague de mise au point est actionnée, l'image I de l'objet se déplace sur l'axe optique en avant ou en arrière du plan image. Les images I1 et I2 se déplacent le long des photos-capteurs DTC1 et DTC2 (DTC : dispositifs à transfert de charges, semblables aux récepteurs d'images des caméras vidéo).

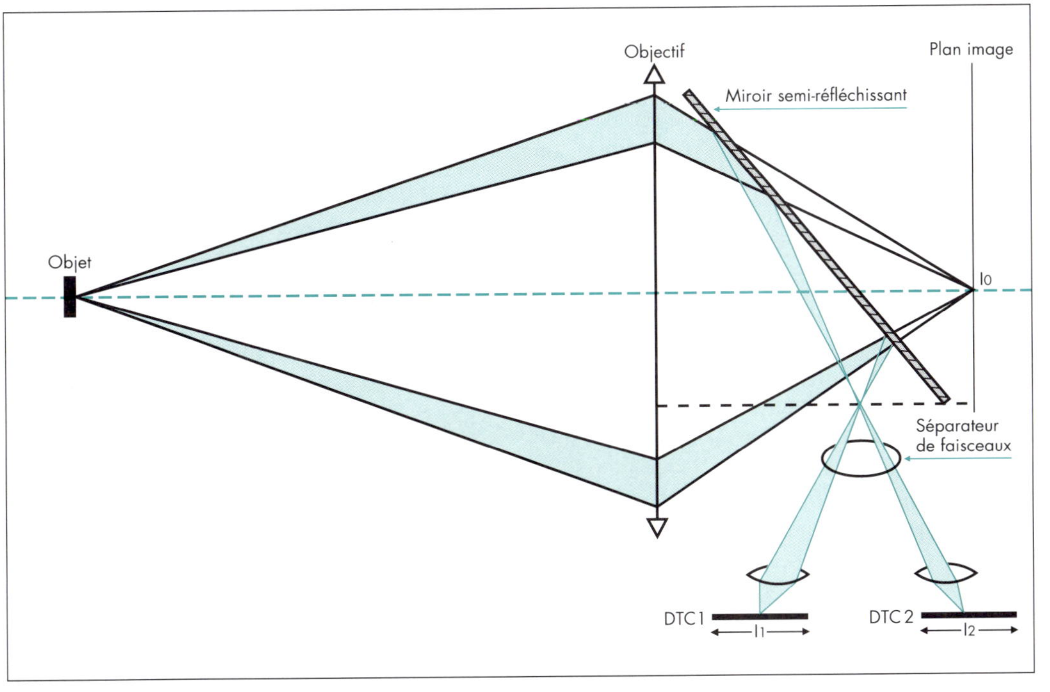

6.15. *Schéma de principe du système de mise au point par détection de phase.*

La mise au point est correcte lorsque les deux images I1 et I2 ont la même position sur les capteurs (phase nulle). Le décalage entre I1 et I2 permet de commander le sens de rotation d'un moteur qui actionne la bague de mise au point.

Afin d'obtenir une mise au point précise, les deux faisceaux analysés doivent s'écarter suffisamment de l'axe optique. Cette condition impose une ouverture nominale de l'objectif meilleure ou égale à f : 5,6, ce qui est le cas de pratiquement toutes les optiques utilisées en prise de vue sous-marine.

La mise au point automatique libère sans conteste le réalisateur d'une contrainte et lui permet de se concentrer sur son sujet. Cependant, le réalisateur doit rester vigilant, car les systèmes autofocus fonctionnent mal dans deux cas :

– en condition de faible lumière. Les contrastes obtenus sur les capteurs I1 et I2 sont insuffisants. La mise au point est imprécise, voire impossible. Un éclairage complémentaire est alors nécessaire ;

– lorsque le sujet principal est décentré

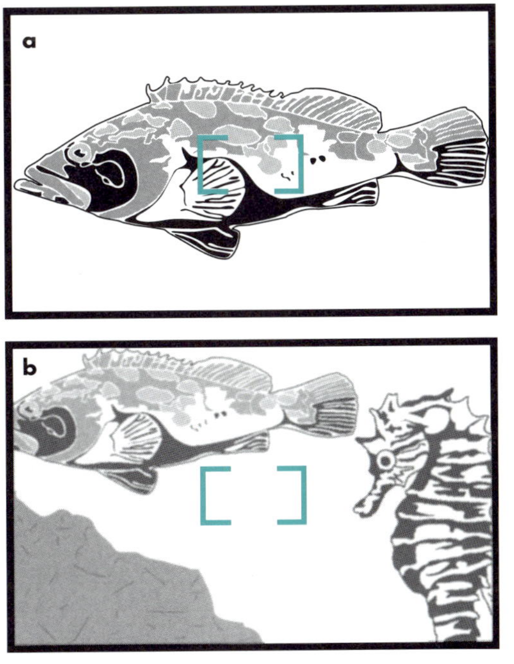

6.16. *Influence de la position du sujet sur le réglage automatique de la mise au point.*
[ ] *Zone où s'effectue la mesure télémétrique.*
a. *Sujet centré. Autofocus efficace.*
b. *Sujets décentrés. Autofocus inopérant.*

(fig. 6.16). La mise au point s'effectuant sur une petite zone centrale de l'image, les systèmes autofocus à mesure continue sont inopérants. Certains appareils sont équipés d'un système autofocus à mesure séquentielle. La mise au point s'effectue juste au moment du prédéclenchement de l'appareil de prise de vue, le sujet étant centré sur l'image. Une rotation de l'appareil permet alors le cadrage souhaité. Cette manipulation est particulièrement délicate à réaliser en prise de vue très rapprochée. Une mise au point manuelle s'impose.

En vidéo, les systèmes autofocus sont à mesure continue. Si le sujet quitte de façon intermittente la zone où s'effectue la mise au point, l'effet de pompage qui en résulte est particulièrement désagréable avec des focales longues. Avec des objectifs grands angulaires, la profondeur de champ est importante et cet effet sera moins ressenti.

LES APPAREILS ÉTANCHES PAR CONSTRUCTION

Le Calypsophot (fig. 6.17), créé en 1962 par l'ingénieur De Wouter, fut le premier des appareils de prise de vue étanches par construction. Il est le premier maillon de la lignée des Nikkonos. Depuis, d'autres appareils ont vu le jour, tant en photographie qu'en cinéma.

Ces appareils présentent l'avantage d'être compacts et d'une mise en œuvre facile et rapide. Ils disposent pour certains d'entre eux d'une gamme très complète d'accessoires, qui permet aux utilisateurs de s'essayer à tous les styles de prises de vue. Pour la plupart, ils fonctionnent aussi à l'air, ce qui en fait des appareils tout temps.

Le choix du matériel s'effectue en fonction :

– des perfectionnements techniques de l'appareil, automatismes, si possible débrayables (réglage de l'exposition, flash TTL, autofocus, etc.), commandes complémentaires (surimpression, sur et sous-exposition) ;

– de la qualité et de la gamme des optiques utilisables ;

– du budget consenti (investissement et fonctionnement).

La présentation des matériels étanches est limitée ici aux appareils photo et cinéma, puisqu'il n'existe pas encore de caméra vidéo étanche.

Les appareils photo étanches

➤ Le Week-end 35 (Kodak)

C'est le plus petit et le moins cher des appareils étanches par construction. Il appartient à la catégorie des « jetables », c'est-à-dire qu'il ne sera utilisé que pour exposer les 36 vues de la pellicule (Gold 400 ISO) qu'il contient initialement. Son emploi est très simple : visez, déclenchez.

L'avance manuelle du film est contrôlée par un compteur. La distance minimale de prise de vue est de 1,2 m. Il est garanti pour une profondeur maximale d'immersion de 2,4 m. Les meilleurs résultats seront obtenus par temps clair ou ensoleillé.

Plus adapté à la prise de vue en milieu humide qu'en plongée, cet appareil gardé toujours à portée de main permet de rapporter des images dont la qualité est sans prétention.

6.17. *Calypsophot.*

➤ Le Formaplex

Existant en deux formats (pack 126 et 24 x 36), le Formaplex (fig. 6.18) a son mécanisme qui fonctionne dans l'eau, seul le film est dans un compartiment étanche. Il est équipé d'un objectif de 26,5 mm de focale (35 mm sous l'eau) sans réglage de mise au point. Un jeu de bonnettes permet la prise de vue rapprochée. Quatre ouvertures (f : 8 - 11 - 16 - 22) et deux vitesses d'obturation (1/50e et 1/100e de seconde) permettent d'ajuster l'exposition du film. C'est le seul appareil qui offre encore la possibilité d'utiliser un flash magnésique (flash cube). Un flash électronique (non TTL) peut être connecté sous l'eau. Le Formaplex est garanti jusqu'à 70 mètres de profondeur.
De conception et de technologie déjà anciennes, cet appareil peu fragile peut être mis entre toutes les mains (dans un club, par exemple) pour initier à l'art des relations « diaphragme-temps d'exposition ».

6.18. *Formaplex.*

➤ Le Weathermatic 35 DL (Minolta)

Seul appareil étanche (jusqu'à 5 mètres) de la famille des compacts, il est surtout dédié à la plongée libre (fig. 6.19). Le système de réglage d'exposition est automatique, avec déclenchement du flash frontal intégré si nécessaire. La sélection des deux focales (35 mm et 50 mm) s'effectue par une commande électrique qui modifie aussi le champ du viseur. En prise de vue sous-marine, la mise au point est ajustée à environ 2 mètres. Une commande mécanique permet, par le déplacement du plan film, la prise de vue rapprochée (environ 80 centimètres).
D'un maniement simple, mais aux possibilités limitées, il est le compagnon peu encombrant des adeptes de la photo souvenir.

6.19. *Weathermatic.*

➤ Le Motor Marine II (Sea and Sea)

Construit en plastique injecté, il est garanti jusqu'à 45 mètres. C'est le moins cher des appareils offrant une gamme quasi complète d'objectifs et d'accessoires (fig. 6.20).

6.20. *Motor Marine II.*

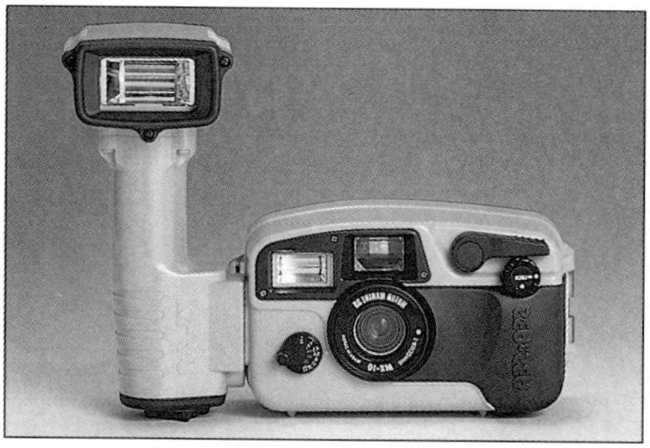

6.21. *MX 10.*

6.22. *Nikkonos V.*

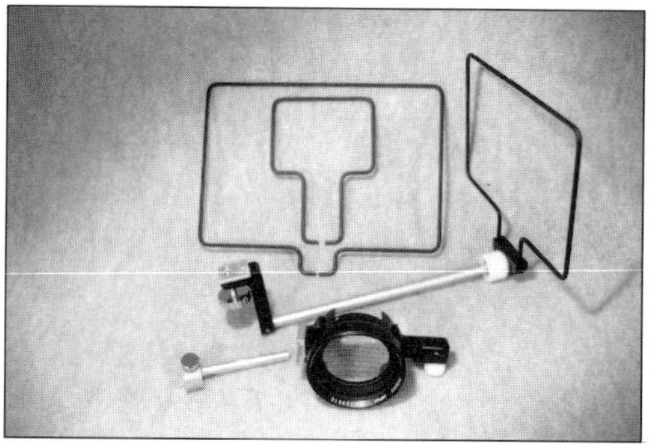

6.23. *Accessoires du Nikkonos V pour prise de vue rapprochée.*

6.24. *RS-AF.*

Il est doté d'une seule vitesse d'obturation (1/100e s) ; le réglage de l'exposition s'effectue en ajustant le diaphragme sur l'une des six positions (f : 3,5 - 5,6 - 8 - 11 - 16 - 22). Les réglages d'un demi ou d'un tiers de diaphragme n'étant pas possible, les meilleurs résultats sont obtenus avec des films négatifs (tirage papier), moins sensibles que les films inversibles (diapositives) aux écarts d'exposition. Le viseur, lumineux, comporte les diodes de contrôle d'exposition ainsi que le témoin de charge du flash frontal intégré (non TTL). Un flash complémentaire (YS 50) peut être branché au MM II. Dans ce cas, le flash frontal se déconnecte automatiquement. Le YS 50 fonctionne en mode TTL avec l'ouverture f : 3,5 en prise de vue d'ambiance et avec l'ouverture f : 16 pour la prise de vue rapprochée.

Grâce à une monture à baïonnette frontale, l'objectif 35 mm peut recevoir une bonnette pour la prise de vue rapprochée et deux compléments optiques qui le transforment en un 16 mm ou en un 20 mm. Ces accessoires se montent sous l'eau, ce qui permet d'exploiter toutes les possibilités de l'appareil lors d'une même plongée.

Bien que présentant des limitations techniques (vignettage à grandes ouvertures avec les compléments optiques, manque de finesse du réglage de l'exposition), ce matériel très compact est bien adapté pour réaliser des documents pédagogiques ou techniques (archéologie, biologie, etc.). Sa robustesse et sa simplicité d'emploi en font un outil idéal d'initiation à la prise de vue sous-marine dans les clubs.

➤ Le MX 10 (Sea and Sea)

Version simplifiée du MM II, ce boîtier en plastique injecté est garanti jusqu'à 45 mètres. L'appareil est équipé d'un objectif de 32 mm (f : 4,5). La mise au point minimale sous l'eau est de 1,2 m. Le contrôle d'exposition est le même que celui du MM II. Le MX 10 (fig. 6.21) est équipé d'un flash frontal incorporé. Un flash complémentaire, le YS 40, frontal lui aussi, est commandé du boîtier par une diode lumineuse (fini les fuites dues au câble de connexion). Sa faible puissance (NG = 22) compense quelque peu le fait qu'il ne soit pas TTL,

ce qui est regrettable pour un appareil moderne. La mise en service du YS 40 entraîne la déconnexion du flash incorporé.
L'objectif est doté d'une baïonnette frontale qui devra permettre de l'équiper de compléments optiques (convertisseur grand angulaire, bonnette pour la macrographie).
D'un prix très accessible, cet appareil est le compagnon idéal des chasseurs de souvenirs.

➤ Le Nikkonos V (Nikon)

Fabriqué en alliage d'aluminium, le Nikkonos V (fig. 6.22) est le plus élaboré des appareils photo, non reflex, étanches par construction. Il est garanti jusqu'à 50 mètres. Le viseur, clair et confortable, comporte aussi les indication de la cellule. Le réglage de l'exposition est manuel ou semi-automatique avec priorité au diaphragme (une fois le diaphragme sélectionné, la vitesse d'obturation se règle automatiquement). Le Nikkonos V dispose d'une gamme complète d'accessoires : cinq objectifs (15 mm, 20 mm, 28 mm, 35 mm, 80 mm) ; une bonnette pour la prise de vue rapprochée adaptable sous l'eau sur les objectifs 28 mm, 35 mm et 80 mm (fig. 6.23) ; deux flashs TTL (SB 102 et SB 103) avec bras et platine de fixation ; un câble de connexion pour deux flashs TTL.
Aux accessoires Nikon il convient d'ajouter ceux fabriqués par d'autres marques :
– jeu de bonnettes (CFS) ;
– jeux de bagues allonges pour la macrophotographie (Sea and Sea, CFS) ;
– objectif 15 mm (Sea and Sea) ;
– objectif 16 mm fish eyes avec un champ horizontal de 140° (Ocean images) ;
– complément grand angulaire (Scubawider III) ;
– nombreux flashs TTL ou non (Subtronic, Ikelite, Isota Marin Solar, CFS, Subatec, Hugyphot, Subal, etc.).
Le réglage continu du diaphragme et du temps d'exposition permet une exposition précise du film. En cas de panne des circuits électroniques ou de piles déchargées, la vitesse d'obturation commute automatiquement au 1/90e de seconde.
Le Nikkonos V dispose d'une prise flash à cinq broches qui permet de le connecter avec la plupart des flashs TTL ou non TTL existant sur le marché.
Sa simplicité d'emploi, sa robustesse, la qualité de ses optiques et ses nombreux accessoires font du Nikkonos V l'appareil quasi idéal pour la prise de vue documentaire et artistique.

➤ Le RS-AF (Nikon)

Rêvé par des générations de plongeurs photographes, le RS-AF (fig. 6.24) est un véritable appareil photo haut de gamme dans un boîtier moulé en alliage d'aluminium, étanche jusqu'à 100 mètres de profondeur.
Le réglage de l'exposition est manuel ou semi-automatique avec priorité au diaphragme. Le posemètre TTL fonctionne selon les modes centré ou matriciel.
La commande de compensation d'exposition permet de corriger les scènes à fort contraste (contre-jour, etc.).
La mise au point est manuelle ou automatique (séquentielle ou continue). Le viseur particulièrement clair et confortable est bien adapté à la visée avec un masque. Il comporte les indications de contrôle d'exposition, de mise au point et du compteur.
Deux objectifs à focale fixe (28 mm f/2,8 et 50 mm Micro f/2,8) et un zoom (20-35 mm f/2,8) équipent le boîtier. Ces optiques spécialement calculées pour la prise de vue sous-marine ne fonctionnent pas à l'air, bien que les valeurs des champs angulaires des distances focales données par le fabriquant correspondent à des valeurs pour la prise de vue aérienne.
Le boîtier comporte deux prises, l'une pour connecter le flash SB 104 ou tout autre flash TTL compatible, l'autre qui permet la commande à distance. Le flash SB 104 (NG eau = 11) fonctionne soit en mode TTL, soit en mode manuel à puissance réglable (1/1, 1/4, 1/16).
Le RS-AF est la Rolls Royce des appareils photographiques étanches par construction, tant par ses qualités techniques que par son prix ! Mais quand on aime, on ne compte pas…
Que dire encore de cet appareil qui comble quasiment tous les vœux des photographes les plus exigeants, sinon qu'un grand angulaire (15 mm ou 16 mm fish-eye) compléterait agréablement la gamme des objectifs.

6.25. *Nautica (super 8).*

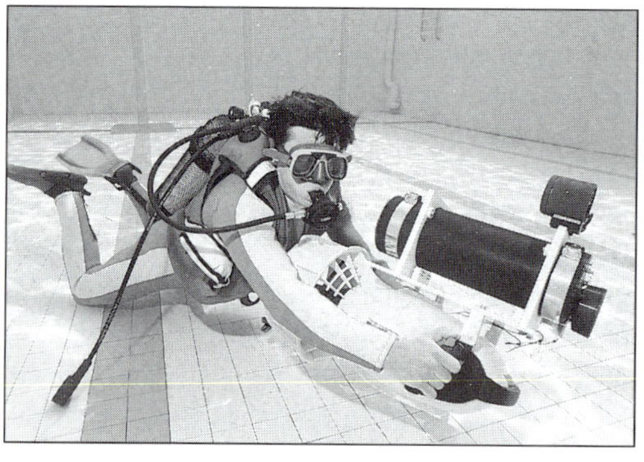

6.26. *Spirofilm.*

Les caméras étanches

En cinéma, le matériel de prise de vue est beaucoup plus limité, pour ne pas dire inexistant.

➤ En Super 8

La seule caméra étanche par construction était la Nautica (fig. 6.25). Si elle n'est plus fabriquée, elle se trouve toutefois encore sur le marché de l'occasion.

Le réglage automatique de l'exposition est assuré par la cellule TTL. Initialement cadencés à 18 images/seconde, de nombreux modèles ont pu être modifiés à 24 images/seconde.

Compacte et maniable, avec des objectifs bien adaptés à la prise de vue sous-marine, cette caméra permet de réaliser des films de qualité.

➤ En 16 mm

La Spirofilm (fig. 6.26) est un hybride d'une caméra étanche et d'un caisson contenant une caméra Beaulieu 16 mm. Celle-ci, partiellement démontée, constitue la base du système.

Le réglage de l'exposition est manuel. Les bobines sont de 60 m. Une alimentation surdimensionnée avec un chargeur de batteries intégré lui confère une grande autonomie.

Un préobjectif Ivanoff assure les corrections chromatique et astigmatique de l'objectif standard (10 mm Angénieux). D'autres objectifs peuvent être adaptés. Le tout est placé dans un robuste cylindre en PVC, surmonté d'un viseur sportif aérien.

Bien que de conception ancienne, ce matériel performant est encore commercialisé.

LES CAISSONS ÉTANCHES

L'appareil universel, étanche par construction, n'est pas encore disponible. Les limitations du matériel existant (mise au point automatique et visée reflex rares, qualités optiques souvent limitées, etc.) font que nombreux sont ceux qui souhaitent mettre leur matériel de prise de vue dans un caisson étanche. Cette solution, envisageable pour toutes les gammes du matériel photo, est quasiment incontournable en cinéma et en vidéo.

Le choix du caisson est a effectuer, si possible, en même temps que celui du matériel de prise de vue. En effet, pour certains matériels il n'existe pas de caissons étanches adaptés ou adaptables. Il est certes toujours possible de faire réaliser un prototype, mais les prix et les délais de fabrication ne sont plus les mêmes que pour du matériel de série.

Critères de qualité d'un caisson étanche

Le prix d'un caisson étanche est de l'ordre de grandeur de celui du matériel de prise de vue qu'il contient. Avant d'effectuer cet investissement important, il convient de connaître les principaux critères de choix de ce type de matériel.

➤ Lisibilité du viseur

La lisibilité du viseur est déterminante dans le choix du caisson. Certains modèles sont dotés d'un complément optique (fig. 6.27) logé entre le hublot de visée et le viseur, qui donne une lecture claire et complète de l'image et des informations affichées dans le viseur. Le contrôle de la mise au point est alors moins précis, ce qui est un handicap lorsque celle-ci n'est pas automatique.

➤ Ergonomie

L'ergonomie (tenue en main, accès aux commandes) est un critère personnel, propre au futur acquéreur.

6.27. *Complément optique pour viseurs reflex.*

6.28. *Caisson Sony pour camescopes.*

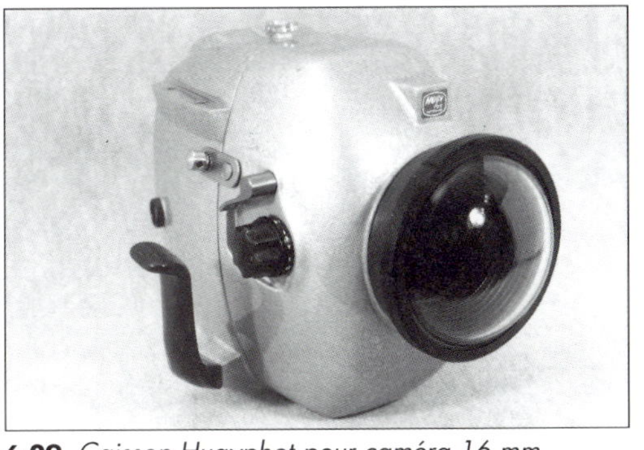

6.29. *Caisson Hugyphot pour caméra 16 mm.*

6.30. *Caisson Hugyphot pour Nikon F4.*

Les caissons dessinés pour un modèle d'appareil de prise de vue particulier (fig. 6.28 et 6.30) présentent l'avantage d'être compacts. Ils sont plus maniables et de ce fait plus à même d'opérer efficacement dans des conditions difficiles (failles, courant) que certains modèles « universels » qui présentent l'inconvénient d'être surdimensionnés. Pour être équilibrés sous l'eau certains de ces caissons doivent être lestés, ce qui ne facilite pas leur manipulation dans et hors de l'eau.

➤ Poids et équilibre

Équipé de ses accessoires (platine et bras de fixation, flashs ou phares), le caisson idéal a un poids apparent dans l'eau faible (moins de 200 à 300 grammes) et un bon équilibre en rotation avant-arrière ou latérale.
En cinéma et en vidéo, l'usage d'ailerons (fig. 6.29) est l'objet de controverses depuis des décennies.
Lors de prises de vues effectuées par un plongeur statique, les ailerons, utiles pour tenir les éclairages, ne facilitent pas certains mouvements panoramiques. En travelling palmé, les ailerons peuvent diminuer le léger roulis imposé à la caméra surtout si sa forme est cylindrique.

➤ Commandes essentielles

Le caisson doit être équipé des commandes essentielles (déclenchement, avance du film, vitesse d'exposition, diaphragme, mise au point, zoom) et, éventuellement, des commandes de sur et sous-exposition et de surimpression.
Les caissons recevant des appareils photographiques sont équipés de deux prises flashs TTL.

➤ Hublots

Les hublots, plans ou hémisphériques, doivent être interchangeables (fig. 6.30) et adaptés aux différentes optiques utilisées. Ils sont équipés d'un pare-soleil souple qui élimine les reflets inopportuns et réduit les risques de rayures.

Types de caissons étanches

Les caissons étanches, même métalliques, craignent les chocs. Ils doivent être stockés et transportés dans une caisse rigide.
Les fabriquants proposent actuellement une gamme importante de caissons étanches (une centaine) qui appartiennent à trois catégories.

➤ Les enveloppes souples

Ce sont les enceintes étanches les moins chères du marché (fig. 1, page 245). Elles s'adaptent pratiquement à tous les modèles de prise de vue. Cependant, elles présentent des limitations importantes :
– leur fonctionnement est limité à une dizaine de mètres de profondeur ;
– leur parois craignent les piqûres et les coupures ;
– elles sont peu adaptées à la prise de vue avec éclairage (flashs, phares).
Ce matériel, peu encombrant, n'est pas recommandé pour un usage régulier.

➤ Les caissons en matériaux synthétiques

(fig. 3 et 4, p. 245)
Les matériaux utilisés actuellement sont résistants aux chocs et ne présentent plus l'inconvénient de s'opacifier ou de se craqueler en vieillissant. Les caissons transparents (fig.1, 2, 3, et 4, p. 246) offrent l'avantage de contrôler les entrées d'eau intempestives, mais favorisent la présence de reflets parasites peu esthétiques. De la peinture ou de l'adhésif opaques, appliqués sur la partie supérieure, éliminent ces désagréments.

➤ Les caissons en alliage d'aluminium

(fig. 5, 6, 7, 8, p. 246)
Plus solides et plus fiables que les autres caissons, ils sont aussi plus chers. Les progrès réalisés ces dernières années en matière de moulage donnent des caissons très allégés, avec pour certains une ergonomie optimale (fig. 6.30), qui n'ont plus grand chose à voir avec les mastodontes utilisés par les pionniers.
Par sécurité, les caissons métalliques sont souvent équipés d'un détecteur d'humidité qui alerte l'utilisateur sur d'éventuelles entrées d'eau (fig. 6.35).

1

2

3

4

1

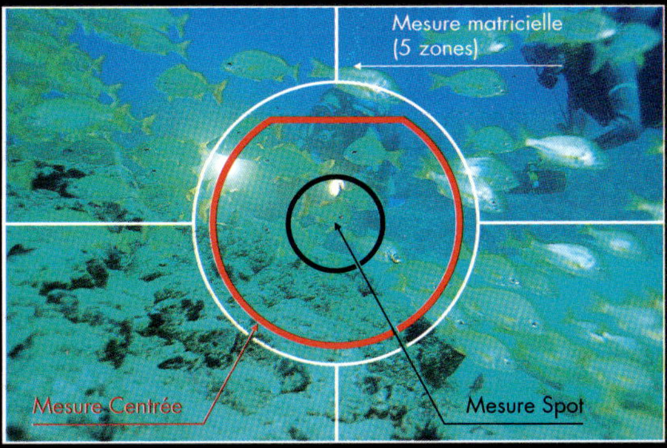

2

3

4

5

6

7

8

PLANCHE IV PRISE DE VUE

1

2

3

4

5

6

7

8

1

2

3

4

1

2

3

4

1

2

3

1

2

3

4

1

2

3

4

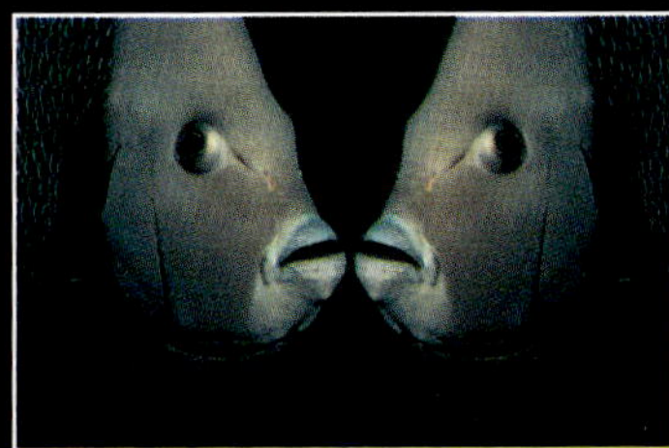
5

6

7

8

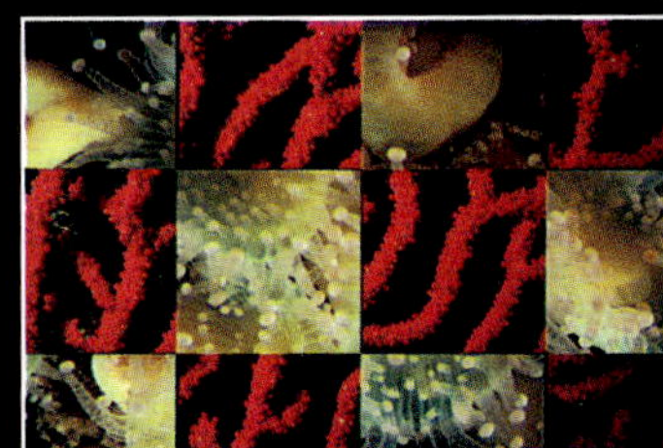
9

10

11

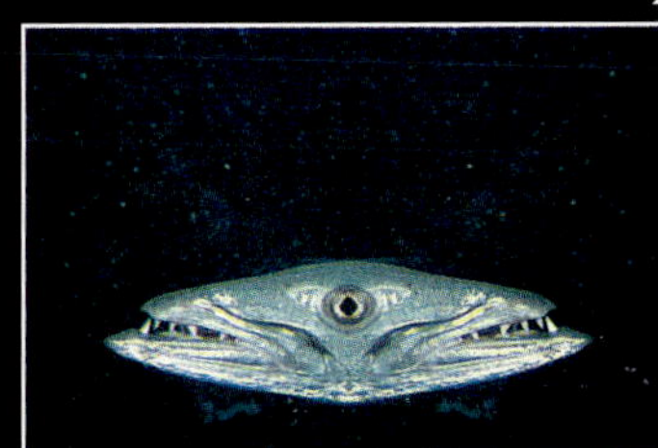
12

13

14

15

16

17

18

PLANCHE X PRISE DE VUE

1

2

3

4

5

6

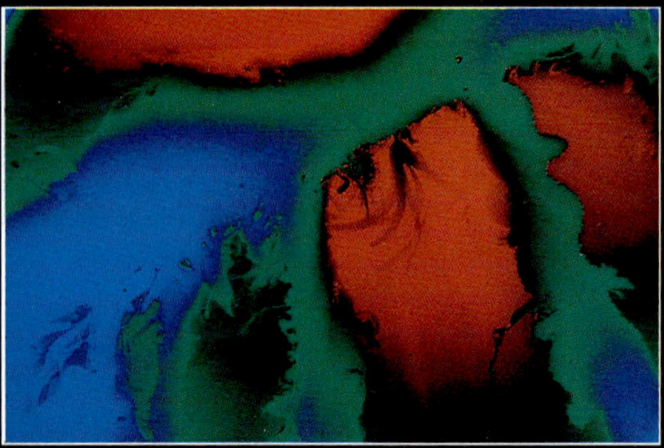

7

8

1

2

3

4

5

6

7

8

1

2

3

4

1. Enceinte étanche Ewa Marine.

2. Caisson Ikelite pour appareil jetable.

3. Caisson Nimar "universel".

4. Caisson Ikelite pour Nikon 801.

5. Caisson en alliage d'aluminium.

6. Caisson Difo pro.

7. Caisson Minicam.

8. Caisson Procase 801.

CAISSONS VIDÉO/CINÉMA

1. Sony Sport.

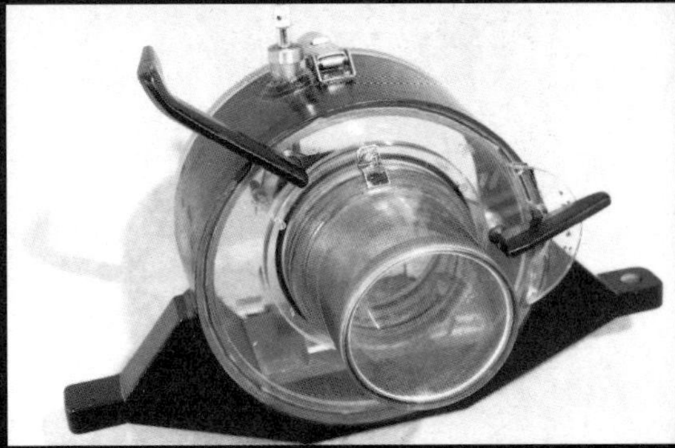

2. Caisson HGP Cinéma.

3. Caisson Nimar pour vidéo.

4. Caisson Ikelite pour vidéo.

5. Amphibico - Vidéo.

6. Caisson Vidéo Ikelite.

7. Caisson Hughy pour caméra 16mm Beaulieu.

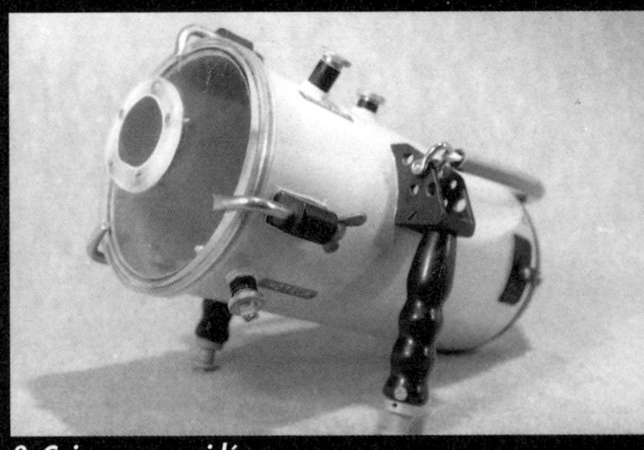

8. Caisson pour vidéo

LA FABRICATION DE CAISSONS «MAISON»

Les caissons du commerce offrent de nos jours un excellent rapport qualité-prix. Aussi, la fabrication personnelle d'un caisson est-elle moins à l'ordre du jour qu'il y a une décennie. Cependant, pour certains appareils de prise de vue (chambre, appareil stéréoscopique, caméra 16 mm scope, certaines caméra vidéo) il n'existe pas de caissons étanches sur le marché. La réalisation d'un caisson s'avère alors nécessaire. Par ailleurs, la conception et la réalisation d'un caisson étanche peuvent faire partie du plaisir de créer, et occuper les longues journées d'hiver pendant lesquelles les plongeurs sont parfois privés de plongée.

Il n'est peut-être plus temps de réaliser un caisson à partir d'enceintes existantes bricolées (caisson en bois, cocotte-minute, vessie de ballon montée sur un masque, etc.). Ces solutions (fig. 6.31), qui furent exploitées il y a quelques dizaines d'années, ont certes permis à leurs auteurs de réaliser des prises de vue parfois de qualité, mais au prix de quels efforts ! Et les échecs furent plus nombreux que les succès.

Le corps du caisson

La réalisation d'un caisson nécessite un usinage soigné, qui n'est pas accessible à tous. L'achat des matières premières et l'usinage de certaines pièces dans un atelier de mécanique risquent de revenir plus cher qu'un caisson tout fait. Trois types de construction peuvent être envisagés.

➤ **Les caissons parallélépipédiques** à faces assemblées par collage ou soudure (fig. 6.32). Cette technique requiert un montage soigné. Les collages ont le défaut de mal vieillir. Les caissons soudés nécessitent généralement un surfaçage des portées de joint après montage qui peut être onéreux. Sous l'effet de la pression qui s'exerce en plongée, les parois planes subissent des déformations (risque de fuite au niveau des portées de joint et des collures) pou-

6.31. *Caisson "cocotte".*

6.32. *Caisson à faces collées.*

6.33. *Caisson monobloc.*

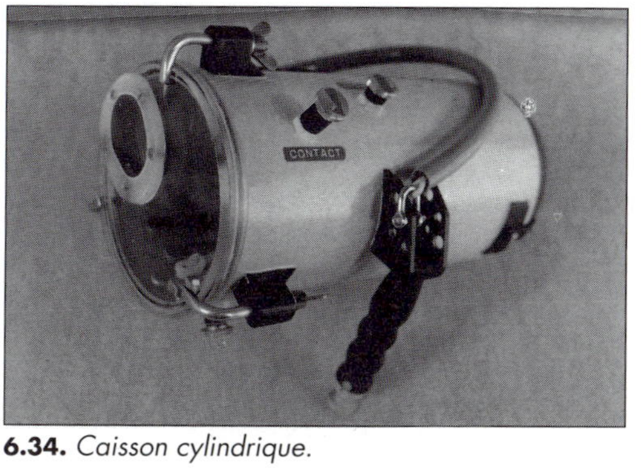

6.34. *Caisson cylindrique.*

vant aller jusqu'à la rupture si leur épaisseur a été sous-dimensionnée.

➤ **Les caissons monoblocs,** usinés ou moulés (fig. 6.33). Si cette conception assure une grande fiabilité, elle nécessite un usinage (fraisage) long et donc coûteux. La technique du moulage, unanimement appliquée par les fabriquants, permet d'obtenir une ergonomie optimale mais nécessite une technologie quasiment inaccessible à l'amateur.

➤ **Les caissons cylindriques** réalisés à partir d'un tube de PVC d'épaisseur suffisante (5 à 10 millimètres selon le diamètre) résistent bien à la pression.
Leur réalisation est déjà plus accessible aux amateurs (fig. 6.34). Les extrémités, fermées par deux plaques de polyméthacrylate de méthyl (Altuglas, Plexiglass, etc.) transparent, assurent la visée et la prise de vue. L'étanchéité entre le tube et les flasques est assurée par des joints toriques mis en pression par des fermetures à grenouillères ou par un système vissant (fig. 6.35 a). Les montages à vis sont à privilégier pour les petits diamètres (containers de flash ou de phare). Les systèmes d'étanchéité à piston (fig. 6.35 a,c,d), bien que mécaniquement plus fiables, présentent parfois l'inconvénient d'être peu pratiques à ouvrir. Le refroidissement de l'air au cours de la plongée entraîne une dépression à l'intérieur de l'enceinte qui en rend l'ouverture difficile.
Quel que soit le type de caisson, l'étanchéité sera assurée par des joints toriques ou des joints X. Les joints plats ont provoqué de nombreuses fuites et sont à proscrire.
Avant l'usinage, un calcul aussi précis que possible du poids apparent du caisson tout équipé (tableau 6.7) permet de s'assurer de la flottabilité neutre du matériel. La position des poignées est déterminée à la fin de l'usinage, afin d'obtenir un équilibre en rotation quasi parfait. La position d'équilibre est déterminée dans l'eau, celle-ci pouvant être sensiblement différente de celle observée dans l'air.

6.35. *Schéma de principe des fermetures cylindriques à grenouillères (a, b) et à montage vissant (c, d).*

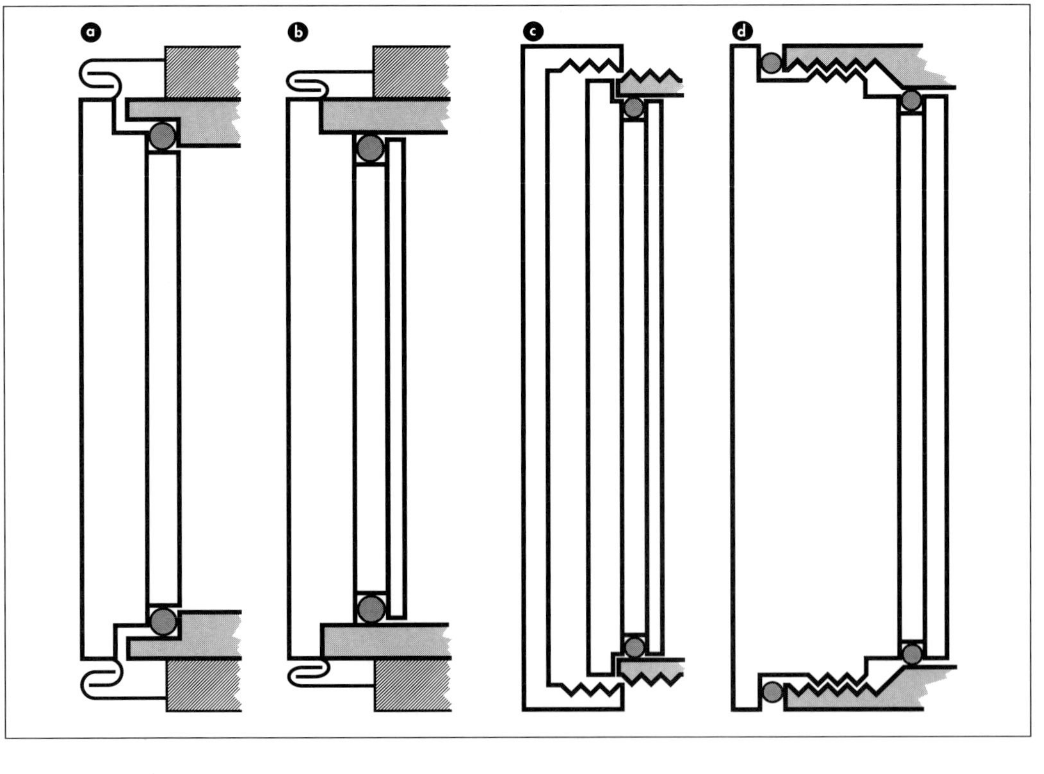

Les commandes

Les axes de commande sont réalisés en inox. Le laiton et le Duralumin s'avèrent trop fragiles. L'utilisation de plusieurs métaux doit être évitée afin qu'en mer ne se produisent pas des phénomènes d'électrolyse qui corroderaient les pièces.

Pour le matériel photo et cinéma, les différentes commandes sont assurées par des transmissions mécaniques. En vidéo, de nombreuses caméras sont équipées de connecteurs qui permettent la commande à distance des différentes fonctions (mise sous tension, déclencheur, zoom, etc.). Les commandes étanches n'ont qu'à actionner un interrupteur.

Afin d'éviter la prise de photos en rafale ou l'ininterruption d'une séquence, la commande étanche du déclencheur doit être équipée d'un ressort de rappel (fig. 6.36).

Les interrupteurs à lame souple (ILS) sont commandés par un aimant, même à travers une paroi de un centimètre d'épaisseur (sauf l'acier). Ces commandes sont quelque peu fragiles mécaniquement et ne supportent pas de fortes intensités de courant. Pour les phares où l'intensité du courant est importante, l'ILS commandera un relais de puissance (fig. 6.37).

Matériaux	Masse volumique
Altuglace	1,17 à 1,20
PVC	1,45
Duralumin	2,79
Laiton	8,20
Acier inox	7,85

Tableau 6.7. *Masse volumique de différents matériaux intervenant dans la construction des caissons étanches.*

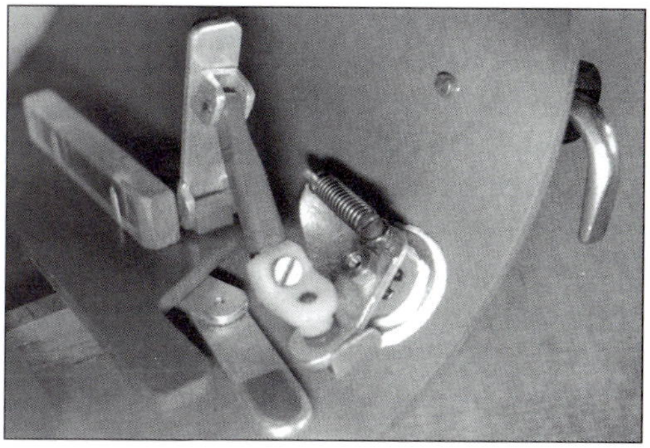

6.36. *Système de déclenchement.*

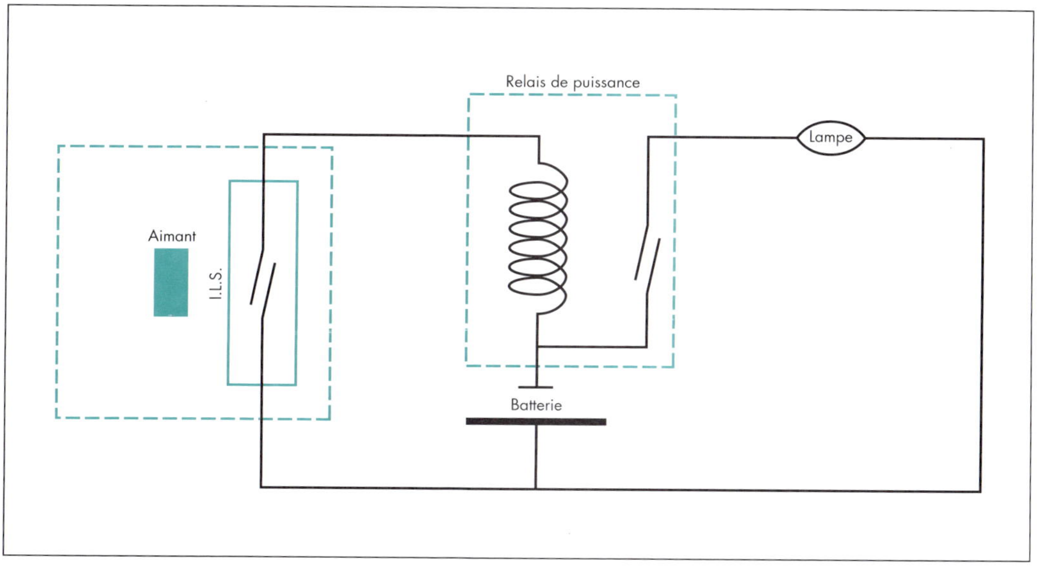

6.37. *Schéma de principe de la mise sous tension d'un éclairage par un relais de puissance commandé par un interrupteur à lame souple (ILS).*

L'étanchéité des passages de câbles est assurée par des presse-étoupes. L'étanchéité par collage est peu fiable et nécessite des opérations délicates lorsque le câble est à changer. Certains flashs disposent d'une commande « stand by » qui les met sous tension lorsque l'appareil photo est activé par le déclencheur à deux positions. La commande M/A du flash sous l'eau devient inutile.

Les hublots

Ils doivent être démontables, afin de les changer en cas de rayures, voire interchangeables si plusieurs objectifs sont utilisés. Leurs formes et leur dimensions sont définies en fonction de la focale de l'objectif utilisé (voir p. 233). L'emploi d'un verre synthétique, qui est un bon isolant thermique, permet d'éviter la formation de buée. Celle-ci se déposera sur les parties les plus froides du caisson (éléments métalliques). En cas d'apparition de buée persistante sur le hublot, un petit sachet de déshydratant (silicagel) placé dans le caisson résout le problème.
Les faces avant des phares sont en verres minéraux résistant aux chocs thermiques (pyrex). Afin d'éviter de mauvaises surprises, le caisson doit être testé vide et à grande profondeur.

LES ÉCLAIRAGES ARTIFICIELS

La lumière naturelle ou lumière blanche est composée de rayonnements lumineux de couleur allant du rouge au violet en passant par l'orange, le jaune, le vert, le bleu et l'indigo.
Dans l'eau, ces rayonnements sont absorbés de façon importante et inégale. Globalement, l'intensité de la lumière naturelle est atténuée d'un facteur 2 (1 diaphragme) environ tous les 7 mètres. Le rayonnement rouge étant beaucoup plus absorbé que le bleu, le rendu des couleurs est modifié (pl. III.5 et III.6). Ce déséquilibre chromatique est plus visible en prise de vue que lors d'une observation visuelle, l'œil corrigeant légèrement les couleurs observées. Quelles que soient la nature et la puissance d'un éclairage, le rendu d'un rouge n'est correct que pour des distances de prise de vue inférieures ou égales à 1,5 m. Au-delà, le rouge devient brun puis noirâtre.
Le rendu des couleurs d'un sujet est aussi fonction de l'intensité relative des couleurs qui composent la source lumineuse. Cette répartition du spectre de couleur ou « température de couleur » s'exprime en degrés Kelvin :
– 7000 °K : lumière à dominante bleue (temps nuageux ou zone d'ombre en lumière naturelle),
– 5000 à 5500 °K : lumière naturelle (lumière du jour),
– 3500 °K : lumière à dominante rouge (lumière naturelle en début ou fin de journée, lampes à halogène).

L'éclairage en photographie

Les flashs électroniques sont les sources de lumière artificielle les plus utilisées en photographie. La température de couleur de la lumière émise, située entre 4800 °K et 5400 °K, est équilibrée pour les films du type lumière du jour. La légère dominante rouge de certains flashs (4800 °K) rééquilibre la dominante bleue du milieu sous-marin.
La couverture angulaire des flashs est soit fixe, soit ajustable en fonction de l'objectif utilisé.

Elle doit être supérieure ou égale au champ de l'objectif de plus courte focale (grand angulaire) utilisé. Peu de flashs couvrent le champ d'un 15 mm et aucun celui d'un 16 mm fish-eye.
La couverture angulaire d'un flash peut être sensiblement augmentée en utilisant un diffuseur (lame translucide), mais tous ne sont pas efficaces et, de plus, ils diminuent l'intensité lumineuse disponible.

➤ Le nombre guide

La puissance nominale (ou maximale) de l'éclair d'un flash est définie par le nombre guide NG, qui est donné pour une sensibilité de film, généralement 100 ASA. Le nombre guide permet de calculer le diaphragme « f » correct pour un sujet placé à une distance « d » donnée : NG = f x d
Compte tenu de l'absorption de la lumière dans l'eau, le nombre guide sous l'eau est :
NG eau = NG air/3.
Le nombre guide ainsi calculé donne le diaphragme à utiliser sous l'eau pour un sujet situé à un mètre de distance. Il est corrigé tous les 30 centimètres comme suit :

distance	diaphragme
1,30 m	NG eau - 1
1,00 m	NG eau
0,70 m	NG eau + 1
0,40 m	NG eau + 2

Exemple :
à 40 cm un flash de NG = 33 donnera f : 22
De nombreux flashs ont une intensité réglable manuellement ou automatiquement (TTL). À pleine puissance, la durée standard d'un éclair de flash est de 1/1000e de seconde. La quantité de lumière délivrée par le flash est réglée par la durée de l'éclair. En mode TTL, c'est la cellule de l'appareil de prise de vue qui détermine la durée de l'éclair. Celle-ci peut atteindre 1/16e voire 1/50e de la durée de l'éclair à puissance nominale.

➤ Commandes et accessoires des flashs

Les commandes de flash TTL ne sont pas toutes compatibles entre elles. Lors de l'achat d'un flash, il convient d'indiquer au fabricant ou au revendeur les marques et modèles des appareils de prise de vue sur lesquels le flash sera connecté.
Les flashs haut de gamme sont équipés d'une lampe pilote dont l'axe du faisceau lumineux est confondu avec celui de l'éclair. Elle permet de régler avec précision la bonne orientation du flash et d'effectuer les réglages de mise au point même en lumière ambiante faible (plongée de nuit, grotte, etc.). Ce dispositif fort utile alourdit et rend plus encombrant le flash, qui devient moins maniable. Les lampes pilotes dont l'axe optique est décalé par rapport à celui du flash sont moins onéreuses mais offrent une visée moins précise, surtout en prise de vue rapprochée.
L'orientation des flashs variant sensiblement d'une prise de vue à l'autre, les bras articulés qui maintiennent les flashs au boîtier photo doivent être réglables facilement (fig. 6.20 et 6.38). Les bras flexibles sont à cet effet particulièrement opérationnels (fig. 6.39).
Les flashs peuvent être déclenchés à distance par l'intermédiaire d'une cellule photosensible qui réagit sous l'effet de l'éclair du flash connecté à l'appareil de prise de vue (flash pilote). Dans ce cas, le mode TTL du flash asservi (flash esclave) ne fonctionne pas.

➤ L'alimentation des flashs

L'alimentation électrique des flashs est assurée par des piles ou des batteries rechargeables. Les piles permettent généralement un plus grand nombre d'éclairs mais avec un temps de recyclage un peu plus long entre chaque éclair. Pour un usage intensif, les batteries rechargeables sont plus économiques que les piles. Un flash acceptant les deux types de source d'énergie permet de rester opérationnel le jour où les batteries sont déchargées.
Pour les voyageurs, les chargeurs de batteries seront choisis bitension (110-220 volts). Les chargeurs solaires permettent la recharge des batteries quel que soit le lieu, mais de jour seulement. Sur un bateau, un chargeur de batteries alimenté par une source de tension continue permet de ne pas avoir à subir le bruit d'un générateur actionné par un moteur à essence. Ce type de chargeur, fiable, peut être réalisé à moindres frais (fig. 6.40).

6.38. *RS-AF équipé du flash SB 104.*

6.39. *Flash SB24 fixé par un bras flexible.*

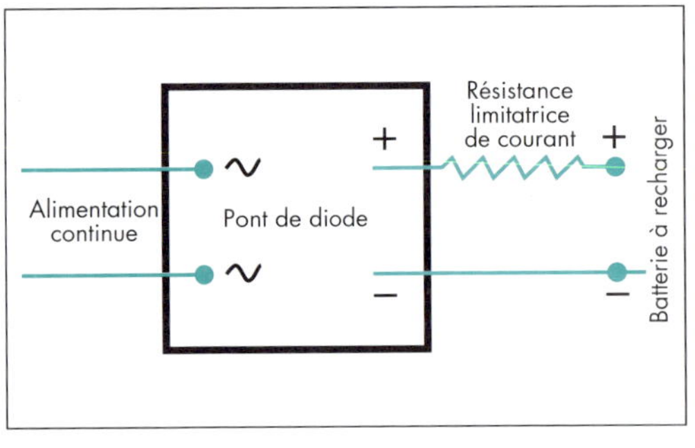

6.40. *Schéma d'un chargeur de batterie à partir d'une alimentation continue (batterie de voiture ou de bateau). L'utilisation d'un pont de diode permet un branchement indifférencié de l'alimentation continue.*

L'éclairage en cinéma et en vidéo

Les phares autonomes sont les sources de lumière artificielle les plus adaptées à la prise de vue sous-marine amateur (pl. IV.1). Il existe, certes, des systèmes dont la source d'énergie est située en surface (forte puissance, lampe HMI, etc.). Ces éclairages, d'un prix très élevé, nécessitent cependant des moyens humains pour leur mise en œuvre rarement accessibles aux amateurs (pl. IV.2).

➤ Les réflecteurs

Les fabriquants proposent souvent plusieurs modèles de réflecteurs. Ceux qui donnent des faisceaux larges, couvrant la totalité du champ, seront préférés. L'usage d'un diffuseur efficace permet, comme pour les flashs, de couvrir le champ des objectifs grands angulaires. Les réflecteurs « spot » donnent des faisceaux plus focalisés. Ils ne seront utilisés que pour des effets spéciaux.

➤ Le filtrage

Les lampes à halogène, utilisées dans les phares autonomes, donnent une lumière dont la température de couleur est de l'ordre de 3500 °K. En éclairage mixte (lumière naturelle plus lumière artificielle), cette légère dominante rouge fait rejaillir l'éclat des couleurs des sujets placés aux premiers plans. En lumière artificielle pure (plongée de nuit ou dans des grottes), un filtrage partiel (filtre sur un phare), ou total (filtre sur l'objectif), s'avère souvent nécessaire. Un filtre bleuté du type 82A assure une correction efficace. En vidéo, le filtrage sera remplacé par le réglage de la balance des blancs, si celui-ci peut être effectué sous l'eau.

➤ La puissance

En cinéma et en vidéo, une puissance de l'ordre de deux fois 150 W convient bien en lumière mixte. Une puissance supérieure ou égale à 500 W est nécessaire en lumière artificielle. La grande sensibilité des caméras vidéo (3 à 5 lux) supporte un éclairage moins puissant, mais au détriment de la qualité du rapport signal/bruit de l'enregistrement de l'image. La

réduction de la puissance de la source lumineuse permet :
– en visibilité réduite, de limiter la mise en évidence excessive des suspensions et d'obtenir ainsi une image acceptable bien que peu contrastée ;
– de ne pas surexposer un sujet à grand pouvoir réflecteur, lorsque celui-ci occupe seulement qu'une faible partie de l'image.
Certains phares sont équipés d'un variateur de puissance dont l'utilisation peut altérer le rendu des couleurs. En effet, lorsque l'intensité lumineuse est réduite par le variateur, la température de couleur diminue fortement (lumière à forte dominante rouge).

➤ Les sources d'énergie

La source d'énergie des phares est constituée de batteries cadmium-nickel (Cd-Ni) qui offrent, pour un volume donné, un maximum d'énergie stockée. Les batteries au plomb, souvent utilisées dans la réalisation de phares « maison », sont moins chères mais plus encombrantes et risquent de dégazer en fin de charge un mélange, hélas, explosif.

➤ La maniabilité

Les phares autonomes monoblocs (fig. 1, p. 254) restent maniables jusqu'à des puissances de 250 W. Au-delà, il est nécessaire de séparer la partie lumière de la partie alimentation (pl. IV.3 et fig. 8, p. 254). Cet agencement est plus contraignant au moment de la mise à l'eau et requiert de préférence l'usage d'un bi-bouteille qui n'est pas toujours disponible lors d'un voyage plus ou moins lointain.

➤ L'autonomie

L'autonomie des phares (tableau 6.8) est fonction de trois paramètres :
– la capacité des batteries, exprimée en Ampère-heure (Ah). Une batterie de 4 Ah délivrera un courant de 4 ampères pendant une heure ou un courant de 2 ampères pendant deux heures ;
– la puissance de la lampe (en watts) ;
– la température ambiante. La capacité des batteries est donnée par les constructeurs pour un fonctionnement à 20 °C. À zéro degré, l'autonomie est réduite d'environ 20 %.
La recharge des batteries s'effectue normalement pendant une douzaine d'heures avec un courant de charge égal au dixième de leur capacité. Le chargeur sera bitension (110-220 volts) afin d'être opérationnel en tout lieu.
Certains chargeurs permettent une charge très rapide (2 à 4 heures) qui doit être contrôlée et utilisée seulement en cas d'urgence. Dans ces conditions le maintien en charge de la batterie entraîne une élévation importante de sa température qui peut la détériorer et, en tout état de cause, diminue son espérance de vie.

Tableau 6.8. *Autonomie (à 20° C) des phares en fonction des puissances des lampes et des capacités des batteries Cd-Ni.*

Batterie \ Lampe	50 W	100 W	150 W	175 W	250 W	400 W
12 V - 4 Ah	58′	29′	19′	16′		
12 V - 7 Ah	1 h 40′	50′	33′	29′		
24 V - 2,5 Ah	1 h 12′	36′	24′		14′	
24 V - 4 Ah	1 h 55′	57′	38′		23′	
24 V - 7 Ah	3 h 20′	1 h 40′	1 h 07′		40′	
36 V - 7 Ah			1 h 40′		60′	38′

1. Eclairage Variolight pour le cinéma ou la vidéo.

2. Flash SB 103 (Nikon).

3. Flash Substrobe 150 - Ikelite.

4. Caisson pour flash SB 24 - Minicam.

5. Flash Isotender (Isota).

6. Flash Subtronic.

7. RS-AF équipé du flash SB 104.

8. Eclairage avec batterie séparée.

LA TECHNIQUE DE PRISE DE VUE

La réussite d'une image ou d'une séquence résulte de la conjonction de trois conditions :
– une exposition et une mise au point correctes ;
– l'intérêt propre du sujet ;
– la composition et le cadrage de l'image ou de la séquence.

Si l'intérêt et la composition du sujet sont le fait du talent du réalisateur ou de sa chance, l'exposition et la mise au point correctes sont le fruit de ses connaissances techniques et du soin avec lequel il les applique.

Les automatismes des appareils modernes libèrent l'utilisateur des contraintes techniques afin qu'il se concentre sur l'essentiel : la composition et le cadrage de l'image.

Ces automatismes (voir p. 223 « Les posemètres » et p. 236 « Les systèmes de mise au point automatique ») doivent cependant rester sous le contrôle de l'opérateur et si possible être débrayables, afin de pouvoir effectuer les corrections nécessaires lors de conditions de prise de vue particulières (sujets à fort contraste, sujets décentrés, etc.).

Les différentes conditions de lumière (naturelle, artificielle, mixte, etc.) créent des ambiances spécifiques qu'il convient d'exploiter pour valoriser le sujet traité.

La prise de vue en lumière naturelle

Cette technique restitue l'ambiance naturelle que découvre le plongeur lors de ses immersions. La réussite de l'image résulte du soin apporté à sa composition (pl. V.1) ou aux jeux de lumière (pl. V.2).

Les images ainsi réalisées sont généralement des vues d'ambiance. Les objectifs « grand angle » sont, par leur couverture angulaire et leur grande profondeur de champ, les mieux adaptés à ce style de prise de vue.

➤ Le choix du temps d'exposition

En photographie, les temps d'expositions sont souvent supérieurs à 1/25e de seconde eu égard à l'instabilité de l'appareil de prise de vue et aux mouvements des sujets. Une photo sera nette si, pendant le temps d'exposition, le sujet se déplace sur l'image d'une longueur inférieure ou égale à la résolution du récepteur d'image (0,03 mm, en 24 x 36). À titre d'exemple, l'image d'un poisson se déplaçant à 10 km/h, perpendiculairement à l'axe de visée, et situé à 1 mètre d'un objectif de 54° de champ horizontal, sera nette si le temps d'exposition est inférieur ou égal à 1/250e de seconde.

En cinéma et en vidéo, la vitesse standard d'obturation est respectivement fixée à 1/50e et 1/25e de seconde (voir p. 217). Certaines caméras sont munies d'un obturateur à vitesse variable qui permet, par la réduction du temps d'exposition, d'améliorer le « piqué » des sujets en mouvement, sous réserve que la lumière ambiante soit suffisante.

➤ Le réglage du diaphragme

La quantité de lumière qui arrive sur le récepteur d'image, pendant le temps d'exposition, est limitée par le diaphragme. La qualité de l'image est optimale pour des ouvertures comprises entre f : 5,6 et f : 22. Pour des ouvertures plus petites que f : 22 (f plus grand) la diffraction de la lumière sur les bords du diaphragme altère légèrement la qualité de l'image. Le faible éclairement du milieu sous-marin ne permet qu'exceptionnellement l'usage de diaphragmes aussi fermés. Pour des ouvertures plus grandes que f : 5,6, la faible profondeur de champ (p. 229) entraîne un manque de « piqué » de l'image si le ou les sujets s'étendent sur une profondeur trop importante. De plus, le vignettage apparaît si l'ouverture nominale de l'objectif est insuffisante.

➤ Le compromis « temps d'exposition/diaphragme »

En cinéma et en vidéo, le temps d'exposition est quasiment fixe, le réglage du diaphragme est donc imposé par l'intensité de la lumière.

En photographie, la plupart des appareils ont une vitesse réglable qui permet de choisir

parmi plusieurs couples « temps d'exposition / diaphragme ». Le choix de l'un de ces couples s'effectue en fonction de la nature et du comportement du sujet.
– Si l'image comporte des sujets en mouvement, priorité est donnée à la vitesse d'obturation la plus élevée possible (1/125e ou 1/250e de seconde).
– Si l'image est composée de sujets placés sur des plans très différents, priorité est donnée au diaphragme qui offre la plus grande profondeur de champ (valeur de f élevée).
Dans le cas où les sujets sont placés sur des plans très différents et évoluent rapidement, le dilemme est important. L'utilisation d'un flash devient nécessaire pour obtenir une image « piquée ».
L'intensité lumineuse étant difficile à apprécier sous l'eau, l'usage d'un posemètre s'avère indispensable. Cependant, celui-ci peut être mis en défaut :
– avec des sujets à fort contraste (contre-jour, poissons argentés, etc.) et selon le mode d'analyse du posemètre (p. 223), l'erreur de mesure peut atteindre 1 à 2 diaphragmes. Un balayage complet du champ de l'objectif par le posemètre permet de choisir une exposition moyenne compatible avec la tolérance au contraste du récepteur d'image (p. 221). La correction d'exposition s'effectue soit en débrayant l'automatisme, soit en agissant sur la commande de sur ou sous-exposition ;
– en cinéma ou en vidéo, la réalisation d'un panoramique, ou le passage intermittent d'un sujet à proximité de l'objectif, peut entraîner un changement important de l'éclairement. Le retard du réglage du diaphragme asservi par le posemètre produit des sautes de lumière du plus mauvais effet. Il importe ici de débrayer l'automatisme et de régler l'exposition manuellement à une valeur moyenne compatible avec la tolérance d'exposition du récepteur d'image.
Bien que les posemètres tombent rarement en panne, il est prudent de connaître les réglages d'exposition correspondant à des conditions données de lumière.
Dans une eau limpide, à midi solaire, par soleil dégagé, les réglages du diaphragme en fonction de la profondeur sont les suivantes, pour un film de 100 ISO exposé au 1/60e de seconde :

profondeur	diaphragme
1 m	16
7 m	11
14 m	8
21 m	5,6
28 m	4

Ces valeurs sont valables pour une visée horizontale. Le diaphragme sera ouvert d'une graduation en visée plongeante et fermé d'une graduation en contre plongée. Avec un soleil légèrement voilé ou un horaire décalé de deux heures par rapport au midi solaire, le diaphragme sera ouvert d'une graduation, et de deux graduations si le temps est couvert ou l'horaire décalé de quatre heures par rapport au midi solaire.

La prise de vue en lumière artificielle

Dans les grottes, les surplombs, la lumière ambiante est généralement insuffisante pour réaliser une prise de vue. Il en est de même en plongée de nuit où la faune, plus calme, se laisse approcher plus facilement. L'emploi d'un éclairage artificiel (flash, phare : voir p. 250) est nécessaire pour révéler la richesse des couleurs de la faune et de la flore sous-marines. La puissance des éclairages artificiels étant limitée et l'absorption des rayonnements rouge orangé étant importante dans l'eau, l'éclairement et le rendu des couleurs ne sont satisfaisants que pour des distances de prise de vue inférieures à 1,5 mètres. Les meilleurs résultats sont obtenus pour des distances inférieures ou égales à 1 mètre. À cette distance, un éclairage de 500 watts ou plus est bien adapté pour le cinéma ou la vidéo, en photographie un flash de nombre guide NG = 30 (NG eau = 10) convient parfaitement.

➤ La position de la source de lumière

La position de la ou des sources de lumière constitue une des difficultés majeures de cette technique de prise de vue.

• *Si la lumière est frontale*, les ombres portées sont limitées mais les suspensions entre l'appareil de prise de vue et le sujet sont particulièrement visibles. Dans les eaux chargées de suspensions, l'effet de « neige » qui en résulte est peu esthétique (pl. III.7).

• *Si la source de lumière est très latérale*, le modelé du sujet est bien rendu mais les ombres portées sont importantes (pl. III.8) et l'éclairement du sujet n'est pas homogène (surexposé du côté de la source lumineuse, sous-exposé à l'opposé). Un angle d'environ 30° entre la source de lumière et l'axe de prise de vue constitue un bon compromis.
L'homogénéité de l'éclairement est rétablie :
– soit en optimisant la position de la source de lumière (fig. 6.41),
– soit en utilisant deux sources de lumière. Leurs intensités doivent être ajustables afin d'obtenir cette homogénéité d'éclairement, même avec des sujets dont les pouvoirs réflecteurs ou les positions sont très différents. En photographie, les flashs manuels à puissance réglable offrent cette possibilité. Avec les flashs TTL ou les phares, la différence de puissance d'éclairage est obtenue soit en utilisant des équipements de performances différentes, ce qui constitue un facteur limitant important, soit en plaçant devant une des sources de lumière un filtre absorbant (fig. 6.42).

➤ La position du sujet
Les sujets sont, si possible, choisis proches du décor (paroi rocheuse, laminaire, etc. ; pl. VI.1) afin que celui-ci soit correctement éclairé et que le sujet ne se retrouve pas sur un fond noir rappelant les images encyclopédiques d'autrefois (pl. IV.4 et II.3).
Un éclairage placé en contre-jour derrière le sujet apporte du relief à l'image (pl. VII.2 et V.4). En photographie, cet éclairage est soit un phare, soit un flash esclave (voir p. 251).

➤ Le réglage de l'exposition
Si, pour le cinéma et la vidéo, la procédure du réglage de l'exposition est sensiblement la même en lumière naturelle et en lumière artificielle, il n'en est pas de même en photographie.

• Quel que soit le temps d'exposition sélectionné sur l'appareil photo, le temps effectif de

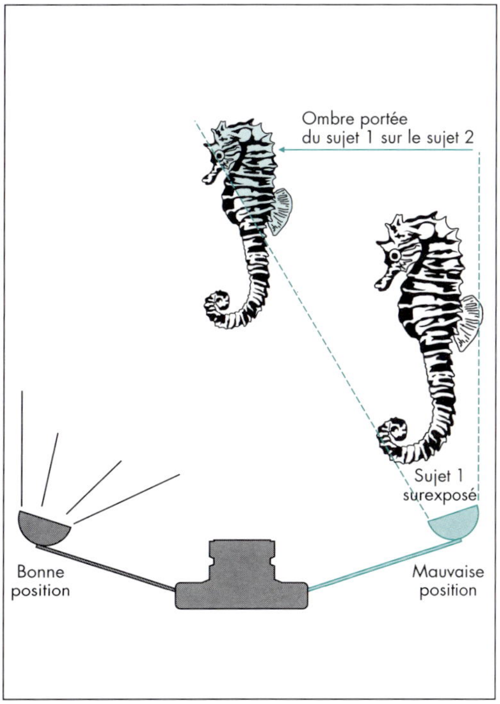

6.41. *Positionnement d'un éclairage en fonction des sujets.*

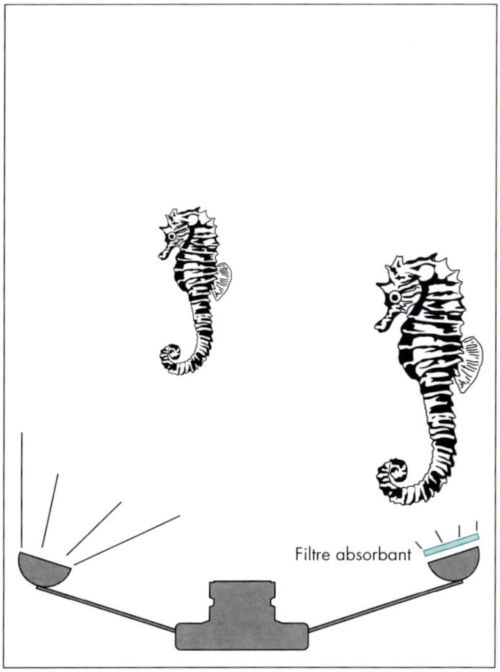

6.42. *Équilibrage des puissances d'éclairage en fonction de la position des sujets.*

l'exposition est défini par la durée de l'éclair du flash qui est au maximum de 1/1000e de seconde (p. 251). Si les flashs sont suffisamment puissants (NG eau > 10), le diaphragme relativement fermé qui en résulte (grande profondeur de champ) et le temps d'exposition très bref (élimination des bougés) permettent d'obtenir des images particulièrement bien définies.

• L'open flash est une technique lourde et délicate à mettre en œuvre, mais qui peut conduire à des résultats originaux. L'appareil de prise de vue, généralement placé sur un pied, est réglé sur la fonction « pose ». Dès que l'obturateur est ouvert l'opérateur déclenche manuellement plusieurs fois son flash. À chaque éclair, un sujet est impressionné sur le film.

• L'utilisation de flashs ne permet pas aux photographes d'apprécier a priori les conditions de lumière (fort contraste, ombre portée, etc.). Aussi certains d'entre eux utilisent des phares dont ils peuvent travailler la disposition comme dans un studio. L'éclairage qui en résulte est moins intense (temps d'exposition plus long ou diaphragme plus ouvert), mais donne un modelé plus doux du sujet (pl. IV.5 et II.3).

La prise de vue en lumière mixte

Cette technique de prise de vue, la plus délicate à maîtriser, offre au réalisateur la possibilité de laisser libre cours à sa sensibilité, à sa fantaisie (pl. VIII.3 et VIII.4).
Le décor est éclairé par la lumière naturelle, certains sujets sont éclairés par un éclairage artificiel qui ravive les couleurs et débouche les ombres.
Le réglage de l'exposition est sensiblement le même qu'en lumière naturelle, avec la possibilité de sous-exposer le décor ambiant de 1/3 ou 1/2 diaphragme afin d'obtenir une meilleure saturation des couleurs.
Les éclairages ont la même position qu'en lumière artificielle, mais leurs puissances sont sensiblement plus faibles :
– 150 watts par phare en cinéma et en vidéo,
– NG air = 20 ou puissance variable pour les flashs.
Comme pour la prise de vue en lumière artificielle, si un sujet à grand pouvoir réflecteur (poisson argenté, etc.) occupe une petite partie de l'image, l'éclairage qui l'illumine doit être considérablement réduit (jusqu'à 50 watts pour les phares, 1/8e ou 1/16e de la puissance nominale pour les flashs) en changeant de matériel ou, ce qui est moins contraignant, en utilisant des filtres gris neutre.

La prise de vue rapprochée (macro)

C'est la technique reine du photographe débutant. L'utilisation de bonnettes ou de bagues allonges permet d'obtenir, grâce aux piges et cadres fournis par les constructeurs, des clichés nets et bien cadrés malgré la faible profondeur de champ (tableaux 6.9 et 6.10). Avec un flash manuel (NG air = 22), un diaphragme à f : 16 pour les sujets de couleurs moyennes et f : 22 pour les sujets clairs donne avec un film de sensibilité 25 ISO un rendement de clichés réussis tout à fait excellent.
Avec certains flashs de gamme moyenne, même TTL, la durée minimale de l'éclair ne descend pas en dessous de 1/8e de sa valeur nominale. Cette limitation peut entraîner des surexpositions. Un filtre gris neutre placé devant le flash fait disparaître cet inconvénient.
Les piges et les cadres « macro » sont mal adaptés à la prise de vue dans les failles et effraient les poissons et les crustacés. L'emploi d'un objectif macro permet certes de saisir les sujets peu accessibles, mais la mise au point est délicate même avec un appareil autofocus (p. 236).
En cinéma ou en vidéo la prise de vue rapprochée est un art difficile. Elle nécessite une grande stabilité de la caméra qu'il n'est pas facile d'obtenir, surtout les jours de houle. L'emploi d'un pied étant peu pratique, un caisson très bien équilibré permet de limiter les bougés.
Si l'éclairage direct en lumière artificielle donne des résultats satisfaisants (pl. IV.8), un éclairage complémentaire en contre-jour apporte un meilleur rendu des volumes (pl. V.3).
Des éclairages moins puissants créent une

ambiance plus naturelle en laissant apparaître le fond bleu de l'eau (pl. II.3), mais gare à la diminution de la profondeur de champ.

Les filtres

Les filtres sont constitués soit d'une lame rigide à faces parallèles, soit d'une feuille (gélatine) transparente et teintée. Un filtre absorbe une partie des radiations lumineuses qui le traversent. Un filtre orange, par exemple, élimine la plupart des couleurs, sauf l'orange. Les filtres offrent la possibilité de rééquilibrer un éclairement (filtre correcteur) ou, au contraire, par un déséquilibre important (filtre pour effets spéciaux), de créer une ambiance, un effet. Les filtres à dominante rouge réchauffent l'ambiance tandis que les bleus la refroidissent.

➤ Les filtres correcteurs

En lumière naturelle, la forte dominante bleue des paysages sous-marins peut être atténuée par l'emploi, devant l'objectif, d'un filtre saumon (81A ou 81B).

Si le sujet est un plongeur ou une plongeuse, la peau prend une couleur légèrement bleutée dont l'aspect cadavérique est peu esthétique. Un filtre 81A ou 81B placé devant les sources

Objectif	Champ couvert en mm	Profondeur de champ en mm					
		f/4	f/5,6	f/8	f/11	f/16	f/22
28 mm	144 x 216	+ 7,2 - 6,7	+ 10,2 - 9,3	+ 14,8 - 13,2	+ 21,5 - 17,8	+ 31,3 - 25,1	+ 45,1 - 33,3
35 mm	109 x 164	+ 4,5 - 4,2	+ 6,4 - 5,9	+ 9,2 - 8,4	+ 12,9 - 11,4	+ 19,1 - 16,2	+ 27,0 - 21,7
80 mm	53 x 79	+ 1,0 - 0,8	+ 1,3 - 1,2	+ 1,9 - 1,7	+ 2,6 - 2,3	+ 3,7 - 3,4	+ 5,1 - 4,7

Tableau 6.9. *Table de profondeur de champ pour différents objectifs du Nikkonos V équipés de la bonnette "macro" en usage sous-marin (d'après Nikon) :*
– le signe + désigne la profondeur de champ au-delà du cadre de vue ;
– le signe – désigne la profondeur de champ en avant du cadre de vue.

Tirage de la bague	Profondeur de champ en mm					
	f/4	f/5,6	f/8	f/11	f/16	f/22
11 mm	9	12	17	23	29	37
15 mm	4,8	6,2	8,9	12,7	17,7	24,5
32 mm	1,5	2,0	3,0	4,7	7,5	11,3

Tableau 6.10. *Table de profondeur de champ avec les bagues allonges intercallées entre le Nikonos V et l'objectif 35 mm.*

de lumière corrige le rendu de la couleur de la peau sans altérer le reste du paysage.
Un film équilibré pour la lumière artificielle peut être utilisé en lumière du jour en plaçant devant l'objectif un filtre 85 ou 85B. Il en résulte une diminution de l'éclairement du film équivalente à 2/3 de diaphragme. À l'inverse un film équilibré pour la lumière du jour est utilisable en lumière artificielle avec un filtre 80.
Les filtres gris neutre absorbent de façon égale les couleurs. Ils permettent de réduire l'effet d'un éclairage (filtre placé devant une source lumineuse) ou l'éclairement (filtre placé devant l'objectif).
En noir et blanc, les filtres jaunes ou jaune orangé placés devant l'objectif augmentent le contraste. Les bleus et les verts, fortement absorbés, apparaissent sombres sur le récepteur d'image. Les jaunes et les rouges, peu absorbés, donnent des images claires.

➤ Les filtres pour effets spéciaux

Des filtres aux couleurs saturées (rouge, jaune, vert) vont créer des effets (pl. VI.4 et VII.1) qui n'ont pour limite que le pouvoir créatif de l'auteur.
Les filtres spéciaux (diffuseurs, diffracteurs, prismes...) nécessitent un positionnement qui doit être contrôlé avec la visée réflexe (pl. VIII.2). À ce jour, aucun caisson étanche ne dispose des commandes nécessaires pour la réalisation de ces effets. En photographie, seul le Nikon RS-AF offre cette possibilité.
Attention : lorsqu'un filtre est placé sur l'objectif, les indications des cellules non TTL doivent être corrigées du facteur d'atténuation du filtre. Cette correction, qui varie de 1/2 à 3 diaphragmes, est donnée par les fabriquants. En plongée, il est délicat d'effectuer ces calculs. Une astuce consiste à changer la sensibilité de la cellule. Avec un filtre qui atténue la lumière d'un facteur 2 (1 diaphragme), une pellicule de 100 ISO sera traitée en 50 ISO.

La composition et le cadrage

La qualité esthétique d'une image ou d'une séquence résulte de la répartition harmonieuse des masses et des couleurs qui la composent. Pour ce faire, l'auteur doit apporter un soin particulier à sa composition (position relative des éléments composant l'image) et au cadrage (angles de champ et de prise de vue).

➤ Un art difficile

L'art de ces deux éléments intimement liés ne s'enseigne pas, il s'acquiert. Quelques règles cependant permettent de limiter les erreurs :
– l'image ne doit comporter de préférence qu'un seul centre d'intérêt afin d'être facilement lisible ;
– éviter de couper l'image par des lignes droites, principalement si elles sont horizontales ou verticales ;
– les premiers plans donnent du relief à l'image et créent l'ambiance qui valorise le sujet sans l'écraser ;
– le sujet principal ne doit qu'exceptionnellement être situé juste au milieu de l'image ;
– un sujet de profil doit avoir devant lui de l'espace afin de ne pas donner l'impression de venir buter sur le bord de l'image.
La mobilité des sujets ne permet pas toujours de soigner le cadrage. L'emploi d'un viseur précis (TTL) et la réalisation de plusieurs prises de vues augmentent les chances de succès.
En cinéma et en vidéo, les séquences (ou plans) sont, quand cela est possible, reprises deux ou trois fois. Au-delà, le montage est compliqué d'autant.

➤ Les mouvements de caméra

Les films professionnels ont habitué le spectateur à des mouvements de caméra extrêmement sophistiqués qui lui permettent de mieux participer à l'action. La réalisation de ces mouvements nécessite du matériel peu accessible à l'amateur, sauf en prise de vue sous-marine grâce à son état d'apesanteur.
Les mouvements simples de caméra tels que le travelling (déplacement de la caméra dans l'axe de prise de vue), le zooming (variation continue de la focale de l'objectif) et le panoramique (rotation de la caméra) produisent un impact limité. Ils sont à utiliser avec modération. Pour le panoramique, une rotation de la caméra correspondant au champ angulaire de l'objectif

doit s'effectuer dans un temps supérieur à 5 secondes, à moins de vouloir réaliser un effet de filé.

Les mouvements de caméra doivent être sans à-coups. À cet effet il convient :

– de ne pas utiliser un cadrage trop serré. Le sujet ne doit pas osciller dans le cadre de l'image ;

– d'utiliser de préférence des objectifs grands angulaires qui atténuent les effets des mouvements parasites ;

– que le lestage du preneur d'images soit parfait ;

– que le matériel de prise de vue ait un poids apparent quasi nul et soit équilibré en rotation.

Le bon équilibre du matériel est obtenu en répartissant judicieusement sur celui-ci de petites masses de plomb ou de liège.

La réussite de mouvements de caméra bien coulés et sans à-coups nécessite un entraînement qui sera effectué dès les premiers essais.

Les premiers essais

L'amateur qui s'équipe en matériel de prise de vue la veille de son départ pour une expédition lointaine s'expose à récolter une production décevante. Des essais préalables en piscine permettent d'éliminer rapidement et à moindres frais les gros défauts. S'il est difficile dans les piscines couvertes d'obtenir des images attrayantes et esthétiques, il y est possible d'optimiser les réglages techniques. Les essais peuvent se dérouler en deux temps.

➤ Les essais physiques

– Contrôler et ajuster le lestage du plongeur puis du matériel (après s'être assuré qu'il est étanche). Le matériel doit couler très lentement et ne pas basculer brutalement.

– Vérifier que le masque permet une visée correcte.

– Utiliser des palmes pas trop longues qui permettent des mouvements aisés et ne décolleront pas les suspensions du fond.

➤ Les essais de prise de vue

De nombreuses configurations peuvent être utilisées pour les premiers essais. Il en est une qui permet de contrôler plusieurs paramètres : deux plongeurs, légèrement décalés latéralement, sont placés à 0,8 m et à 1,2 m (distances à mesurer) face à l'appareil de prise de vue. Pour un même cadrage, effectuer plusieurs réglages et les référencer minutieusement sur une plaquette. Après développement, contrôler les points suivants : netteté de chaque sujet, exposition de chaque sujet et du décor, absence d'ombre portée, rendu des couleurs. La confrontation des réglages effectués et des résultats obtenus permet, à la séance suivante, d'apporter les corrections nécessaires.

En cinéma et en vidéo, ces tests statiques sont complétés par des essais de mouvements de caméra.

En milieu naturel, les essais doivent être réalisés pour les différents types de prise de vue (lumière naturelle, artificielle, mixte, macrographie). Les conditions de prise de vue doivent être notées aussi complètement que possible (visibilité, heure, ensoleillement, distance focale, temps d'exposition, diaphragme, réglage et orientation des sources lumineuses, distance de mise au point et si possible distance effective). Comme pour les essais en piscine, une confrontation entre les résultats obtenus, les conditions de prises de vue et les réglages effectués permet des progrès rapides.

Il est difficile à un auteur de juger la qualité technique et esthétique de ses images et donc de progresser. Aussi, il lui revient de faire analyser ses productions par des spécialistes ou dans un club audiovisuel. Certes, il n'est pas agréable de s'entendre dire que ses œuvres n'en sont pas ; certes, il convient de trier parmi les critiques qui sont faites ; cependant, seule la confrontation est source de progrès.

LA POST-PRODUCTION

En photographie

Après quelques plongées, le photographe sous-marin se retrouve face à une collection parfois importante de documents qu'il serait regrettable d'enfermer dans un placard.
L'exploitation la plus simple des clichés est le tirage papier. Il permet de réaliser des albums souvenir ou des sous-verres.
Au cours de l'exploitation de ses clichés, le photographe s'aperçoit parfois que ses documents « brut de développement » ne sont pas tous parfaits. Des retouches en laboratoire peuvent les rendre excellents. Le travail de laboratoire permet aussi d'obtenir des effets irréalisables directement à la prise de vue.

➤ **Le recadrage** élimine les parties peu esthétiques d'un cliché ou valorise un sujet initialement trop petit ou mal cadré. L'agrandissement de la partie recadrée de l'image ne doit pas excéder un facteur deux. Au-delà, le grain de l'émulsion originale apparaît et altère de façon sensible la qualité de l'image (pl. IX.1, IX.2 et IX.3).

➤ **La surimpression** consiste à tirer un document à partir de deux originaux superposés. Elle peut porter sur une partie (pl. IX.4, IX.5 et IX.6) ou sur la totalité de l'image (pl. VI.3). La surimpression peut être réalisée directement à la prise de vue (pl. VII.2). Cependant, les risques de loupé sont importants. Il est préférable de la réaliser en laboratoire.
Le paraglyphe (pl. XI.6 et XI.8) est la surimpression du positif et du négatif d'une même image légèrement décalés.

➤ **L'incrustation** d'un sujet d'une photo dans le décor d'une autre (pl. XI.1, XI.3, XI.5, XI.7 et IX.7, IX.8, IX.10, IX.11) nécessite en premier lieu la réalisation de caches, obtenus à partir d'un film noir et blanc à haut contraste, du sujet et du décor. Celui-ci est tiré avec le cache du sujet, laissant une zone non exposée qui va être remplie lors du deuxième tirage effectué avec le sujet et le cache du décor (afin de ne pas exposer celui-ci une deuxième fois). La difficulté essentielle de ce trucage réside dans le positionnement des deux tirages qui doit être parfait.

➤ **Les isoélies et les effets associés.** Le principe consiste à incruster une ou plusieurs couleurs dans un document. Après avoir tiré un négatif et un positif à haut contraste de tout ou partie du document original, le processus devient analogue à une incrustation. Le tirage du document final nécessite deux expositions. La première est effectuée avec l'original en surimpression avec son positif (ou son négatif), la deuxième avec le négatif (ou le positif) en surimpression avec une gélatine de couleur. Le contraste plus ou moins important du positif et du négatif permet de multiplier les effets (pl. X.1, X.5, X.3, X.7, XI.2, XI.4, X.2, X.4, X.6 et X.8).

➤ **L'image digitalisée** est traitée pixel par pixel. Elle permet d'effectuer des retouches fines et des effets spéciaux (changement de couleur, incrustation, etc.) qui n'ont pour limite que le pouvoir créatif de l'auteur. Ces travaux peuvent être réalisés avec un matériel informatique simple. Dans ce cas la définition du document final est médiocre. Quelques laboratoires disposent d'équipements qui permettent, après traitement, de garder la définition du document original. Ces trucages très utilisés en publicité ont un prix de revient inaccessible à la plupart des amateurs.
Ces travaux s'effectuent essentiellement à partir de diapositives. Avec des négatifs, les frais sont considérablement plus élevés.
Ces trucages sont utilisables pour les tirages papier mais aussi pour la réalisation d'audiovisuels (séries sonorisées, diaporamas, multi-écrans, etc.). Ces modes d'expression nécessitent, comme pour les films, un travail d'écriture, de montage et de sonorisation qui, s'ils font partie du plaisir de créer, consomment beaucoup de temps. Ils offrent une qualité d'image inégalable en cinéma ou en vidéo.

➤ **La série sonorisée** est une succession d'images reliées par un fil conducteur et projetées, de préférence en fondu enchaîné, à l'aide de deux ou plusieurs projecteurs. Le rythme des images et l'ambiance sont ponctués par un accompagnement musical et des effets sonores. Les projecteurs sont commandés manuellement ou, de préférence, par un magnétophone qui garantit une synchronisation parfaite entre l'image et le son.
La série sonorisée est bien adaptée à la présentation de thèmes purement esthétiques ou aux souvenirs de voyages.
Afin de ne pas lasser le public, même familial ou amical, la projection doit comporter un maximum de 50 diapositives et ne pas dépasser 5 à 6 minutes.

➤ **Le diaporama** comporte un véritable scénario (documentaire, reportage, fiction). Le montage et la sonorisation sont semblables à ceux d'un film (voir plus loin « L'illustration musicale »). Le matériel de projection (projecteurs, synchronisateur, magnétophone) est le même qu'en série sonorisée.

➤ **Le multi-écran** est plus une technique qu'un mode d'expression. Par la présence simultanée de deux ou plusieurs images accolées ou non, cette technique permet de réaliser de véritables feux d'artifices d'images. Si cette technique est accessible aux amateurs, son prix de revient l'est beaucoup moins.
Ces différents modes d'expression donnent souvent lieu à des œuvres de qualité qui sont très appréciées du public. Leur développement limité provient essentiellement du manque de standardisation entre les différents matériels proposés par les fabricants.

En cinéma et en vidéo

La réalisation d'un film a fait l'objet de nombreux ouvrages (voir bibliographie à la fin du chapitre) qu'il serait présomptueux de vouloir résumer. Seuls quelques principes fondamentaux sur le choix du thème et le montage sont rappelés ici.

➤ **Le thème du film**
La projection de séquences « brut de tournage » n'est plus acceptée par le public, même familial. L'amateur qui s'engage dans la prise de vue d'images animées doit se réserver du temps et un budget pour préparer et monter ses films.
Un film raconte une histoire, explique un fait. Compte tenu des moyens techniques et financiers réduits dont il dispose, l'amateur doit se limiter à la réalisation de courts métrages (5 à 20 minutes). Aussi le thème doit-il en être délimité. Les thèmes « fleuve » tels que « Les fonds sous-marins », « La mer Rouge », etc., captent par ailleurs difficilement l'intérêt du public.
Le documentaire ou le reportage nécessitent le recueil d'informations, si possible avant le tournage. Le répertoire des séquences réalisées permet de modifier (ou d'écrire) le scénario pendant le tournage et d'éviter l'absence de la scène ou du plan qui nuira à la cohérence du montage.
La fiction nécessite, avant le tournage, l'écriture aussi détaillée que possible du scénario et la préparation d'accessoires (vêtements, petits objets...) qui renforceront l'ambiance et le caractère du film.
Quel que soit le genre traité, le réalisateur doit multiplier les angles et les cadrages (gros plans) de prise de vue, tourner des scènes ou des plans supplémentaires et des plans de coupe (séquences neutres qui raccordent deux actions). En finale, seuls 10 à 20 % des prises de vue réalisées (rushs) seront montés.
Depuis quelques années, les audiovisuels qui obtiennent un certain succès sont, à l'image des productions professionnelles, le fruit de collaborations. L'amateur ne dispose généralement pas de l'ensemble des compétences nécessaires à la réalisation d'un audiovisuel (scénariste, dialoguiste, cameraman, éclairagiste, monteur, etc.). La création, même partagée, est un vrai plaisir, d'autant plus si elle est couronnée de succès.

➤ **Le montage**
C'est le moment magique où le réalisateur donne vie à ses images. Leur impact sur l'ambiance et le rythme du film sera accentué par le respect de quelques principes de base.

Les séquences mal réussies (mauvais cadrage, bougé de la caméra, mauvaise exposition, etc.) doivent être systématiquement éliminées, même si elles présentent un intérêt pour l'auteur.
Plus difficile encore est de supprimer la « bonne séquence » inutile. L'avis d'une tierce personne (professionnel, club audiovisuel, ami au sens critique...) favorise l'élimination de ces séquences.
La durée moyenne d'un plan est de l'ordre de 8 à 12 secondes. Le rythme du film est donné, en rallongeant parfois les plans, mais plus généralement en les réduisant à quelques secondes, voire à une fraction de seconde. Au tournage, les plans doivent être plus longs afin de sélectionner la partie la plus riche et qui raccorde bien avec les plans qui l'encadrent.
Le choc visuel dû au raccord de deux plans est atténué si le changement de lumière (intensité, couleur) est faible. Des corrections de densité et de couleur peuvent être effectuées au montage (vidéo) ou au tirage final (16 mm).
Les enchaînements simplistes de mouvements de caméra, tels qu'un panoramique horizontal suivi d'un panoramique vertical ou deux panoramiques de sens contraire, sont à proscrire.
Le commentaire est un complément à l'image. Il ne la décrit pas et doit être aussi concis que possible.
Le montage nécessite du matériel onéreux. L'adhésion à un club audiovisuel permet à l'amateur de disposer à moindres frais d'un matériel performant et de bénéficier, s'il le désire, d'avis éclairés.

L'illustration musicale

Un diaporama, un film, un vidéogramme réussis sont le fruit d'une idée originale où l'ambiance et les sentiments exprimés sont ressentis par le public grâce à la conjonction harmonieuse des images, du texte et de la musique. L'utilisation trop fréquente de musiques à succès nuit au caractère original de l'œuvre et distrait l'attention du public. Le réalisateur-producteur amateur d'un audiovisuel se doit non pas de céder à cette facilité, mais d'exacerber et d'exploiter (au sens noble du terme) le potentiel créatif ou culturel de son entourage. L'illustration musicale qui en résulte – composition originale, mélodie quasi inédite, arrangement musical de musiques plus connues – apporte plus d'émotion au réalisateur et à son public qu'une musique ressassée, plaquée sur l'image et qui sera assimilée à un plagiat.
L'utilisation d'une œuvre musicale est réglementée. « L'auteur d'une œuvre de l'esprit jouit sur cette œuvre, du seul fait de sa création, d'un droit de propriété incorporelle exclusif et opposable à tous. Ce droit comporte des attributs d'ordre intellectuel et moral ainsi que des attributs d'ordre patrimonial... » (article I de la loi du 11 mars 1957). Au décès de l'auteur, ce droit persiste au bénéfice de ses ayants droit pendant l'année civile en cours et les soixante-dix ans qui suivent.
La législation en vigueur protège les auteurs compositeurs et les éditeurs de musique. Ils sont représentés par la Sacem (Société des auteurs et compositeurs d'éditions musicales). Il en est de même pour les producteurs phonographiques, c'est-à-dire les sociétés qui fabriquent et commercialisent les supports (disques, cassettes, etc.). Ils sont représentés par la SDRM (Société pour l'administration des droits de reproduction mécanique des auteurs, compositeurs et éditeurs).
Dès qu'une œuvre (diaporama, film, vidéogramme) bénéficie d'une diffusion publique autre que le cercle de famille (association, festival, salon, séance publique, chaîne de télévision, etc.), le réalisateur de l'œuvre se doit de respecter la loi et ne pas commettre le délit de contrefaçon. Aussi, après avoir choisi son illustration musicale, le réalisateur doit-il en faire la déclaration.
Compte tenu des moyens financiers dont disposent les réalisateurs amateurs d'audiovisuels, trois solutions d'illustration musicale sont à retenir :
– la commande d'une œuvre originale,
– l'usage de musiques d'illustration,
– l'interprétation, par une formation choisie par le réalisateur, d'une composition appartenant au domaine public.

➤ La musique originale

Le réalisateur commande une musique originale à un auteur compositeur. Si ce dernier est membre de la Sacem, il doit la déclarer à cet organisme. Par ailleurs, une déclaration par le réalisateur à la SDRM s'impose. Elle est suivie d'une autorisation d'utilisation sans frais.

Si le compositeur n'est pas membre de la Sacem, une déclaration est effectuée par le réalisateur auprès de la SDRM. L'autorisation de reproduction est encore sans frais. Dans ce cas, il est prudent d'établir un contrat avec le compositeur, qui protège le réalisateur des conséquences d'une éventuelle contrefaçon ou plagiat. Le compositeur protège l'antériorité de sa musique par dépôt de sa partition chez un notaire ou par son envoi à lui-même par pli recommandé (non ouvert).

De nombreux compositeurs et interprètes, amateurs ou professionnels, acceptent de collaborer à cette aventure qu'est la création d'un audiovisuel. L'engagement dans la création d'une œuvre entièrement originale est pour le réalisateur et ses partenaires source de plaisirs... et parfois de succès.

➤ La musique d'illustration

Des sociétés d'édition (voir plus loin « adresses utiles ») proposent des compositions réalisées spécialement pour l'illustration musicale d'audiovisuels. La difficulté du choix réside dans l'importance et la diversité des compositions proposées.

Le réalisateur déclare à la SDRM les morceaux qu'il a choisis. L'autorisation de reproduction est acquise après versement des droits fixés par la SDRM (50 francs TTC par tranche de 30 secondes, en 1991, pour les amateurs). Un montant identique est à verser par le réalisateur aux producteurs des disques ou cassettes au titre des droits de reproduction phonographique.

➤ Les musiques préexistantes

Il s'agit d'œuvres musicales déjà publiées et diffusées dans le commerce sur supports disque ou cassette.

L'utilisation de l'œuvre sans altération, fragmentée ou adaptée est soumise à l'accord de l'auteur compositeur ou de ses ayants droit. Cette démarche est généralement effectuée auprès de l'éditeur par la SDRM à la demande du réalisateur.

Au-delà du délai légal de soixante-dix ans, la composition musicale tombe dans le domaine public et ne donne plus lieu à la perception de droits d'auteur. Attention, une telle œuvre peut avoir fait l'objet d'un arrangement musical. Dans ce cas, l'arrangeur bénéficie de la même protection que le compositeur.

Le droit d'utilisation étant acquis, une demande de reproduction doit être adressée à la SDRM. L'autorisation de reproduction est effective après versement des droits, dont le montant est fixé par la SDRM.

➤ Les droits de diffusion

La présentation ou la diffusion d'une œuvre, en dehors du cercle de famille, est assujettie à une redevance prélevée par la Sacem dont une partie rémunère le compositeur. Ce droit est acquitté par l'organisateur de la manifestation ou le diffuseur (TV). Le réalisateur doit fournir à l'organisateur ou au diffuseur, les noms de l'auteur et de l'interprète ainsi que la durée de chaque morceau de musique utilisé (photocopie de la déclaration à la SDRM).

L'exploitation

Le cercle de famille est, pour l'amateur, le premier lieu de diffusion de ses œuvres. Après quelques temps la diffusion doit s'élargir : club audiovisuel, concours, festivals. Lorsque la qualité de la production devient excellente, l'amateur peut envisager une diffusion plus large de ses œuvres :

– en photographie, illustration d'articles ou de livres, vente en agence ;

– en cinéma et vidéo, diffusion auprès de structures institutionnelles (centre de loisir ou culturel, collectivités locales, etc.), chaînes TV.

Cette démarche quasi professionnelle nécessite quelques précautions et impose quelques obligations morales.

• Un contrat doit être passé entre le réalisateur et le diffuseur. Généralement, ce dernier achète les droits pour une diffusion précise et limitée dans le temps. Il ne devient pas propriétaire de l'œuvre. Une période d'exclusivité peut être exigée par l'acheteur. Elle ne doit pas excéder six mois à trois ans, selon les cas.

• Lorsque l'auteur fournit gracieusement ses documents, il doit exiger du diffuseur que son nom soit mentionné dans le produit final.

• De même doivent être cités les partenaires qui, par une mise à disposition gracieuse de moyens (matériel, bateaux, accès à un site réservé ou privé, etc.) ont permis la réalisation des documents publiés.

• Par respect du public et de ses partenaires, l'auteur ne doit pas permettre que ses documents illustrent un site autre que celui où il a été réalisé.

La concurrence entre amateurs et professionnels est un faux problème. Les professionnels ne redoutent pas cette concurrence limitée et stimulante. Cependant, l'amateur qui entre dans le marché de l'audiovisuel sous-marin se doit d'être loyal et de ne pas casser ce marché fragile en bradant ses productions sous prétexte qu'un éditeur ou un producteur lui fait l'honneur de les diffuser.

L'ENTRETIEN DU MATÉRIEL

Un boîtier ou un caisson a fui, fuit, ou fuira... Cet adage qui s'est vérifié de nombreuses fois est généralement le fait de l'utilisateur et rarement celui du constructeur. Une utilisation soignée et un entretien attentif réduisent considérablement les risques d'accident.

Précautions préalables

Lire le mode d'emploi et respecter les recommandations préconisées par le constructeur.
Avant la mise en service, contrôler que tous les joints sont en place.
Effectuer la première immersion en eau douce (baignoire, piscine, etc.). Les entrées d'eau qui résulteraient d'un défaut de fabrication ou d'une mauvaise manipulation occasionneraient moins de dégâts.
Les hublots sont protégés par des capuchons, rigides si possible. Éviter le contact entre le capuchon et l'optique du hublot.
Le matériel doit être transporté dans une caisse ou une valise rigide et matelassée.
Après un long voyage, il est prudent de procéder à une première immersion des caissons vides et, plus particulièrement, sans leurs piles, qui en cas de fuite sont une cause aggravante des dégâts éventuels.

L'entretien quotidien

Rincer le matériel à l'eau douce afin d'empêcher les dépôts de sel ou autres, nuisibles au bon fonctionnement de l'appareil.
Avant ouverture, sécher l'appareil à l'air comprimé (soufflette branchée sur un direct système), puis avec un chiffon sec non plucheux. Ne jamais faire sécher le matériel au soleil. L'élévation importante de la température interne qui en résulterait pourrait détériorer les circuits électroniques, les joints, voire décaler les lentilles des objectifs.
Effectuer les manipulations d'entretien et de chargement du matériel dans un local sec,

propre et à l'abri du vent (éviter les plages de sable).

En cas d'intervention rapide juste après une plongée, contrôler l'eau de ruissellement (cheveux, poignets). Faites-vous assister d'une personne munie d'une serviette sèche afin d'éviter l'irréparable.

Lors de l'ouverture, orienter les couvercles ou les prises de flash vers le bas (fig. 6.43) afin que les gouttes d'eau qui ont échappé au séchage ne tombent pas dans une partie sensible. Si cela se produit, sécher immédiatement avec un papier ou un chiffon non plucheux.

Nettoyer délicatement, si nécessaire, les hublots avec un chiffon prévu pour l'entretien des optiques. Ne pas essuyer les dépôts de sel qui peuvent s'y former (risque de rayure). Ils se dissoudront lors d'un nouveau rinçage ou de la plongée suivante.

Juste avant la fermeture, contrôler l'état des joints et des portées de joints. À cet effet, passer délicatement un doigt sur leurs surfaces d'appui. Les poussières, grains de sable ou autres ainsi détectés doivent être immédiatement éliminés.

Les joints doivent toujours être recouverts d'un très fin film de graisse silicone. Éviter les agglomérats de graisse qui retiennent la poussière et le sable.

L'entretien périodique

Les assemblages mécaniques (platines, noix de fixation, poignées, prises de flash...) sont à démonter tous les quatre ou cinq jours en usage continu et après chaque période d'utilisation, afin qu'une oxydation intempestive ne les soude pas.

6.43

Les joints doivent être démontés et lavés régulièrement. Les joints montés sur bague sont démontés avec les mains. Ne pas réutiliser les joints des axes de commande. Les joints en gorges non circulaires sont démontés sans glissement. Ne jamais utiliser un outil tranchant (tournevis, cutter, etc.) qui risque d'endommager le joint et surtout son logement.

Les câbles de flash ou d'éclairage sont changés tous les ans en usage intensif, tout les deux ans en usage normal (moins de 50 à 60 plongées par an). Les câbles deviennent poreux en vieillissant et sont la source de pannes (conduction entre les fils), voire de fuites.

Les joints sont changés avec la même fréquence que les câbles.

Avant une longue période d'inutilisation (deux à trois semaines), le matériel doit être stocké à l'abri de la poussière dans un local où la température et l'humidité ne varient pas de façon excessive. Les piles ou accus sont enlevés de leurs containers. Les accus sont chargés avant stockage.

Conduite à tenir en cas de noyade du matériel

Dès la mise à l'eau un contrôle visuel de l'étanchéité s'impose. Répéter celui-ci lors de la descente, environ tout les dix mètres.

Une fuite, dès l'immersion, résulte d'un bouchon mal ou non revissé, de l'absence d'un joint, de la mauvaise fermeture du couvercle.

Les fuites à grande profondeur sont le fait de l'usure ou d'une légère dégradation d'un joint ou d'un câble devenu poreux.

Lors d'une fuite en surface, le débit d'entrée d'eau est généralement très important. Une intervention très rapide s'impose. Aussi est-il recommandé de s'immerger avant le matériel.

Pour les petites fuites, l'orientation judicieuse du caisson lors de la remontée peut assurer la sauvegarde de tout ou partie du matériel.

De retour en surface :

– démonter le matériel et séparer les parties mouillées... des parties sèches (s'il en reste);

– enlever les piles et le film qui, par électrolyse ou dissolution, vont aggraver les dégâts ;
– faire tremper, puis rincer abondamment le matériel avec de l'eau douce. En absence d'eau douce, les alcools (même consommables) seront préférés à l'air ;
– bien sécher le matériel et éventuellement l'enduire d'un produit désoxydant chimiquement neutre ;
– démonter si possible le matériel ;
– stocker le matériel dans des sacs plastiques fermés contenant si possible un déshydratant ;
– contacter de toute urgence votre revendeur ou un réparateur.

Afin de pouvoir entretenir correctement le matériel et faire face à une éventuelle noyade de celui-ci, il convient de disposer d'un minimum de matériel :
– un petit tube de graisse de silicone,
– un jeu de joints de rechange,
– un chiffon anti-peluche dans un sac plastique fermé,
– un embout de soufflette,
– un jeu de tournevis de bijoutier,
– une bombe de désoxydant neutre.

Éviter l'emploi de coton-tiges qui présentent l'inconvénient de laisser des peluches, nuisibles à l'étanchéité du matériel.

Deux précautions valant mieux qu'une, l'utilisateur assurera son matériel contre les dégâts des eaux et bien entendu la perte et le vol.

BIBLIOGRAPHIE

La plongée. Marine nationale (Éd. Arthaud 1967).

Images optiques. Pierre Fleury et Jean-Paul Mathieu (Éd. Eyrolles 1968).

Photo cinéma sous-marins. Jean-Jacques Meusy et Serge De Sazo (Éd. Paul Montel 1970).

L'acteur et la caméra. Philippe Durand (Éd. Techniques Européennes 1974).

Mise en scène et imagination. Philippe Durand (Éd. Techniques Européennes 1975).

Le cinéma et ses techniques. Michel Wyn (Éd. Techniques Européennes 1976).

La pratique de la photographie. John Hedgecoe (Éd. Larousse-Montel 1978).

La prise de vue sous-marine. Claude Rives, Chenz, Christian Petron (Éd. Filipacchi-Denoël 1979).

La caméra et les techniques de l'opérateur. David Samuelson (Éd. Dujarric 1981).

Méthode d'éclairage pour le film et la TV. Gerald Millerson (Éd. Dujarric 1982).

Prises de vues subaquatiques pour tous en plongée libre. Yves Lanceau (Éd. V.M. 1986).

Les techniques cinématographiques. René Briot (ESRA 1987).

Chasseur d'images (Revue, hors-série : spécial objectifs 1987).

Camescopes et vidéo. René Bouillot (Éd. Radio 1991).

Pratique des camescopes. Christian Dartevelle (Éd. Dunod 1992).

Sonovision (Revue n°356, 1992).

REMERCIEMENTS

Ce chapitre a pu être réalisé grâce à l'aimable collaboration des revendeurs, fabricants, importateurs et laboratoires audiovisuels qui nous ont apporté aide et informations : Airdif, Bargy Image, Formaplex, Les Hommes Grenouilles de Paris, Le Martin Pêcheur, Minolta, Nikon, Plongespace, SACFA, Sony.
L'illustration de ce chapitre est le fruit de la contribution amicale de photographes de talent.
Qu'ils en soient remerciés chaleureusement.

ADRESSES UTILES

FÉDÉRATION FRANÇAISE DE CINÉMA ET VIDÉO
PARIS

FÉDÉRATION FRANÇAISE D'ÉTUDES ET DE SPORTS SOUS-MARINS
Commission audiovisuelle
Marseille

FÉDÉRATION PHOTOGRAPHIQUE DE FRANCE
Paris

FESTIVAL MONDIAL DE L'IMAGE SOUS-MARINE
Antibes

SACEM & SDRM
Neuilly-sur-Seine

Éditeurs de musiques d'illustration

AMBIENT MUSIC
Paris

AMPLITUDE
1Soisy-sur-Montmorency

CHAPPELL
Paris

CHICAGO 2000
Paris

CLAIRE MUSIC
Courbevoie

COPPÉLIA
Paris

ÉDITIONS SFORZANDO
Paris

ÉD. STUDIO WITAS
Chaville

ÉMILHENCO
Paris

ÉMI MUSIC PUBLISHING
Paris

ÉPERVIER/MÉDIASOUND
Paris

FRENCH TRADE
Le Pin

GAVINO MUSIC
Villecresnes

ILLUSTRA-SON
Neuilly-sur-Seine

KOKA MÉDIA
Paris

LABEO MUSIC
Boulogne-Billancourt

M.C.T
Paris

MUSIC FOR MEDIA
Boulogne-Billancourt

BILBERRY MUSIC
Fontenay-aux-Roses

MUSIC SERVICE
Paris

M.T.S
Paris

MUSIQUE POUR L'IMAGE
Neauphle-le-Château

OUTLINE VIDÉO
Paris

M. J.C. PIERRIC
Bezons

POINT 12
Paris

PRIMEVERE MUSIC
Boulogne-Billancourt

PROMO SONOR INT.
Paris

R.D.C. RECORDS
Paris

S.B.K. Song Free
Paris

TABATA MUSIC
Feucherolles

TECHNISONOR
Paris

WARNER MUSIC
Paris

7. L'APNÉE

De l'Antiquité à nos jours, de la Méditerranée à la mer du Japon, la plongée en apnée a constitué et constitue encore un moyen de gagner sa vie. Ces plongeurs professionnels ont réalisé, dans la quotidienneté la plus banale et l'indifférence générale, de véritables exploits en durée comme en profondeur pour aller récolter perles, éponges, coquillages ou corail.
Ce n'est pourtant qu'à partir du moment où l'apnée est devenue un sport, susceptible d'offrir à l'admiration de tous les records les plus extravagants, qu'elle est devenue véritablement objet de science.
Cet intérêt des chercheurs remonte seulement aux années 60.
L'apnée est un arrêt volontaire et temporaire de la respiration.
La durée de cet arrêt est fonction du volume pulmonaire respiratoire, c'est-à-dire théoriquement de 10 secondes par litre d'air contenu dans les poumons.
Ce chiffre, que nous allons expliciter plus loin, ne correspond pas à une réalité commune, car de nombreux facteurs interviennent qui tendent à raccourcir l'apnée. L'âge par exemple : à 25 ans, la capacité pulmonaire totale est supérieure à 6 litres, à 50 ans elle n'est plus que de 5,5 litres et ne cesse de décroître rapidement, tandis que le volume résiduel (le volume d'air restant toujours dans les poumons mais inutilisable), lui, ne cesse d'augmenter.
De même, ont une incidence sur l'apnée la condition physique, l'entraînement du plongeur, l'effort réalisé, la température de l'eau, la teneur en oxygène du mélange gazeux respiré et, par-dessus tout, l'état psychique de l'individu.
À ce propos, la préparation des records d'apnée réclame un entraînement aussi bien physique que mental, relevant souvent des techniques orientales de tradition millénaire.
Le commun des mortels, lui, s'imagine souvent pouvoir augmenter la durée de ses apnées en pratiquant, avant la plongée, une hyperventilation.
Cette technique consiste en une augmentation de l'amplitude et de la fréquence du rythme des mouvements respiratoires.
Nous verrons plus loin les risques qu'elle entraîne et les précautions obligatoires qu'il faut prendre si on l'utilise.
La fin de l'apnée ou rupture de l'apnée est marquée par la reprise du cycle respiratoire. Elle est soit volontaire, soit déclenchée par un phénomène réflexe : mieux vaut être déjà hors de l'eau !

L'HOMME ET L'APNÉE

On distingue l'apnée statique qui consiste à rester sans bouger et sans respirer, de l'apnée dynamique qui consiste à effectuer une action quelconque sans respirer, qu'il s'agisse par exemple de chasse sous-marine ou de descente gratuite dans le grand bleu. Le record actuel d'apnée statique en piscine a été réalisé le 19 mai 1990 par l'Italien Umberto Pelizzari : 6 minutes 13 secondes ! En 1959, un Américain, Forster, après avoir inhalé de l'oxygène pur pendant 30 minutes, avait tenu deux fois plus longtemps : 13 minutes 42 secondes !

Arrêtons de rêver et mesurons l'apnée moyenne d'un individu moyen :

- 15 secondes après une expiration forcée,
- 20 secondes après une expiration normale,
- 60 secondes après une inspiration forcée,
- 100 secondes après une hyperventilation.

Les performances théoriques

Lors de la réalisation d'une apnée, après une inspiration forcée, les réserves d'oxygène dans les poumons comme dans les tissus sont de l'ordre de deux litres, dont les trois quarts sont utilisables. Or, un litre d'oxygène permet des combustions génératrices de 4,8 calories. Les réserves d'oxygène peuvent donc fournir :

1,5 x 4,8 = 7,2 calories. Comme le métabolisme de base consomme 1,4 calorie par minute, la performance théorique d'un sujet moyen est de 7,2 / 1,4 = 5 minutes 14 secondes.

Nous venons pourtant de voir que les performances moyennes sont loin de ces chiffres car, ainsi que nous l'avons dit, de nombreux facteurs entrent en jeu et seul un entraînement poussé, physique et psychique, permet de s'en approcher.

En ce qui concerne la profondeur, les calculs nous amènent au résultat inverse : les chiffres théoriques sont très inférieurs à ceux que nous montre la réalité. Trente mètres, telle est la profondeur maximale théorique que les poumons sont capables de supporter. En effet, la capacité pulmonaire totale d'un sujet moyen est de 6 litres et son volume pulmonaire résiduel est de 1,5 litres. L'air contenu dans les poumons pourra donc être comprimé sous l'effet de la pression hydrostatique jusqu'au volume résiduel mais pas au-delà. Or, 6 litres en surface sont réduits à 3 litres à - 10 m, 2 litres à - 20 m et 1,5 litres à - 30 m. En théorie, l'être humain ne pourrait donc dépasser en apnée la profondeur de 30 mètres. La réalité, que tout le monde connaît, montre qu'il n'en est rien. Sans être Jacques Mayol ni Angela Bandini, de nombreux plongeurs ont dépassé les 30 mètres. Nous verrons dans le paragraphe suivant grâce à quel phénomène l'organisme humain peut pallier cette compression limite que peuvent supporter les poumons.

En ce qui concerne le plongeur moyen, les éléments suivants obligent à corriger les calculs théoriques. D'abord, le port du masque augmente le volume résiduel d'un demi-litre environ. Ensuite, le volume d'oxygène consommé est supérieur au volume de gaz carbonique produit, ce qui représente une perte de 1,3 litres par minute. Surtout, lorsque la pression hydrostatique augmente au fur et à mesure de la profondeur, les pressions partielles des gaz alvéolaires augmentent aussi et deviennent supérieures à la tension des gaz dissous dans le sang. Pour que l'équilibre, pression des gaz dans les alvéoles pulmonaires et tension des gaz dissous dans le sang, soit maintenu, il y a diffusion de l'oxygène, du gaz carbonique et de l'azote des alvéoles vers le sang, d'où nouvelles pertes en oxygène et moindres performances possibles. L'âge, on l'a dit, réduit la compressibilité de la cage thoracique et si, en théorie, à 20 ans on peut descendre à 38 mètres, à 60 ans, on ne descend plus qu'à 20 mètres !

Les modifications physiologiques

➤ Modifications cardio-vasculaires

L'apnée sans immersion provoque une bradycardie importante de l'ordre de 7 % qui passe à 20 % dès que le visage est immergé. La pression artérielle baisse légèrement au début de l'apnée puis augmente à peine jusqu'à la fin.

Une température inférieure à 5 degrés provoque une tachycardie initiale suivie d'une bradycardie. Il faut noter que ces modifications disparaissent si le plongeur porte un masque ; en effet, les récepteurs sensibles au froid sont situés sur les pommettes, le front, le nez, les lèvres, le menton.

Par ailleurs, on assiste à des transferts circulatoires. Il y a, lors de toute apnée, constriction des vaisseaux. Mais il y a aussi un phénomène très intéressant qui explique le dépassement de la profondeur maximale théorique. Nous avons vu que 30 mètres représente la profondeur à laquelle le volume pulmonaire total se réduit au volume résiduel. Avant que cette limite soit atteinte, se produit ce qu'un Américain, K. Schaeffer, a appelé le *blood shift* et que le médecin français É. Guillerm a nommé une véritable « érection du poumon ». Il s'agit d'un afflux de sang dans les capillaires veineux des poumons. À 60 mètres, Schaeffer l'estime à 1 litre. Ce transfert sanguin est donc suffisamment important pour éviter la dépression intrathoracique qu'entraîne l'augmentation de la pression hydrostatique, lorsqu'on a dépassé les limites de la compressibilité des poumons, c'est-à-dire les 30 mètres fatidiques. À - 100 mètres, alors que le volume pulmonaire n'est plus que le tiers du volume résiduel, le réseau capillaire des poumons gorgé de sang résiste à l'énorme pression de l'eau. Si cette érection pulmonaire est insuffisante, il y a aspiration du plasma sanguin par les alvéoles et œdème du poumon.

➤ Modifications gazométriques

• *Lors de l'apnée en surface*

Au niveau alvéolaire, la pression partielle d'oxygène chute de façon notable tandis que la pression partielle de gaz carbonique n'augmente que très peu. Au niveau artériel, la grande consommation d'oxygène, ne serait-ce que pour entretenir le métabolisme, provoque une chute importante de la pression partielle d'oxygène. Parallèlement, comme au niveau alvéolaire, la pression de gaz carbonique n'augmente que très faiblement.

S'il n'y a pas eu hyperventilation préalable, la baisse de la pression partielle d'oxygène et l'augmentation même minime de la pression partielle de gaz carbonique agissent sur les chémo-récepteurs et mettent en action le centre respiratoire qui se trouve au niveau du bulbe rachidien, afin d'interrompre l'apnée.

Si le nageur réalise une hyperventilation (c'est-à-dire renouvelle la quasi-totalité de l'air contenu dans ses poumons pour reculer, pense-t-il, la limite de rupture de son apnée), la pression partielle de gaz carbonique, abaissée artificiellement, reste très basse tout au long de l'apnée tandis que la pression partielle d'oxygène, très élevée au départ, tombe progressivement jusqu'à une anoxie véritable, génératrice de syncope. Le nageur, dont le centre respiratoire ne peut être stimulé par la pression de gaz carbonique en dessous du seuil normal, perd donc connaissance avant de pouvoir interrompre son apnée – à moins, bien sûr, que prévenu des risques de l'hyperventilation, il ne calcule la fin de son apnée sans attendre les signaux réflexes.

• *Lors de l'apnée en profondeur*

La pression de l'eau, ou pression hydrostatique, joue un rôle capital dans la variation des pressions partielles alvéolaires et artérielles du gaz carbonique et de l'oxygène.

Lors de la descente, l'augmentation de la pression ambiante élève la pression partielle d'oxygène, permettant ainsi une utilisation plus poussée des réserves alvéolaires. Cette élévation de la pression partielle d'oxygène permet une apnée plus longue tout en donnant une impression d'aisance au plongeur pendant toute la durée de son séjour au fond.

Le signal de la remontée est donné par l'élévation de la pression partielle de gaz carbonique qui va stimuler les centres bulbaires. Cette pression varie moins que celle de l'oxygène, du fait de l'intervention des substances tampons et des grosses réserves de gaz carbonique que possède l'organisme. Dans les derniers mètres proches de la surface, les deux pressions partielles diminuent puisqu'elles sont proportionnelles à la pression hydrostatique et il peut y avoir, comme nous l'avons dit, perte de connaissance brutale.

Les risques

Chaque année, les accidents mortels sont encore trop nombreux et il n'est pas inutile de répéter encore les conseils de prudence.

➤ La perte de connaissance hypoxique du plongeur en apnée

Qu'observe-t-on dans ce type d'accident? Le plongeur, après avoir nagé en apnée, ralentit ses mouvements puis s'arrête progressivement; il reste entre deux eaux ou tombe lentement au fond. S'il n'est pas seul et si son ou ses compagnons ont nagé dans son voisinage, il sera vite sorti de l'eau et ranimé. Ses battements cardiaques n'ont pas cessé; il est pâle, rarement cyanosé. La reprise respiratoire se fait spontanément ou après un bref bouche-à-bouche. Quand il ouvre les yeux sur le ciel clair, il ne se souvient de rien.

S'il est seul ou si personne ne lui vient en aide, la perte du contrôle volontaire de l'apnée libère le réflexe respiratoire; un peu d'air est évacué, mais à l'inspiration les poumons se remplissent d'eau et le plongeur meurt par noyade.

En pleine eau, l'accident se produit rarement au fond mais presque toujours lors de la remontée, au voisinage de la surface, c'est ce que le docteur Sciarli a appelé « le rendez-vous syncopal des 7 mètres ». Si personne ne vient à son secours, le plongeur en apnée, toujours très lesté, coule et périt par noyade comme dans le cas précédent. En fait, il s'agit d'une même perte de connaissance résultant d'un arrêt momentané des fonctions cérébrales dû à un manque de sang artériel au cerveau. Autrement dit, il se produit une anoxie cérébrale primitive avant que s'épuisent les réserves d'oxygène de l'organisme.

Pourquoi les mécanismes de rupture de l'apnée n'interviennent-ils pas en temps utile avant la perte de connaissance?

De très nombreux facteurs interviennent dans les accidents de l'apnée mais il en est un qui joue un rôle important et dont le plongeur est directement responsable : il s'agit de l'hyperventilation excessive.

Nous en avons parlé dans les paragraphes précédents mais il est utile d'y revenir. Après une hyperventilation intense, nous obtenons une pression partielle artérielle de gaz carbonique très basse, une pression partielle artérielle d'oxygène très élevée, supérieure à 100 torr, et un pH sanguin au-dessus de la moyenne. La pression de gaz carbonique va rester, tout au long de l'apnée, insuffisante pour constituer un stimulus respiratoire. Le système nerveux central subit une défaillance rapide. Le sujet peut arriver à une anoxie aiguë sans que rien ne l'ait alerté, c'est-à-dire à une privation d'oxygène telle qu'il tombe en syncope avec tous les risques que cela entraîne dans une telle situation. Pour pratiquer l'hyperventilation de façon utile et non dangereuse, le docteur Sciarli préconise le calcul du « tiers-temps sécurité ». Le plongeur réalise une hyperventilation – toutes les cinq secondes, deux inspirations-expirations profondes – et note précisément à quel moment il ressent les premiers signes d'un malaise ou d'une impression de malaise, puis il divise le temps obtenu par trois. Ce tiers temps représente le temps maximal d'hyperventilation sans danger.

➤ Les barotraumatismes

• *Les oreilles*

L'oreille moyenne est en communication avec le pharynx par l'intermédiaire de la trompe d'Eustache. Elle est séparée du milieu ambiant par le tympan. En surface, la pression est identique de part et d'autre du tympan (fig. 7.1.a); dans l'eau, la pression hydrostatique exerce une force sur la face externe du tympan qui provoque très vite une douleur (fig. 7.1.b). Pour faire cesser la douleur, il suffit de rétablir l'équilibre entre la pression de l'eau et la pression de l'air de chaque côté du tympan (fig. 7.1.c).

Pour cela, plusieurs méthodes, dont la plus célèbre et la plus facile est la manœuvre de Valsalva. On se pince le nez et on souffle par le nez comme pour se moucher. L'air parvient par la trompe d'Eustache jusqu'au tympan et rétablit l'équilibre. D'autres méthodes peuvent être utilisées : la déglutition ou manœuvre de Toynbee et la béance tubaire volontaire (BTV). Cette BTV demande une domination difficile de la musculature rhino-pharyngée et n'est possible qu'au prix d'un entraînement réel. Il faut ne jamais négliger une douleur au niveau des oreilles : remonter sans attendre. Toute manœuvre d'équilibrage doit avoir lieu au début de la descente. La manœuvre de Valsalva, elle, est très dangereuse à la remontée puisqu'elle ne ferait que décupler le déséquilibre existant. Les plongeurs de l'Antiquité connaissaient-ils ces méthodes, eux que l'on décrit remontant les tympans crevés, les oreilles dégoulinant de sang? Aujourd'hui encore, les otites barotraumatiques ne sont pas rares et demandent une absolue précaution.

• *Les sinus*

Cavités osseuses tapissées d'une muqueuse, ils sont en communication avec les fosses nasales, mais aucune manœuvre volontaire ne peut aider à l'équilibration de la pression de l'air à l'intérieur des sinus.

Si par suite d'un rhume l'air ne peut pénétrer dans les sinus, abstenez-vous de plonger! La douleur est terrible et vous obligerait de toute façon à écourter votre plongée.

• *Les yeux*

Des traumatismes oculaires avec éclatement des capillaires et hémorragies sous-conjonctivales peuvent survenir lors d'un placage de masque (fig. 7.2). Ce dernier survient lorsque la pression de l'eau plus importante que la pression de l'air contenu dans le masque écrase le masque et crée un effet de ventouse sur les yeux. Éviter ce danger est facile, il suffit d'expirer par le nez.

➤ L'œdème du poumon

Cet accident grave ne peut survenir qu'au-delà de la profondeur maximale théorique, lorsque le volume pulmonaire total devient inférieur au volume résiduel. Il se produit alors une dépression intra-pulmonaire et les alvéoles aspirent le plasma sanguin. Les poumons gorgés de ce liquide sont incapables d'assurer leur fonction, il y a insuffisance respiratoire aiguë. L'Italien Stefano Makula en a été victime lors de sa tentative de record de descente à - 110 mètres. Il a été remonté inanimé, et heureusement sauvé.

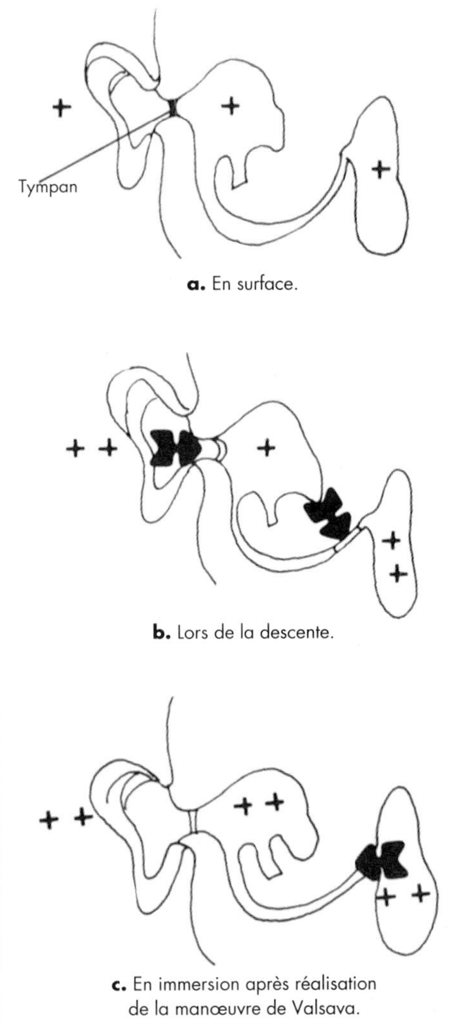

a. En surface.

b. Lors de la descente.

c. En immersion après réalisation de la manœuvre de Valsava.

7.1. *La pression dans l'oreille.*

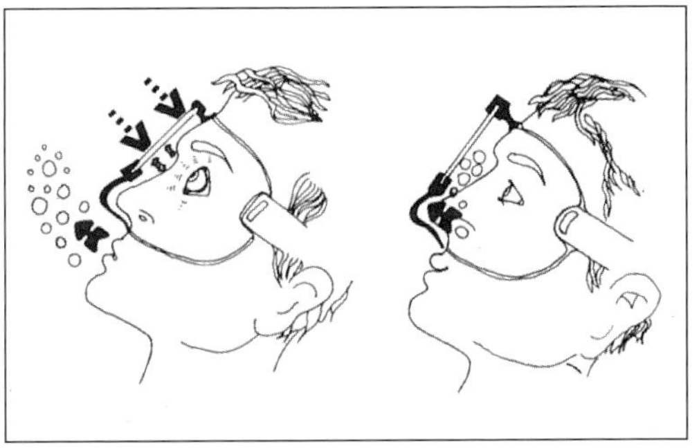

7.2. *Le placage du masque.*

➤ Le surmenage cardiaque

La répétition de plongées en apnée représente un effort cardiaque important. L'alternance rapprochée de bradycardies dues à l'immersion et de tachycardies dues à l'hyperventilation est un facteur aggravant. On peut se trouver, à la longue, en présence d'une insuffisance du myocarde qui peut se conclure par des accidents graves.

➤ L'intoxication au gaz carbonique

Petite cause, gros effets. Un tube trop long ou trop large par lequel le plongeur respire superficiellement va se trouver vite saturé en air vicié et le plongeur va respirer son propre gaz carbonique. Au bout d'un certain temps, nausées, vertiges, asthénie signent l'hypercapnie ou intoxication au gaz carbonique.

➤ L'accident de décompression

Il est supposé être le triste privilège du plongeur en scaphandre mais en réalité il peut arriver aussi à l'apnéiste. Plusieurs plongées profondes d'affilée, pendant plusieurs heures, des remontées très rapides et des séjours en surface trop courts pour permettre la désaturation en azote peuvent amener un accident de décompression.

Les pêcheurs de perles polynésiens, qui sont capables de prouesses étonnantes et pour qui 40 mètres est une profondeur commune, sont frappés plus que d'autres par l'accident de décompression qu'ils appellent « taravana ». Chaque tribu possède sa propre technique pour ne pas s'exposer au taravana. Ainsi, les plongeurs de Mangareva s'immergent toutes les 15 minutes après avoir réalisé une hyperventilation modérée précédée de chants traditionnels. D'autres prient tout en respirant amplement. Les plongeurs de Tonamoton n'espacent leurs plongées que de 4 à 8 minutes et sont beaucoup plus sujets à ce mal.

Les symptômes d'un accident de décompression sont très variés. Malaise, fourmillements, troubles de la vue, de la parole, paralysies, etc., doivent être immédiatement traités en caisson hyperbare.

LES ANIMAUX ET L'APNÉE

Nous venons d'observer les capacités de l'homme à s'adapter à l'évolution dans l'eau, respiration suspendue. Cette observation s'est muée en admiration aussi bien devant les performances des travailleurs de la mer que devant les records des sportifs. Mais le comportement des animaux en apnée et les stratégies développées à cet effet dépassent tout ce que l'on peut rêver. Deux chiffres seulement avant de poursuivre ce qui ne peut être qu'un aperçu tant la nature est riche d'inventions (fig. 7.3).

Profondeur maximale atteinte par un animal en apnée : 2 500 mètres au moins ! Il s'agit du cachalot à la poursuite des calmars géants, sa nourriture favorite. Ce cachalot sera lui-même poursuivi par l'homme pour cette gourmandise-là. En effet, en dehors de sa graisse, le cachalot fournit aussi l'ambre gris, substance odorante de très grand prix et en fait résidu des becs de calmars, trop durs pour être digérés par son estomac.

Second chiffre : durée maximale ; on ne compte pas en minutes mais en heures ! L'alligator reste tapi dans les marais du Mississipi plus de deux heures !

Les mécanismes d'adaptation physiologique et morphologique, souvent méconnus, méritent une analyse et une réflexion. Car pourquoi ne pas rêver ? À force d'initiation et d'entraînement, l'homme pourra augmenter son propre espace d'intervention en apnée.

Les différents types de respiration

De nombreuses espèces utilisent le milieu liquide – pour puiser leur nourriture, se reproduire ou se mettre à l'abri –, sans y être particulièrement adaptées, c'est-à-dire sans être dotées d'un appareil circulatoire spécialisé : les branchies. Elles sont donc obligées d'arrêter leur respiration, autrement dit de se mettre en apnée et cela de façon volontaire.

La respiration assure les échanges gazeux entre

la cellule et le milieu ambiant en permettant le prélèvement de l'oxygène et le rejet du gaz carbonique. La plupart des cellules animales pourtant, privées de l'apport d'oxygène, peuvent produire quand même de l'énergie en recourant à la dégradation du glycogène avec formation d'acide lactique. Mais ce mécanisme anaérobie ne peut être sollicité longtemps, c'est pourquoi plusieurs grands types de respiration existent pour fournir l'oxygène nécessaire.

– Pour les êtres de petite taille, de diamètre inférieur à 1 mm, les échanges des molécules d'oxygène et de gaz carbonique entre les cellules et le milieu environnant s'effectuent au travers de la membrane cellulaire : c'est la **respiration par diffusion**.

– Chez les insectes, il existe une **respiration trachéenne**. L'air est conduit à l'état gazeux mais parfois liquide par de fins tubes, les trachées, jusqu'aux cellules elles-mêmes.

– La **respiration branchiale**, celle qui permet la vie dans l'eau mais l'interdit dans l'air, est celle des poissons et des crustacés. Les branchies assurent l'absorption de l'oxygène dissous dans l'eau et le rejet du gaz carbonique.

– La **respiration pulmonaire** est la plus évoluée. C'est celle des mammifères, donc de l'homme, mais aussi des oiseaux et de nombreux autres animaux. L'air, grâce aux mouvements de la cage thoracique, est emmagasiné dans les poumons où se produisent les échanges entre l'air et le sang. Ces échanges ou hématose ont lieu dans les alvéoles pulmonaires.

– Certains animaux bénéficient d'une **respiration bimodale,** qui permet la vie à la fois dans l'eau et dans l'air. Cette respiration peut être soit pulmonaire et branchiale, soit cutanée et branchiale.

Mis à part les espèces munies de branchies, ce qui est le cas des poissons, des crustacés, de certains gastéropodes et échinodermes, mais également de certains insectes, les autres créatures doivent interrompre leur respiration lors-

7.3. *Diagramme représentant les temps et les durées d'apnée d'espèces d'oiseaux, de reptiles et de mammifères marins.*

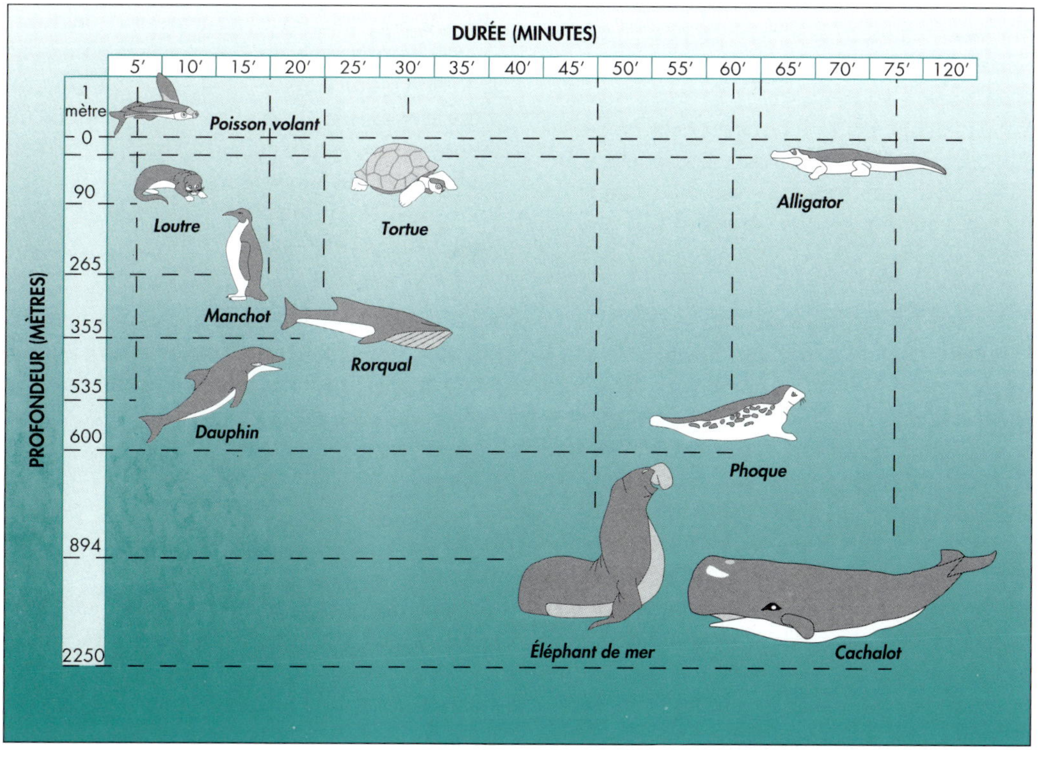

qu'elles s'immergent. Ce blocage respiratoire entraîne un arrêt de l'approvisionnement en oxygène. Or, si l'organisme peut vivre un certain temps sur ses réserves, plus ou moins rapidement le stock d'oxygène devient insuffisant, les produits de dégradation du métabolisme de base s'accumulent et la reprise respiratoire s'impose.

Afin de permettre l'apnée la plus longue possible, les animaux s'appuient sur une double stratégie : d'une part, augmenter le taux d'oxygène avant le début de l'apnée et, d'autre part, réduire la consommation d'oxygène durant cette même apnée.

De nombreux chercheurs se sont penchés sur les mécanismes développés par certaines espèces et plus particulièrement par les mammifères, pour économiser l'oxygène durant l'apnée.

Le docteur Guillerm a défini la triade physiologique indispensable à la vie hypoaérobie. Il s'agit de :

– bradycardie ou ralentissement du rythme cardiaque,
– bradypnée ou ralentissement des mouvements respiratoires avec interruption parfois de plusieurs minutes,
– bradymétabolisme ou ralentissement du métabolisme basal.

Voyons maintenant diverses espèces et classes animales capables de réaliser des apnées particulièrement intéressantes par la variété et l'ingéniosité des moyens déployés.

Les insectes

Un grand nombre d'insectes ont une vie aquatique. Les larves vivent très souvent dans l'eau et possèdent donc une respiration adaptée, branchiale et cutanée. À l'âge adulte, l'insecte a une vie aérienne et son appareil respiratoire subit les transformations en conséquence.

La respiration se fait par les trachées qui, d'un côté, s'ouvrent latéralement, à la surface du corps, par des orifices respiratoires ou stigmates, et de l'autre côté se subdivisent pour aboutir à des alvéoles extrêmement petites, pouvant pénétrer dans les cellules elles-mêmes et venir au contact des mitochondries (organites qui constituent l'appareil respiratoire des cellules végétales comme des cellules animales). Les insectes adultes, désireux de s'immerger pour se reproduire, se protéger ou pour chasser, stockent une certaines quantité d'air dans ces trachées. Ils disposent alors de trois stratégies.

➤ **L'apnée véritable :** l'insecte respire à la surface, s'immerge, puis revient à la surface quand le besoin d'air se fait sentir.

➤ **La semi-apnée :** l'insecte emporte avec lui une « réserve » d'air grâce à laquelle il peut respirer sans avoir à remonter en surface. Certaines espèces, en effet, pour augmenter leurs capacités d'apnée, se munissent d'une bulle d'air qu'elles coincent entre les poils de leurs pattes et qui va leur servir de réserve.

Parfois, la sophistication du procédé est plus grande encore. Ainsi, le gyrin, insecte aquatique, non seulement emporte une réserve d'air mais la leste et la bloque au fond pour lui servir de cloche de plongée et l'empêcher de remonter. L'argyronète, petite araignée d'eau, utilise, quant à elle, une sorte de petite maison sous-marine emplie d'air qu'elle calfeutre en tissant sa toile, ce qui permet à l'oxygène de l'eau de diffuser vers la maison et au gaz carbonique de diffuser vers l'eau. L'araignée, donc, prend son souffle dans sa maison, vaque à ses occupations puis revient respirer, toujours sous l'eau. Gain de temps et d'énergie !

➤ **La respiration bimodale :** d'autres insectes utilisent des branchies lorsqu'ils sont sous l'eau et des trachées lorsqu'ils sont hors de l'eau. L'adaptation aux deux milieux, aquatique et aérien, est totale. Il n'est plus besoin d'apnée.

Les poissons

Ce sont des vertébrés inférieurs, au squelette cartilagineux ou osseux, au corps recouvert d'écailles ou non. Ils sont représentés par plusieurs dizaines de milliers d'espèces et vivent dans l'eau.

Les organes respiratoires des poissons sont des branchies, formées de lamelles épithéliales fortement vascularisées et mettant en communication la cavité pharyngienne et le milieu ambiant. Les lamelles branchiales abritent un réseau de capillaires au sein duquel se font les échanges gazeux entre le sang et l'eau. Le sang circule dans toutes les lamelles, de l'extérieur vers l'intérieur du système branchial, dans la même direction ; au contraire, l'eau qui les baigne circule en direction opposée de l'intérieur vers l'extérieur. Ce dispositif à contre-courant assure le meilleur rendement des échanges gazeux. En général, l'eau pénètre par la bouche et sort par les fentes branchiales et cela sans discontinuer pour faciliter la respiration puisque la teneur en oxygène de l'eau est bien moindre que celle de l'air.
Les poissons prélèvent donc l'oxygène dissous dans l'eau et ne peuvent vivre que dans l'élément aquatique. En effet, hors de l'eau, les lamelles branchiales s'affaissent, les capillaires s'aplatissent, se mettent en collapsus, et les échanges gazeux ne se font plus.
Pourtant, certaines espèces de poissons osseux sont capables de s'adapter à une respiration aérienne. Parmi ces derniers, il faut faire une place à part à la sous-classe, fort curieuse, des dipneustes ou poissons dotés de deux poumons. Ces poissons possèdent des branchies et des poumons et vivent dans les fleuves et les marécages d'Australie, d'Afrique centrale et d'Amazonie. Quand vient la sécheresse, le dipneuste est capable de survivre des mois, voire des années, enfoncé dans la vase, grâce à ses seules réserves, n'ayant pour seule activité que la respiration. Le poisson respire l'air de la surface qui lui parvient au fond de son abri par une cheminée qu'il a construite en sécrétant du mucus.
L'existence d'un dispositif de respiration aérienne chez un poisson entraîne des modifications au niveau circulatoire (fig. 7.4). Chez un poisson banal, le cœur ne reçoit que du sang veineux qui est envoyé aux branchies par des artères. Chez les dipneustes, les poumons sont branchés en dérivation sur l'appareil circulatoire de telle sorte que le sang hématosé revient jusqu'au cœur.

Les crustacés

Les crustacés sont présents dans tout le domaine aquatique, marin ou continental, et on peut les rencontrer de la surface jusqu'aux profondeurs abyssales. À plus de 10 000 mètres de profondeur, on a pu reconnaître plusieurs espèces. Les crustacés des profondeurs sont identiques à ceux habituellement rencontrés, mais ils sont ordinairement plus grands et sans couleurs. C'est ainsi que l'on ne s'étonne plus de voir sur les marchés de Corse des langoustes énormes et presque blanches.
La variété des crustacés est immense et à côté des espèces purement aquatiques existent des espèces exclusivement terriennes comme celle des cloportes ! Leur rôle est primordial, à la fois protecteurs de la nature, la débarrassant des minuscules êtres nuisibles, et en même temps s'offrant comme proies faciles aux prédateurs plus puissants.

7.4. *Schéma des systèmes circulatoires des poissons.*

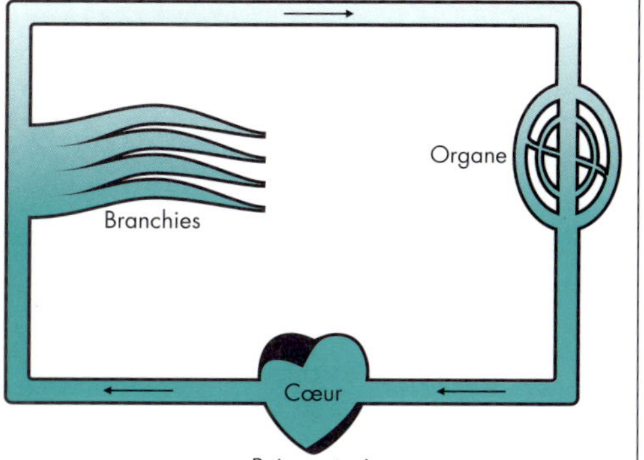

a. Poisson typique

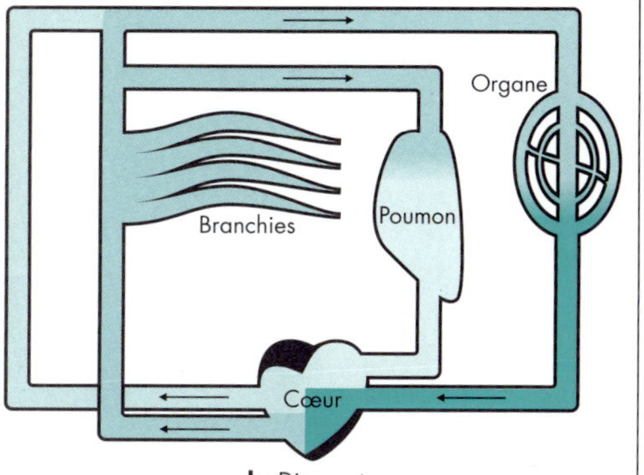

b. Dipneuste

Les crustacés respirent pour la plupart grâce à des branchies qui restent longtemps imbibées d'eau, telles des éponges, dans lesquelles même hors de l'eau ils continuent à puiser l'oxygène. Cela explique pourquoi restent si longtemps vivants sur l'étal des marchés crabes, homards ou langoustes.

Certaines espèces, bien qu'aquatiques, se sont adaptées à la vie terrestre en possédant des branchies réduites et des chambres branchiales élargies, à parois richement vascularisées, jouant ainsi le rôle de poumons. On verra ainsi, sur les plages des Seychelles, rêver paresseusement sous les cocotiers de magnifiques crabes d'un rouge incarnat ; mais inutile de vouloir les surprendre, leur célérité est très vive. Le promeneur nocturne, lui, sera surpris par des colonies de crabes blancs qui, dérangés dans leurs occupations, courent de leurs dix pattes se réfugier, à très vive allure, dans l'océan.

Les reptiles

Ce sont des vertébrés terrestres, recouverts d'une peau écailleuse, à respiration pulmonaire. Toute incursion sous-marine est ici synonyme d'apnée.

Cependant, de nombreuses espèces vivent dans l'eau de mer comme les tortues marines de l'ordre des chéloniens (fig. 7.5) ou dans l'eau douce comme les alligators de l'ordre des crocodiliens.

Leurs apnées peuvent être remarquables. Dans le cas des chéloniens, divers processus les facilitent : ralentissement du rythme cardiaque, mouvements respiratoires très espacés, baisse du métabolisme de base.

Les oiseaux

Ce sont des vertébrés couverts de plumes dont les membres antérieurs, transformés en ailes, servent au vol, sauf pour quelques oiseaux qui ne volent pas comme les autruches ou les manchots. Les oiseaux sont des homéothermes, c'est-à-dire qu'ils doivent maintenir une température interne constante, d'environ 41 degrés, ce qui entraîne une forte consommation d'oxygène. Ils n'ont pas, comme les lézards, de la classe des reptiles vus ci-dessus, la possibilité

7.5

de se chauffer au soleil en attendant que leur température atteigne les 37 degrés nécessaires à leur activité normale. Pour emmagasiner au maximum l'oxygène indispensable, les oiseaux possèdent plusieurs réserves. Tout d'abord, les poumons, mais ils sont bien petits ! Il y a aussi des sacs aériens, situés dans la tête et le tronc et qui sont l'aboutissement des ramifications des branchiales. Ces sacs ont eux aussi des prolongements dans les os creux. Toutes ces réserves gardent plus de la moitié du stock d'oxygène et permettent l'apnée aux espèces piscivores.
Ainsi le cormoran huppé, l'œil protégé par une deuxième paupière transparente qui lui sert de masque, va pêcher sa nourriture par vingt mètres de fond, lors d'apnées de trois minutes.

Les mammifères marins

Ce sont les plus connus, les plus fascinants et les plus menacés des animaux aquatiques. Ils sont dotés de poumons ; ils vivent dans l'eau grâce à leurs remarquables capacités d'apnée (fig. 7.6) et doivent bien sûr respirer régulièrement à la surface.

• On distingue **les pinnipèdes** ou animaux aux pieds en forme de nageoire (phoques, otaries ou morses). Ils vivent surtout à terre où ils ont toujours été poursuivis pour leur magnifique fourrure. Quand ils plongent, leurs narines sont automatiquement obstruées.

• Il y a aussi **les siréniens** dont il ne reste que deux espèces, les lamantins et les dugongs. Jacques Mayol dans *Homo delphinus* évoque avec nostalgie les évolutions aquatiques des femelles des lamantins dans les eaux de la Floride. Leur silhouette et leur grâce auraient fait naître le mythe de la sirène. Ils sont capables d'apnées de 20 minutes.

• Il y a enfin **les cétacés** que l'on divise en deux groupes.
– D'une part, les cétacés à fanons, qui se nourrissent de plancton et de minuscules crevettes appelées krill. Les pêcheurs ajacciens apprécient eux aussi ces petites crevettes aux yeux bleus dont le nom corse est *gambarelli* et qui constituent un excellent appât. Parmi les cétacés à fanons, citons les baleines et les rorquals.
– D'autre part, les cétacés à dents, qui se nourrissent de poissons, de mollusques et de crustacés : il s'agit des cachalots, des dauphins, des marsouins, des orques... Ce sont des champions de l'apnée.
Nous avons déjà évoqué les performances des cachalots qui poursuivent dans les profondeurs abyssales des calmars géants de 15 mètres de long, presque aussi grands qu'eux. L'extrême compressibilité de leur cage thoracique permet aux odontocètes de supporter des pressions très importantes, sans commune mesure avec celles que peut supporter l'homme, dont la cage thoracique a peu d'amplitude. D'autre part, leur respiration est lente et le renouvellement d'air frais à chaque inspiration représente neuf dixièmes de l'air total contenu dans les poumons. D'autres phénomènes complexes entrent aussi en jeu pour expliquer cette aisance dans l'apnée. Citons seulement un métabolisme basal peu élevé, une protection efficace contre le froid (grâce à une énorme couche de graisse) et le réflexe du *blood shift* dont nous

7.6

avons déjà parlé, qui consiste en un afflux sanguin massif au niveau des poumons et du cœur. Il y a enfin l'existence d'un réseau artériel ou « réseau admirable » découvert par le grand Georges Cuvier en 1830. Il s'agit d'un immense réseau d'artères qui entoure d'une part le cerveau et de l'autre les deux côtés de la cage thoracique, et qui constituerait une vaste réserve sanguine.
Quant à la fixation de l'oxygène, elle est grandement facilitée chez les cétacés par un nombre d'alvéoles pulmonaires triple de celui de l'homme, pour les mêmes proportions. Les globules rouges sont en nombre très élevé et richement chargés en hémoglobine, le pigment qui permet la fixation de l'oxygène.
Bien que les cétacés et surtout les dauphins soient l'objet d'une attention passionnée des hommes, les recherches concernant leurs particularités physiologiques sont encore très parcellaires et bien des mystères demeurent.

APNÉE ET TRADITION

Avant de devenir, ces dernières années, un sport de loisir et même une course aux records, la pratique de l'apnée a surtout été affaire de pêche et de tradition. Il est vrai que l'apnée a déjà derrière elle une longue histoire, puisqu'on peut faire remonter ses origines jusqu'à l'Antiquité.

Les plongeurs grecs et romains

L'existence de plongeurs professionnels est attestée, dans l'Antiquité gréco-latine, dès l'époque homérique, c'est-à-dire le IXe siècle avant J.-C. (fig. 7.7). Jusqu'à Aristote, les allusions sont assez brèves et assez rares mais significatives de la difficulté du métier. Eschyle, dans sa tragédie *Les suppliantes*, fait dire au roi Pelargos confronté à la difficile et dangereuse décision d'aider les 50 Danaïdes à échapper à un mariage odieusement imposé : « Oui, j'ai besoin d'une pensée profonde qui nous sauve, et que, tel un plongeur, descende dans l'abîme un clair regard, où le vin n'ait pas mis son trouble. »[1]
Les plus anciens et les plus connus des pêcheurs de l'Antiquité sont les pêcheurs d'éponge. Vinrent ensuite les pêcheurs de corail et, plus tard, avec les expéditions d'Alexandre le Grand au IVe siècle avant J.-C., les pêcheurs de perles.
Aristote dans son *Histoire des animaux*, puis quatre siècles plus tard, au début de notre ère, Pline l'Ancien, l'auteur d'une monumentale *Histoire naturelle*, et enfin un obscur poète didactique du IIe siècle après J.-C., Oppien de Cilicie : voilà les auteurs les plus prolixes concernant les pêcheurs en apnée. Nous savons que le poète latin Ovide écrivit en exil, lui aussi, un traité de la pêche, *Les Halieutiques*; mais rien n'est parvenu jusqu'à nous. Si nous nous fions aux trois sources citées précédemment, que savons-nous de la pêche aux éponges ?

Avant la plongée, les pêcheurs adressent des « prières aux divinités de la mer profonde pour qu'elles leur épargnent la rencontre des monstres marins » (Oppien). Sur le lieu même de la plongée, ils cherchent à apercevoir la présence d'un poisson, appelé anthias et qui est vraisemblablement le mérou, comme ont tenté de le démontrer Pierre de Latil et Jean Rivoire dans un très beau livre : *À la recherche du monde marin*[2]. Le mérou aurait été considéré comme protecteur du lieu. Ensuite, attaché à une corde et lesté d'une main d'une lourde pierre, de l'autre d'une serpe, la bouche pleine d'huile, les oreilles protégées par deux morceaux d'éponge huileuse, le plongeur descend au fond. Là, il lâche un peu d'huile pour mieux voir et le plus vite possible coupe les éponges puis tire sur la corde pour être remonté.

Oppien précise : « En effet, des éponges coupées distille un sang meurtrier, liqueur nauséabonde qui, se répandant autour de l'homme, suffit parfois pour le tuer, tant cette odeur fétide offense les narines. Voilà pourquoi le plongeur se hâte. » Le retour à la surface montre un plongeur « abattu et à bout de forces, tant la crainte, la fatigue et la souffrance ont brisé ses membres ». Le poète décrit aussi la mort tragique de certains plongeurs dont les compagnons ne réussissent à remonter, au prix de grands efforts, que les restes dévorés par un monstre redoutable et inconnu !

Aristote, lui, décrit une curieuse coutume, que l'on retrouve ailleurs plusieurs siècles plus tard, consistant à s'inciser les oreilles et le nez. Peut-être était-ce une manière de conjurer les accidents barotraumatiques des oreilles et des sinus ?

En dehors de ces trois activités économiques, pêche aux éponges, au corail (fig. 7.8) et aux perles, les plongeurs professionnels se livraient aussi à des activités militaires. Les nageurs de combat existaient déjà dans l'Antiquité. Hérodote raconte les exploits de Scyllias de Chalcidique et de sa fille Cyana, qui firent subir à la flotte de Xerxès de grandes pertes, en arrachant les ancres des navires au mouillage, un jour de tempête. Des statues furent érigées en leur honneur et dressées dans le temple d'Apollon à Delphes !

Lorsque l'on sait que ce temple était le lieu politique et religieux le plus important de toute la Grèce antique, on imagine sans peine l'admiration que vouèrent les Grecs aux plus célèbres des plongeurs militaires.

L'historien grec Thucydide, que l'on ne peut suspecter de fantaisie, décrit le siège de Syracuse par les Athéniens. Plongeurs des deux côtés s'affrontent ; les Syracusains plantent des pieux pour empêcher l'accès du port aux ennemis, les Grecs eux s'acharnent à les scier à la base dès qu'ils sont plantés.

Le même Thucydide, dans un autre livre de *La guerre du Péloponnèse*, cite une autre action des plongeurs militaires. Il s'agit des plongeurs de Tyr chargés de couper les ancres des galères d'Alexandre le Grand qui assiègent leur ville en

7.7. *Bas-relief assyrien, 900 av. J.-C.*

7.8. *Des branches de corail à faire rêver les corailleurs d'aujourd'hui.*

(Encyclopédie Cousteau, "L'homme retourne à la mer". Ed. Robert Laffont).

332 avant J.-C. Grâce à eux, la cité put résister. Les mentions des historiens sont suffisamment nombreuses pour nous persuader de l'importance des nageurs de combat dans l'Antiquité.

L'époque médiévale

Singulière permanence de la tradition ! Le naturaliste arabe Mas' Oudi, au xe siècle, parle dans les mêmes termes des plongeurs de son temps. « Les plongeurs se nourrissent de poissons, de dattes et d'aliments du même genre. On leur fend le bas de l'oreille pour laisser passage à la respiration car ils bouchent leurs narines avec un appareil fait avec l'écaille de la tortue de mer. Ils portent dans leurs oreilles du coton imprégné d'huile dont ils expriment une faible partie lorsqu'ils sont au fond de la mer ; ce qui les éclaire comme une lumière. »[3]
Quant aux actions militaires, elles sont aussi présentes dans les récits des historiens musulmans, témoins des croisades, que dans ceux des chroniqueurs occidentaux. Nous ne citerons que l'épisode fameux du siège de Saint-Jean-d'Acre par les croisés. Un plongeur arabe, du nom d'Isa, transportait or et messages dans des bourses de cuir attachées à sa ceinture en passant sous les navires ennemis. Un jour pourtant, le destin eut raison de l'intrépide nageur et ce fut la mer qui déposa sur le rivage de la ville l'or et les messages toujours attachés au corps du malheureux plongeur.

La tradition japonaise

Depuis plus de 2 000 ans, existe au Japon une plongée en apnée professionnelle, c'est celle des *ama*. Aujourd'hui popularisées par la presse écrite et la télévision, les plongeuses nues du Japon ont fait beaucoup rêver. Leurs activités ont toujours été parfaitement structurées socialement. En effet, il existe trois catégories de plongeuses.

➤ **Les plongeuses Koisodo** : ce sont les très jeunes filles et les femmes de plus de 50 ans. Elles partent du bord, plongent dans 4 ou 5 mètres d'eau et après une apnée de 15 à 20 secondes déposent leurs cueillettes d'algues dans des paniers flottant à la surface.

➤ **Les plongeuses Nakaisodo** : elles ont une vingtaine d'années ou un peu moins, plongent en petits groupes et descendent jusqu'à 8 mètres. Elles ramassent coquillages et algues grâce à des apnées de moins d'une minute et sont accompagnées en barque jusqu'au lieu de plongée.

➤ **Les plongeuses Oisodo** : elles ont de 25 à 50 ans. Leurs apnées durent souvent près de deux minutes et la profondeur atteinte est ordinairement de 25 à 30 mètres. Elles plongent depuis une barque conduite par un mari ou un parent. Lestées d'une ceinture de plomb, elles descendent avec rapidité, aidées d'un poids relié à une corde que l'accompagnateur remonte dès qu'elle touchent le fond. Ensuite, la cueillette terminée, elles tirent sur le filin qui les relie au bateau et l'homme qui est chargé de les surveiller les remonte le plus vite possible, grâce à une poulie. Entre chaque apnée, elles reprennent leur souffle et pratiquent une hyperventilation lente, contrôlée par un sifflement puissant.
Mais la tradition se perd, le nombre de plongeuses a beaucoup décru et seules quelques petites îles du nord du Japon voient persister cette activité qui était pourtant rentable. Aujourd'hui, les plongeuses ne sont plus nues, elles portent une combinaison de néoprène comme partout ailleurs, et le seul élément traditionnel qu'elles aient conservé est le port d'un foulard blanc, noué dans les cheveux et chargé d'éloigner les mauvais génies.

La tradition polynésienne

Jacques Mayol, dans le livre que nous avons déjà cité, *Homo delphinus*, dit son admiration pour les pêcheurs de perles polynésiens. Pour lui, ce sont les meilleurs plongeurs en apnée du monde.
Heureusement, le septième art nous a laissé un extraordinaire document sur cette pêche traditionnelle. Il s'agit du film *Tabu* tourné à Bora-Bora en 1927, avec pour comédiens les gens de l'île. Le film est muet et l'attention du spectateur pour les expressions et les gestes des personnages est encore plus grande. Jacques Mayol

dit avoir sûrement été conditionné par ce film vu dans sa jeunesse, et quiconque a eu la chance de voir ces étonnantes images soulignées par la musique dramatique d'Arthur Honegger le croit volontiers. C'est l'histoire d'un jeune pêcheur de perles amoureux d'une belle vahiné qui ne pense qu'à rire. Leur bonheur est sans nuage et leur vie pleine de promesses jusqu'à ce que la jeune fille soit choisie par un prêtre pour être vouée au culte d'une divinité locale, telle une vestale romaine. Le jeune homme croit pouvoir se sauver, lui et sa bien-aimée, en se livrant à une pêche intensive, gage de la fortune et donc de la fuite. Les images détaillent les plongées successives, l'hyperventilation rapide, et la cueillette des perles... noires ! Celles-ci représentent la fortune, certes, mais aussi la mort.

Aujourd'hui, les plongeurs de perles existent toujours, ils descendent encore jusqu'à 30 ou 40 mètres, remontés aussitôt par leur assistant, mais ils sont de moins en moins nombreux. La culture de la perle aussi bien au Japon qu'en Polynésie est en passe de sauver les huîtres perlières mais de condamner la pêche !

Dans le monde entier, les techniques traditionnelles de la pêche en apnée sont remplacées par les techniques modernes et la pêche en scaphandre. Pourquoi risquer sa vie, abîmer son corps, alors qu'il est si facile, si sûr et si rentable de plonger autrement ?

L'APNÉE AUJOURD'HUI

Aujourd'hui, la plongée en apnée connaît une très grande popularité et a fait naître de grandes passions. Tandis que les plongeurs professionnels aux traditions millénaires disparaissent, voici que se multiplient plongeurs de loisir et plongeurs sportifs. Alors que les records étaient polynésiens, coréens, grecs, siciliens ou corses, connus seulement d'une tribu ou d'un village, ils s'étalent maintenant à la une de tous les journaux et sur les écrans de cinéma.

Avant d'aller plus loin, faisons une simple constatation et rappelons quelques conseils. La plongée en apnée connaît des adeptes occasionnels de plus en plus nombreux mais les risques sont importants. Syncope anoxique due à une hyperventilation excessive et rendez-vous syncopal des 7 mètres font des ravages parmi ceux qui pratiquent ce sport l'été, sans grandes connaissances théoriques, sans entraînement sérieux, souvent même sans accompagnement ! Redisons-le encore une fois, la plus grande prudence est nécessaire. On ne plonge jamais seul, on ne se prend pas pour un dauphin, on ne pratique une hyperventilation que si l'on a calculé le tiers temps sécurité, et on plonge dans les livres spécialisés avant de plonger dans le grand bleu.

1949-1989 : quarante ans séparent ces deux dates mais aussi 82 mètres !

1949 : le commandant Raimondo Bucher plonge dans la baie de Naples à 30 mètres de profondeur. C'est le premier record de plongée en apnée avec poids variable homologué par la Cmas, la Confédération mondiale des activités subaquatiques.

1989 : Francisco Ferreras Rodriguez alias Pipin plonge au large de Cayo Largo, une île cubaine, à moins 112 mètres et remonte après une apnée de 3 minutes 3 secondes. Ce record, le plus récent que nous connaissions à ce jour, n'est pas homologué par la Cmas, car depuis le 5 décembre 1970, la puissante confédération refuse d'accorder le terme de record à des expériences qui ne relèvent plus du sport mais du rêve. Depuis ce jour, en effet, la Cmas ne fait que constater ce qu'elle appelle des « expérimentations appliquées avec poids variable », c'est-à-dire qu'elle suit avec intérêt, mais n'encourage pas, ces dépassements des limites humaines, qui appartiennent beaucoup plus à la science qu'au sport.

Jacques Mayol a beaucoup fait pour cette interprétation et considère sa vie comme vouée à la science. Il plonge entouré de médecins et de techniciens. Il a même pu à - 86 mètres faire contrôler ses pulsations cardiaques par le docteur Sandro Maroni. Vingt secondes accordées au médecin ! Le but d'un homme comme Mayol est d'étudier scientifiquement le réflexe de l'immersion ; pour lui, la permanence, à travers les siècles, de plongeurs hors du commun, montre les capacités réelles de l'homme face à l'élément aquatique.

Rappelons quelques grandes dates de cette folle course aux records. Dans les exemples ci-après, les plongées ont été faites, toutes, avec poids variable, c'est-à-dire que le plongeur s'immerge avec un lest, un lingot de fonte relié à un câble vertical, afin d'accélérer le plus possible la descente. Cette gueuse est presque toujours munie d'un frein pour faciliter l'arrivée au fond. Le plongeur remonte, après avoir largué son lest, à l'aide d'un ballon ou d'un gilet gonflable.

1949 : Raimondo Bucher - 30 m
1956 : Ennio Falco et Alberto Novelli - 41 m
1961 : Enzo Maiorca - 50 m
1966 : Enzo Maiorca - 62 m
1969 : Enzo Maiorca - 72 m
1970 : Jacques Mayol - 76 m
1973 : Enzo Maiorca - 80 m
1976 : Jacques Mayol - 100 m
1983 : Jacques Mayol - 105 m
1989 : Angela Bandini - 107 m
1989 : Pipin - 112 m

Les cinq derniers records ne sont pas, bien sûr, homologués par la Cmas, comme nous l'avons expliqué.

Sont par contre considérées comme des records sportifs à part entière les plongées avec poids constant. Dans ces dernières, le plongeur doit descendre et remonter avec le même équipement et sans aide d'aucune sorte. Donc pas de gueuse avec ou sans frein, pas de câble auquel on s'agrippe pour remonter ; on n'enlève pas son masque pour ne laisser que des lentilles de contact ; on descend et on remonte grâce à ses seules forces.

Mais on ne s'étonnera pas de retrouver les mêmes noms dans la liste ci-dessous !

1974 : Enzo Maiorca - 58 m
1976 : Enzo Maiorca - 60 m
1981 : Jacques Mayol - 61 m

Quant aux records féminins, ils appartiennent aux filles de Maiorca.

1978 : Patrizia Maiorca - 35 m
1979 : Patrizia et Rosanna Maiorca - 40 m
1980 : Patrizia et Rosanna Maiorca - 45 m

À huit ans de l'an 2000, nous en sommes là en ce qui concerne l'apnée. Elle est devenue un objet de science à part entière, mais elle garde encore tout son pouvoir de fascination sur tous ceux qui souhaitent conquérir le monde sous-marin et qui désirent « plonger au fond du gouffre... au fond de l'Inconnu pour trouver du nouveau ! »

NOTES

1. *Les Belles Lettres*, 1966, traduction Paul Mazon.

2. *À la recherche du monde marin*, Pierre de Latil et Jean Rivoire. Plon, 1954.

3. *Les Prairies d'or*, Mas' Oudi.

BIBLIOGRAPHIE

Jacques Mayol, *Homo delphinus*. Glénat, 1990.

Roberto Merlo, *Sotto sette mari*. BBE, Turin, 1982.

Pierre de Latil et Jean Rivoire, *À la recherche du monde marin*. Plon, 1954.

Revue *Apnéa* (collection).

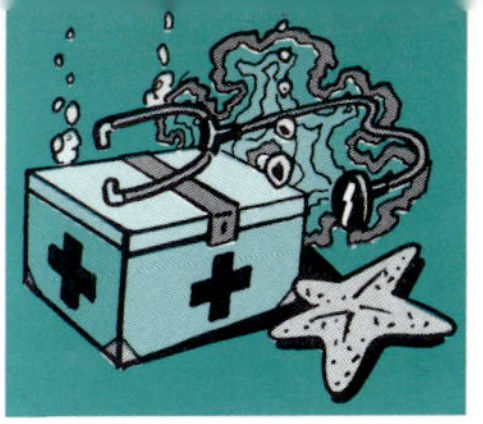

8. MÉDECINE ET PLONGÉE

Ce chapitre ne traite que d'une petite partie de la médecine de la plongée. En nous intéressant volontairement à l'essentiel, nous avons voulu apporter au lecteur des connaissances supplémentaires sur des sujets qui lui permettront de mieux prendre en compte sa sécurité : la plongée sous-marine de loisir doit être avant tout une activité de plaisir dénuée de risque.

« Écoute Sancho, les aboiements des chiens se rapprochent dans la nuit ; c'est signe que nous progressons. »
Miguel de Cervantès (1547-1616).

LE CONTRÔLE MÉDICAL DE LA PLONGÉE SPORTIVE

La plongée sous-marine autonome est une activité physiologiquement contraignante. Le but du contrôle médical étant de limiter la contrainte au seuil de risque grave, l'importance des visites médicales régulières décelant les contre-indications absolues ou relatives et cherchant à mettre en évidence les facteurs de risque n'est plus à démontrer : dans leur intérêt et parfois pour celui de leurs compagnons de plongée, certains plongeurs doivent être éliminés après qu'ils ont été informés des risques encourus.

Dépister les anomalies organiques et les insuffisances fonctionnelles qui, en plongée, peuvent être sévèrement sanctionnées, juger les facultés d'adaptation de l'organisme aux variations de pression et aux conséquences qui en découlent, sont donc les objectifs de l'examen initial et des renouvellements annuels que tout plongeur novice ou chevronné doit comprendre et accepter pour sa sécurité.

La conduite de l'examen

Tel qu'il est habituellement pratiqué dans le cadre de la plongée sportive, cet examen, même bien conduit et rigoureux, ne doit pas être considéré comme optimal. C'est dire que si, dans la majorité des cas, il permet le dépistage de toutes les contre-indications flagrantes, de toute évidence il ne peut nous apporter, en fonction de certains signes présents ou absents, que la suspicion d'un état pathologique. La prescription d'explorations complémentaires, appréciant la valeur fonctionnelle des grandes fonctions impliquées, doit donc être systématique au moindre doute : le médecin doit avoir à l'esprit que, dans le milieu aquatique, la moindre défaillance physique, physiologique ou psychologique peut entraîner des conséquences graves sur le plan fonctionnel ou vital.

LA PREMIÈRE VISITE

Elle fait l'objet d'un bilan minutieux tenant autant compte des faits anamnestiques que des constatations cliniques. Chaque organe doit être rigoureusement examiné, mais cet examen s'oriente essentiellement vers certains systèmes en raison de leur vulnérabilité ou de leur importance.

Effectué ainsi, ce bilan organique cherche à déceler toutes les affections et/ou les anomalies qui de toute évidence sont des facteurs de risque et représentent, sans discussion possible, des contre-indications absolues à la pratique de la plongée.

D'emblée, il faut éliminer, parfois temporairement seulement, toutes les atteintes organiques évolutives ou chroniques, les déséquilibres fonctionnels importants atteignant surtout l'appareil cardio-vasculaire, pulmonaire, nerveux, ainsi que ceux touchant la sphère ORL.

L'importance des séquelles de maladies anciennes guéries ou stabilisées conditionne le caractère absolu ou relatif de la contre-indication. Dans la plupart des cas, ce sont des critères physiologiques qui font la décision : le retentissement de la plongée sur la pathologie découverte doit être appréhendé à sa juste valeur. Les différences d'appréciation sur l'évaluation des risques dépendent essentiellement de la compétence et de l'expérience du médecin examinateur qui, en dernier ressort, juge en son âme et conscience.

Sans énumération exhaustive, il faut donc s'attacher à rechercher les affections atteignant les organes impliqués dans la plongée et pouvant avoir un retentissement sur cette activité.

➤ L'appareil respiratoire

Il faut écarter non seulement les sujets porteurs de lésions évolutives, mais aussi ceux atteints de séquelles parenchymateuses susceptibles d'altérer l'intégrité anatomique et la valeur fonctionnelle de l'appareil broncho-pulmonaire : toute cicatrice est non seulement le point d'appel d'une rupture alvéolaire à la moindre surpression, mais peut aussi entraîner des accidents par « bronche à clapet ». C'est ainsi qu'une tuberculose évolutive ou ses séquelles, les syndromes obstructifs de toutes natures (asthme évolutif, bronchites chroniques ou à répétitions), les affections chroniques des bronches comme les bronchiectasies, les formations aériennes emphysémateuses et les lésions parenchymateuses séquellaires d'un pneumothorax sont, en toute rigueur, rédhibitoires.

➤ L'appareil cardio-vasculaire

Il s'agit de dépister les causes organiques majeures d'inadaptation à l'effort modéré : une condition physique d'athlète n'est pas requise, mais un minimum de « condition physique », autorisant des échanges tissulaires métaboliques de qualité, est indispensable.

Les sujets présentant des lésions ou séquelles cardiaques telles que : infarctus, pathologie orificielle sévère, coronaropathie, sont éliminés comme ils le seraient pour toute autre activité sollicitant le système cardio-vasculaire.

Une tachycardie permanente supérieure à 100 est éliminatoire, mais des extrasystoles disparaissant à l'effort ne sont pas retenues. L'intégrité vasculaire est nécessaire et toute affection susceptible de modifier les débits de perfusion tissulaire doit être considérée comme suspecte, éventuellement investiguée ; en tous cas et à défaut de contre-indication, une telle pathologie doit susciter des réserves quant à son retentissement sur les phénomènes de saturation-désaturation tissulaire. Il en est de même en ce qui concerne le système de drainage veineux.

➤ La sphère ORL

En premier lieu, toutes les causes gênant de façon définitive et totale l'équilibre des pressions dans la caisse du tympan ou les cavités sinusiennes avec les voies respiratoires constituent une contre-indication absolue ; c'est le cas des catarrhes tubaires chroniques, des états allergo-infectieux rebelles du système rhino-sinusien responsables d'une dysperméabilité tubaire. Mais les déviations de cloison nasale, l'hypertrophie des cornets, la présence de polypes et de tous facteurs susceptibles d'être responsables d'une obstruction nasale partielle ou intermittente, ne sont pas des affections incompatibles avec la plongée, dans la mesure où l'état fréquemment congestif et inflammatoire des muqueuses ne provoque pas une obstruction des ostii sinusiens et tubaires : ce ne sont que des contre-indications relatives temporaires en raison de la dysperméabilité partielle et souvent asymétrique pouvant être à l'origine, en dehors des barotraumatismes ORL bien connus, d'un vertige alternobarique de Lundgren.

En second lieu, il faut rechercher les affections organiques permanentes. Les otites ou sinusites chroniques, les séquelles d'intervention sur l'oreille moyenne risquant de fragiliser les parois, les perforations tympaniques anciennes non cicatrisées sont des contre-indications absolues. Par contre, une sclérose ou une cicatrice importante du tympan ne contre-indique la plongée que s'il n'y a pas d'équilibre en pression possible.

Enfin, si la plongée ne rend pas sourd, elle peut toutefois léser l'appareil cochléo-vestibulaire ; les contre-indications prononcées pour les affections atteignant le labyrinthe ont pour but de pallier une éventuelle aggravation barotraumatique d'un déficit antérieur et donc de préserver une fonction déjà perturbée. C'est la raison pour laquelle :

– toute atteinte de l'organe d'équilibration est éliminatoire ;

– les déficits auditifs sont relativement tolérés : la décision de contre-indiquer la plongée dépend du niveau d'hypoacousie et de l'altération ou non des fréquences conversationnelles.

➤ Le système neuro-végétatif

Les sujets ayant présenté des crises comitiales, de tétanie ou de spasmophilie sont classiquement écartés de la plongée. L'appréciation de la composante neuro-végétative se base sur les manifestations dystoniques fonctionnelles et le test de Flack. Les syncopes vagales par instabilité neuro-végétative sont bien sûr éliminatoires. Un terrain anxieux, neurotonique, une affection neuropsychiatrique compensée, une composante éthylique sont déconseillés.

Les motivations et le comportement doivent être appréciés : les réactions psychologiques anormales, l'agressivité, le désir d'actions valorisantes, de performances, à l'origine de nombreux drames, sont des facteurs sélectifs. Mais bien souvent, au-delà de l'avis médical, c'est le moniteur au contact avec le plongeur qui devra prendre conscience des perturbations de la personnalité et, *in fine*, évaluer la vulnérabilité de son élève.

➤ Les autres appareils

Le système locomoteur fait l'objet d'un soin plus particulier au niveau de l'état des articulations, lieu d'élection du phénomène bullaire : les séquelles d'intervention sur les grosses articulations peuvent être éliminatoires. Un état inflammatoire aigu ou passé à la chronicité doit suggérer la plus grande prudence. Pour la même raison, la perturbation des conditions hémodynamiques et tissulaires de saturation-désaturation en gaz neutre et les sciatalgies aiguës doivent contre-indiquer temporairement la plongée ; cependant, l'incidence des lombalgies relativement chroniques dans la genèse de certains accidents neurologiques médullaires n'étant pas écartée, cette pathologie, à défaut de contre-indiquer définitivement la plongée, doit conduire à des restrictions dans la pratique de cette activité (couple profondeur-temps dans la courbe de sécurité en particulier).

Pour le reste, les contre-indications sont le plus souvent évidentes ; elles peuvent exister en raison de troubles digestifs (ulcère évolutif), de troubles rénaux ou endocriniens (diabète, Addison). Une surcharge pondérale exagérée et de surcroît une hypercholestérolémie sévère, facteurs favorisants des accidents de décompression, devraient être éliminatoires.

Classiquement, la grossesse contre-indique la plongée en raison des hypotrophies fœtales observées chez les femmes enceintes ayant pratiqué cette activité. Le placenta est en effet, en raison de sa richesse vasculaire, un lieu privilégié de dégazage et il peut y avoir à ce niveau aéroembolisme avec pour conséquence infarctus placentaire ou décollement. Compte tenu de l'importance du risque et même si tous les auteurs ne sont pas d'accord, il est plus prudent de recommander l'arrêt de la plongée sous-marine dès que la grossesse est reconnue, en tous cas au-delà du troisième mois.

Les sujets âgés de plus de soixante ans doivent faire l'objet d'une surveillance pluriannuelle après que l'examen préalable comportant un électrocardiogramme d'effort aura été particulièrement soigneux.

Au terme de cet examen, qui a les limites des moyens d'investigations mis en œuvre, chacun doit rester conscient du fait que l'absence de contre-indication n'est pas une garantie absolue contre une défaillance physiologique ou fonctionnelle non décelée ou à venir. Le libellé du certificat « valable ce jour » est également significatif et justifie les contrôles épisodiques.

LES VISITES DE RENOUVELLEMENT

« L'aptitude ne pouvant se concevoir ni d'une façon globale ni à long terme » (Sciarli), c'est dans l'espoir de protéger le plongeur que sont effectués les contrôles annuels.

Le bon sens voudrait que l'absence de risque soit réévaluée après toute affection médicale, chirurgicale ou tout autre motif mettant en cause l'intégrité anatomo-fonctionnelle. Encore faut-il que le médecin ait connaissance de telles situations : certains sujets, conscients des risques encourus mais trop sûrs de leur résistance, peuvent être tentés de minimiser des faits déterminants dans «l'aptitude» instantanée.

La décision est le plus souvent simple à prendre mais se heurte parfois à certains écueils : le recours à des investigations spécialisées ne permet pas toujours de statuer. Dans ces conditions, l'expérience du médecin examinateur, la « connaissance » du plongeur et de ses tendances permettant d'introduire des facteurs de prédictivité représentent les seuls moyens de se garder de décisions arbitraires.

Dans tous les cas litigieux, le médecin doit peser ses décisions en tenant pour absolue la règle du moindre risque.

Tout problème particulier sera résolu en considérant les contraintes liées :

– aux importantes variations des volumes gazeux au niveau des cavités pneumatiques ;

– au phénomène de saturation et désaturation tissulaire : toute cause susceptible de perturber le transport des gaz inertes peut favoriser l'apparition de bulles pathogènes ;

– à la vulnérabilité de certains organes plus particulièrement exposés.

Si prendre l'initiative d'interdire définitivement la plongée ou de restreindre le domaine d'investigation est parfois difficile sur le plan technique, cette décision est toujours désagréable à prononcer sur le plan humain : le médecin doit faire taire ses instincts bienveillants à l'égard de plongeurs qu'il côtoie bien souvent; mais il doit surtout proscrire la solution sécurisante irréaliste qui consiste à interdire sans nuances, ces décisions de contre-indication ou de limitation d'activité doivent être discutées et expliquées. Ce n'est qu'à cette condition que l'interdiction sera respectée, autrement dit que l'action de prévention de l'accident de plongée sous-marine recherchée par l'examen médical sera efficace.

La visite médicale de l'enfant

Du fait d'un manque de connaissance sur les conséquences de la plongée sous-marine autonome sur un organisme en phase de croissance et de maturation neurovégétative, une position d'abstention a été longtemps préconisée par le corps médical en ce qui concerne la pratique de cette discipline par les adolescents de moins de 16 ans. Le développement de cette activité chez les jeunes de 8-10 ans oblige les médecins, fédéraux en particulier, à remplir au mieux leur rôle de prévention donc d'information sur les risques encourus : l'enfant n'est pas un adulte en miniature mais un individu disposant de ses lois physiologiques. Car, au-delà de la détermination des contre-indications éventuelles, la question qui se pose est de savoir à partir de quel âge l'enfant peut plonger en toute sécurité : c'est toute la question des risques particuliers.

PARTICULARITÉS DU CONTRÔLE MÉDICAL

Comme tout plongeur, l'enfant souhaitant pratiquer la plongée autonome doit se soumettre à une visite médicale de recherche de non-contre-indication; le médecin de famille connaissant bien son patient n'est pas forcément celui qui prendra la meilleure décision « d'aptitude ». Plus que jamais, l'avis d'un médecin fédéral averti des problèmes particuliers de la plongée chez l'enfant doit être requis.

Cette visite, identique à celle pratiquée chez l'adulte, a cependant quelques caractéristiques. Le médecin doit pratiquer son examen en présence des parents : l'enfant n'est pas toujours capable de fournir les renseignements demandés. Les motivations doivent être précisées : il doit y avoir une véritable demande de l'enfant.

Les développements staturo-pondéral, psychomoteur et intellectuel doivent être harmonieux. Compte tenu de l'incidence en plongée des problèmes ORL, fréquents chez l'enfant, de pathologie parfois méconnue (otite séreuse), la sphère ORL sera l'objet d'une attention particulière et d'un examen soigneux à la recherche de tous facteurs risquant de compromettre l'équipression et la fonction auditive. Sur le plan cardiologique, les souffles cardiaques, fréquents chez l'enfant et le plus souvent anorganiques, ne sont pas des contre-indications mais ils doivent inciter à la prudence et être surveillés.

Cette visite sera également l'occasion d'attirer l'attention sur les durées de plongée qui doivent, pour des raisons de sécurité évidentes, rester dans la limite de la courbe de sécurité. Ce temps doit également tenir compte de la fonction de thermorégulation de l'enfant; sa faible couche de graisse l'expose davantage que l'adulte à l'agression thermique : la déperdition de chaleur se fait rapidement en raison de mécanismes de protections physiologiques inadaptés à la situation aquatique.

LES RISQUES PARTICULIERS

➤ La limite d'âge inférieure

Comme tout organisme, celui de l'enfant en plongée est soumis aux règles physiques de l'hyperbarie, mais le retentissement physiologique de cette immersion présente des particularités : l'appareil respiratoire de l'enfant représente certainement le facteur limitant en ce qui concerne la limite d'âge inférieure.

En effet, le développement pulmonaire s'effectue tout au long de la période de croissance : les structures alvéolaires, dont la fonction d'échange par diffusion est essentielle en plongée, acquièrent leur maturité vers l'âge de 8 ans et, parallèlement, l'arbre bronchique augmente de longueur et de diamètre. Les tissus élastiques pulmonaires, dont on connaît l'importance sur la mécanique ventilatoire au stade de l'expiration, augmentent progressivement avec l'âge. Ces caractéristiques anatomiques influencent la physiologie ventilatoire de l'enfant. C'est ainsi que les études effectuées sur les volumes respiratoires ont montré que la réduction physiologique du diamètre bronchique à l'expiration peut aller, chez l'enfant de moins de 7 ans, jusqu'à la fermeture complète des conduits bronchiques : il existe donc, même à la pression atmosphérique, un risque de piégeage gazeux pulmonaire intra-alvéolaire du fait de la fermeture des voies aériennes à l'expiration. Or, nous savons que le simple fait d'immerger un enfant de 7-8 ans augmente le volume de fermeture, c'est-à-dire la quantité d'air qui reste emprisonnée à l'expiration dans les unités fonctionnelles alvéolaires.

De plus, ce « point de fermeture » peut être plus précoce si les propriétés mécaniques élastiques du parenchyme pulmonaire disparaissent et/ou si les résistances bronchiques, en particulier celles dues à l'écoulement de l'air dans les conduits broncho-alvéolaires, augmentent du fait de l'augmentation de la pression ambiante.

Les conséquences pratiques chez l'enfant en plongée sont donc de deux ordres.

• *En dessous de 7-8 ans,* période de l'enfance où l'élasticité pulmonaire est faible et où les résistances à l'écoulement de l'air sont naturellement élevées, la fermeture précoce des voies aériennes au niveau expiratoire de repos peut être à l'origine d'une surdistension alvéolaire, voire d'une véritable surpression pulmonaire focalisée, en raison du piégeage gazeux. Parallèlement, et puisque la fonction d'échange est perturbée par le phénomène décrit précédemment, il existe un risque d'hypoxie donc d'essoufflement. Il n'est donc pas prudent de laisser plonger avec bouteilles, même dans moins de trois mètres d'eau, un enfant de moins de 7-8 ans, 7 ans devant être vraiment le maximum tolérable dans la limite inférieure.

• *Au-delà de 8 ans et jusqu'à l'adolescence,* le problème est celui des résistances à l'écoulement de l'air qui, nous l'avons vu, sont susceptibles d'augmenter le volume de fermeture donc de générer les conséquences précédemment décrites ; il importe donc de limiter les profondeurs de plongée. Il s'agit de recommandations de prudence car, contrairement au jeune plongeur de moins de 7 ans chez lequel on peut affirmer que la simple immersion peut poser problème, aucune étude de laboratoire n'a été effectuée pour préciser les profondeurs dépourvues de risques pulmonaires. Il semble prudent, pour tenir compte de la maturation progressive de la fonction ventilatoire, de ne pas dépasser 5 mètres jusqu'à 10 ans et 10-12 mètres jusqu'à 12 ans, pour arriver progressivement à la zone des 15-20 mètres à 14 ans.

➤ Le niveau de développement psychologique

Le deuxième facteur que nous considérons comme limitant est, bien sûr, le niveau de développement psychologique de l'enfant : le manque de stabilité émotionnelle peut effectivement être à l'origine d'une réaction de panique irrépressible.

Une remontée catastrophe exposant à la surpression pulmonaire surtout, à l'accident de décompression ou à la noyade, a toujours pour origine, chez l'enfant, un incident mal maîtrisé ; un apprentissage technique rigoureux ne met pas à l'abri de ce type d'accident et le risque est encore majoré en phase d'instruction, période au cours de laquelle la maîtrise du comportement aquatique n'existe pas. La plongée dans la zone des 3-5 mètres (espace proche) n'assure pas une sécurité absolue au regard du barotraumatisme pulmonaire.

Par sagesse, nous pensons :

– qu'il faut exclure les premières étapes de l'enfance durant lesquelles, d'ailleurs, aucune action pédagogique ne peut être entreprise, bien qu'une initiation à la plongée à travers l'apnée puisse être envisagée ;

– qu'il ne faut autoriser la plongée autonome qu'à un stade de maturité permettant l'apprentissage, une participation active et la compréhension. Si 6-7 ans sont considérés comme le début de l'âge de raison, un développement intellectuel suffisant et la logique de l'adolescent n'apparaissent que vers 12 ans.

En conclusion, et pour tenir compte des particularités physiologiques respiratoires, il ne nous paraît pas souhaitable d'autoriser la plongée autonome avant l'âge de 7 ans.

➤ La croissance osseuse

Les risques sur la croissance osseuse longtemps évoqués pour justifier une attitude restrictive ont certainement été surévalués à l'époque où le danger théorique de mauvaise désaturation au niveau des cartilages de conjugaison a été envisagé : les travaux réalisés sur ce sujet n'ont pas mis en évidence le retentissement de la décompression sur les noyaux d'ossification. Le risque plus important chez l'enfant d'accident de décompression au niveau des cartilages de conjugaison doit aussi être écarté : la richesse du réseau capillaire à ce niveau doit faire considérer ce tissu cartilagineux comme un compartiment à période plus courte que l'os adulte.

L'absence de conséquence de la plongée sur l'appareil locomoteur de l'enfant ne doit pas pour autant être totalement écartée : la formation d'embols gazeux au niveau des tissus osseux est toujours possible, comme pour n'importe quel autre plongeur adulte. Il faut donc que les médecins restent toujours vigilants et méfiants à l'égard d'un éventuel retard de croissance chez un enfant pratiquant la plongée.

CONCLUSION

La plongée sous-marine, sport à risques, est sans risque chez le plongeur dont l'état de bonne santé est attesté par un bilan médical rigoureux. S'il n'existe pas d'examen standard dans cette évaluation médicale, il appartient au médecin examinateur de mettre en œuvre tous les moyens appropriés pour juger valablement l'incidence possible de cette activité sur l'organisme. Il est d'ailleurs hautement souhaitable qu'il soit lui-même pratiquant ou du moins très informé des spécificités physiologiques de cette activité.

PHYSIOPATHOLOGIE DES ACCIDENTS DE DÉCOMPRESSION

Jusqu'au milieu du siècle dernier, la maladie de décompression était un mal très mystérieux ; le docteur Foley, en 1863, recommandait aux ouvriers des caissons : « Si le brouillard épais et glacial, qui ne manque pas de se produire lors de la décompression, vous pénètre trop, hâtez vous de sortir. » Il semble cependant que, dès 1857, Hope considère que c'est le dégagement de gaz dans le sang qui est responsable de l'apparition du mal des caissons. En 1869, à Saint-Louis, les ouvriers des caissons, les tubistes, sont décimés par cette affection. Ce n'est qu'en 1878, après de nombreuses expérimentations animales, que dans son ouvrage princeps, *La Pression barométrique,* Paul Bert apporte la preuve expérimentale de l'origine bullaire de la maladie. Les accidents qu'il reproduit chez l'animal par des décompressions rapides sont causés par la formation de bulles d'azote observées lors des nécropsies de ces animaux.

Depuis, les manifestations pathologiques secondaires à la présence de bulles dans les tissus ou à leur migration dans les vaisseaux ont été précisées, sans que l'on ait toutefois des certitudes absolues sur certains mécanismes mis en jeu.

La formation des bulles

Le lieu de formation des bulles est encore incertain ; on est cependant pratiquement sûr qu'il est extracellulaire et de nombreux auteurs privilégient l'intérieur des petits vaisseaux, artérioles, capillaires ou veinules. Ces bulles se forment à partir d'une phase gazeuse préexistante, les noyaux gazeux ; l'origine de ces germes, stables ou peut être en transit, fait l'objet de plusieurs hypothèses ne s'excluant pas l'une l'autre.

– Ils peuvent se former en tout point d'un liquide où se produit une variation de tension,

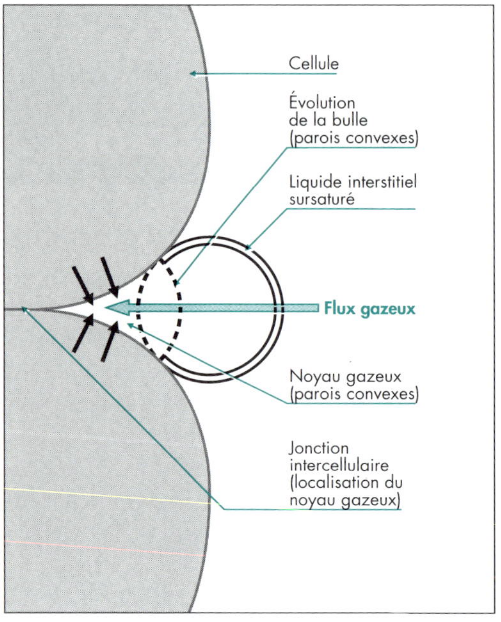

8.1. *Croissance d'une bulle à partir d'un noyau gazeux dans le milieu interstitiel sursaturé.*

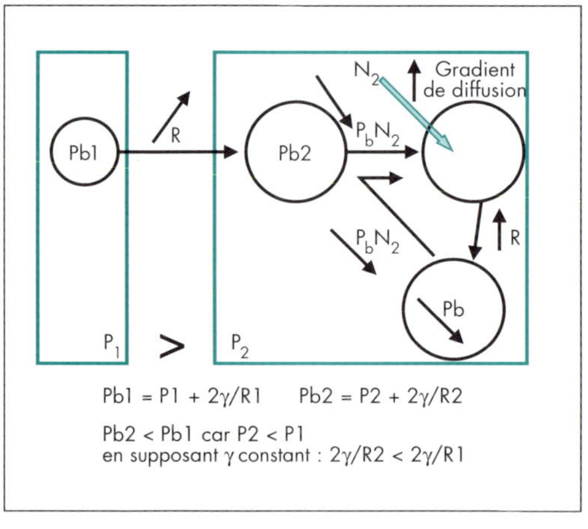

8.2. *Boucle de croissance.*
L'augmentation du gradient de diffusion favorise « l'engraissement » de la bulle en N_2 ; son rayon s'accroît, diminuant de façon inversement proportionnelle le terme γ/R. La chute de pression interne de la bulle diminue la pression partielle de N_2 : la boucle de croissance de la bulle est née jusqu'à l'état d'équilibre pression partielle d'azote intrabullaire-tension d'azote intratissulaire.

et cela d'autant plus facilement que le liquide est hétérogène. Ces noyaux gazeux auraient pour origine les frottements tissulaires provoqués par le travail musculaire et seraient situés dans les espaces intercellulaires.

– Il peut s'agir de microbulles de gaz carbonique présentes sur les parois des vaisseaux qui constitueraient les sites d'adsorption de l'azote ; leur confluence aboutirait à la formation de noyaux gazeux.

– Ces inducteurs de bulles pourraient naître à partir des turbulences sanguines dans les cavités cardiaques.

Quelle que soit la théorie retenue, ces noyaux augmentent de volume lors de la décompression sous l'effet de la diminution de pression ambiante, selon la loi de Mariotte, et du fait de la diffusion en leur sein de l'azote environnant (fig. 8.1). Leur surface d'échange devient plane, convexe, puis sphérique, avec l'augmentation de leur pression interne qui devient progressivement supérieure à la pression ambiante. Les adhérences pariétales se font de plus en plus faibles au point de permettre aux noyaux sphériques de se détacher des parois cellulaires pour former des microbulles.

Si le phénomène a eu lieu dans un vaisseau, la bulle circulante est née ; mais qu'elle soit tissulaire ou vasculaire, elle est très instable. En effet, sa pression interne Pb est égale selon la loi de Laplace à :

$P + 2\,\gamma/R$ (en négligeant, si elle est intratissulaire, la pression élastique des tissus distendus et, quel que soit leur site, les pressions partielles de vapeur d'eau, d'oxygène et de gaz carbonique), où

P = pression ambiante,
γ = tension superficielle à la surface de la bulle,
R = rayon de la bulle.

Il résulte de cette loi que la tension interne d'une bulle est d'autant plus grande que son rayon est petit.

Dans ces conditions, la pression interne étant supérieure à la pression ambiante, la bulle est très fragile et a tendance à disparaître spontanément tant que son diamètre n'est pas supérieur à un dixième de millimètre.

Par contre, *toute diminution de la pression ambiante a trois conséquences* (fig. 8.2).

➤ **Elle augmente par dilatation le volume des microbulles formées** et diminue donc ses possibilités de redissolution puisque, le rayon augmentant, le terme 2 γ/R diminue : une bulle ne peut donc survivre que si elle a atteint un certain volume.

➤ **Elle favorise l'apparition de nouvelles bulles** par libération de noyaux gazeux selon le mécanisme décrit précédemment.

➤ **Elle favorise la croissance de la bulle** en piégeant l'azote dissous qui l'entoure par le jeu des gradients de pression partielle de gaz : une bulle qui grossit a toujours tendance à « s'engraisser » par désaturation des liquides avoisinants et ce jusqu'à équilibre des tensions de gaz.

La croissance d'une bulle est donc directement dépendante de l'importance de la baisse de la pression ambiante et de la masse de gaz dissous qui peut l'alimenter jusqu'à ce que l'état d'équilibre soit atteint ; à ce stade, seul un gradient de pression partielle de gaz entre la bulle et le tissu environnant, dans le sens bulle-tissu, permet l'élimination de la bulle par dissolution de l'azote qu'elle contient.
Cette bulle, et à condition qu'elle soit circulante, pourra être détectée par effet Doppler si son diamètre est supérieur à 50 microns. Elle deviendra pathogène par oblitération et/ou compression des structures avoisinantes si elle réussit à atteindre un volume suffisamment important.

La destinée des bulles

Le devenir des bulles dépend de leur site de formation. Si elles se sont formées dans un tissu, elles restent stationnaires, pompent tout le gaz qui les entoure et ont une action mécanique locale.
Si on retient l'hypothèse qu'elles ne peuvent naître que dans les liquides interstitiels des tissus, elles peuvent y stagner, mais elles peuvent également, après effraction des parois capillaires, passer dans la lumière des vaisseaux, grossir sur place ou se déplacer secondairement tout comme les bulles qui se sont formées directement dans la lumière des vaisseaux.
Les bulles circulantes encore sphériques, générées principalement dans le réseau veineux, passent dans les veines caves, le cœur droit ; jusqu'à ce niveau anatomique, le diamètre des vaisseaux s'est accru et rien n'a arrêté la progression des bulles. Au-delà, dans la circulation artérielle pulmonaire, le calibre des vaisseaux se rétrécit ; arrivé à ce stade, l'élément déterminant l'évolution des bulles est l'importance du dégazage sous forme bullaire lié à la quantité de gaz dissous dans les différents compartiments de l'organisme.
Si les bulles sont peu nombreuses et de petit diamètre, situation habituelle et normale dans toute décompression, elles sont éliminées au niveau alvéolaire par diffusion capillaro-alvéolaire ou par passage gazeux direct : c'est la destinée de la plupart des bulles. L'organisme les tolère sans développer les manifestations aiguës d'un accident de décompression. Cependant, si ces bulles dites silencieuses sont bien acceptées cliniquement, elles sont en revanche, par leur simple présence, à l'origine de réactions biologiques et humorales plus ou moins prononcées selon l'importance du processus bullaire.
Par contre, si le débit d'arrivée dans le filtre pulmonaire de ces bulles circulantes, même de petit volume, est supérieur à la capacité d'élimination alvéolo-capillaire, comme c'est le cas lors d'une décompression anormale par vitesse de remontée trop rapide, paliers non respectés ou plus simplement par « déficience physiologique », les possibilités d'évacuation pulmonaire sont débordées ; les bulles encombrent la circulation, grossissent dans les capillaires pulmonaires. Il apparaît très rapidement une hyperpression dans les artères pulmonaires avec retentissement en amont : engorgement de la circulation de retour, stase veineuse, augmentation de la pression veineuse dans les cavités du cœur droit. L'hypertension artérielle pulmonaire ouvre les shunts artério-veineux pulmonaires ; l'élévation de la pression veineuse centrale – et donc la diminution du gradient de pression sanguine gauche-droite – favorise l'ouverture des shunts cardiaques

droit-gauche tels que canal artériel persistant, foramen ovale perméable : les bulles embolisent dans la grande circulation systémique.
Notons cependant que des bulles, même lorsqu'elles sont peu nombreuses, peuvent passer dans la circulation artérielle par les shunts de la circulation bronchique ou par des communications interauriculaires ou interventriculaires cardiaques toutes les fois qu'il existe une hyperpression veineuse centrale : c'est notamment le cas si une manœuvre de Valsalva intempestive est réalisée de façon inappropriée à l'occasion de la décompression. Signalons aussi que les plongées dites « yoyo », c'est-à-dire effectuées avec des variations de niveaux, sont suspectées de faire subir aux bulles situées dans les capillaires pulmonaires une sorte de recompression : dans ces conditions, leur réduction de volume peut favoriser leur passage sur le versant artériel.

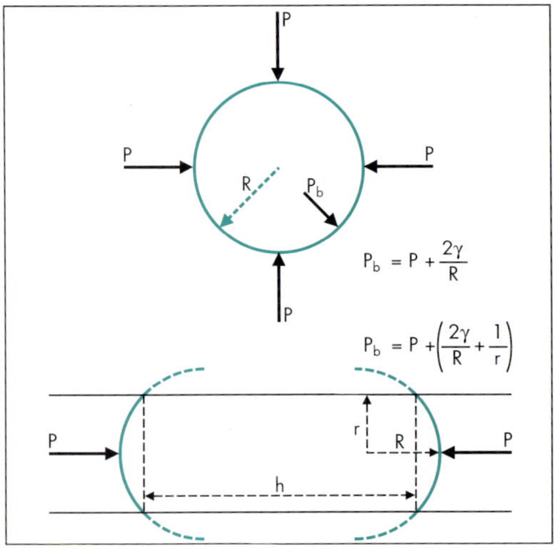

8.3. *Tension d'une bulle sphérique et d'une bulle cylindrique.*

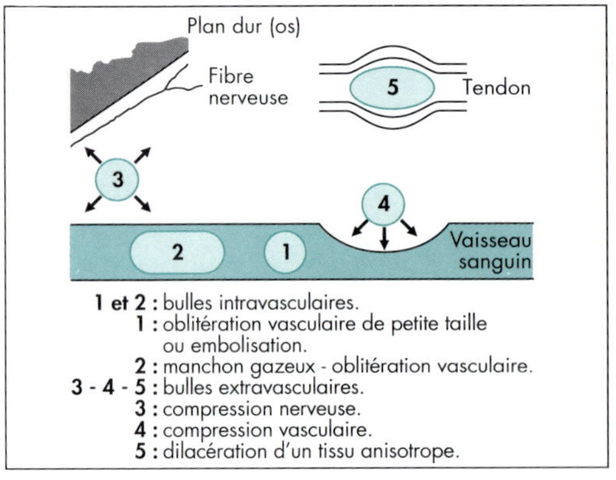

8.4. *Effets mécaniques d'une bulle* in situ.

Quelle que soit leur localisation, les bulles sphériques intravasculaires s'agglomèrent et fusionnent : les plus petites se déversent dans les plus grosses sous l'effet de la diminution de la tension superficielle qui diminue la force de cohésion et favorise donc leur coalescence. Elles adhèrent aussi aux parois vasculaires et prennent, en grossissant et/ou sous l'influence de la pression sanguine qui tend à les chasser, la forme de manchons cylindriques très stables, n'ayant aucune tendance à disparaître, car la migration vers eux de gaz dissous les fait croître et les enclave localement. La pression interne de ces manchons cylindriques, Pb, s'écrit alors (fig. 8.3) :

$$Pb = P + (2\,\gamma/R + 1/r)$$

où P = pression ambiante,
γ = tension superficielle des ménisques du cylindre,
R = rayon des extrémités sphériques du cylindre gazeux,
r = rayon du cylindre = rayon du vaisseau.
Cette coalescence peut aussi bien se faire sur le versant artériel que sur le versant veineux si les conditions hémodynamiques sont défavorables, s'il y a stase veineuse par ralentissement circulatoire en particulier. Les conséquences immédiates de ce phénomène bullaire intratissulaire ou intravasculaire nous placent en situation d'accident aigu (dont nous verrons ci-après la traduction clinique) et/ou, au minimum, de développement d'une pathologie spécifique, la maladie de décompression, conséquence biologique plus ou moins sévère de la présence d'amas gazeux dans le sang.

De la formation des bulles aux symptômes

CONSÉQUENCES MÉCANIQUES

Les conséquences mécaniques immédiates du phénomène bullaire ne sont pas très différentes selon que les bulles sont stationnaires ou circulantes (fig. 8.4).

➤ Les bulles stationnaires
Apparues dans le milieu interstitiel tissulaire, donc extravasculaires, elles vont avoir, sur le lieu même de leur formation, une action de compression des tissus avoisinants.
Les vaisseaux sanguins sont particulièrement exposés et cette compression extrinsèque peut aller jusqu'à l'interruption du flux circulatoire. Si la bulle comprime un vaisseau artériel terminal, c'est l'ischémie d'emblée; si le vaisseau fait partie d'un réseau anastomotique, comme cela est le cas au niveau capillaire, la circulation est perturbée mais elle se fait par les collatérales et les conséquences sont minimes, à moins qu'un gros vaisseau ne soit collabé aboutissant alors à une ischémie d'amont s'il s'agit d'une veine, d'aval s'il s'agit d'une artère.
En outre, l'anoxie secondaire à la compression du vaisseau génère un cercle vicieux : œdème ischémique, acidose locale, dégazage perturbé, phénomène bullaire, ischémie. Cet œdème est encore aggravé par le fait qu'il se créé une extravasion plasmatique par augmentation de la perméabilité capillaire conséquence de l'hyperpression et de la stase d'amont résultant de la compression vasculaire.
La compression des filets nerveux explique, en partie, les violentes douleurs ressenties dans les accidents myo-articulaires; les lésions par dilacération des fibres des tendons, du fait de la dilatation progressive de la bulle, sont à l'origine de l'autre composante du phénomène douloureux.
Cette dilacération peut se produire dans tous les tissus où des bulles peuvent naître : la moelle épinière, qui peut aussi subir une action compressive du fait de l'existence de bulles dans les espaces liquidiens ou graisseux périmédullaires, n'échappe pas à ce type de lésion.
Les bulles intravasculaires stationnaires apparues, soit au sein même de la lumière des vaisseaux à partir des « gas nuclei » situés dans les anfractuosités intercellulaires de la membrane basale vasculaire, soit à partir des bulles interstitielles ayant franchi la paroi vasculaire à travers les interstices intercellulaires et dilacération des cellules endothéliales, peuvent obstruer la lumière des vaisseaux et avoir les mêmes conséquences qu'une compression, ou être entraînées par le flux circulatoire et avoir la destinée des bulles circulantes.

➤ Les bulles circulantes (fig. 8.5)
Les bulles naissant avant tout dans les tissus, ce type de bulle-là est surtout retrouvé sur le versant veineux. Mais, dans le cadre d'une décompression dite explosive faisant suite à une « remontée rapide », par exemple, la possibilité d'un dégazage directement dans les vaisseaux artériels n'est pas à exclure. Sinon, ces bulles artérielles sont, comme nous l'avons vu, essentiellement la conséquence d'un franchissement du filtre pulmonaire.
Les bulles d'origine veineuse obturant la circulation capillaire pulmonaire ont des conséquences directes (au niveau pulmonaire et à distance) non négligeables, qui expliquent la genèse de certains accidents en particulier neurologique médullaire. Localement, le ralentissement microcirculatoire pulmonaire est responsable d'une hypoxie par diminution des

8.5. *Naissance et destinée des bulles.*

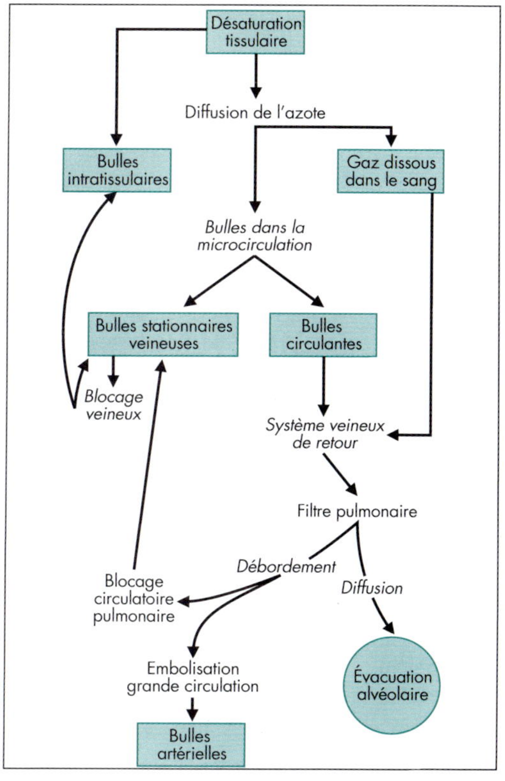

échanges alvéolo-capillaires en raison de la baisse du rapport ventilation/perfusion. Cette hypoxie aggrave, d'une part, la souffrance tissulaire et, d'autre part, l'état de sursaturation de l'organisme : le dégazage d'azote sous forme dissoute est perturbé, la formation des bulles favorisée. À distance, l'hypertension pulmonaire retentit en amont sur le système des veines azygos qui drainent le lacis veineux médullaire ; l'hypertension veineuse a pour conséquence une stase dans les veines avalvulées péri et épidurales, gênant le drainage de la moelle épinière. Le ralentissement du retour veineux spinal qui en résulte, retour qui subit en outre des mouvements de flux et de reflux sous l'influence des oscillations respiratoires de la pression intrathoracique, favorise la sursaturation locale et donc une dinitrogénation sous forme de bulles au sein même de la moelle épinière, dans la graisse qui l'entoure ou dans les veines épidurales.

Mais ces bulles migratrices d'origine veineuse sont susceptibles de se bloquer bien avant le système artériel pulmonaire ou les capillaires alvéolaires : le système de drainage de la moelle épinière présente en particulier des « siphons » propices à ce blocage et cela d'autant plus facilement que les conditions hémodynamiques sont perturbées.

Quant aux bulles artérielles, qu'elles aient embolisé après forçage du filtre pulmonaire ou qu'elles aient pris naissance directement dans le réseau artériel, elles peuvent se bloquer dans le réseau circulatoire préférentiellement mais non exclusivement de type terminal, ce qui explique certains accidents cérébraux ou de l'oreille interne ; l'importance de l'ischémie est alors fonction de l'existence et de la qualité des anastomoses des vaisseaux occlus.

Enfin, que ces bulles soient artérielles ou veineuses, le blocage de la circulation provoque toujours une augmentation de la pression en amont qui va être responsable de l'augmentation de la perméabilité capillaire d'où l'œdème observé. De plus, et quel que soit le site du blocage, les amas gazeux en grossissant se comportent comme des bulles stationnaires et provoquent des lésions de dilacération de l'endothelium vasculaire.

Ces lésions vasculaires vont avoir leurs propres conséquences et contribuer pour leur part à l'installation de désordres désignés sous le terme de « maladie de décompression ».

CONSÉQUENCES BIOLOGIQUES ET HUMORALES

La maladie de décompression est la conséquence biologique et humorale du phénomène bullaire vasculaire, que celui-ci s'accompagne de manifestations aiguës ou qu'il soit totalement silencieux. Cette série de réactions est normale puisque l'organisme considère ces bulles comme des corps étrangers ; ce sont par conséquent des processus de défense qui s'organisent et sont très vite mis en œuvre, mais leur évolution, dans le sens d'un emballement des mécanismes, va aggraver l'anoxie tissulaire préexistante.

➤ **L'existence de l'interface bulle-plasma ainsi que les lésions endothéliales vasculaires initialisent la maladie de décompression** (fig. 8.6).

Au niveau de la surface des bulles, il existe des forces attirant les protéines plasmatiques qui vont s'y déposer en un film colloïdal constitué en majorité de fibrinogène et d'albumine. Ce film entraîne l'adsorption secondaire d'acides gras et de chylomicrons suivie de l'adhésion et de l'agrégation de plaquettes sanguines.

L'ensemble constitue une gangue enserrant les bulles sphériques et les faces libres des manchons gazeux capillaires, avec pour conséquences immédiates, d'une part une stabilisation et une gêne à la mobilisation de la bulle par le débit sanguin et, d'autre part, un frein aux échanges gazeux par diffusion gênant la redissolution du gaz notamment au niveau du filtre pulmonaire. Mais, surtout, les complexes bullo-plaquettaires ainsi formés amorcent un phénomène de coagulation intravasculaire disséminé avec activation des facteurs de la coagulation, rendant irréversible l'agrégation plaquettaire, puis fibrinolyse et libération de médiateurs chimiques ayant des effets compétitifs : certains sont vasodilatateurs artériolaires et veinulaires, d'autres vasoconstricteurs.

Ces substances vasculotropes favorisent, par la vasoconstriction qu'elles entraînent, la séques-

tration vasculaire des complexes bullo-plaquettaires et contribuent, par leur propre action, à augmenter la perméabilité vasculaire ; l'œdème et l'inflammation s'installent avec fuite plasmatique, désordres hydroélectrolytiques, hémoconcentration, agrégation érythrocytaire et leucocytaire sous forme de rouleaux : le « sludge ». L'augmentation de la viscosité sanguine qui en découle ralentit les flux circulatoires locaux, augmente la pression de filtration capillaire, entrave l'élimination de l'azote par voie sanguine et réduit les échanges hémato-tissulaires. Ces modifications hémodynamiques aggravent encore l'hypoxie, l'œdème interstitiel et la perte de volume plasmatique. Au niveau microcirculatoire, les globules rouges perdant leur capacité de déformation et subissant une importante résistance à l'écoulement, ne remplissent plus leur fonction de transporteur d'oxygène ; les polynucléaires s'accumulent au contact de l'endothélium et cette marginalisation n'est pas sans conséquences sur la paroi vasculaire : en réponse à l'ischémie tissulaire et à ses nombreux médiateurs inflammatoires, les polynucléaires développent une agressivité excessive ; ils augmentent de volume, bloquent la microcirculation, adhèrent davantage à la paroi vasculaire et libèrent en excès des enzymes protéolytiques qui lèsent les parois endothéliales vasculaires.
Ces dommages compliquent les altérations endoluminales vasculaires dues à l'érosion mécanique des parois par les agrégats bullo-plaquettaires. Cette « abrasion » ne peut être que majorée par l'action des médiateurs à l'origine d'une vasoconstriction réduisant le diamètre des vaisseaux. Ces microlésions aggravent donc celles dues au passage des bulles du liquide interstitiel vers la lumière des vaisseaux par l'effraction bullaire des interstices cellulaires.
Face à ces lésions, la mise en jeu des processus de défense de l'hémostase est dès lors inéluctable : les structures fibrillaires de collagène et l'élastine mises à nu stimulent l'adhésion plaquettaire et activent les facteurs de la coagulation. Les plaquettes ainsi activées colmatent les brèches mais peuvent aussi former des agrégats libres circulants ; ces emboles auront le même comportement que les complexes bullo-plaquettaires. Les effractions vasculaires locales favorisent enfin le passage d'emboles lipidiques dans la circulation que seul le métabolisme permet d'évacuer.
Au total, les conséquences de l'obstacle mécanique apporté par les bulles intra et extra vasculaires s'opposant à la microcirculation peuvent donc être majorées par les perturbations hématologiques qui prennent leur point de départ dans l'interaction de la surface des bulles avec les constituants du sang.

➤ **L'agrégation plaquettaire et l'activation des facteurs de la coagulation libèrent des médiateurs chimiques capables d'entretenir les mécanismes** de la coagulation mis en jeu **et d'amplifier la réaction** d'agrégation plaquettaire, soit sur le complexe bullo-plaquettaire déjà formé, soit sous forme de microthrom-

8.6. *Aspects bio-humoraux de la maladie de décompression.*

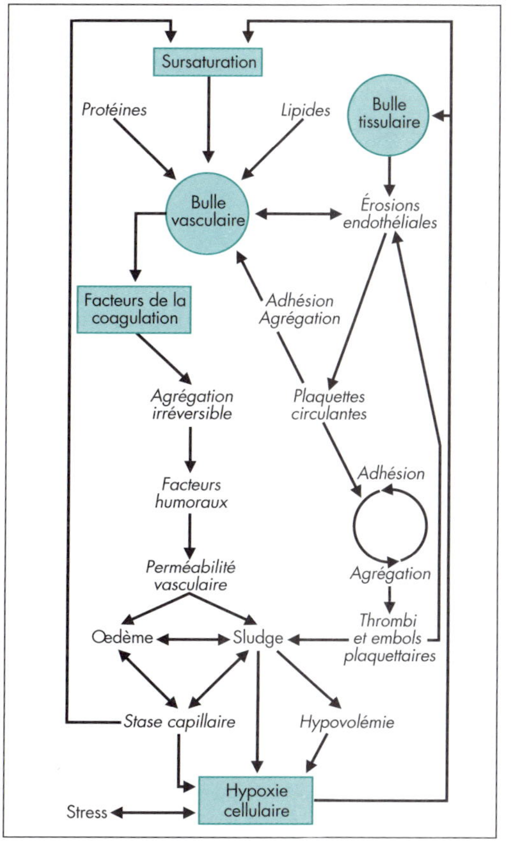

boses. Tous les effets de cette réaction en chaîne se potentialisent, ce qui contribue encore à leur auto-entretien, pour aboutir à une souffrance cellulaire hypoxique. Le stress induit par cette situation générale participe au maintien du processus.

Cet ensemble de manifestations biologiques et humorales liées au séjour en plongée est plus ou moins prononcé mais constant, même en cas de respect des procédures de décompression, puisqu'à la désaturation les bulles sont omniprésentes dans le sang veineux. Elles peuvent toutefois passer totalement inaperçues et rester infracliniques du fait de leur développement *a minima*. À un degré supérieur, l'installation de la maladie de décompression peut être responsable d'une fatigue anormale, témoin des perturbations en cours. Mais, dans tous les cas, le cercle vicieux aboutissant à l'hypoxie tissulaire contribue à gêner l'élimination des gaz au sein des tissus mais aussi au niveau pulmonaire. Dans ces conditions, cette maladie a un aspect sournois puisqu'un dégazage sous forme bullaire peut se faire tardivement et que les perturbations hématologiques vont évoluer à bas bruit avant de se traduire brutalement dans un tableau de décompensation clinique et biologique.

CONCLUSION

L'accident de décompression et la maladie qui l'accompagne ont pour cause première l'apparition de bulles gazeuses au sein d'un organisme en état de sursaturation.

Les bulles vasculaires, par leur seule présence, vont générer des manifestations complexes, biologiques et humorales, qui vont évoluer pour leur propre compte, retarder la reperméabilisation des vaisseaux sanguins et la réparation des zones infarcies, mais aussi aggraver la situation de sursaturation et de souffrance cellulaire hypoxique induite par l'obstruction mécanique des vaisseaux.

Les bulles tissulaires peuvent, quant à elles, comprimer les structures avoisinantes : s'il s'agit d'un vaisseau, les manifestations ischémiques sont de règle, s'il s'agit de structures nerveuses, les troubles sensitifs et moteurs, les douleurs dominent le tableau.

CAUSES ET SYMPTÔMES DES ACCIDENTS DE DÉCOMPRESSION

L'augmentation du nombre des accidents de plongée observée ces dix dernières années n'est pas seulement la traduction du nombre croissant de pratiquants, elle est aussi le reflet de l'enthousiasme suscité par les activités subaquatiques : la plongée sous-marine autonome attire de plus en plus d'adeptes qui considèrent cette activité comme un simple loisir *a priori* dénué de tous risques. Dans ces conditions, il est presque normal de retrouver dans les statistiques annuelles d'accidents des plongeurs ignorant tout ou presque des principes fondamentaux de la plongée, des causes des accidents et bien entendu de leur traduction clinique, en particulier le cortège des petits signes d'allure anodine qui devrait pourtant attirer leur attention.

Par référence aux lois physiques régissant la plongée sous-marine autonome, on a l'habitude de considérer ces accidents de décompression comme étant d'origine biophysique : ils sont la traduction directe au niveau organique et fonctionnel du dégazage sous forme bullaire, dont nous avons précédemment envisagé l'histoire naturelle.

La classification anglo-saxonne de ce type d'accident, bien que très imprécise, reste admise et distingue :

– *les accidents de type I.* Ce sont les accidents cutanés et myo-ostéo-articulaires ;

– *les accidents de type II,* qui sont des accidents majeurs bien que de gravité variable ; dans ce groupe, on retrouve les accidents labyrinthiques, les accidents neurologiques, les accidents respiratoires.

Deux types d'accidents, que nous rattachons aux accidents de type II, doivent cependant être individualisés : il s'agit de la maladie de décompression et du « blow-up ».

Contrairement à la surpression pulmonaire, dont les manifestations d'installation brutale et complète apparaissent ou existent déjà dès l'émersion, les accidents de décompression se caractérisent par le délai d'apparition des signes cliniques et leur évolutivité. Classiquement, et tous types d'accidents confondus, les signes se révèlent dans les 30 minutes qui suivent la sortie de l'eau dans 50 % des cas ; ils apparaissent parfois au cours de la remontée ou aux paliers. Dans 99 % des situations, une symptomatologie suffisamment évocatrice pour un plongeur averti existe dans les 6 heures qui suivent la plongée. Toutefois, des accidents se déclarant 12 heures après l'émersion ne sont pas exceptionnels et ce ne sont pas les moins graves : il n'y a pas de relation entre le délai de survenue et la gravité du tableau clinique.

Les causes

Classiquement et pendant longtemps, on a cru que l'accident de décompression ne pouvait se rencontrer que lors de mauvaises procédures de remontée et, schématiquement, pour des plongées :
– longues (> 60 minutes) pour des profondeurs faibles (< 20 mètres),
– profondes, et dans ce cas on pensait que le caractère pathologique du dégazage ne dépendait que de la durée du séjour sur le fond.

Ce n'est que depuis ces dernières années qu'une nouvelle notion a été introduite dans le langage du plongeur : l'accident « immérité ». Ce qualificatif désigne des accidents consécutifs à des procédures de désaturation considérées comme techniquement irréprochables. En réalité, l'analyse soigneuse des circonstances de survenue de tous ces accidents a permis la mise en évidence de facteurs que l'on a très rapidement considérés comme suffisants pour être à l'origine d'un dégazage pathologique ; dès lors, il devenait logique de bannir cette terminologie au profit de celle « d'accident avec respect de table », d'ailleurs moins évocatrice de justice divine...

Parallèlement, la survenue d'accidents de décompression consécutifs à des plongées peu profondes, de l'ordre de 20 mètres, ou réalisées dans la « courbe de sécurité » pour des plongées plus profondes, a profondément remis en cause le schéma classique : accident de décompression = plongée plus ou moins profonde et longue + « faute » de décompression. Outre le fait que les accidents survenus dans ces conditions ont permis de confirmer de façon quasi certaine que ces facteurs favorisants, dont certains ne sont que des déficiences physiologiques, sont à l'origine de la pathologie observée, ils ont aussi fait admettre la possibilité d'un dégazage bullaire pathologique consécutif à des plongées peu saturantes. De même qu'il n'y a pas de corrélation entre la faute commise et le tableau clinique de l'accident de décompression, il n'y a pas de relation entre l'importance du phénomène bullaire et la gravité des signes : il suffit que le hasard situe bien mal la bulle pour qu'un accident grave survienne...

Signalons enfin que ces accidents, dus à des facteurs favorisants représentant les limites des procédures de décompression en vigueur, sont à l'origine de la rénovation des tables de plongée de la Marine nationale.

LE NON-RESPECT DES PALIERS

Bien que les paliers de désaturation demeurent une nécessité absolue, leur rigueur d'exécution échappe à certains plongeurs : leur non-respect représente pourtant la première grande cause des accidents de décompression. Les raisons peuvent être diverses.

➤ **Ignorance** ou, au contraire, chez le plongeur confirmé, accoutumance et petites fautes de plongée « pardonnées » sont autant d'incitations à négliger les règles de sécurité.

➤ **Erreur de calcul :** mauvaise lecture des tables, erreur de temps, parfois confusion sur la notion de « durée de plongée » – en particulier dans le cadre des plongées d'exploration où le début de la remontée est quelquefois mal précisé : l'ambiguïté provient du fait que le plongeur pense que le temps mis à flâner sur un « tombant », alors même que l'ascension vers la surface est engagée, n'a pas à être inclus dans la durée de la plongée et que cette vitesse lente ne peut pas lui être préjudiciable ; en réalité, la saturation de certains compartiments se poursuit et justifie des durées de paliers plus longues que celles qui vont être effectuées.

➤ **Erreur de profondeur :** bathymètre imprécis, ignorance de la plus grande profondeur.

➤ **Paliers approximatifs** en temps ou en profondeur, en particulier en cas de houle pour le palier de 3 mètres lorsque ce dernier se fait en pleine eau. Bien que réalisés aux profondeurs indiquées, ils peuvent être mal effectués après, par exemple, un retour en surface de positionnement par rapport à l'embarcation.

➤ **Absence de palier ou diminution de leur temps** délibérément par suite d'un accident : malaise, panne d'air ou de matériel, panique, mauvais contrôle du gilet gonflable, plongeur insuffisamment lesté.

➤ **Utilisation d'un ordinateur de plongée :** en l'état actuel des statistiques d'accidents, il est impossible de dire si l'utilisation aveugle et croissante de ces appareils accroît le risque d'accident de décompression. Ce qui est sûr, c'est que l'algorithme utilisé calcule pour le plongeur utilisateur un profil de désaturation moyennement ajusté et non exactement, comme il le croit, à l'état de saturation que l'appareil a évalué en permanence pendant la plongée en fonction des couples pression-durée. Dans l'optique d'une optimisation de la durée des paliers par rapport à la durée de la plongée, c'est bien entendu l'idéal; mais en l'état actuel de la conception de ces ordinateurs, le risque d'accident existe, bien que difficilement quantifiable, car les paramètres de l'algorithme sont ceux qui ont été validés pour une population donnée et pour des plongées dites « rectangulaires », c'est-à-dire qui prennent en compte le couple durée de la plongée / profondeur maximale atteinte. En réalité, l'expérience actuelle montre que le plus grand risque provient du fait que bon nombre de plongeurs considèrent ces ordinateurs comme la garantie universelle de leur sécurité et dès lors s'autorisent toutes les fantaisies : multiples plongées quotidiennes de préférence à multiprofondeurs. Dans ces conditions d'utilisation, les règles physiques et physiologiques de la plongée sous-marine sont totalement bafouées : les accidents qui en résultent sont donc bien souvent la traduction de l'ignorance des limites d'emploi de ces appareils qui ne doivent rester que des aides à la plongée.

LE NON-RESPECT DE LA VITESSE DE REMONTÉE

Il n'est pas facile d'estimer ce paramètre lorsque le retour vers la surface se fait dans « le bleu », sans repères visuels; l'expérience, la pratique régulière de la plongée doivent résoudre cette difficulté. Cependant, dans la recherche des causes de l'accident, cette remontée rapide est difficile à mettre en évidence; il faut pourtant rechercher cette anomalie soigneusement car, à elle seule, elle peut expliquer certains syndromes. Par exemple, les accidents vestibulaires : les liquides endolabyrinthiques sont des « tissus » courts et une vitesse de remontée rapide suivant une plongée saturante, ne serait-ce que sur quelques mètres, suffit pour générer des bulles en leur sein, alors même que la durée totale de la remontée est conforme à la prescription des tables, ce qui fait affirmer par le plongeur que sa vitesse de remontée a été normale.
En fait, l'expérience et l'analyse fine des circonstances des accidents montrent que le dépassement de la vitesse de remontée est un incident fréquent. Cette constatation a d'ailleurs conduit les concepteurs de la table MN 90 à conserver une vitesse de remontée jugée rapide par les plongeurs : 17 m/min; et pourtant il s'agit d'un facteur de sécurité. En effet, calculer une table de plongée avec une vitesse de remontée de 15 m/min ou moins, favorise le risque, lors d'une remontée plus rapide, de ne pas effectuer le palier le plus profond que le calcul fait avec 17 m/min indique, alors que le calcul avec 15 m/min peut (pour certaines plongées de la tranche des 40-60 mètres) l'avoir effacé; paradoxalement, une vitesse de remontée à 17 m/min est donc une sécurité en imposant un palier profond.
La narcose, la panique, les pannes d'air, les gilets gonflables d'utilisation mal maîtrisée engendrent une vitesse de remontée rapide.

AUTRES CAUSES POSSIBLES

Une hyperpression pulmonaire en cours de remontée, quel qu'en soit le mécanisme (manœuvre de Valsalva, gonflement de la bouée à la bouche, toux, effort physique ou apnée soit pour « économiser » l'air, soit dans le cadre d'un exercice, effort de vomissement en cas de mal de mer), peut être responsable de l'ouverture de shunts capillaires péri-alvéolaires physiologiques : le filtre pulmonaire est occulté, les bulles passent dans la circulation systémique.

De plus, l'augmentation de la pression intrapulmonaire élève la pression veineuse du cœur droit qui peut alors être suffisante pour ouvrir des communications anormales cœur droit-cœur gauche : les bulles drainées par le système veineux de retour passent alors directement dans la circulation artérielle. C'est ainsi que, si l'on admet que la population des plongeurs est un échantillon de la population générale, il faut accepter le fait qu'environ 30 % d'entre eux (d'après une étude menée aux États-Unis) sont des porteurs méconnus de cette anomalie anatomique cardiaque qu'est le foramen-ovale perméable, reliquat embryonnaire faisant communiquer les ventricules droit et gauche ; l'accident de plongée révèle alors cette pathologie parfaitement bien supportée dans les conditions physiologiques normales.

La brutale montée en altitude peut également rompre l'état d'équilibre instable des tensions d'azote dissous caractéristique de « l'après plongée ». N'oublions pas, en effet, qu'un délai d'au moins douze heures semble nécessaire pour que, dans certains compartiments tissulaires, celles-ci soient revenues à leurs valeurs physiologiques.

Il reste qu'un certain nombre d'accidents sont sans explications évidentes : la dissimulation des erreurs commises est fréquente, mais, dans certains cas, aucune faute n'est retrouvée et on invoque alors la responsabilité de facteurs favorisants.

LES FACTEURS FAVORISANTS

➤ Les facteurs liés à l'état de santé du plongeur

Habituellement, on incrimine un fléchissement de l'état général : un état de fatigue chronique par manque de sommeil ou surmenage physique ou intellectuel est souvent retrouvé. L'azote étant plus soluble dans les graisses que dans l'eau, l'excès de tissus adipeux, plus que l'excès pondéral bien que les deux soient très souvent liés, représente un « réservoir » d'azote dissous à élimination lente qui n'est que partiellement pris en compte par les tables de plongée ; de façon plus générale, l'hyperlipidémie et la présence accrue, post-prandiale par exemple, de chylomicrons dans le torrent sanguin sont autant de facteurs qui jouent un rôle important dans l'évolution pathologique du dégazage bullaire.

Bien qu'il soit communément admis qu'il n'y a pas de limite supérieure d'âge pour plonger, il est toutefois nécessaire de prendre en considération le fait qu'un bon nombre de victimes d'accident neurologique médullaire chez lesquelles on ne retrouve aucune erreur de procédure ont plus de 40 ans : indépendamment de la fatigue physiologique que cet âge laisse supposer et de son retentissement sur le transport et les échanges tissulaires en azote, il faut tenir compte de l'involution, normale avec l'âge, du système de drainage veineux de la moelle épinière susceptible de modifier considérablement le statut hémodynamique médullaire, donc les conditions d'évacuation de l'azote sous forme dissoute ou bullaire. En réalité, même si l'âge par ses conséquences devient un facteur de risque, ce sont davantage, bien souvent, les maladies chroniques associées qui représentent des facteurs favorisants.

Nous ne serons pas exhaustif, mais pour illustrer cette notion, citons quelques exemples. C'est ainsi que l'athéromatose, maladie artérielle généralisée n'apparaissant que dans certaines conditions mais se révélant avec l'âge, d'une part, diminue par son caractère oblitérant les débits de perfusion tissulaire donc la cinétique des échanges d'azote et, d'autre part, modifie le régime d'écoulement du sang : les plaques d'athérome en épaississant irrégulièrement les parois endovasculaires augmentent les turbulences, donc la possibilité de naissance de bulles par cavitation ; enfin, le rétrécissement du diamètre des vaisseaux occasionné par cette maladie représente, bien sûr, une facilité d'enclavement des amas gazeux. Il semble éga-

lement que l'arthrose vertébrale puisse être incriminée. Cette affection évolutive réduit le diamètre des trous de conjugaison par lesquels s'échappent les plexus veineux épiduraux vers le système cave ; cette modification canalaire apporte donc une gêne à l'écoulement sanguin veineux, donc à l'élimination de gaz dissous au niveau de la moelle épinière. Il en va de même en ce qui concerne les phénomènes locaux inflammatoires consécutifs aux lombalgies aiguës ou chroniques et, bien entendu, aux sciatalgies qui créent de véritables « pièges » à bulles. Dans ces conditions, on ne peut nier la responsabilité de ces maladies dans la survenue d'un accident de décompression neurologique médullaire avec respect des procédures. Cependant, trop souvent, ces affections chroniques sont considérées comme banales et il n'est pas tenu compte du facteur de risque qu'elles représentent.
Il n'est pas non plus exclu qu'une « cicatrice » d'accident de plongée ne soit pas un point d'appel à un nouvel accident et, dans ce domaine, les accidents de l'oreille interne avec atteinte de l'appareil de l'équilibre sont particulièrement redoutables par la fréquence de leurs récidives.

➤ Les conditions de réalisation de la plongée

• *L'influence du travail musculaire*
Actuellement personne ne la conteste.
– Avant la plongée, l'exercice musculaire favorise la formation des noyaux gazeux à l'origine de la naissance des bulles.
– Pendant la plongée, un simple effort de natation contre le courant suffit pour augmenter la saturation tissulaire en azote par le double mécanisme de l'adaptation cardio-respiratoire : il y a, pour répondre à la demande énergétique, d'une part, augmentation de la perfusion tissulaire et, d'autre part, accélération de la fréquence respiratoire, d'où augmentation de la quantité d'azote dissoute. Or, la plupart des tables de plongée sportive sont conçues pour un « effort moyen » sans que sa puissance soit chiffrée – ce qui ne servirait à rien de toutes façons, puisque la saturation en azote consécutive à un effort dépend, non pas de l'importance du travail à fournir, mais des capacités physiques de chaque plongeur. L'éventualité d'une saturation excessive par effort pendant la plongée est donc très difficile à appréhender.
– Après la plongée et au moins dans l'heure et demie qui suit l'émersion, puisque le dégazage bullaire « physiologique » paraît être maximal dans ce délai, on conçoit aisément qu'un exercice physique, par exemple une natation de surface pour rejoindre l'embarcation support, accroît bien sûr la perfusion tissulaire et accélère donc la désaturation, mais augmente aussi très certainement l'afflux d'azote sous forme bullaire au niveau pulmonaire – d'où risque de débordement du filtre, d'autant que, les contractions musculaires ayant favorisé la formation de noyaux gazeux, le dégazage sous forme bullaire est plus important (pour sensibiliser la méthode de détermination du niveau de bulles par effet Doppler, on demande généralement au plongeur d'effectuer cinq flexions).
– Au-delà, dans les heures qui suivent la sortie de l'eau, l'exercice musculaire est réputé comme étant un facteur de mobilisation de bulles stationnaires.

• *Le rôle de l'hypercapnie*
Le rôle de l'hypercapnie accompagnant le travail en plongée est controversé.
Classiquement, on admet qu'elle favorise la survenue de l'accident de décompression et certains auteurs ont émis l'hypothèse que des microbulles de gaz carbonique peuvent être à l'origine de la formation et de la croissance de bulles d'azote ; il semble toutefois que l'hyperventilation et la vasodilatation périphérique engendrée par une tension de CO_2 dans le sang élevée obtenue, en dehors de tout effort, par augmentation de la pression partielle de CO_2 alvéolaire, améliorent l'élimination d'azote à la décompression. Cependant, dans le cadre de la plongée sportive, l'hypercapnie est endogène et résulte d'un effort physique intense ; il est donc difficile de faire la part des choses : est-ce l'hypercapnie qui est facteur favorisant ou ne serait-ce pas plutôt les perturbations physiologiques dues à l'effort, y compris l'excès de noyaux gazeux par frottements musculaires, qui sont responsables du dégazage bullaire ? Les deux mécanismes ne s'excluent nullement

l'un l'autre et, en étant finaliste, on peut expliquer l'influence de l'hypercapnie d'effort dans la genèse d'un accident de décompression avec respect de procédure en associant les deux idées dans un schéma unique (fig. 8.7).
De plus, l'hyperventilation, sans aboutir forcément à l'essoufflement, devient rapidement anxiogène : il y a libération d'hormones de stress, les résistances vasculaires s'élèvent ainsi que l'adhésivité plaquettaire ; l'hyperventilation primitive fait place à une polypnée superficielle ne favorisant pas l'élimination de l'azote : cette situation « fait le lit » de l'accident. De façon générale, toutes les circonstances de stress libérant un excès de catécholamines créent un terrain favorable à la genèse des bulles.

• *L'importance du froid*
Elle est loin d'être négligeable. Dans sa lutte contre le refroidissement, le plongeur va en particulier, d'une part, augmenter sa sécrétion de catécholamines et, d'autre part, diminuer ses déperditions par vasoconstriction vasculaire périphérique.
Sur le plan de l'organisme entier, cela se traduit par une diminution de la perfusion, donc par une perturbation des processus de désaturation, d'où risque d'accident. Mais certains organes comme l'oreille interne sont plus particulièrement exposés : sa circulation de type terminal est peu protégée des variations thermiques ambiantes et il est sûr qu'un certain nombre d'accidents cochléo-vestibulaires, c'est-à-dire se traduisant par une hypoacousie et/ou un syndrome vertigineux, sont dus à un spasme vasculaire touchant le système artériel cochléo-vestibulaire.

• *La profondeur et la durée de la plongée*
Parmi les autres facteurs directement liés à la plongée, l'idée selon laquelle une plongée supérieure à 30 mètres et/ou de longue durée, c'est-à-dire une plongée dite saturante, présente davantage de danger reste toujours vraie : le risque encouru dépend, pour partie, de la sécurité apportée par les tables de décompression et leur optimisation devrait permettre de réduire ce risque. Mais en dernier ressort et quelle que soit la fiabilité de la table de plongée choisie, c'est la limite supérieure de la capacité à bien désaturer qui demeure l'un des facteurs déterminant la sécurité de la table utilisée. C'est dire que, plus que le niveau de saturation atteint, ce sont davantage des qualités physiologiques déplorables qui représentent le véritable facteur favorisant la survenue d'un accident.

• *Les plongées successives*
Ce sont les mêmes raisons qui font que les plongées successives et consécutives sont considérées comme des facteurs favorisants. De plus, ce type de plongée redistribue les bulles formées à la suite de la plongée précédente et peut mobiliser des bulles stationnaires, ce qui accroît le risque d'accident. Nous avons également vu, dans l'histoire naturelle du phénomène bullaire, comment des bulles peuvent franchir le filtre pulmonaire à l'occasion des variations répétées de profondeur au cours d'une même plongée : ces allers-retours successifs fond-surface représentent à l'évidence un véritable danger.
Au terme de ce paragraphe, nous constatons

8.7. *Rôle de l'effort dans la genèse de l'accident.*

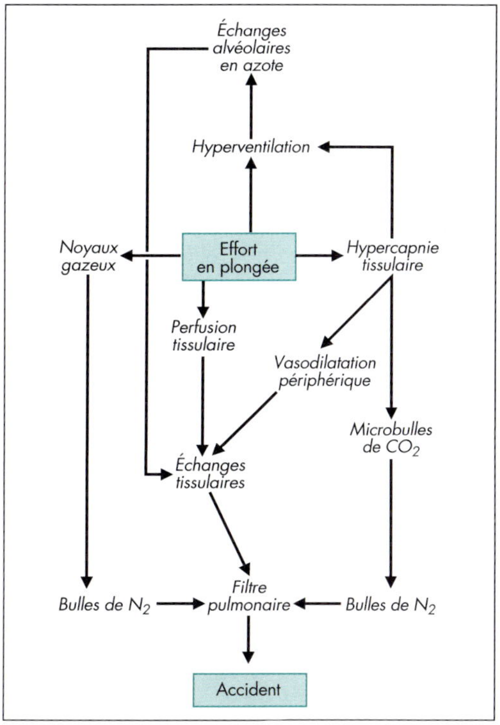

qu'un certain nombre de facteurs étiologiques sont facilement maîtrisables. La prévention de l'accident de plongée passe, bien sûr, par le respect des règles de procédure mais, à notre avis, une connaissance suffisante, si ce n'est approfondie, de la physique et de la physiologie de la plongée doit permettre à chacun, d'une part, de fixer ses limites et, d'autre part, de comprendre que la plongée sous-marine autonome n'est pas sans risque… variable, selon les tolérances que le plongeur s'accorde.

Les symptômes

ACCIDENTS DE TYPE I

Ce sont des accidents que le plongeur considère généralement comme bénins, à juste titre pour les « puces », moins en ce qui concerne les bends ; mais ils peuvent aussi annoncer un accident plus grave de type neurologique médullaire. L'examen de ce type d'accidenté doit être particulièrement soigneux, à la recherche du moindre déficit sensitivo-moteur ou du moindre trouble de la réflectivité. Mais, généralement, hormis le cas de bends hyperalgiques, cette pathologie ne conduit pas le plongeur à consulter.

➤ Les accidents cutanés

Les « puces » caractérisées par un prurit localisé parfois accompagné de marbrures siègent le plus souvent aux membres supérieurs, au thorax et à l'abdomen ou sont généralisées. Elles sont exceptionnelles en plongée sportive mais bien connues des plongeurs en milieu sec : elles sont dues au dégazage dans les capillaires ou dans la graisse sous cutanée ; leur apparition est favorisée par la vasoconstriction due au froid, caractéristique de la décompression en chambre hyperbare.

Les « moutons » se reconnaissent par leur aspect éruptif de type urticarien ; ils sont généralement situés dans la région lombaire. Dus à une mauvaise désaturation locale liée le plus souvent à une gêne mécanique transitoire, ils sont également rares en plongée sportive.

➤ Les accidents ostéo-arthro-musculaires

Classiquement accident du plongeur professionnel, les bends ne sont pas exceptionnels chez le plongeur sportif. Ils atteignent une ou plusieurs articulations qui ont travaillé au cours de la plongée en cause. Ils sont caractérisés par une douleur lancinante permanente à type de broiement ou d'arrachement et touchent principalement l'épaule, le genou, la hanche.

Cette douleur, qui résiste à la prise d'antalgique, survient classiquement dans les heures suivant la sortie de l'eau, mais des manifestations plus précoces ne sont pas rares. La mobilisation active ou passive de l'articulation touchée exacerbe la douleur qui, dans la plupart des cas, entraîne une impotence fonctionnelle. En l'absence de traitement, ces accidents évoluent vers l'apparition de lésions osseuses de nécrose aseptique.

ACCIDENTS DE TYPE II

➤ Les accidents labyrinthiques

Longtemps considérés comme hypothétiques, leur existence est actuellement bien établie ; il existe toutefois des controverses en ce qui concerne leur physiopathologie. L'oreille interne étant vascularisée selon un mode terminal, un embol gazeux peut bloquer la vascularisation artérielle ou veineuse et entraîner une anoxie locale. Une bulle peut aussi être libérée dans les liquides labyrinthiques lors de la désaturation : ce dégazage bullaire provoque une compression ou une destruction des structures endolabyrinthiques.

Cet accident semble être favorisé par le froid et la vasoconstriction qu'il entraîne et, s'il apparaît habituellement au décours immédiat de la plongée, il peut survenir en cours de remontée.

Cliniquement, il se traduit essentiellement par :

– des vertiges rotatoires paroxystiques, maître symptôme dominant le tableau, accentués par les changements de position de la tête ;

– une démarche instable et ébrieuse, lorsque le maintien de la position debout est possible ;

– parfois aussi des bourdonnements d'oreille, des sifflements, voire une hypoacousie ;

– un cortège de signes fonctionnels, nausées, vomissements incœrcibles à l'occasion d'accès vertigineux.

Ils sont à connaître et à différencier des vertiges secondaires à un barotraumatisme de l'oreille interne, des vertiges par atteinte cérébelleuse dans le cadre d'un accident neurologique cérébral, des vertiges alternobariques, des vertiges naupathiques (mal de mer).

Brièvement, puisque nous reviendrons sur ce sujet (voir plus loin « Les accidents barotraumatiques de l'oreille »), les éléments d'orientation diagnostique sont :

• *l'absence de douleur à l'interrogatoire,*

• *des tympans normaux à l'otoscopie,*

• *les conditions de survenue du syndrome vertigineux ;* à l'inverse du mal de mer, qui s'estompe rapidement, les vertiges par atteinte vestibulaire ou cérébelleuse persistent et s'aggravent parfois avec le temps.

➤ Les accidents neurologiques

• *Les accidents médullaires*

Ce sont malheureusement les plus fréquents parmi les accidents de décompression et les séquelles définitives après traitement ne sont pas rares.

La théorie physiopathologique acceptée actuellement par tous les auteurs et vérifiée par des travaux expérimentaux privilégie l'origine veineuse : l'engorgement du système veineux droit par les bulles diminue le débit sanguin et entraîne une stase veineuse dans le système de drainage de la moelle épinière. Cette stase freine le dégazage et favorise la genèse de bulles directement dans le système veineux médullaire ou dans la moelle, ce qui explique l'œdème et les hémorragies interstitielles.

Cette physiopathologie explique, d'une part, l'évolutivité de ces accidents médullaires et, d'autre part, la difficulté de décrire des tableaux lésionnels bien systématisés : les lésions peuvent siéger et se répartir sur toute la hauteur de la moelle ; c'est la raison pour laquelle de nombreux tableaux neurologiques peuvent être décrits.

En règle générale, toute manifestation neurologique, quels que soient sa nature et son siège, doit faire suspecter et redouter la survenue d'un accident neurologique de décompression.

Classiquement, la symptomatologie est d'installation progressive dans les cinq à trente minutes, parfois dans les heures, qui suivent l'émersion. Une apparition brutale en cours de remontée ou au palier n'est cependant pas exceptionnelle et, dans ce cas, le plongeur ressent la trop classique douleur lombaire ou dorsale haute, interscapulaire, en coup de poignard.

Les premiers signes d'alarme précédant l'apparition des manifestations déficitaires motrices et/ou sensitives sont :

– une fatigue intense, anormale par rapport à l'effort fourni ou par rapport à ce qui est habituellement ressenti. Cette asthénie assez souvent retrouvée est précoce ;

– des fourmillements, des picotements des membres inférieurs ; en fonction du siège de la lésion, ces signes peuvent atteindre également les membres supérieurs.

Avec le temps, ces signes sensitifs vont s'affirmer et on pourra noter une hypo, voire une anesthésie au toucher, à la piqûre... Les signes moteurs vont s'accentuer : de la simple sensation d'engourdissement, d'ankylose d'un membre, le tableau va évoluer vers une monoplégie ou pire vers une quadriplégie plus ou moins complète. Parfois, la paraplégie est d'apparition brutale et massive d'emblée, s'apparentant à un tableau de section de moelle.

Mais l'absence de déficit moteur franc et la persistance des dysesthésies (fourmillements...), sans apparemment d'évolution dans un sens favorable ou défavorable, ne doivent surtout pas faire rejeter le diagnostic d'accident médullaire ; la vascularisation résiduelle encore fonctionnelle peut suffire pour compenser, temporairement, l'anoxie. Cependant, pendant ce temps, la maladie de décompression, c'est-à-dire le cortège des perturbations biologiques avec, en particulier, les phénomènes de coagulation, a tout le loisir de s'installer, avec comme résultat maximal une phlébite des veines périmédullaires pouvant aboutir à la mort de la moelle épinière.

Ce sont ces tableaux d'apparence bénigne qui sont les plus sournois : la recompression thérapeutique est différée puisque les signes mineurs de début, mais d'alarme tout de même, sont négligés ; dans ces cas difficiles, le traitement mis en œuvre est parfois insuffisant pour reperméabiliser la circulation locale, d'où les séquelles, souvent définitives, observées.

Les manifestations sphinctériennes, si elles

doivent exister de par le siège de l'atteinte médullaire, se révèlent ultérieurement, lorsque la vessie est pleine et qu'un besoin impérieux non suivi d'effet se fait sentir. Mais, l'impossibilité d'uriner, malgré la rétention vésicale, peut être le seul signe inaugural d'un tableau neurologique médullaire, généralement grave, de révélation clinique tardive.

• *Les accidents cérébraux*

Ces accidents se caractérisent par une symptomatologie neurologique très riche, quelquefois discrète, en relation avec la migration d'embols gazeux dans les carotides ou les artères vertébrales ; c'est dire que certains signes cliniques sont comparables à ceux que l'on rencontre dans le cadre d'un tableau de surpression pulmonaire. Cette similitude peut d'ailleurs rendre le diagnostic différentiel difficile, d'autant que parfois les deux pathologies s'associent. En pratique, la survenue de signes neurologiques évoquant une atteinte cérébrale doit toujours faire rechercher une surpression pulmonaire pure ou associée à un accident de décompression.

La physiopathologie de cet aéroembolisme, en l'absence de toute surpression pulmonaire, relève de plusieurs mécanismes.

Écartons le cas du « blow-up », que nous verrons ultérieurement, pour nous situer dans le cadre d'une plongée dont la procédure de décompression a été respectée, par exemple, cela pour rappeler que ce type d'accident peut également survenir alors qu'il y a eu respect des tables. Nous avons vu que lors de cette phase de la plongée (voir plus haut l'histoire naturelle des bulles dans « Physiopathologie des accidents de décompression ») il y a formation de bulles veineuses asymptomatiques ; ces bulles normalement filtrées par le poumon peuvent s'accumuler sur le versant précapillaire droit et, sous réserve de conditions hémodynamiques favorables, aboutir à l'ouverture de communications artério-veineuses intrapulmonaires ou intracardiaques permettant ainsi aux bulles de gagner le versant artériel pour atteindre préférentiellement la vascularisation cérébrale. Ce franchissement ne peut se faire que lorsque le filtre pulmonaire est débordé par l'importance du phénomène bullaire : il y a ouverture des shunts par l'hyperpression artérielle pulmonaire générée par l'obstacle bullaire ; cela suppose donc une plongée conduisant à un dégazage important (plongée profonde et/ou longue). Mais ce passage de bulles à travers les communications intrapulmonaires ou intracardiaques, nous l'avons déjà expliqué par ailleurs, peut également être facilité par des manœuvres atypiques telles que Valsalva ou gonflage de la bouée à la bouche à la remontée, et cela quelle que soit la sévérité du dégazage sous forme bullaire : l'hyperpression veineuse créée par ces manœuvres est suffisante pour ouvrir les communications droite/gauche.

Les signes cliniques observés dépendent du territoire vasculaire embolisé mais, en raison de la richesse des circuits vasculaires de suppléance, le pronostic des accidents neurologiques cérébraux est meilleur que celui des accidents médullaires.

Certains accidents cérébraux ont quelquefois le masque d'un accident ischémique transitoire : les manifestations déficitaires initiales plus ou moins impressionnantes régressent spontanément, parfois de façon totale, les anastomoses vasculaires ayant rempli leur fonction de suppléance. Cette évolution favorable ne signifie pas pour autant que l'embol gazeux a disparu : il peut parfaitement s'être enchâssé dans une artère et, en raison de l'absence de signes évocateurs persistants conduisant l'accidenté à consulter, la maladie de décompression va s'installer insidieusement avec, en particulier, constitution lente d'un œdème cérébral d'origine ischémique et lésionnelle, dont la révélation va se faire tardivement, parfois plus de douze heures après l'accident initial.

Certains symptômes traduisent pourtant sans équivoque une atteinte des fonctions cérébrales. Il peut s'agir de signes très parlants tels qu'une perte de connaissance, des convulsions, des troubles sensoriels francs comme la cécité transitoire, ou de manifestations parfois discrètes : hypoacousie, troubles oculaires à type de flou visuel, de rétrécissement du champ visuel, difficulté d'accommodation ou d'élocution, vertiges. Des troubles sensitifs et moteurs plus ou moins étendus (hémi, voire tétraplégie) ou prédominants aux membres supérieurs traduisent l'ischémie partielle d'un territoire vasculaire et accompagnent les signes précédemment décrits.

➤ Les troubles respiratoires ou « chokes »

Ce tableau clinique est la conséquence directe de l'arrivée massive de bulles dans la circulation pulmonaire lorsque le filtre alvéolaire est saturé et qu'il ne peut plus éliminer ces bulles. Ce tableau, qui ne représente que 1 % des accidents de décompression d'après les statistiques, est très certainement plus fréquent, mais ses manifestations plus ou moins bien tolérées ne conduisent le plongeur à s'en inquiéter que si les symptômes persistent.

La symptomatologie associe à la dyspnée, une toux sèche avec douleurs retrosternales, une oppression thoracique et, si l'encombrement bullaire est important, une cyanose découverte toutefois seulement par un examen soigneux et éventuellement confirmée par l'analyse des gaz du sang. Ces signes, ainsi qu'une asthénie très marquée et l'angoisse généralement exprimée, doivent alerter le plongeur car ces manifestations posent un triple problème :

– de gravité immédiate, par la survenue brutale d'une défaillance hémodynamique avec collapsus suivi d'un état de choc et d'une détresse respiratoire par œdème aigu pulmonaire de type lésionnel ;

– d'évolutivité : non traités rapidement par une recompression qui s'impose toujours, ces chokes peuvent faire craindre la survenue d'un accident cérébral par ouverture de shunts droit/gauche (mécanisme déjà décrit) ;

– de confusion diagnostique avec une surpression pulmonaire focalisée bénigne, c'est-à-dire avec une surdistension pulmonaire sans effraction alvéolaire.

➤ La maladie de décompression

Il s'agit d'une forme clinique rarement rencontrée isolément, qui s'exprime uniquement par des perturbations biologiques : hémoconcentration par hypovolémie, syndrome inflammatoire, coagulopathie.

Cette maladie de décompression (MDD) dont l'origine se situe au niveau de l'interface bulle/plasma peut être un premier stade biologique avant l'apparition d'une manifestation clinique *a priori* banale : l'asthénie ; mais elle peut également évoluer vers les troubles respiratoires du chokes, une hypotension, un collapsus.

Au pire et après une phase de latence clinique parfois longue (plus de 6 heures), on va constater l'apparition de manifestations neurologiques déficitaires d'installation progressive souvent rebelles au traitement. Les phénomènes de coagulation initiés par la bulle, l'hémoconcentration, le « sludge », toutes manifestations biologiques de la MDD non traitée, ont fait le lit d'une complication dramatique : la thrombophlébite de la moelle épinière atteignant les vaisseaux épiduraux et pouvant même, par son caractère extensif ascendant, toucher les sinus veineux de la base du crâne… C'est dire qu'une simple asthénie devrait nécessiter une surveillance clinique attentive.

➤ Le « blow-up »

Le terme de « blow-up » a été introduit dès le début de l'histoire de la plongée sous-marine pour désigner les conséquences d'une remontée très rapide, incontrôlée, due à un gonflage excessif de l'habit sec des scaphandriers à casque. Ce type d'accident par remontée à accélération constante peut, actuellement, s'observer chez les plongeurs équipés de vêtements secs à volume variable ou d'une bouée de sécurité en cas de panne ou de mauvaise utilisation du système de purge. Cet accident, forme aiguë de l'accident de décompression, se caractérise par son potentiel de gravité : compte tenu des circonstances de survenue, la désaturation est anarchique, le dégazage est massif et atteint tous les tissus, y compris le sang artériel.

L'importance de ce dégazage conditionne la nature des signes cliniques ; si la mort n'est pas immédiate par surpression pulmonaire et/ou noyade associée, le tableau est impressionnant et révèle une ischémie cérébrale majeure : il y a coma avec souvent convulsions localisées ou généralisées à l'ensemble du corps, quadriplégie flasque. L'embolisation du tronc vertébrobasilaire est généralement responsable d'un dysfonctionnement des fonctions respiratoire et cardiaque ; le risque de défaillance cardiorespiratoire au-delà de toute ressource thérapeutique est alors élevé.

CONCLUSION

Alors qu'en France le nombre de personnes pratiquant la plongée sous-marine autonome à titre de loisir est en constante progression, il semble, bien que nous ne disposions pas de statistiques véritablement fiables, que l'élévation naturelle du nombre d'accidents de plongée qui accompagne cet essor soit actuellement stabilisée. Il faut y voir l'influence de la formation technique dispensée dans les clubs, mais également une meilleure connaissance, de la part des pratiquants, des facteurs de risque et des circonstances favorisantes déclenchant la pathologie que nous venons de décrire ; la principale cause d'accident étant imputable au dysfonctionnememt humain, la définition d'un comportement sans risque, la formation des plongeurs au comportement sans danger, sont des actions de prévention qui doivent contribuer à la diminution du nombre d'accidents.

L'ÉLABORATION D'UNE TABLE DE PLONGÉE

Au cours de son séjour dans l'eau, le plongeur subit des variations de pression et respire pendant un certain temps de l'air à une pression ambiante supérieure à la pression atmosphérique ; des mouvements complexes des différents composants de l'air vont tendre à établir un équilibre gaz alvéolaire-gaz dissous sanguin-gaz dissous tissulaire.
L'azote, diluant de l'oxygène dans l'air, est plus particulièrement concerné par ces mouvements : contrairement à l'oxygène ou au gaz carbonique, qui sont consommés ou rejetés par le métabolisme cellulaire, l'azote est un gaz inerte, au sens physiologique, c'est-à-dire non métabolisé.
À la remontée, la pression partielle d'azote alvéolaire diminuant, le gaz dissous dans le sang diffuse vers les alvéoles ; la tension d'azote dissous tissulaire devenant supérieure à celle du sang, les tissus désaturent dans le sang, c'est-à-dire restituent progressivement la quantité de gaz dissous en excès par rapport à la quantité normalement dissoute à la pression atmosphérique. Cet excès emmagasiné pendant le séjour hyperbare est éliminé des tissus vers les alvéoles sous forme dissoute ou sous forme gazeuse, les bulles, ou les deux à la fois. Cette désaturation ne peut cependant pas se faire instantanément et elle constitue la limite de la plongée : rappelons-nous la célèbre formule des ouvriers travaillant en air comprimé dans les mines, rapportée par Pol et Watelle en 1846 : « On ne paye qu'en sortant... » Les auteurs de cette époque (Bucquoy, 1861) conseillent donc déjà « avec grande raison aux ingénieurs de prendre toutes les précautions nécessaires pour obtenir une décompression suffisamment lente ». Paul Bert, en 1878, propose la première « table » sous forme de « décompression ménagée » (12 min par bar). Il recommande aussi, quand les plongeurs reviennent de grands fonds, par 30 m par exemple, de les « maintenir un bon quart d'heure à moitié chemin » et de « faire respirer de l'oxygène

aussitôt après le retour à l'air libre, sans attendre l'apparition d'aucun accident ».

Le surplus de gaz inerte doit donc être éliminé selon une procédure, la table de décompression, qui permet à un sujet soumis à une ambiance hyperbare de rejoindre la pression atmosphérique sans phénomène pathologique clinique. *Ces tables n'ont pas pour but d'empêcher la formation de bulles, mais de faire en sorte qu'elles ne soient pas responsables d'un accident ;* les bulles « silencieuses » éliminées par le filtre pulmonaire sont en effet un phénomène inéluctable à toute décompression.

Dans cette partie du chapitre, nous voulons simplement montrer comment les tables sont élaborées, quelles sont les limites des méthodes employées et quelles garanties on peut en attendre : tout plongeur doit être en mesure de se faire une opinion et d'avoir des critères de choix.

Conception d'une table de décompression

Toute table de plongée est un programme caractérisé par une vitesse de remontée et l'existence de paliers qui vont agir sur les facteurs de la désaturation tissulaire et permettre à l'organisme de supporter la décompression : pour en établir les limites, on peut considérer qu'il faut tenir compte des phénomènes de transport et des mécanismes qui régissent les échanges de l'azote entre les différents tissus de l'organisme.

LE TRANSPORT ET LES ÉCHANGES D'AZOTE DANS L'ORGANISME

➤ Les bases biophysiques

Elles se rapportent au phénomène de dissolution des gaz dans les liquides : selon la loi de Henry, la quantité de gaz dissous dans un liquide augmente proportionnellement avec la pression. Mais à pression constante, cette dissolution, fonction du coefficient de solubilité du gaz, n'est pas instantanée : elle dépend du temps d'exposition, suit une courbe exponentielle caractérisée par sa période, c'est-à-dire le temps nécessaire pour atteindre la moitié de la saturation, et tend vers un équilibre correspondant à l'état de saturation du liquide par le gaz. Le gaz dissous exerce alors dans le liquide une pression partielle (tension de gaz dissous) égale à celle qu'il exerce au contact du liquide.

Ce phénomène est réversible si la pression diminue, ce qui correspond à la désaturation régie par la loi de diffusion des gaz dissous.

Il est donc possible de calculer, à tout moment, la valeur de la tension de gaz dissous si l'on connaît la valeur des variations de pression du gaz au contact du liquide et la période de ce liquide.

Les choses se compliquent s'il y a plusieurs liquides : dans ces conditions, la dissolution du gaz dans chaque liquide dépend des caractéristiques physico-chimiques de chacun d'eux.

C'est le cas de l'organisme humain, qu'il faut se représenter comme un ensemble de cellules dont l'élément prédominant est l'eau ; ces cellules constituent des tissus de consistance différente allant de l'état liquide (le sang) à l'état solide (l'os). Mais si l'on envisage leur comportement vis-à-vis des gaz, il est logique de les considérer comme des liquides aux caractéristiques différentes que l'on rassemble sous des entités abstraites : les compartiments.

Lors de l'augmentation de pression ambiante due à l'immersion, l'azote va progressivement se dissoudre dans ces compartiments, selon l'équation de Haldane, et leur vitesse différente de saturation dépendra de leur période. Si, au contraire, la pression ambiante diminue, la tension d'azote dissous dans les différents compartiments va décroître en suivant une courbe de désaturation *inverse mais non symétrique,* disons-le dès maintenant, de la courbe de saturation précédente.

Lors du retour du plongeur vers la surface, il se produit donc une variation de pression ambiante, dépendant de la vitesse de remontée, bien plus rapide que les variations de tension de gaz dissous dans les compartiments : l'organisme est dit en sursaturation.

On caractérise la sursaturation de chacun des compartiments par le rapport tension du gaz inerte dissous/pression barométrique ambiante. Au-delà d'une certaine valeur de ce rapport (coefficient de sursaturation critique), il y a danger d'accident de décompression. Les tables de plongée sont toutes conçues dans un but commun : maintenir la valeur du coefficient de sursaturation en gaz inerte (l'azote pour la plongée à l'air) de tous les compartiments de l'organisme en deçà d'un seuil à partir duquel le dégazage normal deviendrait pathogène. Chaque fois que le degré de saturation d'un compartiment l'exige, un palier est pratiqué pour permettre à ce compartiment de se désaturer et de passer au-dessous de la valeur critique du coefficient de sursaturation. Ce profil de remontée représente obligatoirement un compromis entre deux impératifs :

– éviter le dépassement du seuil de sursaturation critique du compartiment directeur,
– limiter la charge supplémentaire en gaz inerte des autres compartiments.

La fiabilité d'une table dépend, pour partie, de la définition de ces compartiments composés de tissus différents mais qui, compte tenu de leur nature, de leur richesse en graisse, de leur vascularisation, ont des périodes et des coefficients de sursaturation identiques; fixer le nombre de ces compartiments, déterminer les périodes (la plus courte, la plus longue et leur échelonnement) à prendre en considération sont également des choix déterminant la « sûreté » de la table.

➤ Les bases physiologiques

Le sang est le véhicule intermédiaire qui assure le contact entre le gaz inerte respiré et les différents tissus du corps.

Tous les phénomènes de dissolution tissulaire sont d'abord conditionnés par la circulation : à partir des capillaires, le gaz dissous diffuse dans les cellules. La quantité de gaz amenée dans les différents territoires de l'organisme dépend donc de leur vascularisation et des mécanismes de diffusion permettant de réaliser des états d'équilibre de pression de gaz.

C'est ainsi qu'au niveau de l'échangeur pulmonaire, on a longtemps admis, qu'à l'état d'équilibre, la tension d'azote dissous dans le sang était égale à la pression partielle d'azote alvéolaire; en réalité, c'est ne pas tenir compte des shunts circulatoires qui existent dans la circulation pulmonaire et qui réalisent des inhomogénéités d'échange à travers les membranes alvéolo-capillaires, si bien que la tension d'azote dissous dans le sang n'est pas égale à sa pression partielle alvéolaire.

Cette notion de shunts artério-veineux capillaires se retrouve également au niveau des tissus irrigués, si bien qu'au niveau tissulaire la tension d'azote dissous n'est pas égale à sa pression partielle au niveau alvéolaire. De plus, l'organisme n'est pas un ensemble de compartiments étanches et il ne faut pas négliger l'importance des échanges par diffusion en phase liquide qui vont se faire d'un compartiment à un autre; leur quantification est cependant impossible : comment connaître les coefficients de diffusion, les surfaces d'échanges... D'autre part, si le mécanisme de diffusion de l'azote sous forme dissoute dans les tissus humains bien vascularisés est rapide lors des échanges sang-tissus au point qu'il soit considéré comme un facteur négligeable dont il ne semble pas nécessaire de tenir compte, il existe des tissus peu vascularisés (tissus gras, cartilages...) où les phénomènes de diffusion régissent vraisemblablement les transferts d'azote.

Lors de la décompression, ces phénomènes, simples en première analyse, se compliquent par l'existence des bulles infracliniques dites silencieuses. Aux échanges par diffusion en phase liquide s'ajoutent des échanges par diffusion réalisés au niveau de l'interface bulle-liquide. La désaturation en gaz neutre au niveau tissulaire et le franchissement par ce gaz de la membrane alvéolo-capillaire vont donc être compliqués par l'existence de ce dégazage sous forme bullaire, qui devient un facteur limitant les échanges intertissulaires et tissu-liquide par diffusion. Enfin, il faut tenir compte des échanges par diffusion qui se font à contre courant sur tous les trajets vasculaires où artère et veine sont coalescents.

Au total, si la perfusion tissulaire est un facteur important dans le transport et les échanges d'azote, les phénomènes de diffusion ne peuvent être totalement ignorés. Bien évidemment, toutes modifications de la perfusion ou des phénomènes de diffusion, quelle qu'en soit l'origine, se répercutent sur le transport et l'élimination de l'azote contenu dans les tissus.

Les « puces » qui sont souvent signalées après des plongées fictives à l'air, en chambre hyperbare, sont un exemple de l'importance du facteur circulation dans un territoire donné. En effet, pendant la mise en pression, la température ambiante s'élève et la vasodilatation périphérique qu'elle entraîne augmente la quantité de sang circulant, donc la quantité de gaz dissous diffusant dans le tissu cutané. À l'inverse, lors de la décompression, la température de l'ambiance qui se détend s'abaisse : ce gradient thermique entraîne une vasoconstriction et le débit sanguin cutané est alors insuffisant pour assurer une élimination normale des gaz dissous lors du séjour en pression. Il y a alors formation de micro-bulles dans le tissu cutané, qui provoquent ces démangeaisons appelées « puces ».

Il faut donc également tenir compte des grandes fonctions de l'organisme impliquées dans les échanges en gaz inerte et modifiées par les conditions de la plongée : froid, stress, activité physique... mais aussi par le statut physiologique du plongeur : âge, sexe, état de fatigue...

➤ En résumé

La prétention d'une table est de vouloir donner une expression théorique à ces échanges gazeux au cours de la décompression : un ensemble d'équations mathématiques a pour objet de prédire l'évolution de la tension d'azote dissous dans les différents compartiments tissulaires en fonction du temps, de la pression ambiante, des caractéristiques physicochimiques du gaz inerte (coefficient de solubilité, par exemple), mais aussi en fonction de paramètres abstraits déterminés empiriquement (compartiments, coefficient de sursaturation critique) mais nécessaires aux calculs.

En réalité, la complexité des mécanismes d'échange, dont certains échappent à notre connaissance, font que les solutions mathématiques retenues ne peuvent être qu'approximatives : les lois physiques sont certes universelles, mais leur application biologique dépend de variables physiologiques ; si l'on veut serrer au plus près la réalité de ces dernières et faire intervenir tous les phénomènes connus, même des formulations mathématiques complexes qu'il est possible de résoudre avec de puissants moyens de calcul ne reflètent pas l'intimité des phénomènes.

Le calcul d'une table de décompression fait donc appel à une méthode, plus qu'à un modèle basé sur les phénomènes décrits précédemment, dans laquelle des hypothèses simplificatrices que l'on sait maintenant fausses, mais nécessaires à l'élaboration du profil, sont formulées.

Dans ces conditions, il n'est pas étonnant d'une part qu'il existe tellement de tables puisque les hypothèses retenues et donc les solutions adoptées ne sont pas identiques d'un auteur à l'autre et, d'autre part, que toutes les tables doivent inévitablement faire l'objet d'ajustements successifs.

LES APPROXIMATIONS DE CALCUL

➤ Les simplifications physiologiques

Les facteurs physiologiques intervenant sur les phénomènes de saturation et de désaturation ne sont pas identiques d'un plongeur à l'autre pour les raisons suivantes :

– les caractéristiques des tissus dans lesquels le gaz inerte se dissout dépendent de l'âge, du taux de graisse, des maladies ;

– la perfusion sanguine de ces tissus dépend des conditions hémodynamiques surtout, mais aussi de l'adaptabilité cardio-vasculaire à l'effort ;

– la masse de gaz qui est susceptible de repasser de la forme dissoute tissulaire à la phase gazeuse alvéolaire est fonction du rythme respiratoire, donc de la forme physique, de l'effort fourni...

Dans ces conditions, on comprend bien que la définition des compartiments, des périodes, des coefficients de sursaturation, ne soit pas unique d'un plongeur à l'autre. Dans l'absolu, et compte tenu des variations interindividuelles, il faut convenir que la logique voudrait autant de combinaisons de paramètres, donc de tables, que de plongeurs. Et encore, les variations intra-individuelles font qu'il faudrait adapter ces solutions aux modifications normales du fil de la vie...

En réalité, il faut bien accepter que c'est cette

appréciation moyenne de variables physiologiques aléatoires, plus encore que les approximations mathématiques, qui fait la sûreté d'une table de décompression pour la population utilisatrice définie.
Les concepteurs considèrent en effet que le profil de décompression s'adresse à un sujet standard dont les fonctions physiologiques sont estimées en régime stationnaire ; l'activité physique développée pendant la plongée n'engendre pas de modifications majeures sur le plan respiratoire, pas plus qu'au niveau de la circulation générale ou de la perfusion tissulaire qui reste constante. Il n'est pas tenu compte de toutes les perturbations engendrées par la plongée et de façon plus générale par ses conditions d'exécution, telles que la compression circonférentielle due à la combinaison, la vasoconstriction périphérique éventuellement induite par le froid. L'existence d'un gradient de pression hydrostatique redistribuant les liquides interstitiels de l'organisme au profit du volume circulant est négligée ; des facteurs physiologiques importants, comme le transfert du sang au niveau cardiopulmonaire sous l'influence de la dépression intrathoracique relative existant lorsque le plongeur est en position verticale ou le déficit hydrique après émersion dû à l'augmentation de la diurèse, sont totalement ignorés.

➤ Les simplifications biophysiques

Les modèles développés dépendent du choix des approximations retenues.

• *Le modèle par « perfusion limitante »* est celui qui a permis de définir les premières tables de décompression. Dans cette théorie imaginée par Haldane, il est admis que seule la vascularisation intervient sur les phénomènes de saturation et de désaturation ; l'espace de diffusion des gaz est considéré comme négligeable en raison de la richesse en capillaires des tissus, ce qui aboutit aux hypothèses suivantes :
– avant la plongée, la tension du gaz inerte dans tous les tissus est en équilibre avec la pression partielle de ce gaz dans l'air respiré à la pression atmosphérique ;
– à la sortie des poumons, la pression partielle d'azote de l'air alvéolaire et la tension de ce gaz dans le sang artériel sont en équilibre ;
– à la sortie d'un compartiment, les tensions d'azote dissous dans le sang et le compartiment sont en équilibre ;
– la loi de dissolution d'azote dans l'organisme sous l'effet d'une différence positive entre sa pression partielle dans l'air respiré et sa tension dans les tissus est la même que la loi d'évacuation de ce gaz sous l'effet d'une différence négative.
Cette variation de tension d'azote dissous dans un compartiment est fonction du gradient de tension sang-compartiment, du taux de perfusion de ce compartiment, des coefficients de solubilité du gaz dans le sang et le compartiment considéré. Ce qui conduit à la formule de Haldane bien connue :

$$P = Po + (P1 - Po)\,(1 - e^{-kt})$$

où P = tension d'azote dissous dans le sang quittant le compartiment,
Po = tension d'azote dans le compartiment à l'instant t = o,
P_1 = tension d'azote dans le sang arrivant au compartiment,
k = constante fonction du taux de perfusion caractéristique du compartiment.
Dans ce modèle, une décompression normale ne s'accompagne pas de bulles : elles n'apparaissent que lorsque le coefficient de sursaturation critique d'un compartiment est dépassé. Ce coefficient est considéré comme constant pour un compartiment donné alors que l'expérience a montré que, s'il est sûr pour une certaine profondeur et une certaine durée, il peut être dangereux pour des profondeurs et des durées plus grandes.
Ces hypothèses ne tenant pas compte du rôle des bulles modifiant les échanges hémato-tissulaires, supposant que tous les compartiments sont placés en parallèle et qu'il n'existe aucun échange par diffusion entre eux, sont insuffisantes au regard des bases physiologiques précédemment évoquées. Elles ont cependant permis l'élaboration des tables Gers de la Marine nationale et celles de l'US Navy.

• *Le modèle de transport des gaz par diffusion* introduit le fait que les échanges d'azote sont

limités par la cinétique de diffusion de ce gaz dans des compartiments considérés comme inhomogènes.
L'application de la loi physique des phénomènes de diffusion des gaz à la physiologie ne peut se faire qu'au prix de simplifications extrêmes et se heurte alors à des considérations anatomiques : comment, en effet, dans le cas le plus simple, imaginer l'organisme comme étant constitué de rangées parallèles de capillaires séparés par une couche de tissu ? L'approximation considérant que la diffusion se fait de manière radiaire autour du capillaire est plus proche de la réalité anatomo-physiologique mais complique l'expression de la loi de Fick régissant le phénomène de diffusion.

• *Le modèle basé sur les équations mathématiques permettant de définir la stabilité d'une bulle* permet d'intégrer dans les calculs le fait que toute décompression s'accompagne d'un dégazage sous forme bullaire. Le seul problème à maîtriser est celui des mouvements des gaz par diffusion entre la phase dissoute (sang, tissus) et la phase gazeuse de la bulle de manière à éviter que celle-ci croisse : au-delà d'un volume critique devenant le facteur limitant la remontée, il y a accident de décompression. Dans cette théorie, on ne s'occupe plus des compartiments qui sont considérés comme des réservoirs de gaz. En l'état, cette méthode est cependant inapplicable car elle ne fait pas intervenir les échanges par diffusion entre la bulle et le compartiment et ne tient pas compte des modifications induites par le dépôt fibrinoprotéique qui va encoconner la bulle.

Ces considérations mettent en évidence la complexité du problème posé par le transport de l'azote dans l'organisme, qui nécessite simultanément les deux processus de diffusion et de perfusion. Les modèles mixtes tenant compte aussi de la présence de bulles sont une bonne approche de la réalité.
Toutefois, toutes les approximations de calcul imposées par les limites avouées de nos connaissances fondamentales ne rendant pas compte de la richesse des phénomènes mis en jeu, les modèles descriptifs supposant une connaissance la plus précise possible des mécanismes des échanges gazeux sont, pour certains auteurs, inapplicables pour le calcul des profils de décompression. Cependant, ils sont le point de départ de la conception des tables permettant ainsi l'optimisation des paramètres de calcul par la méthode des probabilités, c'est-à-dire la méthode basée sur l'étude statistique du risque d'accident, actuellement partagée par de nombreux auteurs et développée pour ajuster la plupart des tables sérieusement conçues.
Dans l'absolu, et puisque les modèles mathématiques même les plus compliqués ne correspondent pas à la réalité, il est de plus en plus admis que la détermination des paramètres de la décompression peut se faire de manière purement empirique bien que basée sur les études statistiques et le calcul des probabilités : dans cette « méthode probabiliste », reprise en France par Imbert avec les tables Comex, les références mathématiques sont sans importance. Ce qui compte, c'est de pouvoir déterminer, à partir d'une base de données et de la méthode dite de la probabilité maximale, les paramètres du profil de décompression qui vont entraîner le taux d'accidents le plus faible.

Évaluation de la sécurité d'une table de décompression

Toutes les considérations évoquées précédemment permettent le choix des paramètres de calcul du profil de décompression.
Le nombre de compartiments n'est pas limité et peut aller de compartiments à période très courte de l'ordre de 3 à 4 minutes à des compartiments très lents à période de 120 minutes et plus ; leur choix est seulement défini par le souci des auteurs de vouloir tenir compte des périodes jouant un rôle significatif : ce n'est pas en multipliant les compartiments que l'on accroît la sécurité de la table. De plus, le nombre de compartiments utiles au calcul peut varier avec la profondeur et la durée de la plongée.
La valeur du coefficient de sursaturation dirigeant la décompression, ou de ses variantes telles que les « M-values » de Workman, peut être choisie fixe ou variable en fonction de la profondeur, de la durée de la plongée, voire en

fonction de la profondeur des paliers. S'il est trop petit, la table obtenue conduit à des durées de décompression élevées : la table est évidemment « sûre » ; s'il est trop grand, la décompression présente des risques dont l'évaluation ne peut être que statistique.

La vitesse de remontée doit être la plus grande possible, pour que les compartiments à périodes longues ne continuent pas à se saturer, mais limitée cependant par le coefficient de sursaturation des compartiments à périodes courtes.

Ces éléments de calculs sont empiriques et ils doivent être contrôlés par l'expérience. Une fois acceptée, la table doit faire l'objet d'une validation pour la population définie.

L'EXPÉRIMENTATION D'UNE TABLE

Qu'il s'agisse de l'élaboration complète d'une table ou des corrections qui lui sont apportées par modification des paramètres chiffrés de calcul, cette étape d'essai est importante : elle permet de vérifier par expérimentation humaine, sur des volontaires, les résultats numériques obtenus par les programmes de calcul utilisés.

Certaines des tables actuelles ont été testées sur des sujets placés dans des conditions de pression et de temps correspondant à une plongée réelle. Pour être rigoureuses et comporter le moins de risques possible, ces plongées se font en chambre hyperbare, d'abord dans l'air, puis dans l'eau, chez un nombre de sujets, au repos dans un premier temps, au travail ensuite, suffisamment grand pour que les observations obtenues aient une valeur significative.

Bien qu'il ne soit pas nécessaire de tester tous les couples profondeur-durée de la table, cela représente un très grand nombre de plongées de mise au point. Tout couple profondeur-durée ayant donné lieu à un incident doit être recalculé avec d'autres paramètres, les autres étant acceptés *mais non validés*.

Les méthodes ultra-sonores de détection de bulles par effet Doppler ont permis d'améliorer la technique d'expérimentation : il n'est pas nécessaire d'aller jusqu'à l'accident de décompression du « cobaye », puisqu'un niveau de bulle élevé est considéré comme pathogène.

Cependant, à partir d'un certain niveau de sécurité et lorsque la table de départ est une table déjà testée, on peut considérer qu'un profil plus long que celui dont il est dérivé n'expose pas les plongeurs qui vont l'essayer à un risque particulier : l'expérimentation, pour cette raison, peut se faire directement dans les conditions où les tables vont être utilisées.

LA VALIDATION D'UNE TABLE

La validation d'un profil passe par l'établissement d'une base de données avec recueil des informations nécessaires à l'optimisation statistique des paramètres de calcul : à partir d'un certain point de perfectionnement, seul un grand nombre de plongées peut permettre de définir la valeur prédictive d'une table.

Si le risque d'accident survenant avec respect de la procédure, risque défini par le ratio nombre de plongées « normales » génératrices d'accidents / nombre de plongées réalisées, est acceptable, c'est-à-dire suffisamment faible sur le plan statistique, les paramètres de la méthode de calcul sont validés pour la population utilisatrice, jusqu'à ce que, la base de données s'enrichissant de nouvelles observations, il soit nécessaire de reconsidérer la question.

Cette validation pose le problème du recueil des informations et des délais nécessaires pour l'obtention d'un volume de données suffisant pour être exploitable.

C'est cette méthodologie qui a été appliquée par la Comex aux tables du ministère du Travail 1974 et qui a également permis à la Marine nationale de réviser ses tables Gers 65.

Problèmes particuliers

Un certain nombre de circonstances dans la réalisation de la plongée compliquent les données du problème.

PLONGÉES SUCCESSIVES

L'élaboration d'une table de plongées successives doit tenir compte du reliquat de gaz dissous dans l'organisme à l'occasion de la plongée précédente. L'une des méthodes consiste à définir l'intervalle de temps au bout duquel le compartiment le plus long choisi pour le calcul est totalement désaturé. Dans les nouvelles

tables Marine nationale MN 90, ce délai a été fixé à 8 heures 30 pour le compartiment de période 120 minutes.
Si la deuxième plongée se fait dans un délai inférieur, il faut appliquer à la durée de cette incursion une majoration permettant de tenir compte de la saturation résiduelle : c'est le temps qu'il aurait fallu passer à la profondeur de la deuxième plongée pour présenter la même tension d'azote dans le compartiment de période 120 minutes.
La méthode dite « du cas le plus défavorable », développée par le docteur Fructus pour les tables du ministère du Travail 1974, suppose que tous les tissus sont saturés à la valeur maximale à l'arrivée en surface de la première plongée. L'avantage acquis sur le plan de la sécurité, la deuxième décompression ne dépendant pas de la première plongée, n'est pas sans inconvénient : les durées de décompression ne sont pas optimisées pour des intervalles brefs.
Le principe de cette méthode a été repris par Imbert pour la conception des tables successives Comex 86 ; le compartiment de période 120 minutes est supposé être saturé à la valeur maximale à l'arrivée en surface de la première plongée, ce qui conduit à des temps de décompression pour les intervalles longs équivalents à ceux des tables successives du ministère du Travail (décret 1974) et pour les intervalles courts comparables à ceux des tables successives MN 90.
Enfin, la méthode du cumul, méthode la plus simple prenant en compte la somme des temps de plongée pour la plus grande des profondeurs, est peu performante.
Notons bien que seul le cas de plongées limitées en profondeur (60 mètres) et en nombre (deux) a été étudié. La répétition des plongées ne peut se faire qu'au détriment de la sécurité ; toute plongée itérative est une plongée effectuée avec des tissus incomplètement désaturés, mais aussi une plongée effectuée avec présence de bulles en quantité variable dont le comportement ne peut être appréhendé à mesure que le nombre de plongées augmente : on sait seulement que ces bulles interfèrent sur les mécanismes de dégazage tissulaire en limitant les mécanismes de diffusion et qu'il est probable que des bulles localisées au niveau du filtre pulmonaire à fin d'évacuation par diffusion à travers la membrane alvéolo-capillaire repassent dans la grande circulation à l'occasion de ces plongées répétitives.

PLONGÉE EN ALTITUDE

La solution la plus sûre consisterait, pour ce cas particulier, à calculer une série de tables pour des altitudes différentes et à les tester : c'est ce qui a été réalisé par le professeur Bühlmann, notamment. La méthode approximative permet, grâce à un coefficient de correction qui est le rapport des pressions barométriques niveau mer / niveau lac, de transposer les tables habituelles pour leur emploi en lac.

MONTÉE EN ALTITUDE APRÈS PLONGÉE

La valeur finale du coefficient de sursaturation et, de façon plus générale, la saturation résiduelle des différents compartiments de l'organisme telle qu'elle est prévue dans les tables de plongée, suppose qu'après l'émersion le sujet ne sera soumis à aucune diminution ultérieure de la pression ambiante. Si tel est le cas, la valeur résiduelle de la charge en azote peut être telle que la diminution de pression engendre un dégazage bullaire pathologique. Un gain d'altitude modeste, fût-ce par des moyens de locomotion terrestre tel le franchissement de cols routiers, peut suffire à déclencher par ce mécanisme un accident de décompression. Pour fixer les idées, rappelons qu'une ascension de 4 000 mètres représente une variation de 320 millibars, soit 3,15 m d'eau, ce qui correspond à la différence de pression entre la surface et le niveau du dernier palier dans les tables de plongée.

DÉSATURATION À L'OXYGÈNE

Pour raccourcir la durée de la décompression, il est possible de faire respirer de l'oxygène pur aux plongeurs pendant les paliers tout en restant dans la limite de pression partielle d'oxygène physiologiquement tolérable. Dans ce cas, si l'on se réfère à la méthode de calcul de Haldane, la formule mathématique

$$P = Po + (P_1 - Po)\,(1 - e^{-kt})$$

devient $P = Po - e^{-kt}$ puisque P_1 (pression partielle d'azote dans le mélange respiré) est nulle. Les auteurs restent cependant partagés sur les avantages physiologiques de l'emploi des hautes pressions partielles d'oxygène au cours des décompressions : l'hyperoxie par la vasoconstriction qu'elle induit modifie l'hémodynamique, donc la perfusion des tissus et, par voie de conséquence, la composante perfusion dépendante de l'élimination de l'azote ; des travaux fondamentaux ont montré de plus que la période des tissus les plus vascularisés peut doubler pendant une décompression effectuée sous oxygène.

De telles modifications sont difficilement quantifiables et introduisent des incertitudes supplémentaires ; une expérimentation préalable est donc nécessaire avant de proposer une table pour une décompression de ce type. Actuellement, une procédure empirique recommande de réduire d'un tiers la durée des paliers à l'air.

La respiration d'oxygène pur en surface n'a d'intérêt que si l'on veut réduire la quantité d'azote résiduel dans l'organisme du plongeur entre deux plongées successives. Si la détermination des tensions d'azote tissulaire est aisée, les propriétés vasoconstrictrices de l'oxygène doivent être prises en considération ; par exemple, dans les tables MN 90, on admet que le compartiment le plus long, dont il faut tenir compte dans l'élaboration des tables successives après inhalation d'oxygène, n'est plus le compartiment 120 minutes mais celui de période 240 minutes.

CONCLUSION

En l'état actuel des connaissances, l'accident de plongée avec respect de table est considéré comme inévitable. Le développement des biomathématiques n'ayant pas permis de développer un modèle de transport de l'azote dans l'organisme tenant compte de tous les phénomènes, il faut accepter l'idée que toutes les tables sont incertaines et comportent un risque que l'optimisation des paramètres ayant servi à leur élaboration, quelle que soit la méthode de calcul retenue, doit permettre progressivement de réduire au niveau le plus faible.

Du fait des approximations nécessaires pour que les procédures puissent être appliquées au plus grand nombre de plongeurs, les tables actuelles sont plutôt tolérantes, ce qui encourage les fantaisies ou, au contraire, les font redouter au point que certains confient leur intégrité fonctionnelle à des « calculateurs d'aide à la plongée » ou autres ordinateurs ; ces appareils faits pour calculer donneront toujours une réponse aux plongées plus ou moins hétérodoxes réalisées, mais l'affichage numérique que le plongeur va respecter aveuglément n'a de valeur qu'à travers les données qui ont été introduites dans le programme.

LA SURPRESSION PULMONAIRE

La surpression pulmonaire est certainement l'accident de la plongée sous-marine autonome le plus grave : lorsqu'il survient, ce barotraumatisme laisse généralement peu de chance de survie au plongeur sportif.
Il est donc important de bien faire connaître cet accident. Classiquement, ce syndrome est défini comme étant un accident mécanique survenant par variation de volume des gaz pulmonaires à la remontée. Il peut apparaître dès les faibles profondeurs et à la suite de variations de pression minimes, ce qui explique, d'une part, qu'il soit l'accident typique du plongeur néophyte et, d'autre part, sa fréquence relative : 10 à 16 % des accidents de la plongée autonome, selon l'origine des statistiques.

Les mécanismes

LE MÉCANISME PHYSIQUE

Il est simple, bien connu et à l'origine de tous les désordres : il existe dans l'arbre aérien un obstacle à l'écoulement normal de l'air à la remontée. Nous en verrons les causes plus loin en raison de leur incidence sur les mesures de prévention.
Dès lors, la loi de Boyle-Mariotte ne s'appliquant rigoureusement qu'aux cavités closes explique le processus : à la remontée, la masse de gaz contenue dans les poumons, proportionnelle à la pression hydrostatique maximale atteinte, ne varie pas en raison de l'entrave à l'échappement ; puisque la pression ambiante diminue, la masse de gaz en excès augmente les volumes gazeux pulmonaires.
Les conséquences sur le parenchyme alvéolaire sont évidentes : il y a d'abord dilatation alvéolaire localisée ou étendue jusqu'à la limite d'élasticité. Tant que cette limite n'est pas atteinte, il s'agit donc d'une simple surdistension des parois alvéolaires qui s'accompagne d'une surpression intra-alvéolaire. Si la pression hydrostatique diminue encore, la tolérance d'élasticité étant dépassée, il y a alors rupture barotraumatique : on admet que cette effraction survient pour un gradient de pression de 250 à 300 mm de mercure réduit à 120 mm de mercure si le phénomène décrit succède à une inspiration forcée, ce qui est, notons-le, fréquemment observé lors de la pratique de certains exercices, en particulier la remontée sans embout ; on peut donc mourir par accident de surpression pulmonaire à la suite d'un banal entraînement en piscine... dans 1,20 m d'eau !
Le seuil de résistance alvéolaire à la rupture explique aussi que la sécurité des baptêmes de plongée soit fortement compromise pour des incursions sub-aquatiques excédant la profondeur de 3 mètres. Cette surdistension avec surpression, la rupture alvéolaire ensuite génèrent des phénomènes hémodynamiques et gazeux à l'origine du cortège des signes cliniques.

LE PHÉNOMÈNE HÉMODYNAMIQUE

Directement lié à l'action mécanique de la surpression intra-alvéolaire, il est constant et plus ou moins prononcé, même si cliniquement ses manifestations sont au second plan.
Il s'explique par « l'effet de brassard » exercé par la surpression endothoracique sur la circulation capillaire pulmonaire et le retour veineux ; ce frein n'est pas sans conséquence.

➤ Au niveau de l'hémodynamique cardio-vasculaire

L'obstacle à la circulation pulmonaire est à l'origine d'une surcharge du cœur droit avec, en particulier, dilatation des cavités droites, mais surtout gêne au retour veineux, donc stockage sanguin dans les viscères abdominaux et mauvais remplissage du cœur gauche.
La traduction en est une bradycardie et une hypotension partiellement compensée par les mécanismes régulateurs réflexes ; cependant, si la pression artérielle pulmonaire tend à égaliser la pression artérielle périphérique, des accidents par désamorçage de la pompe cardiaque peuvent se produire.

➤ Au niveau fonctionnel pulmonaire

Les modifications circulatoires et ventilatoires vont diminuer les échanges gazeux alvéolo-capillaires. Outre l'hypoxie, engendrée par la diminution du rapport ventilation/perfusion, et son retentissement direct possible sur le phénomène de désaturation tissulaire consécutif à une plongée au cours de laquelle les différents compartiments ont accumulé une masse de gaz selon la loi de Henry, on conçoit aisément que l'hypertension pulmonaire associée à l'augmentation des pressions intra-alvéolaires puissent perturber l'efficacité de l'échangeur pulmonaire et contribuer à l'aggravation de la sursaturation tissulaire par non-évacuation des gaz dissous.

➤ Au niveau des échanges de gaz inertes
L'hypertension veineuse retentit en amont sur le système de drainage veineux tissulaire, en particulier sur le système azygos qui collecte la circulation spinale avec, pour conséquence, une stase dans les veines péri et épidurales. Dans l'hypothèse d'une plongée saturante, le dégazage médullaire ralenti contribue aussi à la sursaturation locale, ce qui peut être à l'origine de la formation de bulles au sein même de la moelle. Ces mécanismes sont des épiphénomènes de la surpression pulmonaire qui favorise la survenue d'un accident de décompression associé ; à eux seuls, ils peuvent toutefois expliquer certains tableaux cliniques neurologiques mixtes (cérébral et médullaire).

LE PHÉNOMÈNE GAZEUX

C'est le point de départ des lésions les plus appréhendées et les mieux connues de tous les plongeurs, car sa traduction clinique fait l'objet des descriptions tragiques habituellement enseignées. Son origine, nous venons de le comprendre, n'est cependant pas univoque.

➤ Classiquement, le phénomène gazeux est lié à l'effraction alvéolaire et à la rupture des vaisseaux pulmonaires. Il va donc y avoir passage de gaz qui va littéralement s'engouffrer sous pression dans les veines pulmonaires pour transiter jusqu'au cœur gauche et gagner la grande circulation avec embolisation dans la circulation terminale de tous les viscères, y compris les coronaires, d'où la possibilité de survenue d'un infarctus, mais le plus souvent dans la circulation cérébrale. L'importance du volume de gaz atteignant les cavités cardiaques hypothèque l'efficacité des contractions myocardiques et accélère le désamorçage de la pompe déjà initié par « l'effet brassard » : cette dilatation des cavités cardiaques par de l'air est probablement à l'origine de nombreux cas de décès avant même que l'air ne parvienne dans les vaisseaux cérébraux.
Le cerveau droit est en effet l'organe cible des embols gazeux en raison de la position haute de la tête et de la situation anatomique privilégiée de la carotide primitive droite sur la crosse aortique. La circulation cérébrale de suppléance étant bien développée par le jeu des anastomoses du polygone de Willis, les petites bulles seront bien supportées et à l'origine de manifestations ischémiques transitoires ; il faudra des bulles plus volumineuses ou des embols gazeux envahissant massivement la circulation cérébrale pour voir apparaître un accident neurologique majeur persistant dans le temps. Ce type d'embol de grande taille obturant tout le réseau artériel peut toutefois se former par dilatation au cours de la remontée avec la diminution de la pression hydrostatique.
Le passage d'air va également se faire dans les cavités jouxtant le lieu d'effraction pulmonaire : ce peut être la plèvre, le médiastin, le péritoine, les espaces sous-cutanés.

➤ Mais le passage gazeux vers les veines pulmonaires est aussi possible à travers les espaces intercellulaires alvéolaires sans qu'il y ait déchirement. Il faut pour cela deux conditions réunies : une distension alvéolaire maximale et un gradient de pression alvéolo-capillaire suffisant ; la surpression pulmonaire est donc, malgré tout, la cause première de cet enchaînement de faits. Il est hautement probable que bon nombre d'accidents neurologiques cérébraux sont la conséquence de ce mécanisme donc de surpression pulmonaire sans effraction méconnue.

➤ Enfin, cet accident pouvant survenir à la suite d'une plongée saturante et après une remontée rapide, les tissus vont se désaturer anormalement ; le dégazage massif occasionné

par cette décompression qualifiée d'explosive va contribuer à l'aggravation du phénomène bullaire. Ces formes associant surpression pulmonaire, accident de la décompression et « chokes » sont généralement fatales.
Au total, on peut résumer l'enchaînement des mécanismes de la façon suivante :
– il y a d'abord surpression pulmonaire par blocage expiratoire sans rupture alvéolaire, mais possibilité d'embolie gazeuse par surdistension et surtout retentissement hémodynamique de l'hyperpression veineuse et son cortège de conséquences;
– la limite d'élasticité étant dépassée, il y a déchirement pulmonaire avec envahissement gazeux de la grande circulation et des tissus avoisinants entretenu par les variations de pression intrathoracique. L'effet garrot et ses répercussions compliquent la situation.

Les lésions

➤ **La nature des lésions** à l'origine des tableaux cliniques décrits résulte, d'une part, de l'existence du phénomène bullaire et, d'autre part, de leurs mécanismes d'apparition.

• *Les lésions bullaires*
Elles sont la conséquence directe des embolies gazeuses artérielles et des variations de pression. Elles sont donc de nature ischémique, par interruption de la circulation sanguine, et barotraumatique, par dilatation des embols gazeux vasculaires à l'occasion de la remontée. Cette dilatation est à l'origine de bulles de grande taille qui, du fait de leur forme en manchon et de leur dimension, ont une grande tendance à la stabilité : à l'endroit où elles se sont enclavées, elles vont distendre l'endothélium vasculaire et le déchirer. L'augmentation de volume des bulles va être facteur de compression et de dilacération du tissu nerveux; la dilacération vasculaire va entraîner la formation d'un thrombus lui-même facteur d'occlusion.

• *Les lésions non bullaires*
Ce sont bien entendu les lésions propres de la surpression pulmonaire, qui dépendent de la localisation de la rupture, et les modifications hémodynamiques associées.
Il s'agit aussi des conséquences biologiques et humorales du phénomène bullaire induites par l'interface bulle-plasma avec, en particulier, augmentation de la perméabilité vasculaire dans les quelques minutes qui suivent l'embolie gazeuse artérielle.

➤ **La gravité des lésions** expliquant la sévérité des symptômes et leur rapidité de survenue, dépend de trois facteurs :
– les voies de passage et les tissus de voisinage mis en cause par le traumatisme;
– l'importance des brèches tissulaires et parenchymateuses pulmonaires;
– le volume de gaz entrant dans les vaisseaux et les espaces voisins. Il est fonction de la masse de gaz alvéolaire au moment du blocage, de la nature de la lésion, surdistension ou rupture et, si cette dernière existe, de la profondeur à laquelle elle se produit : plus elle est importante, plus la quantité de gaz franchissant sans interruption les brèches vasculaires et tissulaires aura des effets péjoratifs sur le pronostic vital, et plus les embols gazeux pourront se dilater et créer des dégâts neurologiques.

Les causes

Nous ne nous y attarderons pas : elles sont généralement bien connues des plongeurs. Le *primum novens* de l'accident est une gêne à l'expiration globale ou localisée, et on distingue deux types de causes.

➤ **Les accidents par blocage respiratoire**
Ils sont dus à un obstacle sur les voies aériennes supérieures. On retrouve généralement une faute technique et ce sont les cas les plus fréquents.
Le blocage peut être volontaire ou involontaire.
– Volontaire : c'est le cas du plongeur qui pratique des apnées à la remontée par peur de manque d'air ou pour l'économiser, ou bien encore qui pratique une manœuvre de Valsalva à la remontée. Précisons que cette dernière manœuvre, inutile à la remontée, est dangereuse à plus d'un titre : outre son implication dans la genèse d'une embolie gazeuse par surpression, elle crée une hypertension du système

veineux qui, en dehors de « l'effet brassard », peut suffire à ouvrir des shunts artériolo-capillaires alvéolaires et contribuer au passage de bulles de dégazage à travers le filtre pulmonaire.
– Involontaire : par spasme laryngé réflexe provoqué par une panique, cause habituelle de l'accident chez le néophyte, ou par irruption d'eau au niveau des muqueuses des voies aériennes supérieures. En théorie, ce laryngospasme ne devrait pas, chez le plongeur sportif, succéder à une crise hyperoxique ou épileptique, ni à une perte de connaissance.
Le coup de poing au creux épigastrique donné par le moniteur pour obliger l'élève à expirer à la remontée peut avoir l'effet inverse de celui recherché en étant à l'origine d'un blocage de la respiration par spasme phrénique.
Une ébauche de laryngocèle, résidu embryonnaire considéré comme une redoutable contre-indication à la plongée sous-marine en raison des difficultés pour le mettre en évidence, est susceptible, s'il n'a pas été dépisté, de séquestrer à la remontée un volume gazeux qui, en se dilatant, va occlure les voies aériennes supérieures par compression pneumatique.

8.8. *Radiographie thoracique de face. Pneumothorax complet droit présentant une rétraction pulmonaire hilaire, un pneumopéricarde.*

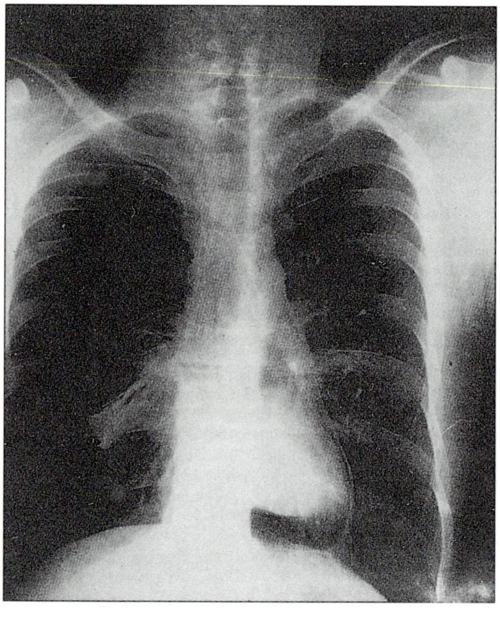

➤ Les accidents sans blocage respiratoire

Un obstacle bas situé sur l'arbre aérien freine la vidange d'un territoire pulmonaire ; pour le plongeur concerné, l'expiration semble s'être faite normalement en cours de remontée et il ne semble pas y avoir eu de faute technique.
Les accidents de ce type sont dus à des maladies pulmonaires qui, dans tous les cas, vont diminuer le débit d'échappement d'air à la remontée. Il peut s'agir d'une maladie aiguë évolutive telle qu'une infection pulmonaire ou d'une pneumopathie chronique comme la bronchite chronique. Ces affections sont à l'origine de « bronches à clapet » : un bouchon de mucosités accumulées dans la lumière d'une bronche ou d'une bronchiole constitue l'obstacle à l'évacuation. Chez le malade asthmatique, les conditions ambiantes facilitent le déclenchement d'une crise : le bronchospasme crée le blocage expiratoire. Des séquelles pulmonaires telles qu'un nodule tuberculeux ou des ganglions calcifiés peuvent avoir un effet compressif sur une bronche et gêner une évacuation suffisamment rapide de l'air à la remontée. Enfin, des zones parenchymateuses fragilisées à l'élasticité diminuée, telles que des bulles d'emphysème ou des adhérences pulmonaires, sont des points d'appel d'une rupture à la moindre surdistension.

Conclusions cliniques

Les signes des accidents de plongée par surpression pulmonaire sont variables. Certains tableaux sont parfois ignorés en raison de la discrétion des manifestations présentées et c'est seulement leur persistance qui amènera le malade à consulter plus ou moins tardivement ; d'autres seront gravissimes d'emblée.

➤ Le tableau classique

Selon les statistiques, il représente 40 à 50 % des surpressions pulmonaires. Les symptômes apparaissent rapidement dès la sortie de l'eau ; parfois, ils sont déjà présents à l'émersion. Le sujet est pâle, plus ou moins angoissé, cyanosé, la respiration est superficielle, haletante et il existe un ralentissement du pouls. Si l'accidenté est conscient, il va décrire un point de

côté ou une douleur thoracique fulgurante l'empêchant de respirer ; des crachats sanglants sont associés à la toux et on peut observer une spume sanguinolente sur les commissures labiales. Tous ces signes évoquent le pneumothorax (fig. 8.8).
Très vite, l'état va devenir alarmant avec l'installation d'un collapsus cardio-vasculaire et la survenue des signes déficitaires neurologiques sensitifs, moteurs et sensoriels ; une perte de connaissance est souvent inaugurale et elle peut être suivie de convulsions. S'il y a reprise de conscience, il va persister un état confusionnel. On va également pouvoir remarquer, en cas d'emphysème sous-cutané, un gonflement du cou et de la face crépitant sous les doigts.
Dans cette forme plus ou moins aiguë où l'un des mécanismes en cause peut dominer, les signes pulmonaires et de rupture tissulaire font le diagnostic, les signes neurologiques le pronostic fonctionnel, les signes hémodynamiques le pronostic vital immédiat.
Si le choc hémodynamique favorisé par l'émulsion gazeuse du cœur droit est surmonté, la gravité des signes neurologiques traduit l'importance du passage gazeux.

➤ Les formes avec signes neurologiques dominant le tableau

Chez ce type d'accidenté, la trilogie symptomatique est incomplète. Les signes fonctionnels pulmonaires existent mais ils sont moins parlants et aucun ne permet, à première vue, de suggérer l'effraction parenchymateuse pulmonaire ; les signes hémodynamiques sont inconstants et seules les manifestations ischémiques cérébrales traduisent avec certitude l'existence de l'embolie gazeuse artérielle.
Ces formes cliniques pouvant poser des problèmes diagnostiques sont à différencier des accidents de décompression par dégazage massif et, bien souvent, ce n'est qu'une analyse minutieuse des conditions de la plongée qui permet de faire la distinction.

➤ Les « surpressions pulmonaires focalisées bénignes »

Ce sont des formes probablement plus fréquentes que ce que l'on peut observer : méconnues du plongeur en raison de leur manque de gravité, leur nombre est certainement sous-évalué. Elles sont caractérisées par des signes pulmonaires dont la discrétion relative fait parfois discuter l'existence d'une effraction.
Généralement, on retrouve une douleur rétrosternale persistante dont l'intensité est majorée par l'inspiration profonde. Cette manœuvre déclenche la toux, et un interrogatoire précis met quelquefois en évidence l'existence de crachats sanguinolents au décours de la plongée. Lors de la consultation médicale, on pourra mettre en évidence des signes d'auscultation, mais très souvent il n'y a aucun signe stéthacoustique et la radiographie pulmonaire est totalement muette.
S'il y a eu effraction, on ne peut soupçonner qu'une rupture très localisée ; on peut cependant affirmer, compte tenu de l'existence des signes pulmonaires décrits, qu'il y a eu surdistension pulmonaire.
L'absence de signe neurologique objectif ne signifie pas pour autant qu'il n'y a pas eu aéroembolisme cérébral : les embols gazeux sont seulement cliniquement silencieux ; l'électroencéphalogramme pourra, dans certains cas, révéler leur existence.

➤ Les formes compliquées

Dans certains accidents, l'évolution est très rapidement fatale. Le décès est immédiat dès l'émersion ou pendant l'évacuation sanitaire. Il survient par défaillance cardio-respiratoire due à un tableau suraigu de surpression pulmonaire associée à un accident de décompression par dégazage massif consécutif à une remontée trop rapide.
L'arrêt cardiaque peut survenir, en dehors du désamorçage, par infarcissement myocardique étendu consécutif à l'embolisation coronaire et/ou par envahissement gazeux de la circulation cérébrale. Il existe souvent une noyade associée et seule une réanimation médicale précoce associée à une recompression thérapeutique en chambre hyperbare peut sauver les victimes de ce type d'accident dramatique.

Au vu des tableaux symptomatiques évoqués, le pronostic des accidents de surpression pulmonaire se résume donc par la loi du « tout ou rien » : ou l'accidenté meurt dans les quelques minutes qui suivent son émersion, ou il survit ; dans ce cas, tant que la fonction cardio-respiratoire est maintenue, l'optimisme est de règle, même si la thérapeutique entreprise paraît dérisoire au regard de la complexité et de la gravité des signes cliniques.

LES ACCIDENTS BAROTRAUMATIQUES DE L'OREILLE

L'oreille est un organe particulièrement vulnérable en plongée sous-marine si bien que les problèmes d'origine auriculaire sont nombreux et peuvent prendre de multiples aspects. Les lésions barotraumatiques sont fréquentes et celles se produisant le plus souvent à la descente, par augmentation de la pression hydrostatique, et atteignant la cavité moyenne de l'oreille sont généralement bien connues des plongeurs. Celles qui intéressent l'oreille interne, organe neuro-sensoriel, sont plus rares mais redoutables par leurs séquelles parfois définitives : elles ne doivent pas être ignorées et leur mécanisme de survenue doit être parfaitement connu.

Parfois, les deux types de lésions s'associent dans une forme mixte prenant ainsi un caractère de particulière gravité, l'atteinte de l'oreille moyenne dominant très souvent un tableau qui n'est pas suffisamment alarmant pour conduire à la consultation spécialisée. Or, une otite barotraumatique de l'oreille moyenne pouvant cacher une atteinte de l'oreille interne, seul un diagnostic juste et précoce permet de mettre en œuvre un traitement efficace et de préserver le pronostic fonctionnel de l'oreille interne.

N'importe quel type de plongée sous-marine, dès lors qu'il implique une variation de pression, est susceptible d'engendrer ces barotraumatismes de l'oreille. Mais, certains modes de pénétration du milieu sous-marin provoquent plus volontiers un type de lésions qu'un autre.

Les barotraumatismes de l'oreille moyenne

Ce sont, de loin, les accidents barotraumatiques les plus fréquents et, si l'on s'en tient à la définition habituelle du barotraumatisme, il s'agit d'un accident aigu d'origine mécanique dû aux variations de pression survenant au cours de la plongée.

CAUSES ET MÉCANISMES

Les cavités rigides à parois osseuses telles que celles de l'oreille moyenne ne peuvent résister à des variations de pression que dans la mesure où leur partie aérienne est mise en équipression avec le milieu ambiant par le libre jeu des orifices (fig. 8.9).

Il importe donc, pour que l'équipression se réalise de part et d'autre du tympan, que la pression ambiante qui règne dans le conduit auditif externe soit compensée par une pression identique dans la caisse du tympan.

Pour que cette équipression se réalise, deux conditions sont nécessaires :

– la perméabilité du conduit auditif externe (CAE) doit être acquise ;

– l'ouverture correcte de la trompe d'Eustache, conduit ostéo-muco-membraneux ouvrant la caisse du tympan sur le pharynx, doit pouvoir se réaliser.

Les barotraumatismes de l'oreille moyenne sont donc la conséquence d'une variation de pression non compensée par l'obstruction du CAE et/ou de la trompe d'Eustache.

Dans l'absolu, l'otite barotraumatique (OBT) de l'oreille moyenne ne peut survenir qu'à la descente, c'est-à-dire à la phase de compression.

➤ Influence du sens de variation de pression

Dans les conditions physiologiques normales, les parois de la trompe d'Eustache sont normalement collabées et elles ne s'ouvrent que lors de certaines manœuvres (bâillement, déglutition) qui tendent les muscles ptérygoïdiens ou réalisent une surpression pharyngée forçant le passage (manœuvre de Valsalva).

À la descente, si la perméabilité ne peut pas être obtenue – en raison de l'obstruction tubaire préexistante chronique ou passagère due à une infection des voies aériennes supérieures ou parce que la manœuvre d'équilibrage est incorrecte –, l'air ne pénètre pas du cavum vers la caisse du tympan ; les parois de la trompe d'Eustache sont plaquées l'une contre l'autre et, si on laisse s'établir un gradient de pression au niveau de l'isthme tubaire d'environ 80 à 100 mb, on assiste à une fermeture invincible de l'ostium : l'air ne peut plus pénétrer dans la caisse du tympan, celui-ci est refoulé en dedans. Ce déséquilibre va être compensé dans la limite de 100 à 200 mb (1 à 2 mètres) par l'élasticité naturelle du tympan ; si la descente se poursuit, c'est le barotraumatisme de descente d'origine interne aboutissant à des lésions de l'oreille moyenne objectivées par les signes cliniques ressentis.

Sur le plan lésionnel, dès le blocage, il se produit déjà un véritable cercle vicieux auto-entretenu : un œdème muqueux apparaît, qui accentue l'obstruction, puis se produit un transsudat. Si la descente est très lente, le transsudat peut compenser temporairement le déséquilibre ; par contre, si la compression est rapide, cas habituel en plongée, des hémorragies se produisent et la rupture du tympan va suivre pour une surpression de l'ordre de 400 à 700 mb (4 à 7 mètres).

Ce mécanisme peut aussi être responsable de lésions de l'oreille interne ; schématiquement, puisque nous reviendrons sur ce mécanisme plus en détail (voir plus loin « Les altérations lésionnelles »), le tympan refoulé en dedans transmet la surpression externe aux structures labyrinthiques par l'intermédiaire de la chaîne ossiculaire.

Dans les cas où il existe une occlusion du CAE par un bouchon de cérumen, un corps étranger, un ostéome, la paroi externe du tympan ne subit pas la pression ambiante alors que l'air arrive normalement dans la caisse du tympan par la trompe d'Eustache. Il y a donc équipression de la caisse avec le milieu mais pas avec le CAE, d'où un bombement du tympan de dedans en dehors : ce sont les barotraumatismes de descente d'origine externe.

8.9. *Schéma anatomique de l'oreille.*

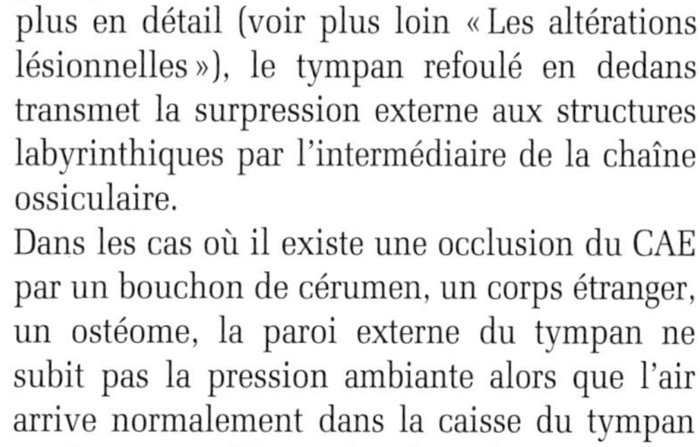

L'otite barotraumatique de l'oreille moyenne est donc un accident de la phase de compression. Généralement, l'apparition de cet accident repose sur l'existence d'une obstruction tubaire qui transforme une cavité, se mettant normalement en équipression avec le cavum, en une cavité aérienne close soumise à la loi de Mariotte (P x V = constante). On ne peut toutefois pas exclure totalement la possibilité de survenue d'une OBT de l'oreille moyenne à la remontée.

Lors de cette étape de la plongée, la pression dans l'oreille moyenne augmente par dilatation gazeuse. Une fuite passive se fait par la trompe d'Eustache dès que la surpression dans la caisse atteint 20 mb, sauf s'il existe une obstruction au niveau de l'isthme tubaire : une trompe d'Eustache partiellement perméable par sa configuration anatomique ou un bouchon muqueux peut se laisser forcer dans le sens cavum-caisse du tympan par la manœuvre de Valsalva à la descente, alors qu'à la remontée elle restera imperméable. La surpression dans la caisse peut ainsi entraîner une lésion de l'oreille moyenne, rarement isolée d'ailleurs puisque des signes d'atteinte de l'oreille interne coexistent ; nous y reviendrons.

➤ Influence des conditions de plongée

Les barotraumatismes sont la conséquence de la loi de Mariotte et sont donc à redouter lors des grandes variations de pression, c'est-à-dire dans la zone de 0 à 15 mètres. Le risque d'accident est donc le même quel que soit le type de plongée pratiquée. Le plongeur débutant ou occasionnel est toutefois plus exposé que le plongeur chevronné en raison de son manque d'expérience ou d'entraînement.

Le risque de lésions est également plus important chez le plongeur en apnée. La vitesse de compression est en effet plus rapide qu'en plongée autonome : limité par sa faible autonomie, l'apnéiste souhaite arriver très vite sur le fond et, souvent, il néglige les manœuvres d'équipression. De plus, ce type de plongée est synonyme d'immersions répétées : la fatigue des muscles péristaphyllins, l'œdème muqueux, l'accoutumance à la douleur sont autant de facteurs favorisant le barotraumatisme.

SIGNES CLINIQUES

Généralement, le tableau clinique associe des signes dont l'intensité varie selon l'importance du barotraumatisme.

Ainsi, la douleur va de la simple gêne avec sensation d'enfoncement du tympan, si la dépression est faible, à la douleur vive et violente avec irradiation dans les mastoïdes ou la région temporale, si la dépression tympanique est forte et rapide.

La baisse d'audition n'est pas toujours remarquée et elle s'accompagne d'une sensation d'oreille bouchée. Les bourdonnements d'oreille au timbre grave traduisent une atteinte concomitante de l'oreille interne de même que les vertiges qui sont, dans l'OBT de l'oreille moyenne pure, fugaces et de faible intensité. Les otorragies sont rares mais, si elles existent, elles traduisent une rupture tympanique.

L'otoscopie va orienter le diagnostic mais l'examen ne doit, en aucun cas, se limiter à cette investigation.

L'observation du tympan montre des aspects variables et la classification de Haines et Harris schématise les différents stades des OBT.

Stade I : congestion de la partie supérieure du tympan avec injection du manche du marteau et de la membrane de Schrapnell.

Stade II : tympan uniformément congestif, rétracté, non mobile.

Stade III : tympan congestif présentant des hémorragies interstitielles, épanchement séreux dans la caisse du tympan avec bulles.

Stade IV : tympan bombé, rouge violacé ; la caisse est pleine de sang, c'est le stade d'hémotympan.

Stade V : déchirure tympanique ; au stade initial de la perforation, l'otorragie décongestionne rapidement le tympan qui devient rosé ; l'otoscopie met alors en évidence soit une déchirure bien nette, soit une perforation punctiforme parfois difficile à voir.

Après l'épreuve des diapasons qui précise le type de surdité dont il s'agit, l'audiométrie doit être systématique : elle seule permet d'affirmer le caractère transmissionnel de la surdité, d'éliminer formellement une atteinte barotraumatique de l'oreille interne et de quantifier le déficit acoustique.

Les lésions dangereuses sur le plan fonctionnel sont les otites barotraumatiques de stade III et V. Généralement, leur évolution est favorable si elles sont bien traitées et les complications infectieuses sont rares. Mais elles peuvent passer à la chronicité, s'il y a surinfection ou si le plongeur continue à plonger avant la guérison complète.

L'otoscopie permet alors d'observer des lésions de l'oreille moyenne d'aspect séquellaire :

- perforation tympanique sèche ou au contraire otite moyenne chronique surinfectée ;
- tympan rétracté, épaissi et peu mobile : c'est la myringosclérose avec fibrose des osselets ;
- tympan cicatriciel, dont l'aspect évoque une otite séreuse fibro-adhésive.

La répétition des accidents barotraumatiques peut également entraîner ces deux derniers états qui aboutissent progressivement à la surdité et favorisent l'apparition de barotraumatismes de l'oreille interne chez les plongeurs entraînés.

Les barotraumatismes de l'oreille interne

Dix fois moins fréquents que ceux de l'oreille moyenne, ils sont redoutables, pouvant mettre en jeu parfois la vie du plongeur (risque de noyade), toujours, l'avenir de son audition et de son sens de l'équilibre. En effet, les lésions de l'oreille interne peuvent intéresser soit le compartiment cochléaire, se manifestant alors par une surdité, soit le compartiment vestibulaire, se traduisant alors par une crise vertigineuse, ou les deux à la fois. Les plus fréquentes sont les atteintes cochléaires, mais les plus graves et les plus invalidantes du point de vue social et éventuellement professionnel sont les séquelles vestibulaires : seul un diagnostic précoce conditionnant la prescription de la thérapeutique adaptée peut préserver le pronostic fonctionnel.

Nous ne nous intéressons ici qu'à l'action directe de la pression, c'est-à-dire à son aspect mécanique. Son action indirecte, sur les processus biophysiques de saturation-désaturation en azote par conséquent, est étudiée par ailleurs : à la remontée ou au décours de la plongée, l'oreille interne peut être l'objet d'un accident de décompression s'intégrant dans un tableau neurologique général ou étant parfaitement indépendant et se manifestant par une hypoacousie plus ou moins importante, parfois associée à de grands vertiges rotatoires qui peuvent être eux-mêmes tout à fait isolés.

Par esprit de clarté, nous évoquerons la description de ces barotraumatismes d'après les circonstances de survenue et les conditions de plongée, en distinguant les manifestations transitoires des atteintes cochléo-vestibulaires lésionnelles.

LES ALTÉRATIONS FONCTIONNELLES TRANSITOIRES

➤ Cochléaires

Il s'agit de l'hypoacousie réversible observée après les plongées répétitives en apnée, qui s'explique par la physiologie de l'oreille. Dans un but de protection de la cochlée aux variations de pressions successives, il existe une augmentation de l'impédance du système tympano-ossiculaire : il y a donc une perte de la transmission due à une élévation du seuil de conduction aérienne avec intégrité de la conduction osseuse.

Cette perte auditive, pouvant atteindre 30 à 40 décibels selon les fréquences, s'observe en plongée autonome lorsque l'oreille est soumise à l'action d'un bruit intense et prolongé (travaux sous-marins).

➤ Vestibulaires

En plongée autonome ou en plongée libre, les vertiges transitoires sont la conséquence d'un mécanisme pressionnel : il peut exister une dissymétrie de pression entre les deux caisses du tympan. Ce vertige alternobarique de Lundgren dépend d'une mauvaise équipression de la caisse du tympan en relation avec un dysfonctionnement tubaire partiel : il s'ensuit un déséquilibre de pression des milieux liquidiens labyrinthiques, d'où stimulation asymétrique des capteurs vestibulaires. Les manifestations vertigineuses qui en résultent cèdent dès le retour à une pression endolabyrinthique normale et symétrique. Ce vertige alternobarique peut survenir à la descente et, dans ce cas, compte tenu de son mécanisme, il ne peut être que majoré par la manœuvre de Valsalva qui accroît le déséquilibre pressionnel. Mais, généralement, soit la plongée est interrompue par la douleur de l'oreille en cause, soit le Valsalva permet de forcer la dysperméabilité tubaire *a minima* en cause et réalise l'équipression avant l'apparition du vertige. Par contre, à la remontée, seule la surpression relative de la caisse du tympan va pouvoir ouvrir la trompe d'Eustache dysperméable dans le sens caisse-cavum. Ces manifestations vertigineuses transitoires apparaissent donc le plus souvent à la remontée et font généralement suite à des difficultés d'équipression à la descente.

Ces vertiges transitoires posent des problèmes de diagnostic différentiel que seul un examen clinique bien conduit peut résoudre.

Ils sont à différencier des vertiges par stimulation thermique asymétrique des canaux semi-circulaires lors de l'entrée d'eau froide dans les conduits auditifs externes (CAE). Cette asymétrie est due à un obstacle sur l'un des deux CAE (bouchon, ostéome) ou à une perforation tympanique : l'eau est directement en contact avec les fenêtres ovale et ronde. Généralement, ils surviennent dès la descente.

Il faut aussi éliminer les vertiges positionnels ou d'origine vasculaire cervicale qui n'ont aucun rapport direct avec la plongée : il s'agit d'une baisse brutale de débit sanguin dans le système vertébro-basilaire lorsque la tête est en hyperextension ; ce peut être le cas du plongeur regardant la surface à la remontée et il faut savoir y penser devant un vertige totalement inexpliqué.

Enfin, le caractère transitoire de ce vertige alternobarique qui peut être bref mais parfois durer plusieurs minutes est l'un des éléments cliniques à prendre en considération pour éliminer les diagnostics :

– d'accident de décompression de l'oreille interne, si le vertige est apparu en cours de remontée ;

– d'otite barotraumatique de l'oreille interne, si les manifestations vertigineuses sont contemporaines de lésions survenues au cours de la descente que nous allons maintenant envisager.

LES ALTÉRATIONS LÉSIONNELLES

Ces lésions d'origine mécanique sont à rattacher à une brutale augmentation de pression du milieu liquidien de l'oreille interne, ce qui explique qu'on les observe en cours de descente et, très souvent, mais pas uniquement, lors des plongées en apnée.

Cette augmentation de pression est souvent en relation avec un barotraumatisme de l'oreille moyenne transmis à l'oreille interne : c'est le barotraumatisme mixte que l'on retrouve dans 50 % des cas, dont il faut se méfier et qui impose un examen otorhinolaryngologique complet, car « un barotraumatisme peut en cacher un autre ». Mais, parfois, il s'agit d'un barotraumatisme direct de l'organe neuro-sensoriel de l'oreille interne, sans qu'aucun signe clinique n'existe en faveur d'une atteinte simultanée évidente de l'oreille moyenne.

➤ Les mécanismes

Le plus fréquent à retenir est le coup de piston de l'étrier dans la fenêtre ovale. Cette véritable « entorse » stapédo-vestibulaire survient lors d'une descente rapide, généralement à l'occasion d'une plongée en apnée ou en scaphandre chez un plongeur chevronné qui atteint très rapidement une profondeur de 10-20 mètres.

Dans les deux cas, le mécanisme est bien connu : le plongeur n'a pas le temps ou ne ressent pas le besoin d'équilibrer ses tympans, l'équipression se faisant habituellement instinctivement par des déglutitions répétées ou des contractions rapides du voile du palais (béance tubaire volontaire). Il suffit d'une dysperméabilité tubaire passagère pour que l'équilibre des pressions ne se réalise pas ; le « vieux » plongeur entraîné ne sent pas la douleur ou surmonte l'otalgie : les tympans remaniés, solides et peu sensibles ou, au contraire, faisant preuve de complaisance du fait de leur laxité, ne se déchirent pas. La surpression externe se transmet par le système tympano-ossiculaire à l'oreille interne, c'est-à-dire aux liquides labyrinthiques.

Chez le plongeur débutant, il existe en plus une barotraumatisme des structures tympano-ossiculaires : la douleur de l'OBT moyenne impose l'interruption de la descente, mais la propul-

sion de l'étrier dans la fenêtre ovale réalise le dommage cochléaire ou vestibulaire par coup de pression. L'atteinte conjointe cochléaire et vestibulaire est plus rare.
Le deuxième mécanisme à invoquer pour expliquer ces accidents est l'augmentation de pression du secteur périlymphatique du labyrinthe de l'oreille interne transmise à l'endolymphe du labyrinthe membraneux.
Cette hyperpression résulte de :
– l'exacerbation des processus décrits précédemment ;
– la transmission au secteur périlymphatique par l'intermédiaire de l'acqueduc cochléaire de l'augmentation de pression du liquide céphalo-rachidien due à la compression ou à des manœuvres de Valsalva répétées, violentes, justifiées par des difficultés d'équipression ;
– de l'hyperpression de la caisse du tympan se transmettant aux fenêtres des compartiments liquidiens. Cette lésion peut, là encore, se faire par la répétition de Valsalva intempestifs lorsqu'il y a occlusion du conduit auditif externe (rappelons le mécanisme en cause : l'air arrive dans la caisse du tympan par la trompe d'Eustache normalement perméable, mais la face externe du tympan ne subit pas la pression ambiante ; il y a équipression caisse-cavum, mais pas avec le conduit auditif externe ; le tympan bombe de dedans en dehors, d'où la tendance à vouloir équilibrer en forçant sur le Valsalva.)
La surpression des compartiments liquidiens de l'oreille interne, aggravée par la succion exercée au niveau de la fenêtre ronde par la dépression de la caisse du tympan s'il y a difficulté d'équilibrage par dysperméabilité de la trompe d'Eustache, a pour conséquences possibles :
– une rupture d'un ou plusieurs éléments du canal cochléaire, notamment au niveau de la membrane de Reissner (barotraumatisme cochléaire) ;
– une rupture des fenêtres, en particulier de la fenêtre ronde avec fistule périlymphatique (barotraumatisme cochléo-vestibulaire).
Ce type de lésion survient surtout chez le plongeur entraîné ayant eu des difficultés à équilibrer ; elle se traduit par une symptomatologie cochléaire et vestibulaire sévère.

➤ Les signes cliniques
Ils dépendent du type de lésion.

• *L'entorse stapédo-vestibulaire pure* se traduit, en raison des phénomènes inflammatoires, par une surdité cochléaire avec atteinte de tout le champ audiométrique. Son évolution progressive et trompeuse se fait en deux temps. Lorsque le sujet, qui est le plus souvent un plongeur en apnée entraîné, consulte tôt, il dit avoir ressenti peu après l'émersion une sensation de plénitude de l'oreille sans otalgie, acouphène ou surdité. L'otoscopie est strictement normale : le tympan est sec, il n'y a pas d'écoulement et l'audiogramme est superposable aux courbes antérieures.
En réalité, la pauvreté du tableau clinique et son aspect peu inquiétant font que le sujet consulte rarement à ce stade. On le voit plutôt 24 à 48 heures après la plongée en cause, pour une surdité qui s'aggrave progressivement. L'otoscopie est normale, mais, à l'audiogramme, on met en évidence une hypoacousie de perception portant sur tout le champ auditif mais qui reste de bon pronostic.
S'il s'agit d'un plongeur débutant ou peu entraîné, l'interrogatoire précédant l'examen va révéler des difficultés d'équipression, des signes fonctionnels signant l'OBT, et une aggravation progressive de la surdité. L'otoscopie reconnaît l'OBT de l'oreille moyenne.

• *Le coup de pression avec rupture du canal cochléaire* se traduit par un barotraumatisme cochléaire isolé le plus souvent, mais pouvant parfois s'accompagner de troubles vestibulaires transitoires.
Les troubles apparaissent au cours de l'immersion ou après la remontée : parfois otalgies, sensation de surdité, acouphènes violents, vertiges rotatoires. La consultation met en évidence une OBT concomitante ou la pureté du barotraumatisme cochléaire et l'absence d'atteinte labyrinthique.
L'audiogramme fait le diagnostic en révélant un déficit acoustique de toutes les fréquences du champ auditif ou de façon plus sélective sur les aigus à partir de 2000 hertz en fonction de l'importance de la destruction de l'organe de

Corti ; l'hypoacousie est du type perception s'il s'agit d'un barotraumatisme cochléaire pur ; elle est de transmission et de perception s'il s'y associe une OBT.

• *La rupture de la fenêtre ronde* est à l'origine de troubles cochléo-vestibulaires graves et laisse subsister des séquelles sévères. On retrouve les mêmes manifestations que précédemment mais les troubles vestibulaires sont permanents et occupent le devant de la scène : il s'agit de vertiges rotatoires intenses influencés ou non par la position de la tête, s'accompagnant de nausées, de vomissements et rendant la démarche instable, ébrieuse, voire impossible. Ces vertiges sont aggravés par les manœuvres de Valsalva que le sujet effectue instinctivement.
Les circonstances d'apparition permettent d'évoquer le diagnostic qui sera confirmé par l'examen ORL, vestibulaire en particulier.

➤ Évolution

Classiquement, on oppose les lésions cochléaires de bon pronostic aux lésions vestibulaires de pronostic péjoratif.

• *Les lésions cochléaires* réagissent bien au traitement précoce, quel que soit leur mécanisme de survenue. Mais, dans certains cas, elles peuvent laisser des séquelles définitives à type de perte d'acuité auditive sur les fréquences aiguës, rarement sur tout le champ. Les surdités par rupture d'un élément membraneux restent le plus souvent définitives.
Les acouphènes régressent plus difficilement ; leur évolution se fait sur plusieurs années et ils représentent la séquelle la plus habituelle.

• *Les lésions vestibulaires* consécutives à un barotraumatisme de l'oreille interne restent le plus souvent définitives ; il existe une hypo, voire une aréflexie, et une compensation par les autres mécanismes impliqués dans la fonction de l'équilibre s'établit à la longue.
Les troubles n'apparaissent alors que lors des mouvements brutaux de la tête et ils persistent sur ce mode de façon définitive.

CONCLUSION

Les mécanismes étiopathogéniques des barotraumatismes de l'oreille sont actuellement bien connus, ce qui permet de mettre en œuvre des mesures efficaces de prévention : le meilleur moyen est l'information obstinée des pratiquants, car l'observation des règles de plongée ne peut être que le fait du plongeur. La sélection médicale doit, par ailleurs, être particulièrement rigoureuse en ce qui concerne l'aspect fonctionnel de la sphère ORL.
Pour conclure, nous voudrions rappeler que si les accidents barotraumatiques de l'oreille moyenne et interne ne sont pas la contrepartie obligatoire de la plongée, il semble toutefois que sa pratique prolongée soit à l'origine de microtraumatismes répétés, infracliniques, pouvant progressivement altérer les fonctions cochléo-vestibulaires. L'un des buts de la surveillance médicale annuelle est, entre autres objectifs, de rechercher l'apparition d'une hypoacousie et d'anomalies de l'équilibre qui, si elles existent, doivent remettre en question la décision initiale de non contre-indication à la pratique de la plongée sous-marine, qu'elle soit libre ou autonome.

PRISE EN CHARGE INITIALE DES ACCIDENTS DE PLONGÉE AUTONOME

Il a été démontré depuis plusieurs années que le pronostic des accidents de plongée par embolie gazeuse ou par accident de décompression repose sur la précocité de la mise en route de la thérapeutique : les chances de récupération totale ou l'importance des séquelles dépendent du délai entre l'apparition des premiers signes et la recompression thérapeutique, geste primordial et irremplaçable du traitement. Cependant, la gravité des accidents dépend bien souvent des premiers gestes effectués sur les lieux ; parfois, ils doivent viser à assurer l'urgence vitale immédiate, mais, généralement et selon le délai avec lequel les premiers intervenants vont agir, la thérapeutique immédiate doit lutter :

– contre le développement du dégazage et contre l'installation de la maladie de décompression, si l'on agit à la phase initiale de constitution des bulles encore sphériques ralentissant simplement la circulation ;

– contre le développement du dégazage, contre les effets directs des bulles et contre les effets de la MDD, si l'on intervient à la phase d'organisation ; à ce stade, les bulles fusionnent en amas gazeux importants qui continuent à grossir par migration de gaz dissous en leur sein, l'occlusion vasculaire se complète et elle est responsable de la pathologie ischémique s'aggravant progressivement.

Ce sont ces bases physiopathologiques qui conditionnent la nature du traitement d'urgence.

D'autre part, et tout le monde en théorie en est convaincu, la précocité du diagnostic conditionne l'importance du tableau clinique initial, avec ses lésions plus ou moins irréversibles, et la rapidité de la recompression thérapeutique. Une prise en charge efficace de l'accidenté de plongée autonome commence par cette étape de reconnaissance des signes inauguraux.

Reconnaître l'accident

L'expérience montre que les accidents majeurs dans leurs formes suraiguës (accidents de décompression par dégazage massif à la suite d'une remontée panique sans palier, surpression pulmonaire dans sa forme clinique pulmonaire et/ou neurologique) sont suffisamment alarmants et impressionnants dans leurs manifestations pour que les gestes de « survie », car c'est bien de cela qu'il s'agit, soient mis en œuvre. Ces cas, heureusement peu fréquents, où tout est tenté pour assurer le pronostic vital, contrastent curieusement avec le dilettantisme compromettant le pronostic fonctionnel que l'on peut parfois rencontrer dans des accidents moins graves dans leur forme de début seulement : le potentiel évolutif d'un accident est peu prévisible.

L'analyse des circonstances des accidents montre, en effet, que les plongeurs accidentés font parfois trop souvent peu de cas des manifestations cliniques initiales qui surviennent pourtant dans 60 % des cas, tous types d'accidents confondus, dès l'émersion, voire au palier et, dans 86 % des cas, dans les trente minutes qui suivent le retour en surface (d'après une étude épidémiologique portant sur 362 accidents, année 1987-88, J. Wolkiewiez).

Dans la majorité des situations cliniques, ces plongeurs ont, au moment où ils commencent à s'inquiéter de la signification des signes anormaux présentés au décours d'une plongée quelquefois techniquement irréprochable, quitté un encadrement qui aurait pu adopter une conduite adaptée aux circonstances.

Il faut se rendre à l'évidence : il s'agit bien de négligence, voire de méconnaissance de la pathologie de la plongée. Il est donc indispensable de rappeler que les caractéristiques de la symptomatologie dépendent du tissu concerné par le phénomène bullaire et ses conséquences (d'où quelquefois des signes tardifs de décompensation), que les signes sont parfois typiques mais qu'ils sont le plus souvent difficiles à reconnaître par le plongeur non averti de par leur allure anodine et sournoise : les accidents de type II les plus graves peuvent débuter par une séméiologie inaugurale bénigne.

Nous avons dit précédemment, sans qu'il soit utile d'insister sur le polymorphisme des tableaux cliniques déjà décrits, que les premiers signes de certains accidents neurologiques médullaires se résument en une fatigue intense avec angoisse, sensation de malaise général, d'épuisement sans rapport avec l'effort fourni pendant la plongée. Cette fatigue, dont la signification est minorée par le plongeur généralement en raison d'un état asthénique préexistant, doit faire redouter la survenue d'un tableau clinique grave, car l'apparition des premiers signes évocateurs (picotements, fourmillements, engourdissement) va prendre parfois plusieurs heures. Cet aspect initial bénin, retardant toute inquiétude, va permettre la constitution de lésions médullaires difficilement réversibles : les études expérimentales (Wolkiewiez) ont mis en évidence l'existence de bulles dans les veines épidurales, emprisonnées dans des caillots dans l'heure qui suit l'accident de décompression ; dans le même temps, les signes histologiques de ramollissement veineux de la moelle sont observables.

Rappelons donc encore ici quelques points importants.

• Même les accidents considérés comme mineurs, de type I, doivent être pris au sérieux car ils peuvent annoncer un accident à traduction clinique retardée.

• Les accidents médullaires avec début brutal (douleur en coup de poignard, en ceinture), l'apparition rapide dans l'heure qui suit la sortie de l'eau, voire aux paliers, de signes sensitifs (fourmillements dans les membres, sensation de piqûre, de brûlure) et de signes moteurs (jambes lourdes, faiblesse obligeant le plongeur à s'asseoir, chute brutale par impossibilité de tenir debout) – toutes manifestations traduisant une paraplégie plus ou moins complète, voire dans certaines formes, une quadriplégie –, ne sont pas les plus fréquents.

• Les accidents neurologiques cérébraux sont caractérisés par une séméiologie initiale bruyante, déterminée par la topographie et l'importance de l'embol gazeux migrateur. Classiquement, il s'agit de troubles moteurs souvent massifs et étendus (mono, hémi, voire quadriplégie) et de déficits sensitifs de type anesthésie ; ces manifestations sont parfois associées à une perte de connaissance qui signe l'origine cérébrale des troubles. Des crises convulsives irritatives plus ou moins étendues et pourtant caractéristiques sont malheureusement parfois considérées comme des crises de spasmophilie ou de tétanie. Mais dans certaines formes cliniques, des troubles sensoriels isolés (amaurose fugace, rétrécissement du champ visuel, troubles de la parole) spontanément régressifs sont retrouvés à l'anamnèse après constitution secondaire d'un tableau neurologique d'accident ischémique cérébral. De simples céphalées doivent également être prises en considération : elles peuvent résulter de la constitution lente et progressive d'un œdème cérébral et être la première manifestation d'un syndrome neurologique à venir. Isolées, elles vont persister plusieurs jours jusqu'à une régression spontanée de cet œdème suffisante pour les faire disparaître.

• Les accidents labyrinthiques d'étiologie bullaire sont également à l'origine de confusion. La survenue dès l'émersion d'un syndrome vestibulaire avec vertiges, nausées, signes dominant le tableau, est trop souvent confondue avec un simple mal de mer ; la surdité associée peut, lorsqu'elle existe, orienter le diagnostic, mais elle passe inaperçue ou n'est simplement pas recherchée car l'accidenté n'envisage pas la possibilité d'un accident cochléo-vestibulaire.

Les surdités isolées sont encore plus sournoises ; elles doivent toujours imposer un examen ORL approfondi car, dans certains cas, le pronostic fonctionnel de l'oreille atteinte dépend de la précision du diagnostic et de la thérapeutique adaptée à la situation étiopathogénique : une otite barotraumatique de l'oreille moyenne peut cacher une atteinte de l'oreille interne.

Le plongeur débutant, en particulier, doit être informé de l'existence de la grande variété des troubles possibles et de la possibilité d'accident survenant, non seulement à l'émersion, mais aussi *dans les heures suivant une plongée au profil technique irréprochable.*

Nous pouvons résumer par cet axiome : **toute manifestation anormale apparaissant au décours d'une plongée doit être considérée**

jusqu'à preuve du contraire comme un signe inaugural d'un accident de plongée. Cela signifie qu'un avis spécialisé doit être requis pour infirmer ou confirmer le diagnostic d'accident sans attendre la constitution d'un tableau sans équivoque. Au moindre doute, les gestes de sauvegarde communs à tous les types d'accidents doivent être mis en œuvre.

Le traitement immédiat

L'accident de plongée étant reconnu ou suspecté, quelle conduite doit adopter l'accidenté ou son encadrement, au stade préhospitalier ou avant toute intervention médicale, sur place, dès la reconnaissance des signes inauguraux?
Avant toute définition de protocole, rappelons trois règles fondamentales à appliquer, quels que soient le lieu ou les circonstances, et à connaître au même titre que les premiers signes des accidents :
– un accident de plongée est une urgence, quelle que soit la gravité des signes initiaux;
– la disparition des signes, spontanément ou sous oxygénothérapie normobare, est un leurre : les signes d'alerte sont décapités mais la maladie continue d'évoluer. Cette évolution favorable ne doit pas retarder une prise en charge médicale;
– le pronostic fonctionnel dépend avant tout de la rapidité avec laquelle une recompression thérapeutique associée à la respiration d'un mélange sur-oxygéné ou d'oxygène pur pourra être entreprise : *à défaut de structure hyperbare sur place, il n'y a pas de temps à perdre pour secourir efficacement et pour alerter, surtout, afin d'évacuer l'accidenté vite et bien.*

SECOURIR

Le protocole à appliquer doit être simple à mettre en œuvre, justifié et non préjudiciable à l'état de l'accidenté, et avoir fait la preuve de son efficacité. Les trois points de cette conduite à tenir font l'unanimité mais leur contenu est, parfois encore, sujet à discussion.

➤ Un protocole simple et polyvalent

– Parce que ce protocole doit être facile à retenir et à appliquer, sans avoir besoin de se référer à un document que l'on va retrouver ou non à fond de cale (à supposer que ce document existe à bord de l'embarcation de plongée, ce dont on peut légitimement douter lorsqu'il s'agit d'un zodiac).
– Parce qu'il ne peut en être autrement : à ce stade de la prise en charge non médicale, il doit être universel, quel que soit le type d'accident en cause.
– Parce qu'il doit pouvoir être applicable sans prescription médicale.

➤ Un protocole justifié et non préjudiciable

À ce stade du « bord de plage », rappelons ce que cherche le « traitement » ; il s'agit d'assurer éventuellement les fonctions vitales par des mesures adaptées, et de lutter contre :
– le dégazage entretenant le phénomène bullaire, s'il s'agit d'embolies contemporaines de la décompression;
– l'aggravation des effets mécaniques des bulles, en particulier l'anoxie;
– l'installation, voire la progression, de la maladie de décompression.
Le premier point parfaitement codifié (O_2 après mise en place d'une canule de Guedel, ventilation à l'ambu, masse cardiaque externe...) concerne des accidents dramatiques : le pronostic de tels tableaux est malheureusement très sombre, parfois rapidement fatal sur les lieux même de la plongée. La conduite à tenir est simple : il s'agit avant tout d'un problème de réanimation; il faut assurer les fonctions vitales, le reste étant, compte tenu du contexte, une préoccupation secondaire. Devant un tel tableau, qui ne diffère en rien de celui d'une détresse cardio-respiratoire classique, l'entourage immédiat devra faire la preuve de son savoir-faire.
Dans les autres situations moins alarmantes, voire trompeuses, il faut tenter de réduire les effets mécaniques de la bulle, ce qui passe surtout et avant tout par la recompression mais aussi par l'hyperoxie hyperbare associée; dans le cadre de la plongée sous-marine autonome de loisir, cette nécessité est généralement exclue des possibilités par défaut de présence, sur place, d'une enceinte hyperbare. Toutefois, si l'inhalation d'oxygène pur ou en mélange

lors de la recompression a bien sûr pour but de lutter contre l'anoxie tissulaire par élévation de la pression partielle d'oxygène tissulaire, elle a aussi pour objectif de faciliter la disparition de la bulle ; faire respirer un mélange suroxygéné ou de l'oxygène pur revient à faire respirer un mélange appauvri ou exempt de gaz inerte. L'augmentation de gradient de pression partielle entre le gaz inerte intrabullaire et alvéolaire qui en résulte favorise sa diffusion et son rejet par les gaz expirés.

Si l'hyperoxie hyperbare a un effet maximal sur ce processus, l'hyperoxie normobare (l'inhalation d'O_2 à un débit d'au moins 8 litres/min et à pression atmosphérique élève la pression partielle d'oxygène alvéolaire de 100 à 673 mm de mercure) contribue pour partie et, dès ce stade du terrain, à réduire le diamètre d'une bulle qui n'est pas encore « encoconnée » par des plaquettes agrégées autour d'elle, ce qui, inévitablement, réduit la vitesse des phénomènes de diffusion et d'échange oxygène/azote.

D'autre part, l'hyperoxie normobare en favorisant la dénitrogénation de l'organisme contribue à éviter « l'engraissement » de la bulle : nous avons vu qu'une bulle qui existe ne peut qu'augmenter de volume par « pompage » de gaz diluant qui l'entoure. « Laver » les différents compartiments de l'azote qu'ils contiennent facilite donc la résorption des bulles.

L'hyperoxie normobare présente enfin l'avantage d'oxygéner les tissus ischémiés. À la pression atmosphérique, le gaz respiré étant de l'air, l'hémoglobine protéine de transport et réservoir d'oxygène est déjà quasiment saturée : l'oxygène fixée sur l'hémoglobine représente 19,7 volumes/100 ml de sang alors que l'oxygène dissous dans le plasma ne représente que 0,3 volume/100 ml de sang. Or, c'est cette fraction d'oxygène dissous qui est physiologiquement la plus importante bien que quantitativement la plus faible ; la respiration d'oxygène pur à la pression atmosphérique va permettre d'accroître cette quantité d'oxygène dissous, conformément à la loi de Henry, puisque la pression partielle alvéolaire d'oxygène s'élève : l'oxygène fixé sur l'hémoglobine passe à 20 volumes/100 ml de sang, l'oxygène dissous à 2,086 volumes/100. En augmentant la quantité d'oxygène dissous, on augmente donc la quantité d'oxygène disponible pour le métabolisme cellulaire même si le flux circulatoire est ralenti.

Mais ce qui importe certainement le plus, c'est l'élévation de la pression partielle d'oxygène dans le sang artériel (PaO_2). Dans les conditions physiologiques normales de normoxie (c'est-à-dire 21 % d'O_2 dans l'air respiré à la pression atmosphérique standard de 760 mm de mercure), PaO_2 = 92 mm de mercure. L'hyperoxie normobare va élever cette valeur à 520 mm de mercure ; du fait d'un gradient de pression partielle d'oxygène sang artériel/tissu plus important, le phénomène de diffusion tissulaire dépendant de ce gradient est considérablement accéléré.

Au total, l'augmentation de la charge en oxygène du sang artériel associée à l'élévation de PaO_2 font que la souffrance hypoxique des territoires concernés par le phénomène bullaire est en partie corrigée par l'administration d'oxygène pur à la pression atmosphérique.

Les vasodilatateurs, les drogues améliorant la déformabilité des hématies ne contribuent qu'à améliorer l'oxygénation tissulaire ; mais, à ce stade et compte tenu du sort de ces drogues administrées par voie orale, que vaut leur action face à la formidable efficacité physiologique de l'oxygène ?

Dans ce protocole, quelle place accorder à la réimmersion thérapeutique ?

Pratiquée à l'air chez un sujet conscient mais présentant des signes d'accident, cette pratique empirique et non codifiée demeure une procédure acrobatique condamnée par tous les auteurs.

Indépendamment du temps perdu pour l'application d'un traitement plus efficace, il s'agit ni plus ni moins d'une plongée consécutive, au mieux successive, sur un organisme en cours de désaturation mais sûrement en état de stress : la pression doit en effet être suffisante pour espérer obtenir une réduction appréciable du volume des bulles ; il y a en plus resaturation des tissus et risque d'aggravation des troubles par migration de bulles débloquées par leur diminution de volume ou bien créées par

la décompression. De plus, tout dépend de leur stade d'évolution : si la réimmersion s'attaque à des bulles sphériques, c'est plus leur diamètre que leur volume qui s'oppose à la progression du sang ; or la réduction du diamètre d'une bulle sphérique n'est proportionnelle qu'à la racine cubique de l'augmentation de pression : à 8 ATA (70 m) le volume est certes réduit de 87 %, mais le diamètre de 50 % seulement.
Si l'on en est au stade des manchons gazeux, la réduction de volume ne peut s'effectuer que par réduction de la longueur, ce qui peut libérer des capillaires collatéraux mais pas le vaisseau occlus par l'amas gazeux.
Cette pratique a par conséquent une efficacité illusoire : même si l'on ne se souvient que des bons résultats obtenus, cette méthode doit être totalement délaissée.

Le développement de la maladie de décompression est la seconde cible. L'agrégation plaquettaire étant l'une de ses composantes, c'est l'objectif de l'acide acétyl salycilique (aspirine) à prendre le plus précocement possible à dose active (500 mg maximum). Son administration systématique, sans prescription médicale, peut cependant être contestée en raison des risques d'intolérance présentés par certains patients : son ingestion doit donc être soumise à vérification préalable de ce point.
L'amélioration des conditions rhéologiques perturbées par la MDD et la déshydratation physiologique associée à la plongée doit se faire par la simple ingestion d'eau plate (au moins 1 litre), simple geste à la portée de tous trop souvent oublié.
Toutefois, les drogues dont on peut espérer une efficacité sont du domaine de la prescription médicale ; cette MDD ne s'installant et n'évoluant que s'il y a phénomène bullaire pathologique, c'est une raison suffisante pour inciter un accidenté potentiel à consulter rapidement.
Ce protocole (O_2 + aspirine + boisson), facilement mis en œuvre par sa simplicité à condition que l'accidenté soit conscient, est en accord avec les données physiopathologiques de l'accident de décompression ou de surpression pulmonaire. Précocement institué, il a prouvé son efficacité au point de rassurer certains patients : ces gestes simples ont probablement rendu service à un certain nombre d'accidentés qui, compte tenu d'une évolution spontanée favorable, n'ont pas eu besoin d'avoir recours à un service spécialisé. Pour eux, tout s'est très bien passé, mais cette manière de faire comporte une part de risque : si tout va bien dans l'immédiat, une attitude attentiste consistant à voir comment la situation va évoluer après régression est toutefois préjudiciable.

D'une part, ce protocole est nettement insuffisant pour faire disparaître les amas gazeux et traiter la MDD concomitante : rien ne permet de dire devant l'amélioration clinique spectaculaire parfois obtenue avec ce protocole comment la situation va évoluer secondairement, une réapparition tardive avec aggravation des lésions étant toujours possible ; d'autre part, la physiologie a ses limites de tolérance : l'expérience montre qu'un accident traité par le mépris est quelquefois sévèrement sanctionné lors de la plongée suivante...
Il ne faut donc pas en rester là et retarder la mise en œuvre d'un protocole plus efficace.

➤ Un protocole efficace :
la prise en charge médicale préhospitalière

En s'équipant sur le site de plongée d'un caisson de recompression, les professionnels (travaux publics, militaires...) disposent du moyen thérapeutique absolu : de l'avis unanime, la recompression associée à l'oxygénothérapie sont véritablement les seules actions indiscutables garantissant, à condition d'être mises en œuvre immédiatement, la récupération fonctionnelle dans pratiquement 100 % des cas.
Bien sûr, le « caisson » fait toujours cruellement défaut dans les structures de plongée sportive.
Dans ce cadre, la thérapeutique préhospitalière, dont la finalité est d'enrayer ou de retarder l'évolution de la maladie, de protéger les tissus encore intacts de l'extension des lésions, doit être mise en route le plus précocement possible afin de compléter les gestes de sauvegarde.
Cette thérapie, préconisée depuis de nombreuses années par le docteur J. Wolkiewiez, a parfois fait ses preuves, soit en améliorant, soit en faisant régresser la séméiologie. Dans ce cas,

il ne s'agit pas d'une guérison mais d'un tableau clinique décapité qui ne doit pas échapper à la recompression thérapeutique.
Ces récupérations trompeuses soulignent l'importance du premier examen clinique médical qui doit être rapide mais soigneux : ce sont ses conclusions ainsi que le recueil de l'ensemble des données (premiers signes cliniques observés ou allégués, paramètres de la plongée en cause) qui vont orienter la conduite hospitalière à tenir.
La mise en œuvre précoce de ce traitement d'urgence associe à l'oxygène normobare :
– la correction du déficit plasmatique par remplissage vasculaire avec des solutés macromoléculaires ;
– la prévention des phénomènes de coagulation par utilisation d'agents anti-agrégants voire anticoagulants ;
– l'administration de drogues à visée rhéologique améliorant la déformabilité des hématies, d'anti-inflammatoires, voire d'anti-œdémateux, de vasodilatateurs…

Mais ce traitement passe malheureusement encore par la mise en alerte d'un organisme d'urgence ; les médecins, parfois consultés en cabinet pour des signes précurseurs d'allure bénigne survenant quelques heures après la plongée en cause, sont en effet très souvent désarmés par l'aspect fruste et anodin de la pathologie rencontrée, le plongeur n'envisageant pas lui-même la relation de cause à effet et ne songeant même pas à évoquer la possibilité d'un accident de décompression à révélation tardive.

ALERTER

En l'état actuel de la prise en charge, en France, de ce type d'urgence très particulière (l'idéal serait, à l'instar du Diving Alert Network américain, d'avoir un organisme d'écoute médicale permanente, spécialisé dans ce type de problèmes, qui serait, selon les principes de la télé-assistance, à même de conseiller efficacement), il semble logique, avant d'effectuer toute plongée, de s'informer :
– sur la localisation des « caissons » hyperbares disponibles dans la région,
– sur la manière d'alerter les structures d'urgence compétentes.
Au moindre doute étiologique d'une symptomatologie plus ou moins évocatrice mais en tous cas prise en considération, un avis pourra être donné, une conduite à tenir suggérée, éventuellement sous contrôle médical, une mise en observation ou une évacuation sanitaire sur l'installation hyperbare la plus proche demandée.

La mise en alerte des moyens nécessaires dès l'apparition des premiers signes suspects et avant toute aggravation insidieuse peut contribuer à optimiser la prise en charge et à minimiser au mieux les délais d'une éventuelle recompression thérapeutique. Les conséquences de l'éloignement éventuel ou l'absence de chambre de recompression ne doivent, en aucun cas, être aggravées par un retard dans la mise en œuvre de l'évacuation sanitaire médicalisée.
Il faut aussi donner aux structures d'urgence, en les alertant précocement, la possibilité de gérer au mieux les moyens disponibles à mettre en œuvre. Sans qu'il s'agisse d'une règle absolue, car tout dépend des circonstances, si la distance d'évacuation vers les installations hyperbares est inférieure à 200 km, l'ambulance médicalisée sera préférée à l'hélicoptère (car pour cette distance le gain de temps est faible), sauf s'il s'agit d'un terrain accidenté avec passage de cols ou si le réseau routier est défavorable par sa configuration, voire son encombrement. Au-delà, l'hélicoptère volant à basse altitude (dans l'idéal, inférieure à 100 mètres) est la méthode de choix ; si la distance est vraiment importante ou en cas d'évacuation nocturne, un avion pressurisé, maintenant la pression du sol en cabine, pourra être mis en œuvre.
Mais en règle générale, l'urgence à recomprimer, déterminée par la qualité des renseignements fournis à la mise en alerte, fera choisir le moyen d'évacuation le plus rapide.

Perspectives - Conclusions

Tous les auteurs sont unanimes. La qualité des résultats obtenus après traitement hospitalier dépend pour partie :
– de la précocité de mise en œuvre des gestes de sauvegarde, en particulier de l'inhalation rapide d'oxygène ;
– des délais de médicalisation, d'évacuation sanitaire, de recompression thérapeutique en association avec l'OHB ;
– et, bien entendu, de l'efficacité du protocole hospitalier.

La diminution du pourcentage de sujets atteints de séquelles plus ou moins invalidantes passe donc nécessairement par l'optimisation de ces facteurs. La question qui se pose est de savoir s'il est possible d'améliorer les conditions de prise en charge initiale de ces patients et, si oui, par quels moyens.

Les deux premiers points sont étroitement liés et dépendent, bien sûr, de la rapidité avec laquelle l'alerte va être donnée, autrement dit de la capacité de reconnaissance par l'accidenté lui-même des signes inauguraux de l'accident de plongée, quelle que soit leur gravité.

De plus et face à cette éventualité, une conduite à tenir précise sur ce qu'il y a lieu de faire doit être connue de tous : c'est naturellement la mise en œuvre du « traitement immédiat », mais c'est aussi et surtout **savoir qui alerter et comment**. Ce problème doit être envisagé au niveau de chaque région en fonction des possibilités offertes. C'est à cette condition que la médicalisation ainsi que l'évacuation pourront se faire au mieux. À cette fin, chaque intervenant doit se souvenir que le délai précédant la recompression associée à l'OHB conditionne l'extension des lésions.

Pour améliorer encore la médicalisation du « bord de l'eau », l'emploi d'un caisson mobile, portable et généralement biplace, peut s'envisager. En France, la Marine nationale considérant que la recompression doit être précoce, sur le site de plongée, qu'elle doit se faire à une pression efficace (4 ATA) et qu'elle ne doit pas être différée par l'exécution d'un geste technique médical qui doit, de surcroît être réalisable dans l'enceinte hyperbare, des caissons biplaces permettant la mise en œuvre des premiers soins dans l'attente d'un traitement en multiplace ont été développés.

C'est aussi la solution retenue dans d'autres pays avec :
– le TRRC (*transportable recompression rescue chamber*) en Israël, permettant sur les sites de plongée de la mer Rouge ou de la Méditerranée orientale la mise en œuvre de tables de traitement standard (compression air, O_2 au masque) précédant l'évacuation par hélicoptère sur les multiplaces d'Eilat et d'Haifa ;
– en Suisse, le caisson biplace basé à Zurich et mis en œuvre par Swiss Air Rescue : transport par hélicoptère ou Lear Jet pour les longues distances ;
– le TUP (*transfer under pressure rescue chamber*) basé à Aberdeen (Écosse), permettant le transfert d'un plongeur à saturation accidenté du site *offshore* vers un multiplace à terre en Europe.

Dans tous les cas cependant, lorsque des moyens aériens sont mis en œuvre, il s'agit nécessairement d'aéronefs « lourds » en raison de l'encombrement des biplaces.

Dans le cadre de la plongée autonome sportive, une autre solution, plus légère, tenant compte des moyens dont disposent les structures d'urgence, se dessine actuellement : il s'agit de l'utilisation de caissons de recompression en matière synthétique souple pouvant supporter, dans leurs versions actuelles, des pressions internes allant de 300 mb à 2 bars relatifs. Gonflé à l'air et équipé d'un ensemble inhalateur-déverseur d'oxygène, ce type d'enceinte ne doit pas être une unité thérapeutique mais un moyen de premiers secours et de transport : le « caisson » vient au patient et permet la mise en œuvre d'une oxygénothérapie hyperbare *a minima* (PIO_2 = 1,3 à 3 bars) précoce.

Ce type de caisson a également l'avantage d'autoriser un transport à pression constante en aéronef non pressurisé à une altitude supérieure aux 300 mètres tolérés. Sa mise en œuvre reste toutefois une décision médicale et concerne des patients conscients dont les fonctions vitales cardio-respiratoires ne sont pas compromises. La présence d'un médecin permet la poursuite du traitement médical ainsi que la surveillance clinique.

Cette méthode de « transport pressurisé » ne peut être qu'avantageuse par rapport à une évacuation sous oxygène normobare actuellement de règle (au mieux, PIO_2 = 1 bar). Mais le risque de voir des tableaux cliniques totalement décapités lors de l'admission en service spécialisé impose une collaboration étroite avec les médecins ayant examiné ces patients en première intention : le choix de la table thérapeutique hospitalière ne doit pas ignorer la gravité de la séméiologie initiale, les récupérations obtenues sous OHB *a minima* étant probablement et seulement un indice de bon pronostic.

La preuve de l'efficacité et de l'intérêt de ce type de moyen dans les procédures d'évacuation doit cependant être apportée.

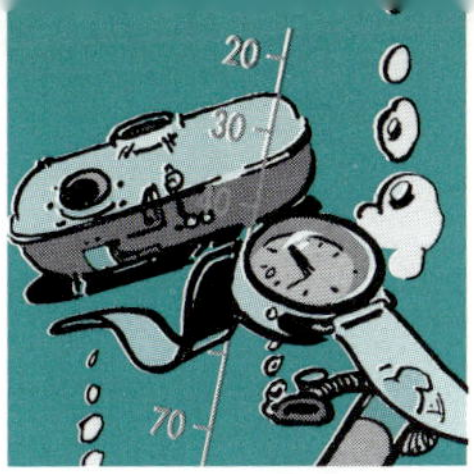

9. CHOISIR UNE TABLE DE PLONGÉE

Réflexions sur le choix d'une table de plongée

La plongée consiste essentiellement en quatre phases successives : descendre, rester au fond, remonter et, en surface, attendre la prochaine plongée.
Si les deux premières sont sans réel danger pour un pratiquant convenablement formé et constituent la partie plaisante de l'incursion sous-marine, la troisième, en revanche, est source de tous les dangers, quelle que soit la qualification du plongeur, et conditionne totalement l'évolution de la quatrième phase, que l'on oublie par trop souvent, « l'après-plongée ».
C'est la remontée qui constitue, de loin, l'étape la plus délicate de notre activité.
Tout se passerait merveilleusement bien si l'on n'était pas obligé de regagner la surface !
Tout se passe comme si la nature après avoir consenti à découvrir ses dessous exigeait en retour son dû.
C'est pendant la remontée et après la plongée que l'on paye, comme au poker, pour avoir vu.
Et pourtant, si l'on adopte une vision raisonnable et réfléchie de la plongée, notre activité peut ne pas être une partie de poker ni, encore moins, de roulette russe.
Il est vrai que la pratique de la plongée sous-marine comporte un certain nombre de dangers. Il faut que tout plongeur en ait conscience, car seule leur connaissance permet de diminuer les risques de notre activité jusqu'à, pratiquement, les annuler… mais encore faut-il le vouloir sincèrement.
Le but de cet exposé est donc d'analyser les procédures de remontée qui sont actuellement proposées, afin de permettre un choix raisonné du plongeur pour l'une ou plusieurs d'entre elles.
Pour aborder un sujet aussi vaste, il est tout d'abord indispensable de s'interroger sur l'origine des accidents susceptibles de frapper le plongeur au retour vers la surface.
Que se passe-t-il donc de si exceptionnel pendant la remontée ? Pour le comprendre, il est important que l'on ait à l'esprit quelques propriétés physico-chimiques concernant le comportement des gaz et des liquides lorsqu'ils sont mis en contact.

LE PLONGEUR EST UN HOMME SOUS-MARIN

Le plongeur respire de l'air comprimé en plongée : pourquoi ?

L'homme respire généralement de l'air, ou alors, c'est qu'il a de sérieuses raisons de ne pas le faire. Le plongeur sportif pour sa part respire de l'air comprimé à une pression égale à la pression ambiante de l'endroit où il se situe.

On peut rappeler brièvement que la pression atmosphérique au niveau de la mer est grossièrement de 1 bar (1,013 bar exactement pour la pression standard). Lorsque le plongeur descend il est soumis, en plus de la pression atmosphérique, à la pression exercée par l'eau qui s'accroît d'environ 1 bar pour une dénivellation de 10 mètres d'eau. C'est la pression hydrostatique. On convient généralement d'appeler pression absolue, ou pression ambiante, la somme de la pression atmosphérique et de la pression hydrostatique. C'est cette pression que subit le plongeur en immersion.

Ainsi, un plongeur qui se situe à 10 mètres de profondeur est soumis à une pression de 2 bars (pression atmosphérique égale à 1 bar à laquelle s'ajoute la pression hydrostatique correspondant à 10 mètres d'eau, soit encore 1 bar).

Il subit en permanence, sans en avoir conscience, une force d'une intensité insoupçonnable.

On peut faire un rapide calcul pour s'en persuader (fig. 9.1).

9.1

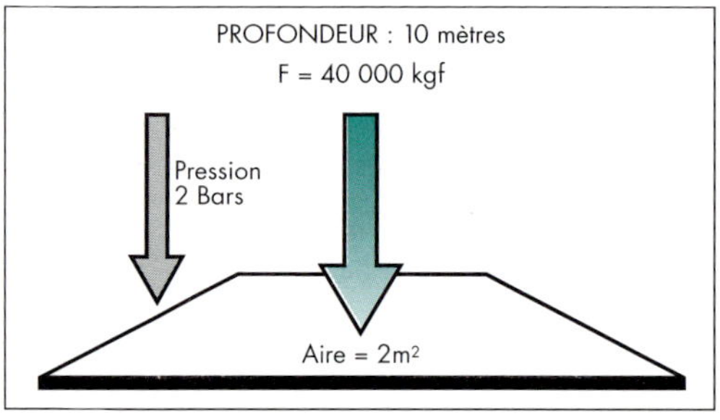

Considérons un plongeur dont la surface est d'environ 2 m², soit 20 000 cm². Grossièrement, une pression de 2 bars correspond à une force de 2 kilogramme-force par centimètre carré.

Effectuons le calcul. Le plongeur est soumis à une force de F = 2 x 20 000 = 40 000 kgf, ce qui signifie qu'il doit résister à une force de 40 tonnes répartie sur toute la surface de son corps !

S'il ne veut pas être déformé par cette immense contrainte, le plongeur a tout intérêt à être incompressible.

Fort heureusement, l'être humain est constitué majoritairement d'éléments solides et liquides possédant cette propriété. Seules les cavités contenant des gaz, comme les poumons, l'oreille moyenne, les sinus, le système digestif, sont susceptibles de se déformer sous l'effet de la pression. Pour éviter cet inconvénient, les gaz présents dans ces cavités doivent impérativement être portés à une pression égale à la pression ambiante.

Cette condition implique que le plongeur n'a d'autre issue, s'il veut survivre sous l'eau et ne pas être transformé en vulgaire crêpe par l'intense force qui s'exerce sur lui, que respirer de l'air comprimé à la pression ambiante[1]. C'est le rôle qui est dévolu au détendeur.

Dans l'air respiré sous pression, l'azote pose un problème : la bulle

L'air respiré par le plongeur, qu'il soit comprimé ou non, possède toujours sensiblement la même composition. C'est un mélange de plusieurs gaz dont les deux constituants prépondérants sont l'azote et l'oxygène. À une pression donnée, un litre d'air est approximativement constitué de 0,8 litre d'azote et de 0,2 litre d'oxygène.

L'oxygène est le gaz indispensable pour assurer la vie ; il est métabolisé par l'organisme.

L'azote est un gaz inerte dans le sens où il n'est pas métabolisé par l'organisme. Il joue essentiellement le rôle de diluant de l'oxygène.

Au niveau de la très fine paroi pulmonaire, il s'établit un échange gazeux entre les gaz solubilisés dans le sang et ceux présents dans les poumons (fig. 9.2).

Ce phénomène résulte du fait que lorsque l'on met en présence un liquide et un gaz, il s'établit entre les deux milieux un échange de matière dont on pourrait dire qu'il est de bon voisinage.

Chacune des deux phases, lors de cette rencontre, offre à l'autre quelques présents :

– le gaz cède quelques molécules qui sont acceptées par la phase liquide. On dit alors qu'une partie du gaz se solubilise dans le liquide;

– à l'inverse, le liquide concède quelques molécules qui passent dans la phase gazeuse sous la forme de vapeur, ce qui correspond au phénomène d'évaporation.

Ainsi, lorsque l'on met de l'air en présence d'eau, de l'azote et de l'oxygène se solubilisent dans l'eau, alors que de l'eau liquide passe sous la forme gazeuse : la vapeur d'eau.

On connaît différents exemples de la vie courante qui peuvent illustrer ces affirmations. C'est parce que de l'oxygène se dissout dans l'eau que les poissons peuvent vivre dans ce milieu. C'est également pour cette raison que les pièces en fer rouillent lorsqu'elles se trouvent en présence d'eau[2]. C'est parce que l'eau s'évapore, à la température ambiante, que le plongeur peut espérer voir sécher sa combinaison entre deux plongées.

Le mécanisme de l'échange gazeux au niveau des poumons se résume donc par :

– une solubilisation dans le sang de l'oxygène, ce qui va permettre d'apporter aux tissus leur comburant (l'oxygène), et éventuellement de l'azote;

– un enrichissement de l'air des poumons en vapeur d'eau et en gaz carbonique, permettant ainsi à l'organisme de s'épurer en éliminant ses produits de combustion.

Que se passe-t-il maintenant lorsque le plongeur respire du gaz comprimé? On met au contact, par l'intermédiaire de la membrane alvéolaire, de l'air comprimé avec le liquide sang. Sous l'effet de la pression du gaz, le phénomène d'échange se trouve être modifié de deux manières : les quantités des gaz dissous s'accroissent, alors que la quantité d'eau présente dans l'air diminue.

L'air comprimé est plus sec que de l'air détendu. C'est la raison pour laquelle il est nécessaire de prévoir des purges d'eau sur les compresseurs d'air. Au fur et à mesure de la compression, l'air perd son eau, qui s'élimine sous sa forme liquide.

Lorsqu'un plongeur descend en profondeur, l'air respiré étant porté à une pression de plus en plus importante, il dissout dans son sang et donc dans tout son organisme des quantités d'azote et d'oxygène plus importantes qu'en surface. Tant que le plongeur descend ou reste à une profondeur constante, tout se passe bien.

Le problème se pose évidemment à la remontée lorsque la pression ambiante diminue. Au cours de cette phase le phénomène évoqué précédemment doit s'inverser. L'oxygène ne pose pas de problème car il a été métabolisé. En revanche, l'azote dissous dans l'organisme demande à repasser impérativement sous la forme gazeuse. Si ce passage se réalise au niveau de la paroi pulmonaire, il n'y a pas de problème, on obtient un phénomène inverse du précédent. Si ce phénomène survient loin des poumons, il apparaît une bulle de gaz dans l'organisme.

Tout le problème qui nous préoccupe est de savoir comment évolue cette bulle pendant la remontée, sachant qu'elle va avoir tendance à augmenter en taille au fur et à mesure que la pression ambiante diminue, et ce, en particulier, près de la surface (variations de pression relative très importantes).

Le fait d'avoir une bulle dans l'organisme n'est pas un fait grave en soit. Cela dépend de la nature de la bulle et de sa taille.

Il faut avoir conscience que, même en surface,

9.2

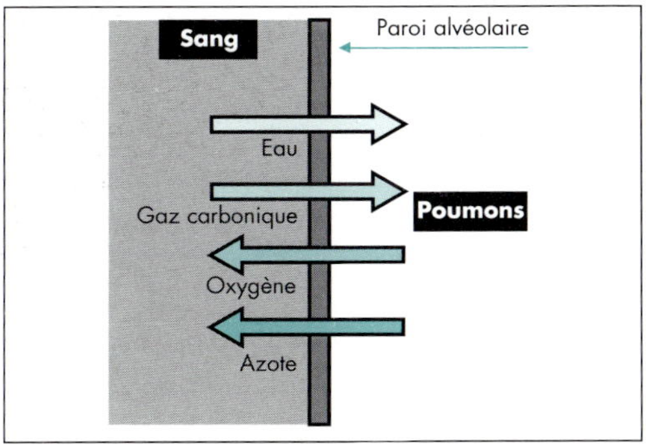

pour un être normalement constitué, les différentes entraves à la circulation sanguine que constituent les rétrécissements, les bifurcations des conduits, les mouvements des valves... génèrent des bulles de vapeur d'eau par simple effet de cavitation. Ces bulles possèdent des temps de vie très courts. La présence de bulles de gaz dans l'organisme ne constitue donc pas en tant que telle une situation d'une exceptionnelle gravité, c'est même un état habituel.
La baisse de pression ambiante pendant la remontée implique que l'azote dissous passe obligatoirement sous la forme gazeuse et génère des bulles de gaz composées cette fois-ci d'azote et de vapeur d'eau. Comme précédemment, cette situation n'est pas grave en soi, tant que les bulles sont suffisamment petites pour être transportées jusqu'au filtre pulmonaire, où elles s'éliminent sans entraver la circulation sanguine. En revanche si ces bulles se mettent à grossir, elles peuvent perturber le débit sanguin allant parfois jusqu'à l'annuler. C'est alors l'accident de décompression.
Pour éviter cette évolution dramatique, il est indispensable de disposer de procédures de remontée : ce sont les tables de plongée.
Comme nous le verrons par la suite, leur l'objectif n'est pas d'éviter l'apparition de bulles dans l'organisme, qui sont inévitables, mais de contrôler et gérer, tant que faire se peut, leur devenir.
Il est important de bien prendre conscience que la remontée d'une plongée implique une prise de risque (... peut-être moins, cependant, que de rester au fond). Il en résulte que d'accepter de plonger, c'est également accepter de prendre un risque. Le problème pour chacun est de savoir jusqu'où il est prêt à aller dans cette voie, uniquement pour se faire plaisir.
Nous montrerons que l'importance des risques pris lors de la remontée est totalement liée aux tables de décompression utilisées et que celles-ci ne sont pas toutes équivalentes. Il est donc important que chacun se détermine en toute connaissance sur leurs avantages et inconvénients respectifs.
Pour cela, il est indispensable d'en discuter et de comprendre, même très schématiquement, la manière dont elles sont établies.

COMMENT ÉTABLIR UNE TABLE DE PLONGÉE ?

La population et le comportement

On lira dans ce même ouvrage le chapitre du docteur Grandjean (« Médecine et plongée ») qui décrit l'aventure de l'azote dans l'organisme.
Nous allons reprendre simplement la philosophie de son exposé et l'appliquer à monsieur Durand, 45 ans, 1,65 m, 87 kg, sédentaire confirmé. Considérons une plongée de monsieur Durand.
Au cours de la descente l'azote se dissout dans le sang de monsieur Durand, au niveau des poumons de monsieur Durand, puis il sera distribué dans l'organisme par le circuit sanguin de monsieur Durand, dans les tissus de monsieur Durand. L'azote en fonction du temps d'exposition diffusera à travers les membranes cellulaires de monsieur Durand.
Cette simple description montre bien que si l'on sacrifiait maintenant monsieur Durand sur l'autel de la science et que l'on analysait l'azote présent dans chaque millimètre cube de monsieur Durand, on aurait sans aucun doute une remarquable connaissance sur la manière dont monsieur Durand a solubilisé l'azote... mais aucune donnée sérieuse sur la manière dont mademoiselle Dupond, 23 ans, 50 kg, grande et sportive, aurait solubilisé l'azote au cours de cette même plongée... et c'est là que réside le grand problème.
Les morphologies des plongeurs, leur âge, leur condition physique éminemment versatiles, sont des paramètres qui varient à l'infini et l'on ne peut raisonnablement prétendre décrire et préciser un mécanisme réel de solubilisation de l'azote général, applicable en particulier à chaque plongeur. Ceci est d'autant plus vrai que les phénomènes de transport des gaz dans les liquides, les gels, les solides physiologiques... sont extrêmement complexes et loin d'être encore parfaitement compris et quantifiés par les chercheurs.

On ne peut prétendre décrire avec précision la dissolution de l'azote dans l'organisme d'un plongeur, alors, pensez bien, la désaturation avec l'apparition des bulles et leur évolution... Ces phénomènes sont encore plus difficiles à appréhender que les précédents.

Ceci implique qu'il n'y a que très peu d'espoir de pouvoir un jour décrire le comportement individuel des plongeurs lors de leur remontée à partir d'études microscopiques prétendant détailler le devenir de l'azote dans les tissus physiologiques de l'organisme. Ce qui serait vrai pour monsieur Durand le lundi, ne le serait pas pour le même monsieur Durand le mardi et bien entendu pas non plus pour mademoiselle Dupond le vendredi.

Alors comment résoudre ce problème ? On peut s'en faire une idée en examinant la manière dont les premières procédures de remontée ont été établies.

Tout a débuté par une constatation purement expérimentale que l'on peut résumer d'une phrase : depuis que les scaphandriers travaillent à des profondeurs importantes, on a pu constater l'apparition, chez les plongeurs, d'accidents lors de leur remontée ou dans les heures qui la suivent. Sous son aspect anodin cette phrase est fondamentale, car elle affirme que l'on a pu observer sur la population des plongeurs un comportement général qui est celui de présenter des signes d'un accident.

Cela signifie que, s'il est juste que chaque individu possède ses propres caractéristiques physiologiques, il est également envisageable, lorsque l'on rassemble suffisamment de personnes pour constituer une population, de préciser des règles comportementales caractéristiques d'un groupe. Ceci est important pour le problème qui nous concerne, puisque cela permet d'envisager la décompression des plongeurs non pas individu par individu mais dans son ensemble, en considérant la population des plongeurs.

Comme on le verra par la suite, cette approche présente l'immense avantage de gommer l'individu et de donner des solutions générales. En revanche, elle possède l'inconvénient majeur de ne pouvoir éviter que certains individus originaux se distinguent et présentent des comportements ne s'identifiant pas avec ceux de la population considérée.

Il est donc important dans ce type d'approche de bien préciser les termes de :

– **population,** qui désigne plus un ensemble de personnes bien défini... ce sont des plongeurs et pas des garçons de café ;

– **comportement,** qui implique que l'on a réalisé un ensemble complet d'observations sur les réponses (accidents majeurs, mineurs, pas d'accident, présence de bulles circulantes...) de la population choisie soumise à un ensemble de contraintes données (durée, profondeur, conditions de la plongée, vitesse de remontée...).

On ne peut dissocier la notion de comportement de celle de population.

À la suite de la constatation que la population des plongeurs présentait des accidents de décompression à la remontée, les scientifiques de l'époque essayèrent dans un premier temps de préciser l'origine du problème. Très tôt, vers 1850, on pressent que l'azote dissous dans l'organisme lors de l'exposition à l'air comprimé est à l'origine de l'accident de décompression. Cette étape de pure connaissance franchie, on peut alors faire des propositions pratiques pour tenter d'éviter l'accident, c'est-à-dire établir des procédures de remontée.

Ainsi P. Bert, en 1878, conseille de regagner la surface à une vitesse très lente de 12 minutes pour 1 bar et, quelques années plus tard, en 1900, Heller, Mager et Schrotter proposent une vitesse de remontée constante, encore plus lente, de 0,5 mètre par minute. On en est alors au stade des hypothèses scientifiques. On applique ces procédures à la population donnée, et on constate (comportement) que cela fonctionne bien. Le nombre d'accidents diminue. En suivant ces règles, Hill et Greenwood effectuent des plongées jusqu'à 50 mètres sans rencontrer de problèmes. On dispose ainsi, au début du XXe siècle, d'une bonne technique de remontée pour la population des scaphandriers, qui préserve leur intégrité physique.

L'étude de comportement

Il est évident que depuis cette époque la confrérie des plongeurs s'est accrue et surtout diversifiée. Il n'existe plus une petite communauté de scaphandriers mais plusieurs populations de plongeurs. Ceux de la Marine nationale possèdent des objectifs particuliers et sont sélectionnés en raison de ceux-ci. Ils constituent une population homogène de jeunes hommes, sportifs, bien entraînés, dont les caractéristiques physiques et psychiques peuvent être très différentes de celle des plongeurs qui pratiquent l'activité pour leur seul loisir, hommes, femmes, jeunes et moins jeunes, sédentaires, sportifs, etc. Il est donc tout à fait normal de trouver actuellement sur le marché différentes tables de plongée qui s'adressent à des populations différentes. Le tout est de ne pas se tromper et de bien se situer à titre individuel.

Examinons maintenant, toujours de manière très schématique, la façon dont on aborde l'étude du comportement d'une population.

Supposons la population choisie. Il faut alors imaginer un programme d'expériences consistant à appliquer une série de contraintes à cette population (des plongées dans des conditions particulières) et à observer ses réponses (accidents, bulles circulantes au Doppler...).

On peut tout d'abord être tenté de prendre toute la population précédemment sélectionnée, de la faire plonger pour une profondeur et un temps donnés, de la remonter selon une procédure quelconque choisie, et de regarder ce qui se passe. Imaginons qu'il y ait 90 % d'accidents. Ce résultat permet d'affirmer que selon cette procédure on a toutes les chances de provoquer un accident de décompression à tout plongeur dont les caractéristiques se rapprochent de celles de la population choisie. On vient ainsi de définir le comportement d'une population face à une procédure donnée. Rien n'implique d'ailleurs que l'on aurait obtenu le même résultat avec une autre population.

Face à cet échec, on peut recommencer, avec la même population que précédemment, une plongée pour le même temps et la même profondeur, mais en utilisant une autre procédure. Supposons que l'on ne détecte plus alors que 10 % d'accidents. Ce n'est pas parfait, mais c'est mieux. Le problème est de savoir si cela est suffisant.

En effet, pour un certain nombre de plongeurs qui acceptent ce taux de risque pour pratiquer la plongée cela peut paraître acceptable, et pour d'autres non. On se retrouve confronté au problème du choix individuel. Pour certains ces tables seront bonnes, et pour d'autres pas.

Supposons que ce résultat n'ait pas été jugé satisfaisant. On recommence la même expérience avec encore une autre procédure ; imaginons que l'on parvienne cette fois-ci à 1 % ; c'est encore mieux, mais le problème se repose de la même manière, est-ce suffisant ?

Il faut donc retenir l'idée suivante : *il n'y a pas de bonnes ou de mauvaises tables, il n'y a que des tables qui donnent un certain pourcentage de risques pour une population donnée. Chaque procédure implique pour celui qui la suit une certaine prise de risque, aussi faible soit-elle.* Il doit en avoir conscience et l'accepter, sinon pratiquer une autre activité. Il n'y a pas de tables parfaitement sûres, si ce n'est celles de certains restaurants !

Certaines procédures sont plus sécurisantes que d'autres, mais imposent évidemment des contraintes plus importantes (limitation des profondeurs et des durées, par exemple). Il appartient donc à chacun de se déterminer pour une table ou, à la limite, de n'en respecter aucune, selon les risques qu'il est prêt à accepter.

Envisagé de la manière précédente, le problème de l'étude du comportement d'une population est difficilement réalisable sur le plan technique. En effet, et surtout si elle est importante (par exemple, l'ensemble des plongeurs-loisirs), on ne peut prétendre tester la totalité de la population sélectionnée pour toutes les profondeurs et toutes les durées.

Ce que l'on peut raisonnablement mettre en œuvre, c'est une série de tests sur un ensemble jugé représentatif de la population, pour seulement quelques durées et quelques profondeurs judicieusement choisies. En conséquence, on est conduit à définir le comportement d'une partie de la population pour seulement quelques situations de plongée. Il faudra donc remonter, à partir de ce comportement parcellaire, à un comportement général. Pour cela, il faut disposer de lois générales permettant d'interpoler les résultats.

Cela exigera que l'on introduise un **modèle de comportement**. C'est ainsi qu'ont été calculées et établies la majorité des tables de plongée jusqu'à présent.
Une autre solution, qui se fait jour actuellement, revient à la situation décrite précédemment consistant à traiter la population dans sa totalité. On dispose en effet dans certains domaines (plongée militaire, professionnelle...) de rapports pour des milliers d'immersions, pour des durées et des profondeurs variées. En répertoriant les éventuels accidents survenus, on dispose d'un ensemble de faits expérimentaux permettant de juger de la fiabilité des procédures pour toutes les profondeurs et durées et pour une population particulière. Il est alors possible de modifier la procédure utilisée afin d'éviter des zones dangereuses sans recourir à un modèle. C'est ainsi qu'ont été modifiées les dernières tables utilisées par la Comex servant de base aux tables du ministère du Travail de 1992. Ce sont des tables essentiellement statistiques.

Le modèle de comportement

Comme il vient d'être dit, à partir de l'expérimentation le théoricien des tables dispose d'éléments permettant de décrire le comportement d'une population-test pour un ensemble fini de couples de valeurs durée-profondeur.
Il lui faut maintenant être en mesure de prévoir le comportement de la population en sa totalité pour des situations non testées.
L'exemple ci-dessous illustre sa démarche. Supposons qu'il dispose des résultats suivants :
– pour une plongée de 10 minutes à 30 mètres, il observe qu'une remontée à une vitesse de 15 mètres par minute sans temps d'arrêt ne provoque aucun signe d'accident ;
– pour une plongée de 30 minutes à 30 mètres, il détermine qu'il faut, par exemple, s'arrêter 10 minutes à 3 mètres pour qu'il n'y ait pas d'accident.
Le problème est maintenant, à partir de ces deux seules données, de prévoir le comportement probable du plongeur pour 15, 20 et 25 minutes à cette même profondeur. Il faut pour cela introduire une relation entre le temps et la profondeur, qui permettra de réaliser ce calcul. Une fois celui-ci effectué, la prévision doit s'avérer exacte si l'on réalise l'expérience. En effectuant cette opération, on essaye donc de décrire le comportement du plongeur à partir d'une relation mathématique et, si une seule ne suffit pas, d'une série d'équations liant la durée à la profondeur.
On bâtit ainsi un modèle de comportement.
Il est évident que plus le nombre de données expérimentales à la base de l'étude est important ou, une autre manière de le dire, plus le comportement de la population choisie est connu avec précision, plus le modèle de comportement est fiable et moins il devient utile, car il est alors possible de décrire le comportement de la population à partir d'une analyse statistique.
Plus la base expérimentale de données est éparse et pauvre, moins le comportement de la population de plongeurs est connue avec précision et plus le modèle s'avère indispensable, mais plus celui-ci sera imprécis et moins la table sera fiable. Il sera alors nécessaire de valider les procédures par une expérimentation sur le terrain. Le pratiquant participera alors comme cobaye à l'avancée de la science. C'est ainsi qu'ont débuté toutes les recherches sur les procédures de remontée. Nous bénéficions actuellement d'une expérimentation de près d'un siècle par nos anciens. Qu'ils en soient remerciés !
Dans ce cadre, on comprend mieux l'apparition d'accidents de décompression lors de remontées, tout en respectant les données de la table (accidents immérités) pour une population donnée. L'un des meilleurs exemples pour illustrer ceci est ce qui s'est passé avec les tables proposées par la Marine nationale en 1965 (tables Gers 65) ; celles-ci ne rendaient pas parfaitement compte du comportement de la population des militaires pour la zone 30-40 mètres, où l'on observait des accidents en respectant les procédures des tables. À partir des fiches d'accidents, la Marine nationale a modifié les paramètres de son modèle.
Pour conclure, on peut dire que la valeur prédicative d'une table ne tient pas à la manière dont elle est calculée, mais à la connaissance

du comportement de la population que l'on cherche à décrire. Si cette étape n'a pas été correctement réalisée, le meilleur traitement mathématique ne traduira que l'information qu'on lui a donnée, et la table pourra ne pas être fiable.
Bien que l'approche moderne de type statistique tende à supplanter celle qui procède par modèle lorsque l'on dispose de bases de données très importantes, elle ne peut la remplacer totalement. La table statistique permet d'optimiser l'efficacité d'une table et ne s'adresse donc qu'à des situations vécues, répertoriées et analysées. L'utilisation d'un modèle a un autre objectif qui est celui de prévoir des situations nouvelles de plongée pour des populations particulières. Ces deux approches sont donc tout à fait complémentaires et ne s'excluent nullement.

Les paramètres du modèle

Les modèles de comportement sont plus ou moins sophistiqués, mais ils font globalement appel à des approches semblables. Nous allons donc nous attacher à décrire les principes et non pas le détail de calcul de chaque table, le volume de cet ouvrage serait tout à fait insuffisant pour y parvenir.
Comme nous l'avons dit précédemment, on suppose disposer au départ de données permettant de définir le comportement d'une population pour un certain nombre d'immersions caractérisées par des couples de valeurs profondeur-durée. Autrement dit, on dispose du comportement d'un plongeur fictif censé rendre compte de l'ensemble de la population.
Notre objectif est maintenant d'établir des lois permettant de prévoir le comportement de ce plongeur fictif pour les durées et les profondeurs non testées.
Nous avons vu qu'il était illusoire, en l'état de nos connaissances, de chercher à retrouver des lois générales décrivant le comportement moyen d'une population à partir d'une étude des réactions de chaque individu face à l'azote.
Que fait-on? On adopte une approche très pragmatique que connaissent bien les scientifiques devant un fait expérimental qui apparaît trop compliqué : dans un premier temps, on n'essaie pas d'expliquer le phénomène mais simplement de trouver des lois mathématiques qui permettent de le décrire et, surtout, d'en prévoir l'évolution. On se place uniquement sur le plan de la description phénoménologique.
Dans le cas présent, il nous appartient de décrire le comportement du plongeur fictif. Qu'est-ce que cela signifie? Il faut que l'on trouve une ou plusieurs relations mathématiques (un algorithme) liant la profondeur et la durée permettant de **calculer** une procédure de remontée.
À partir de ce point tout est permis pour le scientifique. Il n'est aucunement nécessaire que le modèle de comportement choisi ait un rapport avec la réalité expérimentale, c'est-à-dire avec la solubilisation de l'azote dans les tissus. On pourrait tout à fait utiliser un modèle électrique à partir d'un ensemble de capacités, de résistances, d'impédances, ou encore un modèle mécanique à partir de parois poreuses, ou thermodynamique en considérant le plongeur comme un ensemble d'échangeurs thermiques, ou même purement mathématique à partir de fonctions de variables (modèles analogiques). Cette remarque implique qu'il ne faut pas accorder une trop grande signification physique aux paramètres du modèle qui ne sont pas là pour rendre compte de la réalité de la solubilisation de l'azote dans l'organisme, mais pour permettre le calcul de procédures de remontée.
La majorité des tables a cependant été établie à partir de modèles qui tentaient de ne pas trop s'éloigner de la réalité physique de la plongée, c'est-à-dire qui se sont attachés à prendre en compte des paramètres susceptibles d'intervenir dans la description du phénomène de solubilisation de l'azote dans l'organisme. Il s'agit là d'un héritage historique, plutôt que du choix d'une démarche purement phénoménologique.
Nous allons examiner ces différents paramètres physico-chimiques.

LA DISSOLUTION DES GAZ DANS LES LIQUIDES

La base de tous les raisonnements concerne les propriétés de dissolution d'un gaz dans un liquide.

L'équilibre gaz-gaz dissous dans un liquide : la loi de Henry

Différents événements de la vie courante peuvent permettre d'appréhender simplement le phénomène de dissolution des gaz dans les liquides et ses conséquences. Lorsque l'on débouche une bouteille de champagne, tout le monde peut constater que le liquide est sous pression. Le fait de ramener le champagne de sa pression initiale, lorsque la bouteille est bouchée, à la pression atmosphérique a pour conséquence de libérer une partie du gaz dissous dans le liquide sous la forme de bulles. Le champagne présente alors un « accident de décompression ».

Les expériences suivantes permettent de quantifier ce phénomène. Celui-ci peut être abordé de deux manières différentes.

On suppose que l'on enferme un volume V de liquide, par exemple 1 litre d'eau exempte de gaz dissous, dans un cylindre fermé par piston mobile (fig. 9.3).

SOLUBILISATION À PRESSION CONSTANTE

Au-dessus de l'eau on place un mélange de gaz, de l'oxygène et de l'azote par exemple, à la pression totale P. On considère le cas où l'on maintient la pression totale constante et où l'on fait varier la proportion relative des deux gaz dans le mélange (fig. 9.4).

On convient de noter XN_2 le pourcentage en volume de l'azote dans le mélange (on négligera l'intervention de la vapeur d'eau).

La pression partielle d'azote dans le gaz est : $PN_2 = XN_2\,P$.

Pour une composition donnée du gaz, on laisse le système s'équilibrer. Par un moyen d'analyse quelconque on détermine alors la quantité d'azote (QN_2) dissous dans l'eau correspondant à la pression partielle d'azote PN_2.

On recommence l'opération, toujours à pression totale constante, pour plusieurs compositions du mélange gazeux (PN_2 variable), entre l'oxygène pur ($XN_2 = 0$) et l'azote pur ($XN_2 = 1$). On note les couples de valeurs (PN_2, QN_2).

Lorsque l'on reporte sur un graphe les points représentatifs de ces couples en traçant la pression partielle d'azote en fonction de la quantité d'azote dissous à pression totale constante, pour un même volume d'eau, on obtient une droite passant par l'origine (fig. 9.5).

Cela signifie que lorsqu'on laisse un gaz à une pression donnée en contact avec une quantité fixée d'un liquide, il s'établit une situation pour laquelle la pression du gaz est proportionnelle à la quantité de gaz dissous. On dira que dans cette situation le liquide est saturé en gaz, et qu'il est à l'équilibre de solubilisation.

On traduit cette loi d'origine expérimentale par la relation : $PN_2 = K\,\dfrac{QN_2}{V} = K \,.\, C$

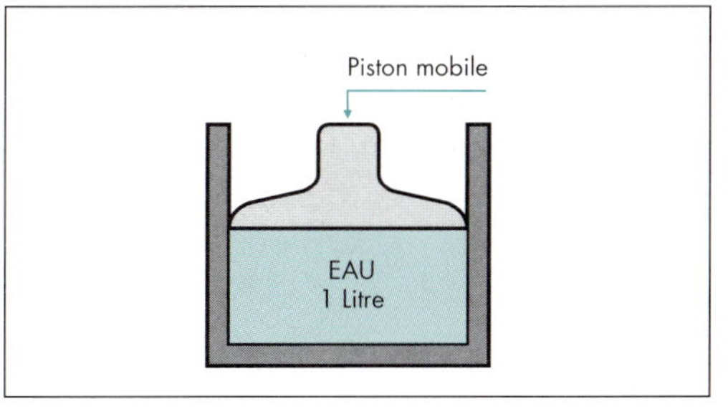

9.3

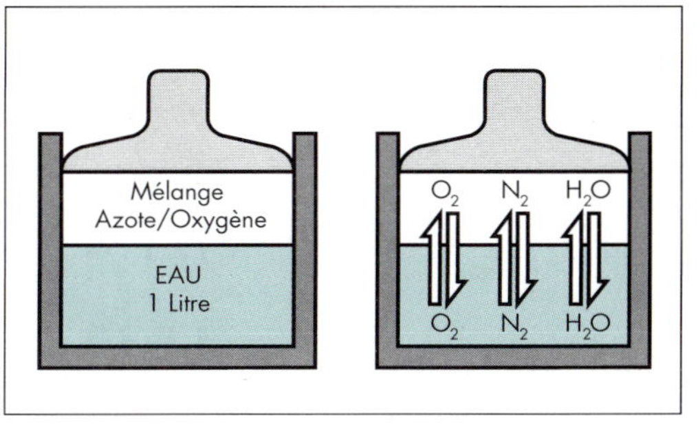

9.4

– Le rapport Q_{N_2}/V représente la quantité de gaz dissous divisée par le volume du liquide. On appelle cette grandeur la **concentration** C de l'azote dans l'eau.

– K est une constante dont la valeur dépend de la nature du gaz considéré (ici l'azote), du liquide (ici l'eau) et de la pression totale. C'est la constante de Henry. Cette relation de proportionnalité est nommée le plus souvent dans les ouvrages de plongée « loi de Henry » et peut s'énoncer ainsi :

Lorsque l'on met un gaz en contact avec un liquide, le système évolue vers une situation d'équilibre. À l'équilibre, la concentration de gaz dissous dans le liquide est proportionnelle à la pression partielle du gaz mis en contact avec le liquide.

Ce type d'équilibre isobare intervient plus particulièrement dans le cas où le plongeur respire un autre gaz que l'air, par exemple de l'oxygène pur ou simplement de l'air enrichi en oxygène, en cas d'accident.

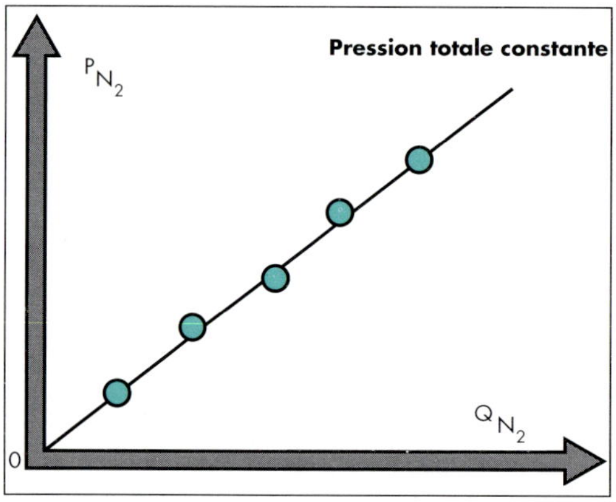

9.5

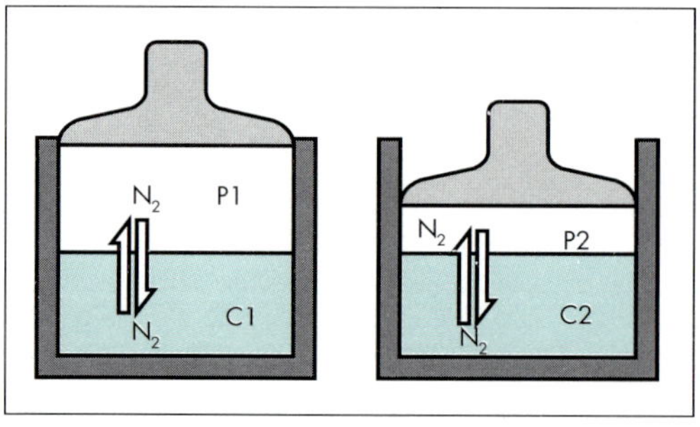

9.6

SOLUBILISATION DE L'AZOTE À PRESSION VARIABLE

Les différents exemples de la vie courante que nous venons d'évoquer concernent un autre aspect de la solubilisation des gaz, celui qui fait intervenir une variation de la pression totale.

Supposons donc qu'au-dessus de l'eau, on place de l'azote pur par exemple ($P_{N_2} = P$), dont la pression totale P est fixée par la position du piston. Cette pression sera d'autant plus forte que le piston descendra. Dans l'exemple suivant (fig. 9.6), P2 est supérieure à P1.

On réalise différentes expériences pour des pressions variables et l'on attend à chaque fois que l'équilibre s'établisse.

Pour la pression totale P1, la loi de Henry s'applique et l'on peut écrire : $P1 = K_{P1} . C1$

La constante de Henry est relative à la pression P1, de même que la concentration d'azote.

Pour la pression P2, la loi de Henry s'applique également : $P2 = K_{P2} . C2$

On voit donc que l'on peut calculer la concentration d'azote dissous à la pression P2 par rapport à celle relative à P1.

En effectuant le rapport des deux dernières égalités, on obtient :

$$\frac{P1}{P2} = \frac{K_{P1} . C1}{K_{P2} . C2}$$

soit :

$$C2 = \frac{P2}{P1} \frac{K_{P1}}{K_{P2}} C1$$

Lorsque les variation de pression sont faibles, de l'ordre de quelques bars, on constate que les valeurs de la constante de Henry varient peu et que l'on peut effectuer l'approximation :

$K_{P1} = K_{P2} = K$

ce qui implique que les valeurs des concentrations d'azote dissous sont liées aux pressions du gaz mis en contact avec le liquide par la loi de proportionnalité :

$$C2 = \frac{P2}{P1} \quad C1$$

et l'on admettra que la loi isobare (à pression constante) :

$P_{N_2} = K . C$

s'applique également pour les changements de pression.

Dans le cadre de la plongée sportive, on écrira donc la loi de Henry de la même manière pour une évolution à pression constante ou variable. Si le terme de concentration est pratique pour désigner la quantité de gaz contenue dans un volume de liquide donné, il présente l'inconvénient de compliquer un certain nombre de calculs en introduisant une autre unité que celle d'une pression. Pour cette raison on préférera utiliser à la place de la concentration une grandeur qui lui est proportionnelle, la **tension**, et qui s'exprime en unités de pression.

Par définition, *la tension d'un gaz dans un liquide est égale au produit de la constante de Henry par la concentration du gaz dissous*[3].

Pour l'exemple précédent : $TN_2 = K \cdot C$

On remarque que la valeur de la tension dépend de la nature du liquide par l'intermédiaire de la constante de Henry et pas seulement de la concentration du gaz.

Cette formulation est intéressante car elle permet de préciser d'une manière très simple le sens des échanges gazeux entre un liquide et un gaz (fig. 9.7).

Lorsque que l'on se situe à l'équilibre, la pression partielle d'azote est égale au produit de la concentration d'azote par la constante de Henry ($PN_2 = K \cdot C$).

Il en résulte que la pression partielle d'azote est égale à sa tension ($PN_2 = TN_2 = K \cdot C$)

On dispose ainsi d'une condition d'équilibre pour le système.

On dira que le liquide est saturé en gaz lorsque la pression partielle du gaz est égale à sa tension.

$PN_2 = TN_2$ ou $PN_2 - TN_2 = 0$: équilibre

Lorsque cette égalité n'est pas respectée, on se trouve dans une situation de déséquilibre qui peut avoir deux origines.

– Le liquide n'a pas encore atteint son état de saturation. C'est ce qui se passe lorsque l'on met en contact un liquide avec un gaz. La solubilisation du gaz n'est pas un phénomène instantané. Pendant l'établissement de l'équilibre la concentration du gaz dissous est inférieure à sa concentration à saturation. Il en résulte que la tension du gaz est inférieure à sa pression partielle.

On dispose ainsi d'une condition permettant d'exprimer le fait que le liquide n'est pas encore saturé. On dit alors que le liquide est sous-saturé. On a donc :

$PN_2 > TN_2$ ou $PN_2 - TN_2 > 0$: déséquilibre, le liquide est sous-saturé.

Dans ce cas, le système évolue en solubilisant du gaz.

– La seconde situation que l'on peut envisager est celle rencontrée lorsque l'on diminue la pression partielle du gaz pour un système parvenu à l'équilibre. Là encore, on se situe dans une situation de déséquilibre, la concentration de gaz dans le liquide étant devenue plus forte que celle correspondant à l'équilibre de solubilisation pour cette nouvelle pression.

Dans cette opération, la tension du gaz devient supérieure à sa pression partielle. On dit alors que le liquide est sursaturé. On a donc :

$PN_2 < TN_2$ ou $PN_2 - TN_2 < 0$: déséquilibre, le liquide est sur-saturé.

Dans ce cas, le système évolue en libérant du gaz. On constate donc que le signe de la différence $PN_2 - TN_2$ permet de prévoir le sens des échanges entre un gaz et un liquide, ce qui est particulièrement important pour rendre compte des échanges au niveau des poumons.

L'équilibre entre gaz dissous dans deux liquides : le coefficient de partage

Le phénomène que nous venons de décrire pour l'échange entre un gaz et un liquide se retrouve sous une forme très proche lorsque l'on met en contact deux liquides ne possédant pas la même tension de gaz.

C'est ce qui se passe dans la réalité pour deux tissus physiologiques en contact dont un se trouve près d'une source d'azote (par exemple, le sang en contact avec les poumons) qui possède donc une tension d'azote élevée, et un autre plus éloigné (par exemple, un tissu physiologique irrigué par le sang) dont la tension

9.7

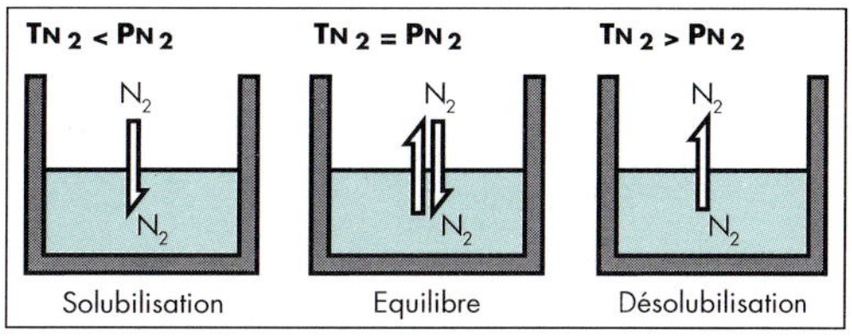

en azote est plus faible. L'azote solubilisé dans le premier tissu passe par diffusion dans le second. On dira que le gaz se partage entre les deux liquides.

Attention, dans ce cas, le système n'est pas forcément saturé en gaz. Il s'agit simplement du partage d'une quantité donnée de gaz entre deux milieux. Là encore le système évolue vers une situation d'équilibre.

La condition d'équilibre possède une forme très proche de la précédente, mais ne met en jeu que des tensions puisqu'il n'existe pas de phase gazeuse.

On dira que le système constitué par les deux liquides en contact est à l'équilibre, à pression totale donnée, si le gaz possède la même tension dans les deux liquides (fig. 9.8). Pour l'azote en équilibre entre les liquides L1 et L2,

$T_{L1} = T_{L2}$ ou $T_{L1} - T_{L2} = 0$: équilibre.

Cette condition n'implique évidemment pas que les concentrations d'azote, donc les quantités de gaz dissous, dans les deux liquides sont identiques. Il faut effectivement se souvenir que dans l'expression de la tension, intervient la constante de Henry dont la valeur dépend du liquide considéré.

On écrira ainsi :

– dans le liquide L1 : $T_{L1} = K_{L1} \cdot C_{L1}$,

– dans le liquide L2 : $T_{L2} = K_{L2} \cdot C_{L2}$,

où C_{L1} et C_{L2} sont respectivement les concentrations de l'azote dans les liquides L1 et L2.

La condition d'équilibre s'écrit $T_{L1} = T_{L2}$, soit

$$C_{L2} = \frac{K_{L1}}{K_{L2}} C_{L1} = Kp \cdot C_{L1}$$

9.8

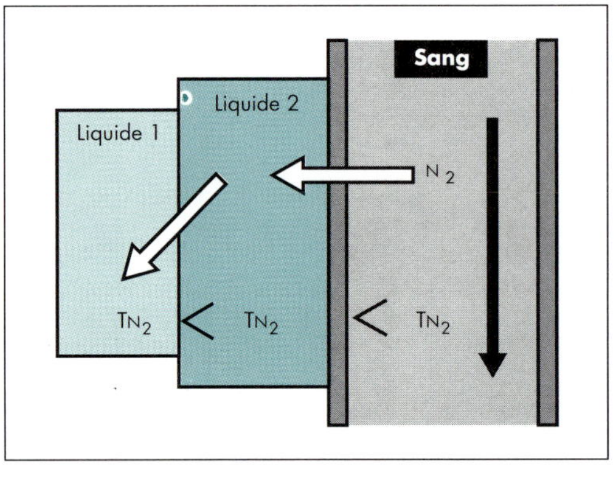

À l'équilibre les concentrations du gaz dans les deux liquides sont proportionnelles. Kp est la constante de partage. Elle est égale au rapport des constantes de Henry du gaz dans les deux liquides.

On voit ainsi que, à l'équilibre, les quantités de gaz dissous dans deux tissus peuvent être très différentes selon leur nature. L'azote est en effet beaucoup plus soluble dans un liquide « organique », comme une huile ou une graisse, que dans l'eau. Il en sera de même dans l'organisme du plongeur où les quantités d'azote dissoutes seront très différentes selon les différents tissus physiologiques.

De même que précédemment les situations de déséquilibres peuvent être caractérisées en faisant appel aux différences de tension du gaz entre les deux liquides.

Un liquide dont la tension de gaz est supérieure à un autre évoluera en cédant du gaz à celui dont la tension a une valeur inférieure :

$T_{L1} > T_{L2}$ ou $T_{L1} - T_{L2} > 0$: déséquilibre.

Du gaz dissous passe du tissu L1 vers le tissu L2, jusqu'à ce que l'égalité des tensions soit rétablie.

Cette première approche des phénomènes qui accompagnent la solubilité des gaz dans les liquides a essentiellement servi à définir le sens des échanges gazeux entre deux milieux, gaz-liquide ou liquide-liquide. Elle ne précise pas, en revanche, la vitesse avec laquelle cet échange se réalise.

Aspect cinétique des échanges : vitesse d'échange

On vient de voir que ce qui détermine le sens du transfert d'un gaz entre deux milieux, c'est la différence entre la pression partielle du gaz et sa tension pour un échange gaz-gaz dissous, ou la différence entre deux tensions pour un échange entre deux liquides.

La différence $T(L1, N_2) - T(L2, N_2) = \Delta T$ apparaît donc comme une force impliquant un déplacement du gaz dans un sens ou dans l'autre selon son signe.

Il faut maintenant s'interroger sur la vitesse à laquelle se produit ce transfert et sur les éventuelles relations entre la vitesse et la force à l'origine du phénomène. Il est pour cela intéressant d'utiliser une analogie simple, celle d'un cours d'eau. Tout d'abord supposons une source à une certaine altitude, Hs. La rivière va s'écouler vers la mer (sens de la transformation) parce que l'altitude de la mer, Hm, est plus basse que celle de la source. La différence d'altitude entre la source et la mer $Hs - Hm > 0$ détermine le sens d'écoulement des eaux. De mémoire d'homme, on n'a jamais vu un cours d'eau s'écouler de la mer vers la source.

Cette première remarque concerne la condition d'équilibre du système et l'on voit que l'analogie avec la tension pour un gaz est intéressante. Il n'y aurait aucun écoulement si l'altitude de la mer était égale à celle de la source.

Pour $Hs - Hm = 0$, on se situe dans une situation d'équilibre.

Cette première constatation nous permet-elle de plus de décrire l'état de la rivière et en particulier son courant ? Sûrement non ! Il nous manque de connaître un élément important qui est la distance l entre la source et la mer.

En effet, chacun sait que lorsque cette distance est grande le courant (la vitesse) du cours d'eau est très faible et l'on pourra s'y prélasser en barque à taquiner le poisson. Si, au contraire, la distance entre la source et la mer (ou entre deux points du cours d'eau) est plus petite, le courant sera plus fort. On dira que la pente de la rivière est plus grande. Si on diminue encore cette distance, on aura affaire à un torrent où l'on pratiquera la nage en eaux vives et, à la limite, lorsque cette distance devient quasiment nulle, on aura une chute d'eau où il ne fera pas bon s'aventurer (fig. 9.9).

Il apparaît ainsi que si la différence d'altitude $\Delta H = Hs - Hm$ est un bien, le paramètre fondamental qui détermine le sens de l'écoulement, celui qui permet de décrire la vitesse avec laquelle il se réalise, est la pente, c'est-à-dire le rapport $\frac{\Delta H}{l}$.

Lorsque l'on considère deux points très rapprochés sur le cours d'eau, on pourra donner à la pente le nom de **gradient** d'altitude.

Il ne faudra donc pas confondre les notions de :

– *différence,* qui permet simplement de déterminer le sens de l'évolution ;

– *gradient,* qui permet de juger de la vitesse avec laquelle elle se déroule.

On peut tout à fait utiliser cette analogie pour traiter le transfert d'un gaz.

La différence ΔT donne le sens dans lequel le transfert de gaz se déroule ; le gradient de tension permet d'en préciser la vitesse.

Il nous faut donc préciser cette dernière notion pour résoudre le problème qui nous préoccupe. Pour cela, il est indispensable de schématiser un transfert de gaz au niveau de la paroi pulmonaire. Supposons que le sang et l'air sont séparés par une paroi alvéolaire d'épaisseur l (fig. 9.10). Nous allons choisir de décrire une phase où le sang solubilise de l'azote.

La pression partielle du gaz dans l'alvéole est PN_2 que nous allons considérer constante (c'est la source d'azote).

À l'instant initial t = 0, la tension d'azote dans le sang est $T°N_2$ telle que $T°N_2 < PN_2$. Le sang va se charger en azote, ce qui a pour conséquence que la tension d'azote va augmenter.

À un instant quelconque, t, la tension d'azote

9.9

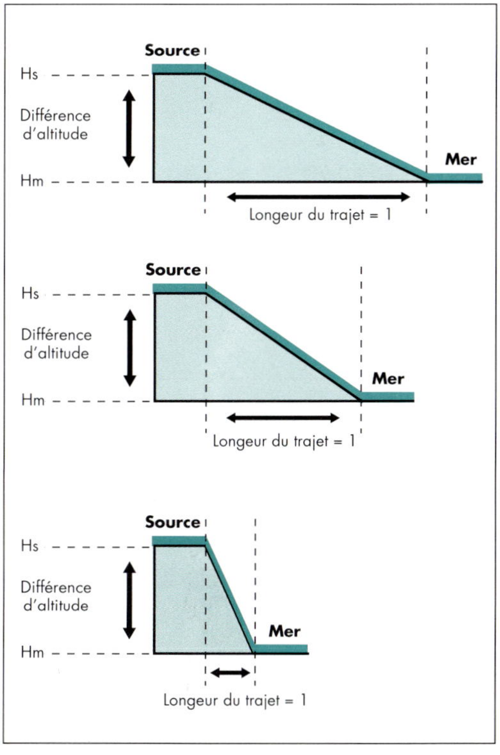

dans le sang est TN_2. Après un temps très long, une fois l'équilibre atteint, elle sera égale à la pression partielle de l'azote dans les poumons. Le gradient de tension à travers la paroi membranaire est $\frac{PN_2 - TN_2}{l}$.

C'est cette grandeur qui va déterminer la vitesse d'entrée ou de sortie du gaz.

Comme pour la rivière, nous allons écrire que la vitesse d'écoulement de l'azote entre le poumon et le sang est directement proportionnelle au gradient :

$$v = k\,\frac{PN_2 - TN_2}{l} = k\,\frac{\Delta T}{l}$$

9.10

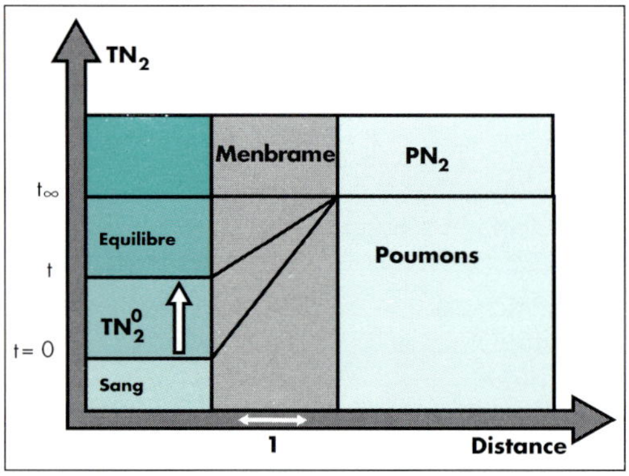

9.11

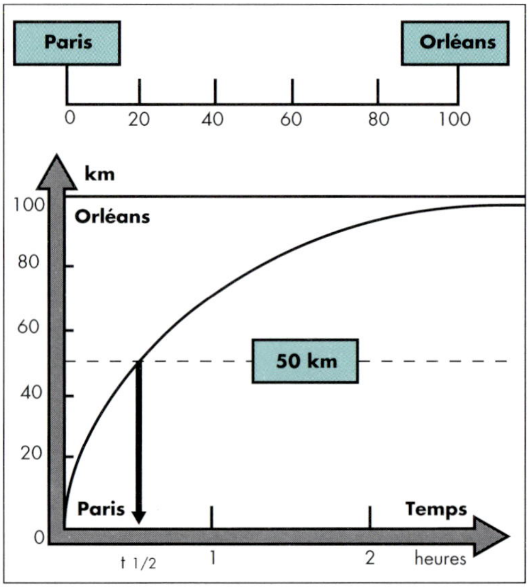

La constante de proportionnalité k regroupe un certain nombre de paramètres géométriques (l'aire de la paroi, le volume du sang considéré...) ainsi que physico-chimiques (la solubilité du gaz dans la membrane, le coefficient de diffusion de l'azote...) du système. Sa valeur fixera la plus ou moins grande célérité à laquelle se déroulera l'échange.

On voit ainsi que :

– la vitesse de solubilisation est d'autant plus élevée que le gradient de tension est grand ;

– pour une différence ΔT donnée, la vitesse de diffusion est d'autant plus grande que la paroi alvéolaire est fine ;

– pour une épaisseur de membrane donnée, la vitesse dépend directement de la différence ΔT. Plus celle-ci est grande, plus la vitesse d'échange est élevée. Ainsi lorsqu'on met en contact le gaz avec le liquide ($T^{\circ}N_2$), le gradient de tension est maximal. Il en est de même de la vitesse.

Au fur et à mesure que le liquide s'enrichit en gaz, la tension de l'azote dans le liquide augmente et l'intensité du gradient diminue. La vitesse d'échange diminue également. Près de l'équilibre, la vitesse d'échange devient pratiquement nulle de même que le gradient. On a donc affaire à un phénomène d'échange dont la vitesse diminue au fur et à mesure que l'on s'approche de l'équilibre.

Là encore, pour percevoir la signification de cette propriété, on peut procéder par analogie. Nous allons considérer Paris et Orléans qui sont deux villes distantes de 100 km.

Supposons un automobiliste, original, qui décide d'aller de Paris à Orléans en assujetissant sa vitesse sur la distance lui restant à parcourir (fig. 9.11). Ainsi, au départ, il a 100 km à parcourir et il décide, fidèle à sa logique, de partir à 100 km/h. À 90 km d'Orléans sa vitesse sera donc de 90 km/h, puis à 50 km d'Orléans, il se déplacera à 50 km/h et ainsi de suite.

Voilà un processus qui illustre le phénomène de dissolution du gaz à travers la paroi alvéolaire. La vitesse de l'automobiliste décroît au fur et à mesure qu'il se rapproche de son objectif. Sa vitesse maximale était celle qu'il possédait à Paris à l'instant initial.

Si l'on poursuit l'expérience précédente on

s'aperçoit que à 10 km d'Orléans sa vitesse ne sera plus que de 10 km/h, à 1 km, de 1 km/h... et à 1 mètre, de 1 mètre/heure... L'automobiliste n'arrivera jamais à Orléans pendant la brève durée de sa vie. Il en est ainsi de la dissolution des gaz.

À partir de la relation liant la vitesse au gradient, on peut établir l'équation de variation de la tension d'azote en fonction du temps dans le liquide. Nous la donnerons simplement à titre d'information :

$$TN_2 = PN_2 - (PN_2 - T°N_2)\, e^{-kt}$$

Une fois la valeur de k déterminée, on pourra calculer les valeurs de TN_2 pour différents temps. Les valeurs de TN_2 sont illustrées sur la figure ci-dessous (fig. 9.12) en fonction du temps.

Il est important de pouvoir donner une idée de la variation de la tension d'azote en fonction du temps à partir d'un paramètre simple et facilement accessible.

Pour cette raison, on caractérise l'équation de variation précédente par le temps nécessaire pour parvenir à la moitié de la variation de la tension entre les instants initial et final.

Ainsi, dans le cas présent, on cherche le temps nécessaire pour passer de la tension initiale $T°N_2$ à la tension

$$TN_2 = T°N_2 + \frac{PN_2 - T°N_2}{2} = \frac{PN_2 + T°N_2}{2}$$

On conviendra de donner à ce temps le nom de période et nous le noterons t1/2. La période est liée à la constante k par la relation :

$$t1/2 = \frac{Ln\ 2}{k}$$

À partir de ces relations, on peut donc calculer, si l'on dispose de la valeur du t1/2, la tension d'azote en fonction du temps, dans un liquide mis en contact avec un gaz.

Ces lois cinétiques sont également valables pour les vitesses d'échanges d'un tissu à l'autre, et, à ce titre, il est également possible de calculer la tension d'azote d'un tissu en fonction du temps. On dispose donc d'un excellent moyen de décrire l'état de solubilisation de l'azote dans un liquide en contact avec un gaz, mais aussi dans différents liquides en contact. C'est sur la base de cette équation que sont établis la plupart des modèles de tables.

Pour rendre compte du comportement du plongeur fictif, on considère qu'il est constitué d'un certain nombre de liquides, souvent dénommés compartiments, répondant tous aux équations précédentes et possédant des périodes différentes. Le théoricien des tables pourra, selon son humeur, les nécessités, ses moyens de calculs, lui attribuer autant de compartiments qu'il le désire. Le nombre de ceux-ci varie dans les tables actuelles d'une dizaine à une vingtaine. Un modèle utilisé pour la recherche par PADI (Professional Association of Diving Instructors) en utilise plus de mille. En fait, le nombre de tissus adoptés pour une table n'est pas forcément un gage de qualité. Ce qui est important, c'est la connaissance précise du comportement de la population.

À l'issue de cette courte étude, on voit que l'on dispose des moyens mathématiques pour concevoir un modèle pouvant rendre compte de la solubilisation de l'azote dans le plongeur fictif. Le problème qui se pose maintenant concerne l'opération inverse qui consiste pour le gaz à repasser de la forme dissoute à la forme gazeuse lorsque la pression ambiante diminue lors de la remontée.

La vitesse de désolubilisation

Nous allons maintenant supposer que le plongeur remonte. La pression ambiante ainsi que la pression partielle d'azote diminuent simultanément. On se trouve en fait placé face à deux

9.12

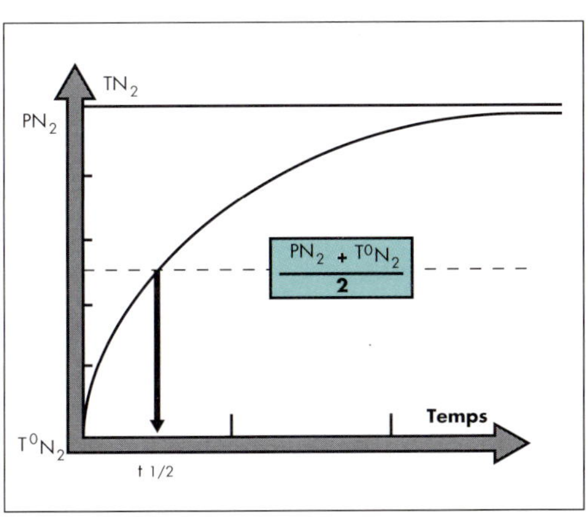

phénomènes dont les conséquences ne sont pas identiques, et il est important de les traiter indépendamment.

BAISSE DE LA PRESSION PARTIELLE D'AZOTE DANS LES POUMONS À PRESSION CONSTANTE

Nous avons vu précédemment que l'on pouvait faire baisser la pression partielle de l'azote dans les poumons à pression totale maintenue constante, en diminuant la quantité relative d'azote dans le mélange respiré. C'est exactement ce qui se passe lorsque l'on respire de l'oxygène en surface ou au palier.
Cette opération est-elle susceptible de libérer l'azote dans les tissus ?

Si l'on reprend l'exemple précédent et que l'on impose au système une diminution de la pression partielle de l'azote dans le compartiment des poumons, à pression constante, on crée un *déséquilibre chimique,* en inversant le signe des gradients, donc celui du transfert de gaz.

9.13

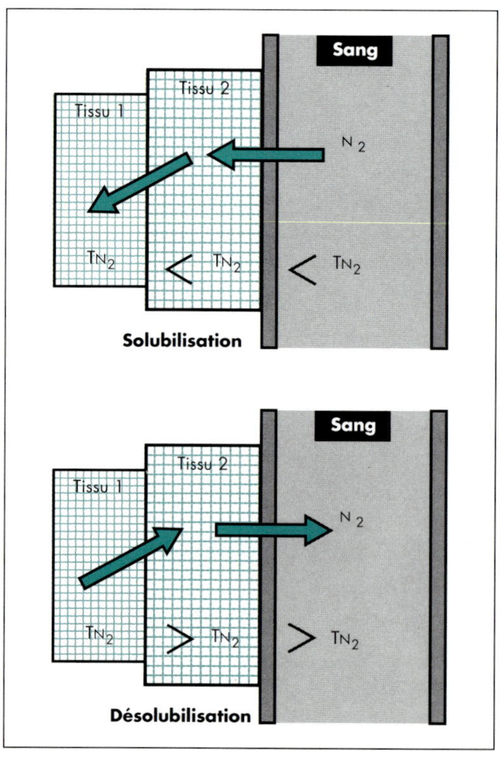

Des molécules d'azote dissous repassent au niveau de la paroi pulmonaire du sang au gaz pulmonaire, et des différents tissus vers le sang (fig. 9.13).
Le fait d'avoir abaissé la pression partielle d'azote a eu pour conséquence de diminuer la quantité d'azote totale disponible et a donc induit un mouvement des gaz de manière à compenser le déficit d'azote au niveau des poumons. Dans le cas présent le système gère un déficit.
Le système évolue donc par diffusion et il n'y a aucune raison pour que le gaz dissous reprenne sa forme gazeuse à un autre endroit qu'au niveau de la paroi pulmonaire, qui est le siège de l'équilibre gaz-gaz dissous.
Lorsqu'il en est ainsi, on peut tout à fait supposer que le phénomène de diffusion lors de la désolubilisation puisse se décrire au moyen des mêmes équations mathématiques que celles utilisées pour la solubilisation. On considérera dans ce cas que le phénomène de désolubilisation est symétrique de celui de solubilisation. Dans un grand nombre de modèles de tables, et en particulier pour les tables de la Marine nationale, c'est ainsi que l'on procède.

BAISSE DE LA PRESSION TOTALE

En fait, le cas précédent n'est pas exactement celui qui nous préoccupe. En effet, lors de la remontée du plongeur, la baisse de la pression partielle de l'azote résulte d'une baisse de la pression absolue et non pas d'une diminution du pourcentage d'azote dans le gaz respiré.
Il s'ajoute donc au problème du déséquilibre chimique, celui d'un *déséquilibre physique.* La loi de Henry montre que lorsque la pression totale diminue, le gaz dissous dans un liquide tend à repasser sous sa forme gazeuse. Contrairement au cas précédent, le système doit gérer cette fois-ci un excès de gaz. Il peut le faire de deux manières limites différentes :
– éliminer le gaz en excès par diffusion, le gaz solubilisé dans les tissus repassant à l'état gazeux au niveau des poumons. C'est l'idéal, que l'on espère ;
– libérer le gaz en excès pour reprendre, *in situ*, son état d'équilibre. C'est l'apparition de la bulle dans le tissu. C'est ce que l'on redoute.

Il peut également évoluer de manière mixte. Le liquide a en effet la possibilité d'adopter une situation d'équilibre instable pour lequel il est sursaturé en présence de microbulles. C'est ce que l'on cherche à gérer.
La sursaturation du liquide s'éliminera par diffusion au niveau pulmonaire et, tant que la taille des microbulles est suffisamment petite, celles-ci n'entraveront pas le circuit sanguin.

➤ La marge de manœuvre est étroite

En effet, pour qu'une décompression puisse être efficace, il faut que la vitesse de transfert du gaz à travers la paroi alvéolaire soit relativement importante, ce qui implique que l'on ait affaire à des gradients de tension élevée. Ceci ne peut être obtenu qu'en remontant suffisamment pour diminuer la valeur de la pression partielle de l'azote dans les poumons, donc la pression totale. Or cette opération est risquée, car on se place obligatoirement dans une situation où le gaz dissous passe sous sa forme gazeuse. Il faut donc veiller à ne pas transformer les micro-agrégats gazeux qui apparaissent inévitablement en véritables bulles. C'est là que réside la difficulté.
Si l'on veut obtenir une décompression sûre, il faut remonter infiniment lentement, ce qui n'est pas matériellement envisageable. Pour pouvoir dégazer, il faut se décaler nettement de l'équilibre, ce qui implique l'apparition obligée de bulles au sein du liquide. Plus on s'écarte de l'équilibre, plus les vitesses de transfert de gaz sont rapides, mais plus on risque un dégazage anarchique.
À l'évidence, la remontée d'une plongée est une opération risquée. Le rôle des procédures de remontée est donc de contrôler et gérer le dégazage des tissus du plongeur pendant la remontée.
Pour rendre compte des contraintes que nous venons d'évoquer, on associera à chaque liquide choisi pour décrire la solubilisation de l'azote dans le plongeur fictif une tension limite qu'il ne faudra jamais dépasser pendant la remontée sous peine de dégazage incontrôlable.
Ces tensions limites sont présentées sous la forme de coefficients qui diffèrent selon les tables. Pour la Marine nationale en France, cette valeur limite s'exprime sous la forme d'un coefficient de sursaturation critique, Sc, indépendant de la profondeur. Pour un grand nombre d'autres procédures, il apparaît sous la forme d'une différence critique dont la valeur varie avec la profondeur.
Bien entendu, le choix de prendre une désolubilisation symétrique de la dissolution est uniquement un choix mathématique qui ne décrit pas, là encore, forcément la réalité du phénomène de désolubilisation. Il est en effet évident que la présence de bulles dans un liquide perturbe fortement le système de diffusion et il n'y a alors aucune raison physiologique pour décréter que la désolubilisation implique la même loi et les mêmes paramètres que la solubilisation. Un certain nombre de modèles utilisent ainsi des lois dissymétriques.

➤ L'accident de décompression et ses conséquences

Imaginons qu'une bulle apparaisse et se mette à grossir au sein d'un liquide (fig. 9.14). Cette évolution correspond à un retour à l'équilibre du liquide. Le liquide se désature de manière à respecter la loi de Henry, la pression partielle d'azote de la bulle s'ajustant grossièrement à celle de la pression ambiante.
Ceci a comme conséquences :
– que les autres tissus périphériques, encore en sursaturation, vont avoir tendance à alimenter ce tissu en azote et à faire grossir encore plus la bulle ;
– que le tissu étant en équilibre, il n'a plus aucune raison de se désaturer par diffusion, ce qui implique que la bulle n'a aucune possibilité de diminuer spontanément de volume une fois qu'elle est apparue.
Pour faire évoluer ce système, il est indispensable :
– de diminuer la pression partielle de l'azote dans le gaz respiré afin de se placer à nouveau dans une situation de déséquilibre,
– et d'augmenter la pression totale de manière à solubiliser tant que faire se peut l'azote au niveau de la bulle (loi de Henry).
Ceci est l'une des raisons essentielles qui fait recommander, lors d'un accident de décompression, de donner à respirer immédiatement

de l'oxygène au plongeur et de le recomprimer le plus rapidement possible. Un plongeur qui a un accident de décompression est un plongeur dont un certain nombre de tissus sont revenus à l'équilibre.

Ceci explique également le fait que, dès qu'un accident de décompression se déclare, les procédures de remontée décrites dans les tables n'ont plus aucune signification, car le comportement d'un plongeur accidenté devient particulier et ne prend plus place dans le comportement général de la population de plongeurs concernée.

Cette remarque est essentielle car les conséquences d'un dégazage peuvent ne pas apparaître clairement à l'issue d'une plongée et être vécues avec retard lors d'une plongée ultérieure, la seconde plongée de la journée, par exemple.

9.14

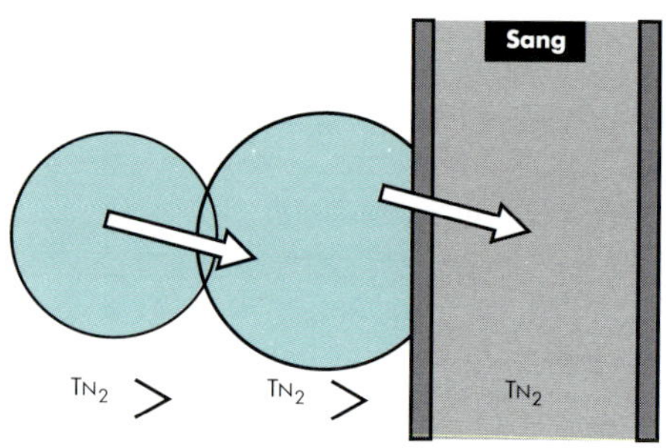

Diffusion de l'azote des tissus vers le sang : pas de bulles

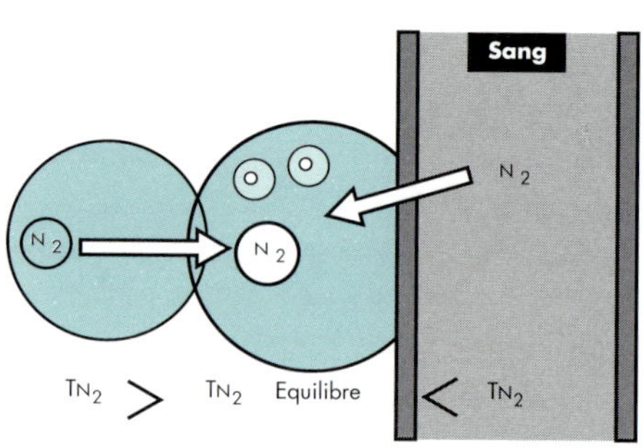

Apparition de bulles dans un tissu : équilibre

Les paramètres de la table

Dans la majorité des tables, on tentera donc de décrire le comportement de la population choisie par un modèle mathématique basé sur :

– l'adoption d'une vitesse de remontée, paramètre intervenant au niveau de la définition du comportement de la population ;

– l'adoption d'un certain nombre de liquides obéissant à la loi de Henry et dont la solubilisation des gaz suit une loi exponentielle telle que nous l'avons décrite ;

– l'adoption d'une loi de désolubilisation qui peut être symétrique de la précédente ;

– des valeurs limites de tensions à ne pas dépasser pour les différents liquides, sous peine de dégazage. Ce sont ces valeurs limites qui sont à l'origine des paliers.

L'ensemble de ces paramètres et la manière dont ils sont liés vont permettre de définir l'algorithme de calcul de la table. L'algorithme est bon s'il permet, en premier lieu, de retrouver le comportement de la population choisie pour les expériences qui ont été réalisées et, en second lieu, s'il prévoit convenablement son comportement pour des temps et des profondeurs qui n'ont pas été testés. C'est seulement lors de l'utilisation des tables que l'on pourra juger de leur validité.

En conclusion sur la manière dont sont conçues les tables, il faut surtout rappeler que celles-ci traduisent sous une forme mathématique le comportement général d'une population donnée. Le modèle, même s'il est intéressant de savoir sur quels principes il a été établi, n'a pas d'intérêt en soi, ni pour le pratiquant ni même pour le moniteur. L'importance excessive accordée en France à l'établissement des tables dans l'enseignement et lors des examens de plongée est un réel problème. Ceci peut laisser croire à chacun qu'il est capable de calculer ses propres procédures, ce qui est une grave erreur.

Une table de plongée est avant tout expérimentale. Il est vrai qu'à partir de n'importe quel modèle, quiconque peut calculer des tables de remontée, mais à qui s'appliqueront-elles ? Quelle sera la population dont le comportement aura le bon vouloir de se plier aux

conceptions mathématiques de l'auteur des tables ?
Dans cette affaire, il ne faut pas se tromper d'objectif : ce sont les mathématiques qui sont au service de l'expérimentation et non pas l'inverse. Un conseil donc à tous les plongeurs, une fois que vous avez fixé votre choix pour une table, respectez-la à la lettre sans y apporter la moindre modification.
Nous allons maintenant nous intéresser aux procédures de remontée les plus couramment utilisées.

DE QUELLES TABLES DISPOSE-T-ON AUJOURD'HUI ?

En France, la plongée sous-marine de loisir n'est actuellement pas réglementée sur ce point, contrairement à la plongée militaire (tables Marine nationale 1990) et à la plongée professionnelle (tables du ministère du Travail), si bien que tout plongeur peut adopter la table qui lui convient le mieux, ce qui n'est pas un mince problème pour le moniteur de plongée.
Il n'est pas rare dans les structures commerciales qui accueillent des pratiquants d'origines diverses de réunir au sein d'une même palanquée des plongeurs disposant de quatre ou cinq protocoles différents pour remonter. Les paliers et les vitesses de remontée n'étant pas identiques, le guide de palanquée doit disposer de l'ensemble des tables actuellement présentes sur le marché et, par une synthèse plus ou moins judicieuse, tenter de donner une certaine logique à sa procédure de décompression.
Cette diversité de choix, qui respecte la liberté de chacun de prendre les risques qu'il veut, ne se justifie pas toujours car, actuellement, bien que calculées par des algorithmes différents, pratiquement toutes les tables parviennent à des propositions proches pour des populations identiques. C'est essentiellement sur des points de procédures qu'elles divergent. Cette conclusion ne peut étonner, car tous les chercheurs disposent des mêmes bases de données et il est donc logique que les tables qu'ils proposent pour une même population soient semblables à quelques détails près.
Nous allons examiner les caractéristiques des principales tables afin de guider le choix des utilisateurs.
Tout d'abord, à titre de comparaison, nous allons présenter l'ancêtre des tables de plongée qui est dû à J.-S. Haldanne. Après les travaux de P. Bert, Heller, Mager, Schrotter, on disposait au début du siècle de procédures relativement sûres pour remonter les scaphandriers. Cependant, leur inconvénient majeur résidait

évidemment dans les temps très longs de remontée, incompatibles avec une intervention efficace des plongeurs, ce qui était particulièrement problématique pour les applications militaires de cette technique.

La Royal Navy commanda donc à Haldanne une étude sur la décompression des plongeurs, avec comme objectif d'établir des règles de décompression facilement utilisables par tous, assurant une bonne sécurité au plongeur et, surtout, conduisant à des temps raisonnables de remontée. C'est ainsi qu'en 1908, Haldanne et ses collaborateurs, Boycott et Damant, publièrent une étude sur la « Prévention de la maladie de décompression ».

Ils proposent des tables qui s'adressent à des sujets respirant de l'air comprimé pour des profondeurs d'intervention n'excédant pas 61 mètres. Elles font intervenir le modèle de diffusion que nous avons présenté précédemment et dont la validité a été testée sur des animaux (rats, souris, lapins, et 85 chèvres de 10 à 30 kg des deux sexes). Les périodes choisies après les essais sur les chèvres, transposées à l'homme, furent : 5, 10, 20, 40 et 75 minutes. On retrouvera par la suite ces périodes dans pratiquement toutes les tables.

L'apport principal de J.-S. Haldanne reste cependant la notion de palier de décompression. En effet, dans les études antérieures, la remontée devait s'effectuer à vitesse lente et constante. Dans une telle situation, les tissus qui n'étaient pas encore saturés continuaient de se charger en azote sans provoquer toutefois de dégazage anarchique.

Pour éviter ce problème et hâter la décompression, J.-S. Haldanne préconise de remonter systématiquement à la profondeur correspondant à la pression moitié de la pression maximale atteinte, de manière à créer un gradient de tension important favorisant l'élimination de l'azote sans toutefois provoquer l'apparition de bulles. Ceci fixait la profondeur du premier palier. En ce qui concerne la suite de la décompression, elle est conduite de façon à ce que la saturation en azote de quelque partie du corps que ce soit reste inférieure ou égale à deux fois la pression ambiante. Une établie, la table fut testée sur A.Y. Catto et le lieutenant Damant en situation de travail sous-marin. Il est intéressant à titre de comparaison d'examiner cette première table, qui pourra paraître à certains relativement sévère comparée à celles que nous utilisons actuellement (tableau 9.1).

Ces procédures ont été à la base de nombreux travaux qui ont concerné en particulier la plongée militaire et professionnelle et, occasionnellement, la plongée de loisir ces dernières années.

Il serait tout à fait intéressant de retracer l'évolution des tables de plongée depuis cette époque, car elle correspond à l'évolution des idées et des connaissances scientifiques sur l'accident de décompression; toutefois, nous nous contenterons d'exposer quelques tables actuelles, non dans leur détail (que l'on trouvera dans des ouvrages spécialisés), mais dans leurs différentes conceptions et implications.

Nous traiterons quatre exemples de tables qui illustrent ce qui vient d'être dit et, tout d'abord, deux tables qui concernent des populations très précises, les tables de la Marine nationale (MN 90) et celles du ministère du Travail.

Les tables de la Marine nationale 1990

Elles font suite à celle publiée en 1965 par le GERS, dont l'origine était tout à fait curieuse car elle se composait de deux tables juxtaposées.

Les procédures de remontée pour les profondeurs comprises entre 15 et 38 mètres, introduites en France vers 1960, étaient directement inspirées des travaux de l'US Navy limités à un modèle à trois tissus de périodes respectives : 40, 75 et 120 minutes. La vitesse de remontée était fixée à 20 mètres par minute.

Les procédures proposées pour les profondeurs supérieures, de 40 à 85 mètres, étaient issues d'autres études réalisées par la Marine française sur une population de plongeurs relevant de son autorité. Cela a conduit à un second modèle à quatre périodes : 7, 30, 60 et 120 minutes.

Ces deux tables ont été juxtaposées en 1965. Le malheur est qu'elles ne se raccordaient pas exactement. Ceci explique, pour la zone des 40 mètres, la discontinuité que l'on observe sur

Tableau 9.1. *Table de J.-S. Haldanne (1908).*

Profondeur en mètres	Temps en minutes	Paliers en mètres						Durée de remontée
		18	15	12	9	6	3	
11	illimité							1
11 à 12,5	après 180						5	6
12,5 à 15	60 à 180						5	6,5
	> 180						10	11,5
15 à 16	30 à 90						5	7
	90 à 180						10	12
	> 180						20	22
16 à 18	20 à 45					–	5	7
	45 à 90					–	10	12
	90 à 180					5	15	22
	> 180					10	20	32
18 à 20	15 à 30					–	5	7
	30 à 60					3	10	15
	90 à 120					5	15	22
	120 à 180					10	20	32
20 à 21,5	0 à 15					–	2	4
	15 à 30					3	5	10
	30 à 60					5	12	19
	60 à 120					10	20	32
21,5 à 23,5	0 à 20					–	5	7
	20 à 45					5	10	17
	45 à 90					10	20	32
23,5 à 25	0 à 20					–	5	7
	20 à 45					5	15	22
	45 à 90					10	20	32
25 à 27	0 à 10				–	–	3	5
	10 à 20				–	3	5	10
	20 à 40				–	5	15	17
	40 à 60				3	10	15	30
27 à 29	0 à 10				–	–	3	6
	10 à 20				–	3	5	10
	20 à 35				–	5	15	22
	35 à 55				3	10	15	30
29 à 32	0 à 15				–	3	5	11
	15 à 30				3	7	10	23
	30 à 40				5	10	15	33
32 à 36	0 à 15				2	3	7	15
	15 à 25				5	5	10	23
	25 à 35				5	10	15	33
36 à 40	0 à 15				2	5	7	17
	15 à 30				5	10	15	33
40 à 43	0 à 12			–	3	5	5	16
	12 à 25			2	5	10	12	32
43 à 47	0 à 10			–	3	5	5	16
	10 à 20			2	5	10	12	32
47 à 50	0 à 10		–	2	3	5	5	18
	10 à 16		2	3	5	7	10	30
50 à 54	0 à 9		–	2	3	5	5	18
	9 à 14		2	3	5	7	10	30
54 à 58	0 à 13		2	3	5	7	10	30
58 à 61	0 à 12	2	2	3	5	7	10	32

la courbe de sécurité, c'est-à-dire la courbe qui représente l'enveloppe des couples de valeurs durée-profondeur pour lesquels la plongée peut se dérouler sans effectuer de palier.

Ce n'est pas essentiellement ce point de présentation qui a amené la Marine nationale à modifier ses tables, mais la constatation, à l'analyse des fiches d'accident, de domaines de temps et de profondeurs où l'on montrait que statistiquement il apparaissait un plus grand nombre d'accidents de décompression pour des personnes qui avaient scrupuleusement respecté les procédures. Il en résultait que la table de 1965 devait être modifiée.

En 1990, la Marine nationale adopte une nouvelle table rendant compte du comportement d'une population de plongeurs en activité dans la Marine nationale parfaitement définie : hommes ; poids moyen 74 kg ± 8 kg ; taille moyenne 175,9 cm ± 5,7 cm ; âge moyen 32,3 ans ± 6,1 ans.

Ces tables font intervenir un modèle à douze tissus. Quant à son domaine d'application, voici ce qu'en dit la Marine nationale[4] : « Elle est applicable au personnel militaire de la Marine, dans le cadre de ses missions, à l'exclusion de toute autre utilisation. Ces tables ont été mises au point sur une population particulière d'adultes jeunes de sexe masculin, ayant un certain profil " biométrique " (95 % de la population s'inscrivant dans plus ou moins deux fois l'écart-type donné), et suivant une formation technique et un entraînement spécifiques. Elles pourraient donc ne pas parfaitement convenir hors de ce contexte. À l'évidence, ces tables ne sont pas établies pour le public très large qui pratique la plongée sous-marine de loisir. »

Le modèle utilisé est classique. Il fait intervenir un modèle de diffusion tel que celui exposé ci-dessus, symétrique, comportant douze liquides dont les périodes s'échelonnent entre 5 et 120 minutes. Les coefficients de sursaturation critique sont pris indépendants de la profondeur, ce qui est une caractéristique de l'approche des tables par la Marine nationale. La vitesse de remontée est rapide : 17 m/min. La profondeur maximale permise est de 65 mètres.

Nous avons reporté ci-dessous (tableau 9. 2) la courbe de sécurité jusqu'à 40 mètres.

Malgré les nombreux efforts qui ont été faits pour leur trouver une présentation simple (table circulaire, index pour aider la lecture), l'utilisation de ces tables reste difficile, ce qui favorise les erreurs de lecture, de calculs et d'interprétation lors de leur application. Ces tables sont commercialisées dans de nombreux magasins de plongée.

Les tables du ministère du Travail 1992

Ce sont les plus récentes parues en France. Elles ont été publiées par le ministère du Travail sous la forme d'un arrêté daté du 15 mai 1992, publié au *Journal officiel* le 26 juin 1992.

Ce sont les tables officielles que doivent respecter tous les travailleurs salariés intervenant en atmosphère hyperbare selon le décret n° 90-277 du 28 mars 1990 relatif à leur protection. Elles ont été mises au point par la société de plongée industrielle Comex.

Ces tables concernent donc tous les plongeurs professionnels, dont les moniteurs, les guides de palanquées salariés et, en conséquence, les

Tableau 9.2. *Courbe de sécurité (jusqu'à 40 m) des tables de la Marine nationale 1990.*

Profondeur en mètres	12	15	18	20	22	25	28	30	35	38	40
Durée en minutes	135	75	50	40	35	20	15	10	10	5	5

pratiquants qui plongent avec eux. C'est dire leur importance : elles concernent la majeure partie du monde de la plongée.

Elles font suite et se substituent à des procédures imposées par le ministère du Travail en 1974 aux seuls scaphandriers. À cette époque, cette restriction quant à la destination des tables avait malheureusement permis aux autres professionnels de la plongée, dont les moniteurs, de ne pas se sentir obligés de les respecter. Il en a résulté que, pendant très longtemps, leur diffusion n'a pas franchi les frontières étroites du monde des scaphandriers.

Toutefois, dès cette date, un certain nombre de moniteurs et de plongeurs ont pris conscience des efforts réels pouvant survenir en plongée lorsque les conditions d'encadrement ou simplement celles dues à l'environnement sont mauvaises. Bien souvent, le travail fourni par un plongeur de loisir, dans le froid, en présence de courant, etc., est comparable si ce n'est supérieur à celui d'un ouvrier sous-marin dans le cadre de ses activités.

À partir de 1974, il est donc apparu que la population des plongeurs-loisir pouvait s'identifier dans certaines conditions à celle des travailleurs sous-marins, mais que de toute manière, le fait d'adopter pour la plongée de loisir des tables sévères supposant un travail au fond ne pouvait aller que dans le sens de la sécurité. Ceci a conduit ces plongeurs à utiliser les tables du ministère du Travail à la place des tables GERS 65 de la Marine nationale, plus laxistes et dont on soupçonnait déjà l'optimisme pour certains domaines de durée et de profondeur. De plus, l'emploi de ces tables était d'une simplicité étonnante, ce qui permettait d'éviter les erreurs d'utilisation.

Les tables du ministère du Travail de 1974 ont été testées sur les chantiers sous-marins, chaque plongée faisant l'objet d'un compte rendu. On a donc disposé en quelques années d'une banque de données très importante sur les risques réels encourus par la population des scaphandriers lors de leurs activités sous-marines, pour pratiquement toutes les profondeurs entre 0 et 60 mètres et sur un très large éventail de durées d'intervention. Il est alors apparu, en analysant plus de 65 000 rapports de plongées professionnelles concernant les sociétés Doris et Comex, que certaines zones de durée et de profondeur se révélaient plus dangereuses que d'autres, particulièrement pour des durées d'exposition les plus longues. La Comex, suite aux travaux de J.-P. Imbert, a donc modifié ses propres tables en 1986, sans pour cela introduire de nouveaux modèles mathématiques.

Comme nous l'avons fait remarquer précédemment, cette approche moderne des procédures de remontée tient compte du fait qu'à partir d'une banque de données suffisamment fournie, le comportement de la population choisie peut être parfaitement défini par une simple analyse statistique. Les tables proposées par la Comex illustrent tout à fait l'évolution de l'approche des procédures de remontée.

Dans une première phase, n'ayant qu'une connaissance limitée du comportement de la population choisie (en l'occurrence, les scaphandriers), on sélectionne un échantillon test qui, sur quelques dizaines ou centaines de plongées, permettra de définir les paramètres ajustables d'un modèle mathématique de tables. Ainsi, les tables 1974 étaient élaborées sur un modèle très proche de celui adopté par l'US Navy.

La seconde phase consiste à valider les tables. Les procédures précédentes sont appliquées sur la population choisie, qui d'une certaine manière sert de cobaye. On juge alors de la validité des prévisions sur un grand nombre d'immersions. On recueille des données et on les analyse de manière statistique.

La troisième phase consiste à éventuellement modifier les tables pour tenir compte des zones à risques. Cette dernière opération ne nécessite pas obligatoirement l'introduction d'un nouveau modèle. La table de plongée apparait alors comme un simple recueil de procédures.

Le ministère du Travail prenant en compte cette évolution a donc demandé à la Comex de mettre au point des tables de plongées concernant une population d'intervenants très variée, incluant bien entendu les scaphandriers, mais également tous les corps de métier amenés à pratiquer en partie leur métier en atmosphère comprimée : océanographes, archéologues, bio-

logistes, photographes, cameramen, secouristes, pompiers, aquaculteurs, marins-pêcheurs... et, bien entendu, moniteurs de plongée et guides de palanquée.
Les tables de plongée proposées concernent donc un public très large dont les caractéristiques recouvrent celles des plongeurs-loisir, ce qui était indispensable. À ce titre, on pourra se rendre compte du fait que les procédures proposées sont très proches de celles exposées dans les tables Bühlmann spécifiques de la plongée-loisir.
À l'évidence, on dispose actuellement avec ces tables modernes d'un excellent ensemble de procédures utilisables à la fois par le moniteur, à qui elles sont imposées lorsqu'il est salarié, et par l'ensemble des plongeurs-loisir.
Ces tables sont limitées à 60 mètres. La vitesse de remontée doit être comprise entre 9 et 15 mètres par minute. Ce sont des tables qui autorisent, à titre exceptionnel, une troisième immersion dans des conditions strictes. Elles permettent également d'optimiser les durées des paliers pour les plongées qui se déroulent à plusieurs niveaux. La qualité la plus remarquable de ces tables tient à leur facilité d'emploi, qui n'exige que des calculs élémentaires, éliminant ainsi tout risque d'erreurs et d'interprétation. Les tables standard à l'air peuvent être utilisées en altitude. Ces tables peuvent être obtenues auprès de la Direction des journaux officiels (26, rue Desaix, 75727 Paris Cedex) ou auprès de la Compagnie des instructeurs professionnels de plongée (Syndicat national des moniteurs de plongée : 289, rue des Pyrénées, 75020 Paris, tél. : (1)43.58.09.99).
La courbe de sécurité est reportée ci-dessous (tableau 9.3).

Les procédures suisses : les tables Bühlmann

Ce sont essentiellement des tables établies pour la population très large des plongeurs pratiquant notre activité pour leur plaisir et leur loisir.
En 1976, le professeur Bühlmann, à la suite de nombreux travaux expérimentaux et théoriques, publie en Suisse une table de plongée à l'air (ZH-76) qui permet une pratique de la plongée jusqu'à une altitude de 3 000 mètres.
Depuis cette époque, les conceptions de la plongée ayant évolué, les résultats d'expériences s'étant accumulés, il est apparu que ces tables devaient être modifiées. Il s'en est suivi la publication de nouvelles tables en 1986 (ZH-L12). Ces procédures ont été adoptées officiellement par la Fédération suisse de sports subaquatiques.
Elles sont à la base de la procédure de calcul mise en œuvre dans de nombreux ordinateurs, d'où leur importance croissante dans la pratique de notre activité. L'intérêt de ces tables réside dans le fait qu'elles ont été testées récemment sur une population très large de plongeurs.
La méthode de calcul proposée par le professeur Bühlmann est basée sur un modèle de diffusion tel que celui présenté précédemment, symétrique, dans lequel il introduit un grand nombre de paramètres ajustables afin de rendre compte le mieux que possible du comportement de la population test.
– Les calculs de pression partielle d'azote au niveau des poumons tiennent compte de la présence de la vapeur d'eau rejetée par l'organisme.
– Le modèle fait intervenir 16 liquides dont les périodes s'échelonnent entre 4 et 635 minutes.

Tableau 9.3. *Courbe de sécurité des tables du ministère du Travail 1992.*

Profondeur en mètres	12	15	18	24	27	30	33	36	39
Durée en minutes	165	80	50	25	20	15	12	10	8

– Les coefficients de sursaturation critique varient avec l'état de saturation des tissus.
– La vitesse de remontée est lente : 10 mètres par minute.
– Le manque de précision des paramètres de mesure utilisés en plongée est pris en compte. Toutes les profondeurs ont été majorées de 1 mètre et ensuite de 3 %.

Ce sont des tables qualifiées de sévères, dans le sens où elles imposent des procédures de remontée lentes, comportant des paliers assez longs afin de les rendre très sécurisantes. À titre d'illustration, alors que les tables GERS permettaient en 1986 de plonger 30 minutes à 30 mètres sans effectuer de palier, les tables Bühlmann imposaient un palier de 3 minutes à 6 mètres et de 13 minutes à 3 mètres.

Nous avons reporté ci-dessous (tableau 9.4) la courbe de sécurité.

Il est intéressant de remarquer que malgré toutes ces précautions le risque d'accident n'est pas nul. Le professeur Bühlmann rapporte dans ses comptes rendus expérimentaux que sur 493 plongeurs testés en caisson, il est apparu 14 fois des symptômes d'une décompression insuffisante au niveau de la peau, de la musculature ou des articulations. En revanche, sur 254 plongées réalisées en lacs de montagne jusqu'à 2 500 mètres, aucun symptôme n'est apparu.

La présentation de ces tables sous la forme d'une petite plaquette bleue est tout à fait simple et pratique. Le risque d'erreur de lecture est très faible. Sur une face se trouvent les procédures relatives aux plongées simples et, sur l'autre, les éléments de calcul des majorations à partir de la technique classique des groupes de lettres.

La profondeur maximale reportée est de 57 mètres. Dans une étude sur les plongées successives, le professeur Bühlmann affirme que ses tables peuvent être utilisées pour une troisième plongée dans la journée.

Ces tables sont tout à fait bien adaptées à la plongée-loisir. De nombreux moniteurs de plongée les utilisent. On peut les obtenir, en France, auprès de moniteurs de plongée appartenant à la Compagnie des instructeurs professionnels de plongée (voir adresse p. 362).

Les tables PADI – Recreational Dive Planer (RDP)

Principale association professionnelle de l'enseignement de la plongée, PADI a récemment abandonné les procédures de l'US Navy pour la plongée-loisir, au profit de tables conçues spécifiquement pour sa clientèle.

Le modèle de table est également classique. Il est basé sur un modèle de diffusion symétrique à quatorze liquides dont les périodes s'échelonnent entre 5 et 480 minutes. Le calcul de cette nouvelle table s'est effectué sur la base du modèle de l'US Navy. Les valeurs des paramètres ajustables du modèle comme les périodes et les coefficients M de sursaturation critique ont été ajustés sur le comportement d'une population de plongeurs-loisir à l'issue d'une étude expérimentale portant sur 743 compressions. Pour chaque plongée, les risques d'accident ont été estimés en déterminant l'importance des bulles circulantes dans l'organisme par une technique de Doppler. Ces tables initialement établies pour des plongées en mer ont été adaptées pour être utilisées jusqu'à une altitude de 3 000 mètres.

Tableau 9.4. *Courbe de sécurité des tables Bühlmann (1986).*

Profondeur en mètres	12	15	18	21	24	27	30	33	36	39
Durée en minutes	125	75	51	35	25	20	17	14	12	10

La table RDP est limitée à 39 mètres. La vitesse de remontée est rapide : 18 m/min. Comme pour les tables de l'US Navy, le calcul des majorations pour les plongées successives s'effectue à partir d'une technique de groupe de lettres très simple à utiliser.

Comme les tables Bühlmann, ces tables sont considérées comme sévères et assurent une bonne sécurité au plongeur qui pratique notre activité pour le loisir. Mais, au-delà de cette qualité, c'est l'approche même que PADI fait de la plongée qui assure la véritable protection du plongeur. En effet, contrairement aux autres procédures qui prennent comme objectif de réflexion l'établissement d'une table de décompression ayant un domaine d'application très vaste en temps et en profondeurs et qui proposent des protocoles d'utilisation plus ou moins sophistiqués, PADI a inversé la proposition.

À partir de de son expérience de la plongée, PADI a défini une approche des problèmes de la décompression qui résulte d'une idée directrice extrêmement simple : pour pouvoir développer la plongée sous-marine comme une activité de loisir, il est impératif que celle-ci puisse se pratiquer avec un minimum de risques. Ce préalable a conduit à établir un cahier des charges garantissant une sécurité maximale aux plongeurs, mais également aux encadrants, tout en permettant une activité commerciale. PADI a ensuite commandé une table de décompression respectant ces impératifs aux scientifiques spécialistes en la matière.

On voit ainsi que l'on ne peut dissocier la table RDP en elle-même du protocole d'emploi pour laquelle elle a été conçue.

Pour l'établissement de cette table, les principales exigences ont été les suivantes.

• *La plongée doit impérativement être effectuée sans palier.* Il est évident qu'une plongée imposant le respect d'un palier, aussi court puisse-t-il être, implique une prise de risque. Ce premier point est important, car il simplifie singulièrement le problème de la table de plongée dont l'objectif n'est plus que de définir une courbe de sécurité à ne pas franchir.

• *La vitesse de remontée doit être facile à respecter.* En effet, si un grand nombre de spécialistes conviennent actuellement qu'une remontée de l'ordre de 10 mètres par minute est à préconiser, il est vrai que son strict respect impose que l'on remonte le long d'une ligne de mouillage. PADI a donc choisi de garder la vitesse rapide de 18 mètres par minute utilisée par l'US Navy.

• *La profondeur maximale de la plongée est de 39 mètres.* Là encore, cette mesure limite les risques d'accidents.

• *Les tables doivent permettre d'effectuer des plongées successives* et en particulier plus de deux par jours, ce qui correspond à un objectif commercial évident pour le moniteur.

À partir de ces contraintes, la table RDP a été réalisée et un protocole très strict d'utilisation imposé aux enseignants et aux pratiquants.

La courbe de sécurité est reportée ci-dessous (tableau 9.5). Pour ce qui est des procédures de décompression, il faut reconnaître que PADI a eu le courage de ses ambitions et a réussi à imposer des conditions de plongée très sécurisantes à ses plongeurs et enseignants. Le développement en France d'une plongée de loisir, dans un cadre commercial ou dans un cadre associatif, ne pourra s'effectuer que selon une approche simi-

Tableau 9.5. *Courbe de sécurité des tables PADI.*

Profondeur en mètres	10,5	12	15	18	21	24	27	30	33	36	39
Durée en minutes	190	130	80	55	40	30	25	20	15	12	10

laire. Par rapport aux pratiques actuelles, il nous faudra envisager sérieusement de réduire les durées et les profondeurs d'évolution.
Cette table RDP se présente sous plusieurs formes.
– Une plaquette immergeable permet, sur une face, de déterminer les procédures pour les plongées simples et, sur l'autre, les caractéristiques des plongées successives.
– Un montage très judicieux sous la forme de plaquettes circulaires permet de déterminer les procédures de la plongée et peut conduire à gérer une plongée se déroulant à plusieurs niveaux. Cette dernière possibilité permet de rallonger singulièrement les durées de plongée lorsqu'une incursion de courte durée a été réalisée à grande profondeur (en ne dépassant toutefois pas 40 mètres).
Pour les personnes désirant plonger avec ces tables, il est indispensable d'apprendre leur utilisation auprès d'un moniteur enseignant le système PADI. On pourra obtenir des renseignements utiles auprès de la Compagnie des instructeurs professionnels de plongée (voir adresse p. 362).

Les ordinateurs de plongée

Les ordinateurs de plongée sont apparus il y a quelques années dans un climat de méfiance évidente en France. Leur développement actuel les font considérer par un grand nombre de moniteurs et de pratiquants comme un élément essentiel de leur sécurité. Ils remplaceront dans quelques années nos bonnes vieilles tables. Leur utilisation demande cependant un certain nombre de précautions et exige de la part de leurs utilisateurs d'en connaître très exactement les limites.
Qu'est-ce qu'un ordinateur? C'est un appareil qui va effectuer très rapidement un certain nombre de calculs, d'opérations, selon un programme de calcul qui lui a été imposé. Ce n'est pas un appareil intelligent, mais un collaborateur-calculateur performant et de moins en moins encombrant.
Qu'est-ce qu'un ordinateur de plongée? C'est un ordinateur qui va effectuer un certain nombre de calculs à partir de couples de données durée-profondeur selon un algorithme ayant servi à établir la table de plongée. En aucun cas, il ne sera un élément de mesure de l'état réel de saturation du plongeur. On peut, en ce point, faire deux remarques. Si la table utilisée n'est pas convenable, l'ordinateur ne donnera pas de bonnes indications. Ce n'est pas parce que l'on dispose d'un puissant moyen de calcul que ses indications sont fiables.
L'ordinateur ne donne d'indications valables que dans les limites imposées par la table. Ainsi la majorité des tables sont calculées pour deux plongées par jour. Le fait que l'ordinateur continue de calculer fidèlement des procédures de remontée pour toute nouvelle plongée n'est pas significatif. Ses indications ne sont plus utilisables après la seconde plongée (à la limite trois avec les tables Bühlmann, avec un risque important!). De même, la plupart des tables sont calculées pour que la profondeur maximale soit atteinte en début de plongée. Elles ne sont généralement pas conçues pour des plongées de type yoyo où le plongeur effectue des remontées et des descentes incessantes.

QUE PENSER ACTUELLEMENT DES ORDINATEURS?

➤ Sur le plan technique

Les imperfections que l'on avait pu relever ces dernières années disparaissent plus ou moins rapidement selon le fabricant : initialisation de l'appareil qui ne se fait pas à la mise à l'eau, manque de précision de l'affichage de la durée (souvent à la minute près), indications parfois illisibles notamment lorsqu'il fait sombre et, surtout, modes d'emplois elliptiques, très incomplets et ne mettant pas en garde l'utilisateur sur les limites de l'appareil.
Les derniers appareils mis sur le marché sont particulièrement fiables, mais n'empêchent nullement un certain nombre de moniteurs d'emporter une montre et un profondimètre à aiguille traînante… on ne sait jamais.

➤ Sur le plan théorique

En fait, le problème crucial concerne la manière dont sont utilisées les informations dans la plupart des ordinateurs.

Les couples de valeurs durée-profondeur sont prélevés en permanence pendant la plongée et injectés en l'instant dans le calculateur. Cela signifie qu'à chaque moment l'ordinateur traite le couple de données qui lui est envoyé par sa jauge de pression et son horloge interne au moyen de l'algorithme initialement établi et validé pour des plongées de type rectangulaire (c'est-à-dire qui considèrent que la profondeur de la plongée à prendre en compte est la profondeur maximale atteinte pendant l'immersion). Le calculateur prend en compte le profil exact de la plongée.

Ceci a pour conséquence que, le plus souvent, les procédures de remontée sont très raccourcies comparées à celles que l'on pourrait établir en utilisant directement la table (fig. 9.15).

Or, nous l'avons vu tout au long de cette analyse, l'établissement de procédures de remontée n'a rien d'une science exacte, et le fait de repousser dans ses limites l'application d'un modèle théorique conduit à une prise de risque plus importante. Il est indéniable que préférer les indications de l'ordinateur à celles de la table sur laquelle est basé l'algorithme de calcul revient à accepter un risque d'accident supérieur.

L'UTILISATION DES ORDINATEURS PRÉSENTE-T-ELLE UN DANGER ?

C'est une question à laquelle il est difficile de répondre. C'est comme demander si utiliser une fourchette est dangereux. C'est selon, si on sait l'utiliser non ; si on l'utilise n'importe comment... cela se peut bien, on peut à la limite s'éborgner ! L'utilisation d'un ordinateur demande simplement que l'on ait conscience du risque que l'on veut bien accepter en allant plonger, des limites de l'ordinateur, de sa forme physique au moment où l'on plonge et bien entendu des conditions de la plongée.

En ce qui concerne les plongeurs qui pratiquent leur activité dans d'excellentes conditions, sans fatigue excessive, qui sont en bonne santé et dont on peut dire qu'ils appartiennent à la population test qui a servi à établir la table, à l'évidence l'ordinateur apparaît comme une excellente solution pour fixer les paramètres de leur remontée. Cela implique également qu'ils sachent ne pas utiliser l'ordinateur lorsqu'ils ne sont pas en forme, ou s'ils sont fatigués, si les conditions de plongée sont difficiles (froid, mer mauvaise, courants...), et les remplacer par les tables.

Pour le moniteur, l'ordinateur est un aide précieux : il lui fournit des données de référence auxquelles il pourra faire appel en cas de besoin.

À l'évidence, l'ordinateur est devenu un élément essentiel de la panoplie du plongeur. Son emploi reste cependant délicat et demande de la part de son utilisateur d'être parfaitement informé des limites de son appareil. Alors encore une fois attention aux ordinateurs, en aucun cas ils ne calculent la saturation d'un individu en azote, mais celle d'un plongeur fictif qui appartient à une population donnée plongeant dans des conditions précises.

9.15

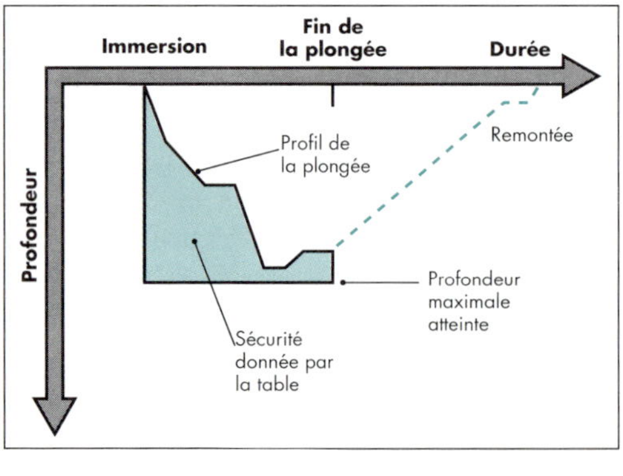

CONCLUSION

Comme nous venons de le voir, les procédures de décompression qui sont proposées au travers des tables ne relèvent pas des sciences exactes ; on ne peut donc leur demander d'être absolument fiables et de garantir parfaitement la sécurité du pratiquant.

Cela étant dit, un certain nombre de réflexions devraient venir à l'esprit de tout plongeur lorsqu'il prévoit sa plongée car, ne l'oublions pas, une plongée se prévoit et ne se réalise pas au petit bonheur, selon la profondeur trouvée, les courants découverts et l'humeur versatile du guide de palanquée ou de la palanquée elle-même.

• *Le premier point* sur lequel il faut revenir est que chaque table est conçue pour une population donnée et que l'on a plus de chances de s'en sortir avec une table qui correspond à celle à laquelle on appartient. Utiliser les tables MN 90 de la Marine nationale lorsque l'on a 45 ans, que l'on est aussi large que haut, que l'on est sédentaire et que la seule activité sportive que l'on accepte pendant l'année est le maniement du couteau et de la fourchette, n'est pas forcément une bonne option !

Le choix d'une table n'est pas toujours facile car dans une palanquée seul le guide fixe les procédures de remontée selon les tables qu'il utilise. Il est important que le pratiquant en discute avec lui. Les moniteurs salariés sont obligés d'utiliser les tables imposées par le ministère du Travail, ce qui implique que leurs plongeurs sont également amenés à les respecter. En l'occurrence, il ne s'agit pas d'un réel problème, car comme nous l'avons vu, la population prise en compte par ces tables est très large et s'applique avec autant de bonheur aux professionnels de la plongée qu'aux plongeurs de loisir.

Il semble que le meilleur choix actuel pour la plongée-loisir soit l'utilisation des tables du ministère du Travail ou celle des tables Bühlmann. Le respect des procédures PADI (plongées sans palier, limitation à 40 mètres), avec la table PADI ou l'une des deux précédentes, permet sans aucun doute d'accroître encore la sécurité du pratiquant, et l'on ne peut que les conseiller.

• *Le deuxième point* découle directement du premier. Ce n'est pas parce qu'un plongeur se définit dans une population donnée qu'il y appartient forcément. Les cobayes qui ont servi aux tests étaient généralement des êtres en état normal : ni plus, ni moins en forme que d'habitude. On n'a pas fait de test sur des plongeurs épuisés par une nuit de car, de train, ou autre, qui se jettent frénétiquement à 40 mètres, encore sujets aux brumes d'une fatigue ou d'une libation trop proches… Il faut avoir bien conscience que la méforme (physique ou morale d'ailleurs) est un facteur de risque d'accident de décompression. Ne plongez pas lorsque vous êtes fatigué, ou lorsque l'envie n'y est pas vraiment. La plongée n'est pas un sacerdoce. On peut parfois lui préférer une petite sieste, cette activité bien menée pouvant également se révéler tout à fait suave…

• *Le troisième point* concerne « l'après-plongée ». Il ne faut pas oublier qu'au moment où il sort de l'eau le plongeur n'est pas désaturé. L'échange d'azote entre ses tissus et l'extérieur, par l'intermédiaire du filtre pulmonaire, va durer encore plusieurs heures. Il en résulte que l'après-plongée constitue une des phases les plus importantes de la décompression (le palier de surface) et qu'à ce titre il faut prendre un certain nombre de précautions.

Les tables traduisent le comportement d'une population en situation de plongée qui suppose rarement une activité particulièrement débordante ou l'absence totale de mouvements. Il est donc préférable après la plongée de se retrouver dans des situations comparables : évitez immédiatement après la sortie de l'eau le match de volley épuisant, la partie de tennis acharnée ou, au contraire, le somme réparateur de plusieurs heures. C'est une activité normale qui permettra à la désaturation de se réaliser sans encombre.Dans un même ordre d'idée, tous les déplacements impliquant un changement d'altitude (voyage en avion, excursion en montagne) avec une diminution de la pression ambiante doivent être envisagés avec sérieux. Toutes les tables que nous venons de présenter exposent en détail ce problème.

• *Le quatrième point* concerne également le choix d'une table de plongée. Celle-ci doit être simple d'emploi afin d'éviter les erreurs de lecture et d'interprétation.

Les plongeurs sont habitués à ce qu'on leur pose dans les examens des problèmes de tables, ce qui suggère que l'emploi des tables puisse poser des problèmes. Et il est vrai que l'utilisation de certaines en pose… Le simple bon sens impose, qu'à qualité égale, on choisisse toujours les tables les plus simples à utiliser. Sur ce point, la table du ministère du Travail 1992 semble la mieux placée. L'ordinateur de plongée, utilisé de façon consciente et raisonnée, constitue également une excellente solution.

• *Le cinquième point* concerne le respect des procédures. Les tables de plongée ne sont pas des outils de calculs mais des recueils de procédures. Elles ne sont pas faites pour un autre emploi que celui livré avec la table. Il faut donc utiliser la table dans le respect des conditions imposées. Par exemple, une table de plongée présentée pour deux plongées par jour n'est pas conçue pour réaliser une troisième incursion sous-marine.

On ne parlera même pas évidemment de la tentation qu'ont certains de recalculer des tables ou d'inventer des procédures originales pour remonter plus vite ou pour aller plus profond, ou les deux à la fois : chacun est libre de jouer à la roulette russe ! Méfiez-vous donc de ceux qui vous proposeraient des tables fantastiques grâce auxquelles ils sont encore vivants... attendez l'accident et discutez après, vous aurez ainsi plus d'arguments.

• *Le sixième point* est une question à laquelle il nous faudra tous répondre un jour ou l'autre : faut-il, pour que la plongée soit agréable, descendre aussi profond et aussi longtemps, ou encore, ce qui revient au même, pourquoi plongeons-nous ?

Il est certain que les zones les plus riches, où la clarté est la meilleure et la vie la plus intense, se situent près de la surface à faible profondeur, là où les risques d'accidents de décompression et de plongée sont les plus faibles.

Le grand problème des plongeurs et parfois des moniteurs est de ne pas savoir regarder sous l'eau et observer la vie sous-marine. Quel est l'intérêt de la plongée sous-marine si ce n'est de découvrir l'autre vie, celle que nous ne pouvions même imaginer avant de pénétrer et vivre sous la mer ? La plongée est vécue par un grand nombre de pratiquants comme une simple activité sportive d'immersion. Peu importe où, quand, et comment pourvu que l'on soit sous l'eau et que l'on ait fait une « quarante » ou encore mieux une « soixante-dix ».

Ceci ne veut nullement dire qu'il faille refuser la profondeur lorsque l'on est techniquement formé et qu'il y a quelque chose à voir qui vaille le risque. Car c'est là que se situe le pari, plus on plonge profond plus le risque s'accroît, et plus la plongée doit être préparée, pensée et programmée. Avant toute plongée profonde chaque plongeur devrait se poser la question : ce que je prévois d'aller voir vaut-il réellement le risque que je vais prendre ?

Il est fort probable que l'avenir de la plongée-loisir se situera dans la zone 0-20 mètres où les risques d'accidents de décompression sont minimes et le plaisir immense. Encore faudra-t-il préserver ces zones, respecter la faune et la flore, la restaurer là où elle a disparu, sinon on explorera demain des déserts.

La diminution des accidents de décompression en France, particulièrement, ne passe pas une amélioration des procédures de décompression qui sont déjà fort élaborées, mais par un changement radical de l'état d'esprit des plongeurs qui doivent se convaincre qu'il n'y a aucun déshonneur à plonger peu profond, pendant des temps raisonnables pour voir ou faire quelque chose (photo, cinéma, observations...) en toute sécurité, et même, que c'est cela le vrai but de la plongée.

Cela implique également que nous prenions en main la gestion de notre patrimoine sous-marin et que nous luttions pour le protéger.

La prévention des accidents de plongée passe par la protection de la mer.

REMERCIEMENTS

Je tiens à remercier J.-C. Lepechon pour m'avoir fait partager ses immenses richesses bibliographiques et pour les discussions passionnantes que nous avons eues sur les tables de plongée, ainsi que J.-P. Imbert pour les documents qu'il a eu la gentillesse de mettre à ma disposition.

NOTES

1. Nous n'aborderons pas dans le cadre de cet exposé les recherches qui sont réalisées sur la possibilité de faire «respirer» au plongeur... des liquides. Cette éventualité existe et a fait l'objet de nombreuses études.
2. L'eau est en fait peu agressive vis-à-vis du fer. C'est essentiellement l'oxygène dissous dans l'eau qui oxyde le fer. On a pu ainsi constater que des épaves métalliques, comme le *Titanic*, sont peu corrodées, l'oxygène étant pratiquement absent à ces niveaux. En revanche, tout plongeur a pu remarquer que c'est près de la surface (dissolution importante d'oxygène) que les structures métalliques sont le plus attaquées par le milieu marin.
3. Attention : la tension d'un gaz n'est pas la «pression du gaz dans le liquide». Cette notion n'a pas de signification.
4. Revue *Enseigner sous la mer*, n° 94, p. 33.

10. LES ENFANTS ET LA PLONGÉE

L'idée de faire plonger des enfants est relativement récente dans l'histoire pourtant assez courte de la plongée sportive. Les habitudes de la plongée autonome sont longtemps restées très influencées par ses origines utilitaires, essentiellement professionnelles et militaires. Les méthodes d'enseignement officielles encouragent la recherche de la difficulté, les pratiques courantes témoignent d'un esprit d'attrait du danger. La transformation de la plongée en loisir sportif a naturellement attiré une nouvelle catégorie de pratiquants : les femmes d'abord, quasiment absentes à l'origine, puis les enfants, les personnes âgées, les handicapés. Les objectifs de ces nouveaux adeptes s'opposent radicalement aux habitudes dominantes : ces nouveaux venus veulent avant tout se faire plaisir. Ce genre d'évolution se rencontre dans d'autres sports, comme le football féminin.

Une autre origine de la pratique de la plongée par les enfants doit être recherchée du côté des « bébés nageurs » popularisés par les travaux de Guy Azémar et de Jacques Vallet dans les années 70 et 80. Les moniteurs et animateurs des clubs accueillant les très jeunes enfants utilisent une grande variété de moyens pédagogiques et matériels (fig. 10.1) ; ils en sont naturellement venus à inclure du matériel de plongée dans leur panoplie : palmes, masques, tubas puis bouteilles. En pratique, des dizaines de clubs associatifs et d'établissements scolaires enseignent régulièrement la plongée à des enfants. Cette activité extrêmement riche apporte à la fois un développement harmonieux du corps et une abondante matière de découverte et d'étude.

Les origines de la plongée des enfants

Quand les hommes se sont immergés de plus en plus longtemps, de plus en plus profond, grâce à des moyens de plus en plus perfectionnés, ils ont voulu faire partager leur émerveillement et leur passion à des enfants.

Tous les pionniers ont proposé une première initiation à leurs enfants à un âge très tendre, souvent 3 ou 4 ans. Ils leur ont ensuite prodigué un enseignement complet. Beaucoup de ces enfants sont devenus les émules et les continuateurs de leur père.

Curieusement, pendant longtemps, peu de vocations se sont révélées

10.1

pour organiser une initiation à des enfants en dehors du cercle familial. Relevons cependant une exception notable avec les démonstrations et entraînements qu'organisait le commandant Le Prieur dans les années 1933-1937 aussi bien en Méditerranée au large de Saint-Raphaël que dans son « Club des sous l'eau » dans les piscines parisiennes et à l'aquarium du Trocadéro.

La poussée du mouvement associatif

Il a fallu attendre le développement des clubs et l'amélioration du matériel pour que les adultes se préoccupent de la jeune classe, c'est-à-dire vers la fin des années 70 et surtout le début des années 80. Le problème essentiel auquel ont été confrontés les premiers clubs a été celui du matériel. En effet, au début, il n'y avait pratiquement aucun matériel de plongée réellement adapté aux enfants. Seuls existaient de petites palmes et un ou deux modèles de masques et de tubas. Certains moniteurs ont récupéré des bouteilles en aluminium provenant de bi-bouteilles et les ont rééquipées pour les enfants, tâche qui n'est pas à la portée de tous. D'autres ont détourné de petites bouteilles de 4 litres destinées en principe aux interventions d'urgence sur un bateau ; ils les ont offertes à des enfants pour leur plus grand bonheur. Des combinaisons conçues pour les jeunes et vraiment isothermes ne sont arrivées qu'au début des années 80 (fig. 10.2).

10.2

Les précurseurs ont profité des eaux chaudes des tropiques et de la Méditerranée. Au Corail Club à Tahiti, Henri Pouliquen accueille depuis fort longtemps des enfants à partir de 4-5 ans. Il a su vaincre les réticences et s'assurer la bienveillance et même la collaboration de ses premiers détracteurs. Le club subaquatique de la Côte bleue à Carry-le-Rouet, près de Marseille, a une longue histoire dans l'initiation des adolescents de 12-16 ans à la plongée. La section plongée enfants du Club intercommunal de sports nautiques (CISN) dans le Val-d'Oise a été créée en 1981 pour les enfants de 6 à 12 ans, et accueille maintenant les adolescents jusqu'à 18 ans. Dirigée par Jean-Jacques Gauthier, elle a été à l'origine de bien des bouleversements : plongées en mer systématiques pour tous les enfants même les plus jeunes, étude médicale avec l'équipe du docteur Duvallet de l'hôpital Cochin, idées subaquatiques les plus folles (sapin de Noël sous l'eau, sous-marin humide en piscine), voyages lointains avec 70 enfants et adolescents : Jordanie en 1988, Guadeloupe en 1991.

Bien d'autres clubs ont pris le relais depuis. Jean-Jacques Gauthier a écrit le premier ouvrage spécifique sur la plongée et les enfants (voir la bibliographie).

L'innovation en milieu scolaire

Au même moment, dans le milieu scolaire, des enseignants se sont montrés très actifs, en particulier Jean-Pierre Malamas, professeur d'éducation physique et sportive au collège et lycée Fesch d'Ajaccio, en Corse. En effet, celui-ci a introduit la plongée à tous les niveaux, depuis la sixième jusqu'au baccalauréat. En adoptant les principes pédagogiques les plus modernes. Il a redynamisé les méthodes d'enseignement de la plongée, jusque-là bien vieillottes, peu efficaces et routinières.
Il est l'auteur de plusieurs ouvrages (voir la bibliographie). Yvette Tavernier, également professeur d'EPS, a animé, avec ses collègues de biologie et d'autres matières, des projets d'action éducative qui ont mené des classes de cinquième du collège Octave-Gréard à plonger à Camaret sur la côte Atlantique, à l'île de Port-Cros en Méditerranée, dans le Sinaï sur la côte égyptienne de la mer Rouge.

La structuration : l'ARPE

Les promoteurs de ces initiatives ne pouvaient rester isolés très longtemps. En janvier 1985, un colloque organisé par les syndicats de moniteurs et les fédérations a réuni plusieurs animateurs et moniteurs au Salon nautique de Paris sur le thème de la plongée et des enfants.
À l'automne 1985, le CISN organise un stage sur l'enseignement de la plongée aux enfants. À cette occasion, la décision est prise de fonder une structure permanente sur ce thème : l'Association de réflexion pour la plongée des enfants ou Arpe est officiellement créée en mars 1986, et présidée depuis 1988 par René Beretz.
Aux objectifs initiaux d'échanges d'information et de recherche, s'ajoute bientôt une activité régulière de formation, d'édition et de promotion. Le stage, organisé chaque année à l'automne, réunit entre 30 et 40 stagiaires autour de conférenciers comprenant des moniteurs de plongée, des professeurs d'EPS et des chercheurs sur le sport ; des séances pratiques dans l'eau avec des enfants concrétisent les exposés sur la pédagogie, le matériel, l'organisation. L'Arpe édite et diffuse des comptes rendus d'exposés et d'études (voir la bibliographie à la fin du chapitre), ainsi que des cassettes vidéo conçues par ses adhérents. L'Arpe est à l'origine des Journées européennes de la plongée des enfants créées en 1991, qui ont réuni, dès la première année, 150 enfants de 6 à 16 ans et 60 adultes pendant cinq jours, à Banyuls-sur-Mer (Pyrénées-Orientales), pour plonger et échanger leurs expériences.
Ce mouvement rencontre un grand succès en France et même dans d'autre pays : Belgique, Suisse, Italie, Québec. Il reste encore autonome ; les instances officielles l'ignorent. Mais la très forte demande des enfants, encouragée par les images provenant des médias, ainsi que le travail très sérieux déjà accompli sauront vaincre les dernières réticences et assurer le développement inéluctable de cette démarche éducative.

L'ENFANT ET LA PLONGÉE

De l'action à l'imagination

Que peut représenter la plongée pour un enfant ou un adolescent ? Bien souvent le moyen d'accéder à un monde merveilleux magnifié par les médias : images vues à la télé, films de Cousteau, etc. Mais, très vite, pour dépasser ces premières images bien frustrantes, les enfants ont envie d'aller y voir par eux-mêmes et de dépasser cette première rencontre par procuration. C'est alors la découverte de bien autre chose et cela peut aller fort loin.

➤ Apprentissage et sensations

Aller rechercher ces images magnifiques implique un engagement physique qui demande du temps, de la persévérance et un entraînement rigoureux. La plongée serait-elle donc un sport ? En fait sa pratique est plutôt un loisir sportif qui demande un entraînement physique et technique équivalent à celui de tout sport.

Cette discipline acceptée peut et doit être vécue avec plaisir. Les enfants adorent planer, frôler, prendre les positions les plus incongrues. Il faut profiter de ce goût pour proposer des jeux et exercices où leur agilité peut s'exprimer pleinement et où des consignes judicieuses les poussent à s'améliorer progressivement. L'enseignement de la plongée aux enfants utilise une approche ludique grâce à laquelle ils apprennent à leur rythme.

Après un premier apprentissage, les enfants peuvent retrouver sous l'eau les émotions qu'ils avaient ressenties devant les images projetées. Mais l'implication physique dans les paysages réels et la rencontre de la faune leur procurent des émotions nouvelles. Tous leurs sens sont en éveil : il y a tant à voir, mais il y a aussi à entendre dans ce prétendu monde du silence. Au-delà de leur plaisir physique, ces découvertes vont stimuler leur désir de connaître et de comprendre, leur besoin de s'exprimer par la parole, le dessin, la peinture, les sons...

10.3

➤ La rencontre des disciplines

La curiosité bien naturelle de la jeunesse trouve dans le milieu subaquatique et dans la plongée matière à s'exprimer. Les promenades dans les prairies de posidonies, les forêts de laminaires, le long des récifs coralliens, dans les champs de gorgones vont aiguiller leur intérêt vers la connaissance de la flore et de la faune. Sur le thème « Qui mange qui ? », une prise de conscience de la chaîne alimentaire marine fournit matière à observation, lectures, projections, visites.

Quand ils s'aperçoivent des dégâts causés par les industriels, les plaisanciers ou les utilisateurs de la mer en général, ils sont vite sensibilisés à la protection de l'environnement et se font les défenseurs actifs du milieu vivant. Ils savent mettre leurs compétences au service de la société : ainsi les élèves du lycée Fesch ont-ils contribué dans les années 85 aux travaux de la cellule anti-pollution d'Ajaccio.

La découverte d'un objet ancien, pourquoi pas d'un reste d'épave, peut entraîner la mise en place d'un projet archéologique, même pour les enfants. Il y a au moins un club qui le fait près de Marseille.

Par ailleurs, la compréhension du milieu physique est à l'origine de discussions, de même que le fonctionnement du corps humain et les risques encourus. Les prolongements dans la pratique de la plongée sont immédiats. L'attrait du matériel entraîne des questions et débouche sur une formation plus complète.

➤ **Imagination et création**

L'enfant peut se mettre à rêver à partir des choses ou des faits les plus simples. Quand il dispose d'un matériau aussi riche que le monde des mers et des océans, son imagination n'a plus de limites. Tout est prétexte à s'exprimer, à vivre pleinement la mer.

Certains adultes ont parfaitement compris cela. L'architecte Jacques Rougerie a conçu des navires avec coque transparente pour observer sous l'eau, mais aussi des maisons de la mer conçues pour la découverte et la compréhension de la vie des océans et leur utilisation par l'homme. Océanopolis à Brest et Nausicaä à Boulogne-sur-Mer en sont deux exemples significatifs. Le premier fait pénétrer dans le monde subaquatique de la rade de Brest et de la mer d'Iroise grâce à un ensemble d'aquariums particulièrement réussi. Le deuxième, au-delà de l'aspect didactique, met en scène la vie marine grâce à une ambiance de son et de lumière qui emporte littéralement les visiteurs dans un autre monde. Les enfants sont les premiers utilisateurs de tels équipements, et certainement ceux qui en profitent le mieux. On retrouve bien sûr régulièrement Jacques Rougerie dans des projets sous-marins avec des enfants.

Les enfants plongeurs ont envie de s'exprimer à leur tour. Ils font la fête chaque fois que l'occasion se présente : célébrer Noël sous l'eau en décorant un sapin immergé (fig. 10.3), organiser des spectacles.

Et pourquoi ne pas envisager une réelle expression artistique sous l'eau par le dessin, la peinture ou la musique? Les adultes s'y sont déjà essayés avec bonheur. Les dessins inspirés par la mer et la plongée révèlent une ouverture vers un monde totalement différent. Faire du dessin ou de la peinture en situation de plongée demande un peu d'organisation et de matériel. Certains s'y emploient déjà depuis quelque temps.

Quant à la musique subaquatique, elle commence par les bruits existant sous l'eau, produits par les éléments ou les animaux, en particulier les cétacés. Ils peuvent être produits par les hommes en surface et retransmis sous l'eau : on retrouve ici le compositeur Michel Redolfi, auteur de concerts sous l'eau, mais aussi de l'ambiance musicale de Nausicaä. Et on peut aussi produire des sons sous l'eau : là encore les enfants sont en première ligne.

De la découverte initiale en passant par l'apprentissage, les enfants acquièrent vite une connaissance intime du milieu marin. Au-delà de l'utilisation touristique, industrielle ou alimentaire, ils en comprennent l'essence et savent l'exprimer. Ils ont tous les atouts pour profiter pleinement du formidable potentiel des océans. Ils protègent cette source de vie pour l'avenir.

Le développement psychomoteur de l'enfant

Avant de proposer une activité physique ou intellectuelle à un enfant, il faut évaluer ses capacités à un âge donné et les suivre tout au long de son développement.

LA PLONGÉE ET LA CROISSANCE

La première inquiétude qui vient à l'esprit concerne la croissance. Il a été constaté que les enfants ou les adolescents qui pratiquent un sport de compétition de façon intensive peuvent subir des retards de croissance. Mais, dans ce cas, la croissance se termine plus tard et ils retrouvent ultérieurement une morphologie conforme à leur tranche d'âge. Dans le cas de la plongée, une étude menée à l'hôpital Cochin sous la direction du docteur Alain Duvallet avec les enfants du CISN Val-d'Oise, pendant les années 1982 à 1985 (fig. 10.4), a montré qu'une pratique contrôlée de la plongée par des enfants n'avait aucun effet négatif sur la crois-

10.4

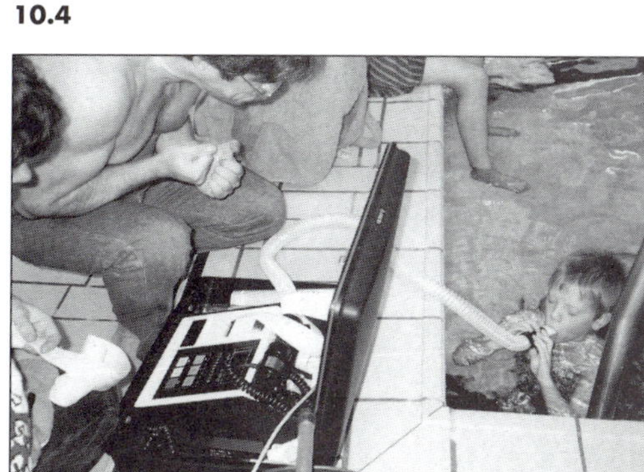

sance ou l'état de santé des enfants (voir le compte rendu du colloque de 1985).

Pour que l'enfant puisse pratiquer la plongée agréablement et en toute sécurité, il est essentiel qu'il puisse disposer d'un matériel adapté à sa morphologie et à ses capacités physiques. Le problème du volume et du poids des bouteilles, de la pointure des palmes, de la taille du masque, du tuba ou de la combinaison se reproduit souvent, parfois même au milieu d'une saison pour les enfants en croissance. En outre, ceux-ci grandissent de manière irrégulière et imprévisible. Il faut aussi définir précisément les règles de pratique de manière à les adapter aux possibilités de la tranche d'âge considérée. En particulier, les moniteurs habitués avant tout à s'occuper d'adultes doivent rompre impérativement avec les habitudes de profondeur et de durée adaptées aux adultes.

LE FROID

On doit accorder une importance toute particulière à la protection de l'enfant contre le froid. Cela est tout spécialement vrai dans l'eau où la déperdition calorifique est entre 25 et 50 fois fois plus importante que dans l'air. Plus le rapport entre la surface corporelle et le poids d'un individu est important, plus sa résistance au froid est faible. Chez l'enfant, ce rapport est nettement plus important que chez l'adulte : l'enfant est donc beaucoup plus sensible au froid que l'adulte. Le pourcentage de masses

10.5

grasses améliore la résistance au froid et explique que les filles, chez qui ce pourcentage est plus élevé, supportent mieux le froid que les garçons. Une bonne protection doit être assurée pour les tout-petits dès les premières immersions en piscine, grâce à un tee-shirt ou un gilet en néoprène. En mer, une bonne combinaison isothermique est indispensable à tout âge pour les plongées effectuées à partir des littoraux maritimes européens. Pour des plongées dans des eaux tropicales, elle peut être remplacée par une combinaison en tissu ou un tee-shirt qui protège la peau contre les coupures ou les piqûres.

LA VISITE MÉDICALE DE NON-CONTRE-INDICATION

Comme l'adulte, l'enfant qui pratique la plongée doit passer chaque année une visite médicale de non-contre-indication. Aux critères généraux d'aptitude et d'absence d'antécédents qui concernent les plongeurs à tout âge doivent s'ajouter trois critères.

– Un développement morphologique et psychologique de l'enfant correspondant bien à sa tranche d'âge.

– Une vérification attentive d'un bon état ORL : les rhino-pharyngites à répétition chez l'enfant peuvent provoquer des sinusites ou des otites. En outre le médecin doit examiner avec attention tout enfant sujet à des crises d'asthme et peut être amené à contre-indiquer la plongée de manière temporaire ou définitive.

– Les souffles cardiaques : ils sont fréquents chez l'enfant ; ils sont en général parfaitement supportés et bénins mais doivent toujours être analysés avec attention.

Lors de la visite médicale, il est nécessaire que les parents accompagnent l'enfant pour fournir les renseignements qu'eux seuls connaissent et pour donner une idée de la motivation réelle de l'enfant, condition essentielle de sa pratique. Ils aident aussi le médecin à se faire une idée de l'état psychologique de l'enfant.

LA PLONGÉE ET L'ÉVOLUTION NATURELLE DE L'ENFANT

L'enfant subit des transformations quantitatives et qualitatives variées tout au long de sa croissance. Le moniteur doit proposer des activités et des formes d'immersion qui conviennent au stade de développement psychomoteur de l'enfant.

➤ Les tout-petits (avant 9 ans)

L'instabilité du jeune enfant (6 à 9 ans en moyenne) lui interdit de se concentrer pendant longtemps sur une tâche. Lors d'un entraînement en piscine, il faut donc éviter de lui demander le même exercice trop longtemps, et plutôt lui proposer de changer de jeu très fréquemment. Il s'agit surtout de trouver des moyens constamment renouvelés de développer son schéma corporel. L'apprentissage de la natation se fait en parallèle avec celui de la plongée : les deux approches de l'eau se complètent et chacune apporte à l'autre des éléments spécifiques.

La pratique de la plongée des tout-petits en mer se fait en solo avec le moniteur (fig. 10.5). C'est l'âge où il faut faire tout spécialement attention aux risques de refroidissement et de fatigue. Les profondeurs restent très modestes tant que l'enfant n'a pas acquis la pleine maîtrise de son autonomie.

➤ Les moyens (de 9 ans à la puberté)

Cette tranche d'âge est souvent appelée phase de latence par les spécialistes de l'enfance. En effet, les changements morphologiques et physiologiques restent limités et cette stabilité permet un apprentissage rapide et efficace. C'est l'âge où les enfants s'enthousiasment de leurs premières découvertes, se font facilement des amis et profitent ensemble de leurs plongées.

Le groupe fonctionne bien : les consignes du moniteur sont comprises et exécutées rapidement. Les enfants apprennent à se surveiller mutuellement, en particulier en apnée. Ils acquièrent vite une bonne autonomie et peuvent plonger un peu plus profond. Ils deviennent plus résistants au froid.

➤ Les adolescents

À la puberté, un développement important de la taille et du poids s'accompagne d'une maturation des systèmes endocrinien, pulmonaire, cardio-vasculaire. L'adolescent a du mal à trouver sa place par rapport à ses parents, par rapport à la société, d'où apparition fréquente de conflits. C'est un âge d'attitudes extrêmes et de contradictions. Le moniteur doit canaliser les enthousiasmes des plus dynamiques vers des objectifs précis et secouer l'apathie des autres pour les amener à se dépasser.

À partir de cet âge, les jeunes peuvent tirer profit d'entraînements plus intenses et plus prolongés. Ils peuvent effectuer des plongées plus longues et plus profondes.

L'organisation de stages autour de thèmes précis (découverte d'une région, connaissance de l'environnement marin, passage de diplôme) mobilise les énergies. Il faut encourager les éléments les plus moteurs du groupe, mais il faut aussi repérer et freiner les casse-cou qui prennent des risques inutiles pour eux et pour les autres, ce qui peut être dramatique en plongée. L'animateur doit s'attacher à responsabiliser le groupe tout entier.

LE MATÉRIEL

Pour que l'apprentissage et la pratique de la plongée soient possibles, il faut que l'enfant dispose d'un matériel qui lui convienne. Une bouteille trop lourde ou trop volumineuse, un masque qui laisse passer l'eau, une combinaison mal ajustée, qui ne protège pas contre le froid, hypothèquent gravement la réussite de la plongée.
Concevoir du matériel pour les enfants, c'est aussi tenir compte de leur manière d'être et de leurs goûts. Le matériel de plongée pour enfants doit présenter des qualités certaines de solidité et d'esthétique.

Le matériel pour la plongée libre

➤ Les palmes

L'acquisition d'un mouvement de palmage efficace, c'est-à-dire économe et de longue durée, peut prendre des années pour un enfant dont le schéma corporel se construit petit à petit. Pour que les mouvements de ses membres inférieurs se transmettent bien à la voilure, il est essentiel que les palmes tiennent bien à son pied. Cela impose l'utilisation de palmes chaussantes.
On peut être tenté de proposer aux enfants des palmes à sangles réglables pour éviter d'en changer trop souvent lorsque le pied grandit. Mais un tel choix entraîne une mauvaise tenue du pied et, par conséquent, une mauvaise qualité du mouvement de palmage.
Une autre qualité des palmes pour enfant est la légèreté : une palme lourde constitue un handicap pour un enfant dont la musculature reste peu développée et les mouvements malhabiles. Plusieurs constructeurs proposent des modèles simples et solides dans des coloris variés.

➤ Le masque

Le plus souvent, lors de ses premières immersions, l'enfant est gêné si de l'eau pénètre dans son masque. L'étanchéité du masque de plongée est assurée par la jupe en caoutchouc ou en silicone qui s'applique sur le visage. Le visage d'un enfant est plus étroit que celui d'un adulte : la distance intertemporale (qui sépare les deux tempes) est de 11 à 12 centimètres chez un enfant de 8 ans contre 14 à 15 centimètres chez un adulte. On doit donc choisir un masque en mesurant la distance qui sépare les deux lèvres latérales de la jupe du masque. Les dimensions extérieures peuvent parfois être trompeuses : l'essai du masque plaqué sur le visage s'impose (voir chapitre 5 « Le matériel du plongeur »).
Les enfants ont beaucoup de mal à régler leur masque. Des progrès ont été réalisés dans les systèmes de boucles. Elles doivent être faciles à régler par l'adulte et... difficiles à dérégler par l'enfant. En effet, ce dernier a tendance à serrer la sangle trop fort car il croit ainsi, à tort, améliorer l'étanchéité. La sangle en néoprène, innovation proposée par un fabricant, est indiscutablement une amélioration importante par les qualités de flottabilité, de réglage et d'identification qu'elle apporte. La variété des masques pour petits visages s'accroît chaque année.

➤ Le tuba

Un tuba destiné à un enfant doit avoir une longueur et une section réduites, ainsi qu'un petit embout. En effet, le tuba augmente l'espace mort du plongeur. Les capacités pulmonaires de l'enfant étant naturellement plus réduites que celles de l'adulte, l'enfant ne peut respirer normalement qu'avec un tuba correspondant à ses possibilités. Sinon, il y a de sérieux risques d'essoufflement. Plusieurs modèles de dimensions variées sont disponibles chez divers constructeurs. Mais attention aux différences de taille très sensibles d'un modèle à l'autre, qui font réserver certains modèles à des morphologies spécifiques : il y a une marge importante entre un tuba dont le volume interne vaut entre 60 et 70 ml et un autre dont le volume interne oscille entre 150 et 180 ml. Le premier convient à un enfant de 8 ans; le deuxième peut équiper un adulte. Notons également certains embouts dits odontologiques ou orthodontiques bien conçus pour les petites bouches et qui respectent gencives et palais.

Le scaphandre

La bouteille de plongée représente la partie la plus emblématique du harnachement du plongeur. L'enfant y attache une importance particulière, et il ne faut pas le décevoir : un matériel de poids et d'encombrement bien adaptés s'impose.

➤ La bouteille

Le premier critère de choix d'une bouteille de plongée pour un enfant est son encombrement. La bouteille ne doit pas descendre plus bas que les fesses de l'enfant. Le deuxième critère est le poids apparent de la bouteille, c'est-à-dire son poids dans l'eau. En effet, on constate des différences sensibles selon les fabricants. Les enfants plutôt denses (en général les plus minces) prendront une bouteille de poids apparent faible. Les enfants plutôt enveloppés, qui ont tendance à flotter, peuvent prendre une bouteille de poids apparent plus élevé. Cela leur évite de porter une ceinture de plombs trop lourde.
Les fabricants proposent des bouteilles de capacité et de poids variés. Les petites bouteilles de 4 litres que l'on peut gonfler à 200 bars (soit 0,8 m^3 de capacité) ont été conçues au départ comme des bouteilles d'intervention rapide pour adultes, mais elles ont vite été adoptées par les jeunes enfants de 8-10 ans. Les bouteilles de 6 litres que l'on peut gonfler à 200 bars (soit 1,2 m^3 de capacité) ont été conçues pour des enfants de 10-13 ans. Les bouteilles de 9 litres que l'on peut gonfler à 176 bars (soit 1,6 m^3 de capacité) ont la faveur des jeunes adolescents de 14-16 ans.

➤ Le détendeur

Un détendeur pour enfant doit être léger, solide et simple. Il faut se rappeler que l'enfant plonge dans peu d'eau et que les qualités du détendeur choisi doivent être très bonnes dans l'espace proche (voir plus loin « La pédagogie »). La taille de l'embout est souvent considérée comme un facteur important. Mais, à l'usage, on a constaté qu'un petit embout pouvait provoquer plus de problèmes qu'il n'apportait de solutions. En effet, le tuyau de moyenne pression, qui relie le premier étage du détendeur fixé sur la bouteille au deuxième étage maintenu dans la bouche, a une longueur de 70 centimètres environ prévue pour le diamètre de la tête d'un adulte. Mais, avec un enfant dont le diamètre de la tête est plus petit, le tuyau a une rigidité telle qu'il a tendance à arracher le deuxième étage de la bouche. Ce phénomène est accentué avec un petit embout difficile à maintenir, alors qu'avec un embout pour adulte, le deuxième étage est bien retenu dans la bouche de l'enfant.
En revanche, les embouts odontologiques ou orthodontiques résolvent bien les problèmes de tenue en bouche. En particulier, l'embout à voûte palatine tient pratiquement tout seul sans qu'il soit besoin de serrer les dents : les enfants l'adoptent très facilement.
Pour faire plonger un enfant, l'utilisation d'un manomètre immergeable est indispensable. En effet, le manomètre permet au moniteur de suivre la consommation d'air de l'enfant et de décider de la remontée en temps utile. Cette consommation dépend de paramètres extrêmement variés : seul un instrument fiable que l'on peut consulter en situation peut garantir la sécurité du déroulement de la plongée. L'enfant apprend très vite à consulter le manomètre et à gérer son air : c'est une aide pédagogique extrêmement précieuse.
Mentionnons pour mémoire le mécanisme de réserve encore présent sur certains modèles de bouteilles : il prévient le plongeur de la fin proche de son stock d'air en rendant l'inspiration difficile et en obligeant à une manœuvre manuelle peu naturelle pour l'escamoter. Il correspond à un concept rendu périmé par les progrès de la technologie et qui, dans le cas des enfants, va à l'encontre de la sécurité. En pratique, il vaut mieux ne pas s'en servir.

➤ Le harnais

Pour les très jeunes enfants de 5 à 7 ans, même la bouteille « biberon » de 4 litres est disproportionnée. Un constructeur particulièrement novateur propose un harnais qui reproduit le sanglage d'une bouteille auquel est accroché par un mousqueton un deuxième étage muni d'un tuyau de 2 mètres au lieu des 70 centi-

mètres standard. L'enfant est ainsi physiquement solidaire du moniteur : on reproduit là un véritable cordon ombilical (fig. 10.6).
Les sangles du harnais sont très facilement réglables. Il comporte un sanglage ventral dans lequel on peut glisser les plombs nécessaires au lestage de l'enfant, ce qui fait disparaître la nécessité d'une ceinture de plombs.

➤ Le narguilé
Un autre matériel adapté à l'initiation des enfants est le narguilé : long flexible reliant un premier étage situé en surface à un deuxième étage que l'enfant maintient dans sa bouche. Il est prudent de fixer le flexible au corps de l'enfant par un sanglage. Ce matériel très commode demande des précautions indispensables qui en interdisent la confection artisanale : une soupape de non-retour doit être placée au niveau du deuxième étage, pour éviter des incidents graves en cas de rupture de l'alimentation ou du flexible.

La combinaison

➤ Pantalon et vareuse
Il faut apporter un soin tout particulier à la combinaison de plongée. On se souvient que l'enfant craint plus le froid que l'adulte. L'enfant doit avoir une combinaison bien à sa taille ; son épaisseur doit correspondre à la température de l'eau. Dans ce domaine, l'approximation ne peut entraîner que des déceptions et des échecs. Rappelons qu'une combinaison trop grande laisse circuler l'eau ; dans ce cas, l'enfant se refroidit très vite et ne peut profiter de sa plongée.
Sur le plan morphologique, un enfant n'est pas un adulte en réduction : il a des proportions spécifiques que connaissent bien les fabricants de vêtements de ville et de sport. Les fabricants de combinaisons de plongée, après quelques à-peu-près, l'ont maintenant bien compris.
En pratique, les combinaisons convenant aux plongées en eaux tempérées sont constituées de

10.6

deux pièces : un pantalon montant avec bretelles et une vareuse avec cagoule (fig. 10.7). La combinaison doit être fabriquée dans un néoprène souple facilitant l'habillage des jeunes, souvent inexpérimentés, avec l'aide des adultes accompagnateurs. Comme les enfants ne descendent jamais bien profond, les qualités de résistance du néoprène à l'écrasement sous pression ne sont pas essentielles. La fermeture à glissière est par contre indispensable pour la vareuse ainsi que pour les chevilles du pantalon. Elle peut également être utile aux poignets de la vareuse. Pour les eaux chaudes des mers tropicales, un monopièce peut convenir, voire un simple tee-shirt.

➤ Gants et bottillons

Le refroidissement des extrémités écourte la plongée dans l'eau froide. Des gants constituent une protection efficace, mais il n'existe pas dans le commerce de fabrication en néoprène pour les plus petites tailles. On se contentera donc de gants destinés à d'autres usages : autres sports, gants de vaisselle, etc.

De même, les bottillons ou les chaussons en néoprène protègent les petits pieds contre le froid et permettent de marcher sur les rochers. On peut trouver sur le marché des chaussons de petite taille. Des chaussettes constituent souvent un premier niveau de protection suffisant. Il faut également prendre en compte l'augmentation de pointure des palmes entraînée par la surépaisseur de ces accessoires.

➤ Le gilet stabilisateur

Le gilet stabilisateur, outil indispensable au contrôle de la flottabilité du plongeur, peut entrer très tôt dans la panoplie du jeune plongeur (fig. 10.8). Dans tous les cas, il doit être manipulé avec sûreté. Confier un tel matériel à un enfant suppose que celui-ci sait l'utiliser ou que sa manipulation est réservée au moniteur. En pratique, le jeune enfant (6-12 ans) ne sait pas s'en servir et n'y touche pas. C'est le moniteur qui gonfle le gilet en surface lors d'une attente avant la plongée ou lors du retour en surface. Il peut aussi compenser si nécessaire la perte de flottabilité en plongée et assurer la purge lors de la remontée. Le pré-adolescent et l'adolescent apprennent à manipuler ce matériel dans la quête d'un équilibre pleinement maîtrisé.

Les fabricants proposent des gilets stabilisateurs dont les caractéristiques rivalisent d'ingéniosité et dont la taille convient aux petits gabarits. Les enfants peuvent choisir des gilets selon leur goût et selon leur morphologie.

10.7

10.8

Le petit matériel

➤ La ceinture de plombs

Le lestage de l'enfant pose un certain nombre de difficultés spécifiques. Une combinaison d'enfant utilise presque autant de néoprène qu'une combinaison d'adulte. Un enfant a donc besoin en moyenne de 3 à 5 kilos de plombs pour se retrouver en équilibre dans l'eau tout équipé. Cette masse est lourde pour un enfant hors de l'eau. Elle pèse à la taille et la ceinture va souvent se retrouver... sur les palmes. En effet, la hanche des jeunes enfants n'est pas marquée, et une ceinture en coton ou en nylon glisse donc facilement. La meilleure solution réside dans une ceinture élastique qu'un seul fabricant propose sur le marché depuis plusieurs années.

➤ Le sac

Les enfants ont peu de matériel, mais ils ont du mal à le ranger et à le retrouver. Un sac rend donc de grands services. Le marché propose des modèles de formes variées, de couleurs agréables et de formats adaptés aux enfants. La formule du sac à dos convient particulièrement bien aux jeunes. Encore faut-il qu'ils en trouvent à leur taille.

➤ Les accessoires

Les enfants et les adolescents sont très attirés par les accessoires d'équipement du moniteur : ils ont vite envie d'un profondimètre, d'une montre ou d'un poignard. Ne négligeons pas l'utilité de ces accessoires qui font prendre conscience au jeune des règles de sécurité de la plongée. Ils doivent être solides, esthétiques, lisibles et d'un prix abordable.

Le profondimètre électronique avec compteur de temps et thermomètre intégrés a la faveur des adolescents. C'est un très bon accessoire, tout à fait dans la tendance actuelle du matériel. De bonnes montres de plongée, colorées et à la mode, séduisent les jeunes. Leurs parents apprécient leurs prix raisonnables.

Le choix des poignards est vaste, mais aucun modèle n'est conçu spécifiquement pour les jeunes qui adoptent des modèles pour débutants, de taille et de prix raisonnables.

LA PÉDAGOGIE

Enseigner la plongée aux enfants implique une conception de l'activité dirigée vers les capacités de l'enfant aux diverses étapes de son développement. Deux catégories d'enseignants sont à l'origine d'une élaboration de méthodes pédagogiques originales et de modes de pratique novateurs : des enseignants d'éducation physique et sportive œuvrant dans le cadre scolaire, et des moniteurs de plongée animant des clubs associatifs spécifiquement créés pour les enfants.

L'enseignement du sport est généralement collectif : dans le milieu associatif ou dans le cadre scolaire, apprendre la plongée renforce la notion de groupe (fig. 10.9). Apprendre l'importance de la surveillance mutuelle en plongée libre et avec scaphandre est un des premiers objectifs. Dans le cadre familial ou dans des structures professionnelles, l'enseignement peut être individuel. Certains aspects de l'activité sont alors occultés.

Enseigner la plongée aux enfants n'est pas une finalité en soit. C'est une discipline qu'il faut considérer à sa juste valeur au milieu de beaucoup d'autres. Les enfants profitent de la richesse apportée par la complémentarité des différents domaines.

Le temps et la profondeur

La primauté de la profondeur sur tous les autres critères provient des conceptions traditionnelles largement véhiculées par les plongeurs adultes et les structures officielles. L'importance du temps revient maintenant à sa juste place : un plongeur expérimenté se reconnaît au temps qu'il a passé sous l'eau beaucoup plus qu'aux profondeurs maximales atteintes.

Jean-Pierre Malamas a introduit, dans son ouvrage *Apprendre la plongée, un jeu d'enfant*, la notion d'espaces :

- espace proche de 0 à 5 mètres de profondeur,
- espace médian de 0 à 20 mètres de profondeur,

– espace lointain sans palier de 0 à 40 mètres de profondeur,
– espace lointain avec paliers de 0 à 65 mètres dans les limites des tables officielles.

En ce qui concerne les enfants, l'apprentissage de la plongée se fait dans peu d'eau pour des raisons de sécurité et des raisons pratiques. Seuls les espaces proche et médian les concernent (voir plus loin « Les règles de sécurité »).

Cette notion, maintenant reprise par les textes officiels du ministère chargé des sports, indique bien que seule la zone d'évolution du plongeur a une réelle importance. La profondeur maximale n'est souvent atteinte que pendant un court instant ; elle intervient seulement pour le calcul des paliers.

Beaucoup plus important, le temps passé dans la zone considérée représente l'expérience grandissante du jeune plongeur. Dans le carnet de plongée situé à la fin de *Passeport pour l'espace bleu,* Jean-Pierre Malamas propose de calculer le cumul d'heures passées dans les divers espaces. Ainsi, le vécu de l'enfant en plongée peut se lire d'un coup d'œil.

Principes de base de l'enseignement

L'apprentissage de l'utilisation du scaphandre autonome entre dans un cadre beaucoup plus large de maîtrise de l'espace aquatique. Dans ce cadre, l'apprentissage doit se concentrer autour de notions de base, l'équilibre, la respiration, la propulsion, similaires à celles que l'on trouve dans l'apprentissage de la natation. Ces principes de base fixent les grandes lignes des programmes d'entraînement.

La progression dans ces différents domaines prend plusieurs années. Les objectifs sont très différents selon l'âge de l'enfant et, surtout, selon le stade de son schéma corporel. Il est inutile de demander à un enfant d'exécuter un exercice qu'il est physiologiquement incapable de réaliser. Notons à ce propos que l'utilisation de palmes, masque et tuba constitue aussi une aide précieuse dans l'apprentissage de la natation classique, car ce matériel aide à dépasser des problèmes de flottabilité, de vue et de respiration qui bloquent certains débutants.

➤ Le travail de l'équilibre

Différentes catégories d'équilibre interviennent dans l'activité du plongeur : les équilibres de surface horizontaux ou verticaux, les équilibres entre deux eaux, les équilibre statiques, les équilibres dynamiques unidirectionnels ou rotatoires. Pour contribuer à la maîtrise de l'équilibre, le moniteur dispose d'une variété de jeux et d'exercices dans lesquels il s'agit de rechercher des positions et des appuis dans l'eau, de travailler le rôle des membres inférieurs et supérieurs.

Grâce à des parcours mis en place à l'aide de repères flottants ou immergés, ou d'une ligne matérialisée, on donne à l'enfant comme objectif de suivre un trajet, soit en surface, soit immergé, soit mixte, sans toucher aux repères ou à la ligne. On adapte bien sûr les difficultés proposées aux possibilités de l'enfant. On augmente la difficulté en demandant des positions du corps variées, statiques ou en mouvement :

10.9

10.10

sur le dos, en vrille, tête en bas, etc. L'aide d'objets flottants ou lestés accroît encore la variété des situations possibles (fig. 10.10). Les roulades avant et arrière, lentes ou rapides, simples ou répétées, à accomplir seul ou à deux sont l'un des jeux favoris.
Le contrôle de la respiration contribue grandement à la maîtrise de l'équilibre entre deux eaux : les exercices de poumons-ballasts assurent le maintien d'une profondeur constante par le seul jeu de la respiration.

➤ Le travail de la respiration

La travail de la respiration occupe une part essentielle dans l'enseignement de tout sport aquatique. Pour la plongée, l'adaptation au tuba et au détendeur passe par un ralentissement du rythme et une augmentation de l'amplitude de la respiration. Cet apprentissage doit se faire très progressivement, surtout pour les plus jeunes.
L'initiation à l'expiration peut s'effectuer à l'aide de jeux utilisant du matériel comme des morceaux de tuyaux d'arrosage de 30 centimètres de longueur environ, grâce auxquels on peut arroser le moniteur ou jouer à l'éléphant qui traverse la rivière. Ou encore par le gonflage sous l'eau de ballons ou de parachutes. Ces situations pédagogiques précèdent l'utilisation du tuba, évitant ainsi situations de rejets et blocages liés à des exercices trop difficiles.
Le travail de l'apnée peut être abordé très tôt. En effet, les enfants qui ne savent pas bien nager passent volontiers plus de temps sous l'eau qu'en surface. Il faut profiter de ce goût pour les orienter vers un entraînement utile, en privilégiant dès le début des règles de sécurité strictes et une obéissance sans faille aux consignes de sécurité. On doit rester prudent et modeste quant aux performances demandées : il faut préférer les apnées en déplacement aux apnées statiques difficiles à contrôler.
Dans ce cadre, un autre thème utile est le travail de la respiration active contrôlée, qui consiste à souffler progressivement l'air contenu dans les poumons en effectuant un parcours subaquatique. Les variantes en sont infinies : contrôle du volume des bulles, contrôle de la vitesse de l'expiration, expiration continue ou périodique... Une respiration bien contrôlée contribue ensuite à une meilleure maîtrise de l'équilibre subaquatique.
La notion de manque d'air doit faire l'objet d'un travail spécifique qui peut s'appuyer sur la mise en place de situations pédagogiques : on définit en surface une zone de départ et une ou plusieurs zones de sortie. Le retour en surface doit s'effectuer dans ces dernières, quelles que soient les circonstances.

➤ Le travail de la propulsion

Quant au travail de propulsion, il débute par une accoutumance aux palmes et se poursuit par un apprentissage du palmage dans toutes ses variantes : ventral, dorsal ou costal en surface, subaquatique en apnée, subaquatique avec scaphandre, avec une seule palme, sur de longues distances à un rythme régulier ou avec des accélérations périodiques, sur de courtes distances à un rythme rapide, etc. Les prétextes à des courses, des relais, des poursuites, des chasses au trésor sont légion.
Dès que la morphologie et le développement physiologique de l'enfant l'autorisent, on peut aborder un travail de fond : distances plus grandes, temps de nage plus importants. Ce travail devient profitable à partir de la pré-adolescence, soit 11-12 ans environ.

Des milieux artificiels éducatifs

L'utilisation de piscines ou bassins artificiels constitue un moyen pédagogique très fructueux grâce au contrôle total de plusieurs paramètres dont la température de l'eau, la profondeur, les mouvements de l'eau, les points d'appui. L'enfant peut ainsi commencer l'initiation à la plongée dans un espace protégé, calme et tout près de chez lui.
Mais pour donner de la vie et de l'intérêt à une piscine, on est amené à l'aménager avec du matériel pédagogique : des cerceaux placés horizontalement en surface ou verticalement sous l'eau, des objets lestés ou flottants de couleurs et de formes variées, des tunnels, des cordages, des jeux de constructions, des planchettes pour dessiner (fig. 10.11). Les

conditions sont réunies pour mettre en place des situations pédagogiques, des jeux que l'on peut varier en fonction du niveau et de la progression, selon l'imagination des moniteurs et des enfants.
Les idées les plus folles demandent quelques moyens, de bons amis et une collaboration effective avec la direction de la piscine : un sous-marin de poche humide, une bulle de plexiglas fixée dans le bassin, une sonorisation subaquatique sont des objectifs réalisables et déjà réalisés par certains.

Un enseignement progressif

Tout enseignement doit tenir compte des capacités de l'élève. Enseigner la plongée à un enfant, c'est l'accompagner dans sa maîtrise de l'élément aquatique suivant son développement psychomoteur. L'enseignement doit tenir compte des capacités physiques, intellectuelles, sensorielles de l'enfant.
En piscine, on propose donc aux enfants un entraînement à base de jeux dont le rythme, la durée, la variété captivent l'attention. Pour des petits de 6-8 ans, une séance d'entraînement de 30 à 45 minutes par semaine en piscine est suffisante. Pour la tranche d'âge de 9 à 12 ans, deux séances de 45 minutes par semaine donnent de bons résultats : dans cette durée, on peut concevoir un programme efficace qui reste attractif. En comparaison, un entraînement de 1 h 30 par semaine est moins efficace car, au-delà d'une heure, la lassitude et la fatigue apparaissent. Quant aux adolescents, ils peuvent bénéficier avec profit de deux entraînements hebdomadaires d'une heure.
Mais ne perdons pas de vue que l'entraînement en piscine n'est qu'un moyen et que l'objectif fondamental est la plongée en mer. À tout moment de l'enseignement de la plongée à des enfants, il faut être en mesure de leur proposer des plongées en mer où ils peuvent se confronter à l'espace aquatique dans toute son ampleur. À chaque niveau de progression d'un enfant, même très jeune, la plongée en mer est possible dans de bonnes conditions de sécurité et pour le plaisir de l'enfant. À l'enseignant de s'en donner les moyens.

Pour les adolescents qui continuent à s'entraîner en piscine, un entraînement plus sportif à base de natation avec palmes, d'apnées, de jeux sportifs, de techniques de plongée contribue à maintenir une bonne motivation tout en développant leurs capacités physiques. À cet âge (13-14 ans environ) mais surtout pas plus tôt, on peut aborder avec profit les premiers brevets officiels de plongée. Ces brevets, conçus pour des adultes, ne conviennent pas à des enfants plus jeunes. Certains moniteurs ont conçu des diplômes spécifiques aux enfants, mais on peut concevoir une progression qui s'en passe : le débat est ouvert.

Le jeu et l'entraînement

Enseigner aux enfants est pour un éducateur une responsabilité où, en plus de ses qualités pédagogiques, il doit assurer la discipline, faire preuve d'observation, de méthode mais aussi d'imagination. Maintenir la motivation des enfants tout au long d'une séance ou d'une saison d'entraînement constitue l'un de ses objectifs. Il s'attache à mettre en place une succession d'exercices et surtout de jeux qui peuvent capter l'attention de l'enfant ; il doit en changer aussi souvent qu'il le faut pour que l'intérêt se maintienne. La répétition, indispensable à tout entraînement, doit être judicieusement agencée de manière à introduire des variantes permettant de faire évoluer les situations de façon naturelle.
Pour les enfants jusqu'à 13 ans environ, on a intérêt à présenter toute situation pédagogique

10.11

comme un jeu (fig. 10.12). Ensuite, des jeux plus structurés et plus codifiés peuvent alterner avec des entraînements sportifs plus intensifs.
Un jeu éducatif se conçoit avec un but précis, des règles, un contrôle dans le fonctionnement et dans la durée. On peut tolérer une certaine souplesse, voire la favoriser, si on désire améliorer le vécu personnel de l'enfant par une recherche de sensations. Mais tout jeu n'est pas nécessairement éducatif : on doit rejeter sans remords les passe-temps inutiles ou violents qui peuvent devenir dangereux. On peut en revanche introduire un aspect éducatif même dans les moments de détente.
La notion de jeu trouve aussi une justification importante dans la nature même de l'activité. La pratique dans le milieu naturel se confronte à des conditions changeantes dont nombre de paramètres ne sont pas prévisibles. Il faut donc habituer le pratiquant à s'adapter rapidement à des situations nouvelles et inattendues. La réalisation d'exercices toujours strictement identiques ne peut apporter que des stéréotypes, réponses rigides à des situations immuables. Les jeux, par les situations variées et inattendues qu'ils mettent en œuvre, apportent justement des automatismes, réactions efficaces à des circonstances toujours différentes. On peut développer encore plus cette composante en introduisant des variantes nouvelles dans les règles des jeux.

10.12

L'ORGANISATION PRATIQUE DE LA PLONGÉE POUR LES ENFANTS

À pratiquants nouveaux, exigences nouvelles. Les enfants plongent avec des critères qui leur sont propres. Les encadrants doivent s'attacher à combiner l'intérêt et l'agrément de l'activité avec la sécurité la plus grande.

Choisir le site de plongée

➤ Des lieux naturels bien choisis

Les enfants plongent essentiellement dans l'espace proche jusqu'à 10 ans environ et dans l'espace médian jusqu'à 16 ans. Cela implique une attitude totalement originale dans la recherche des lieux de plongée.
Il faut trouver des petits fonds avec une vie sous-marine intense. Ces lieux négligés par les plongeurs adultes existent tout près du bord avec les avantages incontestables de la lumière, de la chaleur et de la sécurité. Le choix d'un fond rocheux, d'un herbier, d'un fond recouvert d'algues ou d'une lisière de plage se fera en fonction des facilités de mise à l'eau, de la météo et de la confiance des enfants. La plage de sable représente pour les tout-petits et les débutants un lieu sécurisant privilégié. Ils iront explorer les zones rocheuses un peu plus tard, quand ils se seront aguerris et rechercheront d'eux-mêmes un peu plus d'imprévu et d'aventure (fig. 10.13).

➤ Moyens d'accès aux sites

Les jeunes enfants doivent être aidés pour s'équiper. C'est le rôle des adultes accompagnateurs, qui ont fort à faire avant et après la plongée. Les moniteurs de plongée prennent le relais dans l'eau. Pour les 6-9 ans, un accès facile au lieu de plongée est donc essentiel. Ils n'utiliseront généralement pas d'embarcation et partiront d'une plage ou mieux d'une crique rocheuse d'où l'on accède directement à l'eau.

Pour les 10-12 ans, on peut utiliser de petites embarcations basses sur l'eau : barges en aluminium, bateaux pneumatiques. Il est préférable de n'avoir que des enfants à bord pour que le groupe reste homogène, fonctionne bien et ne soit pas gêné par des adultes encombrants et égoïstes. Il faut éviter les bateaux de grande taille destinés aux adultes, qui comportent des dangers pour les enfants, d'où la mise à l'eau est trop difficile et qui sont trop impressionnants pour eux.

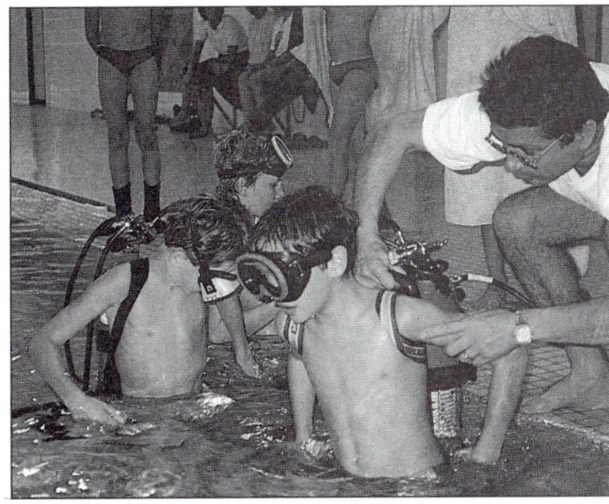

10.13

10.14

Les règles de sécurité

Faire plonger des enfants, c'est leur faire découvrir toute la richesse des premiers mètres d'eau tout en leur assurant la sécurité la plus complète.
Pour cela, il faut définir des règles strictes avec de très grandes marges de sécurité pour tous les paramètres pertinents : profondeur et durée des immersions, quantité et qualité de l'encadrement.

➤ Les tables de plongée et les enfants

Les tables de plongée officielles sont établies pour les plongeurs adultes. Aucun paramètre lié à la physiologie des enfants n'est pris en compte dans leur calcul. Pour faire plonger des enfants, on est amené à introduire des critères

Âge	Profondeur	Durée	Nombre de plongées par jour
6-8 ans	2-3 m	10 min	1
9-10 ans	3-5 m	15 min	1
11-12 ans	5-8 m	20 min	1
13-14 ans	8-10 m	25 min	1
15-16 ans			
avant puberté	15 m	30 min	1
après puberté	15-20 m	30 min	2

Tableau 10.1. *Exemple de tables de plongée pour enfant (appliquées par le CISN Plongée-enfants du Val-d'Oise).*

d'âge et de maturité, et on s'interdit absolument les plongées avec paliers. Les précurseurs de la plongée des enfants ont conçu de telles tables (tableau 10.1). Si l'adolescent fait deux plongées par jour, la durée de la deuxième doit être inférieure à celle de la première.

➤ Le moniteur de plongée et l'enfant

Jusqu'à 8-9 ans environ, les enfants plongent systématiquement seuls avec un moniteur (fig. 10.14). En effet, leur fragilité, leurs angoisses mais aussi leur témérité sollicitent largement l'attention d'un adulte. C'est encore le cas des enfants plus âgés lorsqu'ils effectuent leurs premières immersions. Au fur et à mesure de leur progression, on peut former un groupe de deux voire de trois enfants avec un moniteur. Mais cela n'est possible que si l'on est certain de l'aisance des enfants et que l'on respecte bien les règles de sécurité, en particulier celles qui concernent la profondeur et la durée des plongées.

La réglementation

Les enfants qui plongent font souvent partie d'un groupe organisé. Les règles qui s'appliquent à la pratique de la plongée par les enfants s'inspirent donc à la fois des textes régissant la pratique de la plongée et des textes régissant le fonctionnement des groupes d'enfants.

Lorsqu'une famille confie un enfant à une structure quelle qu'elle soit, celle-ci a la responsabilité de l'enfant jusqu'au moment où l'enfant est rendu à sa famille. Cela s'applique aussi bien à une heure d'entraînement en piscine qu'à un stage d'une semaine en mer. Dans ce dernier cas, outre des moniteurs de plongée, l'encadrement comprend nécessairement des moniteurs de colonies de vacances.

➤ Les règles d'encadrement de la plongée

Les textes en vigueur en France prévoient au minimum un moniteur titulaire du niveau 2 d'encadrement (initiateur + 2^{e} échelon FFESSM ou aspirant fédéral FSGT) pour encadrer un plongeur débutant sans diplôme : c'est le cas des enfants. De la même façon, les règles définissant le diplôme minimal du directeur de plongée prévoient le niveau 1 d'encadrement en piscine, le niveau 3 d'encadrement ou le niveau 5 de plongeur en mer. On se reportera au chapitre 11 « La plongée et le droit » pour plus de détails.

Notons que les formations de moniteur quelles qu'elles soient n'abordent ni l'encadrement ni l'enseignement à des enfants. La seule formation de ce genre est effectuée par l'Arpe. Les diplômes minimaux d'encadrement prévus par les textes sont donc notoirement insuffisants. On doit s'efforcer de fournir un encadrement dont les compétences réelles dans ce domaine spécifique iront par conséquent bien au-delà du minimum légal.

➤ Les enfants en stage

Un groupe d'enfants en vacances doit respecter les règles des colonies de vacances. Les groupes de plus de 12 enfants séjournant plus de cinq nuits doivent être déclarés. Tout séjour dans un centre de séjour déjà agréé est exempté de déclaration préalable. L'encadrement doit être assuré par des moniteurs titulaires du Bafa (Brevet d'aptitude à la fonction d'animateur), et le groupe doit être dirigé par un directeur de colonies de vacances diplômé en principe titulaire du BAFD (Brevet d'aptitude à la fonction de directeur). Pour faire les déclarations et s'assurer des règles et des éventuels aménagements, il est conseillé de prendre contact avec la direction départementale de la Jeunesse et des Sports dont dépend le siège social de la structure concernée.

Dans un stage de plusieurs jours, les enfants passent plus de temps à des activités de groupes variées qu'à la plongée. Des prolongements à la plongée s'imposent : visite d'aquariums, étude d'échantillons recueillis au fond, reconnaissance des animaux rencontrés en plongée à l'aide de livres ou de planches, prélèvement du plancton et examen à l'aide d'un microscope.

L'apprentissage de la plongée comprend l'apprentissage de la mer : mouiller l'embarcation, piloter le bateau, utiliser une VHF, un sondeur, entretenir le bateau motivent les adolescents. Le moniteur de plongée peut donc avoir un rôle très large, surtout si ses compétences vont au-delà de l'encadrement en plon-

gée. Des projets de photographie, d'archéologie, de peinture peuvent voir le jour avec un encadrement spécialisé.
Les moniteurs doivent gérer la vie de groupe. Ils conçoivent un programme d'activités autour et en dehors de la plongée en fonction de l'âge, des conditions météo, du lieu. Les promenades, visites, randonnées sont les activités les plus simples à organiser. Les jeux sportifs, en particulier avec un ballon, recueillent l'adhésion immédiate des enfants.
En cas de mauvais temps, des activités d'intérieur sont à prévoir : travaux manuels (il faut avoir pensé au matériel), jeux, projections vidéo. L'organisation d'une fête rencontre toujours beaucoup de succès et mobilise avec efficacité les énergies communes.
Assurer la discipline constitue une tâche indispensable et parfois délicate en particulier avec les adolescents. Le problème des heures de coucher représente souvent un casse-tête ardu. Dans certains cas, il ne faut pas avoir peur d'une épreuve de force.

Les structures

Les occasions pour faire plonger les enfants deviennent de plus en plus nombreuses : au-delà du cercle familial, forcément restreint et souvent peu adapté, les structures scolaires, associatives ou professionnelles, offrent des opportunités de nature variée.

➤ Le milieu scolaire

L'enseignement du sport dans l'institution scolaire connaît une très grande diversification depuis l'école primaire et le collège jusqu'au lycée et à l'université. La pratique des sports les plus récents provient presque toujours de l'intérêt personnel d'un enseignant d'éducation physique et sportive. Comme l'établissement n'a pas en général les moyens matériels et financiers suffisants pour mener un tel enseignement à bien de façon indépendante, il s'assure la collaboration d'une structure extérieure pour le matériel et l'encadrement, souvent un club.
À l'école primaire, les instituteurs motivés organisent soit des initiations ponctuelles en piscine, soit des initiations dans le cadre de classes de découverte au bord de la mer. La réussite de telles initiatives dépend de la motivation des enseignants et du soutien de l'administration : chef d'établissement, conseiller pédagogique, inspecteur d'académie. Des centres d'accueil de classes de découvertes existent sur les côtes françaises. Ceux de Camaret (Finistère), de l'île de Groix (Morbihan), de Banyuls (Pyrénées-Orientales), de l'île de Porquerolles (Var) proposent une initiation à la plongée.
Une activité de plongée régulière existe dans un certain nombre de collèges et de lycées français. Au collège et lycée Fesch d'Ajaccio en Corse, il existe une classe de « promotion plongée » en premier cycle qui permet deux heures d'initiation hebdomadaires et une sortie en mer mensuelle. Au second cycle, la classe « activités sportives spécialisées » offre trois heures hebdomadaires d'enseignement de la plongée. Une option plongée est possible au baccalauréat : l'épreuve comprend la préparation d'un mémoire et une épreuve en situation de plongée réelle. L'association sportive de l'établissement, dans le cadre de l'Union nationale du sport scolaire, propose aussi la plongée le mercredi après-midi en prolongation de ces activités. Le lycée de Moûtiers en Savoie possède également une activité de plongée bien développée dans le cadre des activités sportives spécialisées.
Des projets éducatifs permettent à bien des rêves de se réaliser (fig. 10.15). Il y a eu les projets d'action éducative et, dans le cadre de l'aménagement du temps scolaire, les contrats bleus et plus récemment les CATE (contrats d'aménagement du temps de l'enfant). Souvent la plongée s'introduit par l'utilisation de matériel destiné à favoriser l'enseignement de la natation. Mais elle se développe en relation avec les disciplines les plus variées : éducation physique et sportive, physique, biologie, histoire, géographie, dessin, français...

➤ Les structures associatives

Les clubs constitués en associations de bénévoles représentent la force vive de l'enseignement et de la pratique de la plongée en France.

10.15

10.16

La plupart sont affiliés soit à la Fédération française d'études et de sports sous-marins (FFESSM), soit à la Fédération sportive et gymnique du travail (FSGT). Les clubs qui possèdent une section pour enfants sont encore peu nombreux : environ un sur dix en 1992. Beaucoup plus rares sont les clubs exclusivement destinés aux enfants. Un certain nombre de clubs affiliés à la Fédération française de natation préscolaire (FNNP) proposent aussi une initiation à la plongée : il s'agit de ce que l'on nomme habituellement les clubs de bébés nageurs.

La nature d'une organisation destinée aux enfants diffère totalement de celle d'une organisation qui s'adresse aux adultes. La gestion d'un tel club doit être prise en charge par les parents en liaison avec des moniteurs bien préparés à l'enseignement à des enfants et à la responsabilité que cela représente.

Pour les entraînements en piscine, un club de l'intérieur doit essayer d'obtenir une tranche horaire de fin d'après-midi et en tous cas pas trop tard dans la soirée. Il doit posséder du matériel de plongée convenant à la tranche d'âge choisie. Il doit aussi avoir l'usage de matériel pédagogique, soit par l'intermédiaire de la piscine, soit en se le procurant pour son usage propre.

Enfin, les stages et séjours en mer demandent une attention toute particulière; ils doivent constituer une composante essentielle de la vie du club.

➤ Les structures professionnelles

La clientèle des loisirs sportifs devient plus exigeante, plus aisée, moins disponible, et demande des prestations à la carte. Les structures professionnelles de la plongée sont en pleine expansion et vont dans ce sens. Leur orientation vers les enfants est encore timide, mais elle ne peut que progresser.

En pratique, ces structures sont animées par un moniteur affilié soit au Syndicat national des moniteurs de plongée (SNMP), maintenant dénommé Compagnie des instructeurs professionnels de plongée (CIPP), soit aux Guides de la mer, ou à l'organisation d'origine américaine PADI.

Les enfants et la plongée de demain

Les catégories d'âge concernées par la plongée se sont considérablement rajeunies ces dix dernières années. Le pourcentage de licenciés de moins de 16 ans dans les clubs, infime avant 1980, dépassait largement les 15 % en 1992. Les clubs ne peuvent satisfaire la demande. Lors des opérations de promotion organisées classiquement par les clubs en fin ou en début de saison, les enfants et les adolescents se pressent pour profiter du baptême de plongée pendant lequel ils lâchent leurs premières bulles dans la piscine. Les opérations menées dans le cadre scolaire par Claude Wesly, « Monsieur Plongée » pour la FFESSM, remportent un succès qui ne se dément pas.

Mais au-delà de ces opérations médiatiques, de nombreux problèmes pratiques empêchent de passer du rêve à l'apprentissage effectif : défaut de moyens matériels et financiers, manque d'encadrement, saturation des piscines, absence de volonté des dirigeants départementaux, régionaux et nationaux, méfiance des responsables techniques remis en cause dans leurs convictions les plus profondes. Mais les moniteurs qui suivent le stage sur l'enseignement de la plongée aux enfants organisé chaque année par l'Arpe apportent du sang neuf dans leurs structures. Souvent mal reçus au départ par les moniteurs traditionnels, ils bousculent les habitudes routinières et les idées préconçues et entraînent avec eux de nouveaux encadrants dans la mise en place d'activités destinées aux enfants.

Il est maintenant bien admis que la pratique de la plongée par les enfants, avec ses règles, ses méthodes, son organisation, son matériel, est une activité d'éveil et de développement physique qui leur apporte beaucoup (fig. 10.16).

Les enfants ont le droit de profiter de la mer, d'en découvrir et d'en protéger les richesses, pour eux et leurs descendants. Aux adultes de leur en donner les moyens.

BIBLIOGRAPHIE

Comptes rendus des stages de l'ARPE
et *Cahiers de l'ARPE* :
– Compte rendu du deuxième stage d'initiation à l'enseignement de la plongée aux enfants, 1986 (CR86) ;
– Compte rendu du troisième stage sur l'enseignement de la plongée aux enfants, 1987 (CR87) ;
– Troisième et quatrième *Cahiers de l'ARPE*, nouvelle édition – octobre 1991 (CA91).

Articles extraits de ces documents :
– « L'enfant et la plongée : aspects physiologiques, relations avec la croissance », docteur Jean Durand-Bailloud (CA91) ;
– « Vers une autre orientation pédagogique en plongée », Jean-Pierre Malamas (CR87) ;
– « Tendances du matériel de plongée pour les enfants », Jean-Jacques Gauthier (CA91) ;
– « L'enseignement de la plongée en collège et en lycée », Jean-Pierre Malamas (CR86) ;
– « La plongée des enfants : une activité spécifique », René Beretz (CR87) ;
– « Les adolescents et la plongée », Jean-Luc Brunet, René Beretz (CA91).

Actes du colloque sur la plongée et les enfants tenu au Salon nautique de Paris en janvier 1985, publiés par le SNMP, l'ANMP, la FFESSM, la FSGT (voir en particulier : « L'enfant et la plongée – Mise en place d'une étude de la croissance », Dr Carrier et Dr Duvallet).

Jean-Pierre Malamas, *Apprendre la plongée : un jeu d'enfant,* Vigot, 2e édition, 1991.

Jean-Pierre Malamas, *1000 jeux et exercices en natation sous-marine et en plongée,* Vigot, 1990.

Jean-Pierre Malamas, *Passeport pour l'espace bleu,* édité par l'auteur, 1988.

Jean-Jacques Gauthier, *L'enfant et la plongée : s'épanouir dans l'eau,* Amphora, 1991.

R. Catteau et G. Garoff, *L'apprentissage de la natation,* Vigot, 1971.

Alain Vadepied, *Laisser l'eau faire,* Scarabée - CEMEA, 1976.

Alain Vadepied, *Les eaux troublées,* Scarabée - CEMEA, 1977.

Le monde de la mer, bimestriel, mensuel depuis 1992 : rubrique « juniors » tenue par Jean-Jacques Gauthier de 1986 à 1991.

Apnéa, bimestriel, mensuel depuis 1992 : n° 31 de mai-juin 1991 « Spécial jeunes », Daniel Deflorin.

Océans, mensuel : n° 200 - septembre 1991, « La plongée et les enfants », Jean-Pierre Malamas.

11. LA PLONGÉE ET LE DROIT

Chaque année apporte son lot d'accidents de plongée mortels ou gravement invalidants, dont beaucoup sont d'autant plus inadmissibles qu'ils auraient pu facilement être évités. La méconnaissance du milieu marin, l'ignorance des principes de base de la plongée, le non-respect des normes de sécurité élémentaires sont à l'origine de la plupart de ces accidents. Pourtant, un corps de règles spécifiques existe, constituant le droit de la plongée. La connaissance de ces éléments ne remplace certes pas le sens marin et la prudence, mais du moins peut éviter certains accidents d'autant plus dramatiques qu'ils sont stupides. Chaque année également des sanctions sont infligées à des contrevenants ignorant le plus souvent les règles concernant la pêche ou la fouille d'épaves. Le plongeur autonome doit avoir une connaissance au moins élémentaire de la réglementation, afin de s'éviter quelques désagréments. Enfin, l'importance croissante de la plongée fait que cette technique est de plus en plus utilisée à des fins professionnelles. À côté des classiques scaphandriers, sont apparus de nombreux autres « travailleurs de la mer », notamment pour le compte des sciences exactes ou humaines. Ce sont précisément les scientifiques (universités, CNRS, Museum national d'histoire naturelle) qui ont fait évoluer récemment les catégories juridiques, grâce à l'action de l'Association française des plongeurs scientifiques (Colimpha) qui a permis de faire reconnaître et de réglementer la plongée scientifique.

LE DROIT DE L'INTERVENTION SOUS-MARINE

Les zones d'intervention du plongeur autonome

Le droit international de la mer est destiné à fixer le statut juridique des espaces marins et des activités humaines qui s'y déroulent.
Actuellement, la Convention des Nations unies sur le droit de la mer du 10 décembre 1982[1], bien que n'étant pas entrée en vigueur (51 ratifications sur les 60 prévues par le texte), représente l'état du droit mis *de facto* en application par les États – du moins en ce qui concerne les espaces qui vont retenir notre attention.
Au regard de la pénétration de l'homme dans la mer, on distingue deux régimes de droit applicables selon que l'intervention a lieu dans une zone où l'État exerce sa souveraineté ou dans un espace qui se trouve sous sa juridiction.

➤ Les zones sous souveraineté de l'État

Le point de départ du zonage est la laisse de basse mer, mais le droit international reconnaît à l'État riverain de la mer la possibilité de simplifier le trait de côte si celle-ci n'est pas rectiligne afin d'éliminer les facteurs géographiques secondaires à l'aide d'une ligne de base.
Ainsi, en tirant des segments de droite de cap à cap en respectant cependant le tracé général de la côte, l'État côtier élimine des facteurs secondaires (îles, baies, havres, rades, estuaires...) et délimite en deçà de la ligne de base ses *eaux intérieures*.
Au-delà de la ligne et sur une largeur de 12 milles s'étend alors sa *mer territoriale*.
Sur ces deux espaces l'État exerce sa souveraineté (sous-sol, sol, mer, air), à ceci près que dans la mer territoriale – mais non dans les eaux intérieures – il doit respecter le libre passage innocent des navires étrangers.
Ainsi, sur des zones dont l'étendue peut être considérable[2], le droit de l'État riverain – et notamment ses lois de police – va s'appliquer sur tout navire, toute personne se livrant à la plongée sous-marine, quels que soient leur nationalité et le but de l'intervention.

➤ Les zones sous juridiction de l'État

Au-delà de 12 milles de la ligne de base commence la *zone économique exclusive* (ZEE) sur laquelle l'État riverain n'exerce pas sa souveraineté, mais des droits exclusifs pour l'exploration, l'exploitation, la conservation, la gestion des ressources naturelles biologiques ou non vivantes dans les fonds marins, leur sous-sol et les eaux surjacentes, et même sur toute activité pour la mise en valeur de la zone, telle que la production d'énergie à partir de l'eau, des courants et des vents. Sur cette zone, l'État côtier exerce sa juridiction sur toutes les installations et ouvrages, sur la recherche scientifique, la protection et la préservation du milieu marin.
Cette zone économique s'étend jusqu'à 200 milles des lignes de base – soit 188 milles au-delà d'une mer territoriale de 12 milles.
En superposition de la ZEE et adjacente à la limite externe de la mer territoriale sur une largeur de 12 milles – soit à 24 milles des lignes de base – s'étend la *zone contiguë à la mer territoriale*. Celle-ci sert de prolongement des compétences de l'État, issues de sa souveraineté à des fins de sécurité et de salubrité publiques.
Sur cet espace inclus dans la ZEE, le droit international reconnaît que l'État côtier peut exercer son contrôle pour prévenir les infractions à ses lois et règlements concernant la douane, la fiscalité, la prévention sanitaire et l'immigration.
La convention de 1982 reconnaît que l'État riverain peut, en appliquant la réglementation propre à la zone contiguë, considérer que l'enlèvement du fond de la mer sans son approbation d'objets à caractère archéologique ou historique serait cause d'une infraction, tout comme si celle-ci avait été commise sur son territoire ou dans sa mer territoriale, et en conséquence réprimée comme telle.
On comprendra dès lors que toute plongée sportive ou professionnelle est soumise au droit de l'État riverain depuis la laisse de haute mer jusqu'à 200 milles des lignes de base.

Au-delà de cette limite, le sol et le sous-sol de l'océan constituent la zone internationale des grands fonds marins, et la colonne d'eau surjacente constitue la haute mer. Comme nous ne traiterons pas dans cet ouvrage de la plongée à pression atmosphérique, nous n'aborderons pas ces espaces, sauf à dire – en ce qui concerne la plongée hyperbare à l'air comprimé – qu'en haute mer toute plongée est libre dans le respect des règles du droit international et de celles de l'État du pavillon du navire support de plongée[3].

Les structures administratives de tutelle

Il n'existe pas d'organe international destiné à régler les problèmes juridiques et techniques propres à la plongée. Aucune convention de l'Organisation internationale du travail (OIT) ne porte de façon spécifique sur la plongée.
C'est seulement au niveau européen que l'on a vu poindre une volonté d'harmonisation des législations nationales des États membres des communautés européennes. En effet, le Comité européen de la technologie de la plongée[4] a été créé en mars 1973, à la suite d'une initiative de la Society for Underwater Technology de Grande-Bretagne. Ce comité publie des recommandations pour assurer un niveau élevé de sécurité de la plongée professionnelle et tendre vers une unification des règles nationales. Les principaux thèmes d'étude du comité portent sur la formation du plongeur, sa classification, la surveillance médicale et la qualité des équipements. Le comité est rattaché à la direction de la santé et de la sécurité, commission pour la sécurité et la salubrité dans les mines de houille et autres industries extractives de la Commission des communautés européennes.

LES STRUCTURES ÉTATIQUES

Au niveau français, la plongée dépend de plusieurs ministères, ce qui n'est pas un mal en soi, mais le cloisonnement administratif est tel que chaque département ministériel concerné a, jusqu'à une époque récente, créé son propre corps de règles pour répondre aux besoins des seuls plongeurs de sa compétence.

➤ **Ministère du Travail :** c'est la Direction des relations du travail (sous-direction de l'hygiène et de la sécurité du travail) qui est chargée des problèmes de la plongée de sa compétence.

➤ **Ministère de l'Industrie :** c'est la Direction des hydrocarbures qui s'est spécialisée de façon pragmatique dans la plongée et la sécurité des engins habités, du fait de leur utilisation pour l'exploitation pétrolière en mer. Il est à noter que la Direction interdépartementale de l'industrie Aquitaine-Poitou-Charentes a été à maintes reprises la cheville ouvrière dans la recherche de nouvelles règles de sécurité pour la pénétration sous-marine.

➤ **Ministère de l'Intérieur :** c'est la Direction de la sécurité civile, sous-direction de l'administration générale (bureau de la formation) qui est chargée de la plongée à l'usage des centres de secours.

➤ **Ministère de la Défense :** c'était la seule administration à posséder une structure administrative propre à la plongée depuis la création de la Commission d'études pratiques et d'intervention sous la mer[5] (Cepismer) et du Groupe d'intervention sous la mer[6] (Gismer). Cette structure a été suspendue en 1992 à la suite de compressions budgétaires.

➤ **Secrétariat d'État à la Mer :** trois départements sont concernés, la Direction des ports, celle de la sécurité de la navigation et la Direction des gens de mer. Cette administration n'a pas réellement influé sur les modifications des règles de plongée depuis sa création.

➤ **Secrétariat d'État chargé de la Jeunesse et des Sports :** il traite évidemment de la plongée sportive ; l'encadrement de celle-ci est assuré par la Direction de l'éducation physique et sportive, sous-direction des activités sportives. Cette administration a toujours été très active.

➤ **Mission interministérielle de la Mer :** elle participe aux travaux et discussions sur les textes en tant que coordonnateur des activités maritimes des administrations de l'État.

➤ **Comité consultatif de l'enseignement sportif de la plongée subaquatique :** celui-ci avait été créé en 1965, mais a été reformé par l'arrêté du 17 juin 1986. Il est présidé par un représentant du ministère chargé de la Jeunesse et des Sports, et regroupe les représentants des ministères intéressés, des fédérations, du syndicat des moniteurs, de l'UCPA et de l'INPP. Ce comité donne des avis sur l'enseignement de la plongée, propose des harmonisations de diplômes et assure la liaison entre les organisations sportives et les professionnels.

LES STRUCTURES FÉDÉRATIVES DE LOISIR

Deux structures fédératives regroupent les associations d'activités sportives subaquatiques. La loi du 16 juillet 1984 organise la pratique du sport en France.
Déjà depuis l'ordonnance du 28 août 1945, il était possible à l'État de déléguer certaines compétences à des fédérations sportives et, en contrepartie, il imposait à celles-ci des conditions précises de structure et de fonctionnement. La loi de 1984 réorganise le sport en tenant compte de la décentralisation administrative et organise les rapports entre le sport et les structures administratives nationales, notamment avec les fédérations d'associations sportives[7]. Pour les fédérations agréées, des prérogatives de puissance publique leur seront reconnues car elles remplissent une mission de service public.
Ainsi la plongée peut s'organiser, instaurer un corps de règles techniques, composer des jurys d'examen et délivrer les diplômes sportifs correspondants.

➤ **La Fédération française d'études et de sports sous-marins (FFESSM)** fut créée en 1955 par fusion de deux fédérations concurrentes : la Fédération des sociétés de pêche à la nage et d'études sous-marines, et la Fédération des activités sous-marines. La FFESSM, soutenue par le ministère de la Jeunesse et des Sports, regroupe actuellement 1200 clubs. Il s'agit d'une union d'associations sans but lucratif qualifiées de « clubs » (loi du 1er juillet 1901). Cette fédération est composée d'une assemblée générale, d'un comité directeur et repose sur une large décentralisation (régionale et départementale). Sa particularité est d'avoir créé en son sein des commissions techniques (14) dont le rôle est de faire des propositions pour le développement d'activités subaquatiques précises (audiovisuelles, médicales, orientation, technique...). Elle ne regroupe que des associations dont le but est la pratique et la promotion des sports sous-marins.

➤ **La Fédération sportive et gymnique du travail (FSGT)**, créée en 1934, a pour vocation de rassembler un grand nombre d'associations sportives dont les membres avaient – au départ du moins – une affinité syndicale et sociale.
Cette fédération rassemble, entre autres, des associations de plongée issues du monde du travail (clubs d'entreprises) depuis 1950. Elle compte actuellement 80 clubs subaquatiques.

➤ **La Confédération mondiale des activités subaquatiques (CMAS) :** il manquait une structure internationale sous forme d'une organisation non gouvernementale visant à développer et favoriser la connaissance du milieu subaquatique et la pratique de ces disciplines sportives. C'est pourquoi fut créée, en 1958, à l'initiative de la France, la CMAS, qui regroupe actuellement les fédérations ou groupements nationaux de 65 pays.
Elle est composée d'un comité technique s'intéressant à l'amélioration des matériels et équipements, d'un comité scientifique, dont le but est de développer le niveau de connaissance des plongeurs, et d'un comité sportif qui traite essentiellement de la coordination des manifestations sportives et de la reconnaissance des nouvelles disciplines par les instances mondiales du sport.

LES STRUCTURES ASSOCIATIVES PROFESSIONNELLES

➤ **L'Association française des plongeurs scientifiques** fut créée le 2 février 1979 face au vide juridique laissé entre la plongée réglementée par le ministère du Travail et celle visée par le ministère chargé de la Jeunesse et des Sports. Des plongeurs du MNHN et de l'université de

Paris VI ont rassemblé au sein de cette association, communément appelée « Colimpha », les plongeurs des laboratoires des organismes de recherche en France.
Outre la confrontation des techniques et des connaissances, l'association a permis de couvrir au moyen d'une assurance spécifique les plongeurs scientifiques français. De plus, l'action de Colimpha a été déterminante pour la reconnaissance de cette nouvelle catégorie de plongeurs auprès des pouvoirs publics, et pour l'adoption par le CNRS d'une instruction réglementant la plongée dans les laboratoires. Le CNRS a mis sur pied une formation spécifique des chefs de plongée scientifique, assurée et encadrée par les membres de l'association.

➤ **L'Institut national de plongée professionnelle (INPP)** ; cette association créée en 1982[8] a pour but de former les plongeurs scaphandriers. Des programmes de formation ont été mis au point pour l'obtention des classes I, II et III. L'association dispose d'un centre d'entraînement et de formation remarquablement doté en hommes et en matériel, tant à terre qu'à la mer. Le ministère du Travail lui a délégué certaines compétences. Depuis juillet 1992, l'INPP est le seul centre européen de formation des scaphandriers classe III mention A, depuis la fermeture des centres britanniques de Fort Williams et du National Hyperbaric Centre d'Aberdeen qui ont cessé leurs activités. L'INPP sera l'établissement habilité par la CEE à vérifier la conformité des équipements de protection individuelle et des appareils de plongée hyperbare.

L'EXERCICE DE LA PLONGÉE

Chaque ministère de tutelle a constitué seul son corps de règles propres aux plongeurs de son ressort. L'exercice de la plongée est en conséquence régi par des textes divers dont les laborieuses tentatives d'harmonisation ne sont que récentes.
Des réglementations parallèles existent donc, aussi bien en ce qui concerne l'aptitude physique à la plongée que la formation du plongeur ou l'exercice de l'activité de plongée. Les réglementations distinguent les catégories de plongeurs selon l'activité exercée :
- le plongeur scaphandrier (ministère du Travail),
- le plongeur de bord, démineur, d'aide au franchissement (ministère de la Défense),
- le plongeur secouriste (ministère de l'Intérieur),
- le plongeur sportif (secrétariat d'État à la Jeunesse et aux Sports).

Cette liste ne prenait pas en compte de nombreux plongeurs intervenant dans le cadre de leur travail, mais ne rentrant pas dans les catégories ci-dessus : par exemple, les plongeurs intervenant dans le cadre d'activités scientifiques, du spectacle et des médias, de la pêche et de l'aquaculture, ou encore les ingénieurs. Ce n'est qu'à partir de 1990 que le droit de la plongée va réellement évoluer en reconnaissant les activités ci-dessus comme professionnelles, même si le travailleur n'était amené à plonger qu'occasionnellement dans le cadre desdites fonctions.
Quelle que soit l'activité, la recherche de la sécurité constitue la clé de voûte de toutes les réglementations.

L'aptitude à la plongée

La plongée étant une activité à risques (jurisprudence constante), la surveillance médicale des plongeurs constitue une norme importante de sécurité.

➤ **Pour la plongée relevant de la compétence du ministère du Travail,** l'arrêté du 28 mars 1991 définit[9] les recommandations aux médecins du travail chargés de la surveillance médicale des travailleurs en milieu hyperbare. L'arrêté distingue, pour les activités de scaphandriers, l'examen préalable à la première affectation et l'examen annuel. Pour les travailleurs de plus de quarante ans, un examen clinique est effectué tous les six mois. Ces examens permettent de déceler des contre-indications ou des altérations subséquentes au travail hyperbare. Il est à noter cependant que les examens radiologiques des grosses articulations ne sont pratiqués que tous les quatre ans. La grossesse constitue une contre-indication à l'affectation dans un milieu hyperbare.

➤ **Pour les plongeurs relevant du ministère de la Défense**, l'instruction du 1er octobre 1976 modifiée[10] énumère la liste des examens permettant la reconnaissance de l'aptitude physique à la plongée (plongeur de bord ou plongeur démineur). L'instruction prévoit également le modèle de fiche médicale d'aptitude qui suivra le plongeur (les radios des grosses articulations ne sont ici espacées que de deux ans).

➤ **Les plongeurs relevant du ministère de l'Intérieur** se voient appliquer la circulaire du 8 décembre 1971 sur l'aptitude physique des sapeurs-pompiers, incorporée à la circulaire du 19 mars 1976 sur la pratique de la plongée subaquatique à l'usage des centres de secours[11].

➤ **Pour la plongée sportive,** l'article 35 de la loi du 16 juillet 1984 subordonne la participation aux compétitions à la présentation d'une licence attestant la délivrance d'un certificat médical[12]. Le décret du 1er juillet 1987 pris en application dit, dans son article 6, que les fédérations assurent l'organisation de la surveillance médicale particulière des sportifs et déterminent la nature des examens médicaux ainsi que leur fréquence. En dehors de la compétition, le certificat n'est donc plus obligatoire depuis l'abrogation de l'arrêté du 26 mai 1983. Cependant, l'instruction du 30 septembre 1987[13] précise qu'il est souhaitable que les plongeurs fournissent un certificat médical annuel de non-contre-indication.
Au contraire des autres administrations, la Jeunesse et les Sports n'a pas imposé d'examen type, mais la CMAS a édité en 1974 un modèle international de guide d'examen médico-physiologique des plongeurs qui est actuellement très largement répandu.

La formation du plongeur

Après une longue période d'incertitudes durant laquelle le plus souvent les entreprises de travaux sous-marins formaient elles-mêmes leur personnel, des réglementations précises et cohérentes permettent aujourd'hui d'assurer aux plongeurs des formations de qualité.

➤ **Pour la formation des scaphandriers**, l'élément essentiel est constitué par un certificat d'aptitude à l'hyperbarie (CAH) prévu à l'article 3 alinéa 1 du décret du 28 mars 1990 relatif à la protection des travailleurs en milieu hyperbare[14]. Les modalités de formation sont contenues dans l'arrêté d'application[15] du 28 janvier 1991 sur la sécurité des personnels hyperbares.
Le décret du 28 mars 1990[16] distingue trois classes de travaux hyperbares en fonction de la pression atteinte ; le CAH désignera la classe à laquelle le travailleur a accès et, en conséquence, la nature des opérations qu'il est habilité à pratiquer :

• *classe I* (pression relative maximale n'excédant pas 4 bars),
• *classe II* (pression relative maximale n'excédant pas 6 bars),
• *classe III* (pression relative maximale supérieure à 6 bars).

La classe I comprend deux sous-classes :
– classe IA (pression relative maximale n'excédant pas 1,2 bar),
– classe IB (pression relative maximale supérieure à 1,2 bar).
L'arrêté du 28 janvier 1991 crée plusieurs spécialités regroupées en quatre mentions :
– mention A : activités de scaphandriers,
– mention B : autres activités subaquatiques,

– mention C : activités d'hyperbariste médical,
– mention D : autres activités d'hyperbariste.

Suivant les spécialités du travailleur, une ou plusieurs mentions figurent au CAH.

La réglementation créé ainsi un tronc commun de la plongée, souhaité depuis longtemps par tous les professionnels. Il permet de s'assurer qu'à une pression donnée tous les plongeurs auront un niveau technique de plongée identique. Les spécialités viennent se greffer sur ce tronc commun.

En effet, les disciplines sous-marines sont devenues aussi performantes que spécifiques, faisant que l'enseignement du travail à effectuer ne saurait s'envisager dans un tronc commun ne portant que sur la technique de plongée. C'est pourquoi le CAH n'est pas délivré par un seul organisme, mais par des organismes agréés par les ministères du Travail et de l'Agriculture. L'agrément est délivré par le ministre chargé de la Mer.

Les résultats des formations sont adressés à l'Institut national de plongée professionnelle[17], qui établit le certificat et délivre le livret individuel de plongée qui accompagne obligatoirement tout plongeur. Il est à noter que le certificat d'aptitude à l'hyperbarie est délivré pour dix ans. C'est l'INPP qui peut proroger sa validité par périodes de dix ans. La prorogation ne peut se faire que si le demandeur a effectivement exercé un emploi correspondant au CAH pendant la période écoulée[18].

Des brevets délivrés par d'autres administrations sont admis en équivalence pour certaines mentions.

Pour la mention A : brevet d'éducateur sportif option plongée, brevet de sécurité civile (40 mètres), certificat SAF de l'armée de terre, certificat de plongeur de bord (40 mètres) de la Marine nationale, ainsi que les formations de certaines entreprises de travaux sous-marins dont les diplômes avaient été reconnus par le décret abrogé du 11 juillet 1974.

Pour la mention B : outre les diplômes ci-dessus mentionnés, le diplôme de chef de plongée scientifique du CNRS. Cette équivalence est d'importance, car c'est en fait la reconnaissance d'une nouvelle catégorie : les plongeurs scientifiques (voir plus loin).

➤ **Pour les formations dépendant de la Marine nationale,** c'est l'instruction du 18 avril 1978 (modifiée) relative à l'organisation de la formation à l'école de plongée[19] qui fixe le niveau des formations.

L'instruction distingue les stages de formation (plongeur, travaux sous-marins, plongée par systèmes) et les cours (nageur de combat, plongeur démineur). Le contenu, les niveaux, les programmes des brevets ou certificats y sont énoncés très précisément.

➤ **Pour la gendarmerie, la sécurité civile et la douane,** la formation repose sur un enseignement au carrefour de la plongée sportive et de la plongée militaire[20].

➤ **Pour la formation à la plongée sportive,** les règlements distinguent les formations d'État, dont le but est d'assurer un encadrement professionnel des plongeurs (décret du 7 mars 1991 relatif aux examens de formation spécifique du brevet d'État à trois degrés d'éducateur sportif[21]), et les formations des fédérations ou confédérations reconnues par l'État. Ainsi l'arrêté du 20 septembre 1991 de la Jeunesse et des Sports[22], portant sur les garanties de technique et de sécurité dans les établissements organisant la pratique et l'enseignement de la plongée sportive, prévoit la liste des différents brevets en annexe, pour la FFESSM, la FSGT, et leur équivalent CMAS. Le contenu de l'enseignement est fixé dans les programmes de formation des fédérations. L'annexe I prévoit également le tableau des équivalences entre ces diplômes, et l'annexe II le niveau de l'encadrement (voir tableaux 11.1 et 11.2).

Les diplômes permettent à leurs détenteurs d'évoluer en mer jusqu'aux profondeurs maximales prévues pour chaque brevet.

La protection du plongeur

C'est l'aspect le plus important de la réglementation. Il s'agit de déterminer les règles qui vont assurer la sécurité du plongeur lors de ses incursions en mer. Tous les ministères concernés ont imposé des normes qui ont des caractères généraux très voisins.

➤ **Les travailleurs en milieu hyperbare** dépendant du ministère du Travail (visés au L231-1 du code du Travail) sont protégés par la limite d'âge : le CAH ne peut être obtenu qu'entre 18 et 40 ans. Les mélanges respiratoires doivent respecter les prescriptions du décret du 28 mars 1990 précité. Des taux maximaux de gaz carbonique, d'oxyde de carbone, de vapeur d'eau, d'huile, de poussières et de gaz dangereux sont fixés. Les pressions partielles d'oxygène et d'azote sont également déterminées, ainsi que les conditions d'utilisation des gaz diluants de l'oxygène.

L'air comprimé ne peut être utilisé que jusqu'à 6 bars relatifs. Au-delà, la plongée ne peut s'effectuer qu'à l'aide de mélanges respiratoires dont les spécificités sont fixées en fonction des phases de la plongée, car l'employeur est tenu

Tableau 11.1. *Plongeurs.*

Niveau de prérogatives des plongeurs	Brevets FFESSM et FSGT	Brevets CMAS
Niveau 1	Brevet élémentaire	Plongeur 1 étoile
Niveau 2	1er échelon	Plongeur 2 étoiles
Niveau 3	Autonome	Plongeur 3 étoiles
Niveau 4	2e échelon	Plongeur 3 étoiles
Niveau 5	2e échelon + qualification de directeur de plongée*	

**Présenté par le président du club et un encadrant niveau 4, il est titulaire du permis bateau A, il a subi un contrôle continu en milieu naturel sur l'organisation d'au moins dix journées de plongée, sur l'organisation de secours et la pratique du secourisme.*

Tableau 11.2. *Encadrement.*

Niveau de l'encadrement	Enseignement bénévole			Enseignement rémunéré
	FFESSM	FSGT	CMAS	Brevets d'État
1	Initiateur	Stagiaire pédagogique		
2	Initiateur + 2e échelon ou 2e échelon stagiaire pédagogique	Aspirant fédéral	1 étoile	Stagiaire pédagogique
3	Fédéral 1er degré	Fédéral 1er degré	2 étoiles	BEES 1
4	Fédéral 2e degré	Fédéral 2e degré	3 étoiles	BEES 2
5				BEES 3

de fournir des mélanges adaptés en composition et température aux phases de compression, de travail ou de décompression des employés. L'air et les mélanges préparés par l'établissement sont analysés une fois par an et après toute modification ou réparation des installations. Chaque entreprise dispose d'un manuel de procédures de sécurité : il définit les rôles des personnes intervenant lors des opérations, les équipements nécessaires au type d'intervention, les précautions à prendre sur le site (connaissance des dangers du lieu d'intervention, météorologie...) ; il précise les procédures de secours.

Chaque intervention est dirigée par un chef d'orientation désigné par l'employeur, qui prend sur le site les mesures nécessaires pour la sécurité des travailleurs. Chaque plongeur est surveillé en permanence jusqu'à son retour à la pression atmosphérique. De plus, une personne titulaire du CAH doit être susceptible d'intervenir en cas de nécessité pour porter secours au travailleur sous pression. Sur chaque site d'intervention sous pression, un membre du personnel présent doit avoir reçu l'enseignement nécessaire pour donner les premiers soins en cas d'urgence. La composition des équipes, la durée et la fréquence des interventions, les procédures de compression-décompression font l'objet de l'arrêté du 15 mai 1992 définissant les procédures d'accès, de séjour, de sortie et d'organisation du travail en milieu hyperbare[23]. Les tables de décompression sont celles prévues en annexe de l'arrêté et sont publiées dans la brochure n° 1636 des journaux officiels.

L'utilisation d'un caisson monoplace n'est pas autorisée et le délai d'accès à un caisson multiplace opérationnel ne peut excéder deux heures.

➤ **Les plongeurs scientifiques** : l'instruction n° 86/88 du secrétariat général du CNRS (Inspection d'hygiène et de sécurité) du 2 mai 1988 a pour but d'appliquer des conditions de sécurité dans les établissements publics de recherche ou d'enseignement où se pratique la plongée subaquatique comme moyen d'investigation pour la recherche ou l'enseignement. Cette instruction est une adaptation, dans le cadre de la plongée à l'air, des prescriptions du ministère du Travail. Elle présente le grand intérêt de reconnaître au plan juridique l'existence d'une plongée à caractère scientifique qui ne saurait se confondre avec le travail des scaphandriers ou le loisir des plongeurs sportifs.

Tout salarié des établissements ci-dessus, qui pratique la plongée comme moyen d'investigation professionnelle et qui est titulaire au moins du 1er échelon FFESSM, est plongeur scientifique (cette possibilité est étendue aux étudiants de plus de 18 ans travaillant dans les laboratoires sus-visés).

L'autorité administrative délivre à chaque agent une autorisation de plongée valable un an sur présentation d'un certificat médical de non-contre-indication.

L'instruction distingue trois types de plongée :

– peu profonde (jusqu'à 1,2 bar de pression relative),
– moyenne (jusqu'à 4 bars de pression relative),
– profonde (jusqu'à 6 bars de pression relative).

La plongée est pratiquée sous l'autorité du directeur du laboratoire qui détient la liste des personnels autorisés à plonger. La coordination et le contrôle des actions de plongée sont assurés par le responsable du service de plongée qui est, ou a été, chef de plongée scientifique.

Chaque équipe travaille en plongée sous la responsabilité d'un chef de plongée scientifique (2e échelon du laboratoire ou 1er échelon ayant suivi les stages de plongée scientifique du CNRS). L'équipe dirigée par le chef de plongée est surveillée en surface par un agent connaissant la mise en œuvre du matériel de plongée.

Chaque plongeur a un carnet de plongée visé par le chef de plongée. Les temps de plongée, les fréquences, les intervalles de plongée sont calqués sur le décret du ministère du Travail. Les tables de décompression sont celles de l'arrêté du 15 mai 1992.

Cette instruction présente le grand avantage de permettre une formation spécifique à la plongée scientifique par des spécialistes de la discipline à des plongeurs qui ont acquis un niveau technique de plongée minimal (1er échelon), et de permettre à de jeunes doctorants (munis d'une assurance personnelle) sous le contrôle

de responsables, de plonger dans le cadre de leur thèse tout en étant couverts par la législation sur les accidents du travail.
Le vif succès des stages de formation de chef de plongée du CNRS prouve à l'évidence que l'instruction de 1988 a couvert un vide juridique qui bridait l'action des sciences en mer.

➤ **Les plongeurs de la Marine nationale** suivent les termes de la circulaire relative à la plongée du 17 décembre 1980[24], qui limite le temps mensuel de plongée (pour les personnels en poste de plongeur au plan d'armement) à : 50 heures pour les nageurs de combat, 45 heures pour les plongeurs démineurs et 10 heures pour les plongeurs de bord. Ceci couvrant l'entraînement, les exercices, comme les missions.
Des réglementations voisines existent pour les plongeurs de la gendarmerie (instruction modifiée du 7 août 1968) et les plongeurs des services de secours du ministère de l'Intérieur (instruction du 19 mars 1976). Ces spécialités respectent les prescriptions d'ensemble des dispositions du ministère du Travail, en y apportant des spécificités dues aux conditions particulières des plongées d'investigation ou de secours. Les tables de plongée utilisées sont celles de la Marine nationale modèle 1990.

➤ **Pour les plongeurs sportifs,** l'arrêté précité du 20 septembre 1991 fixe les garanties de technique et de sécurité dans les groupements de plongée sportive.
La plongée se pratique sous la responsabilité d'un directeur de plongée qui fixe les caractéristiques de la plongée en fonction des circonstances et applique les termes de l'arrêté. Les plongeurs sont rassemblés par groupes appelés « palanquées ». Chaque palanquée est menée par un guide de palanquée qui veille à ce que les caractéristiques de plongée soient les mêmes pour chaque membre de sa palanquée.
Les plongeurs sont classés en cinq niveaux, les

Tableau 11.3. *Conditions de pratique de la plongée en milieu naturel.*

Espaces	Niveau des plongeurs	Compétence minimale du guide de palanquée	Effectif maximal de la palanquée - encadrement compris
Proche	Débutant	E1 (enseignement) P4 (exploration)	4 + P4 éventuellement 2 + P4 éventuellement si baptême
Médian	Débutant	E2 (enseignement) P4 (exploration)	4 + P4 éventuellement
	1	E2 (enseignement) P4 (exploration)	4 + P4 éventuellement
		E3 (enseignement) + P4 dans zone des 10 m	5 équipes maximum dans zone des 10 m
	2	Pas d'encadrement	3
Lointain	2	E3 (enseignement) P4 (exploration)	2 (+ P4 si enseignement) 4 si encadrement est P4 et si exploration
Au-delà de 40 mètres	3, 4 et 5	pas d'encadrement (exploration) E4 (enseignement)	3 (exploration) 3 + E4 si enseignement

encadrants également. En fonction des niveaux d'une palanquée, les plongeurs peuvent accéder à une ou plusieurs des trois zones d'évolutions (voir tableau 11.3) :

- espace proche (maximum 5 mètres),
- espace médian (maximum 20 mètres),
- espace lointain (zone des 40 mètres).

Une palanquée de débutants ne peut dépasser l'espace proche sauf dans le cadre de la formation technique et encadrée en conséquence.

Une palanquée de niveau 1 évolue dans l'espace médian, une équipe (palanquée réduite à deux plongeurs) de niveau 1 peut évoluer jusqu'à 10 mètres lorsque les conditions maritimes le permettent et si elle ne s'éloigne pas à plus de 30 mètres d'un point d'appui fixe.

Des plongeurs de niveau 2 peuvent être autorisés à plonger entre eux dans l'espace médian.

Les plongeurs de niveau 3 à 5 peuvent plonger entre eux en exploration, en fixant eux-mêmes les caractéristiques de leur plongée.

En matière de sécurité, les plongeurs sont signalés par les pavillons en vigueur. Le guide de palanquée est équipé d'un gilet gonflable et des moyens de contrôler les paramètres de la plongée. Son scaphandre est muni de deux détendeurs (il n'est pas expressément fait mention des tables). Le directeur de plongée est sur place et possède un niveau de plongée 5 pour une plongée d'exploration et de niveau d'encadrement 3 pour une plongée de formation. Lorsque des plongeurs de niveau 1 plongent en équipe dans la zone des 10 mètres, celle-ci est surveillée par deux personnes (niveau d'encadrement 3 et au moins niveau 4 de plongée) prêtes à intervenir à tout moment, dont l'une est équipée. Il ne peut y avoir plus de cinq équipes en même temps sous la responsabilité de ces deux personnes dans ce cas. Le directeur de plongée dispose en surface d'un moyen pour rappeler les plongeurs. Dans tous les cas, les plongeurs disposent sur le lieu de plongée du matériel de premiers secours adapté aux activités subaquatiques et d'un inhalateur / insufflateur d'oxygène muni d'une réserve de gaz.

Ces dispositions ne sont pas applicables lors des plongées présentant des caractéristiques particulières comme l'archéologie sous-marine ou la plongée souterraine.

Cet arrêté de 1991 abroge l'arrêté du 26 mai 1983 qui avait le même objet, mais également l'arrêté du 5 juin 1982 qui fixait les garanties de techniques et de sécurité dans les centres ou écoles de plongée ; or certaines dispositions de sécurité ne sont pas reprises dans l'arrêté de 1991 (procédures de sauvetage, liaisons téléphoniques avec les organismes de secours, certificat médical).

LE MATÉRIEL DE PLONGÉE ET LA RÉGLEMENTATION

L'une des premières conditions de sécurité est de disposer de matériel de qualité en bon état de fonctionnement : c'est là le but essentiel de la réglementation concernant le matériel de plongée.
La réglementation portant sur le matériel présente une relative unité. Devant les dangers de la compression des gaz et la manipulation des récipients à pression interne élevée, une réglementation générale a vu le jour en 1943 et a été régulièrement modifiée. Une réglementation plus spécifique existe pour les bouteilles mobiles forgées et les appareils de production de gaz comprimé. Enfin, une réglementation du matériel a été ajoutée dans les textes encadrant l'exercice de la plongée.

Réglementation générale

Elle revêt deux aspects, en traitant tout d'abord des appareils à pression de gaz en général, puis en réglementant les appareils de production, d'emmagasinage et de mise en œuvre des gaz comprimés.
L'objet des textes, souvent modifiés pour tenir compte de l'évolution des techniques et des exigences croissantes de sécurité, est d'instaurer des normes de construction et de réparation de ces appareils, de leur imposer des marques extérieures, de leur faire subir des épreuves et d'en organiser le contrôle. Il s'agit bien sûr de l'ensemble des appareils à pression; nous ne retiendrons que ce qui concerne les appareils servant à la plongée subaquatique.
Cette réglementation générale est issue du décret du 18 janvier 1943[25] modifié, qui porte sur les compresseurs d'une pression de refoulement du dernier étage supérieure à 10 bars, les canalisations où ces gaz sous pression sont envoyés, les appareils mobiles d'emmagasinage. Ces appareils doivent avoir été construits spécialement, ils doivent être utilisés sans dépassement de pression, entretenus convenablement et retirés en temps utile. Les tuyauteries doivent respecter les dimensions prévues. Les appareils portent des marques d'identité qui donnent les indications suivantes : pression d'épreuve, pression de service, marque de fabrique, date de mise en service, volume intérieur. Le décret prévoit également des vérifications et des épreuves périodiques.
La loi du 28 octobre 1943[26] attribue la surveillance et le contrôle des appareils à pression de gaz aux ingénieurs des Mines et prévoit la liste des sanctions pour tout manquement à la réglementation sur ces appareils de la part des fabricants, des revendeurs et des utilisateurs.
L'arrêté du 23 juillet 1943 modifié[27] prévoit les normes de sécurité pour la construction des appareils et prescrit la nature des matériaux, l'étanchéité des joints, des dispositifs de fermeture et des soupapes, la qualité du métal. Les orifices doivent permettre visite et nettoyage. L'arrêté prévoit également les périodes de ré-épreuve, différentes selon les appareils.

• Pour les bouteilles mobiles de plongée, la période entre deux ré-épreuves était de cinq ans jusqu'à la modification due à l'arrêté du 20 février 1985 ramenant cette période à deux ans[28]. Mais une telle périodicité devenait très contraignante, coûteuse et, à la limite, dangereuse : multiplier les ré-épreuves au-delà de la pression de service ne peut que fragiliser inutilement le métal. C'est pourquoi les professionnels et la FFESSM s'étant fortement émus, l'arrêté du 18 novembre 1986 pris en dérogation[29] de l'arrêté de 1985 (qui reste la règle) permet que la période entre deux ré-épreuves soit à nouveau de cinq ans, à condition que les bouteilles de plongée appartiennent à des organes affiliés aux fédérations reconnues ou aux adhérents et membres du personnel de ces organes, et qu'elles fassent l'objet d'une vérification annuelle par un technicien compétent au sens de l'article 16 de l'arrêté du 23 juillet 1943[30].

• La période pour les bouteilles fixes (tampons) est de dix ans; entre-temps, les fédérations assurent une visite tous les trois ans.
Enfin, l'arrêté fixe les consignes de chargement et de stockage de ces récipients.

Réglementation spécifique

➤ Les bouteilles mobiles forgées

L'arrêté du 12 novembre 1962 réglemente de façon spécifique les bouteilles de plongée, tant pour leur construction que pour leur chargement. Des prescriptions particulières sont données pour leur pression d'épreuve et les tests qui doivent être faits sur chaque lot fabriqué.

Des circulaires du ministère de l'Industrie ont prescrit aux centres de ré-épreuve de supprimer les revêtements intérieurs dont certaines bouteilles étaient équipées, afin d'éviter la corrosion et de permettre une bonne visibilité du métal lors des inspections.

On notera que les bouteilles des gilets gonflables (volume 0,4 l) ne font pas l'objet d'une réglementation particulière et ne sont donc pas tenues de subir des ré-épreuves. En raison de certains accidents, il a semblé important à la FFESSM d'attirer l'attention de ses adhérents sur l'intérêt de faire procéder tous les cinq ans à un échange standard de celles-ci, et de les faire visiter régulièrement par un technicien en inspection visuelle (TIV).

➤ Les compresseurs volumétriques

La réglementation des compresseurs date de l'arrêté du 15 janvier 1962 (*JO* du 23) pour les engins dont la pression effective de refoulement du dernier étage est supérieure à 10 bars. L'arrêté fixe les prescriptions de construction et la nature des matériaux constitutifs. L'ensemble de l'appareil doit être conçu de façon telle que toute avarie ou défaut prévisible puissent être décelés immédiatement par le personnel de surveillance. Un état descriptif certifié accompagne le compresseur. Des vérifications extérieures et intérieures sont effectuées aussi souvent que nécessaire.

L'utilisateur d'un compresseur est responsable des conditions dans lesquelles il le fait fonctionner (art. 9). Des filtres doivent être placés aussi bien à l'aspiration qu'au refoulement. Un manomètre indique la pression de service.

La qualité de l'air refoulé est prescrite à l'article 5 du décret du 28 mars 1990 précité, qui prévoit les conditions d'utilisation en sécurité de ces appareils à l'article 16.

L'instruction du ministère de la Défense du 20 mai 1981 relative à la conduite et à l'entretien des postes de chargement des bouteilles d'air comprimé pour plongeurs (BOT 1981-10, p. 353) porte en fait sur les modalités d'usage des compresseurs et les procédures d'utilisation et d'entretien.

➤ Les caissons de recompression

L'arrêté du 1er octobre 1974 (*JO* du 29 novembre) fixe les conditions auxquelles doivent satisfaire les caissons de recompression ainsi que leurs modalités d'utilisation. Son arrêté complémentaire date du 30 avril 1976 (*JO* du 16 mai). En vertu de cette réglementation spécifique, les caissons fixes ou mobiles doivent comporter une chambre de recompression et au moins un sas à personnels. Deux personnes au minimum doivent être capables de se mouvoir librement dans la chambre (ceci rend donc caduc[31] l'usage des caissons monoplaces, à moins que ceux-ci ne servent exclusivement au transport d'un accidenté d'une chambre multiplace dans une autre, technique en usage dans la Marine nationale).

L'arrêté prévoit la possibilité de couper les circuits de fluides de l'intérieur comme de l'extérieur, les normes des portes des sas, la présence des manomètres de contrôle. Les réservoirs des gaz comprimés d'alimentation doivent être suffisants pour terminer une décompression en cas de panne des compresseurs.

Enfin, des prescriptions de sécurité portent sur le voltage maximal des appareils électriques annexes, le pourcentage maximal d'oxygène dans l'atmosphère du caisson, ainsi que sur les moyens de contrôle de la qualité de l'air à l'intérieur.

En vertu de l'arrêté du 23 juillet 1943, la périodicité de réépreuve des caissons est de dix ans.

➤ Les vêtements de plongée

En application du décret du 11 juillet 1974 (abrogé par le décret du 28 mars 1990) qui fixait les mesures de protection sur les chantiers où étaient utilisés des scaphandriers, l'arrêté du 2 octobre 1974 (*JO* du 29 novembre) fixe les conditions auxquelles doivent satisfaire les vêtements de plongée secs ou humides. Cet

faire l'objet d'une demande de dérogation auprès de l'administration des Affaires maritimes territorialement compétente. En effet, seule la récolte en apnée peut se faire sans autorisation, à condition de respecter la réglementation propre à la pêche.
La légalisation de la pêche sous-marine professionnelle entraîne la nécessité d'instaurer un régime pour les prélèvements sous-marins à des fins scientifiques. Là encore, le futur décret devra porter sur la pêche sous-marine scientifique et instaurer une autorisation délivrée par le préfet de région territorialement compétent pour fixer le régime de cette pêche : réglementation des engins utilisés, du matériel, des espèces, des zones et des conditions d'emploi des engins et matériels. L'usage d'appareils respiratoires sera là aussi possible.

➤ **La recherche d'épaves et l'archéologie sous-marine** soulèvent de très nombreux problèmes juridiques que nous évoquerons brièvement dans cet ouvrage[39].
Le droit français a une définition très large de l'épave. Sont considérés comme épave : tout navire ou engin flottant en état d'innavigabilité, abandonné par son équipage qui n'assure plus ni sa garde, ni sa surveillance; tout aéronef abandonné en état d'innavigabilité; toute cargaison des navires ou des engins; les embarcations, machines, agrès et apparaux ainsi que les débris provenant des navires ou aéronefs; les marchandises jetées ou tombées à la mer. Enfin, sont considérés comme biens culturels maritimes les gisements, épaves, vestiges ou généralement tout bien qui, présentant un intérêt préhistorique, archéologique ou historique, sont situés dans le domaine public maritime ou au fond de la mer dans la zone contiguë (c'est-à-dire à 12 milles au-delà de la limité externe de la mer territoriale).
Une épave moderne ou ancienne n'est pas une chose sans maître, elle a un propriétaire et ne saurait devenir la propriété de celui qui la trouve. La recommandation du 4 octobre 1978 du Conseil de l'Europe[40] relative au patrimoine culturel subaquatique fixe la limite de l'épave à caractère historique à un siècle de séjour sous l'eau (avec possibilité d'exclure des objets de moindre importance et au contraire d'inclure des objets plus récents mais importants au plan historique, comme l'épave du *Titanic*).

• *Les épaves modernes*
Toute personne trouvant une épave (au sens large) en est l'inventeur, mais pour en devenir le sauveteur, elle doit mettre l'épave en sûreté hors d'atteinte de la mer. L'inventeur doit faire une déclaration à l'administration des Affaires maritimes dans les 48 heures. Un procès-verbal sera dressé et le propriétaire prévenu ou recherché. S'il y a vente de l'épave, le sauveteur aura droit à rémunération compte tenu des frais exposés et du travail effectué, de l'habileté déployée et du risque encouru, et, enfin, de la valeur des biens sauvés[41]. Quiconque aura détourné, tenté de détourner ou recelé une épave maritime sera sanctionné selon les termes du Code pénal.

• *Les biens culturels maritimes*
Ces biens sont régis par la loi du 1er décembre 1989[42]. Aux termes de cette loi, les biens culturels dont le propriétaire n'est pas susceptible d'être retrouvé, ou ne l'a pas été dans un délai de trois ans, appartiennent à l'État.
Au contraire des épaves modernes, toute personne découvrant un tel bien est tenue de le laisser en place et de ne pas y porter atteinte. Pour en être reconnu inventeur, elle doit en faire la déclaration à l'administration des Affaires maritimes. Toute personne ayant découvert un bien culturel maritime peut bénéficier d'une récompense dont la nature et le montant sont fixés par l'autorité représentant le ministère de la Culture.
Aucune prospection ne pourra être faite à l'aide de matériel spécialisé sans en avoir obtenu l'autorisation au préalable. Cette autorisation sera délivrée en fonction de la qualification du demandeur. Il en va de même pour tout déplacement d'objet et a fortiori pour tout prélèvement. Une convention peut être signée avec une personne physique aux fins de recherche, de déplacement ou de prélèvement des biens culturels. Le ministre chargé de la Culture peut prendre en cas de besoin des mesures conservatoires, si le bien culturel est menacé.

Par arrêté du 30 septembre 1966 était créée la Direction des recherches archéologiques sous-marines (*JO* du 14 octobre). La DRASM a compétence en matière de biens culturels maritimes sur l'ensemble du territoire français. Elle est compétente pour délivrer les autorisations précisées ci-dessus. Les titres III et IV de la loi de 1989 prévoient les dispositions pénales qui sanctionnent les contrevenants. Les modalités d'application sont régies par le décret du 5 décembre 1991[43] qui précise la nature de la déclaration de découverte et qui donne compétence au ministère chargé de la Culture pour identifier le bien culturel. Le principal intérêt du décret est de préciser les conditions de la recherche archéologique sous-marine faite par des non-professionnels : on distingue les autorisations de sondage et les autorisations de fouille. De telles autorisations peuvent être délivrées après étude d'un dossier de demande motivé. Un contrôle du travail exécuté sera exercé tout au long de la durée de l'autorisation, sous la responsabilité du Conseil supérieur de la recherche archéologique. Le retrait de l'autorisation pourra être prononcé si l'État veut poursuivre lui-même l'exécution du travail ou en cas de sanction pour inobservation grave et répétée des prescriptions imposées par l'administration. Dans le premier cas, le permissionnaire sera indemnisé des frais engagés.

L'ENFANT, LA PLONGÉE ET LE DROIT

La plupart des centres sportifs, y compris les centres de plongée, acceptent les mineurs de moins de 18 ans en requérant cependant une autorisation de leurs parents. Toutefois, pour certaines disciplines, la pratique du sport est interdite aux mineurs de 16 ans, ainsi la pêche sous-marine[44]. Dans le cas qui nous occupe, il s'agit de faire plonger des mineurs de 16 ans. En quoi cette qualité va-t-elle influer sur la règle de droit ? C'est la question à laquelle nous allons tenter de répondre, car si on peut, dans certains cas, assimiler au plan physique des mineurs de 16 à 18 ans à des adultes, en deçà de ce seuil, l'assimilation est impossible.

L'aptitude de l'enfant

Il s'agit ici de l'aptitude juridique à pouvoir adhérer à une association de plongée après avoir été reconnu apte physiquement, et à se voir reconnaître la garde d'une chose (en l'espèce, du matériel de plongée).

• L'organisation du sport en France a été modifiée comme on l'a vu par la loi du 16 juillet 1984 relative à l'organisation et à la promotion des activités physiques et sportives[45]. L'article 1er reconnaît que les activités sportives constituent « un facteur important d'équilibre, de santé et d'épanouissement » et sont « un élément fondamental de l'éducation et de la vie sociale ». Leur pratique constitue « un droit pour chacun quels que soient son âge et ses capacités ». Le mineur a donc droit à pratiquer des sports. Les activités s'exercent (art. 16) au sein d'associations sans but lucratif regroupées par discipline dans des fédérations constituées conformément à la loi du 1er juillet 1901. Ces organisations participent à l'exécution d'une mission de service public et font respecter les règles techniques et déontologiques de leurs disciplines. Ainsi peut-on dire que, sous leur responsabilité, les fédérations peuvent fixer les règles qui leur sont propres, y compris sur l'adhésion des mineurs à leurs associations. La loi de 1984 prévoit un livret sportif individuel, remis au licencié ou à son représentant légal, contenant des informations sportives et médicales. Il est également prévu que les associations souscrivent un contrat d'assurance couvrant la responsabilité civile du groupement sportif et celle des pratiquants du sport (art. 37). Cette assurance est obligatoire.

• Le mineur de moins de 18 ans peut donc, quel que soit son âge, adhérer, avec l'autorisation de son représentant légal, à une association et pratiquer un sport hors compétition qui n'est pas expressément interdit aux mineurs. Il n'existe pas de texte visant particulièrement la visite médicale de plongée pour les enfants, cependant il est certain que le médecin de plongée procèdera à un examen particulièrement attentif d'un mineur. Face à l'attitude de certaines associations sportives qui cherchent à tout prix à attirer vers la plongée des enfants, même issus de milieux non avertis des choses de la mer, il est important de noter que les parents peuvent engager leur responsabilité s'ils laissent un mineur pratiquer un sport qui n'est pas en rapport avec son âge ou qu'ils laissent pratiquer celui-ci dans des conditions dangereuses. En effet, l'autorité parentale suppose une obligation de surveillance et d'éducation qui fait peser sur les parents une présomption de faute (Code civil, art. 1384, al. 4.). Ils peuvent s'en dégager s'ils prouvent qu'ils se sont comportés en personnes prudentes et attentives et qu'ils ont fait le nécessaire pour que l'enfant se comporte de la même façon[46].

Dans la pratique des sports, au cas où l'enfant a causé un dommage, les parents sont libérés de toute responsabilité si le sport pratiqué est en rapport avec l'âge de l'enfant ; mais ils peuvent être rendus responsables s'ils laissent le mineur se livrer à un sport dans des conditions dangereuses ou si le fait s'est produit en dehors de leur consentement[47]. Ils doivent alors prouver qu'ils avaient pris les précautions nécessaires pour éviter une désobéissance[48].

Cet aspect n'est pas sans intérêt alors que la médecine sportive semble s'accorder sur le fait que, si l'enfant ne présente pas a priori de contre-indication physiologique à la plongée, il est capable, son psychisme étant fragile, de panique subite aux conséquences imprévisibles pour les tiers comme pour lui-même.

Enfin, il convient d'attirer l'attention sur les questions de responsabilité liées à l'utilisation du matériel sportif ; en droit, la responsabilité repose sur deux fondements :

– soit la faute commise (art. 1382 et 1383, Code civil),

– soit la garde de la chose qui a causé le dommage (art. 1384, alinéa 1er, Code civil), c'est-à-dire le fait objectif de l'usage, du contrôle et de la direction de cette chose.

Or, il est admis par les tribunaux[49] qu'un enfant peut parfaitement être le gardien d'une chose (ici, du matériel sportif). C'est donc lui qui est responsable des dommages causés par cette chose et, non directement, le club sportif. Cependant, les tribunaux admettent également que le club sportif peut encourir une certaine responsabilité, s'il a lui-même commis une faute en confiant à l'enfant un matériel inadapté ou dangereux.

Dans le cas où les deux responsabilités sont retenues, elles sont dites « solidaires »[50] en ce sens que la victime pourra s'adresser indifféremment à l'enfant (en fait, à ses parents) ou au club pour obtenir réparation, quitte à celui qui a payé à se retourner contre l'autre débiteur.

On constate qu'en ce qui concerne l'aptitude de l'enfant à exercer la plongée sous-marine de loisir, si le mineur peut a priori pratiquer ce sport sous certaines conditions, il ne peut en aucun cas être considéré comme un adhérent normal ni par l'association d'accueil, ni par l'encadrement, ni par ses parents ou ses représentants ; car l'acceptation d'un enfant peut entraîner la mise en œuvre de la responsabilité de l'association, de l'encadrement ou des parents, du fait de ses agissements mal contrôlés, et ceci d'autant plus que l'enfant est jeune.

La protection de l'enfant

Avant même d'être un danger pour autrui, l'enfant en action de plongée risque d'être en danger. Sa protection revêt une importance particulière. Quel niveau de protection juridique peut-il espérer ? Pour répondre à cette question, il faut tout d'abord connaître la nature de la responsabilité qui pèse sur un centre sportif et donc la nature juridique du lien qui unit le centre à l'élève.

Ce lien est de nature contractuelle. L'obligation principale du centre cocontractant est de répondre au contrat, donc d'apprendre la plongée à l'adhérent. Or la plongée est considérée comme un sport difficile comportant des risques. Dès lors, il est important de connaître le contenu juridique de l'obligation accessoire de sécurité qui pèse sur tout centre sportif et, par voie de conséquence, sur l'encadrement.

La jurisprudence est unanime pour reconnaître une **obligation de moyens** en ce qui concerne le respect de la sécurité.

Ainsi, dans un arrêt de 1980, la cour d'appel de Poitiers[51] distingue deux obligations pesant sur un club de plongée.

- *Une obligation de sécurité préventive* supposant que le centre mette à la disposition des adhérents un matériel adéquat et en bon état, qu'il rappelle les règles de sécurité, qu'il compose les équipes de façon équilibrée et qu'il interdise la plongée solitaire.
- *Une obligation de secours d'urgence* (en dehors de toute réglementation) supposant :

– de maintenir en permanence sur le bateau une personne avertie des dangers de la plongée, apte à donner des directives aux plongeurs accidentés et à assurer les premiers soins ;

– de disposer d'un appareil à oxygène en état de fonctionnement (Poitiers, 18 juin 1980 : responsabilité du club pour absence d'oxygène à bord[52]) ;

– de préparer un plan d'évacuation d'urgence des accidentés, notamment vers un établissement hospitalier disposant d'un caisson (en cas d'accident de décompression).

On voit bien ici qu'aux yeux de la cour, l'obligation de sécurité est une obligation de moyens.

Le tribunal de grande instance de la Seine avait, dès 1965, abouti à cette solution[53] : l'obligation de sécurité née du contrat entre un élève et une école technique d'enseignement sportif ne peut être conçue comme une obligation de résultat en raison de ce que la plongée est « un sport difficile qui requiert l'enseignement de spécialistes devant prendre des mesures raisonnables en vue d'éviter tout dommage ». Le tribunal reconnaît plus loin l'obligation de prudence et celle de diligence (*i.e.* de moyens).

Quel est l'intérêt pratique de la distinction entre l'obligation de résultat et l'obligation de moyens ? Dans le premier cas, il y a présomption de responsabilité sur le cocontractant, sans que la victime ait à prouver une faute commise. Dans le second cas, la victime doit prouver la faute. Ainsi, dans l'affaire Veuve Laffargue contre Centre subaquatique ci-dessus référencée, la responsabilité du centre doit être retenue si le moniteur n'a pas fait effectuer une plongée d'accoutumance à un adolescent inexpérimenté et l'a équipé d'une cagoule trop large lui faisant encourir des risques anormaux – ceci étant confirmé par l'arrêt Halabi c/FFESSM de la cour de Poitiers susvisé et confirmé par la Cour de cassation dans l'arrêt du 9 mars 1983. Il en est de même en matière de piscine : le tenancier est tenu par une obligation de moyens ; la victime doit apporter la preuve d'un manquement à l'obligation de sécurité née du contrat[54].

En l'absence de jurisprudence à propos de la plongée des enfants, quelle analyse peut-on faire à la lumière de ce qui précède ?

Il est certain que la jurisprudence considérant la plongée comme une activité à risques, l'obligation de moyens pesant sur le centre sportif sera plus lourde à propos d'enfants que pour des adolescents et des adultes. On peut ainsi affirmer que dans tous les cas le fait de faire plonger des enfants sera considéré comme une circonstance aggravante des accidents. Le juge aura tendance à considérer qu'il y a eu de toute façon imprudence à faire exercer une activité à risques à un mineur.

Étudions la jurisprudence en matière de colonies de vacances (activité sans risque) : on s'aperçoit que la jurisprudence retient la responsabilité du centre organisateur, tenu par une obligation de moyens, s'il y a manque de surveillance, de diligence, de sécurité[55], ces termes étant appliqués de façon très large. En effet, si un moniteur de colonie de vacances, organisant une baignade, a interdit aux enfants de plonger dans un étang en raison de la trop faible profondeur, rien ne prouve qu'il ait été entendu et compris de tous, notamment de la victime, lorsqu'il a formulé l'interdiction. Le juge a retenu la faute de la colonie[56] et sa responsabilité entière, car les moniteurs ne s'étaient pas assurés que les consignes étaient bien comprises. Dès lors qu'en serait-il si on extrapolait cette jurisprudence au cas d'une activité à risques !

Il faut signaler que l'absence de but lucratif du centre sportif est sans effet en ce qui concerne l'étendue de ses obligations.

Cependant, il ne faut pas omettre que la faute de la victime exonère le centre sportif de sa responsabilité, en tout ou en partie, selon sa gravité. Dans ce cas, le fardeau de la preuve appartiendra naturellement au centre susvisé. On peut cependant remarquer combien la jurisprudence retient facilement la faute d'un centre d'activité sportive ou de loisirs lorsqu'il s'agit de mineurs en bas âge, alors même qu'il ne s'agit pas d'activités à risques.

Pourtant, actuellement les polices d'assurance couvrent sans discrimination les plongeurs majeurs ou mineurs. On peut toutefois s'étonner que l'arrêté du 20 septembre 1991 n'aborde pas cette question.

Pratiquement, que peut-on conclure sur l'état du droit face à la plongée des enfants ?

– Cette activité n'est pas illicite.
– Des précautions particulières préalables doivent de toute évidence être prises (autorisation parentale, visite médicale adaptée).
– Un encadrement spécial s'impose.
– Une assurance couvrant tous les risques semble indispensable.
– En matière de responsabilité civile, dans tous les cas, la jurisprudence considèrera que faire pratiquer des sports à risques à des enfants en bas âge est une circonstance aggravante des accidents et donc reconnaîtra plus facilement le manque de surveillance, de diligence et bien sûr de prudence[57].

Enfin, malgré toutes les précautions, le comportement d'un enfant restera toujours imprévisible, donc dangereux pour lui et pour les autres, alors qu'on lui fait manipuler des engins qui ne sont pas des jouets et qui ne sont pas de son âge car il ne les maîtrise pas. Pour former des enfants adaptés au milieu aquatique, il faut les entraîner à la natation et à l'apnée ; la plongée ne peut apparaître ici que comme activité accessoire pratiquée en vue d'une meilleure aisance ultérieure.

ÉLÉMENTS DE DROIT COMPARÉ

Le droit anglo-saxon a évolué plus rapidement que le droit français dans ce domaine. En droit français, il aura fallu attendre le décret de 1990 pour aboutir à un système comparable.
Les textes anglais et américains sont identiques dans la forme, imposant une définition précise des termes employés y compris pour le matériel annexe comme les tourelles. Le rôle de chaque intervenant dans l'opération de plongée est fixé. Cet aspect pragmatique est intéressant car il facilite la détermination des responsabilités. Les textes obligent les employeurs à délivrer à leur personnel plongeur un équipement minimal obligatoire et à lui faire subir un contrôle médical régulier. Les deux instruments juridiques proposent des catégories de plongée basées sur une profondeur maximale et imposent un éloignement maximal des caissons.

Le système britannique

➤ **Sur les opérations de plongée professionnelle**[58], le règlement de base est celui du 12 mars 1981 qui apporte une importante simplification du droit de la plongée en Grande-Bretagne[59]. Auparavant, cette activité dépendait de quatre règlements différents :
– règlement spécial des opérations de plongée (1960),
– règlement sur les installations en mer (1974),
– règlement sur les opérations de plongée sur les oléoducs (1976),
– règlement de la plongée de la marine marchande (1975) – encore en application sur les navires opérant hors de la mer territoriale.
Le règlement de 1981 rassemble les règles et les adapte aux modes actuels de plongée (prise en compte de la plongée par système), tout en imposant des normes de sécurité importantes. Ainsi, toute plongée d'une profondeur supérieure à 50 mètres ou supposant un palier supérieur à 20 minutes nécessite un caisson sur place.

Selon ce règlement, on distingue quatre niveaux de plongée :
1. plongée de base à l'air ;
2. plongée aux mélanges ou à l'aide d'une cloche ;
3. plongée à l'air ne nécessitant pas de caisson sur le site ;
4. plongée autonome ne nécessitant pas de caisson sur le site.
Dans ce système, l'enseignement de base (niveau 1) est nettement plus développé que les enseignements de niveau 3 ou 4 réservés à la plongée autonome ou au narghilé.

➤ **En matière d'organisation de la plongée scientifique**, devant la lacune du droit britannique, l'Underwater Association for Scientific Research de Londres a édité, avec l'aide du Natural Environment Research Council, un code sur la pratique de la plongée scientifique en 1972 et régulièrement remis à jour depuis[60]. Ce code divisé en dix sections reprend, en la commentant pour des activités non industrielles, la réglementation britannique. Il rassemble le contenu du droit applicable à la plongée scientifique (cadre administratif général, formation et organisation de la plongée, règles de sécurité, matériels et conditions d'intervention des plongeurs scientifiques). Le cadre général du droit de la plongée (*Health and Safety*, 1981) est applicable à la plongée scientifique. En ce qui concerne les étudiants, le droit anglais n'est pas clair, mais il semble que les règles de 1981 ne leur soient pas applicables de même que pour les plongeurs amateurs assistant des scientifiques. Dans ces deux cas, l'association de plongée scientifique oblige à contracter une assurance spéciale lors de travaux de recherches occasionnels.
Mais, au contraire du droit français, du moins jusqu'en 1988, il existe une équivalence entre les niveaux de plongée des règles de 1981 et ceux proposés par le code de plongée scientifique. Cette équivalence est reconnue par les pouvoirs publics : des passerelles existent donc entre la plongée commerciale et la plongée scientifique.
La CMAS ayant compris l'intérêt d'un tel système a fait publier par l'Unesco une nouvelle

édition plus importante et généralisée à l'ensemble des pays de plongée scientifique, qui est devenue un véritable traité de plongée scientifique[61].

➤ **En ce qui concerne la plongée sportive associative**, le British Subaqua Club délivre cinq diplômes de plongée : *novice diver*, (1 étoile CMAS) *sport diver*, *dive leader*, (2 étoiles CMAS) *advanced diver*, *first class diver* (3 étoiles CMAS).

Le système américain

➤ **Le système professionnel** américain est basé sur le règlement du 22 juillet 1977 incorporé au titre 29 du code du ministère du Travail[62]. Ce texte assez général définit les termes techniques de façon plus précise qu'en droit français ou britannique : chaque plongeur d'une équipe doit posséder un niveau minimal et avoir satisfait à des prescriptions médicales incluses dans le règlement. Chaque entreprise doit avoir son manuel de sécurité, dont le règlement donne le canevas général. Ce règlement – et ceci est original – présente ensuite de façon chronologique les procédures de plongée (connaissance des moyens de sauvetage, des numéros d'urgence, inspection du matériel...), les procédures en plongée (communications, surveillance, tables, sécurité des outils utilisés...), les procédures après plongée (sécurité des caissons et leur mise en œuvre, tables de traitement d'accidents...). Le règlement prévoit ensuite les limites d'utilisation de la plongée en scaphandre autonome (40 m), en narghilé (60 m), celles de la plongée aux mélanges (avec ou sans cloche) ; enfin, le texte prévoit les spécifications du matériel, la qualité de l'air des compresseurs, les normes des groins, des bouteilles et même du petit matériel.

➤ **Pour ce qui est de la plongée scientifique**, l'American Academy of Underwater Sciences a obtenu que les plongeurs scientifiques soient exclus du champ d'application du règlement de 1977. Un règlement spécifique du 26 novembre 1982[63] amendé en 1983 impose à la plongée scientifique l'utilisation d'un manuel de sécurité propre à ce type d'intervention et ceci sous la direction d'un bureau de contrôle de la plongée.

➤ **En ce qui concerne la plongée de loisir**, les États-Unis n'ont pas de système unifié comme en Europe. Le bénévolat n'existe pas ; chaque organisme a ses règles et sa hiérarchie de plongée. Deux associations d'encadrants dominent cependant :

– la National Association of Underwater Instructors (NAUI), actuellement en perte de vitesse, dont les niveaux correspondent à la classification CMAS (étoile de bronze, étoile d'argent, étoile d'or) ;

– et surtout la Professional Association of Diving Instructors (PADI), qui propose la hiérarchie suivante : *certified diver*, *advanced diver*, *master diver*.

La pratique de la plongée suppose aussi d'avoir obtenu des certificats de spécialité selon le type de plongée, ainsi : *night diver*, *rescue diver*, *ice diver*, *underwater navigation*, *cave diver*, *wreck diver*[64], etc.

Chaque niveau, chaque cours est payant. Ce système – qui cherche à s'implanter ailleurs qu'aux États-Unis – est néfaste, car fondé uniquement sur des rapports financiers. En organisant une plongée « consommation », il déresponsabilise le plongeur, alors que, précisément, le fondement même du droit de la plongée doit être de sensibiliser le plongeur à ses responsabilités.

NOTES

1. La convention des Nations unies sur le droit de la mer. La documentation française NED. Paris 1983 (204 p.)

2. Exemple : au large du Finistère, la limite externe des eaux intérieures est représentée par une ligne allant d'Ar Men à Ouessant, la mer territoriale française s'étend à 12 milles à l'ouest de cette ligne, donc à 22 milles du continent.

3. Sur le droit de la plongée à pression atmosphérique voir Beurier J.-P. : Communication au congrès de l'Association technique maritime et aéronautique (ATMA) sur la pénétration sous-marine. Paris, décembre 1982.

4. *Guidance notes for safe diving*, EDTC, Commission des CE, Luxembourg, mai 1978, Vol. 1 Recommandations générales.

5. Instruction modifiée n° 350 EMM/PL/ORG du 18 octobre 1977.

6. Instruction n° 205 EMM/PL/ORG du 1er juin 1979.

7. Sur l'organisation de la plongée-loisir, voir Broner J.-M. : *Plongée et législation*, édité par l'auteur. Presses des Typographes de France, 3e éd. 1990 (214 p.). On verra aussi, mais de façon plus générale : Chazaud P. : *Droit et réglementation des sports nautiques*, Éditions Maritimes et d'Outre-mer, Paris 1982.

8. Statuts du 1er juillet 1982, *JO* du 12.

9. *JO* du 26 avril 1991, p. 5640.

10. BOC/PP du 20 décembre 1976, 4058 et BOC/PP du 6 juillet 1981.

11. Circulaires 71-587 et 76.172.

12. Loi 84.610 BOEN 908-0, p. 7.

13. Instruction 87.163 BOEN 920-3, p. 15. De plus, l'article 38 oblige les groupements sportifs à inciter leurs adhérents à souscrire un contrat d'assurance en cas de dommage corporel. D'ailleurs, la Cour de cassation avait eu l'occasion de se prononcer sur ce point dans l'arrêt du 6 janvier 1960, Dame Veuve Radouch contre société d'assurances Mutuelle générale de France, Bulletin de la Cour de cassation, 1960, p. 7.

14. Décret 90.277, *JO* du 29 mars, p. 3826.

15. Arrêté du ministère du Travail, *JO* du 2 mars, p. 3020.

16. C'est le décret de 1990 qui supprime de l'article R234-9 du Code du travail les mentions « air comprimé » et « travail dans l'air comprimé » parmi les travaux interdits aux femmes. Cela met fin à une incompatibilité grave qui existait auparavant avec les diplômes délivrés indistinctement aux hommes et aux femmes tels que hyperbariste médical et BEES – plongée, notamment.

17. L'INPP est une simple association constituée sur la base de la loi de 1901 ; au regard du droit administratif, la délégation de compétences à son seul profit est donc étonnante.

18. Le contenu des formations diffère selon la classe (voir annexe II de l'arrêté de 1991)

19. Instruction 141 DEF/DPMM/FORM BOC/PP 8 mai 1978, p. 1935.

20. Gendarmerie : instruction 33000 MA/GEND. T du 7 août 1968 relative au recrutement, à la formation et à l'emploi de plongeurs autonomes, modifiée le 27 avril 1990.

Sapeurs-pompiers : circulaire 76.172 du 19 mars 1976 sur la pratique de la plongée subaquatique des centres de secours.

21. Décret 91.260 BOEN 920-0 a, p. 115.

22. Arrêté portant sur les activités subaquatiques sportives et de loisir en plongée à l'air, *JO* du 5 novembre, p. 14449.

23. *JO* du 26 juin 1992, p. 8413.

Cet arrêté impose un séjour quotidien en plongée inférieur à trois heures, réduit en cas de houle, de courant, ou si la température de l'eau est inférieure à 10 °C ou encore en cas d'utilisation d'outils à percussion d'usage pénible.
En cas de plongée à saturation, la durée quotidienne effective dans l'eau ne peut excéder sept heures et le séjour à saturation n'est pas supérieur à trente jours.
Le scaphandre à l'air ne peut être utilisé au-delà d'une pression relative de 6 bars.
L'équipe minimale de plongée est composée de 4 personnes en cas d'utilisation de scaphandre autonome (3 en cas de narguilé) : 2 plongeurs au travail, 1 plongeur en surface prêt à intervenir, 1 chef de plongée restant sur l'embarcation.

L'arrêté prévoit la possibilité de décompression dans une bulle de plongée où le scaphandrier est émergé, mais pour des pressions d'intervention inférieures à 9 bars. Ceci représente une nouveauté intéressante.

La plongée par système est obligatoire pour des plongées à pression relative supérieure à 9 bars ou si la durée de la décompression est supérieure à 200 minutes.
En cas de plongée par tourelle ou sous-marin porte-scaphandriers, deux plongeurs font équipe dont l'un, chef de plongée, reste dans la tourelle ou le sous-marin, prêt à intervenir en permanence.
Les procédures de décompression font l'objet des six annexes de l'arrêté du 15 mai 1992.
Les tables de plongée à l'air de l'arrêté du 3 octobre 1974 sont en conséquence abrogées.

24. Circulaire 414 EMM/PL/EG-BOC/PP, n° 55, p. 4869.

25. Décret 63 portant règlement sur les appareils à pression de gaz, *JO* du 23 janvier 1943.

26. Loi 571 relative aux appareils à pression de vapeur et aux appareils à pression de gaz, *JO* du 29 octobre.

27. Arrêté relatif à la réglementation des appareils de production, d'emmagasinage ou de mise en œuvre des gaz comprimés, liquéfiés ou dissous (*JO* du 17 août 1943).

28. Arrêté du 20 février 1985 relatif au renouvellement de l'épreuve des bouteilles en acier utilisées pour la plongée sous-marine (*JO* du 28 février, p. 2563).

29. *JO* du 29 novembre 1986.

30. Depuis cette date, les fédérations assurent la formation des « techniciens en inspection visuelle » (TIV) destinés à vérifier l'état intérieur et extérieur des bouteilles de plongée entre les ré-épreuves. L'arrêté de 1985 modifié – pour le moins surprenant – entraîne des situations anachroniques telles que les « clubs » sportifs peuvent ne faire ré-éprouver les bouteilles que tous les cinq ans, alors que les plongeurs du CNRS doivent faire faire

une ré-épreuve tous les deux ans (article 20 de l'instruction CNRS précitée).

31. Leur usage est même proscrit par l'art. 17 du décret du 28 mars 1990.

32. Décret 90-618, *JO* du 14 juillet, p. 8367.

33. Voir à ce sujet Broner J.-M. : *op. cit.* p. 166 ; également l'excellente description du régime juridique in Dumas J. : *Droits et devoirs du plongeur sous-marin*, éditions du Cosmos, Paris, 4e éd. 1975, p. 101.

Rappelons que la loi 86-2 du 3 janvier 1986 dite loi « littoral » oblige les pratiquants de cette activité de loisir à souscrire une police d'assurance en responsabilité civile (art. 13). Depuis le décret du 11 juillet 1990 modifié, l'autorité maritime ne délivre l'autorisation de pêche sous-marine de loisir qu'au vu du justificatif d'un contrat d'assurance présenté par le requérant.

34. Jugement du tribunal administratif de Nice : FFESSM 19 octobre 1982 (Cedij 49 mars 03).

35. Arrêt du Conseil d'État : FFESSM contre Préfet de la Réunion, *Revue Juridique de l'Environnement*, 1983, n° 4, note Beurier.

36. Beurier J.-P., Buestel D. et autres : *Les problèmes halieutiques et juridiques des stocks naturels d'ormeaux*. La Pêche Maritime, mai 1985.

37. Loi 85-542 (*JO* du 24 mai 1985, p. 2815).

38. Loi 91-627 (*JO* du 05 juillet 1991, p. 8761).

39. Voir Beurier J.-P. : *Le droit international de l'archéologie sous-marine*, Bulletin n° 2, Association française des plongeurs scientifiques Colimpha, 1988.

40. Recommandation 848, Doc 4200 du 18 octobre 1978.

41. Les textes de base sont constitués par la loi 61-1262 du 24 novembre 1961 (*JO* du 25) modifiée par la loi 82-990 du 23 novembre 1982 (*JO* du 24), le décret 61-1547 du 26 décembre 1961 (*JO* du 12 janvier 1962 modifié par le décret 78-847 du 3 août 1978 (*JO* du 13) et le décret 85-632 du 21 juin 1985 (*JO* du 23) et l'arrêté du 4 février 1965 (*JO* du 13) modifié par l'arrêté du 9 janvier 1987 (*JO* du 31).

42. Loi 89-874 (*JO* du 5).

43. Décret 91.1226, *JO* du 7 décembre.

44. Arrêté du 1er décembre 1960 (art. 2, al. 4).

45. Loi 84-610 du 16 juillet 1984, *JO* du 17.

46. Paris, 11 octobre 1971, *Gazette du Palais*, 1972, I.130, Bordeaux, 5e chambre, 25 avril 1985.

47. Poitiers, 16 mai 1973, *Gazette du Palais*, 1973, 2.941.

48. Encyclopédie Dalloz, *Droit civil*, tome 7, Sports, p. 15.

49. Ex. : marteau, golf, quilles, boules, ski, luge. Nîmes, 1er juin 1976, D.S. 1977, inf. rap. 252, observations Larroumet (luge).

50. Paris, 21 novembre 1961 (Marteau).

51. Poitiers, 18 juin 1980, Affaire Halabi c/FFESSM et autres.

52. Afin de limiter les conséquences des accidents. La Cour de cassation a précisé ce point en invoquant une « perte de chance de traitement » : Cass. civ. 9 mars 1983, Halabi c/Sub Atlantic Club et autres, *Gazette du Palais*, 1983, Pan. Jur. 280.

53. TGI Seine, 17 novembre 1965, Dame Veuve Laffargue c/Centre subaquatique, *Gazette du Palais*, 1966 2.56. Il faut tenir compte de l'attitude des participants, surtout si ce sont des enfants.

Saut : Cass. civ. I, 7 novembre 1967.

Cheval : Cass. civ. I, 19 mai 1981 ; un moniteur frappe un cheval sur lequel était une cavalière pour sa première leçon. Il est responsable. De plus, le temps était orageux et le cheval attendait sa nourriture.

Ski : Pau, 30 novembre 1967 (*Gazette du Palais*, 1968, I.218). Le moniteur n'a pas vérifié que la chaîne de sécurité d'une télébenne était bien attachée pour des enfants de 6 et 8 ans.

Plongée : encadrement insuffisant. Toulouse, 3e chambre, 13 mai 1985 (Juridata 41704) : un moniteur pour dix élèves.

Plongée : caractère dangereux, plongée à 18 m alors que les participants n'avaient pas dépassé 2,5 m auparavant (Toulouse, id.).

54. Confirmé par l'arrêt de la cour d'appel de Paris du 22 janvier 1981, Humbert et Rouget c/ consorts Binacchi. Il faut prouver : défaut d'installations (Cass. Civ. II du 3 février 1965)
– fourniture d'outillage défectueux – défaut d'organisation
– manque de surveillance
(Cass. civ. I du 20 octobre 1971, *Gazette du Palais*, 1972, 1.16).

Dans le même sens : cour d'appel de Paris du 28 juin 1963 (*Gazette du Palais*, 1962, 2.209)
– absence de surveillance spécifique d'un enfant que le responsable savait mauvais nageur.

55. Cass. Civ. I du 10 mars 1964, JCP 64-IV.

56. Cour d'appel de Paris, 1re chambre du 14 juillet 1978, *Gazette du Palais*, 1978, 2. Som. 474.

La Cour de cassation est très stricte pour les colonies de vacances ou les centres aérés sur le défaut de surveillance ou la surveillance insuffisante.

57. L'arrêt de la cour de Paris (7e chambre, 12 mars 1982, juridata 21362) reconnaît la double faute, donc en partie la faute de l'organisateur d'une plongée, alors qu'un adulte a été victime d'une syncope sous l'eau.
En effet, les organisateurs ne se sont pas opposés à sa plongée alors qu'il avait fait des efforts auparavant pour relever l'ancre.

58. Règlement n° 399, *Diving operations at work regulation, coming into operation*, 1st July 1981, Health and Safety, Her Majesty's Stationery Office, Londres.

59. Burton R. : *Move to simplify diving regulations*, Lloyd's list, n° 50965/4, 1978.

60. *Underwater Association Code of Practice for Scientific Diving*, Natural Environment Research Council, 3e éd., Londres, 1979.

61. Flemming N.C. and MaxM.D. : *Scientific Diving : a general code of practice*, Unesco, Paris, 1990, 254 p.

62. Occupational Safety and Health Administration, Department of Labor Part. 1910, *Federal Register*, vol. 42, n° 141, p. 37650.

63. *Federal Register*, vol. 47, n° 228, p. 53357.

64. Plongée de nuit, plongeur-secouriste, plongée sous la glace, orientation sous-marine, plongeur-spéléologue, plongeur sur épave…